HANDBUCH DER PRAKTISCHEN UND
EXPERIMENTELLEN SCHULBIOLOGIE

HANDBUCH DER PRAKTISCHEN UND EXPERIMENTELLEN SCHULBIOLOGIE

STUDIENAUSGABE IN 8 BÄNDEN

Herausgegeben von Oberstudiendirektor a. D.
Dr. *Hans-Helmut Falkenhan*, Würzburg

Unter Mitarbeit von
Oberstudiendirektor Prof. Dr. *Ernst W. Bauer*, Nellingen-Weiler Park; Universitätsprofessor Dr. *Franz Bukatsch*, München-Pasing; Studiendirektor Dr. *Helmut Carl*, Bad Godesberg; Studiendirektor Dr. *Karl Daumer*, München; *Hilde Falkenhan*, Würzburg; Studiendirektorin *Elisabeth Freifrau v. Falkenhausen*, Hannover; Dr. *Hans Feustel*, Hessisches Landesmuseum, Darmstadt; Studiendirektor Dr. *Kurt Freytag*, Treysa; Oberstudiendirektor a. D. *Helmuth Hackbarth*, Hamburg; Universitäts-Prof. Dr. *Udo Halbach*, Frankfurt; Studiendirektor *Detlef Hasselberg*, Frankfurt; Studiendirektor Dr. *Horst Kaudewitz*, München; Dr. *Rosl Kirchshofer*, Schulreferentin, Zoo Frankfurt; Studiendirektor *Hans-W. Kühn*, Mülheim-Ruhr; Studiendirektor Dr. *Franz Mattauch*, Solingen; Dr. *Joachim Müller*, Göttingen-Geismar; Professor Dr. *Dietland Müller-Schwarze*, z. Z. New York; Gymnasialprofessor *Hans-G. Oberseider*, München; Studiendirektor Dr. *Wolfgang Odzuck*, Glonn; Studiendirektor Dr. *Gerhard Peschutter*, Starnberg; Studiendirektor Dr. *Werner Ruppolt*, Hamburg; Professor Dr. *Winfried Sibbing*, Bonn; Studiendirektor Dr. *Ludwig Spanner*, München-Gröbenzell; Studiendirektor *Hubert Schmidt*, München; Universitätsprofessor Dr. *Werner Schmidt*, Hamburg; Oberstudienrätin Dr. *Maria Schuster*, Würzburg; Oberstudienrat Dr. *Erich Stengel*, Rodheim v. d. Höhe; Oberstudiendirektor Dr. *Hans-Heinrich Vogt*, Alzenau; Dr. med. *Walter Zilly*, Würzburg

AULIS VERLAG DEUBNER & CO KG · KÖLN · 1981

HANDBUCH DER PRAKTISCHEN UND EXPERIMENTELLEN SCHULBIOLOGIE

Band 7

Der Lehrstoff III:
Allgemeine Biologie

AULIS VERLAG DEUBNER & CO KG · KÖLN · 1981

Der Text der achtbändigen Studienausgabe ist identisch
mit dem der in den Jahren 1970–1979 erschienenen Bände 1–5
des „HANDBUCHS DER PRAKTISCHEN UND
EXPERIMENTELLEN SCHULBIOLOGIE"

Best.-Nr. 9438
© AULIS VERLAG DEUBNER & CO KG KÖLN
Gesamtherstellung: Clausen & Bosse, Leck
ISBN 3-7614-0551-0
ISBN für das Gesamtwerk: 3-7614-0544-8

Inhaltsverzeichnis

Fortpflanzung und Entwicklung

Seite

Vorwort XIX

A. Die Fortpflanzung im Pflanzen- und Tierreich 3

   I. Zum Begriff der Fortpflanzung 3

   II. Von der anorganischen und der organischen Vermehrung 3

   III. Ungeschlechtliche Vermehrung und geschlechtliche Fortpflanzung 3
      1. Ungeschlechtliche Vermehrung 5
      2. Ungeschlechtliche Vermehrung durch Teilung 5
      3. Vermehrung durch ein- oder mehrzellige Vermehrungsorgane 6
      4. Vegetative Vermehrung im Tierreich 7
      5. Geschlechtliche Fortpflanzung im Pflanzenreich 9
      6. Geschlechtliche Fortpflanzung im Tierreich 11
      7. Parthenogenese im Tier- und Pflanzenreich 12

   IV. Generationswechsel im Tier- und Pflanzenreich 14

   V. Symbiontisches Zusammenwirken von Pflanzen und Tieren im Rahmen der Fortpflanzung 17

   VI. Über Fortpflanzungstermine 18

   VII. Die Bedeutung der Fortpflanzung 19
      1. Allgemeine Bedeutung 19
      2. Die Bedeutung der Fortpflanzung für die Pflanzenzüchtung 20
      3. Die Bedeutung des Fortpflanzungsgeschehens für die Tierzüchtung . . . 22

B. Die Entwicklung im Pflanzen- und Tierreich 23

   I. Definition und Abgrenzung des Begriffs Entwicklung 23

   II. Von der Keimesentwicklung im Pflanzenreich 24

   III. Vom Entwicklungsablauf im Tierreich 25

   IV. Auslösende Faktoren für die Embryonalentwicklung 27

   V. Vergleichende Betrachtungen zur Entwicklung der Organismen 29
   Literatur 30

C. Arbeitsmittel zur Sexualerziehung

Vorwort 31

I. Sexuelle Instruktionen in der Vorpubertät 32
1. Modelle 32
2. Präparate 32
3. Klarsichtfolien 32
4. Farbdiareihen des Instituts für Film und Bild, München 33
5. 8 mm Filme Superacht (8F) 33
6. Farbtonfilme 16 mm (FT) 34
7. Handreichungen zur Sexualerziehung im Fachverlag für pädagogische Informationen, Braunschweig (FPI) 35
8. Spezielle Arbeitsmittel zur Persönlichkeitsbildung 35
9. Vorschläge zur Elterninstruktion über sexuelle Probleme in der Vorpubertät 37

II. Handreichungen für die sexuelle Information und Beratung während der Pubertätszeit 37
1. Modelle 38
2. Overhead-Transparente 38
3. Tonbilder 38
4. Filme 39
5. Hörspiele 40
6. Handreichungen zur Sexualerziehung, FPI, Braunschweig 40

III. Beratungsmaterial für die sexuelle und partnerschaftliche Kommunikation in der Nachpubertät und Adoleszenz 42
1. Tonbilder 42
2. Filme 42
3. Tonbänder 44
4. Handreichungen zur Sexualerziehung, FPI, Braunschweig 44

Klassische und molekulare Genetik

A. Einführung 49

I. Fragen zum Einstieg 49

II. Frühe Vorstellungen über Vererbung 50

III. Definition von Vererbung 51

IV. Hauptfragestellungen und Gebiete der Genetik 51

V. Gliederungsvorschlag eines Unterrichtsmodells für die S_2-Stufe 53

B. Zytogenetik 57

I. Befruchtung 57

II. Bestimmung des Raumbedarfs der genetischen Information eines Menschen 57

1.	Vorüberlegungen	57
2.	Darstellung menschlicher Zellen	58
	a. Mundschleimhautzellen	58
	b. Haarwurzelzellen	58
3.	Messung der Kerndurchmesser	59
4.	Berechnung von Mittelwert und Streuung der Kerndurchmesser	60
5.	Berechnung des Kernvolumens = maximaler Raumbedarf der genetischen Information	61

III. Chromosomen im Mitosezyklus 62

1. Präparation von Mitosestadien 62
    a. aus dem Wurzelspitzenmeristem der Küchenzwiebel 62
    b. aus verschiedenen pflanzlichen Meristemgeweben 64
    c. aus der Schwanzspitze von Molchlarven 64
    d. aus der Augen-Hornhaut von Kaulquappen 64
2. Aufgabenstellung und Auswertung 65
3. Film- und Bildmaterial 65
4. Modelle 65
5. Hinweise zum Mitose-Zyklus 68
6. Chromosomenzahlen 69
7. Historisches 70

Literatur 70

IV. Die Chromosomen des Menschen 70

1. Vorbemerkungen 70
2. Blutausstrich zur Demonstration der Lymphozyten 71
    a. Blutentnahme 71
    b. Ausstrich 71
    c. Färbung 71
    d. Auswertung 72
3. Lymphozyten-Gewebekultur 72
    a. Vorbereitung und Voraussetzungen 72
    b. Präparationsschritte und Vorgänge 73
    c. Beobachtungsaufgaben 74
    d. Auswertung 74
    e. Dias 76
4. Neuere Methoden zur Untersuchung und Identifizierung menschlicher Chromosomen 76
    a. Autoradiographie 76
    b. Fluoreszenz und Giemsa-Bandentechnik 77
    c. Elektronenmikroskopie 79
5. Feinbau des Metaphase-Chromosoms 79

Literatur 80

V. Die Riesenchromosomen 81

1. Materialbeschaffung 81
2. Präparation 81

		Seite
a. Chironomus		81

    a. Chironomus 81
    b. Drosophila 81
    c. Färben und Quetschen 82
    d. Beobachtungsaufgaben 83
    e. Dia 83
    f. Ergänzende Hinweise 83
Literatur 84

VI. Meiose und Gametenbildung 84

  1. Vorbemerkungen 84
  2. Erweitertes Chromosomen-Magnettafelmodell 85
  3. Film und Bildmaterial 87
  4. Präparation von Meiose-Stadien 87
    a. Pollenmutterzellen von Gasteria 87
    b. Spermatogonien von Heuschrecken 88
  5. Beobachtungsaufgaben 88
  6. Auswertung 88
  7. Bildung und Reifung der Gameten beim Menschen 89
Literatur 90

VII. Chromosomale Geschlechtsbestimmung und Geschlechtsentwicklung 91

  1. Demonstrationsmaterial 91
  2. Geschlechtsbestimmung und Geschlechtsverhältnis beim Menschen . . . 91
  3. Zellkernmorphologische Geschlechtserkennung und Lyon-Hypothese . . 92
    a. Entdeckungsgeschichte und Vorbemerkungen 92
    b. Versuchsdurchführung 93
  4. Normale und gestörte Geschlechtsentwicklung 94
  5. Überblick über weitere Formen der Geschlechtsbestimmung 95
    a. Genotypische Geschlechtsbestimmung 96
    b. Phänotypische Geschlechtsbestimmung 97
Literatur 97

VIII. Chromosomenaberrationen (Genom- und Strukturmutationen) 97

  1. Demonstrationsmaterial 91
  2. Begriffe 97
  3. Chromosomenaberrationen beim Menschen 98
    a. Numerische, autosomale Aberrationen 98
      Trisomie 21 98
      Translokations-Trisomie 100
      Trisomie 18, 13, Triploidie 101
    b. Numerische, gonosomale Aberrationen 101
      XO-Monosomie 102
      XXX-Trisomie 103
      XXY-Trisomie 103
      XYY-Trisomie 103
    c. Strukturelle Aberrationen 103
    d. Chromosomenaberrationen und Psyche 104

Seite

 e. Pränatale Diagnose von Chromosomenaberrationen 105
 f. Auslösung von Chromosomenaberrationen beim Menschen 107
 4. Chromosomenaberrationen bei Pflanzen 107
  a. Aneuploidie 107
  b. Euploidie 108
  c. Auslösung von Chromosomenaberrationen 109
 Literatur 109

IX. Fragen zur Zytogenetik 110
 1. Übungsfragen 110
 2. Objektivierte Leistungskontrolle 116

C. Humangenetik 120

I. Erbgang eines alternativen Merkmals 120
 (1. und 2. Mendelsche Regel, Chromosomentheorie der Vererbung)
 1. Vorbemerkung, Film und Bildmaterial 120
 2. Feststellung der Schmeckfähigkeit für Phenylthioharnstoff 121
 3. Auswertung der Stammbäume, Grundbegriffe der Mendel-Genetik und Chromosomentheorie 122
 4. Modellversuche zur Entstehung von Häufigkeitsverhältnissen 124
 5. Statistische Prüfung von Häufigkeitsverhältnissen 125
 6. Überprüfung zusammengefaßter Familiendaten auf Übereinstimmung mit einem erwarteten Spaltungsverhältnis 126
 7. Wahrscheinlichkeitsvoraussage im Einzelfall 126
 8. Ergänzende Hinweise und Versuche zum PTH-Schmecktest 127
 9. Weitere harmlose Erbmerkmale, die auf Enzymdefekten beruhen 129
 Literatur 129

II. Neukombination von Merkmalen (3. Mendelsche Regel) 129
 1. Film und Bildmaterial 129
 2. Unabhängigkeit der Vererbung bei 2 Merkmalspaaren — dihybrider Erbgang (PTH-Schmecken und Zungenrollen) 129
 3. Veranschaulichung der Gametenbildung und Anlagentrennung am Chromosomen-Magnettafelmodell 130
 4. Modellversuch zum dihybriden Erbgang mit Münzen und statistische Auswertung 131
 5. Zunahme der Merkmalskombination mit der Zahl unabhängiger Merkmalspaare 133
 Literatur 133

III. Blutgruppen als alternative Erbmerkmale 134
 1. Historisches 134
 2. Durchführung des Agglutinationstestes 134
  a. Bestimmung mit Testseren auf Objektträgern 134
  b. Bestimmung mit Eldonkarten 135
 3. Erläuterungen der Antigen-Antikörper-Agglutinationsreaktion anhand eines Magnettafelmodells 136

		Seite
4.	Hinweise zur Entstehung der Erythrozyten-Antigene und -Antikörper	137
5.	Vererbung der Blutgruppen	138
6.	Anwendungen der Kenntnisse über Blutgruppen-Vererbung	139
	a. Serologischer Abstammungsnachweis	139
	b. Rhesus-Unverträglichkeit	140
	c. ABO-Unverträglichkeit	141
7.	Ergänzende Hinweise zur Blutgruppen-Vererbung	142
	a. Regionale Verteilung der Blutgruppen und Infektionskrankheiten	142
	b. Blutgruppen und innere Krankheiten	142
	c. Ausscheidung von Blutgruppenantigenen	142
Literatur		142

IV. *Serumprotein-Gruppen als alternative Erbmerkmale* 143

1. Vorbemerkung und Bildmaterial 143
2. Serumelektrophorese auf Membranfolien 143
   a. Prinzip der Methode 143
   b. Material 144
   c. Durchführung 145
   d. Ergebnis und klinische Bedeutung der Methode 145
   e. Proteinbandenvergleich bei verschiedenen Organismen 147
3. Immunodiffusion auf Membranfolien 148
   a. Prinzip der Methode und Magnettafelmodell 148
   b. Anordnung und Material 148
   c. Durchführung 149
   d. Ergebnis 149
4. Immunoelektrophorese auf Membranfolien 149
   a. Prinzip 149
   b. Anordnung und Durchführung 150
   c. Ergebnis 150

Literatur 150

V. *Gewebegruppen als Erbmerkmale* 152

1. Entdeckung 152
2. HL-A-Gruppen beim Menschen 152

VI. *Geschlechtsgekoppelte Vererbung, Genkoppelung und Genaustausch* 153

1. Rotgrünblindheit 153
   a. Erfassung rotgrünblinder Schüler 153
   b. Erbganganalyse 154
   c. Physiologische Grundlagen der Farbsinnstörungen 155
2. Bluterkrankheit 157
   a. Historisches und Symptome 157
   b. Bestimmung der Blutgerinnungszeit 158
   c. Faktoren der Blutgerinnung und komplementäre Polygenie 159
3. Koppelung und Austausch der Gene im X-Chromosom 160
   a. Koppelung und Austausch der Gene für Rot-Grün-Blindheit und Bluterkrankheit 160

	Seite

b. Crossing-over und Chiasmen 161
c. Modellversuch zur Erläuterung des Zusammenhanges zwischen Rekombinationshäufigkeit und Genabstand 162
d. Vorläufige Chromosomenkarte des X-Chromosoms 164
e. Beispiele X-chromosomal geschlechtsgebundener Merkmale 165
f. Autosomale Koppelungsgruppen und Genlokalisation 167

VII. *Autosomal bedingte Erbkrankheiten und Phänogenetik* 168
  1. Autosomal dominanter Erbgang 168
    a. Stammbaumanalyse 168
    b. Einige Beispiele 169
  2. Manifestation dominanter Gene 170
  3. Autosomal rezessiver Erbgang 171
    a. Stammbaumanalyse 171
    b. Einige Beispiele 172
  4. Manifestation rezessiver Gene 172
    a. Störung des Aminosäurestoffwechsels (Phenylketonurie, Albinismus, Alkaptonurie, Kretinismus mit Kropf) 172
    b. Störungen des Zuckerstoffwechsels (Glaktosämie) 175
    c. Störungen im Hämoglobinbau (Sichelzellanämie, Thalassämie) . . . 176
  5. Genetische Familienberatung 178
    a. Wahrscheinlichkeitsvoraussage aufgrund der Kenntnis des Erbganges 179
    b. Verbesserung der Wahrscheinlichkeitsvoraussage durch Heterozygotentest 181
    c. Sicherheit der Voraussage durch pränatale Diagnose 181
Literatur 183

VIII. *Vererbung bei kontinuierlich variablen Merkmalen — Polygenie* 183
  1. Vorbemerkungen und Historisches 183
  2. Vererbung der Hautfärbung 183
  3. Nachweis der genetischen Bedingtheit der Körpergröße 185
    a. Bestimmung der Korrelation von Eltern-Kind-Körperhöhen 185
    b. Berechnung des Unterschiedes der Körpergrößen von Eltern und erwachsenen Kindern (Akzeleration) 189
  4. Genetische Bedingtheit morphologischer Merkmale 190
  5. Zwillingsbefunde zum Erbe-Umweltproblem 191
Literatur 194

IX. *Populationsgenetik* 194
  1. Vereinfachte Ableitung des Hardy-Weinberg-Gesetzes anhand eines Modellversuches 194
  2. Anwendungen des Hardy-Weinberg-Gesetzes 197
    a. bei autosomal rezessiven Erbleiden 197
    b. bei X-chromosomal rezessiven Erbleiden 198
    c. bei autosomal dominanten Erbleiden 199
    d. bei multipler Allelie (Blutgruppen) 199
  3. Gerichtete Partnerwahl, Blutsverwandtschaft, Inzucht 200

Seite

    4. Geringe Populationsgröße, Genetische Drift 200
    5. Mutation und Selektion 201
    6. Konsequenzen für die genetische Zukunft des Menschen 203
  Literatur 204

X. *Fragen zur Humangenetik* 204
    1. Übungsfragen 204
    2. Objektivierte Leistungskontrolle 214

D. Drosophilagenetik 219

I. *Einführung in das Arbeiten mit Drosophila* 219
    1. Vorbemerkungen 219
    2. Materialbeschaffung 219
    3. Vorbereitung der Zuchtgläser 220
    4. Ansatz der Stammkulturen 221
    5. Ansatz der Kreuzungen 222
    6. Entwicklungsbedingungen 222
    7. Zeitplan der Kreuzungen 223

II. *Untersuchungsaufgaben für Übungen* 223
    a. Untersuchung des Wildtyps 223
    b. Unterscheidung der Geschlechter 223
    c. Untersuchung von Mutanten 224

III. *Kreuzungsexperimente* 225
    a. Vorbemerkungen zur Schreibweise 225
    b. Einfaktorkreuzung — monohybrider Erbgang 226
    c. Zweifaktorkreuzung — dihybrider Erbgang 227
    d. Rück- oder Testkreuzung 228
    e. Letalfaktoren 228
    f. Einfaktorkreuzung mit X-chromosomal gebundenem Gen 229
    g. Mehrfaktorkreuzung gekoppelter Gene 230
  Literatur 233

IV. *Chromosomenuntersuchungen* 233

V. *Biochemische Versuche zur Phänogenetik* 233
    1. Charakterisierung von Augenmutanten durch Pterinchromatographie . . 233
    2. Heterozygotennachweis durch Pterinchromatographie 235
  Literatur 236

VI. *Versuche zur Populationsgenetik* 236
    1. Durchführung 236
    2. Auswertung 237

E. Versuche zur klassischen Genetik mit Pflanzen und Tieren 240

I. *Kreuzungsexperimente — Mendelfälle* 240
    1. Vorbemerkungen 240

	Seite

2. Kreuzungsversuche mit der Pillennessel 241
   a. Das Versuchsobjekt 241
   b. Materialbeschaffung 241
   c. Versuchserweiterung 242
3. Kreuzungsversuche mit Mais 242
   a. Vorausetzungen 242
   b. Materialbeschaffung 242
   c. Versuchsdurchführung und Auswertung 243
4. Mendelfälle bekannter Kultur- und Zierpflanzen 244
5. Kreuzungsversuche mit Blattkäfern 245
   a. Materialbeschaffung, Haltung und Kreuzungstechnik 245
   b. Mögliche Kreuzungen und Ergebnisse 246
6. Kreuzungsversuch mit Buntmäusen 246
   a. Vorbemerkungen 246
   b. Materialbeschaffung und Haltung 246
   c. Versuchsdurchführung und Auswertung 247
Literatur 248

II. *Kreuzungsexperimente — extrakaryotische Vererbung* 248
   1. Historisches und allgemeine Grundlagen 248
   2. Kreuzungsversuche mit einer Petunienmutante 250
      a. Materialbeschaffung, Kultur und Kreuzungstechnik 250
      b. Mögliche Kreuzungen und Ergebnisse 251
Literatur 252

III. *Untersuchungen zur Variabilität* 252
   1. Vorbemerkungen und Begriffe 252
   2. Qualitative Beispiele und Untersuchungen zur Modifikabilität 253
      a. Beispiele aus dem Pflanzenreich 253
      b. Beispiele aus dem Tierreich 254
   3. Quantitative Untersuchungen zur fließenden Modifikabilität 255
      a. Versuchsdurchführung 255
      b. Ergebnis 256
      c. Zufalls- oder Binominalkurve 256
      d. Schiefe Verteilungen 257
   4. Modellversuche zur Entstehung der Zufallskurve 257
      a. Galtonscher Zufallsapparat 257
      b. Münzenversuch 259
      c. Würfelversuch 259
   5. Untersuchung des Anteils genetisch, modifikatorisch und altersbedingter Variabilität an der Gesamtvariabilität der Laugen von Paramaecien . . . 260
      a. Materialbeschaffung 260
      b. Versuchsdurchführung 260
      c. Auswertung 261
      d. Zusammenfassung der Ergebnisse 261
   6. Zur Frage der Erblichkeit von Modifikationen 263
Literatur 263

	Seite
F. Bakterien- und Phagengenetik	264

I. Voraussetzungen 264
  1. Vorbemerkungen 264
  2. Grundausstattung 265
    a. Einzelne Geräte 265
    b. Glaswaren 265
    c. Substanzen und Medien 266
    d. Bakterien- und Phagenstämme 266
  3. Algemeines zur Versuchstechnik 267
    a. Sterilisieren der Glasgeräte 267
    b. Bereitung der Nähr- und Verdünnungsmedien, Agarplatten und Schrägagarröhrchen 267
    c. Vorbereitung einer Belüftungseinrichtung 268
    d. Anzucht und Isolierung von Escherichia coli 268
    e. Konservieren bebrüteter Platten 269

II. Versuche zur Bakteriengenetik 269
  1. Bestimmung des Titers einer Übernachtkultur 270
    a. Bestimmung der Gesamtzellzahl mit der Bakterienzählkammer im Phasenkontrastmikroskop 270
    b. Bestimmung der Lebendzellzahl mit dem Koloniezähltest 271
    c. Abschätzung der Gesamtzellzahl über eine Trübungsmessung 273
  2. Aufstellen einer Bakterien-Wachstumskurve 273
  3. Selektion Antibiotika-resistenter Mutanten 275
    a. Qualtative Versuche 275
    b. Quantitativer Versuch — Bestimmung der Mutationsrate 276
  4. Fluktuationstest (Varianztest) 277
    a. Prinzip 277
    b. Praktische Durchführung 277
  5. Induktion und Selektion von Mutanten 279
    a. Induktion einer morphologischen E. coli-Mutante durch UV 279
    b. Induktion und Selektion von Aminosäure-Mangelmutanten durch Mutagene 279
    c. Induktion und Identifizierung von Rückmutation zur Wildtypfunktion 282
  6. Kreuzung von Aminosäure-Mangelmutanten: Konjugation 283
    a. Schema der Versuchsdurchführung 283
    b. Prinzip des Chromosomentransfers und der Rekombination 284
    c. Praktische Versuchsdurchführung 285
  7. Averys Transformationsexperiment 286
  8. Beadle und Tatums Ein-Gen-ein-Enzym-Hypothese 287

III. Versuche zur Phagengenetik 288
  1. Gewinnung und Nachweis von Bakteriophagen 288
    a. Ultrafiltration 283
    b. Lyseversuch 289
    c. Tropftest 289

	Seite
2. Bestimmung des Phagentiters mit der Plaquetechnik	289
a. Vorbereitung	289
b. Durchführung	290
c. Ergebnis	290
3. Sichtbarmachung von Phagen im Elektronenmikroskop (Prinzip)	291
a. Beschichtung eines Kupfernetzchens mit einem Collodiumfilm	291
b. Demonstration und Modellversuch zum Negativkontrastverfahren	292
c. Modellversuch zur Schrägbedampfungstechnik	292
4. Lytischer Vermehrungszyklus eines T-Phagen	293
a. Quantitative Untersuchung der Phagenvermehrung	293
b. Hershey und Chases Experiment	295
c. Überblick über den lytischen Phagenvermehrungszyklus eines T-Phagen	297
d. Modell eines T-Phagen-Kopfes	297
5. Nicht lytische Phagenvermehrung und lysogener Phagenvermehrungszyklus	297
a. Nicht lytische Phagenvermehrung	297
b. Schema des lysogenen Vermehrungszyklus von Phagen	297
c. UV-Induktion der Lyse lysogener Bakterien	298
6. Übertragung bakterieller Genorte durch Phagen und Plasmide (Episomen)	299
a. Transduktion	299
b. F-Duktion	300
7. Ergänzende Hinweise zur Informationsübertragung durch Episomen und Viren	300
a. Besonderer Typ der Informationsübertragung	300
b. Transduktion als Modell genetischer Manipulation	301
c. Tumorviren	301
8. Kreuzung von Phagen — Feinstrukturanalyse eines Gens	302
a. Prinzip der Versuchsdurchführung von T4rII-Kreuzungen	302
b. Praktische Versuchsdurchführung	304
c. Auswertung: Feinstrukturanalyse der rII-Region eines T4-Phagen	304
Literatur	305
G. Molekulare Grundlagen der Vererbung	306
I. Proteine	306
1. Vorbemerkungen	306
2. Trennung eines Proteingemisches	306
a. Gegenstromverteilung	307
b. Säulenchromatographie	307
c. Elektrophorese	307
d. Immunodiffusion	307
e. Immunelektrophorese	308
3. Abbau eines Proteins durch salzsaure Hydrolyse	308
a. Vorbereitung	308

		Seite
b.	Hydrolyse	308
c.	Gewinnung des Hydrolysates als wässrige Lösung	308

4. Trennung und Identifizierung der einzelnen Aminosäuren mittels Dünnschichtchromatographie ... 309
   - a. Prinzip ... 309
   - b. Material ... 310
   - c. Durchführung ... 310
   - d. Auswertung ... 310
5. Aminosäure-Sequenzanalyse — Prinzip ... 310
   - a. Zerlegung in Teilpeptide durch enzymatische Spaltung ... 311
   - b. Trennung der Teilpeptide ... 311
   - c. Sequenzanalyse der Teilpeptide ... 311
   - d. Zusammensetzung der Teilpeptide ... 312
   - e. Ergebnisse ... 313
6. Röntgenstrukturanalyse der Molekülgestalt ... 314
   - a. Prinzip der Röntgenstrukturanalyse ... 314
   - b. Sekundärstruktur ... 315
   - c. Tertiärstruktur ... 316
7. Allosterie von Proteinen — Regulation der Enzymaktivität ... 317
8. Filme, Dias, Modelle ... 317

II. *Nucleinsäuren* ... 318

1. Vorbemerkungen ... 318
2. Darstellung hochmolekularer Nucleinsäuren aus Bries (Thymus) ... 319
   - a. Herstellung einer Thymus-Zellsuspension ... 319
   - b. Freisetzung hochmolekularer DNS ... 320
3. Darstellung hochmolekularer Nucleinsäuren aus Bakterien ... 320
4. Reversible Säurefällung hochmolekularer Nucleinsäuren ... 320
5. Phenolmethode zur Trennung von Nucleinsäuren und Proteinen ... 321
6. Enzymatischer Abbau hochmolekularer DNS ... 321
7. Alkoholfällung hochmolekularer Nucleinsäuren ... 322
8. Säure-Abbau der alkoholgefällten Nucleinsäuren und Nachweis der Einzelbausteine ... 323
   - a. Säure-Hydrolyse ... 323
   - b. Phosphorsäure-Nachweis ... 323
   - c. Desoxyribose-Nachweis ... 323
   - d. Ribose-Nachweis ... 324
   - e. Purin-Nachweis ... 324
9. Chemischer Aufbau der Nucleinsäuren ... 324
10. Struktur der DNS: Watson-Crick-Modell ... 326
    - a. Befunde, auf die sich die Entdeckung stützte ... 326
    - b. Modellversuch zur Bestimmung der Basenverhältnisse ... 327
    - c. Konzept der komplementären Basenpaarung ... 327
    - d. Modelle, Film- und Bildmaterial zur Struktur der DNS ... 328

III. *Replikation der DNS* ... 329

1. Modellvorstellung der semikonservativen Verdoppelung ... 330

2. Beweis für die semikonservative Replikation der DNS — Meselson und Stahl-Experiment 331
   a. Modellversuch zum Trennungsprinzip bei einer CsCl-Gradienten-Zentrifugation 331
   b. Schema des Versuchsablaufs und Ergebnis des Meselson- und Stahl-Experimentes 332
3. DNS-Replikation in vitro und Replikationsmodelle 332
4. Rotation des DNS-Moleküls bei der Replikation 333
   a. Theoretische Überlegungen 333
   b. Modell zur Demonstration der Rotation bei der Replikation ringförmiger DNS 333

IV. *Mutationsmechanismen* 335
1. Chemische Veränderung einzelner Basen 335
2. Einbau instabiler Basenanaloga 336
3. Rastermutationen 337
4. Hinweise auf das Triplet-Raster der genetischen Information 339

V. *Proteinbiosynthese* 340
1. Ultrastruktur der Zelle 341
2. Homogenisieren von Leberzellen 341
3. Zucker-Gradienten-Zentrifugation eines Leber-Zell-Homogenats 342
   a. Herstellung eines Gradientenmischgefäßes 342
   b. Durchführung einer Zucker-Gradienten-Zentrifugation 343
4. Proteinbiosynthese — allgemeine Modellvorstellung 344
5. Nachweis und Funktion verschiedener RNS-Typen 345
   a. Prinzip der Trennung und Identifizierung 345
   b. Träger-RNS 345
   c. Ribosomale RNS 346
   d. Boten-RNS 347
6. Proteinbiosynthese — Transskription 347
   a. Prinzip eines in vitro-Transskriptionsexperimentes 347
   b. Modellvorstellung der Transskription 348
7. Proteinbiosynthese — Translation 349
   a. Prinzip eines in vitro-Translationsexperimentes 349
   b. Modellvorstellung der Translation 349
8. Hemmstoffe der Proteinbiosynthese 352
9. Entzifferung des genetischen Codes 352
   a. Einsatz synthetischer Boten-RNS 352
   b. Einsatz synthetischer Trinucleotide bekannter Basenfolge 353
   c. Einsatz synthetischer DNS bekannter Basenfolge 353
   d. Starter- und Abbruch-Codonen 353
   e. Degeneration und Universalität des genetischen Codes 355
10. Zuordnungsaufgabe zur Proteinbiosynthese 355
11. Abschätzung der Zahl der Gene aus dem Molekulargewicht bzw. der Länge der DNS 356

VI. Regulation der Genwirkung 357
1. Induktion der Synthese abbauender Enzyme 357
   a. Prinzip des Versuchs zur Induktion der β-Galactosidase 357
   b. Operon-Modell zur Erklärung der Enzyminduktion 358
2. Repression der Synthese aufbauender Enzyme 359
   a. Prinzip eines Versuchs zur Repression einer Aminosäure-Synthese 359
   b. Operon-Modell zur Erklärung der Repression der Synthese aufbauender Enzyme 360
3. Weitere Regulationsmodelle und das Problem der Differenzierung 360
Literatur 361
Film- und Bildmaterial zur Genetik 362
Gesamtliteraturverzeichnis 363
Einige Geräte und spezielle Substanzen zu den Versuchen 365

Namen- und Sachregister 367

Vorwort des Herausgebers

Nach den Handbüchern für Schulphysik und Schulchemie bringt der AULIS VERLAG das vorliegende HANDBUCH DER PRAKTISCHEN UND EXPERIMENTELLEN SCHULBIOLOGIE heraus. Zur Mitarbeit an diesem mehrbändigen Werk haben sich erfreulicherweise mehr als 25 Biologen von Schule und Hochschule bereit erklärt, die im Handbuch jeweils ihr Spezialgebiet bearbeiten und sich durch ihre bisherigen schulbiologischen Veröffentlichungen einen Namen gemacht haben. Real- und Volksschullehrer werden es besonders begrüßen, daß unter ihnen auch Professoren der Pädagogischen Hochschulen zu finden sind.
Keine Wissenschaft hat in den letzten Jahrzehnten eine so stürmische Entwicklung durchgemacht, wie die Biologie. Beschränkte sie sich um die Jahrhundertwende noch fast ausschließlich auf Morphologie und Systematik, so haben inzwischen andere Disziplinen, wie Genetik, Physiologie, Ökologie, Phylogenie, Ethologie, Molekularbiologie, Kybernetik und Biostatistik eine ständig wachsende Bedeutung erlangt.
Diese sich ständig ausweitende Stoffülle erschwert den modernen Biologieunterricht außerordentlich. An der Hochschule und im Seminar hat der junge Biologielehrer zwar die Methodik und Didaktik seines Faches gründlich kennen gelernt, aber der praktische Unterrichtsbetrieb mit seiner starken Belastung macht es ihm nicht leicht, das Erlernte auch anzuwenden. Will er nicht nur mit Kreide und Tafel seinen Unterricht gestalten, muß er sehr viel Zeit für die Vorbereitung aufwenden, denn die Beschaffung der lebenden oder präparierten Naturobjekte, die Bereitstellung der verschiedenen Anschauungsmittel und die Vorbereitung eindrucksvoller Unterrichtsversuche erfordern viel Arbeit. Von erfahrenen Pädagogen sind zwar irgendwo in der umfangreichen Literatur die Wege beschrieben worden, wie man diese Schwierigkeiten am besten überwinden kann, aber gerade das Zusammensuchen der verstreuten Literaturstellen erfordert wiederum Zeit und Mühe und der Anfänger weiß oft nicht, wo er suchen soll. Manche Buch- und Zeitschriftenveröffentlichungen sind außerdem für ihn oft kaum beschaffbar. Hier will das Handbuch helfen! Es soll dem in der Schulpraxis stehenden Biologen auf alle im Unterricht und bei der Vorbereitung auftauchenden Fragen eine möglichst klare und umfassende Antwort geben. Er soll hier nicht nur Ratschläge zur Beschaffung der Naturobjekte und Anschauungsmittel erhalten, sondern auch Vorschläge und genaue Anweisungen für Lehrer- und Schülerversuche finden, die sich besonders bewährt haben und ohne großen Aufwand durchführbar sind. Darüber hinaus bietet ihm das Handbuch statistisches Material, Tabellen, vergleichende Zahlenangaben und oft auch die Zusammenstellung wichtiger Tat-

sachen, die besonders unterrichtsbrauchbar sind. Auch die neuesten medizinischen Erkenntnisse, die für den Biologen interessant sind, wie etwa über Krebsvorsorge, Ovulationshemmer und die Belastung bei der Raumfahrt, kann er im Handbuch finden.

Wenn auch bereits in der Aufführung der Tatsachen, die für einen modernen Biologieunterricht wichtig sind, eine gewisse methodische Anweisung steckt, so wird doch im Handbuch auf spezielle methodische und didaktische Hinweise verzichtet. Der Fachlehrer soll hier die Freiheit haben, nach eigenem pädagogischen Ermessen zu unterrichten. Gerade aus diesem Grund wird das Handbuch von den Fachbiologen a l l e r Schultypen erfolgreich verwendet werden können.

Dagegen werden im Handbuch auch solche Probleme behandelt, die als V o r a u s s e t z u n g e n für einen modernen und erfolgreichen Biologieunterricht wichtig sind, wie etwa die Einrichtung von Unterrichts- und Übungsräumen und des Schulgartens. Auch die Beschreibung und Einsatzmöglichkeit der verschiedenen optischen und akustischen Hilfsmittel fehlt nicht. Trotz seines Umfanges kann das Handbuch natürlich nicht vollständig sein. Deshalb steht am Ende jeden Kapitels ein ausführliches Literaturverzeichnis.

Neben dem Inhaltsverzeichnis wird ein Stichwortverzeichnis dem Leser das Suchen erleichtern. Es ist so angelegt, daß alle Seiten aufgeführt sind, auf denen das Stichwort zu finden ist. Wenn aber das Stichwort an einer Stelle im Handbuch besonders gründlich behandelt wird, so ist die entsprechende Seite durch Fettdruck hervorgehoben.

Der vorliegende Band 4 enthält den Lehrstoff III, die „Allgemeine Biologie", die ja hauptsächlich im Oberstufenunterricht behandelt wird. Für dieses Stoffgebiet sind zahlreiche bewährte und neuartige Lehrer- und Schülerversuche beschrieben, wobei auf die Bedürfnisse der Kollegstufe und der Arbeitsgemeinschaften besonders Rücksicht genommen wurde. Dort aber, wo Schulversuche kaum möglich sind, wie etwa in der Phylogenie, werden dem Lehrer der neueste Stand der wissenschaftlichen Erkenntnisse und die Möglichkeiten ihrer unterrichtlichen Darstellung aufgezeigt.

Um Wiederholungen zu vermeiden, wurde im allgemeinen auf Abschnitte in den schon erschienenen Bänden verwiesen. Wenn aber der Zusammenhang dadurch zu sehr verloren ging, auch um dem Benutzer unnötiges Suchen zu ersparen, erwies es sich als zweckmäßig, manche Versuche noch einmal zu beschreiben, besonders wenn es verschiedene Möglichkeiten ihrer Durchführung gibt.

Die Ausweitung des Lehrstoffs in der „Allgemeinen Biologie", insbesondere in der für die Leistungskurse der Kollegstufe wichtigen Phylogenie, Genetik und Molekularbiologie, machte es notwendig, den Band in die drei Teilbände 4/I, 4/II und 4/III aufzuteilen.

Würzburg, im Sommer 1975

Dr. Hans-Helmut Falkenhan

FORTPFLANZUNG UND ENTWICKLUNG

Von Studiendirektor Dr. Ludwig Spanner

München-Gröbenzell

A. Die Fortpflanzung im Pflanzen- und Tierreich

I. Zum Begriff Fortpflanzung:

Im deutschen Sprachgebrauch sind für den Vorgang der *Erzeugung artgleicher Nachkommen* die Begriffe Vermehrung und Fortpflanzung in gleicher Weise üblich. Vor die Aufgabe gestellt, den Begriff Fortpflanzung zu erläutern, würden wohl die Mehrzahl an eine Ausläuferpflanze wie die Erdbeere denken, die sich im wahrsten Sinne des Wortes fortpflanzt, indem sie Adventivsprosse austreibt, an deren Enden sich neue Erdbeerpflanzen bilden, die nach der Trennung von der Mutterpflanze selbständig weiterleben. Um so überraschender ist es, daß man in der angewandten Botanik, in der Landwirtschaft und im Gartenbau, in diesem und ähnlich gelagerten Fällen, bei denen ohne ein Blütenvorstadium Nachkommen entstehen, von Vermehrung spricht. Eine Klärung der Begriffe Vermehrung und Fortpflanzung erscheint daher angebracht, wenngleich eine einheitliche Nomenklatur wohl kaum zu erreichen sein wird.

II. Von der anorganischen und der organischen Vermehrung:

In der Grundschule und auf der Orientierungsstufe werden die Schüler sicher erstmals mit dem Naturphänomen der Substanzvermehrung, die dem Wachstum, der Replikation und Regeneration zugrundeliegen, konfrontiert. Wir zerschlagen zunächst einen großen *Stein* in viele kleinere Teile, wodurch wir mehrere Steine erhalten. Liegt in diesem Falle eine Vermehrung vor? Die Schüler selbst finden die Antwort, daß in diesem Falle keine echte Vermehrung vorliegt, weil keine Substanzzunahme erfolgt ist. Wie ist es aber mit einem *Kristall*, dessen Bildung wir in einer konzentrierten Kochsalzlösung unter dem Mikroskop oder in einer konzentrierten Alaunlösung in einem Becherglas verfolgen können (R 508 Kristalle). Hier liegt eindeutig eine Substanzvermehrung vor; wir sagen ja auch, daß Kristalle wachsen! Dieses Wachstum erfolgt aber durch eine Substanzanlagerung von außen her, während die Lebewesen von innen heraus an Substanz zunehmen. Diese Erkenntnis bedarf einer weiteren Ergänzung. Bei der Beobachtung der Vermehrungs- und Fortpflanzungsformen der Organismen treffen wir auf zwei grundsätzlich voneinander unterschiedliche Verhaltensweisen, die an Hand leicht zugänglicher und bekannter Objekte betrachtet werden sollen.

III. Ungeschlechtliche Vermehrung und geschlechtliche Fortpflanzung:

Es ist immer wieder reizvoll, die Schüler einer Mittel- oder Oberstufe darüber abstimmen zu lassen, ob die *Kartoffelknolle* ein Sproß- oder Wurzelorgan ist. Die Mehrzahl der Schüler haben in der Regel die botanischen Fakten vergessen und entscheiden sich für Wurzelteil. Abgesehen davon, daß eine solche Wahl zeigt, daß demokratische Abstimmungen sinnlos sind, wenn die notwendigen Informationen und klare Definitionen fehlen oder in Vergessenheit geraten sind, macht die Untersuchung der Entstehung sowie des Verhaltens der Kartoffelknollen auch mit den naturwissenschaftlichen Erkenntnissystemen von Deduktion und Induktion vertraut. Ähnlich wie mit der Sproß- oder Wurzelbürtigkeit der Kartoffelknolle steht es mit der Frage nach ihrer Bedeutung für die Pflanze. Kann man sie als Frucht bezeichnen? Diese Meinung scheint durch die landwirtschaftliche Zuteilung der Knolle zu den Hackfrüchten unterstützt zu werden. Da jedoch im Botanikunterricht von Anfang an betont wird, daß jeder Fruchtbildung ausnahmslos eine Blüte oder Blütenanlage vorausgeht und daß in der Regel eine Bestäubung und Befruchtung stattgefunden haben muß, finden die Schüler sehr schnell heraus, daß wir in der Kartoffelknolle keine Frucht vor uns haben, wenn sie unter anderem auch ähnliche Aufgaben zu bewältigen hat, wie sie Frucht und Samen zukommen. Entsprechend der Heimat der Kartoffelpflanze in einem steppenartigen, warmen Klima ist die Knolle in erster Linie ein Energiespeicher für die Pflanze. Die Nahrungsvorräte für die Pflanze bilden zugleich eine Nahrung und Nahrungsreserve für Mensch und Tier. Darüber hinaus steht die Knolle im Dienst der Arterhaltung, der Vermehrung und Ausbreitung der Kartoffelpflanze auf der Erde. Bekanntlich waren Kartoffelknollen auch jene Teile der Pflanze, welche ihre Ausbreitung in Europa ermöglichten. Es gibt kaum jemand, dem nicht bekannt ist, daß die Kartoffelstaude auch richtige tomatenartige, jedoch grün bleibende, bis walnußgroße Früchte aufweist, die aus den schmucken Blütendolden zuweilen hervorgehen. Diese Früchte enthalten wie alle grünen Teile der Pflanze das giftige Solanin, was seinerzeit die Einführung der Kartoffelpflanze als Nutzpflanze sehr erschwert hat! Da die Kultur der Kartoffel aus Samen keine nennenswerten Erträge in einem Jahr erbringt, erfolgt diese nur mittels der Knollen. Die Knolle ist ein verdickter Sproß, wie ihre Ergrünungsfähigkeit am Licht beweist und besitzt mehrere ruhende Knospen, die sog. „Augen". Man kann aus einer Knolle soviele Pflanzen ziehen als sie Augen aufweist. Vielfach macht man davon auch Gebrauch, indem man sehr große Knollen zerteilt, besonders wenn wenig „Saatgut" vorhanden ist!

Mit diesen Beobachtungen haben wir zugleich zwei entscheidende Erkenntnisse gewonnen, nämlich, daß wir grundsätzlich zwei verschiedene Arten von Vermehrung unterscheiden müssen: die *ungeschlechtliche* oder *vegetative* Vermehrung durch Teile von Pflanzen, die nicht nur theoretisch sogar aus nur einer Zelle bestehen können und die *geschlechtliche* oder *generative* Fortpflanzung, die mit dem Befruchtungsvorgang zweier verschiedengeschlechtlicher Individuen oder Organe ihren Anfang nimmt.

Diese Erkenntnis gilt in gleicher Weise auch für das Tierreich, jedoch scheint selbst bei den Höheren Pflanzen die Ausbildung geschlechtlich differenzierter Fortpflanzungsorgane nicht eine unbedingte Voraussetzung für die Erhaltung der Arten zu sein, wie dies bei den Höheren Tieren ausschließlich der Fall ist. So werden beispielsweise Bananen, Wein- und Obstsorten der gemäßigten Zone — um nur einige Beispiele zu nennen — seit Jahrhunderten ohne sexuelle Nachkommen rein vegetativ vermehrt, ohne daß irgendwelche Degenerationserscheinungen sichtbar geworden wären.

1. Ungeschlechtliche Vermehrung

Zusammenfassend darf nochmals betont werden, daß wir immer dann von einer (ungeschlechtlichen) Vermehrung sprechen, wenn Körperteile von Pflanzen (oder Tieren) die fehlenden Teile zu ergänzen und als selbständige Individuen weiterzuleben vermögen. Die Pflanzen sind dazu in besonderem Maße befähigt, weil sie meist an mehreren Stellen — es sei nur an die Vegetationspunkte und Kambiengewebe erinnert — totipotente Gewebe aufweisen, die durch mitotische Zellteilungen zu Reduplikation und Regeneration befähigen.

2. Ungeschlechtliche Vermehrung durch Teilung

Dieser Vorgang ist die Regel bei *Einzellern* (Protisten, Protophyten), die dadurch ihre potentielle Unsterblichkeit erhalten. Nach einer gewissen, erblich fixierten Lebensdauer, der Generationsdauer, entstehen unter günstigen Lebensbedingungen in Abhängigkeit von Umwelt- und Innenfaktoren aus der „Mutterzelle" zwei Tochterzellen bzw. Tochterindividuen, wobei die bereits erwähnte Besonderheit des organischen Wachstums auffällig hervortritt. Der Vorgang der Zellvermehrung läßt sich an Quetschpräparaten von Wurzelspitzen der Küchenzwiebel gut beobachten: Küchenzwiebel auf Becher- oder Hyazinthenglas auf Leitungswasser ansetzen, so daß die Zwiebel selbst nicht benäßt wird. Von den Wurzeln etwa 3 Millimeter lange Spitzen abschneiden und in einem Porzellantiegelchen 15 Minuten lang bei 60 Grad in HCl mazerieren. Dann in einem Deckglas ca. 20 Minuten mit Feulgens Reagenz oder Tintenstiftfarbe einfärben, bis die Spitzen tiefviolett sind, sodann in 45 % Essigsäure 3 Minuten fixieren und zum Gebrauch anschließend in Wasser aufbewahren. Für Kurzpräparate eine Spitze auf einem Objektträger in Wasser mit dem Deckglas leicht quetschen (s. a. R 830 Feinstruktur der Zelle, FT 788 und 8 F 57 Mitose).

Die Generationsdauer beträgt bei manchen *Bakterien* nur 20 Minuten (R 242 Bakterien), so daß theoretisch im Laufe eines Tages 2^{72} (also über 4000 Trillionen) Nachkommen entstehen könnten. In 2 Tagen würde die produzierte Bakterienmasse bereits das Volumen unseres Erdballs übersteigen!

Die *Wasserpest* (Elodea canadensis) vermehrt sich seit ihrer Einschleppung aus Nordamerika im vorigen Jahrhundert ausschließlich vegetativ durch Zerteilung, weil die Pflanze zweihäusig ist und seinerzeit nur weibliche Pflanzen nach Europa kamen. Das Regenerationsvermögen vermag man leicht zu veranschaulichen, wenn man eine Pflanze in Stücke teilt und sie im Wasser beläßt. Bei anderen heimischen Wasserpflanzen wie Wasserhahnenfuß, Tausendblatt u. a. können wir ähnliches beobachten.

Bei vielen *Nutzpflanzen* macht sich der Mensch die vegetative Vermehrung durch natürlicherweise auftretende *Ableger* zunutze, so beispielsweise bei Steckzwiebeln, Kartoffel- und Gladiolenknollen, bei Agaven, Erdbeeren, Farnen und Bananen sowie Ananaskulturen. Auch viele Blumenarten kommen so in den Handel wie Staudenastern, Monarden, Rudbeckien, Lysimachien und viele andere. Manche Sträucher bilden bald undurchdringliche Massenbestände durch wurzelnde Zweige wie Brombeeren, Waldrebe (Clematis), Forsythien, Flieder, Liguster u. v. a. Dazu kommen künstliche Ableger, *Fechser* oder Stecklinge, die in Zuchtbetrieben in eigenen Vermehrungshäusern kultiviert werden, z. B. Geranien, Fuchsien, Begonien, Weiden und Pappeln, um nur einige namentlich zu erwähnen. Im Bereich der *Thallophyten*, der Niederen Pflanzen, kann man sogar vielfach von einem Überwiegen der vegetativen Fortpflanzung sprechen, so vor allem bei den *Pilzen, Tangen* und *Flechten*. Bei den Flechten kann man die Soredienbildung, die Auflösung der Thalli in winzige Teilchen, die dann durch die Atmosphärilien leicht verbreitet werden, an fast jedem Baumstamm in freier Landschaft beobachten. Die Meerestange verdanken ihre weltweite Verbreitung sicher auch der großen Regenerationsfähigkeit ihrer oft riesigen Lager, die zuweilen in gewaltigen Massen zusammengetrieben und neuerdings kompostiert werden.

3. Vermehrung durch ein- oder mehrzellige Vermehrungsorgane

Bei der ungeschlechtlichen Fortpflanzung, die wir hier stets als Vermehrung bezeichnen, kann man schon kurz nach der Teilung oder Zerteilung das Mutterindividuum und seine Nachkommen kaum mehr voneinander unterscheiden, während bei der Bildung von Vermehrungsorganen zunächst Zellkomplexe gebildet werden, die meist erst nach einer kürzeren oder längeren Ruheperiode austreiben. Die einzelligen Vermehrungskörperchen sind allgemein als *Sporen* bekannt. Bei den *Pilzen* und *Flechten* dienen sie vielfach der Arterkennung. Wenn man ein sporentragendes Farnwedel mit der Unterseite auf ein Stück Papier legt und bei trockener Aufbewahrung nach einiger Zeit nachsieht, so kann man Tausende von Sporen beobachten. Ähnlich ist es, wenn man einen reifen Pilz, vorzüglich einen Champignon mit den dunklen Sporen, auf eine Glasplatte legt. Man erhält ein Abbild der Lamellen, das man gut projizieren kann. Sehr hübsche Versuche lassen sich mit den fettreichen Sporen der *Bärlappe*, dem „Hexenpulver" und mit den hygroskopischen Sporen der Schachtelhalme durchführen (Bd. 2, S. 509, 511).

Ein Beispiel für wenig differenzierte Zellkomplexe bieten die *Brutbecher der Lebermoose*, besonders leicht zu beschaffen des Brunnenlebermooses (Marchantia polymorpha). Aus Organkomplexen bestehen bereits die *Brutknospen*, wie sie sich bei der Zahnwurz (Cardamine), bei vielen Lilien (z. B. Lilium tigrinum) beobachten lassen. *Brutzwiebeln* weisen in der Regel ältere Tulpenzwiebel auf, *Brutknöllchen* die Gladiolen und die Dahlien. Hierher gehören auch die *Überwinterungsknospen* (Hibernakeln) vieler Wasserpflanzen, z. B. des Wasserschlauchs (Utricularia), von Froschbiß (Hydrocharis) und Tausendblatt (Myriophyllum), um nur einige zu erwähnen.

Weit verbreitet sind auch ober- oder unterirdische *Brutsprosse*, die häufig in Ausläuferform auftreten, wie beim Kriechenden Hahnenfuß (Ranunculus repens) und vielen anderen Pflanzen, vor allem auch Gräsern.

In all den erwähnten Fällen beruht die Sporenbildung bzw. die Zellvermehrung und Organbildung auf mitotischen Teilungen, so daß Eltern und Nachkommen in allen Eigenschaften gleich, also jeweils als *Klon* anzusprechen sind. Dadurch fand beispielsweise das Massensterben von Pyramidenpappeln in den Zwanzigerjahren an niederbayerischen Straßen seine Erklärung. Sie waren nachweislich auf Veranlassung Napoleons zur Markierung der Landstraßen gepflanzt und aus Stecklingen gleichalter Pflanzen gezogen worden. Sie hatten somit erbmäßig die gleiche Lebenserwartung!

a. „*Lebendgebärende*" *Pflanzen*

Eine besondere Erwähnung verdient in diesem Zusammenhang das durch Goethe berühmt gewordene *Brutblatt* (Bryophyllum calycinum), ein Dickblattgewächs (Crassulaceae) aus Madagaskar, das aus den Blatträndern kleine bewurzelte Keimpflänzchen hervorbringt, die nach dem Abfallen sofort weiterzuwachsen vermögen. Es sollte an keinem Schulfenster fehlen! Goethe hat diese Pflanze, von der er viele großzog, ohne sie blühend erlebt zu haben, zu seiner „Urpflanze" inspiriert, die er als ideale Stammform der Sproßpflanzen annahm. Eine ähnliche *Scheinviviparie* zeigen das in unseren Alpen häufige Alpenrispengras (Poa alpina, var. vivipara), der Alpenknöterich (Polygonum viviparum) und einige andere. Sicher kommt diese Möglichkeit der Vermehrung den Pflanzen bei den Kälterückfällen ihrer Standorte zugute. Ähnlich ist es bei den dort heimischen lebendgebärenden Tieren wie Bergeidechse, Alpensalamander u. a. Zweckmäßigerweise hält man die genannten scheinviviparen Pflanzen in Form von Farbdias oder als Herbarmaterial bereit. Bei der echten *Viviparie*, welche diese Bezeichnung eigentlich allein beanspruchen könnte, handelt es sich um das Austreiben von Samen auf der Mutterpflanze, wie es bei den tropischen Mangroven regelmäßig und bei unseren Getreidearten, sobald es in feuchten Sommern aufliegt, häufig vorkommt.

4. Vegetative Vermehrung im Tierreich

Wie bei den Protophyten, den pflanzlichen Einzellern, ist auch bei den *Protozoen* oder Urtierchen die ungeschlechtliche Fortpflanzung der Regelfall der Artvermehrung. Wenngleich die ungeschlechtliche Fortpflanzung bei den übrigen Tiergruppen seltener ist als im Pflanzenreich, weisen eine Reihe von niederen Tieren aus den Gruppen der Kopflosen und Wirbellosen natürlicherweise eine vegetative Vermehrung durch Teilung oder Knospung auf, ohne auf die Sexualität zu verzichten; häufig sind sogar beide kombiniert. Wir werden darauf noch zurückkommen. Die Vermehrung erfolgt auch hier über mitotische Teilungen, die man gut an etwa 12 Millimeter langen Lurchlarven o. frischgeschlüpften Fischchen beobachten kann. Für Dauerpräparate kappt man winzige Stückchen der Schwanzspitzen, die wieder regeneriert werden, fixiert sie mit Pikrinessigsäure und färbt sie mit Hämatoxylin-Eosin ein, worauf man sie etwas mittels Alkohol entwässert und in Caedax einbettet.

Manche *Strudelwürmer* (Turbellarien) und *Ringelwürmer* (Anneliden) zerschnüren sich selbst in etwa gleichgroße Stücke, wobei jedes Teilstück die wichtigsten Organe oder zumindest Teile davon mitbekommt, um dann zu vollkommenen Tieren zu regenerieren. Bei dem Ringelwurm *Ctenodrilus* werden sogar einzelne Segmente abgeschnürt, die jeweils ganze Würmer zu erzeugen vermögen.

Vielfach bildet sich an den Elterntieren ein wenig differenzierter totipotenter Gewebebezirk, ein Vorgang, den man als *Knospung* bezeichnet. Beim heimischen *Süßwasserpolypen* (Hydra) wachsen diese Knospen zu Volltieren heran, lösen sich ab und beginnen ihr Eigendasein zu führen. Vielfach kommt es bei den Schwämmen (Spongien), den Nesseltieren (Cnidariern), den Moostierchen (Bryozoen) und Salpen (Ascidien) auf diesem Wege zur Bildung von *Tierstöcken*, weil die Teilung nicht restlos erfolgte oder weil die durch Knospung entstandenen Nachkommen beisammen bleiben und zusammenhängende Kolonien bilden. Dabei kann es zwischen den Einzeltieren — soweit man überhaupt von Individuen sprechen mag — zu einer Arbeitsteilung und im Zusammenhang damit zu einer morphologischen Differenzierung kommen; es darf an die Staatsquallen (Siphonophoren) erinnert werden. Zur Materialbeschaffung und experimentellen Durchführung im Bereich der niederen Tiere möge auf Band 2 des Handbuches der praktischen und experimentellen Schulbiologie, insbesondere die Seiten 22, 29, 33, 35 und 38 verwiesen werden.

Ähnlich wie im Pflanzenreich macht man auch im Tierreich experimentell, allerdings in viel bescheidenerem Maße als bei den Pflanzen und nur bei niederen Tieren, von der erzwungenen, vegetativen Vermehrung Gebrauch, um schnell eine größere Individuenzahl und vor allem artgleiches Ausgangsmaterial zu erhalten. Der Vorgang ist auch sonst zu beobachten, allerdings wird er in der Fachliteratur unter den Dachbegriffen der *Regeneration* und *Reparation* abgehandelt, wobei sich die beiden Begriffe zuweilen gegenseitig überdecken. Bei der Reparation handelt es sich um den Ersatz von verlorengegangenen Körperstücken, also sozusagen um ein Überbleibsel einer totalen Regenerationsfähigkeit, die sicher in vielen Fällen den Ausgangspunkt für eine vegetative Vermehrung gebildet hat. Bei den Glieder- und Wirbeltieren ist die Reparationsfähigkeit beschränkt und macht sich kaum bemerkbar außer bei der Häutung von Arthropoden und Reptilien, dem Federwechsel der Vögel, beim Haarwechsel der Säuger und dem Geweihwechsel des Wildes. Bei manchen Insekten wie Schlupfwespen und Säugern wie Gürteltieren kommt es innerhalb der Embryonalbildung regelmäßig zu einer Teilung im Frühstadium, so daß *Polyembryonie* zustandekommt. Auch die eineiigen Mehrlinge beim Menschen wären hier zu nennen.

Ein erstaunliches Regenerationsvermögen bei Verletzungen zeigen manche *Seesterne*. So kann es bei ihnen zu einer Vermehrung kommen, weil einzelne „Arme" sogar die Körperscheibe und die übrigen Arme zu ersetzen vermögen. Strudelwürmer vermögen aus 1/100 und Süßwasserpolypen sogar auf 1/200 ihres ursprünglichen Körpervolumens das ganze Tier zu regenerieren. Interessanterweise werden dabei meist nicht die Abläufe der Embryonalentwicklung über bestimmte Keimblattbezirke eingehalten, sondern andere Gewebe dienen neben Umschmelzungs- und Einschmelzungsvorgängen von Zellbezirken als Ausgangsbasis.

Die Beschaffung von frischen Meerestieren kann im Inland wegen der hohen Kosten nicht empfohlen werden. Wenn allerdings die Mittel bereitstehen, bietet die biologische Versuchsanstalt auf Helgoland eine reiche Auswahl. Aus tierschützerischen Motiven heraus, wird man vielfach sowieso audiovisuellen Unterrichtshilfen den Vorzug geben: (Reifeteilung FT 787, 8 F 59 und 8 F 58 Samenzellenbildung) Anatomie des Regenwurms R 824, Hohltiere R 94; Nahrungsaufnahme beim Süßwasserpolypen F 298, Tiergärten der Nordsee F 377, Einzeller unter dem Mikroskop F 249. Im Watt zwischen Ebbe und Flut FT 321.

Obwohl spezifisch themenbezogene Diareihen oder Filme fehlen, bieten die genannten Mittel doch in vieler Hinsicht passendes Anschauungsmaterial an. Schließlich wird sich auch in einer gut bestückten Schulsammlung so manches Schaustück finden wie beispielsweise die Kometenform eines regenerierten Seesterns.

5. Geschlechtliche Fortpflanzung im Pflanzenreich

Die geschlechtliche Fortpflanzung wird auch als sexuelle Reproduktion bezeichnet. Ihr Hauptcharakteristikum ist darin zu sehen, daß stets geschlechtlich differenzierte Fortpflanzungszellen vorliegen, bei deren Bildung eine *Meiose,* also eine Reduktionsteilung, stattfand. Die Verschiedengeschlechtlichkeit kommt im allgemeinen nicht nur gen- und chromosomenmäßig zum Ausdruck, sondern auch morphologisch. Die Sexualzellen bezeichnet man als *Gameten* (gr. *gamein* = heiraten).

In den einfachsten Fällen ähneln sie bei den Pflanzen begeißelten oder unbegeißelten, einzelligen Algen, wie sie die Clamydomonazeen darstellen. Sie verursachen häufig den grünen Anflug von Aquarien und sind daher leicht zu erhalten. Sie nehmen eine Basisstellung innerhalb der Sexualität ein, weil sich die Gameten kaum von vegetativen Zellen unterscheiden und wahllos miteinander kopulieren. Aus der Gruppe der mehrzelligen *Grünalgen* findet man am Boden stehender und fließender Gewässer vielfach die *Schlauchalge* (Vaucheria), die daran zu erkennen ist, daß sie keine zellige Gliederung, sondern einen vielkernigen, einzelligen Thallus aufweist. Stellt man solche Schlauchalgen auf einem flachen Teller ins Dunkle, so färbt sich nach einigen Tagen (wenn man Glück hat) der Tellerrand grünlich infolge der gebildeten, ungeschlechtlichen Schwärmsporen. Beim Durchsichten der Thallusstücke wird man vielleicht auch auf kugelförmige Abschnürungen mit dem Makrogameten, den man im allgemeinen als Ei bezeichnet und auf hornartig gewundene Behälter für die zweigeißeligen Mikrogameten, auf die sog. Antheridien, stoßen. Wegen ihrer Ähnlichkeit mit den tierischen Spermatozoen, den Samentierchen, die *Leuwenhoek* entdeckte, bezeichnet man die pflanzlichen, freibeweglichen männlichen Gameten als Spermatozoiden.

Relativ leicht zugänglich sind die Befruchtungsorgane der *Armleuchteralgen* (Characeae), die in vielerlei Hinsicht eine Sonderstellung innerhalb des Pflanzenreichs einnehmen und als eine Art lebendes Fossil bezeichnet werden könnten. Die kugelförmigen Antheridien und das knospenförmige Oogonium mit der großen Eizelle sind mit freiem Auge sichtbar, ebenso die bräunliche „Frucht". Leichter zugänglich für die Beschaffung und Vorweisung von Archegonien sowie Antheridien sind *Moose* mit ihren „Blüten", besonders der häufigen Bürstenmoosarten (Polytrichum). Die Geschlechtszellenbehälter finden sich in ein- bis zweihäusiger Verteilung in auffällig becherförmigen Sproßspitzen. Nach einiger Erfahrung und Übung vermag man die Antheridien unter dem Mikroskop zum Platzen zu bringen und kann das Eindringen der Spermatozoiden in das Archegonium verfolgen, wobei erstere chemotaktisch zu ihrem Ziel geführt werden. Bei einigem Geschick und Ausdauer kann man die chemotaktische Anziehung der Moosspermatozoiden durch eine Rohrzuckerlösung sogar unter dem Mikroskop verfolgen, wenn man die Lösung in einer lang ausgezogenen Glaskapillare unter dem Deckglas zu den Antheridien schiebt. Das Verschmelzungsprodukt zwischen Eizelle und Spermatozoid bezeichnet man als Zygote. Aus ihr entwickelt sich — meist nach einer artspezifischen Ruhezeit — die nächste Generation.

Wer selbst Farnsporen auskeimen ließ und geschlechtsreife *Farnprothallien* vorliegen hat bzw. diese aus einem Gewächshaus besorgen kann, besonders wenn dort Farne gezüchtet werden, der kann die bei Moosen geschilderten Beobachtungen auch an Farnprothallien machen. Die Aufzucht der Farnsporen (am besten

vom Wurmfarn) erfolgt am günstigsten auf einer Torfplatte, die man in einer feuchten Kammer (Glasschale oder Kleinaquarium mit Deckel) bei Zimmertemperatur im Schatten aufstellt. Man muß bis zu den reifen Vorkeimen 2—3 Monate rechnen.
Im Prinzip zeigt die geschlechtliche Fortpflanzung bei den *höheren Pflanzen*, den Gefäßkryptogamen, den Gymno- und Angiospermen denselben Ablauf wie bei den oogamen Thallophyten. Während allerdings bei diesen der Gametophyt und Sporophyt, wenn sie nicht sogar als getrennte Pflanzenindividuen auftreten wie Wirtspflanze und Schmarotzer miteinander in Verbindung stehen, bleibt bei den Spermatophyten der weibliche Gametophyt zeitlebens vom Sporophyten in der Samenanlage umschlossen. Die Verhältnisse liegen also etwa umgekehrt wie beim Frauenhaarmoos, wo der Sporophyt, die Sporenkapsel, auf dem assimilierenden Gametophyten schmarotzerhaft aufsitzt. Die geschlechtliche Fortpflanzung vollzieht sich bei den Blütenpflanzen innerhalb der Blüte. Die Reduktionsteilungen finden in der Samenanlage bzw. in den Pollenmutterzellen statt. Selbst die Spermatozoiden verlieren ihre Freibeweglichkeit und werden durch die Atmosphärilien (Wind- und Wasserblütler) oder durch Tiere (Schnecken, Fledermäuse, Vogel- und Insektenblütigkeit u. a.) zu den Samenanlagen verfrachtet. Dort erreichen die Spermakerne mittels des Pollenschlauchs den Eiapparat mit der Eizelle. Im Makrosporangium, dem sog. *Nucellus,* entsteht eine Embryosackmutterzelle, die durch Reduktionsteilung, den Embryosack, bildet.
Dieser wird zunächst achtkernig und bildet sich durch nachfolgende Zellwandbildung zum Eiapparat mit der Eizelle, den beiden „Gehilfinnen" (Synergiden) und den drei „Gegenfüßlerzellen" (Antipoden) um. Die Verfolgung der näheren Einzelheiten, insbesondere die Bildung des triploiden Ernährungskernes, sollten wohl speziellen Studien und Kursen vorbehalten bleiben. Als günstige Objekte, die wenig Vorarbeiten verlangen, bieten sich die vielfrüchtigen Blüten der Hahnenfußgewächse (z. B. Ranunculus acer und repens) an. Die Fruchtknoten etwas älterer Blüten, von denen man annehmen kann, daß sie bereits bestäubt wurden, streicht man auf einen Objektträger aus und nachdem man mit Natronlauge oder noch besser mit Eau de Javelle aufgehellt ist, kann man sicher Samenanlagen mit in die Eiapparate vorstoßenden Pollenschläuchen beobachten.
Infolge der Schwierigkeiten, welche die Beschaffung geeigneten und guten Beobachtungsmaterials im Schulalltag bereiten, wird man vielfach zu audiovisuellen Hilfen Zuflucht nehmen. An den amtlichen Bildstellen sind fast ausnahmslos zu erhalten: R 198 Entwicklung eines Laubmooses, F 379 Moose, der sehr zu empfehlen ist sowie R 180 Entwicklung eines Farns, R 198 Entwicklung eines Laubmooses und 8 F 148 Bestäubung und Befruchtung bei Pflanzen.
Im Zusammenhang mit der Blütenbildung und geschlechtlichen Fortpflanzung muß man auch der *Geschlechterverteilung* einige Aufmerksamkeit schenken. Im Gegensatz zum Tierreich ist bei den Pflanzen, besonders bei den höheren Pflanzen, die Zwittrigkeit die Regel, d. h. beide Geschlechter bzw. ihre generativen Organe sind in einer Blüte vereint, allgemein bekannt als Staub- und Stempelblüten. Die Mehrzahl unserer Blütenpflanzen können hierfür als Beispiel dienen. Seltener ist die sog. Einhäusigkeit, bei der die männlichen und weiblichen Organe wohl auf derselben Pflanze, aber örtlich getrennt vorkommen; als Musterbeispiel darf für das Frühjahr der Haselstrauch angeführt werden, im Sommer bieten sich Gurken und Kürbisse an. Etwas häufiger kommen zwei verschiedengeschlecht-

liche Individuen vor, wobei man bei den Pflanzen infolge ihrer Ortsfixierung von Zweihäusigkeit spricht. Bekannte Beispiele dafür liefern die Weiden und Pappeln, die Brennessel, die Taglichtnelke und die rotbeerige Zaunrübe (Bryonia dioica). Vereinzelt vorkommende Ausnahmen bzw. übergreifendes Verhalten sollen hier nicht weiter zur Sprache kommen, da es hier nur um die Herausstellung der großen Zusammenhänge gehen kann.

6. *Geschlechtliche Fortpflanzung im Tierreich*

Ähnlich wie im Pflanzenreich besteht das Wesen der geschlechtlichen Fortpflanzung auch bei den Tieren in der Vereinigung oder *Kopulation* geschlechtlich und meist auch morphologisch differenzierter, haploider Zellen. Im Hinblick auf die soziale und vielfach familiäre Bindung der Geschlechtspartner spricht man auch von Elternzeugung.

Bei den *Protozoen* findet sich zuweilen eine von der Norm abweichende Kopulationsart, die als Konjugation bezeichnet wird. Dabei handelt es sich um eine vorübergehende Vereinigung zweier Individuen, zwischen denen ein gegenseitiger Austausch von Kernhälften stattfindet. Als bekanntester Vertreter dieses Sexualverhaltens wird stets das *Pantoffeltierchen* (Paramaecium) angeführt, das auch relativ einfach zu züchten ist (s. Handbuch Bd. 2, S. 14).

Im Nachtrag zu den Pflanzen sei hier vermerkt, daß die Algengruppe der Konjugaten ihren Namen nach den jochförmigen Kopulationskanälen hat, über welche die Verschmelzung der beiden Zellinhalte erfolgt. Schraubenalgen (Spirogyra), die man längere Zeit in kleinen Becken aufbewahrt hat, zeigen vielfach diesen charakteristischen Vorgang. Der Regelfall für die geschlechtliche Fortpflanzung ist auch bei den Protozoen die Kopulation, also die Verschmelzung zweier Zellen zu einer Zygote, die dann einen diploiden oder nach sofort eintretender Reduktionsteilung zwei oder mehrere haploide Organismen bildet.

Für die *Metazoen* ist die Gametenkopulation typisch und in der Regel in der Weise abgewandelt, daß etwas größere, meist nicht freibewegliche *Eizellen* (Oogenese) und eine meist winzig kleine, freibewegliche Samenzelle, ein *Spermatozoon* (Spermatogenese) miteinander verschmelzen. Die Vorgänge im Zellkern stimmen bei allen Formen der geschlechtlichen Fortpflanzung miteinander überein. Die Urkeimzellen sind stets diploid. Bei der ersten Reifungsteilung der Keimzellen findet die Reduktionsteilung statt, wodurch der haploide Zustand hergestellt wird. Während aus der Spermienmutterzelle in der Regel vier gleichgroße, befruchtungsfähige Spermien entstehen, gehen von den vier Teilungsprodukten der Eimutterzelle drei, die stets auch kleiner bleiben, als sog. Richtungskörperchen zugrunde, so daß der Hauptteil der Plasmamasse und der Vorratsstoffe dem Ei erhalten bleiben.

Die Befruchtung wurde am lebenden Objekt erstmals von *R. u. O. Hertwig* beim *Seeigel* beobachtet. Sie findet hier außerhalb des Körpers an freigesetzten Keimzellen statt, wobei die Spermien von der Gallerthülle der Eizelle gefangen werden. Zur Beschaffung und Kulturanweisung für diese Stachelhäuter darf auf Band 2 des Handbuches S. 224 mit 227 verwiesen werden. Anschauungsmaterial für die aufgeführten Objekte bieten auch mehrere audiovisuelle Unterrichtsmittel wie beispielsweise: F 547 Das Pantoffeltierchen, F 315 Die Entwicklung des Seeigeleies und R 2 Reifungsteilung, Befruchtung und erste Furchungsteilung beim Seeigel, F 69 Befruchtung und Furchung des Kanincheneies.

Die Befruchtung der Eizelle außerhalb des Körpers wird dann im Laufe der Evolution abgelöst durch die innere Befruchtung, wobei allerdings verschiedentlich Ausnahmen zu verzeichnen sind, es möge nur an die Würmer und Weichtiere erinnert sein. Mit der festen Installation der inneren Befruchtung und der für die intrauterine Embryonalentwicklung notwendigen Organe wird auch die Zweigeschlechtlichkeit zur herrschenden Form der Sexualität bei den höheren Tieren. Die Fortentwicklung von Wasserbrütern über die Sonnen- und Nestbrüter zu den viviparen Leibbrütern gehört mit zu den einprägsamsten Phänomenen der Abstammungslehre und wird uns noch bei der Besprechung der Entwicklung beschäftigen müssen. Bei letzteren finden wir bereits weitgehend die auch für den Menschen gültigen Organe ausgebildet, die Hoden mit ihren Anhangsdrüsen und dem Penis im männlichen Geschlecht und die Eierstöcke sowie Gebärmutter nebst Scheide im weiblichen Geschlecht. Während man früher die schulische Sexualaufklärung mit Vorliebe an Säugern, ja sogar an Insekten demonstrierte, wenn man nicht überhaupt bei den Blumen verweilte, haben sich die Verhältnisse in dieser Hinsicht in den letzten Jahren erfreulich gewandelt und seit einigen Jahren lassen die ministeriellen Stoffpläne die Behandlung des bis dahin so umstrittenen Stoffgebietes der menschlichen Sexualität im Unterricht zu. Da die menschliche Sexualität und alle damit zusammenhängenden Probleme in Band 3, Menschenkunde, des Handbuchs ausführlichst behandelt sind, darf hier darauf verwiesen werden.

7. Parthenogenese im Tier- und Pflanzenreich

Rückblickend auf die bisherigen Ausführungen darf nochmals daran erinnert werden, daß bei den meisten systematischen Gruppen die Kopulation von Anisogameten die Regel geworden ist. Nur bei einigen Protophyten und mehrzelligen Grünalgen entwickeln sich die Gameten, die nicht zur Kopulation gelangen konnten, zu gewöhnlichen Schwärmsporen weiter, sonst sterben sie im allgemeinen ab. Nicht selten kommen jedoch unbefruchtete Eizellen zur Weiterentwicklung, was man als *Jungfernzeugung* oder *Parthenogenese* bezeichnet. Dabei können die Eier sowohl ihren „zustehenden" haploiden Zustand aufweisen als auch den diploiden Chromosomensatz zeigen. Letzteres besonders dann, wenn die Reifeteilungsvorgänge teilweise unterdrückt wurden oder eine Verschmelzung des Eikerns mit dem Kern eines Richtungskörperchens stattfand. Solche Fälle machen auch deutlich, daß sich die Parthenogenese aus der zweigeschlechtlichen Fortpflanzung unter Umgehung der Befruchtung entwickelt hat. Man bezeichnet sie daher auch als *eingeschlechtliche* Fortpflanzung im Gegensatz zur ungeschlechtlichen Vermehrung, bei der keinerlei Sexualzellen im Spiele sind. Im Pflanzenreich spricht man vielfach von apomiktischen Vorgängen, auf die noch zurückzukommen sein wird.

Bei einigen systematischen Gruppen des Tierreichs ist die Parthenogenese zu einem festen Bestandteil ihres Daseins geworden. Die Männchen oder Drohnen der *Bienen*, *Hummeln* und *Wespen* entstehen stets aus unbefruchteten Eiern. Jeder Imker ist daher bestrebt, Stöcke mit unbefruchteten Weibchen oder alten Königinnen, deren Spermavorrat aufgebraucht ist, zu vermeiden, da sie sonst drohnenbrütig und damit unrentabel werden. Während bei diesen Hautflüglern haploide Parthenogenese vorliegt, zeigen die Sommergenerationen von *Blattläusen*, *Gallwespen* und *Gallmücken* und vor allem von *Wasserflöhen* (Clado-

ceren) und *Rädertierchen* (Rotatorien) zumindest zeitweise diploide Parthenogenese. Dies gilt auch für die Larvenstadien von parasitischen Würmern wie beispielsweise beim *Leberegel* (Fasciola hepatica). In den aufgeführten Fällen ermöglicht die Jungfernzeugung eine zahlreiche Nachkommenschaft in kürzester Zeit, sobald die Ernährungs- und sonstigen Umweltverhältnisse günstig sind.
Als Beobachtungsobjekte im Rahmen des Schulalltags eignen sich neben den leicht zu beschaffenden *Blattläusen,* die am Hollunder und Ahorn, an Bohnen (schwarze Blattlaus) und Dahlien häufig zu finden sind, besonders *Stabheuschrecken* zur Zucht (s. Bd. 2, S. 185).
Experimentell kann man künstlich Parthenogenese auslösen, so beim Seeigel durch Zusatz von Chemikalien zum Seewasser und bei Wirbeltieren, besonders bei Lurchen durch Anstechen der Eier. In den religiösen Mythen verschiedener Völker liegen Berichte über Parthenogenese beim *Menschen* vor und es tauchen immer wieder Meldungen in dieser Hinsicht auf, jedoch hat sich keine bisher als stichhaltig erwiesen! Sicherlich kommt dem Auftreten der Jungfernzeugung entwicklungsphysiologisch eine Bedeutung zu, doch lassen die bisherigen Erkenntnisse kein gezieltes Urteil auf den zukünftigen Trend der Evolution zu.
Im *Pflanzenreich* ist die Entwicklung etwas weiter gekommen, denn es gibt nicht nur Lagerpflanzen, sondern auch Blütenpflanzen, welche die geschlechtliche Fortpflanzung völlig verloren und durch die ungeschlechtliche Vermehrung beziehungsweise asexuelle Verfahren ersetzt haben. Man bezeichnet diese Verhaltensweisen als *Apomixis*. Sie äußert sich in verschiedenen Formen, so einmal in der habituellen oder natürlichen Parthenogenese, bei der die Geschlechtszellen — meist nur die Eizellen bzw. die Eiapparate — ohne Befruchtung von selbst keimen. Solche Fälle sind nicht nur bei einzelligen *Diatomeen* und großwüchsigen *Tangen*, sondern auch bei *Blütenpflanzen*, besonders innerhalb der Gattungen Frauenmantel (Alchemilla), Löwenzahn (Taraxacum) und Habichtskraut (Hieracium), um nur einige namentlich zu erwähnen, bekannt geworden. Neben der Jungfernzeugung aus unbefruchteten Eizellen kann man bei diesen Pflanzen auch die sog. Apogamie, d. h. eine Embryobildung aus anderen Zellen des Gametophyten, z. B. den Synergiden, beobachten. Bei der Funkie (Funkia ovata), einer beliebten monokotylen Einfassungsstaude wurde erstmals die Adventiv- oder *Polyembryonie* untersucht. Man könnte sie zwar eher als einen Sonderfall der vegetativen Vermehrung betrachten, weil vegetative Zellen als Ausgangsbasis dienen. Derartige Grenzfälle sprechen ja besonders stark dafür, daß wir hier die Evolution am Werke sehen, ohne ihre Richtung eindeutig zu erkennen! Von besonderer wirtschaftlicher Bedeutung ist in dieser Hinsicht die *Navelorange* geworden, da sie kernlos, sehr süß und saftig ist. Anstelle der Samen entstehen regelmäßig sog. „Kindl", indem sich im Inneren der Früchte meist mehrere, kleine Früchte ausbilden. Die Navelorange (nach *Washington Navel*) wird seit 1820 in Brasilien vermehrt, nachdem sie 1810 in Bahia als Mutante der portugiesischen Orangensorte Laranja selecta beobachtet worden war. Auch die Mehrzahl der samenlosen Feigen- und Bananenfrüchte, des Weinstocks (getrocknet als Korinthen) und anderer Obstsorten wie die steinlose Pflaume von *Luther Burbank* um 1900 wären hier zu erwähnen. Es handelt sich meist um Mutanten und bewußte Auslesezüchtungen, wobei man heute auch künstlich ausgelöste experimentelle Parthenogenesen heranzieht.

Die Vorweisung einiger hier aufgeführten Paradebeispiele läßt sich jederzeit ermöglichen, weil sie durch die heutigen Kulturmaßnahmen und Konservierung sowie die weltweiten Handelsbeziehungen praktisch ganzjährig zur Verfügung stehen. Darüber hinaus lassen sich zur Vertiefung einsetzen R 538 Anatomie der Blüte, R 576 Nutzpflanzen aus tropischen und subtropischen Ländern II: Obstpflanzen.

F 302 Die Honigbiene II: Entwicklung einer Biene — Gründung des Volkes.
R 565 Wespen und Hummeln, FT 1463 Blattläuse.
R 749 Mutationen bei Tier und Mensch. R 979 Mutationen im Pflanzenreich.

IV. Generationswechsel im Tier- und Pflanzenreich

Von Generationswechsel spricht man allgemein dann, wenn im Entwicklungsgang einer Art in mehr oder weniger regelmäßiger Folge Generationen miteinander abwechseln, die sich verschieden fortpflanzen und meist auch unterschiedlich gestaltet sind. Der Entwicklungsgang einer Art führt also erst nach zwei oder mehreren Generationen zum gleichen Stadium zurück. Soweit die beiden Generationen nicht direkt körperlich miteinander verbunden sind, wäre sicher die Frage berechtigt, ob man nicht von zwei verschiedenen Arten sprechen könnte, doch hat sich diese Ansicht nicht durchgesetzt. Man pflegt zwei Hauptformen des Generationswechsels zu unterscheiden: Bei der *Metagenese* handelt es sich um einen Wechsel zwischen geschlechtlicher und ungeschlechtlicher Fortpflanzung, während sich bei der *Heterogonie* verschiedene Generationen mit teils zweigeschlechtlicher, teils parthenogenetischer Fortpflanzung gegenseitig ablösen. Da beide Formen, wenn auch schwerpunktsmäßig verschieden, sowohl im Tierreich wie im Pflanzenreich in Erscheinung treten, darf man schließen, daß wir ein Phänomen der Evolution der Lebewesen vor uns haben, wobei anzunehmen ist, daß die ungeschlechtliche Vermehrung am Anfang und die geschlechtliche Fortpflanzung am Ende stand.

Im *Tierreich* ist die Metagenese, die bei den *Salpen* entdeckt worden war, bereits bei vielen *Einzellern* zu beobachten, ja die Klasse der Sporozoen, zu der viele Auslöser von Seuchen gehören wie der Malariaerreger oder die Verursacher der Tiercoccidiosen, hat sogar ihren Namen nach der charakteristischen ungeschlechtlichen Sporenvermehrung. Bei den Mehrzellern ist das einprägsamste Beispiel für die Metagenese seit jeher die *Nesseltierfolge* mit ihrer Metamorphose von Polypen- und Medusengeneration, wobei erstere häufig ungeschlechtlich durch Teilung oder Knospung Medusen hervorbringen, aus deren befruchteten Eiern wiederum Polypen entstehen. Allerdings zeigt sich innerhalb der Cnidarier bereits eine Weiterentwicklung zur beherrschenden Rolle der geschlechtlichen Fortpflanzung, was auch für andere Nesseltiere, vor allem für die Korallenpolypen gilt. Daß die verbindenden Zwischenformen heute ausgestorben sind, ist nicht weiter verwunderlich, denn wir können mit Sicherheit annehmen, daß sie besonders labil auf Umweltumstände reagierten und der Auslese zum Opfer gefallen sind. Unsere heimische Hydra, die sicher eine Endform innerhalb der Nesseltierevolution darstellt, zeigt sowohl geschlechtliche Fortpflanzung wie ungeschlechtliche Vermehrung. Bei einigen *parasitischen Würmern* ist die Metagenese nicht nur mit einer Metamorphose, sondern auch mit einem Wirtswechsel verbunden. In den Lehr- und Schulbüchern werden meist Beispiele aus dem Bereich der

Leberegel (Fasciola, Dicrocoelium) und der Bandwürmer (Cestoden) vorgestellt. Da experimentell dazu kaum Beiträge gebracht werden können, erübrigt es sich, an dieser Stelle ausführlich darauf einzugehen.

Die *Heterogonie* findet man besonders bei parasitischen Pflanzenschädlingen wie Gallwespen und Pflanzenläusen. In Weinbaugebieten wird man an der *Reblaus*, die sich auch des Liedes bemächtigt hat, kaum vorbeigehen können. Aus den überwinternden Eiern der Phylloxera vastatrix schlüpfen lauter Weibchen, welche die Rebenblätter anstechen und dadurch Gallen erzeugen. Aus den 200— 300 unbefruchteten Eiern innerhalb der Gallen schlüpfen Tiere, die teils wiederum als Galläuse auftreten, teils aber unterirdisch als Wurzelläuse schmarotzen und ebenfalls parthenogenetisch Nachkommen erzeugen. Im Laufe des Herbstes entstehen darunter auch geflügelte Weibchen. Sie besorgen einerseits die Verbreitung der Art über die Erde hin, andererseits legen sie geschlechtlich differenzierte Eier, welche eine zweigeschlechtliche Generation einleiten. Nach der Begattung der daraus geschlüpften und in mancher Hinsicht verkümmerten Elterntiere legt das Weibchen ein einziges befruchtetes Ei unter die Rinde des Rebstocks, das im Frühjahr den Entwicklungskreis von neuem eröffnet. In Deutschland tritt der Schädling allerdings fast ausnahmslos in Form der parthenogenetischen Wurzelläuse in Erscheinung. Außerhalb der Weinbaugebiete bieten sich zahlreiche weitere Blattlausarten an, die sich gut im Zimmer oder bei Ausflügen beobachten lassen. Einen obligatorischen Wirtswechsel zeigt die schwarze *Rüben-* oder *Bohnenblattlaus*. Das befruchtete Ei überwintert in der Regel auf dem nicht seltenen Pfaffenhütchen (Evonymus europaeus) und entläßt im Frühjahr die Stammutter, die Fundatrix, die parthenogenetisch geflügelte Weibchen erzeugt, welche Vicia-, sowie Betaarten u. a. befallen und mittels geflügelter und ungeflügelter parthenogenetischer Weibchen eine epidemische Verbreitung erreichen. Dabei vermöchte ein Weibchen bei ungehinderter Vermehrung etwa 250 Millionen Nachkommen zu erzeugen. Ungeflügelte parthenogenetische Weibchen bringen dann geflügelte Männchen hervor, welche sich auf Pfaffenhütchen mit befruchtungsbedürftigen Weibchen paaren, die dann wiederum Wintereier ablegen. Weitere noch mögliche und auch verwirklichte Komplikationen des Entwicklungsganges sollten wohl speziellen Studien vorbehalten bleiben.

Die *schwarze Bohnenblattlaus* (Doralis fabae Scop.) ist relativ leicht zu züchten. Die befruchteten Eier überwintern in Knospenwinkeln von Pfaffenhütchen Schneeball und Pfeifenstrauch. Nachdem die Stammutter geschlüpft ist, fliegen ihre parthenogenetisch erzeugten, weiblichen Nachkommen im Mai auf den Sommerwirt, der ein Schmetterlingsblütler, meist eine Garten- oder Pferdebohne ist. Es werden aber auch Mohn, Korbblütler und Gänsefußgewächse, vor allem Zuckerrüben angenommen. In der Folge entstehen ungeflügelte und geflügelte Weibchen, die sich parthenogenetisch vermehren, bis im Laufe des Herbstes geflügelte Gynopare auftreten, die dann geflügelte Männchen und Weibchen hervorbringen. Man findet im Freien stets Blattläuse an den Wirtspflanzen, die man mit einem Haarpinsel auf die Nährpflanze, in Blumentöpfen gezogene Buschbohnen überträgt. Die weitere Zucht erfolgt in Petrischalen von 8 cm Durchmesser und 2 cm Höhe, deren Boden man mit feuchtem Filtrierpapier ausschlägt. Mit einem Plexiglasdeckel, der zur Durchlüftung eine mit Gaze bespannte Öffnung hat, verschließt man das Zuchtgefäß. In einer solchen Schale kann man auf einem abgeschnittenen Bohnenblatt die Tierchen leicht unter Kontrolle halten. Damit die Blätter nicht allzuschnell welken, kann man sie in kleine Wassergläschen stecken oder besser in einer „feuchten Kammer" mehrere Kulturgläser unterbringen, wobei die Temperatur nicht über 20 ° und die Feuchtigkeit nicht über 90 %/o liegen sollte. Die Belichtungsdauer entspricht der normalen, jahreszeitlichen Tageslänge. Sobald die Blätter, meist nach 3—4 Tagen, zu gilben beginnen, ersetzt man sie durch neue, auf die man wiederum Tierchen mit einem Haarpinsel umsetzt. Mit dieser Zuchtmethode gewinnt man neben Intermediärformen auch geflügelte Tiere. Die Larven der ungeflügelten Morphen machen 4 Häutungen durch, die in Abständen von zwei Tagen erfolgen. Mit der letzten, der Imaginalhäutung, ist auch die Geschlechtsreife der viviparen Tierchen erreicht, die sofort Junglarven absetzen können. So kann man innerhalb von 8 Tagen bei günstigen Bedingungen jeweils eine Generation mit 30—60 Nachkommen erhalten. Die Entwicklung der geflügelten Tiere dauert 1—2 Tage länger.

Neben anderen biologischen Vorgängen kann man besonders den Geschlechtsdimorphismus (Männchen sind stets geflügelt), den Generations- und Wirtswechsel, die Viviparie und die Parthenogenese beobachten (nach *D. H. Linti*).

Zur Veranschaulichung eignen sich ohne Zweifel in besonderem Maße die planktontischen *Wasserflöhe* (Daphnien), die im Sommer durch parthenogenetische Generationen aus Subitaneiern (die sich sofort entwickeln) eine schnelle Vermehrung erreichen. Bei Verschlechterung der Lebensbedingungen entstehen männliche und weibliche Tiere, die befruchtete Dauereier hervorbringen, welche das Eintrocknen bzw. Ausfrieren der Gewässer überleben können, ja vielfach zur Weiterentwicklung dessen sogar bedürfen. Analoge Beobachtungen an *Rädertierchen* (Rotatorien) verlangen größere Mühe, weil sie schwieriger zu erhalten und zu untersuchen sind (s. Bd. 2, S. 48). An allgemein zugänglichen audiovisuellen Hilfen sind zu empfehlen FT 1463 sowie R 1476 Blattläuse, FT 845 Entwicklungszyklus des Lanzettegels-Ameisen im Dienste von Parasiten.

Im *Pflanzenreich* findet sich der Generationswechsel wesentlich häufiger als im Tierreich. Meist ist er mit einem Kernphasenwechsel verbunden, obwohl, wie die Versuche von *v. Wettstein* mit tri- und tetraploiden Moosgameto- und Sporophyten bewiesen haben, keine direkte Beziehung zwischen Chromosomenzahl und Habitus zu bestehen scheint.

Bei den Pflanzen handelt es sich fast ausschließlich um Metagenese, also Wechsel zwischen geschlechtlicher Fortpflanzung und ungeschlechtlicher Vermehrung. Sie stellt bei den Grünalgen, Braunalgen und Rotalgen sowie den Pilzen den regelmäßigen Entwicklungsgang dar. Es läßt sich allerdings bei den Pflanzen im Laufe der Entwicklungsgeschichte eine deutliche Tendenz zur Ausweitung der diploiden Entwicklungsphase verfolgen, während das haploide Stadium mehr und mehr eingeschränkt wird. Da bei den Samenpflanzen (Spermatophyten) der weibliche Gametophyt zeitlebens in den Blüten eingeschlossen bleibt (s. 8 F 148 Bestäubung und Befruchtung bei Pflanzen), eignen sie sich wegen der Schwierigkeit der Veranschaulichung nur wenig für den Schulalltag im Gegensatz zu den Lagerpflanzen (Thallophyten) und Gefäßsporenpflanzen (Gefäßkryptogamen). Ohne große Mühe kann man den Generationswechsel bei den *Moosen* und *Farnen* veranschaulichen, wobei auch einiges Dia- und Filmmaterial zur Verfügung steht: F 379 Moose und R 198 Entwicklung eines Laubmooses sowie R 180 Entwicklung eines Farns. Auf nähere Einzelheiten soll hier nicht eingegangen werden, weil jedes Biologiebuch für weiterführende Schulen diese Paradebeispiele ausführlich darbietet. Da es sehr reizvoll ist, den Entwicklungsgang von Moosen oder Farnen makro- und mikroskopisch zu verfolgen, mögen entsprechend der Diktion dieses Werkes noch einige Angaben zur Aufzucht von Moosprotonemen oder Farnprothallien angeführt werden: Sporophylle des auch in Gärten vielfach angepflanzten Wurm (oder eines anderen) -Farns sowie Sporenkapsel des Frauenhaarmooses (oder eines anderen) werden, sobald sie sich bräunlich verfärben, in einem trockenen Raum über Nacht auf Papier ausgelegt. Das ausgefallene Sporenpulver läßt man gut trocknen und bewahrt es in einem Gläschen bis zur Aussaat auf. Zweckmäßigerweise besorgt man sich jedes Jahr neue Sporen. Die Anzucht geschieht entweder auf ausgekochtem Torfmull oder auf Agar-Agar, indem man 10 Gramm Agar-Agar mit 1/2 Liter Wasser aufkocht, in dem man vorher etwas Waldboden ausgekocht hatte. Bei Verwendung fester Handtorfscheiben oder von Torf-Quarzsandgemischen empfiehlt sich die Zugabe einer Nährlösung nach *Brettschneider*. Man kann auch direkt in einer völlig klaren Nährlösung züchten. Dabei bewährte sich die von *H. Fischer* bisher sehr gut: 1 Liter destilliertes Wasser, 10 g Kaliumhydrogenphosphat (KH_2PO_4), 1 g Kalziumchlorid ($CaCl_2$), 3 g Magnesiumsulfat ($MgSO_4$ krist.), 1 g Kochsalz (NaCl), 0,1 g Eisentrichlorid ($FeCl_3$) und 10 g Ammoniumnitrat (NH_4NO_3). Diese Stammlösung ist haltbar. Zum Gebrauch wird sie zehnfach verdünnt. Die erhitzte Nährlösung füllt man etwa 2 cm hoch in tiefe Glasschalen. Vor dem Erkalten gibt man mit einem Pinsel etwas Sporenpulver zu, deckt mit einer Petrischale ab und exponiert an einem Nordfenster. Nach spätestens zwei Wochen sollte sich der erste grüne Anflug austreibender Sporen zeigen. Auf dieselbe Weise lassen sich auch Schachtelhalmsporen zum Keimen bringen. Es ist stets zu empfehlen, sich von gut gelungenen Keimlingen in Glyzeringelatine Dauerpräparate zu fertigen oder in 4 % Formalinlösung unter Zusatz einer Spur von Kupfersulfat (erhält die grüne Farbe) zu konservieren!

V. Symbiontisches Zusammenwirken von Pflanzen und Tieren im Rahmen der Fortpflanzung

Die enge Verbindung von Pflanzen, vor allem Blütenpflanzen, und Tieren, in erster Linie Insekten und Vögel, im Rahmen der Bestäubung wurde bereits früher erwähnt. Man spricht vielfach von Fliegen- und Käferblumen, von Bienen- und Hummelblüten. Langröhrige Blüten sind fast ausschließlich auf die langrüsseligen Schmetterlinge angewiesen, weil diese allein die Bestäubung und damit die Befruchtung vollziehen helfen können. Der Erzeuger von Kleesamen weiß, daß er solche nur bekommen kann, wenn gewisse Hummelarten vorhanden sind.
Reizvolle Diareihen und Farbfilme vermögen einen raschen Überblick über dieses Gebiet zu geben: R 2059 Blütenbestäubung durch Insekten, R 978 Bestäubung der Salbeiblüte, 8 F 148 Bestäubung und Befruchtung. Für Kurse und Arbeitsgemeinschaften bietet die Blütenbiologie nach wie vor ein reizvolles und unerschöpfliches Arbeitsgebiet. Doch nicht genug mit der allgemeinen Abhängigkeit von Pflanzen- und Tierreich im Rahmen der Bestäubung und Befruchtung. Die Abhängigkeit geht noch viel weiter, so daß man von einer *Symbiose*, d. h. von einem Zusammenleben zum gegenseitigen Nutzen sprechen muß. In der Literatur wird hier regelmäßig die Yukkamotte angeführt, ein kleiner, weißer Schmetterling Südamerikas, der ausschließich die Yukkablüten bestäubt und dessen Larven

dann einen Teil der befruchteten Eier bzw. der heranreifenden Samen auffressen. Nun, die Yukka ist weit weg und selbst wo sie in Gärten gezogen wird, fehlen die Yukkamotten!
Kein geringerer als der unermüdliche Naturbeobachter Cornel Schmidt hat uns Pflanzen der Heimat geschildert, die sich ähnlich verhalten. Das *nickende Leinkraut* (Silene nutans) blüht allenthalben auf Waldblößen und Ruderalstellen von Juni bis August. Es ist eine Nachtfalterblume ähnlich wie ihre Verwandte, die zweihäusige Nachtlichtnelke (Melandrium album), die überall als Kulturunkraut und in Buschlandschaften angetroffen wird und ihre Blüten am Nachmittag von Juni bis September zu öffnen beginnt. Bei beiden Pflanzen übernimmt die Kapseleule (Dianthoecia capsicola), ein Nachtschmetterling, die Bestäubung. Das Schmetterlingsweibchen legt aber zugleich seine befruchteten Eier in den Fruchtknoten ab. Von den etwa 500 Samen, die eine Nelkenkapsel enthält, fressen die Larven eine große Anzahl auf, aber es bleiben immer noch genug übrig, um die Arten zu erhalten, ja sogar zu vermehren.

VI. Über Fortpflanzungstermine

Im allgemeinen tritt ein Lebewesen in die generative Phase erst ein, wenn es ausgewachsen ist und bestimmte äußere und innere Bedingungen erfüllt sind, deren Ursachen vielfach noch wenig oder gar nicht bekannt sind. Bei den Pflanzen der gemäßigten Breiten spielen neben der Jahreszeit Licht- und Temperatureinflüsse, die wesentlich damit zusammenhängen, die größte Rolle. Besonders bemerkenswert ist die Nachwirkung vorübergehender extremer Temperaturen. Viele Pflanzen kommen erst zur Blüte, sobald einige Zeit Frosttemperaturen auf den Vegetationspunkt eingewirkt haben. Das gilt natürlich vor allem für zweijährige Pflanzen, die normalerweise erst im zweiten Jahr zur Blüte kommen wie viele Rübenarten (Gattungen Beta und Brassica). Solche Pflanzen wachsen in den Tropen jahrelang vegetativ weiter, ohne zu blühen.
Allbekannt sind die kältepräparierten Hyazinthenzwiebel für Hyazinthengläser und die „Barbarazweige". Abgeschnittene Zweige vom Flieder, Kirschbaum und Forsythie u. a. m. entfalten ihre Blütenknospen erst dann, wenn sie nach dem 4. Dezember (Barbaratag) geschnitten werden, weil sie dann in der Regel bereits einige Kältegrade erlebt hatten. Beim Wintergetreide bewirkt die winterliche Kälte eine spätere Entwicklungsbeschleunigung, wobei bereits die Embryonen in den gequollenen Samen diesen Reiz speichern und bei Frühjahrsaussaat genauso schnell zur Blüte kommen wie die Sommergetreide. Diese Keimstimmung oder Vernalisation hat in der Sowjetunion unter der Bezeichnung Jarowisation eine gewisse wirtschaftliche Bedeutung erlangt.
Zur *Versuchsdurchführung* sind für den Parallelversuch etwa 300 g Saatgut eines Wintergetreides, 2 Keimschalen, Blumentöpfe, Briefwaage, Meßylinder und Merkheft erforderlich. Ein Teil wird im Oktober in den Schulgarten ausgesät, ein zweites Drittel im April. Das letzte Drittel vermischt man gut mit rund 100 ml Wasser bei Zimmertemperatur. Am übernächsten Morgen kommen die gequollenen Samen (Keimling hebt sich ab, darf aber noch nicht durchgebrochen sein) in einer Schale in einen Kühlraum und bleiben dort rund 40 Tage (z. B. vom 22. 2. bis 5. 4.) bei etwa 0 Grad (man kann auch bei null bis minus 7 Grad vor dem Fenster durchfrieren lassen). Dann sät man mit dem zweiten Drittel aus.

Samen von Baumwolle, Hirse und Soja erlangen dagegen durch vorübergehende Wärmebehandlung eine Beschleunigung des Blüh- u. Fruchttermins.
Die Temperatureinwirkung kann man verschiedentlich durch Gibberelline ersetzen, doch liegen die Beziehungen zwischen Wuchsstoffen und Fortpflanzungsorganen noch weitgehend im Dunklen. Auch das in den Tropen beobachtete gleichzeitige Massenaufblühen von Bambus oder Orchideen wäre an dieser Stelle zu erwähnen; auch hier scheinen temperaturbedingte Nachwirkungen vorzuliegen. Es ist allgemein bekannt, daß die meisten Embryonen im Samen eine kurze Ruhezeit absolvieren, bevor sie zum Auskeimen befähigt sind. Sie unterliegen dabei einer Art Scheintod und vermögen in diesem Zustand erwiesenermaßen vereinzelt sogar Jahrhunderte zu überdauern. So keimten Lupinensamen, die im Schädel eines arktischen Eichhörnchens die Nacheiszeit — also mindestens 10 000 Jahre — überdauerten, ohne Schwierigkeit. In vielen Fällen, besonders beim berüchtigten Pyramidengetreide, das Fellachenjungen den Reisenden andrehen, konnten Nachprüfungen das Alter nicht bestätigen.
Im Tierreich wird die Fortpflanzungsbereitschaft weitgehend hormonell gesteuert, wobei Rückkoppelungsvorgänge eine Rolle spielen. Die physiologische Einstimmung wird durch charakteristische auslösende Verhaltensmuster ergänzt. Die Fortpflanzungsperioden, die als Brunft- oder Brunstzeiten bezeichnet werden, wiederholen sich bei den größten Säugern meist im Jahresturnus, bei den kleineren meist zweimal im Jahr. Die Primaten haben insofern eine Sonderstellung, weil die psychologische Fortpflanzungsbereitschaft ständig und die physiologische periodisch vorhanden ist. Die dabei in Erscheinung tretende Lunarperiodizität hat auch sonst verschiedentlich Aufsehen erregt. Am bekanntesten ist der Palolowurm, ein Meeresborstenwurm der Südsee, der seine mit Geschlechtsprodukten angefüllten hinteren Körperabschnitte jeweils am letzten Tag des dritten Mondviertels im Oktober bzw. November abstößt. Die Meeresoberfläche wimmelt dann von den Wurmteilen, die kopulieren wollen; sie liefern den Eingeborenen einen beliebten Leckerbissen. Ähnliches ist auch von anderen Würmern, bei Fischen und Mücken bekannt geworden.

VII. Die Bedeutung der Fortpflanzung

1. Allgemeine Bedeutung

Die wesentlichsten *Aufgaben* der Fortpflanzung sind die Arterhaltung, die Vermehrung der Individuen und deren regionale Ausbreitung auf der Erde. Da diesen Aufgaben sowohl die ungeschlechtliche Vermehrung wie die geschlechtliche Fortpflanzung gerecht werden können, scheint der komplizierte Reduktionsmechanismus während der sexuellen Phase zunächst ziemlich überflüssig zu sein. Es steht jedoch heute außer Zweifel, daß die bei der A m p h i m i x i s ablaufenden Reduplikations-, Reduktions- und Variationsvorgänge die Entstehung neuer genetischer und plasmatischer Kombinationen in einem entscheidenden Maße vervielfältigen und die Evolutionskreativität überhaupt erst entstehen lassen. Dadurch wird der Fortbestand der Organismen bei Änderung der Lebensbedingungen, ihre Anpassung infolge von Auslesevorgängen, vor allem aber die Eroberung neuer Umwelten ermöglicht. Die Richtigkeit dieser Annahme bestätigt auch der Trend zur *Fremdbefruchtung,* der bei allen Lebewesen zu beobachten ist, wobei einige Ausnahmen die Regel bestätigen. In der Pflanzen- und Tierzucht benützt man die Selbstbefruchtung — also das gegenteilige Prinzip — seit langer Zeit, um mittels In- und Inzestzucht Erbkrankheiten zu ermitteln und zu entfernen. Dieses Verfahren bewährt sich so gut zur Erstellung von Hochzuchten, weil man von Individuen ausgeht, die bereits auf Nutzungswert und Gesundheit gut durchgezüchtet sind.

Obwohl die *Konstanztheorie Linné*'s bereits von ihm selbst als nicht haltbar erfahren wurde, darf nochmals darauf hingewiesen werden, daß der Begriff der „Art", der aus der Fülle der Organismen durch Abstraktion und Zusammenschau gewonnen wurde, nach wie vor als eine Fortpflanzungsgemeinschaft zu verstehen ist. Dem kaum übersehbaren Evolutionsgeschehen konnte man nur durch die Einführung der Rassenkreise gerecht werden, die ihrerseits wiederum durch Differenzierungen des Fortpflanzungsverhaltens ihre Selbständigkeit erhalten. Als treibendes Moment allen Fortpflanzungsgeschehens haben sich die damit verbundenen *Fortpflanzungstriebe* und sexuellen Verhaltensweisen ebenso notwendig erwiesen wie die leiblichen Voraussetzungen. Ihre Wirkung kann sogar so weit gehen, daß andere Triebe wie die Stillung des Hungers völlig unterdrückt werden können. Selbst der individuelle Lebenswille unterwirft sich dem Fortpflanzenstrieb, wie im Giftglas sterbende Insekten durch eine beschleunigte Eiablage immer wieder beweisen.

Auch bei der Frucht- und Samenproduktion mickriger Zwergpflanzen auf schlechten Böden wie Kiesgruben und Bahndämmen kann man immer wieder erleben, wie sie ihre totale Erschöpfung infolge des Fortpflanzungsgeschehens mit dem Tode bezahlen. In derselben Richtung liegen auch Beobachtungen, die man bei der Brutpflege von Singvögeln, von Fischen wie Lachsen oder Aalen und vieler anderer Tiere machen kann. Schließlich haben sich auf der Basis des Fortpflanzungstriebes die Ehe und Familie entwickelt, welche das Fundament unserer sozialen Gesellschaftsordnung gebildet haben und trotz mannigfacher Bemühungen zu ihrer Absetzung auch weiterhin bilden werden. Wenn auch das Schwergewicht der Darstellung solcher fundamentaler Kategorien der Verhaltenslehre überlassen bleiben muß, sollten sie in diesem Rahmen zumindest durch einige Unterrichtshilfen wie F 461 Der Stichling und sein Nest oder FT 604 Balzverhalten bei Fregattvogel und Albatros u. a. veranschaulicht werden.

Die raffinierteste Ausnutzung des Fortpflanzungsgeschehens ist schließlich die Idee von der Selbstvernichtung von Insekten zur Schädlingsbekämpfung. Die ersten Anfänge gehen auf das Jahr 1938 zurück, als *E. F. Knipling*, der Leiter der entomologischen Forschungsabteilung des US-Landwirtschaftsministeriums, diesen Plan am Beispiel eines Großschädlings durchrechnete. Es handelte sich um ein Insekt, dessen Weibchen nur eine einzige Paarung zulassen und dann alle Eier ablegen. 1952 wurde der Gedanke erneut aufgegriffen und an der Wundfliege (Cochliomyia hominivorax Coquerel) durchgeführt, deren strahlensterilisierte Männchen den fertilen Männchen gleichwertig sind und die Vermehrungsquote der Fliege sehr schnell auf einen erträglichen Wert herabsetzten. Die Maden der Fliege infizieren Wunden und besonders den Nabel neugeborener Tiere und verursachten riesige Schäden beim Großvieh (nach „nm" 1966, H. 13, S. 29).

2. Die Bedeutung des Fortpflanzungsgeschehens für die Pflanzenzüchtung

Sicher gibt es eine Reihe von Gründen dafür, daß ein Organismus das Stadium erreicht, in dem er sich vegetativ vermehrt oder generativ-sexuell fortpflanzt. Bei den Blütenpflanzen, die ja fast ausnahmslos unsere Kulturpflanzen stellen, hat man festgestellt ,daß ihre fertile Phase nicht nur von genetischen Informationen abhängt, sondern weitgehend von Außenfaktoren bestimmt wird. Neben Temperatureinwirkungen — man denke nur an das Aufblühen von Primeln im März/April und September/Oktober — kommt bei vielen Pflanzen vor allem der Länge der Lichteinwirkung eine entscheidende Rolle für die Blütenbildung zu. Neben sog. tagneutralen Pflanzen, zu denen viele Kosmopoliten wie das Gänseblümchen (Bellis perennis) oder das gemeine Kreuzkraut (Senecio vulgaris) gehören, spricht man einerseits von Langtag-, andererseits von Kurztagpflanzen. Die *Langtagpflanzen* kommen nur dann zur Blüte, wenn die tägliche Belichtungsdauer eine gewisse Mindestdauer überschreitet. So kommt der *Spinat* (Spinaceae oleracea) nicht mehr zur Blüte, sobald die Tageslänge unter 13 Stunden bleibt. Da der zur Blütezeit „auswachsende" Spinat bitter und zäh wird, nutzt man bei der Spinatkultur dieses Verhalten aus, indem man durch Aussaaten ab August die Blütenbildung vermeidet. Ähnliche Langtagpflanzen, die sich ebenfalls gut für Schulversuche eignen, sind Gerste (Hordeum vulgare), Tabak (Nicotiana silvestris) und Rettich (Raphanus sativus).

Die *Kurztagpflanzen* müßten eigentlich Langnachtpflanzen heißen, weil sie eine optimale Nachtruhe benötigen, damit sie zur Blüte kommen. Am bekanntesten sind wohl die Chrysanthemen, die im Freiland erst unter den photoperiodischen Bedingungen des Herbstes aufblühen. Unser Märzveilchen (Viola odorata) bildet im Frühlings- und Herbstkurztag normale, im sommerlichen Langtag dagegen nur kleistogame Blüten. Seit längerer Zeit vermutet man hinter diesen Phänomenen hormonelle Vorgänge — man spricht auch von Blühhormonen — ohne jedoch dieses Problem bisher restlos klären zu können. Versuche in dieser Richtung, z. B. mit Gibberellinen überfordern sicher den normalen Schulbetrieb.

Neben den Erkenntnissen, die aus der vorfertilen Wachstumsphase stammen, haben für die Blütenzucht vor allem jene Kulturmaßnahmen Bedeutung gewonnen, welche die Fruchtbildung beeinflussen. Sie beruhen zumeist auf genetischen Erscheinungen wie die bahnbrechenden Erkenntnisse *Gregor Mendels* im letzten Jahrhundert. In diesem Zusammenhang sei nur die *Hybridzüchtung* erwähnt. Sie beruht auf der Inzucht, also Paarung nahverwandter Rassen. Werden passende und erwünschte Nachkommen solcher Inzuchtreihen miteinander gekreuzt, so erhält man jeweils in der ersten Nachkommengeneration Organismen von besonderer Robustheit und Wüchsigkeit, die in Saatzuchtanstalten fortgesetzt hergestellt, überwacht und verbessert werden. Während noch um 1930 der Anbau von *Körnermais* in unserer Heimat auf einige wenige Anbaugebiete beschränkt war, ermöglichte der Einsatz von Hybrid-Maissorten die Ausweitung des Körnermaisanbaues auf alle landwirtschaftlich genutzten Flächen geringer Bonität. In Amerika war bereits um 1950 über 75 %/o der Maisanbaufläche auf Hybridformen umgestellt (die beispielsweise *Cruschtschow bewunderte);* bei uns ist heute eine ähnliche Entwicklung im Gange. Nach dem 2. Weltkrieg sind bei uns auch die *Clementinen* bekannt geworden, die in der Mitte der 30er Jahre auf dem Pariser Obstmarkt erschienen. Sie haben unter den Citrus-Hybriden die größte Bedeutung erlangt, weil sie als erste im Herbst auf dem Markt erscheinen. Sie sind wohl als Rassenbastard der Mandarine anzusprechen. Die kernlosen Clementinen sind im Jahre 1900 auf dem Gelände des Waisenhauses von Missergbin bei Oran entdeckt und nach dessen damaligen Leiter *Père Clement* benannt worden. Da keine spezifisch themenbezogenen Diareihen oder Filme vorliegen, können als anregend empfohlen werden: Ft 678 Gregor Mendel und sein Werk, R 675 Nutzpflanzen aus tropischen und subtropischen Ländern: Nahrungsmittel.

3. Die Bedeutung des Fortpflanzungsgeschehens für die Tierzüchtung

Selbstverständlich ist die geschlechtliche Fortpflanzung auch von größter Bedeutung für die wissenschaftliche und angewandte *Tierzüchtung*. Ihre Handhabung ist weitgehend von den Vererbungsgesetzen bestimmt und daher auch in erster Linie bei deren Betrachtung zu erörtern. Soweit es sich im Rahmen der Schule und des Unterrichts ermöglichen läßt, wäre der Besuch einer Tierzuchtanstalt oder zumindest einer Zuchtausstellung angebracht. Für ein solches Vorhaben müßten zumindest eine Reihe von Ausdrücken, die in der wissenschaftlichen Genetik im allgemeinen nicht gebracht werden, eine Erläuterung finden. In abnehmender Reihe zeigt sich folgender Begriffskatalog: Gattung, Art, Rasse, Schlag, Stamm, Zucht, Herde, Familie und Einzeltier. Dabei schließt der vorausgehende Begriff alle nachfolgenden ein. Die Zusammenhänge zwischen Gattung, Art und Rasse dürften den Schülern im allgemeinen vertraut sein. Gattungsbastarde treten in der freien Natur überhaupt nicht auf und lassen sich auch im Experiment kaum erzielen. Artbastarde kommen fast nur unter außergewöhnlichen Bedingungen, meist im Rahmen einer Domestikation zustande und sind in der Regel selbst nicht fruchtbar, man denke nur an Maultier und Maulesel. Auf diesen empirischen Erfahrungen basiert ja der *Linné*'sche Artbegriff. Durch Einflüsse von Klima, Boden und Haltung (Domestikation ist besonders für den Menschen selbst bedeutsam) entstehen Spielarten oder Rassen. Es handelt sich dabei um Lebewesen, die in gewissen Formen und Eigenschaften übereinstimmen und diese verläßlich vererben, soweit sich die Umweltverhältnisse nicht wesentlich ändern. Sobald sich gewisse Rassenmerkmale in besonderer Weise ausprägen, besonders was die Größe, die Schwere oder die Zeichnung betrifft, spricht man bei Tieren von „Schlag". Wenn bei Tieren eines bestimmten Schlages gewisse Sonderheiten ausgebildet werden, die sich vor allem auf Abweichungen in der Zeichnung, der Größe und Nutzung beziehen, dann spricht man von verschiedenen „Stämmen". Werden in kleineren Gruppen innerhalb eines Schlages bestimmte Eigenschaften besonders herausgestellt, was meist im Rahmen einer Zuchtgenossenschaft oder von Einzelzüchtern geschieht, so spricht man von „Zuchten" oder „Herden". Sind sie von einer anerkannten züchterischen Vollendung, so bezeichnet man sie auch als Hochzuchten, Stammzuchten oder Stammherde. Innerhalb der Herden und Zuchten kommt man schließlich zu den Familien. Sie umfassen die Nachkommen eines Tieres. Ordnet man diese nach Generationen, so entsteht die Blutlinie. In der Tierzüchtung wird weitgehend *Inzucht*, also Verwandtschaftszucht betrieben, vielfach sogar Inzestzucht, wobei es sich um Kreuzungen zwischen Eltern und Kindern bzw. unter Geschwistern handelt. Wie im Bereich der Kulturpflanzen betreibt man auch bei der Tierzucht neuerdings vor allem *Hybridzüchtungen*, besonders bei Hühnern und Schweinen, wobei man aus Inzucht gewonnene Tiere miteinander kreuzt. In der ersten Kreuzungsgeneration erhält man bei richtiger Auswahl Tiere mit besonders starkem Hervortreten der erwünschten Eigenschaften (z. B. Legfähigkeit, Fleischansatz u. a. m.).

B. Die Entwicklung im Pflanzen- und Tierreich

I. Definition und Abgrenzung des Begriffs Entwicklung

Philosophisch haften dem Begriff Entwicklung stets teleologische, also zielstrebige Tendenzen an. Im allgemeinen handelt es sich bei einer Entwicklung um aktive oder passive Ausbildung oder Vollendung von Vorstufen innerhalb des physikalisch-chemischen, des biologischen und sogar des soziokulturellen Bereichs. Im folgenden beschäftigen wir uns insbesondere mit der *Keimesentwicklung* der Organismen, wobei es nicht zuletzt um die Aufdeckung von Gemeinsamkeiten bei der Pflanzen- und Tierwelt geht, welch letztere ja auch den menschlichen Bereich einschließt. Die vergleichende Betrachtung der Embryologie läßt uns auch ein Stück Evolution der Organismen nacherleben, denn bereits *Haeckel* hatte sichergestellt, daß die individuelle Keimesentwicklung, die Ontogenese, eine Wiederholung der Stammesgeschichte, der Phylogenie darstellt und damit ihrerseits eine einigermaßen exakte Aussage über die biologische Vergangenheit des Menschengeschechts zu geben vermag.

Die Erforschung der artspezifischen Einzel- und Besonderheiten der Entwicklung bilden das Arbeitsgebiet der Entwicklungsphysiologie, deren Behandlung wohl den Kursen der Kollegstufe vorbehalten bleiben muß und deren Ergebnisse daher an dieser Stelle nur gestreift werden sollen. Festzuhalten wäre noch, daß die Entwicklung vor allem im Pflanzenreich sowohl mit haploiden wie diploiden Zellfolgen abzulaufen vermag. Zuweilen sind sogar die beiden Kernphasen als selbständige Lebewesen einander gegenübergestellt wie bei vielen *Protisten* und vor allem *Algen*, insbesondere Meerestangen. So ist es bei den Lehrbuchbeispielen *Gabelzungentang* (Dictyota), der als eine der häufigsten Braunalgen im atlantischen Ozean von Norwegen bis zu den Kanarischen Inseln verbreitet ist und dem kosmopolitischen Gemeinen Horntang (Ceramium) unter den Rotalgen.

Im Reich der *Protisten* kann man nicht viel von Entwicklung sprechen, da sie einzig und allein auf das Wachstum zur fixierten Größe der Zelle beschränkt bleibt. Sicher aber haben sich auf dieser Stufe bereits die erblichen Voraussetzungen entwickeln müssen, welche das Entwicklungsgeschehen bei den Metazoen bestimmen. Wir können daher in den ersten Stadien der Ontogenese eine bemerkenswerte Übereinstimmung nicht nur zwischen niederen Pflanzen und Tieren, sondern auch bei höheren feststellen. Allerdings zeigen die beiden Kategorien von Lebewesen bald einen gesonderten Verlauf im Entwicklungsgeschehen, da ja die Pflanzen eine Entfaltung ihrer Oberfläche, die Tiere eine ihrer Innenfläche mit der Bildung der Leibeshöhlen erfahren haben.

Zunächst setzt der Prozeß der Keimes- oder Embryonalentwicklung (gr. *embryon* = ungeborene Leibesfrucht) mit Längs- und Querteilungen der befruchteten Eizelle, der sog. *Furchung*, ein. Einen ersten Höhepunkt bildet ein Zellhaufen, der wegen seiner Ähnlichkeit mit einer Maulbeerfrucht als *Morula* oder Maulbeerkeim bezeichnet wird. Manche koloniebildenden Einzeller, besonders unter den Phyto- und Zooflagellaten stellen gewissermaßen ein frei lebendes Modell dieses Seinszustandes dar und beweisen damit seine Lebensfähigkeit. In der Regel ist zur Veranschaulichung dieser Vorgänge kein lebendes Material zur Hand, daher wird man wohl auf audiovisuelle Dokumente wie R 638 Eireifung, Befruchtung und erste Furchungsteilungen, F 335 Furchung und Gastrulation, 8 F 148 Bestäubung und Befruchtung bei Pflanzen zurückgreifen.

II. Von der Keimesentwicklung im Pflanzenreich

Bei den Pflanzen zeigt die Embryonalentwicklung, wie bereits erwähnt, von vornherein infolge der Oberflächenentfaltung und der weitgehenden Erhaltung der Regenerationsfähigkeit eine andere Tendenz als im Tierreich. Die Entwicklungsfähigkeit bleibt hier meist auf mehrere lebenslängliche Wachstumsbereiche ausgedehnt, so daß eine Pflanze auch nie wie ein Tier völlig ausgewachsen ist. Soweit die Haplophase im Lebensablauf überwiegt, was bei der Mehrzahl der Sporenpflanzen der Fall ist, kommt es zur Bildung eines Keimfadens, der als eine Art Vegetationspunkt mit totipotentem Gewebe zu bezeichnen ist und die ersten Stadien der Sporenkeimung bzw. der austreibenden, in der Regel befruchteten Eizelle darstellt. Solche Bildungsgewebe oder Meristeme in ruhender oder produzierender Form sind für den Pflanzenkörper charakteristisch.

Bei den Algen bleibt der Keimfaden sozusagen lebenslänglich erhalten. Bei den *Moosen* ist er als Protonema bekannt und relativ leicht zu demonstrieren, indem man Moossporen auf Torfmull zum Austreiben bringt oder etwas von dem frischen Moosbelag auf Blumentöpfen bzw. Waldwegen mikroskopiert (s. a. F 379 Moose und R 198 Entwicklung eines Laubmooses). Bei den *Gefäßkryptogamen* bildet sich der längliche Keimfaden schnell zum flächigen oder knollenförmigen Prothallium um.

Bei den *Samenpflanzen,* also der Mehrzahl der Kormophyten, erreicht im Pflanzenreich die Keimesentwicklung ihren Höhepunkt, da es tatsächlich zur Bildung einer Art von Leibesfrucht ähnlich wie im Tierreich kommt. Sowohl die hochstehenden Tiere aus den Stämmen der Glieder- und Wirbeltiere wie die Samenpflanzen eröffnen durch die Lebendgeburt (Viviparie) ihren Nachkommen ganz besondere Lebenschancen. Der Gebärmutter und dem Mutterkuchen der Säuger ist der Eiapparat und das triploide Endosperm der Blütenpflanzen analog. Allerdings verläuft bei den Pflanzen ab dem Köpfchenstadium, das etwa der Morula entspricht, die Entwicklung insofern anders, als die Bildung einer Leibeshöhle unterbleibt und von Anfang an die Polarität zwischen Wurzel und Sproß die Entfaltung des Körpers charakterisiert. Man könnte zwar die Plumula und Radicula des Keimlings, seine Hypokotylregion und die Kotyledonen in gewisser Weise mit den Keimblättern der Tiere in Vergleich setzen, doch keineswegs damit identifizieren. Dem geschilderten Sachverhalt wird skizzenhaft der Streifen 8 F 148, Bestäubung und Befruchtung bei Pflanzen gerecht. Eine vereinfachte Darstellung müßte allerdings für die Betrachtung der pflanzlichen Keimesentwicklung für den Frontalunterricht als ausreichend erachtet werden, da intensivere Studien — etwa an befruchteten Stempeln von Blütenpflanzen — aus Zeit-

gründen einem Kursunterricht vorbehalten bleiben müssen. Der eine oder andere wird auch zu selbstgefertigten oder käuflichen Mikropräparaten bzw. davon gefertigten Farbdias greifen (s. a. R 538 Anatomie der Blüte).
Interessanterweise kommt es bei einer der hochentwickeltsten Pflanzenfamilien, den Orchideen, zu einer Reduktion der Embryoausbildung. Eine Fruchtkapsel enthält bis zu 200 000 winziger endospermloser Samen, die Sporen vergleichbar sind. In der freien Natur vermögen sie nur mit Hilfe symbiontischer Pilze zu keimen. Ob dies die Ursache oder die Folge ihrer wenig differenzierten Keimlinge ist, ist unbekannt.
Die Embryobildung erfolgt zunächst bei den Ein- und Zweikeimblättrigen in gleicher Weise durch ein in Quadranten und Oktanten gegliedertes Gebilde, das sich vom Zellhaufen der befruchteten Eizelle abzusetzen beginnt, jedoch bildet sich bei den Einkeimblättrigen (Monokotyledonen) nur ein Keimblatt, dessen Vegetationspunkt im Gegensatz zum endständigen der Zweikeimblättrigen seitlich angeordnet ist.

III. Vom Entwicklungsablauf im Tierreich

Wir haben beim Furchungsstadium der Morula auf die von da ab unterschiedliche Keimesentwicklung im Pflanzen- und Tierreich aufmerksam gemacht. Während bei den Pflanzen mit dem Köpfchenstadium, das in etwa der Morula entspricht, eine kompakte Zellmasse sich in Sproß- und Wurzelbereich zu differenzieren beginnt, setzt im Tierreich die charakteristische Entwicklung von Leibeshöhlen ein. Dabei ist jedoch von vorneherein zu beachten, daß die Entwicklung der Einzelzellen sehr stark von der vorhandenen Dottermasse abhängig ist und diese sozusagen einen Hemmschuh für eine symmetrische Furchung darstellt. Zu hier einschlägigen entwicklungsphysiologischen Beobachtungen eignen sich die befruchteten Eier (kenntlich an den „Spermaeinschlägen") von Molcharten, besonders vom Fadenmolch (Triton palmata) und vom Triton taeniata, weniger alpestris und cristata. Die erste Teilung erfolgt bei deren Eiern bei 18 Grad Celsius nach 1—2 Stunden, bei 20 Grad nach etwa 40 Minuten; weitere Teilungen folgen jeweils durchschnittlich im Stundenabstand. Im Zweizellenstadium läßt sich unter dem Präpariermikroskop mittels eines langen Haares die Durchschnürung von Eiern zeigen (erstmals 1919 durch *Hans Spemann* in Freiburg an Triton taeniata), wobei man je nach Teilungslage des von Spemann entdeckten Organisators zwei vollständige Embryonen bzw. „siamesische" Zwillinge oder Amorphusstadien erhält (nach Angaben von Herrn Kollegen *Dr. Daumer,* München). Es haben sich sogar charakteristische Furchungstypen für bestimmte Tierarten herausentwickelt, so der spiralige für Würmer und Weichtiere, der radiäre bis bilaterale für die Stachelhäuter und Chordatiere. Als Beispiel einer totalen, äqualen Furchung, bei der die Zygota in gleichgroße Abschnitte gefurcht wird, dient das befruchtete Seeigelei. Der erste Teilungsschritt geht vom animalen zum vegetativen Pol, so daß zwei gleich große Hälften entstehen, die dann gleichmäßig durch waagrechte und senkrechte Teilungen weiter unterteilt werden, bis etwa beim 64. Zellenstadium auch unregelmäßige Teilungen auftreten. Um diese Zeit ordnen sich die Zellen auf einer Kugelfläche an, so daß ein Kugelhohlraum entsteht, den man als primäre Leibeshöhle oder Blastocoel bezeichnet. Es liegt damit der *Blasenkeim,* Blastula vor. Die Höhle ist mit Flüssigkeit ausgefüllt. In diesem

Stadium verläßt der Seeigelkeim die Eihülle, bewimpert sich und schwimmt frei im Meerwasser. Auf einer Art Blastulastadium sind die Kugelalgen (Volvocales), die von den Zoologen als Kugeltierchen ihrem Reich zugerechnet werden, stehen geblieben. Sie stellen eine noch heute erkennbare Nahtstelle zwischen dem Pflanzen- und Tierreich dar. Die Wand der Blastula ist bei allen Wirbellosen zweischichtig, während sie bei den Wirbeltieren infolge tangentialer Furchungsteilungen mehrschichtig wird. Im weiteren Verlauf der Embryonalentwicklung, die wir im Rahmen des Kernunterrichts etwas vereinfacht und idealisiert betrachten, kommt es zu einer Einstülpung des Blasenkeims, so daß ein aus zwei Zellschichten bestehender Hohlkörper, die *Gastrula* (gr. *gaster* = Magen) resultiert. Dieses „Magenstadium" liegt in der Gegenwart als Bautyp dem Stamm der Hohltiere zugrunde. Im Binnenland wird nach wie vor der Süßwasserpolyp (Hydra) als Testtier dafür herangezogen, weil er die beiden Zellschichten gut erkennen läßt. Da sie sich beim Hühnchenembryo wie Blätter voneinander abheben lassen, bezeichnete sie erstmals *Karl Ernst von Baer* als Keimblätter. Die Beobachtung der Embryonalentwicklung am Hühnerei eignet sich weniger für den laufenden Unterricht als vielmehr für Kurse. Für die Materialbeschaffung und Durchführung darf auf Band 2 des Handbuches, S. 318, verwiesen werden. *Haeckel* erweiterte seine Erkenntnisse zur *Keimblätterlehre*. Dabei soll an dieser Stelle bereits klargestellt werden, daß die tierischen mit den pflanzlichen Keimblättern keinerlei Homologie aufzuweisen haben. Man bezeichnet die äußere Zellschicht als *Ektoderm* (gr. *ektos* = außen, *derma* = Haut), die innere als *Entoderm* (gr. *entos* = innen). Da diese beiden Schichten als Ausgangszentren für die Bildung bestimmter Organsysteme anzusprechen sind, haben sie eine große Bedeutung für die Entwicklungslehre gewonnen. Das innere Keimblatt liefert beispielsweise stets den Darm mit seinen Anhangsorganen sowie die Atmungsorgane der Wirbeltiere, während das Ektoderm stets die Haut und das Nervensystem einschließlich der Wirbelsäule und der Sinnesorgane sowie die Urnieren und die Atmungsorgane vieler Wirbelloser ausbildet. In der Längsachse sind die Keimblätter in einzelne Segmente unterteilt, die sich später zwar gegeneinander verschieben, nervenmäßig aber verbunden bleiben. So entsprechen die Unterarme der Säuger etwa organisationsmäßig dem Herzbereich und man kann das Herz elektrophysiologisch von daher beeinflussen. Der Furchungsvorgang schließt ab mit der Bildung des sog. mittleren Keimblattes, des *Mesoderms* (gr. *mesos* = in der Mitte), aus dem die Binde- und Stützgewebe, das Blutgefäßsystem sowie die endgültigen Ausscheidungs- und Geschlechtsorgane hervorgehen.

Während bis zur Gastrulabildung in der Regel keine wesentliche Vergrößerung des Embryos stattfindet, setzt von da ab das Größenwachstum mit Macht ein. So ist beispielsweise der kurz nach der Befruchtung kaum stecknadelkopfgroße menschliche Embryo nach vier Wochen einen und nach 3 Monaten rund zehn Zentimeter lang. Er hat dann auch ein bereits durchaus menschenähnliches Aussehen und wird von da ab als *Fetus* (auch Foetus) bezeichnet (s. Bd. 3, S. 256). An audiovisuellen Unterrichtshilfen liegt auf diesem Gebiet ein reichhaltiges Angebot vor: R 2 Reifungsteilung, Befruchtung und erste Furchungsteilung beim Seeigel, ähnlich R 638 und R 152 Die Furchung des Seeigeleies; R 197 Gastrulation beim Seeigel. R 128 Die Entwicklung des Karpfeneies, R 521 Entwicklung des Hühnchens im Ei und R 725 Embryonalentwicklung des Hühnchens. F 335 Furchung und Gastrulation, F 527 Embryonale Entwicklung des Hausschweins, FT 875 Entwicklung eines Fischembryos. 8 F 71 Furchung des Molcheies, 8 F 72 Gastrulation der Molchblastula, 8 F 73 Schematische Darstellung der Gastrulation im Längsschnitt, 8 F 75 Neurulation und Embryobildung. Soweit ausreichende Haushaltsmittel zur Verfügung stehen, kann man Lebendbeobachtungen der Furchungsvorgänge am Seeigelei durchführen (s. S. 11).

IV. Auslösende Faktoren für die Embryonalentwicklung

Sicherlich ist mit der Befruchtung das Signal für die folgende Embryonalentwicklung gelegt. Daß die auslösenden Faktoren jedoch sehr komplexer Natur sind, wird einmal daraus ersichtlich, daß es auch Weiterentwicklungen ohne Befruchtung gibt, zum anderen daraus, daß vielfach zwischen Befruchtung und Beginn der Furchung eine mehr oder weniger lange Ruhezeit eingeschaltet ist. Am bekanntesten ist das Beispiel unseres heimischen Rehwildes und der Kiefer. Bei beiden erfolgt die Befruchtung wesentlich später als die Bestäubung bzw. Paarung. Ähnlich wie bei der Fortpflanzung sind es wiederum innere oder äußere Faktoren, welche die Furchung in Gang bringen. Bei den Pflanzen sind neben den bereits erwähnten Gibberellinen (entdeckt an dem Pyrenomyzeten Gibberella fujikuroi, dem Erreger der japanischen Reiskrankheit) vor allem Auxine (z. B. Betaindolessigsäure) wirksam. Sie entfalten eine ähnliche Wirkung wie die tierischen Hormone und spielen nicht nur bei der Blütenbildung, sondern besonders bei der Fruchtbildung eine Rolle. So wird die Ausbildung der Trennungswände zu den Fruchtstielen von ihnen beeinflußt und man benutzt heute substituierte Phenol- und Benzolsäureverbindungen, um das vorzeitige Abfallen reifender Früchte zu vermeiden. Insbesondere ist die Samenanlage eine Stätte intensiver Wuchsstoffbildung und -wirkungen. Bei besonders hohem Wuchsstoffangebot kommt es auch zur Fruchtbildung ohne Befruchtung. Die dabei fehlenden Samen machen solche Früchte sogar noch begehrenswerter, was bei den samenlosen Bananen und Ananas sowie den kernlosen Pflaumen, Orangen, Mandarinen und Weinbeeren allgemein bekannt ist. Zuweilen lösen bereits die Pollenkörner einen Entwicklungsreiz aus, der sich zuerst am Welken der Blütenblätter bemerkbar macht, so vor allem bei Orchideen und Lilien, die in der Vase sehr lange nicht welken, wenn keine Bestäubung stattgefunden hatte.

Die organ- und formbildende Wirkung der Wuchsstoffe läßt sich experimentell gut verfolgen, wenn man die basale Stengelzone einer *Buntnessel* (Coleus) mit einer Wuchsstoffpaste, etwa 0,05—0,1 prozentige Indolessigsäure in Vaselin, bestreicht und schon nach kurzer Zeit das Austreiben von Wurzeln beobachten kann! Gartenbaubetriebe benützen zur Beschleunigung der Bewurzelung von Sproßstücken vielfach das „Seradix" (Rooting powder)-Pulver, in das die zu bewurzelnden Sproßenden kurz hineingestupst werden.

Zu den natürlichen entwicklungsaktivierenden Stoffen kommen noch eine Reihe synthetischer Stoffe, die auf Pflanzen einwirken wie beispielsweise das Birgin, welches das Austreiben der Kartoffel im Keller hemmt oder das U 46 von Bayer, das zur Unkrautbekämpfung in Getreidefeldern dient, weil sich Dikotyledonen unter seiner Einwirkung zu Tode wachsen, was sich im Freiland beobachten läßt. Allgemein bekannte Bildungen, welche die entwicklungsverändernde und formbildende Kraft gewisser Stoffe aufzeigen, sind die bekannten *Gallen* und die *Hexenbesen*. Von ersteren sind besonders die Ananasgalle der Fichte, die Rosen-

sowie Eichengalläpfel leicht zu beschaffen, Hexenbesen finden sich sehr häufig auf Birken. Besonders interessant sind derartige Erscheinungen, wenn dabei die Fortpflanzungsorgane befallen werden, wie etwa bei der *Zypressenwolfsmilch* (Euphorbia cyparissias), die unter der Einwirkung der Wirkstoffe des parasitischen Rostpilzes Uromyces pisi ihren Habitus völlig verändert und an Stelle des sparrigen Wuchses mit dem doldenförmigen Blütenstand nur unverzweigte, kümmerliche Triebe mit kurzen, dicken Blättchen aufweist. Zweckmäßigerweise hält man sich davon Herbarmaterial bereit.

Neben solchen speziellen zellwirksamen Stoffen spielen auch andere Faktoren, vor allem die Ernährung eine wesentliche Rolle! Bei Pflanzen gilt im allgemeinen, daß Verminderung der Stickstoff- bei Erhöhung der Phosphatzufuhr fördernd auf Blüten- und Samenbildung wirken.

Auch im Tierreich sind innere und äußere Faktoren am Werke, die Entwicklungsanstöße oder Entwicklungshemmungen bewirken. Vielfach ergänzen sich die beiden Möglichkeiten, wie es sicher bei den „Dauereiern" der Wasserflöhe der Fall ist, die ähnlich wie manche Blattläuse erst unter ungünstigen Umweltbedingungen fruchtbare Männchen und Weibchen hervorbringen. Ohne Zweifel ist die Temperaturabhängigkeit der Embryonalentwicklung, wie sie bei der *Mehlmotte* (Ephestia Kühnielle) exakt erwiesen wurde, verantwortlich für die regionale Ausbreitung vieler Tiere. So behaupteten sich der südamerikanische *Kartoffelkäfer* oder die ebenfalls aus dem südamerikanischen Hochland stammende *San-José-Schildlaus* im mitteleuropäischen Klima, während andere Tiere wie der Bienenfresser oder der Totenkopfschmetterling immer wieder vergeblich versuchen in Deutschland Fuß zu fassen, obwohl ihre Areale gar nicht allzuweit entfernt sind.

Trotzdem haben es manche Tierarten geschafft, durch Mutationen oder Änderungen innerhalb der Biozönosen neue Lebensräume zu erringen, es möge nur an die Türkentaube oder an den Girlitz erinnert sein!

Wesentliche Entwicklungserscheinungen gehen auch im Tierreich auf hormonale Programmierungen zurück. Seit alters macht man sich bei den Haustieren zunutze, daß durch die Kastration das Längenwachstum der Fleisch- und Fettansatz in einem für den Menschen günstigen Sinne gefördert werden. Bei Rehböcken wächst nach Kastration das Geweih dauernd unter dem Bast weiter. Im allgemeinen handelt es sich bei den Hormonwirkungen um ein kompliziertes, nervöses Zusammenspiel, wenn Organfunktionen reguliert oder verändert werden sollen. Meist spielen auch schwer durchschaubare Rückkoppelungseffekte eine Rôle. So wird bei den Säugern zunächst das Laktationshormon, das die Milchproduktion veranlaßt, unter anderem auch durch das Corpus-Luteum-Hormon an seiner Entfaltung gehindert. Sobald jedoch die Geburt erfolgt ist, hemmt das Laktationshormon das Follikelhormon und damit die Ingangsetzung eines neuen Brunstzyklusses.

So sind Fortpflanzung und Entwicklung der Organismen in so vielfältiger Weise durch genetische Faktoren, durch physiologische Vorgänge und Umwelteinflüsse verknüpft, daß ihre Betrachtung und Erforschung immer wieder neue Erkenntnisse zu vermitteln vermag. Man denke nur an die neuesten Ergebnisse bei der Beobachtung übervölkerter Rattenpopulationen, deren Verhalten durchaus geeignet erscheint, auch für den Menschen gültige Zielvorstellungen und experimentell zugängliche Untersuchungen durchzuführen.

V. Vergleichende Betrachtungen zur Entwicklung der Organismen

Bei einer Rückschau auf den Ablauf der Embryonalentwicklung im Pflanzen- und Tierreich lassen sich gewisse Tendenzen erkennen, die allen Organismen gemeinsam sind. Im Vordergrund steht die Sicherung der *Arterhaltung*. Dies geschieht vor allem dadurch, daß der Embryo mehr und mehr gegen Außeneinflüsse abgeschirmt wird. Die sicherste Lösung ist natürlich die Einbettung in den Mutterkörper, einerseits durch die Entwicklung in der Gebärmutter, wie sie bei den Säugern vorliegt, andererseits bei den Blütenpflanzen die Abschirmung in der Samenanlage und später — nach Entlassung aus dem Mutterkörper — in der Samenschale bzw. der Fruchthülle. Bei diesen höchstentwickelten Organismen hat sich ja auch die *Viviparie* herausgebildet, die sicher als stärkste Sicherung des individuellen Lebens anzusprechen ist. Ein schematischer Vergleich zwischen der Gebärmutter mit Eierstöcken eines Säugers und dem Fruchtknoten mit Staubblättern einer Blütenpflanze wie der Tulpe zeigt überzeugend die Parallelentwicklung des Lebendgebärens auf (Quellenverz. Nr. 6, S. 299). Die zweite große Tendenz, die allen Organismen eigen ist, äußert sich in dem Bestreben, die Individuenzahl zu vermehren. Dieses Bemühen hatte im Laufe der Evolution zunächst einen ersten Höhepunkt mit der ungeschlechtlichen Vermehrung erreicht, da sie eine ungeheure Mehrung der Artenzahl ermöglichte, es sei nur an die mannigfachen Sporenformen und die apomiktischen Vorgänge erinnert. Schließlich hat die *Artvermehrung* sich auch in der geschlechtlichen Fortpflanzung durchgesetzt, man denke nur, abgesehen von dem riesigen Ausstoß an Ei- und Spermazellen, an die Metagenese, die Heterogamie und Parthenogenese (s. S. 14/15). Ja selbst in den embryonalen Entwicklungskammern wie der Gebärmutter und dem Eiapparat der Spermatophyten kam es zu Mehrlingsbildungen bzw. Polyembryonie (s. S. 13). Selbst der dritte der Basistriebe des Lebendigen, die *Artausbreitung* über die Erde hin, die Eroberung und Rückgewinnung fremder, neuer oder geänderter Lebensräume kommt im embryonalen Entwicklungsgeschehen zum Ausdruck, indem stets Möglichkeiten wahrgenommen werden, welche diesem Streben gerecht zu werden vermögen. So werden in den Lebensablauf ortsfester oder standortsgebundener Lebewesen häufig freibewegliche oder fremdbewegte Stadien eingeschaltet, welche die Mobilität der Art ermöglichen oder fördern, man denke nur an die freibeweglichen Larvenformen niederer Tiere oder an die Samenverbreitung im Pflanzenreich. Vielfach sind in den Fortpflanzungszyklus Phänomene eingebaut, die uns im Grunde genommen höchst rätselhaft sind. Hier sind insbesondere die Wanderungen vieler Gliedertiere, Fische, Vögel und auch Säuger zu nennen, deren Verhalten nur unter dem Aspekt der Erfassung verlorengegangener oder neuer Lebensräume zu verstehen ist. Liegt etwa ein entwicklungsgeschichtlicher Trend vor, der der Besetzung neuer Lebensräume dient? Wie lange mag es wohl dauern, bis einzelne Individuen aus den angeborenen Verhaltensweisen auszubrechen beginnen und sich völlig adaptieren? Sicherlich vermögen Betrachtungen dieser und ähnlicher Art das Verständnis für biologische Probleme zu befruchten. Obwohl spezifisch Experimente zu den angeschnittenen Problemen aus naheliegenden Gründen im Rahmen der Schule nicht möglich sind und auch einschlägiges Demonstrationsmaterial kaum existiert, können einige Diareihen und Filme vielleicht doch mit Gewinn herangezogen werden, z. B. F 450 Verbreitung von Samen und FT 536 Im Dorf der weißen Störche.

Literatur

1. *Schmidt, C.*, Lebensgemeinschaften der deutschen Heimat, Verlag Quelle & Meyer, Leipzig.
2. *Strasburger, E.*, Botanisches Praktikum, Vlg. G. Fischer.
3. *Strasburger, E.*, Lehrbuch der Botanik für Hochschulen, 28. Aufl. Verlag G. Fischer, Stuttgart 1962.
4. *Wurmbach, H.*, Lehrbuch der Zoologie, Bd. I und II, Vlg. G. Fischer, Stuttgart 1957.
5. *Kühn, A.*, Grundriß der Allgemeinen Zoologie, Vlg. G. Thieme, Leipzig.
6. *Burger, R.*, Sexualerziehung im Unterricht an weiterführenden Schulen, Vlg. Herder 1970.
7. *Spanner, L.*, Lehrerhandbuch Botanik, 3 Bde., Vlg. R. Oldenbourg, München - Düsseldorf.
8. *Linti Hermann*, Der Flügelpolymorphismus der Schwarzen Bohnenblattlaus, Inaugural-Dissertation, München 1960.

C. Arbeitsmittel zur Sexualerziehung

Vorwort

Arbeitsmittel zur Sexualpädagogik liegen heute in so überwältigender Fülle vor, daß der Lehrer auf alle Fälle eine Auswahl treffen muß. Der Absicht des Handbuches folgend wird hier eine Art Vorauswahl getroffen, um so den Lehrkräften eine Möglichkeit zu bieten, sich in relativ kurzer Zeit über das Angebot an bewährten und preiswerten Unterrichtsmitteln zur Sexualerziehung zu orientieren, sich über ihre didaktischen Absichten zu informieren und zu entscheiden, welches Mittel der örtlichen Lage am besten entspricht. Darüber hinaus wird auch die Wahl zu treffen sein, welches Unterrichtsmittel wohl der Schulsammlung einzuverleiben ist, damit es jederzeit bereit liegt. Bei der Heranziehung von Leihbeständen ist nämlich stets zu berücksichtigen, daß sie nur selten gezielt und termingerecht zur Verfügung stehen. Das allgemeine Schrifttum zur Sexualerziehung wird hier bewußt ausgespart, einerseits, weil seine Fülle kaum überschaubar ist, andererseits, weil es nur in geringem Maße als Anschauungsmaterial geeignet ist. *Frau Dr. Christa Topfmeier* von der Bundeszentrale für gesundheitliche Aufklärung (Köln-Merheim 1968) führt in der Dokumentationsschrift zur Geschlechtserziehung allein 463 Titel solcher Bücher an. — Wissenschaftliche Informationen für den Lehrer finden sich auch im Band 3, insbesondere Seite 237—301.

Beim Gebrauch sexualpädagogischer Hilfsmittel ist wohl allgemein zu beachten, daß die Geschlechtererziehung nicht nur eine biologische Seite hat, sondern daß im besonderen Maße persönlichkeits- und gesellschaftsbildende Werte anzubieten sind. Von dieser Erkenntnis ausgehend ist zu berücksichtigen, daß die audiovisuellen Hilfsmittel (av-Mittel) keinen Lehrerersatz zu bieten vermögen, sondern daß die lenkende Hand des Lehrers und das nachfolgende Unterrichtsgespräch unentbehrlich sind! Bei der Bereitstellung der Hilfsmittel ist auch daran zu denken, daß die ästhetische Seite der Probleme, Alter und Geschlecht der Schüler, sowie Zusammensetzung und Aufgeschlossenheit der Eltern zu beachten sind. Für die hier aufgeführten Themenkreise werden jeweils 4—5 av-Hilfen vorgeführt und besprochen, wobei diese in Form von Dias und Filmen, Tonbändern und Stempeln, Modellen und Wandbildern bzw. Projektionsfolien u. ä. vorliegen können. Es wird davon ausgegangen, daß in der Schulsammlung mindestens ein Hilfsmittel je Themenkreis vorliegen sollte. Weitere Medien sind sicher von den amtlichen und halbamtlichen Film- und Bildstellen zu beziehen. Ihre Darstellung und kritische Würdigung wird im Mittelpunkt dieser Ausführungen zu stehen haben. Zusätzlich werden noch weitere im Handel erhältliche Unterrichtsmittel aufgeführt, ohne daß damit eine Wertung verbunden sein soll. Es ist einfach nicht möglich, auf beschränktem Platz auch nur annähernd das reichhaltige Angebot zu würdigen, vor allem aber kann man keinem Lehrer zumuten, alle zur Verfügung stehenden Unterrichtsmedien zu kennen oder kennen lernen zu wollen. Die kritische Betrachtung der hier behandelten sexualpädagogischen Hilfsmittel erfolgt möglichst wertneutral, doch findet die weltanschauliche Orientierung Erwähnung, soweit darüber eine Aussage möglich ist.

Die Besprechung der hier behandelten Medien erfolgt in der Weise, daß zunächst eine Aufteilung in Unter-, Mittel- und Oberstufe erfolgt, weil keine Geschlechtererziehung am Lebensalter der Zielgruppe vorbeigehen kann. Innerhalb der Altersgruppe sind verschiedene Unterrichtsziele zu überlegen und zwar in der Reihenfolge, daß primär ein biologisches Sachwissen geschaffen werden muß, dem sich später, aber grundsätzlich nicht getrennt davon, sozialpädagogische und persönlichkeitsbildende Aspekte zugesellen. Dabei wird selbstverständlich einmal der biologische, ein andermal der gesellschaftsbildende Inhalt im Vordergrund zu stehen haben. Eine Überschau über die Unterrichtsmittel zeigt, daß hier noch viele pädagogische Nischen offenstehen. An die Adresse jener, die immer noch die Sexualerziehung aus der Schule ausklammern wollen, sei vermerkt, daß die Mehrzahl der Erziehungsberechtigten, voran die Eltern, immer noch nicht imstande sind, die biologischen Fakten der Sexualität einwandfrei zu bringen, ganz abgesehen von den Inzesttabus, die nach wie vor wirksam sind. Da die Sexualerziehung weisungsgemäß aber auch vom Elternhaus zu leisten ist, wird die Brauchbarkeit sexueller Instruktion auch in dieser Hinsicht gewürdigt werden.

I. Sexuelle Instruktion in der Vorpubertät
(10. mit 12. Lebensjahr, etwa 5. und 6. Schuljahr, Orientierungsstufe)

Der *Schwerpunkt* liegt auf der Schaffung bzw. Wiederholung des biologischen Grundwissens: Anatomie und Physiologie der Geschlechtsorgane, körperliche Veränderungen während der Pubertät; Paarung und Zeugung. Keimesentwicklung, Schwangerschaft und Geburt; Hinweis auf Säuglingspflege. Die geschlechtliche Fortpflanzung als Grundphänomen aller Lebewesen.

1. Modelle

Vertikalschnitt durch das weibliche Becken; Uterus, Rectum und Harnblase vollplastisch und teilweise aufklappbar.

Vertikalschnitt durch das männliche Becken; Rectum, Harnblase, Penis und Hoden vollplastisch, letztere zerlegbar.

Beide Bundeszentrale für gesundheitliche Aufklärung, 5 Köln-Merheim, Ostmerheimer Straße 200. Weitere Modelle liegen vor. Erläuterungen und Schriften kostenlos.

2. Präparate

Embryo des Menschen, drei Monate alt in Kunstharzeinbettung, Bundeszentrale wie oben. Weitere Embryo- und Fetuspräparate liegen vor.

3. Klarsichtfolien

Klarsichtgroßfolien DIN A 1, die mit löschbarer Farbkreide ausgezeichnet werden können: Nr. 12 *Geschlechtsorgane der Frau* und Nr. 13 *Geschlechtsorgane des Mannes*. Weitere Klarsichtfolien im Rahmen eines Gesamtatlasses zur menschlichen Anatomie.

Bundeszentrale wie oben. Prospekte und Verzeichnisse kostenlos.

Westermann audio-visuell-Folien zur Sexualkunde: Best. Nr. 356850
Primäre und sekundäre Geschlechtsmerkmale des Mannes, Nr. 356853
Primäre und sekundäre Geschlechtsmerkmale der Frau, Nr. 356857 *Befruchtung*.
Die Blätter sind von *Lothar Gulich* bearbeitet, klar und übersichtlich sowie farbig angelegt. Für die Beschriftung ist ein Deckblatt vorgesehen, so daß die Blätter sowohl zur Einführung wie zur Nachbereitung verwendet werden können. Die Folien werden wohl meist bei den amtlichen Bildstellen geführt.

4. Farbdiareihen des Instituts für Film und Bild, München (FWU)

a. (R 331) *Fortpflanzungsorgane der Frau*, 12 Bilder in Form von Schemazeichn.

b. (R 332) *Fortpflanzungsorgane des Mannes*, 8 Schemazeichnungen

c. (R 333) *Das menschliche Ei, Befruchtung und Furchungsteilungen,*

d. 8 Bilder in Form von Schemazeichnungen

e. (R 334) *Keimesentwicklung des Menschen*, 7 Schemazeichnungen

f. (R 335) *Schwangerschaft und Geburt*, 7 Schemazeichnungen

g. (R 364) *Fortpflanzungszellen des Menschen*, 10 Mikroaufnahmen

Die Reihen liegen im allgemeinen bei den amtlichen und halbamtlichen Bildstellen vor. Sie sind schon relativ alt und daher zwar wissenschaftlich exakt, jedoch pädagogisch wenig ansprechend. Weitere Bildfolgen zum Themenkreis der Fortpflanzung und Entwicklung haben u. a. der Jünger-Verlag, Frankfurt und der V-Dia-Verlag, Heidelberg sowie der PAI-DIA-Verlag, Münster herausgebracht. Bei der letztgenannten Reihe mit dem Titel „Unsere Geschlechtlichkeit als Gabe und Aufgabe" ist der Besprechung der menschlichen Fortpflanzung die Betrachtung der Fortpflanzungsvorgänge im Tier- und Pflanzenreich vorangestellt, ein Verfahren, das früher allgemein üblich war.

Die in Klammern aufgeführten Nummern der Dia-, Diatonreihen und Filme sind nur für Bayern verbindlich. Die Titel selbst aber werden (unter anderer Numerierung auch in den anderen Bundesländern bei den Bildstellen geführt.

5. 8 mm Filme Superacht (8 F)

a. (8F 56) *Befruchtung*, Farbe 1969, 1½ Minuten. Schematische Darstellung des Befruchtungsvorganges und der ersten Furchungsteilungen.

b. (8F 95) *Natürliche und künstliche Bestäubung der Erbsenblüte*, Farbe, 2½ Minuten.
Die Bestäubung und das Wachstum der Pollenschläuche sowie die Befruchtung der Eizelle werden im Trick verfolgt. Der Unterschied zwischen Bestäubung und Befruchtung wird herausgearbeitet.

c. (8F 148) *Befruchtung bei Pflanzen*, Farbe 1970, 5 Minuten.
Der Streifen stellt im Trick unter Zwischenschaltung von Realaufnahmen die Begriffe Bestäubung, Befruchtung und Embryobildung heraus. Die didaktische Absicht geht dahin, die Parallelität des Fortpflanzungsgeschehens im Tier- und

Pflanzenreich aufzuzeigen und somit die Sexualvorgänge als biologisches Grundphänomen nahezubringen. Es wird außerdem noch gezeigt, daß die Pflanzen eine „doppelte Befruchtung" aufzuweisen haben.

d. (8F 127) *Fohlengeburt — Einleitungs- und Geburtsvorgang*, 1970, 4½ Minuten.

e. (8F 128) *Fohlengeburt — Versorgung von Fohlen und Stute*, 1970, 5 Minuten.

Trächtigkeit und Verlauf der Geburt bei den Säugetieren werden beispielhaft am Pferd dargestellt. Die Kinder erleben die ersten Augenblicke eines Fohlens vom Abnabeln bis zum ersten Trinken an der Stute. Für Stadtkinder ist der Film eine Sensation und manche Kinder werden schockiert. Die Filme mobilisieren jedoch in besonderem Maße tierfreundliche und emotionelle Regungen und machen den Begriff des Säugers von Grund auf verständlich.

Alle aufgeführten 8F-Reihen stammen vom Institut für Film und Bild in München (im folgenden kurz FWU) bzw. 8022 Grünwald, Bavaria-Film-Platz 3. Sie sind dort käuflich zu erwerben, liegen aber in der Regel bei den Bildstellen vor.

6. Farbtonfilme 16 mm (FT)

a. (FT 684) *Der weibliche Zyklus*, Farbe, 8 Minuten, FWU

Der Film zeigt anhand von Trickzeichnungen Lage und Bau der weiblichen Genitalien sowie die Funktion der Eierstöcke als Bildungsort der weiblichen Keimzellen und als Drüsen der inneren Sekretion. Die Reifung des Eies wird bis in die Gebärmutter verfolgt. Die zyklischen Geschehnisse an der Gebärmutterschleimhaut werden am Schluß unter Zuhilfenahme einer Uhr nochmals zusammengefaßt, um die zeitlichen Abläufe zu veranschaulichen. Der Film wurde ursprünglich erst ab dem 12. Lebensjahr empfohlen, doch bestehen keine Bedenken, ihn bereits früher vorzuführen, ja vielfach ist dies sogar notwendig. Wünschenswert ist jedoch, daß bereits vorher die anatomischen Details besprochen worden sind, da die Kinder sonst überfordert werden, wenn zu viele neue Begriffe und Vorgänge auf sie einwirken. Der Film eignet sich ausgezeichnet zur Wiederholung und es schadet keineswegs, wenn man ihn zweimal vorführt.

b. (FT 862) *Pubertät bei Jungen*, Farbe, 10 Minuten, FWU

Der Film vermittelt brauchbare Informationen über die Gestaltveränderungen der Knaben in den kritischen Lebensjahren. Der Film beschränkt sich dabei auf die hormonell ausgelösten physischen Veränderungen, so daß eine Nachbereitung unter Einbeziehung der psychischen Labilität der Pubertierenden notwendig erscheint. Im Trick wird gezeigt, wie die Hypophyse Wirkstoffe in das Blut sendet und wie darauf die Keimdrüsen reagieren. Insbesondere die von den Zwischenzellen der Hoden abgegebenen männlichen Geschlechtshormone lösen die Umwandlung des kindlichen in den männlichen Körper aus. Im weiteren Verlauf erfolgen anatomische Demonstrationen von Hoden und Nebenhoden, über Veränderungen des Kehlkopfs und über die Bildung des Ejakulats.

c. (FT 836) *Schwangerschaft und Geburt*, Farbe, 12 Minuten, FWU

Im Anschluß an die Befruchtung wird ebenfalls im Trick die Embryonalentwicklung des Menschen behandelt und der Geburtsvorgang veranschaulicht, der dann in Realaufnahmen nochmals dargestellt ist. Besonders dieser Teil des Films beeindruckt die Kinder sehr und bietet eine Fülle wichtiger Informationen zu den Themenkreisen Geburt, Furchung, Embryonal- und Fetalentwicklung.

7. *Handreichungen zur Sexualerziehung im Fachverlag für pädagogische Informationen, Braunschweig (FPI)*

B/1) *Äußere Veränderungen in der Pubertät v. W. Kuhnert*
Die Unterrichtsziele umfassen Darstellung und Besprechung der Geschlechtsmerkmale, Bezeichnung geschlechtsspezifischer Körperteile, die Veränderungen in der Pubertät und daraus resultierende Verhaltensweisen.

B/2) *Pollution und Masturbation von Dr. L. Spanner*
Es werden die anatomischen und hormonellen Fakten aufgezeigt sowie die bewußten und unbewußten Verhaltensweisen besprochen, die daraus entspringen.

B/3) *Menstruation von E. Preuschhof*
Es geht darum, alle Schüler über das Thema hinreichend zu informieren und Verhaltensmöglichkeiten zu diskutieren.

B/6) *Mann und Frau vereinigen sich körperlich von E. Preuschhof*
Das Thema greift bereits über eine rein biologische Information hinaus, weil die Schüler nicht nur über die wichtigsten Fakten des Geschlechtsverkehrs unterrichtet werden, sondern auch darüber, daß er nur dann glücklich machen kann, wenn eine liebende Zuwendung vorliegt und gewisse Tabubereiche des Partners respektiert werden.

B/9) *Schwangerschaft von B. Klett*
Es wird ein umfassender Einblick in die anatomischen und physiologischen Umstände der Schwangerschaft geboten.

B/10) *Die Geburt eines Kindes von Frau Kuhnert*
Realistische Schilderung des Geburtsvorganges
Die Handreichungen sind in drei Abteilungen gegliedert: Ausgabe A für die Vorschule und das 1. bis 4. Schuljahr, Ausgabe B ab dem 5. Schuljahr und Ausgabe C ab dem 10. Schuljahr; dazu kommen Sonderausgaben sowie Informationsmaterial allgemeiner Art wie Erlasse, Schrifttumshinweise u. ä. Die Einzeldarstellungen umfassen Unterrichtseinheiten und Stundenentwürfe, die in einem Sammelordner zusammengefaßt werden und in zwangloser Folge nach einem Jahresprogramm erscheinen. Neben einer einwandfreien fachlichen Information werden auch Möglichkeiten der pädagogischen Verwirklichung in curriculärer Form aufgezeigt. Darüber hinaus wird Diskussionsmaterial bereitgestellt, so daß im Schülergespräch eine objektive und gesellschaftswirksame Einordnung der angesprochenen Probleme erfolgen kann.

8. Spezielle Arbeitsmittel zur Persönlichkeitsbildung

Sexuelle Erziehung in der *Vorpubertät* mit Schwerpunkt auf Persönlichkeitsbildung, Motivierung und Gesprächsauslösung über psychische Veränderungen mit einsetzender körperlicher Reifung; Hilfsmittel zur Einübung partnerschaftlichen Verhaltens einschließlich des Schutzes der Jugendlichen vor Triebtätern.

a. *Wir sind doch keine Kinder mehr*, eine Tonbildreihe in zwei Teilen der Steyl-Film, München von *Helga Strätling-Tölle*, *Berthold Strätling* und *Johannes Rzitka*.
Der erste Teil von etwa 18 Min. Laufzeit mit 45 Farbdias bringt eine ausgezeichnete sachliche und kindertümliche Information über die Biologie des Geschlechtlichen. Die Dias dienen allerdings in ihrer herkömmlichen Art mehr als Blickfang

und haben nicht sehr viel Aussagewert. Die Vorführung des Tonbandes ist allen zu empfehlen, die selbst schwer die richtigen Worte finden können. Im einzelnen sind folgende Themenkreise angesprochen: Eintritt, Wesen und Erkennung der Pubertät, Sinn der körperlichen Reifung. Aussehen, Bau und Zweck der männlichen und weiblichen Geschlechtsorgane, Vorgang der Zeugung und Befruchtung, Abstoßung des unbefruchteten Eies sowie Embryonalentwicklung einschließlich des Geburtsvorganges nebst Sonderfällen wie Früh- und Fehlgeburt sowie Kaiserschnitt.

Der zweite Teil beschäftigt sich in etwa 18 Min. Laufzeit mit der Bedeutung des Geschlechtlichen, vor allem mit den Problemen, die sich aus den pubertären Veränderungen ergeben. Die Intention des Tonbildes und die den Jugendlichen empfohlenen Verhaltensweisen sowie Ansichten zu biologischen Fragestellungen bewegen sich im Rahmen der christlichen Tradition einer Beherrschung und Dämpfung des Geschechtstriebes, wobei allerdings vielfach falsche Ansichten richtig gestellt werden. Im einzelnen werden folgende Diskussionpunkte berührt: Unterschied zwischen Mensch und Tier, Einheit von Leib und Seele und ihre Bedeutung für die Geschlechtlichkeit, Zusammenhänge zwischen Geschlechtlichkeit und Liebe. Beurteilung der Selbstbefriedigung und Notwendigkeit der Selbstbeherrschung. Zusammenhänge zwischen Liebe und Partnerschaft, die bis zum Hospitalismus reichen. Die beigefügten 48 Farbdias müssen beim heutigen Stand der Sexualpädagogik wohl vielfach als überholt betrachtet werden.

b. *Handreichungen zur Sexualerziehung FPI, Braunschweig:*
B/4) *Seelische Veränderungen in der Pubertät von W. Kuhnert*
Es wird dargestellt, in welcher Weise sich die körperlichen Veränderungen während der Pubertät im seelischen Bereich auswirken und wie sie das Verhalten der Geschlechtspartner zueinander zu beeinflussen vermögen.

B/5) *Freundschaften zwischen Jungen und Mädchen von R. Schwab*
Die Jugendlichen sollen den Geschlechtspartner nicht nur als Objekt ihren Wünschen unterordnen, sondern ihn auch als Subjekt anerkennen, wobei die Gefahren einer zu frühen Bindung nicht unerwähnt bleiben.

B/12) *Eltern- und Kindererziehung bei Mensch und Tier von H. Söller*
Kenntnisse über Sozialbeziehungen bei Tieren sollen menschliche Entwicklungs- und Erziehungsvorgänge besser verstehen lehren sowie in ihrer Bedeutung für den Einzelmenschen und die Gesellschaft bewußt machen.

B/13) *Ledige Mütter — uneheliche Kinder von E. Preuschhof*
Aus der Kenntnis der gegenwärtigen familiären und gesellschaftlichen Situation des außerehelichen Kindes sollen nicht nur Vorurteile abgebaut, sondern auch ein Verantwortungsgefühl erzeugt werden.

c. *Filme*
a. *Der Mann mit den Bonbons*, schwarz-weiß, Ton, 14 Min., Landesbildstellen, Landesfilmdienste.
In Zusammenarbeit mit der Kriminalpolizei werden drei Episoden dargestellt, welche die Methoden der Sittlichkeitsverbrecher verdeutlichen sollen. Der Film ist gut und eindringlich gestaltet und zieht die Kinder in seinen Bann. Die Episoden bilden den Anstoß, mit den Kindern unter Hinzuziehung eigener Erlebnisse ein aufklärendes Gespräch über die Erkennung und vor allen Dingen Verhinderung von Sittlichkeitsdelikten zu führen.

β. Die Pfütze, SWT, 14 Min., Bavaria-Verleih, Landesfilmdienste
Dieser Kurzspielfilm will auf die Gefahren aufmerksam machen, die den Kindern von Sittlichkeitsverbrechern drohen, die in ihrer Triebhaftigkeit nicht einmal vor einem Mord zurückschrecken.
Der sehr symbolträchtige Film zeigt zunächst, wie der Entführer das Opfer anlockt und der Junge, obwohl ihm bewußt ist, daß er Verbotenes tut, mitgeht. Wie er dann ängstlich wird und nicht mehr mitmachen will, führt keiner seiner Hilferufe und Ausreißversuche zum Ziel. Die „Misch dich nicht ein" - Haltung der Mitmenschen läßt ihn mit seinem Mörder allein. Obwohl die Handlung schockierende Vorgänge mehr ahnen läßt, beeindruckt der Film die Schüler sehr stark!

9. Vorschläge zur Elterninstruktion über sexuelle Probleme der Vorpubertät

a. *Handreichungen zur Sexualerziehung, FPI, Braunschweig*

α. *Der Elternabend mit dem Thema „Geschlechtserziehung" von L. Heckmann*
Die Dringlichkeit, Vorbereitung und Durchführung eines Elternabends über sexuelle Probleme wird interpretiert, wobei auch verschiedene Zielsetzungen Berücksichtigung finden.

β. *Grundfragen der Sexualpädagogik — gestern und heute von E. Preuschhof*
Den Empfehlungen der KMK vom Jahre 1968 geht es um die Zusammenarbeit von Elternhaus und Schule auf dem Gebiete der Sexualerziehung. Die Ziele dieser Erziehung kommen eindringlich zu Wort, wobei die Ausgangssituation in Vergangenheit und Gegenwart sowie die anthropologischen Voraussetzungen gründlich beleuchtet werden.

b. *Wissende Kinder sind geschützte Kinder*
Tonbildreihe, 32 Min., Steyl-Film, München, Dauthendeystr. 55
Diese Reihe ist wohl die bekannteste und verbreitetste der Steyl Diatonbildreihen. Die sachliche Instruktion erfolgt im Geiste christlichen Glaubensgutes, spart jedoch kein sexuelles Problem aus und scheut auch vor kräftigen Worten nicht zurück. Schade ist nur, daß innerhalb der meist nichtssagenden Farbdias die Werbeabsicht zu stark hervortritt. In der Regel über Bildstellen kostenlos erhältlich.

c. (FT 1555) *Kinder als Zeugen* SWT 158 m
Der Film zeigt den Ablauf einer Gerichtsverhandlung gegen einen Sittlichkeitsverbrecher, der sich an einem Mädchen unter 14 Jahren vergangen hatte. Während der Inhalt der strafbaren Handlung nur angedeutet wird, beschäftigt sich der Film insbesondere mit den Formalitäten des Verhandlungsverlaufs und ermahnt zur Behutsamkeit in der Behandlung der Kinder als Zeugen, wobei eine Sachverständige des Jugendamtes eingeschaltet wird. Der Täter, der die Glaubwürdigkeit der Kinder unterhöhlen will, wird mittels Zeugen eindeutig überführt.

II. Handreichungen für die sexuelle Information und Beratung während der Pubertätszeit, Mittelstufenschüler vom 7. mit 10. Schuljahr, also vom 13. mit etwa 16. Lebensjahr

Gefordert wird Vertiefung des sexualbiologischen Wissens, das über die morphologischen und anatomischen Kenntnisse hinausgeht und somit die Voraussetzungen für heterosexuelles, partnerschaftliches Verhalten bildet. Angesprochen werden außerdem sexuelle Verhaltensweisen und nach Lage der Dinge auch

Techniken, wobei allerdings die Achtung vor der Andersartigkeit des Geschlechtspartners in körperlicher und vor allem seelischer Struktur nicht außer Acht gelassen werden darf! Abschließende Informationen über körperliche Fehlentwicklungen und sexuelles Fehlverhalten sowie Geschlechtskrankheiten schließen sich an, soweit darüber Instruktionsmaterial angeboten werden kann.

1. Modelle

Zusätzlich zu den eingangs erwähnten Gebärmutter, Eierstöcke und Muttertrompeten, äußere Geschlechtsorgane ohne knöchernes Becken in genauer topographischer Lage; durch Sagittalschnitt in 2 Hälften zerlegbar, auf Stativ. BZ, Köln-Merheim.

2. *Overhead-Transparente zur Biologie* der Verlage Moritz Diesterweg, Frankfurt sowie Quelle und Meyer, Heidelberg. Erste Serie, Sexualität von *W. Bruggaier* und *D. Kallus,* 8 mehrfarbige Transparentsätze in Folientaschen mit Dreh-Druckknopf in Aufbewahrungsbox: Die männlichen und weiblichen Geschlechtsorgane, Chromosomen, Zellteilung (Mitose), Reifungsteilungen (Meiose), Hormonale Steuerung der Ei- und Spermienreifung, Zyklus der Frau und Follikelreifung. Jeder Titel umfaßt in der Regel mehrere Folien, die übereinandergelegt werden können, wobei ein eigenes Beschriftungsblatt die methodische Verwertbarkeit erhöht.

3. Tonbilder

a. *Liebe ohne Liebe,* Steyl Tonbild in 2 Teilen von *Kerkhoff, Winand* und *Rzitka,* Dauer je 28 Minuten mit 73 Farbdias.

Der „Rote Faden" für das Gespräch des ersten Teils beschäftigt sich zunächst damit, warum zwei junge Menschen eine intime Bindung eingehen und stellt die Frage, warum sie sich anschließend nicht mehr so gut verstehen und ihre Probleme nun erst zu überdenken beginnen. Es folgt eine Diskussion über die Abgrenzung der Begriffe Freundschaft und Liebe, Liebe und Sexualität. Gibt es allgemeingültige Normen und Spielregeln, stellt sich die Frage nach dem vorehelichen Geschlechtsverkehr heute anders als früher? Wie sind Verhütungs- und Abtreibungsmittel zu beurteilen, gibt es Stufen der Liebe? Wer trägt die Verantwortung? Obwohl die gestellten Fragen zumeist offen bleiben und bei der weltanschaulichen Bindung der Autoren kaum über formelle, progressive Ansätze hinausgehen können, liefert das Tonbild eine gute Ausgangsposition für ein Arbeitsgespräch mit den Heranwachsenden.

Der zweite Teil mit 78 Farbdias vermeidet es, auf die heute von den Jugendlichen erwarteten Antworten nach freier Liebe einzugehen, verweilt vielmehr dabei, das Vorfeld partnerschaftlicher Gemeinsamkeiten und die Gründe der Sex-Tabus und Sex-Explosion zu erläutern bzw. zu klären. Es werden die Voraussetzungen der personellen Liebe und die Stufen der Liebe diskutiert, wobei zuletzt die geschlechtliche Lust als ein Ausdruck der Lebensfreude, die Leib und Seele zu erfüllen hat, interpretiert wird.

Sicherlich vermag auch der 2. Teil wertvolle Anstöße zu geben und jene Jugendlichen in ihrer Auffassung verstärken, die sich um eine christliche Haltung bemühen wollen.

b. *Müssen Jugendliche schwierig sein?* Steyl-SVD-München, Laufzeit 31 Min., 103 Farbdias von *Joh. Rzitka.*

Obwohl das Tonbild ursprünglich für Eltern und Erzieher vorgesehen ist, scheint es sehr geeignet, Verständnis für den Generationenkonflikt zu schaffen. Der Feststellung der Erwachsenen „Mit unseren Kindern ist nichts anzufangen", steht die Frage der Jugendlichen gegenüber „Habt ihr einmal versucht, mich zu verstehen?" Die Verständnisschwierigkeiten sind heute größer, denn je! Warum reagieren die Heranwachsenden nicht oder falsch auf die Ratschläge? Die Phasen der Heranwachsenden, die Entwicklungen und Strebungen der Reifungszeit werden geschildert. Die stete Forderung der Jugendlichen wird durch die Aufforderung gemildert, daß auch die Eltern lernen müssen, ihre Kinder richtig zu erziehen. Wege dazu werden vorgeführt; die Basis ist verstehen, anerkennen, vertrauen.

c. *„Empfängnisregelung — aber wie?"* (nach „aula" April 1973).

Diese Tonbildschau des Arbeitskreises Jugend und Gesundheit in Zusammenarbeit mit der Deutschen Gesellschaft für Familienplanung, Pro Familia, unternimmt den Versuch, alle Methoden der Geburtenregelung kurz, übersichtlich mit ihren Vor- und Nachteilen darzustellen. Sie umfaßt 80 Farbdias und hat eine Laufzeit von 18 Minuten. Der Begleittext für den Lehrer, herausgegeben vom Jünger Verlag, Frankfurt/M. stimmt mit dem Tonband überein.

Die Tonbildschau soll den Bildstellen zur Verfügung gestellt werden. Sie wird für die Abgangsklassen der Sekundarstufe I empfohlen. Weitere Information: Jugend + Gesundheit, Arbeitskreis zur Förderung der Gesundheitserziehung e. V., 6 Frankfurt/M. 1, Schwindstr. 3 und Jünger Verlag, Frankfurt.

4. Filme

a. (FT 806) *Weil ich kein Kind mehr bin,* FWU München, 22 Min., SWT.

Der Film zeigt in vier Spielhandlungen, die sieben Szenen umfassen, Erziehungskonflikte und Vertrauenskrisen zwischen Jugendlichen von 13—16 Jahren und ihren Eltern. In diesen Auseinandersetzungen tritt die scheinbare Autorität, die sich in Entrüstung und Unsicherheit, in Verboten und Drohungen, aber auch in Gleichgültigkeit ausdrückt, in Gegensatz zur echten Autorität, die um die Entwicklungsphasen der Jugend weiß. Sie setzt zwar dem Freiheitsanspruch notwendige Grenzen, bietet jedoch Möglichkeiten der Bewährung an und versucht den richtigen Gebrauch der Freiheit aufzuzeigen. Der Film kommt bei den Jugendlichen gut an, weil er Alternativen zeigt und anbietet. Für die pädagogische Auswertung ist das Studium des Beiheftes wärmstens zu empfehlen.

Infolge seiner Informationsbreite eignet sich der Film auch in ganz besonderem Maße für Elternversammlungen von Mittelstufenklassen.

b. (FT 876) *Phoebe,* FWU München, SWT 28 Min.

Der realistische und anspruchsvolle Film beleuchtet das Verhalten eines Mädchens bei angehender Schwangerschaft. Die psychischen Momente, aufgehängt an der Frage „Was ist denn los mit dir?" werden teilweise in Rückblenden von verschiedenen Seiten beleuchtet und zeigen die Situation junger Menschen zwischen Freundschaft und Liebe sowie die Problematik zwischen Eltern und Kindern. Bedenken wegen der Gefahr aufkommender Angstpsychosen sollte man nicht zu ernst nehmen, denn schließlich kommt auch der Angst eine bedeutsame erzieherische Rolle zu.

c. (FT 2368) *Steuerung des Menstruations-Zyklus und Wirkung der Ovulationshemmer*, FWU.

d. *Reaktion posiitv*, SWT, 25 Min., Landesfilmdienste, auch Landesbildstellen.
Der Film erzählt die Geschichte eines jungen Mannes, der sich mit Syphilis angesteckt hat und sich erst in ärztliche Behandung begibt, als seine Frau die Erkrankung entdeckt. Die Symptome dieser Geschlechtskrankheit und ihre verheerenden Folgen bei Nichtbehandlung werden vorgeführt und damit die unverzügliche ärztliche Konsultation nahegebracht.

5. Hörspiele

Das Mädchen Sybille, ein Hörspiel für Jugend- und Sexualerziehung, 24 Min mit 50 Farbdias.
Sybille erwartet ein Kind, ist voll Angst und will Schluß machen; sie wirft sich vor einen Zug. Schwerverletzt erlebt sie in der Operationsnarkose nochmals ihre Erlebnisse mit Hardy und Ronny. Das Tonbild ist in christlicher Sicht konzipiert und bietet eine gute Diskussionsgrundlage für die Probleme, mit denen sich die Jugend auseinanderzusetzen hat. Die Dias haben unwesentlichen Inhalt und dienen höchstens als Aufhänger.
Das Tonbild wird in der Regel an den Landes- und Stadtbildstellen geführt.

6. *Handreichungen zur Sexualerziehung, FPI, Braunschweig:*

C/2) *Schwierigkeiten mit dem Freund — mit der Freundin von E. Preuschhof*
Die Schüler sollen Freundschaften als Stufe der Begegnung der Geschlechter erkennen und altersgemäße Probleme heterosexueller Kontakte bewältigen und verbessern lernen.
Da die Mittelstufenschüler bereits stärker zur persönlichen Mitarbeit aufgerufen sind, bieten die FPI-Informationen eine ausgezeichnete Hilfe für Schülerreferate, soweit keine weitergehenden Vorkenntnisse vorauszusetzen sind.

C/3) *Die Pille von B. Schneider*
Die Jugendlichen sollen über die Vor- und Nachteile dieser hormonellen Antikonzeption informiert werden. Es sollen aber auch andere Aspekte, die bei der Pilleneinnahme eine Rolle spielen, zur Sprache kommen und überprüft werden.

C/4) *Möglichkeiten zur Empfängnisregelung* von L. Heckmann
Es wird nicht nur ein Allgemeinüberblick über die Möglichkeiten der Empfängnisregelung bzw. Schwangerschaftsverhütung gegeben, sondern die Schüler sollen auch befähigt werden, darüber zu sprechen und sie als ein partnerschaftliches Problem erkennen lernen.

C/5) *Abtreibung* von Dr. L. Spanner
Ausgehend von einer Wiederholung der biologischen Vorgänge bei der Entstehung und Entwicklung der menschlichen Leibesfrucht, sollen die Schüler über juristische, medizinische, weltanschauliche und psychologische Gesichtspunkte der Abtreibung informiert werden, so daß sie in die Lage versetzt sind, sich ein eigenes Urteil zu bilden und eine persönliche Stellung zu beziehen.

C/6) *Bewahrung oder Erfahrung* von L. Heckmann
Die Problemstellung soll den jungen Menschen helfen, eine Entscheidung zu treffen, ob sie auf „intime Beziehungen" verzichten oder durch sexuelle Aktivitäten Erfahrungen sammeln wollen.

C/9) *Homosexualität* von *Dr. L. Spanner*
Den Jugendlichen, besonders den Adoleszenten beiderlei Geschlechts soll das neue Selbstverständnis der Homosexualität bzw. Lesbischen Liebe anhand einer Gegenüberstellung überkommener Ansichten und gegenwärtiger Auffassungen aufgezeigt werden, damit sie eine eigene Stellungnahme beziehen können.

C/12) *Freizeit — Party — Sex* von *L. Heckmann*
Die Schüler sollen erkennen, daß mit einem sinnvollen Freizeitverhalten die Entfaltung und Förderung der Kontaktfähigkeit verbunden ist. Sie sollen dabei die Wichtigkeit einer Eigeninitiative für den gesamten Sozialisationsprozeß erfassen lernen, damit sie weder sexuell verplant noch manipuliert werden. Die Jugendlichen sollen dazu befähigt werden, bei der Lösung sexueller Konflikte in der Gruppe einen Weg zu finden.

C/15) *Neue Moral* von *L. Heckmann*
Im Bereich der Sexualmoral wird das Neue in der Moral besonders augenfällig. Daher soll an einigen Beispielen exemplarisch gezeigt werden, wie sich die gewandelte Sicht der Sexualität auf das Sexualverhalten ausgewirkt hat und fortschreitend auswirkt. Sie sollen darüberhinaus die Gründe für die Ablösung überholter Normen in der Sexualität untersuchen und überprüfen.

C/16) *Sexuelle Reaktionen und Fehlreaktionen* von *H. Söller*
Das Unterrichtsziel geht dahin, Kenntnisse über die wichtigsten sexualphysiologischen Reaktionen bei Frau und Mann, über deren psychische Voraussetzungen und positive sowie negative Beeinflußbarkeit durch soziokulturelle Bedingungen zu vermitteln.

C/17) *Sexualität zwischen Tabu und Schamlosigkeit* von *E. Preuschhof*
Vor allem an den Beispielen „Nacktheit" und „Schaustellung sexueller Handlungen" soll den Schülern bewußt gemacht werden, daß sexuelles Verhalten von gesellschaftlichen Tabus und persönlichen Schamgefühlen beeinflußt wird. Eigene Einstellungen sollten kritisch reflektiert und gegebenenfalls einer Revision zugänglich gemacht werden.

B/19) *Geschlechtskrankheiten* von *Dr. L. Spanner*
Es geht um eine Erwerbung konkreten Wissens über die wichtigsten venerischen Krankheiten wie Tripper, Syphilis und Schanker, ihre Ansteckungs- und Verhütungsmöglichkeiten, ihren Verlauf und ihre Heilungsaussichten. Dabei geht es pädagogisch noch darum, durch Versachlichung einerseits die Entstehung von Angst- und Schuldgefühlen zu vermeiden, andererseits die Gefährlichkeit des Umgangs mit zweifelhaften Personen ins rechte Licht zu rücken.

Der biologische Ausklang der Sexualpädagogik in der Mittelstufe kann in der *Säuglingspflege* gesehen werden und mündet damit in die allgemeine Gesundheitslehre ein. Während früher eine Instruktion darüber allein als Sache der Mädchenschulen angesehen wurde, sieht man heute eine Angelegenheit beider Geschlechter darin. Eine Besprechung des in ausreichender Menge bei den amtlichen Bildstellen erhältlichen und fachspezifisch abgegrenzten Instruktionsmaterials erübrigt sich; (siehe auch Band 3, „Menschenkunde", Seite 162—174 und Seite 270—288).

III. Beratungsmaterial für die sexuelle und partnerschaftliche Kommunikation in der Nachpubertät und Adoleszenz, also nach dem 17. oder 18. Lebensjahr beziehungsweise für noch ältere Schülerinnen und Schüler der Oberstufenklassen 11 mit 13

Im Vordergrund stehen auf dieser Stufe jene Probleme des Zusammenlebens, die eine sexuelle Komponente auszeichnet oder die absolut geschlechtsbezogen sind, sei es im individuellen, im familiären, im sozialen oder gesellschaftlichen Bereich. Im allgemeinen werden keine spezifischen Lernziele geboten, sondern Denkanstöße und Diskussionsauslöser. Dem Schülerreferat kommt dabei sicher eine wesentliche Bedeutung zu.

1. Tonbilder

a. *Geliebter Partner*, Mann und Frau in Ehe und Familie von *Johannes Rzitka* und *Dr. Kurt Brem*, Tonbild mit 35 Minuten Laufzeit und 86 Farbdias, Steyl-SVD Film und Ton, München.
Es geht vor allem um das Problem des Zusammenlebens, das sich heute dahingehend versteht, daß der Mann oder die Frau als Beherrscher der Familie abgelehnt werden. Die Gleichberechtigung nach dem Grundgesetz wird als Ausgangsbasis betrachtet, wobei zunächst die Gemeinsamkeiten von Mann und Frau aber auch ihre Wesensverschiedenheiten zur Sprache kommen. Die biologische Hinordnung und die geistig-seelische Ergänzung sollen bewußt und nicht nur als eine tradierte Rollenübernahme empfunden werden. Das Verständnis der Individualität und der gegenseitigen Zuordnung soll die Grundlagen jeder Partnerschaft stärken: gegenseitiges Verständnis, Geduld und Ausdauer.

b. *Die Frau — (k)ein Partner* von *W. Kerkhoff* und *Joh. Rzitka*, ein Tonbild mit 34 Min. Laufzeit und 80 Farbdias aus derselben Produktion zeigt Stellung und Wertung der Frau in der abendländischen Kultur und Politik in Vergangenheit und Gegenwart auf. Es geht um die Frage, warum die Gleichberechtigung der Frau nach wie vor nicht genügend verwirklicht ist und welche Möglichkeiten sich heute aus der Sicht der Geschlechter und der Gesellschaft bieten, das Leben der Frauen im Geiste ihrer Selbstverwirklichung zu gestalten. Die in den Tonbildern vermittelten Denkanstöße liefern gute Auslöser für eine niveaubewußte Diskussion, wenngleich die weltanschauliche Fixierung der Autoren bei einer wertfreien Besprechung zu beachten ist. Der Text ist so ausgezeichnet, daß die Dias vielleicht sogar als störend empfunden werden.

2. Filme

a. (FT 1634) *Thema Nr. 1*, SWT 15 Minuten, FWU
Der Film scheint gut geeignet, die Gegensätze zwischen Lernwelt und Arbeitswelt aufzuzeigen und das „sexuelle Klima" der Umwelt zu würdigen. Eine Diskussion darüber soll den Gymnasiasten zeigen, wie das Leben außerhalb der Schule aussehen kann.
An einem Sonntag treffen sich die 16jährige Monika und ihr gleichalter Schulfreund zu einer Radtour, die verspielt und harmlos abläuft. Mit dieser Szene wird der sexuell völlig unvorbereitete Eintritt in das Berufsleben angedeutet. Am ersten Berufstag merkt Monika, daß sie in der Erwachsenenwelt zunächst

völlig allein steht, daß sie zur Zielscheibe tendenziöser Witze und Zoten wird, denen sie hilflos gegenübersteht und gegen die sie auch im Elternhaus keinerlei Stütze findet. Die weiteren Erlebnisse im Betrieb, die unkorrekte, geschlechtsbetonte Hintergründe aufweisen, machen sie so verwirrt, daß sie auch ihrem Freund nur triebhafte Motive unterlegt und der Film mit einer Disharmonie endet.

b. (FT 1606) *Erste Begegnung*, SWT 28 Minuten, FWU
Der Film ist ursprünglich für die Elternaufklärung gedacht, darf aber auch für die ausgehende Oberstufe, deren Schüler ja mehr oder weniger potentielle Eltern darstellen, mit Gewinn betrachtet werden. Er zeigt, daß dem Verhalten und Verhältnis zwischen den Geschlechtern nicht nur eine angelernte Rolle zugrunde liegt, sondern daß hinter ihnen eine naturgebundene Wesensverschiedenheit zu suchen ist. Der Film führt sicher zu einer Selbsterkenntnis und zu einem neuen Selbstverständnis der Jugendlichen. Die Lektüre des Beiheftes ist sehr zu empfehlen, vor allem auch, weil der Vorführung unbedingt eine Einstimmung vorausgehen sollte.

Der Film zeigt in einer Reihe von Episoden Begegnungen zwischen den Geschlechtern, teils wünschenswerte, teils wie sie nicht sein sollten. Das erste Bild beobachtet das Spiel zweier Sechsjähriger, die sich schließlich streiten, weil sie gegenteiliger Meinung sind. Die zweite Episode zeigt einige neunjährige Buben, die einen Geheimbund, die „Schwarze Hand", gegründet haben. Ein Mädchen, das als „Räuberbraut" zu ihnen stoßen will, lehnen sie geringschätzig ab. Die Jungen wollen unter sich bleiben, denn „Mädchen sind dumm"! In der dritten Szene begegnen sich Elfjährige. Herbert hat seine Freundin Erika zum Essen eingeladen und beweist sich als Kavalier; zwischen beiden herrscht ein offenes und herzliches Verhältnis. Das vierte Bild führt uns in die Traumwelt eines Mädchens aus bürgerlichem Niveau, das sich im ausgehenden Backfischalter seines „fraulichen" Wesens bewußt wird. In der fünften Episode sind wir bei der Geburtstagsparty der 14jährigen Karla mit ihren Freundinnen. Karlas Bruder hat sich selbst ausgeschlossen, weil sein Schwarm Gerdi dabei ist, vor der er sich aus Unsicherheit und Befangenheit ins Freie flüchtet. In der nächsten Bildfolge fängt die Kamera die Atmosphäre einer Tanzstunde bei Sechzehnjährigen ein und zeigt, wie eine Sympathie zwischen zwei jungen Menschen entsteht. Die 7. Episode schließlich bringt das Renommiergeschwätz eines Halbwüchsigen mit erfundenen erotischen Erlebnissen, mit denen er im Kreise von Gleichaltrigen protzen will, jedoch nicht recht ankommt. In der achten Bildfolge steht eine kleine Verkäuferin vor der Wahl zwischen zwei Bewerbern, einem armen, aber netten und einem angeberhaften Playboy. Der Film schließt mit einem erfreulichen, sauberen Liebespaar, das heiraten will.

c. *Warum sind sie gegen uns?* SWT, 3 Teile, 715 m, 66 Minuten.
Der Film ist als sozialpsychologische Studie gedacht und zeigt am Leben des Hilfsarbeiters Günter und seines Liebesverhältnisses mit Gisela, der Tochter eines Ehepaares aus der gehobenen Mittelschicht, die Probleme junger Menschen, die sich vor allem aus den gesellschaftsspezifischen Bedingungen der Eltern ergeben. Der Film widmet sich in erster Linie der Analyse der verschiedenen Situationen und bietet damit eine brauchbare Grundlage für eine Aussprache. Störend wirkt die Dreiteiligkeit des Films, die mehr als eine Unterrichtsstunde in Anspruch nimmt.

d. *Frühehen,* SWT, 26 Minuten, FWU
Der Film zeigt ähnliche Episoden junger Ehen, die vorzeitig geschlossen wurden, weil ein Kind unterwegs war. Die persönlichen, familiären und behördlichen Schwierigkeiten, die entstehen können, werden aufgezeigt. Sie können so groß werden, daß es sogar zur Scheidung kommen kann. Der Film eignet sich gut als Diskussionsgrundlage. Störend wirkt der häufige Personenwechsel während inhaltlich gleicher Szenenfolgen.

3. Tonbänder

a. FWU:

(TbR 23) Fragen zur Empfängnisregelung
(TbR 24) Mechanische und chemische Hilfsmittel
(TbR 25) Berechnung der fruchtbaren und unfruchtbaren Tage
(TbR 26) Ovulationshemmer

b. (Tb 280) *Ein ganzes Leben zerstört,* Tonband, 10 Minuten Laufzeit, FWU
Das Tonband schildert die Gefahren der Gonorrhöe oder des Trippers, der häufigsten aller Geschlechtskrankheiten. Die Handlung beschränkt sich bewußt auf medizinische, gibt aber auch Hinweise auf die gesellschaftlichen Probleme. Die gründliche Aufklärung soll dazu beitragen, Erkrankte einer baldigen Behandlung zuzuführen und die Infektionsquellen bewußt zu machen.

4. Handreichungen zur Sexualerziehung, FPI-Braunschweig

B/16) *Formen des Zusammenlebens bei Mensch und Tier* von H. Söller
Die Schüler sollen partnerschaftliche Gemeinschaften wie Ehe und Familie als artspezifische Entwicklungsvorgänge, die bei Tieren triebhaft ablaufen, kennenlernen. Sie sollen erkennen, daß die biologischen Voraussetzungen beim Menschen aus derselben Wurzel entspringen, daß jedoch einzigartige Möglichkeiten der Variation bestehen.

B/17/18) *Rollenverhalten und Rollenverständnis des Kindes in der Familie* von H. Degen
Das persönliche und gesellschaftliche Verhalten des Menschen soll als ein gesellschaftspolitischer und damit grundsätzlich veränderbarer Prozeß erkannt werden. Die personelle Entscheidung für ein rollenkonformes bzw. nichtrollenkonformes Verhalten soll bewußt gemacht werden.
Um eine selbständige und bewußt Partnerwahl zu ermöglichen, sollen die dafür verantwortlichen Gesichtspunkte und Kriterien erarbeitet werden.

C/10) *Die Wandelbarkeit sexueller Normen* von R. Leder
Die Lernziele umfassen einerseits die historische Bedingtheit und die gesellschaftliche Entwicklung von Normen zu durchschauen, andererseits die Beurteilung von Normen in ihrer Auswirkung auf das Verhalten, beziehungsweise die Mitwirkung bei ihrer Humanisierung und Neuentwicklung.

C/11) *Ehe oder Kommune* von L. Heckmann
Aus der Kenntnis der Möglichkeiten menschlichen Zusammenlebens sollen die Schüler erkennen, daß diese Formen wandelbar sind. Sie sollen sich darüber hin-

aus bewußt werden, daß ihr Lebensglück in entscheidendem Maße von der Partnerwahl abhängt, weil die Störungen durch die Umwelt nur durch eine ausgewogene Lebensgemeinschaft stabilisiert werden.

C/13) *Lösung aus Vater- und Mutterbindung* von R. Schwab
Es geht um die Erkennung des Individuationsprozesses, der mit der Lösung aus der Mutter-Vaterbindung bereits im Kindesalter beginnt und sich bis zur Volljährigkeit fortsetzt. Die Jugendlichen sollen erkennen, daß mit der Lösung aus der Elternbindung Krisen und Probleme verbunden sind, die bewältigt werden müssen.

C/14) *Heterosexuelles Verhalten bei Jugendlichen* von H. Söller
Das heterosexuelle Verhalten ist das Ergebnis einer biologischen und psychosozialen Entwicklung, die das ethisch-weltanschauliche Bewußtsein mitformt. Die Einsicht in diese Entwicklung soll die Jugendlichen in die Lage versetzen, die gesellschaftlichen Wertungen zu verstehen sowie Verständnisschwierigkeiten, Intoleranzen, Gruppenzwängen und eigenen Ängsten sachlicher zu begegnen.

C/18) *Sexualität als Lusterlebnis* von L. Heckmann
Die sexuellen Tabus der Vergangenheit und Gegenwart beruhen im wesentlichen auf einer Ächtung der Geschlechtslust, die vor allem durch die Reizung erogener Zonen ausgelöst wird. Jeder Mensch will und soll zu einem vollen Lusterlebnis gelangen. Er soll aber zugleich erkennen, daß Lustgewinn auf die Dauer nicht gelingen kann, wenn sie nur unter dem Aspekt der Liebestechnik gesehen wird und sich nicht auf eine partnerschaftliche Zuneigung gründet.

Quellenhinweis

1. *Film im Dienst der Volksgesundheit*, Bundeszentrale für gesundheitliche Aufklärung, 5 Köln 91, 1971
   Enthält u. a. Verzeichnisse der behördlichen und privaten Bildstellen und Lieferfirmen und wird kostenlos abgegeben
2. *Film — Bild — Ton*, Filme, Bildreihen und Tonträger für Schulen, für die Jugendbildungsarbeit, für die Erwachsenenbildung 1972/73. Herausgegeben vom Institut für Film und Bild in Wissenschaft und Unterricht, 8022 Grünwald, Bavaria-Film-Platz 3.
3. *Sexualerziehung in der Schule*, Arbeitsblätter zum Lehrerkolleg, TR-Verlagsunion München 1970.
4. *Filme, Lichtbilder und Tonträger für die Sexualerziehung*, 1970, Institut für Film und Bild, 8022 Grünwald b. München, Bavaria-Film-Platz 3.
5. *AV-medien*, Arbeitsstreifen. 8-mm-Filme für den Unterricht, Institut für Film und Bild, München-Grünwald 1973.
6. *Schriften und Lehrmittel zur Geschlechtererziehung*, Topfmeier Dr. Chr., Bundeszentrale für gesundheitliche Aufklärung, Köln-Merheim, Ostmerheimer Straße 200, 2. Auflage 1968.
7. *Falkenhan, Dr., Hans-Helmut*: Kapitel: „Fortpflanzung und Entwicklung" in „Menschenkunde", Lehrbuch für *16- bis 18jährige Schüler*, Oldenbourg-Verlag, München.

KLASSISCHE UND MOLEKULARE GENETIK

Von Gymnasial-Professor Dr. Karl Daumer

München

A. Einführung

I. Fragen zum Einstieg

Wer mit Humor in die Genetik einsteigen will, kann es mit dem launigen Gedicht von *Ernst Reuter* versuchen und daran die Diskussion über Grundfragestellungen und aktuelle Fragen der Genetik knüpfen:

> Willst Du mal ein Mädchen frei'n,
> Das recht schlank und schick ist,
> Schau Dir erst die Mutter an,
> Ob sie nicht zu dick ist.
> Die Figur von der Mama
> Wird Dir zum Verräter,
> Denn so steht Dein Weibchen da,
> Zwanzig Jahre später!

Werden Merkmale wie „Figur", oder, was uns bei der Partnerwahl vielleicht noch mehr interessiert, werden Merkmale wie Charakter, Intelligenz, Begabung wirklich vererbt? Oder spielen dabei Umweltfaktoren, wie Ernährung, Erziehung die entscheidende Rolle?

Was wird tatsächlich vererbt? Worauf beruht es, daß ein von einer Menschenmutter geborener Säugling ein Mensch wird, aus einem Affenbaby aber trotz intensiver Pflege und Erziehung kein Mensch gemacht werden kann? Wie ist es möglich, daß selbst individuelle Merkmale der Eltern bei den Kindern sich wieder entfalten? Wie kommt es, daß völlig gesunde Eltern ein mißgebildetes Kind haben können? Gibt es Möglichkeiten, eine spezifische erbliche Belastung bei sich selbst feststellen zu lassen?

Wie gefährlich sind Röntgenstrahlen, radioaktive Strahlen sowie Chemikalien in unseren Nahrungs- und Genußmitteln, für uns und die künftigen Kinder?

Was hat man von Schlagzeilen in der Presse zu halten wie: Spitzensportlerin erweist sich als Mann! Bub oder Mädel nach Wunsch! Wir werden eine Prothesengesellschaft, bald wird es nur noch Kranke geben! Y-Chromosom-Mörderchromosom! Isolierung einer Erbanlage gelungen! Manipulationen am Erbgut werden möglich! Leben aus der Retorte!?

Auch ein Einblick in frühe Vorstellungen über Vererbung kann als Einstieg oder als Ergänzung dienen:

II. Frühe Vorstellungen über Vererbung

Daß zur Entstehung eines Kindes die körperliche Vereinigung von Mann und Frau nötig ist, war sicher schon in den Urzeiten der Menschheit begriffen worden, wenn auch der Glaube an die Möglichkeit einer Urzeugung aus toter Materie und an jungfräuliche Geburt, zumindest bei Tieren, im Altertum weit verbreitet war. Bezüglich der Vererbung vertrat *Aristoteles* (*322 v. Chr.) die Auffassung, daß individuell erworbene Eigenschaften der Eltern auf die Kinder übergehen, eine Überzeugung, die bis in unsere Tage nachwirkt. *Hippokrates* (*377 v. Chr.), der berühmteste Arzt des Altertums, hatte schon eine Theorie der Vererbung formuliert: Von allen Teilen des Körpers sollte ein winziges Muster als Keim in die Fortpflanzungsflüssigkeit von Mann und Frau eintreten. Aus der Vermischung beider würde sich das Kind mit den Merkmalen beider Eltern entwickeln.

Der Anteil von Mann und Frau an der Bildung des Kindes wurde verschieden bewertet: *Aristoteles* behauptete, vom weiblichen Wesen stamme der Stoff (die Materie), vom männlichen die Bewegung (das formende, geistige Prinzip). *Anaxagoras* (*500 v. Chr.) hatte der Frau sogar nur die Rolle eines Brutapparates zugewiesen und gelehrt, der Embryo sei bereits im Samen des Vater vorgebildet und auch sein Geschlecht sei schon festgelegt: jene Nachkommen, die aus dem rechten Hoden stammten, seien männlich, die aus dem linken weiblich.

Auch diese Überzeugung wirkte bis in die Neuzeit hinein und verband sich im 17. Jahrhundert mit zwei neuen Entdeckungen zur sog. Präformationstheorie: Mit Hilfe seines selbst entwickelten Mikroskops hatte der holländische Tuchhändler *A. v. Leeuwenhoek* im männlichen Erguß winzige, kaulquappenähnliche „Samentierchen" entdeckt und gefolgert, dies seien schon vorgebildete, kleine Menschlein, die sich im Körper der Mutter nur noch zu entfalten hätten.

Demgegenüber hatte sein Landsmann *De Graaf* unter dem Eindruck der von ihm entdeckten „Säugetiereier" (der später nach ihm benannten Follikelbläschen) die Ansicht vertreten, das Ei allein sei entscheidend und enthalte das künftige Menschenkind, die männliche Samenflüssigkeit diene nur zur Auslösung seiner Entfaltung. Beide Vorstellungen, konsequent weitergedacht, führten zu der merkwürdigen „Schachteltheorie", die besagte, daß Adam bzw. Eva in ihren Fortpflanzungsorganen das ganze künftige Menschengeschlecht, Generation in Generation ineinandergeschachtelt, bereits enthalten habe.

Mit der Verbesserung der mikroskopischen Technik und der Einsicht, daß die Eier und Samen keine kleinen Menschlein enthielten, mußte diese Theorie aufgegeben werden. Allmählich setzte sich im 19. Jahrhundert die Erkenntnis durch, daß alle Pflanzen, Tiere und der Mensch aus gleichartigen Bausteinchen, den Zellen, aufgebaut sind (*Schleiden* und *Schwann* 1838, *Schultze* 1861) und daß Eier und Spermien ebenfalls Zellen darstellen: Bei der Eizelle ist der Kern mit viel, beim Spermium mit wenig Protoplasma umgeben.

Im Jahre 1875 konnte *Oskar Hertwig* schließlich das Eindringen einer Samenzelle in die Eizelle und den fundamentalen Vorgang der Befruchtung, die Verschmelzung der Kerne beider Zellen beim Mischen von Seeigeleiern und -spermien, im Mikroskop beobachten und als Ausgangspunkt für die Entwicklung eines neuen Lebewesens erkennen. Damit lag die Vermutung nahe, daß die Erbinformation in den Kernen von Ei- und Samenzelle liegen müsse. Schon

Jahre vorher hatten verschiedene Forscher bei Pflanzen und Tieren Zellteilungen gesehen und dabei fädige, stark färbbare Strukturen entdeckt, die aus dem Zellkern hervorgingen und später *Kernschleifen* oder *Chromosomen* genannt wurden. Aufgrund der exakten Verteilung dieser Chromosomen bei den Kern- und Zellteilungen in Körperzellen hatte *Roux* 1883 die Vermutung geäußert, sie seien die materiellen Träger des Vererbungsgeschehens.
Aber erst nachdem die grundlegenden Ergebnisse und Schlußfolgerungen *Mendels* (1865) aus seinen Kreuzungsexperimenten im Jahre 1900 wiederentdeckt worden waren, konnte 1904 von *Sutton* und *Boveri* die Chromosomentheorie der Vererbung fundiert werden. In die folgenden Jahrzehnte fällt die Ausgestaltung des Lehrgebäudes der klassischen Genetik insbesondere durch die Morganschule mit *Drosophila*. Ende der 30er Jahre wurden die Bakterien und Phagen in die genetische Forschung eingeführt. 1944 identifizierte *Avery* die Erbsubstanz als Desoxyribonucleinsäure und leitete damit die Phase der molekularen Genetik ein.

Literatur

Darlington, C. D.: Die Gesetze des Lebens, dtv-Wissen Nr. 88, (1962)
Krumbiegel, I.: Gregor Mendel als Klassiker des genetischen Experiments — Eine Geschichte des Prämendelismus und der Mendelschen Regeln, in: Der Biologieunterricht 5, Heft 2, S. 11—34 (1969)
Vogt, H. H.: Das programmierte Leben, Albert Müller Verlag, Rüschlikon-Zürich Stuttgart Wien (1969)

III. Definition von Vererbung

Vererbung wird als Weitergabe von „genetischer Information" und nicht als Weitergabe von Merkmalen von Generation zu Generation definiert. Die Merkmale bilden sich erst unter dem Einfluß der genetischen Information aus dem Material und den Einflüssen, die von der Umwelt bereitgestellt werden. Der Vergleich mit dem Plan eines Gebäudes und dem z. B. von der Art des verfügbaren Baumaterials abhängigen Aussehen des fertigen Gebäudes kann diesen Gesichtspunkt verdeutlichen

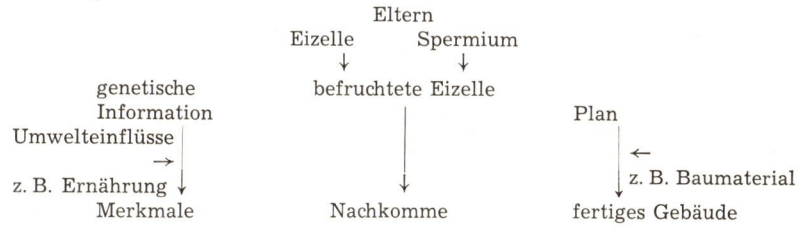

```
                           Eltern
                  Eizelle       Spermium
                     ↓              ↓
 genetische         befruchtete Eizelle
 Information                              Plan
Umwelteinflüsse │          │
       →                                    ←
 z. B. Ernährung ↓         ↓             ↓ z. B. Baumaterial
    Merkmale           Nachkomme         fertiges Gebäude
```

IV. Hauptfragestellungen und Gebiete der Genetik

1. Die Zytogenetik

Sie beschäftigt sich mit den Fragen nach Bau und Verhalten der Chromosomen als Träger der genetischen Information bei der Kern- und Zellteilung *(Mitose)*, der Bildung und Reifung der Keimzellen *(Keimbahn* und *Meiose)* und der Befruchtung. Sie untersucht den Zusammenhang zwischen Geschlechtschromosomen

und Geschlecht. Fragen nach Ursachen und Folgen von Chromosomenaberrationen sind von großer Bedeutung in der Humanmedizin und der Pflanzenzucht.
Hauptmethode ist die mikroskopische Untersuchung. Da sie im Bereich schulischer Möglichkeiten liegt, eignet sich die Zytogenetik zu einem anschaulichen, praktischen, experimentellen, stark motivierenden Einstieg in die Genetik, besonders, wenn jeder Schüler seine eigenen Zellen und evtl. sogar Chromosomen untersuchen kann.

2. Die Formale Genetik

Sie untersucht die Fragen, nach welchen Regeln Merkmale von Generation zu Generation unverändert oder verändert auftauchen, wenn artgleiche Individuen, die sich in keinem, einem oder mehreren Merkmalen unterscheiden, gekreuzt werden bzw. wenn Partner heiraten. Sie führt die Regeln auf das Verhalten der Chromosomen bei Meiose und Befruchtung zurück (Klassische Genetik, *Mendel* und *Morgan*). Sie beschäftigt sich mit den Einflüssen von Umweltbedingungen auf die Merkmalsentwicklung (Erbe-Umweltproblem) und untersucht die Fragen, nach welchen Regeln sich Genhäufigkeiten in Populationen erhalten bzw. verändern (Populationsgenetik).
Von praktischer Bedeutung sind die Möglichkeiten der Erstellung von Vaterschaftsgutachten und der erbbiologischen Beratung beim Menschen im Hinblick auf Erbkrankheiten, sowie der Zucht ertragreicher Kulturrassen bei Pflanze und Tier. Die Populationsgenetik liefert auch eine Basis zur Beurteilung der Frage nach der Verschlechterung oder Verbesserung des menschlichen Erbguts (Eugenik).
Hauptmethode ist die *statistische Analyse* der Ergebnisse von Kreuzungsexperimenten bei Pflanzen und Tieren bzw. von Stammbaum- und Zwillingsuntersuchungen beim Menschen.
Stammbaumanalysen einfacher Merkmale der Schüler sind (mit Vorbehalt) mit geringstem Aufwand und höchster Motivation durchzuführen. Kreuzungsexperimente mit Tieren, besonders *Drosophila* und evtl. mit Pflanzen eignen sich für Arbeitsgemeinschaften bzw. für Facharbeiten.

3. Die molekulare Genetik

Sie forscht nach den molekularen Ursachen des Vererbungsgeschehens. Sie beschäftigt sich mit Bau und Struktur der Erbsubstanz, den Mechanismen ihrer identischen Verdoppelung und ihrer Veränderung. Sie untersucht, wie sich die genetische Information in Merkmalen realisiert und wie diese Prozesse gesteuert werden.
Die molekulargenetischen Ergebnisse werden von zunehmender Bedeutung für das Verständnis der Lebensgrundprozesse, für die Behandlung von Erbkrankheiten sowie für das Verständnis von Immunreaktionen und Krebs.
Hauptmethoden sind biochemische und physikalische Untersuchungsmethoden, Hauptobjekte Bakterien und Viren.
Schulversuche sind meist nur mit größerem Aufwand und unter den gegenwärtigen Verhältnissen nur beschränkt durchführbar. Versuche mit Bakterien und Phagen eignen sich unter bestimmten Voraussetzungen für Arbeitsgemeinschaften und Facharbeiten.

V. Gliederungsvorschlag eines Unterrichtsmodells für die S_2-Stufe

Die hier gewählte Reihenfolge der Themen stellt gleichzeitig einen Weg durch die Genetik dar, für den mehrere didaktisch-methodische Argumente sprechen:
er geht von reichen Möglichkeiten anschaulicher Schülerexperimente zu Themen, die der experimentellen Schulpraxis weitgehend verschlossen sind und mehr abstraktes Denken fordern,
er geht von den Phänomenen zu den Ursachen der Vererbung,
er stellt eine Steigerung im intellektuellen Anspruchsniveau dar, von mehr beschreibendem zu mehr kausalanalytischem Arbeiten, und spiegelt damit in großen Zügen die historische Entwicklung wider.
Schließlich geht er vom Objekt höchsten Interesses, dem Menschen, aus und motiviert die Schüler, sich auch mit Bakterien, Phagen und Biochemie zu beschäftigen.
Zur möglichst übersichtlichen Darstellung der Grundzüge eines vielfach erprobten Unterrichtsmodells „Genetik" für einen Leistungskurs der Kollegstufe (sechsstündig, einsemestrig) wird die Form des Flußdiagramms gewählt. Es zeigt die Verknüpfung von sachlogischer Abfolge der Einzelthemen (Mitte von oben nach unten) mit einerseits dem experimentellen Zugang zu den Themen (links) und andererseits den individual- und gesellschaftsrelevanten Anwendungsmöglichkeiten bzw. Problemkreisen (rechts). Wo im schulischen Rahmen kein experimenteller Zugang möglich ist, muß auf sekundäre Medien zurückgegriffen werden.
Das vorliegende Unterrichtsmodell enthält eine Reihe von elementaren Versuchen und Themen der Humangenetik und Klassischen Genetik, die bereits in der Sekundarstufe I gebracht werden können. Zeit- und materialaufwendigere Versuche, soweit sie über die Möglichkeiten praktischer Übungen in der Kleingruppe des Kollegstufen-Leistungskurses hinausgehen, eignen sich als Themen für praktische Facharbeiten, deren wesentliche Methoden und Aussagen bei rechtzeitiger Planung von den Kollegiaten in den Unterricht an geeigneter Stelle eingebracht werden können.
Selbstverständlich ist die nachfolgende Darstellung von Experimenten und die Zusammenstellung sekundärer Medien in freier Kombination auch für andere Unterrichtsmodelle einsetzbar.

LEISTUNGSKURS GENETIK

experimenteller Zugang	→	sachlogische Themenfolge	→	individual- und gesellschaftsrelevante Probleme und Anwendungen

a. Einführung

	Grundfragen und aktuelle Fragen zur Genetik, Definition von Vererbung	

b. Zytologische Grundlagen der Vererbung

Präparation von Mundschleimhaut od. Haarwurzelzellen; Messung der Kerndurchmesser, Berechnung des Inhalts	→	Raumbedarf der genetischen Information eines Menschen: Zellkernvolumen		
Präparation von Mitosestadien bei Zwiebel und evtl. Amphibien; DNS-Darstellung aus Thymuszellen	→	Chromosomen im Mitosezyklus; DNS-Leitermodell, Replikationsschema		
Präparation menschlicher Metaphasechromosomen aus Lymphozyten-Gewebekultur; Präparation von Riesenchromosomen	→	Chromosomen des Menschen; Chromosomenfeinbau		
Präparation von Meiosestadien bei Liliaceen und evtl. Heuschrecken	→	Bildung der Keimzellen, Keimbahn, Meiose Befruchtung	→	Geschlechtsorgane, weiblicher Zyklus, Hormonale Steuerung, Pille
Darstellung von Barrkörperchen und y-body in Zellkernen von Mundschleimhaut oder Haarwurzelzellen	→	Chromosomale Geschlechtsbestimmung u. Determinierung der Geschlechtsentwicklung	→	Normale und gestörte Geschlechtsentwicklung, Intersexe, Geschlecht und Sport
Auslösung von Chromosomenaberrationen durch Chemikalien im Wurzelspitzenmeristem der Küchenzwiebel	→	Numerische Chromosomenaberrationen = Genommutationen; Strukturelle Chromosomenaberrationen = Chromosomenmutationen	→	Trisomien, körperliche und seelische Fehlentwicklungen, Kriminalität und Schuldproblem; Pränatale Diagnose von Chromosomenaberrationen; Polyploidie und Pflanzenzucht

c. **Auftreten von Erbmerkmalen durch Mutation und Neukombination von Genen; Umwelteinfluß**

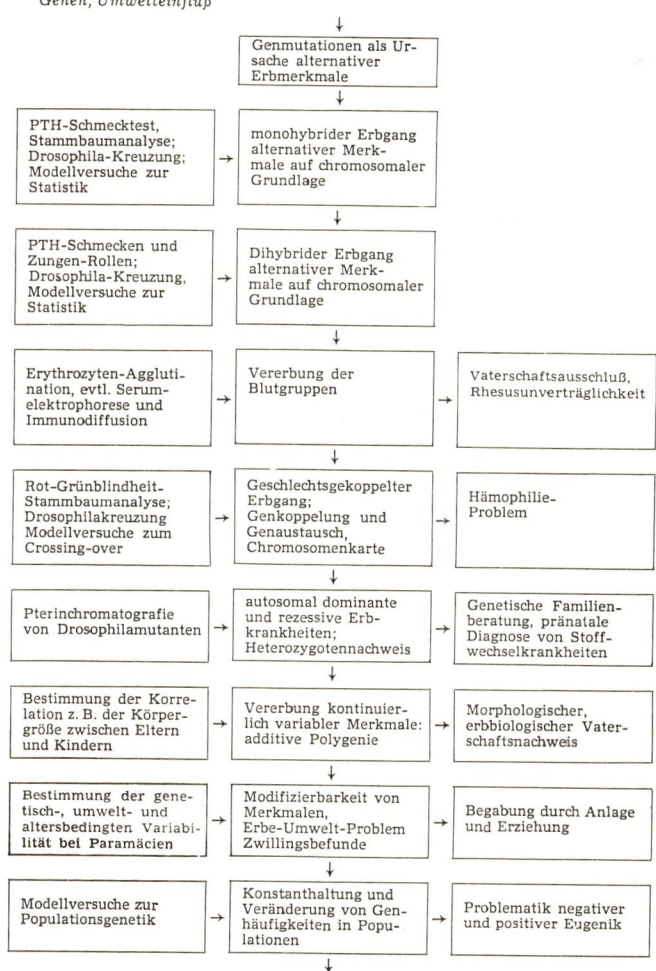

↓

Genmutationen als Ursache alternativer Erbmerkmale

↓

PTH-Schmecktest, Stammbaumanalyse; Drosophila-Kreuzung; Modellversuche zur Statistik	→ monohybrider Erbgang alternativer Merkmale auf chromosomaler Grundlage	

↓

PTH-Schmecken und Zungen-Rollen; Drosophila-Kreuzung, Modellversuche zur Statistik	→ Dihybrider Erbgang alternativer Merkmale auf chromosomaler Grundlage	

↓

Erythrozyten-Agglutination, evtl. Serumelektrophorese und Immunodiffusion	→ Vererbung der Blutgruppen →	Vaterschaftsausschluß, Rhesusunverträglichkeit

↓

Rot-Grünblindheit-Stammbaumanalyse; Drosophilakreuzung Modellversuche zum Crossing-over	→ Geschlechtsgekoppelter Erbgang; Genkoppelung und Genaustausch, Chromosomenkarte →	Hämophilie-Problem

Pterinchromatografie von Drosophilamutanten	→ autosomal dominante und rezessive Erbkrankheiten; Heterozygotennachweis →	Genetische Familienberatung, pränatale Diagnose von Stoffwechselkrankheiten

Bestimmung der Korrelation z. B. der Körpergröße zwischen Eltern und Kindern	→ Vererbung kontinuierlich variabler Merkmale: additive Polygenie →	Morphologischer, erbbiologischer Vaterschaftsnachweis

Bestimmung der genetisch-, umwelt- und altersbedingten Variabilität bei Paramäcien	→ Modifizierbarkeit von Merkmalen, Erbe-Umwelt-Problem Zwillingsbefunde →	Begabung durch Anlage und Erziehung

Modellversuche zur Populationsgenetik	→ Konstanthaltung und Veränderung von Genhäufigkeiten in Populationen →	Problematik negativer und positiver Eugenik

↓

d. Molekulare Grundlagen der Vererbung

↓

Escherichia coli Kultur Titerbestimmung im Phasenkontrastmikroskop u. durch Koloniezähltest	→ Escherichia coli Kulturbedingungen, Wachstumskurve, Wachstumsphasen	

↓

| Selektion von Antibiotica-Resistenzmutanten | → Resistenzmutanten, Mutationsraten, Luria-Delbrück-Versuch | → Giftgewöhnung, Giftresistenz; Antibiotika in Medizin und Landwirtschaft |

↓

| evtl. Steigerung der Mutationsrate durch HNO₂; Selektion von Aminosäure-Mangelmutanten | → Mutationsauslösung durch ionisierende Strahlen u. Chemikalien; Mangelmutanten; Konjugation | → Gefahr der Erhöhung der Mutationsrate durch höhere Strahlenbelastung u. Chemikalien |

↓

| | Supplementierung von Mangelmutanten mit Vorstufen: Ein-Gen-Ein-Enzym-Hypothese; Proteine sind primäre Genprodukte | |

↓

| | Averys Transformationsexperiment: Gene bestehen aus DNS | |

↓

| Phagenkultur, Lyseversuch, Plaquetest Modellversuch zur elektronenopt. Präparationstechnik; Prinzip der Isotopentechnik | → Bakteriophagen als Protein-DNS-System; Lytischer und lysogener Vermehrungszyklus; Transduktion | → Gentransfer als Modell für „genetische Manipulation". Resistenztransfer, Tumorviren-Krebsproblem |

| Trennung von Proteingemischen, Hydrolyse eines Proteins, Aminos. Chromatografie; Prinzip von Sequenz- u. Röntgenstrukturanalyse | → Aufbau eines Proteins Primär-, Sekundär-, Tertiärstruktur und Enzymfunktion Aminos.-Sequenzvergleich bei homologen Proteinen | → Sichelzellenanämie, Enzymopathien, Rückbezug auf Enzymmangelkrankheiten beim Menschen, Proteine und Evolution |

| Darstellung und Hydrolyse von DNS aus Kalbsbries, Nachweis der Bausteine; | → Aufbau und Struktur von DNS und RNS; Replikation der DNS; Auslösung von Replikationsfehlern: Punkt- und Rastermutanten | → Einsichten in Lebensgrundprozesse auf molekularer Ebene tragen zu rationalem Selbst- und Weltverständnis bei; Universalität der Elementarprozesse; in vitro-Synthesen als Modelle für „genetische Manipulation" |

| Zellfraktionierung: Leberhomogenisation und Zuckergradienten-Zentrifugation; Prinzip der Ultrazentrifug. in vitro-Vers.technik | → Ultrastrukturen der Pro- und Eukaryontenzelle als Stätten der Proteinbiosynthese; Proteinbiosynthese u. genetischer Code | |

↓

| | Regulation der Genaktivität | → Zelldifferenzierungsproblem |

↓

| | Genisolierung, Gensynthese u. -transfer | → Heilung von Erbkrankheiten, Zukunftsaspekte |

B. Zytogenetik

I. Befruchtung

Vertrautheit mit dem Befruchtungsvorgang ist eine Voraussetzung für das Verständnis der Vererbung bei Mensch, Tier und Pflanze.
Er ist in diesem Band, S. 9 ff. bereits zusammenhängend bearbeitet worden. Dazu sei ergänzend auf die Versuchsanleitungen von G. *Czihak* hingewiesen: „Werden Spermien durch das Ei angelockt?" in: Biologie unserer Zeit, 1973, Heft 4, S. 124. Das mit Seeigeleiern und -spermien durchgeführte Befruchtungsexperiment zeigt, daß entgegen den Angaben in vielen Lehrbüchern das Seeigelei keine Stoffe zur Anlockung der Spermien absondert. Die offensichtliche Ansammlung von Spermien am Ei kommt vielmehr dadurch zustande, daß diese in der — ohne Färbung unsichtbaren — Gallerthülle lediglich gefangen werden. Das dargestellte Experiment lehrt eindringlich, wie vorsichtig man bei der Deutung von Beobachtungen sein muß und ist für den Kollegstufenunterricht sehr wohl geeignet. Allgemeine Hinweise zum Seeigel-Befruchtungsexperiment s. dieses Handbuch, Bd. 2, S. 227

II. Bestimmung des Raumbedarfs der genetischen Information

1. Vorüberlegungen

Um zu einer Aussage über den Raumbedarf der genetischen Information eines Menschen zu gelangen, liegt es nahe, von der *befruchteten Eizelle* auszugehen. Da Vater und Mutter im Durchschnitt gleich viel zur Merkmalsentfaltung des Kindes beitragen und Ei- und Samenzelle zwar verschiedene Mengen Zytoplasma, aber gleiche Mengen von Kernsubstanz enthalten, wird der Blick auf den *Zellkern der befruchteten Eizelle* gelenkt. Dieser ist aber mit schulischen Mitteln nicht zugänglich. Man könnte daran denken, stattdessen das Volumen eines Spermienkopfes zu bestimmen und es zu verdoppeln. Zu einem in der Schule praktizierbaren Weg führt die Überlegung, daß ja sämtliche Körperzellen eines Menschen durch Kern- und Zellteilungen aus der befruchteten Eizelle hervorgegangen sind. Unter der Voraussetzung, daß bei der Vermehrung und Differenzierung der Zellen während der Entwicklung kein Informationsmaterial verlorengeht, ließe sich der maximale Raumbedarf der genetischen Information eines Menschen auch aus dem Rauminhalt des *Zellkerns einer beliebigen Körperzelle* bestimmen. Die Annahme, jeder Zellkern der Milliarden Körperzellen enthalte die gesamte genetische Information eines Menschen, ist den Schülern in der Regel nicht geläufig und löst die Frage nach ihrer Berechtigung aus. Sie wird gestützt durch den Befund, daß es gelungen ist, isolierte Darmzellen von Kaulquappen zu einer neuen Embryonalentwicklung anzuregen, die in einigen Fällen bis zu metamorphosierten Fröschen führte (nach *Briggs* und *King*). Den Schülern muß klar sein, daß die Berücksichtigung dieses Befundes im vorliegenden Zusammenhang einen Analogieschluß und eine Extrapolation darstellt, da eine Reembryonalisierung menschlicher Körperzellen, abgesehen von eineiigen Viellingen, in Forschungslabors zwar versucht aber noch nicht gelungen ist (nach *Baitsch*). (Diskussion der Konsequenzen, wenn dieses Experiment je gelingen sollte; darf, soll alles getan werden, was machbar ist?!)

2. Darstellung menschlicher Zellen

a. Mundschleimhautzellen

Mit einem Fingernagel (Hände vorher waschen lassen), dem Stiel eines Skalpells (Vorsicht!) oder am besten mit den käuflichen Holzstäbchen wird an der Innenseite der Wange kräftig entlanggefahren und der Belag auf einem sauberen Objektträger ausgestrichen und an der Luft 1 — 2 Minuten getrocknet.

b. Haarwurzelzellen

Am besten wird mit einer Haarzupfpinzette ein einzelnes freigelegtes Kopfhaar nahe über der Kopfhaut gegriffen und mit einem kurzen Ruck herausgezogen. Das gezupfte Haar ist für die Präparation nur brauchbar, wenn es am Haarwurzelende einen deutlichen weißlichen Belag über 2 — 3 mm Länge aufweist. Dieses Ende wird für 2 Min. zum Mazerieren in 25 % Essigsäurelösung in ein Salznäpfchen gegeben. Dann wird es auf einem sauberen, entfetteten Objektträger, quer zu dessen Längsrichtung, in 2—3 Linien so abgestreift, daß deutliche Bahnen des weißlichen Materials auf dem Objektträger entstehen (Abb. 1). Nach

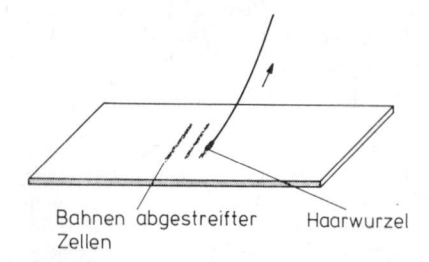

Bahnen abgestreifter Zellen — Haarwurzel

Abb. 1: Abstreichen der in 25 %iger Essigsäure gequollenen Haarwurzel auf entfettetem Objektträger

Lufttrocknung läßt man das Präparat vor der Färbung vorsichtshalber im gewöhnlichen Lichtmikroskop prüfen, ob Zellen vorhanden sind. Das Auffinden der blassen Zellen bereitet im Mikroskopieren wenig erfahrenen Schülern zunächst Schwierigkeiten, so daß Hilfestellung nötig ist. Die luftgetrockneten Präparate werden in Färbecuvetten mit unverdünnter käuflicher Giemsalösung 1 — 2 Min. gefärbt, dann unter fließendem Leitungswasser abgespült und an der Luft bzw. zwischen Filterpapier getrocknet. Will man sie als Dauerpräparate länger aufheben, empfiehlt es sich, sie nach kurzem Eintauchen in 100 % Äthylalkohol mit einem Deckglas in Eukitt oder über Xylol in Caedax einzudecken. Die Präparatoberseite wird seitlich mit einem Etikett gekennzeichnet und beschriftet: z. B. Zellen der Mundschleimhaut, Luftfixierung, Giemsafärbung, Datum, Name. (Giemsa-Lösung, Merck Nr. 9204).

Die Untersuchung im Lichtmikroskop zeigt:
Mundschleimhautzellen mit Zellkernen meist rundlicher Form, infiziert mit Mundbakterien; bzw. Haarwurzelzellkerne rundlicher und längsgestreckter Form in aufgelösten Zellen, frei von Bakterien.
Ehe die Messung der Kerndurchmesser durchgeführt wird, sollten zur Entwicklung von Methodenkritik folgende Fragen diskutiert werden:
Waren die Zellkerne ursprünglich kugelförmig und sind sie im Präparat nunmehr zu Scheiben mit größerem Durchmesser ausgebreitet oder sind es nach wie vor ungefähr Kugeln?
Sind die Kerne bei der Lufttrocknung geschrumpft? gleichmäßig oder ungleichmäßig?
Sind die Kerne bei der Färbung aufgequollen?
Sind die Unterschiede der Kerngestalten präparationsbedingt oder real?
Im Phasenkontrastmikroskop können die Kerne lebender, in isotonischer Lösung suspendierter Zellen untersucht werden. Dabei ergibt sich kein ins Auge springender Unterschied der Kerngestalten und Kerndurchmesser gegenüber dem gefärbten Präparat. Offenbar halten sich Wirkungen, die bei der Präparation eine Verkleinerung, und Wirkungen, die eine Vergrößerung der Kerndurchmesser bedingen, weitgehend die Waage. Auch die unterschiedlichen Kerngestalten scheinen real zu sein. Quantitativ exakte Aussagen lassen sich aber nur aufgrund von Messungen machen.

3. Messung der Kerndurchmesser

Dazu benötigt man ein Objektmikrometer, d. h. einen speziellen Objektträger, in den z. B. eine Skala von 1 mm Länge und 100 Teilstrichen eingeätzt ist, sowie ein Okularmikrometer, ein Okular (z. B. 8fach) mit einer Skala in der Bildebene (bei den Mikroskop-Firmen erhältlich). Die Okularskala wird mittels des Objekt-

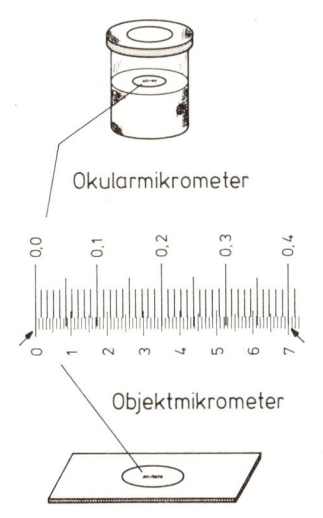

Abb. 2: Anordnung zur Längenmessung im Mikroskop: Okularmikrometer und Objektmikrometer

mikrometers für die verschiedenen Objektive geeicht, indem verglichen wird, wieviele Skalenteile der absoluten Objektträgerskala wievielen Skalenteilen der Okularskala entsprechen.
Ist eine Mikroprojektionseinrichtung vorhanden — möglichst im Biologielehrsaal betriebsbereit in konstantem Projektionsabstand fest montiert — so empfiehlt es sich ganz allgemein, die Vergrößerung bei den verschiedenen Objektiven an der Projektionsfläche absolut zu eichen, um die immerwiederkehrenden Schülerfragen „Wie groß ist das in Wirklichkeit?" anschaulich beantworten zu können. Dazu legt man das Objektmikrometer (Abb. 2) in die Mikroprojektion und mißt an der Projektionsfläche wieviel cm z. B. 0,1 mm des Objektmikrometers entsprechen. Dann stellt man sich handliche Stäbe entsprechender Länge für jedes Objektiv her und bringt darauf Marken bei $1/10$ und $1/100$ der Länge an, um so Maße für 10μ und 1μ zu erhalten. Die Stäbe werden zusätzlich mit der jeweiligen Objektivvergrößerung und der Gesamtvergößerung beschriftet und liegen griffbereit bei der Projektionsfläche. Die Gesamtvergrößerung setzt sich aus der echten Vergrößerung (Objektiv- x Okularvergrößerung) und der leeren, d. h. keine weiteren Details liefernden Projektionsvergrößerung zusammen. Die Messung über die Mikroprojektion hat den Vorteil, daß man rasch mit der gesamten Klasse ein Präparat ausmessen kann und kein Okularmikrometer benötigt.

4. Berechnung von Mittelwert und Streuung der Kerndurchmesser

Da die Kerndurchmesser nicht alle gleich sind und jede Einzelmessung mit einem Meßfehler behaftet ist, ergibt sich die Notwendigkeit, mehrere (mindestens 20) Zellkerne auszumessen und Mittelwert und mittleren Fehler des Mittelwerts zu berechnen:

Der Mittelwert M ergibt sich als Quotient aus der Summe der Einzelwerte X und der Anzahl der Messungen n:

$$M = \frac{\Sigma X}{n} \quad \text{z. B. } M = 7{,}5 \ \mu m$$

Die Standardabweichung der Stichprobe ergibt sich nach der Formel

$$\sigma = \pm \sqrt{\frac{\Sigma (X-M)^2}{n}} \quad \text{z. B. } \sigma = \pm \ 0{,}4 \ \mu m$$

d. h., daß $2/3$ der Meßwerte im Intervall $M \pm \sigma$, z. B. 7,1 — 7,9 μm, liegen.
Der mittlere Fehler des Mittelwerts errechnet sich nach der Formel:

$$\sigma_M = \pm \sqrt{\frac{\Sigma (X-M)^2}{n(n-1)}} \quad \text{z. B. } \sigma_M = \pm \ 0{,}1 \ \mu m$$

d. h., daß mit $2/3 = 66{,}6 \, \%$ Wahrscheinlichkeit der tatsächliche Mittelwert der Kerndurchmesser z. B. der Mundschleimhautzellen (im lufttrockneten, Giemsagefärbten Präparat) im Intervall 7,4—7,6 μm liegt.

5. Berechnung des Kernvolumens = maximaler Raumbedarf der genetischen Information

Unter der Annahme, die im Präparat gemessenen Zellkerndurchmesser entsprächen den realen Kerndurchmessern und unter der Annahme, die Kerne besäßen ideale Kugelgestalt, läßt sich der Rauminhalt von Zellkernen berechnen und kalkulieren, in wieviel Stecknadelköpfen von 5 mm Durchmesser die genetische Information für sämtliche heute lebenden Menschen untergebracht werden könnte:

Nach der Formel für den Kugelinhalt: $I = 4/3 \, \pi \, r^3$ ergibt sich

a. der Raumbedarf der genetischen Information für einen Menschen zu:

$$I = \frac{4 \cdot 3{,}14 \cdot 3{,}75^3}{3} = \frac{4 \cdot 3{,}14 \cdot 53}{3} \; \mu m^3$$

b. der Raumbedarf der genetischen Information für 3,8 Milliarden Menschen zu:

$$I = \frac{4 \cdot 3{,}14 \cdot 53 \cdot 3{,}8 \cdot 10^9}{3} \; \mu m^3$$

c. der Rauminhalt eines Stecknadelkopfes zu:

$$I = \frac{4 \cdot 3{,}14 \cdot (2{,}5 \cdot 10^3)^3}{3} = \frac{4 \cdot 3{,}14 \cdot 15{,}5 \cdot 10^9}{3} \; \mu m^3$$

d. die Zahl der Stecknadelköpfe, in denen die genetische Information aller heute lebenden Menschen untergebracht werden könnte zu:

$$\frac{4 \cdot 3{,}14 \cdot 53 \cdot 3{,}8 \cdot 10^9}{3} \cdot \frac{3}{4 \cdot 3{,}14 \cdot 15{,}5 \cdot 10^9} = \frac{53 \cdot 3{,}8}{15{,}5} \sim 13$$

Mit der Annahme, daß unterschiedlich große Kerne innerhalb eines Gewebes dasselbe Maß an Erbinformation enthalten, könnte man darangehen, die Berechnung mit dem kleinsten gefundenen Kerndurchmesser durchzuführen. Dieser liegt z. B. bei etwa 6 μm, womit sich ein Raumbedarf von 6,5 Stecknadelköpfen errechnet.

Berücksichtigt man, daß auch Zellkerne zu über 90 % aus Wasser bestehen, das als Informationsträger nicht in Frage kommt, so ergäbe sich für die Trockensubstanz sogar nur ein Raum von weniger als von einem Stecknadelkopf.

Dieses Ergebnis gibt eine anschauliche Vorstellung von dem winzigen Raumbedarf der genetischen Information für einen Menschen.

Die mehr oder minder einheitliche Kernstruktur verrät allerdings nichts über Natur und Eigenschaften der Erbsubstanz als Informationsträger.

Untersucht man die Kernsubstanz biochemisch, s. S. 319 ff, so ergibt sich ihr Aufbau aus Desoxyribonucleinsäure (DNS) und Protein. Versuche mit Bakterien und Viren erbrachten den Beweis, daß die DNS der molekulare Träger der genetischen Information ist (s. S. 286, 296).

Untersucht man sich teilende Zellkerne lichtmikroskopisch, so findet man die sog. Chromosomen als lichtoptisch sichtbare, DNS-enthaltende Informationsträger. Da sie bei Pflanzen und Tieren leichter und in sämtlichen Stadien darzustellen sind als beim Menschen, wird man zunächst auf pflanzliche und tierische Objekte zurückgreifen.

III. Chromosomen im Mitosezyklus

1. Präparation von Mitosestadien

a. *Aus dem Wurzelspitzenmeristem der Küchenzwiebel*

α. Vorbereitung

2 — 4 Tage ehe man die Präparation beginnt, setzt man ca. 10 Küchenzwiebeln so auf Gläser mit Leitungswasser, daß die Wurzelscheibe die Wasseroberfläche knapp berührt. Da die gekauften Zwiebeln häufig mit einem Mittel gespritzt sind, welches das Austreiben verhindern soll, empfiehlt es sich, die äußersten Schalen vorher zu entfernen. Wasser täglich einmal wechseln. Von den nach 3 Tagen 2 — 3 cm ausgewachsenen Wurzeln werden mit der Schere 2 — 3 mm lang die Spitzen abgeschnitten (Abb. 3).

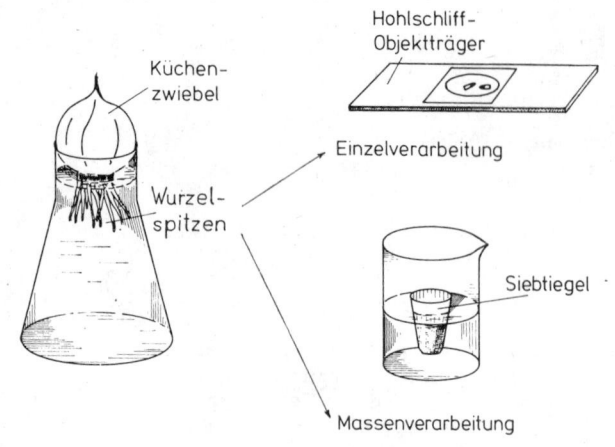

Abb. 3: Gewinnung von Zwiebelwurzelspitzen, Anordnung zur Einzelverarbeitung und Massenverarbeitung

Die abgeschnittene Wurzelspitze wird auf einem Objektträger mit der Pinzette am abgeschnittenen Ende festgehalten und mit einem Skalpell oder einer Rasierklinge wenigstens einmal längsgeschnitten, damit Fixier- und Farblösung besser ins Innere der Wurzelspitze eindringen können. Noch besser ist es, wenn es gelingt, die Wurzelspitze längs zu vierteln.

Will man eine große Menge von Wurzelspitzen weiter behandeln, empfiehlt es sich, sie in einen Siebtiegel zu geben und mit diesem in die Lösungen zu überführen. Soll jeder Schüler die Präparation „seiner" Wurzelspitze allein durchführen, verwendet man zweckmäßig Schliffobjektträger (Abb. 3).

β. Bereitung der Farblösungen

Orcein-Essigsäure: 1 g Orcein in 50 ml 50 % Essigsäure lösen, mit Rückflußkühler 15 Min. leicht kochen, abkühlen lassen, filtrieren. Jährlich neu herstellen.

Karmin-Essigsäure: Aus 1 g Karmin und 50 ml 50 % Essigsäure wie Orcein-Essigsäure herstellen.

Orcein-Essigsäure färbt kräftiger, Karmin-Essigsäure bringt bei gut gefärbtem Material Strukturfeinheiten mitunter besser hevor.

Feulgen-Reagens: 1 g Diamantfuchsin, große Kristalle (Merk 1358), mit 200 ml siedendem Aq. dest. übergießen, etwas abkühlen lassen, filtrieren, 20 ccm n-HCl zugießen, auf Zimmertemperatur abkühlen lassen und 1 g Natriumdisulfit (Merk 6528) zugeben; Lösung entfärbt sich über Nacht. In dunkler Flasche aufbewahren.

Nigrosin-Farblösung: 0,2 g Nigrosin in 100 ml 50 % Essigsäure lösen.

γ. Einzelverarbeitung

Gespaltene Wurzelspitze in den Hohlschliff eines Schliffobjektträgers überführen und mit einem Tropfen Karmin- oder Orcein-Essigsäure bedecken. Deckglas darüberlegen und über der Sparflamme des Bunsenbrenners 5 — 10 Min. leicht erwärmen, so daß es gerade nicht zur Blasenbildung kommt. Deckglas entfernen und mit Präpariernadel prüfen, ob die Wurzelspitze gut weich geworden ist. Evtl. mit weiterer Farb-Fixierlösung nochmals erwärmen.

Wegwerf-Quetschpräparat: Gefärbte Wurzelspitze mit Pinsel oder Präpariernadel auf normalen Objektträger in einen Tropfen 50 % Essigsäure überführen, evtl. etwas zerteilen, Deckglas auflegen, umdrehen und mit dem Deckglas nach unten auf einen Filterpapierstreifen auf glatte Unterlage legen und mit dem Daumen ohne seitliche Bewegungen kräftig quetschen.

δ. Massenverarbeitung

Insbesondere zur Herstellung eines Vorrates an Dauerpräparaten zahlreiche längsgespaltene Wurzelspitzen in einem Siebtiegel sammeln und gemeinsam in kleine Bechergläser mit folgenden Lösungen überführen:

1. *Fixieren* in Äthanol-Eisessig 3:1, 15 Min.
2. *Hydrolisieren* in 1n HCl, 15 Min. bei 60° C
3. *Färben* in Feulgen-Reagens, ca. 20 Min. — 1 Std., bis Wurzelspitzen tief violett erscheinen
   oder:
   Färben in Nigrosin-Farblösung, 10 Min.
   oder:
   Färben in Orcein-Essigsäure, 20 Min.
4. *Mazerieren* und Differenzieren in 50 % Essigsäure 3—5 Min.
5. Aufbewahren bis zum anschließenden Quetschen in Leitungswasser

Die Färbungen stellen einen biochemischen Nachweis von DNS dar.

Dauer-Quetschpräparat: Objektträger mit Eiweißglycerin (Eiklar + Glycerin, 1:1) einreiben und kurz durch die Flamme ziehen. Deckglasgroße Folienstücke (aus dünner Folie, wie sie z. B. zum Büchereinbinden verwendet wird) leicht falten und die Unterseite mit einem Detergens (z. B. Tel oder Pril) einreiben. 2—3 Wurzelspitzen auf den präparierten Objektträger in einen Tropfen Wasser überführen, die geknickte Folie darüberlegen (Knickkante nach oben!) und mit 2. Objektträger mit dem Daumen kräftig quetschen (Abb. 4). Nicht seitlich verrutschen! Quetsch-Objektträger vorsichtig entfernen und Folie in Wasser abschwimmen lassen. Präparat durch aufsteigende Alkoholreihe führen (50 %, 75 %, 96 %, 100 % Isopropylalkohol, Xylol je 1 Min.) und in Caedax einbetten.

geknicktes Folienstückchen,
untere Seite eingerieben,
z.B. mit Pril.

Objektträger mit
Eiweißglycerin
eingerieben

Druck mit Daumen

Folie
abschwimmen
lassen

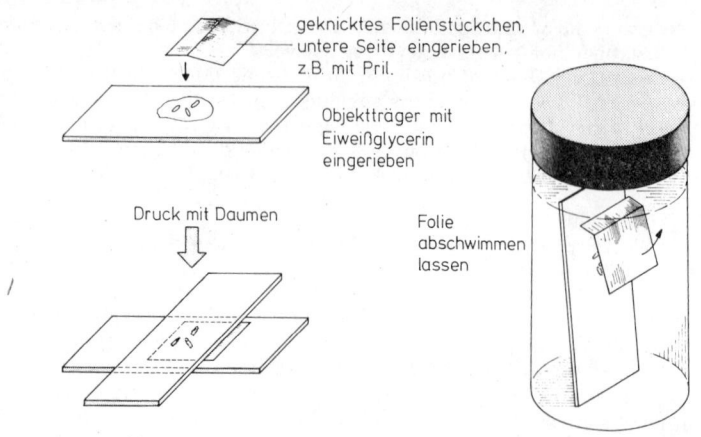

Abb. 4: Anordnung zur Herstellung von Dauer-Quetschpräparaten

b. *Aus verschiedenen pflanzlichen Meristemgeweben*

Paralleluntersuchungen mit denselben Methoden können an Wurzelspitzen keimender Bohnen und Erbsen, an Blatt- und Sproßvegetationspunkten gemacht werden.

Insbesondere sei auf die von *Bukatsch* in Band 4/I, S. 28 dieses Bandes beschriebene Methode zur Lebendbeobachtung von Zellkernteilungen an meristematischen Blattbasen von Tradescantia virginica bzw. Zebrina pendula hingewiesen.

c. *Aus der Schwanzspitze von Molchlarven*

Gelegentlich bringen Schüler im Frühjahr Molche aus Tümpeln mit in den Unterricht. In einem Aquarium mit Wasserpflanzen (z. B. Wasserpest) gehalten und z. B. mit Tubifex gefüttert, beginnen die Weibchen bald ihre Eier einzeln in eingerollte Wasserpflanzen abzulegen. Es ist eine reizvolle Aufgabe, die Eier zu isolieren und die Entwicklung der Larven zu verfolgen. Die — geschützten — Molche läßt man in den Tümpel zurückbringen. Wenn die Molchlarven etwa 12 mm lang sind, schneidet man die Schwanzspitzen etwa 3 mm lang ab — sie regenerieren wieder — und fixiert sie ca. 1 Std. im Bouin-Gemisch z. B. wieder in einem Siebtiegel. (15 ml gesättigte wäßrige Pikrinsäurelösung, 5 ml Formol, 1 ml Eisessig. Die Lösung wird unmittelbar vor Gebrauch hergestellt.) Anschließend werden sie solange in 80%/oigem Alkohol gewaschen, bis die grüne Färbung der Lösung verschwunden ist. Die Färbung erfolgt zweckmäßig mit saurem Hämalaun nach *Mayer* ca. 10 Min. Dann wird mit Wasser ausgewaschen, über die aufsteigende Alkoholreihe entwässert und über Xylol in Caedax eingedeckt. Kernteilungsstadien finden sich in der Epidermis.

d. *Aus der Augen-Hornhaut von Kaulquappen*

Jedes Jahr bringen Schüler Ende März — Mitte April Grasfroschlaich in die Schule mit. Neben dem Studium der Entwicklung kann man dabei Präparate von Mitosen herstellen:

Man bringt den Laich in ein Aquarium, möglichst mit Standortwasser, belüftet mit einer Aquarienpumpe und sorgt dafür, daß die Temperatur nicht über 18° steigt. Sobald die ersten Kaulquappen erscheinen, füttert man sie mit einer Mischung von fein zerriebenen Brennesselblättern und fein gehackter Rindsleber. Etwa im Alter von 7 Wochen, wenn sie ca. 3 cm Länge erreicht haben und die Hintergliedmaßen gerade erscheinen, ist das für die Untersuchung beste Entwicklungsstadium erreicht. — Durch Einlegen in Bouinsches Gemisch werden die Larven augenblicklich getötet und im Lauf von 6 — 12 Stunden fixiert. Da die Mitosenhäufigkeit tagesperiodisch schwankt, mit einem Maximum zwischen Mitternacht und 2 Uhr morgens, wird man Präparate mit der größten Zahl von Mitosestadien erhalten, wenn man um diese Zeit fixieren läßt, doch ist dies nicht unbedingt nötig. Anschließend werden sie in 80 % Alkohol gewaschen. Dann erfolgt die Präparation der Hornhaut des Auges durch vorsichtiges Umschneiden mit einer spitzen gebogenen Schere. Die Färbung erfolgt wieder mit saurem Hämalaun nach Mayer. Anschließend wird mit Wasser ausgewaschen, über die Alkoholreihe entwässert und nach Flachlegung durch einen Radialschnitt auf einem Objektträger in einem Tropfen Caedax eingeschlossen.

2. Aufgabenstellung und Auswertung

Kernteilungsstadien im Mikroskop mit dem 40x-Objektiv oder besser mit dem 100x-Ölimmersionsobjektiv suchen und zeichnen lassen, Zahl und Gestalt der Chromosomen bei den verschiedenen Objekten feststellen lassen (Zwiebel 2n=16, Molch 2n=24, Frosch 2n=26), Hypothesen über die wahrscheinliche Reihenfolge der beobachteten Stadien aufstellen lassen. Bei der Untersuchung fixierten und gefärbten Zellmaterials kann man immer einwenden, die beobachteten Strukturen beruhten auf der Fixierung und Färbung und seien Kunstprodukte. Volle Sicherheit über den Ablauf der Kernteilung hat erst das Phasenkontrastmikroskop gebracht, mit dem man die Vorgänge in lebenden Zellen studieren und mit Zeitraffung filmen kann.

3. Film- und Bildmaterial

FT 788 Kernteilung (Mitose)
8F57 Mitose bei Pflanzenzellen (Phasenkontrastaufnahmen)
R 218 Kern- und Zellteilungen bei der Zwiebelwurzelspitze

4. Modelle

Der didaktische Wert der *Standmodelle der Mitosestadien* steht m. E. in keinem Verhältnis zu ihrem Preis. Dagegen tragen einfachste Chromosomenmodelle, die man leicht und billig selbst herstellen bzw. von Schülern anfertigen lassen kann, zusammen mit einer Magnettafel wesentlich zum Verständnis von Mitose (Meiose) bei.
Eine *Magnettafel* (s. Bd. 2, S. 241), d. h. eine Blechtafel ist von Lehrmittelfirmen (z. B. bei KÖSTER oder PHYWE) zu beziehen. Am besten läßt man sie im Lehrsaal neben der Tafel fest montieren. Als Magnete zur Anfertigung der Modelle eignen sich besonders kräftige *Magnetfolien*, die man beliebig mit der Schere schneiden und auf die Unterseite der Modelle kleben kann. Sie sind z. B. von der Fa. NÜSSEL, 2031 Puchheim, Postfach 38, zu beziehen.

a. Magnettafel-Chromosomenmodell

Von einer Holzlatte mit einem Querschnitt von 2 x 3 cm schneidet man zur Darstellung von 3 Chromosomenpaaren z. B. folgende Längen ab: 30 cm, 15 cm, 5 cm je 4 Stück (Abb. 5). Je 2 Stäbe gleicher Länge, die 2 Chromatiden darstellen, bilden ein Metaphase-Chromosom. Um sie reversibel miteinander verbinden zu können, wird an beiden Breitseiten in gleicher Höhe je eine Magnetfolienscheibe von ca. 2 cm ⌀ aufgeklebt. Hält man jetzt die beiden „Chromatiden" zusammen, so haften sie über die beiden Magnetfolienscheibchen, welche das Centromer darstellen, aneinander und stellen ein Metaphase-Chromosom dar. Bringt man die Magnetscheibchen für das „Zentromer" bei den Chromatiden der zwei großen

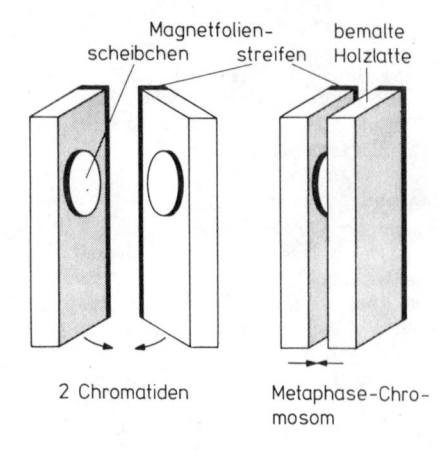

Abb. 5: Chromosomenmodell für die Magnettafel. Die Magnetfolienscheibchen sollen das Zentromer (= Kinetochor) darstellen

Chromosomen in der Mitte, bei den Chromatiden der zwei mittleren Chromosomen außerhalb der Mitte und bei den Chromatiden der zwei kleinen Chromosomen an einem Ende an, so hat man Modelle für den metazentrischen, submetazentrischen und akrozentrischen Chromosomentyp. Das eine Chromosom eines Paares malt man blau an (stammt vom Vater), das andere rot (stammt von der Mutter).

Zur Demonstration der Mitose-Vorgänge: Einwandern der Chromosomen in die Äquatorialplatte, Trennung der Chromatiden, Wanderung je eines Chromatids zu einem Pol, zeichnet man mit Kreide Zentriolen und Spindelfasern an die Magnettafel und ordnet alle Chromosomen so nebeneinander an, daß je ein Chromatid über und eines unterhalb der Linie der Äquatorialebene zu liegen kommt (im Gegensatz zur Meiose, wo man die Chromosomen beiderseits der Linie der Äquatorialebene anordnet). Die Linien der Spindelfasern führen zu den „Zentromeren". Duch Auseinanderziehen der beiden Hälften demonstriert man die Wanderung der Chromatiden zu den Polen (Abb. 6). Die scheinbare definitorische Schwierigkeit, ob ein Chromosom aus einem oder zwei Chromatiden besteht, wird beseitigt, wenn man sagt, ein Metaphase-Chromosom besteht aus zwei (identischen = Schwester-) Chromatiden, ein Anaphase-, Telophase- und

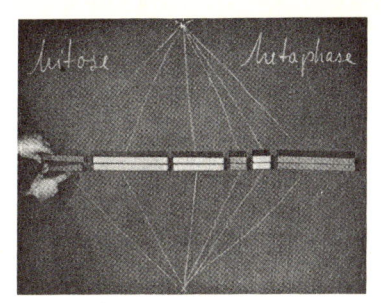

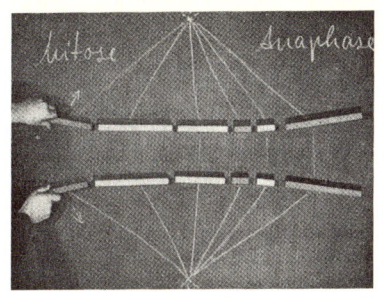

Abb. 6: Demonstration der Mitose mit den Chromosomenmodellen an der Magnettafel

frühes Interphase-Chromosom besteht aus einem Chromatid, das in der späten Interphase verdoppelt wird, so daß ein Prophase-Chromosom sich wieder aus zwei Chromatiden zusammensetzt.

b. *Chromatid-Modell* zur Demonstration des Gestaltwandels während der Mitose
Zwei 5 m lange Stücke eines ca. 0,5 cm dicken Hanfseiles werden mit einer verdünnten Ponal-Leimlösung, der z. B. rotes Farbpulver beigefügt ist, getränkt und so verdrillt, daß eine Doppelschraube entsteht. Sie soll die DNS-Doppelhelix darstellen. Dann wickelt man das Doppelseil um z. B. einen Besenstiel und läßt es trocknen. Nach dem Trocknen kann man es abziehen und hat damit eine elastische Schraube zweiter Ordnung. Diese kann man freihändig zu einer Schraube dritter Ordnung verdrehen (Abb. 7). Das Seilmaterial wird damit zu

Abb. 7: Chromatidmodell zur Demonstration unterschiedlicher Spiralisierungsgrade während der Mitose

einem handlichen, kompakten Gebilde („Transportform"). Indem man es „entspiralisiert", kann man das Längerwerden und Dünnerwerden und den Übergang in die „Arbeitsform" während der Telophase demonstrieren. Indem man es wieder „spiralisiert", kann man das Kürzerwerden und Dickerwerden und den Übergang in die Transportform zeigen.
Es muß betont werden, daß die tatsächliche Anordnung der DNS im Chromosom immer noch nicht bekannt ist und hier eine wissenschaftliche Modellvorstellung lediglich durch ein reales Modell verdeutlicht wird (s. S. 80).

5. Hinweise zum Mitose-Zyklus

Unter Mitose (*Fleming* 1882) bzw. Karyokinese (*Schleicher* 1878) verstand man ursprünglich lediglich die Vorgänge bei der Kernteilung, die zu einer Halbierung der Chromosomensubstanz bei Erhaltung der Chromosomenzahl in den beiden Tochterkernen führen. Die Formulierung, während der Mitose verdoppelten sich die Chromosomen, ist mißverständlich. Es werden zwar aus einem Metaphase-Chromosom 2 Anaphase-Chromosomen (s. Chromosomenmodell S. 66), die Verdoppelung des Chromosomenmaterials findet aber erst in der späten Interphase statt. Man spricht deshalb unter Einbeziehung der Interphase besser von *Mitose-Zyklus* (Abb. 8). Die Interphase kann man aufgrund autoradiographischer Befunde (s. S. 76) im Hinblick auf die DNS-Synthese in drei Abschnitte gliedern:
G_1-*Phase* (vom Englischen gap = Lücke), auch als Vorsynthesezeit oder postmitotische Arbeitszeit bezeichnet.

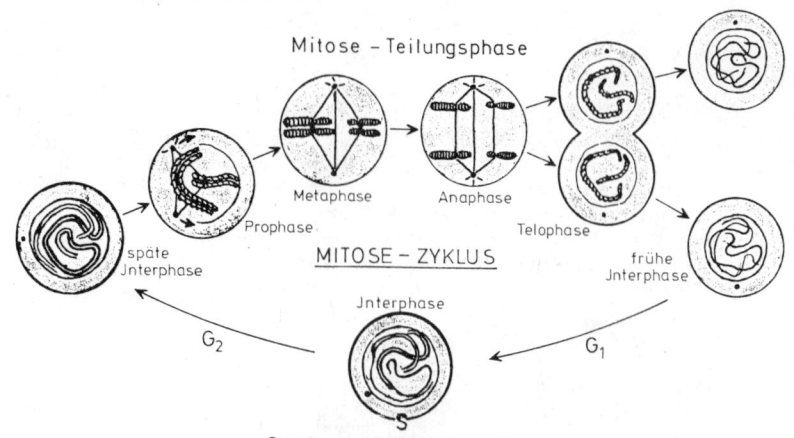

Abb. 8: Schema des Mitose-Zyklus

Hier ist die Proteinbiosynthese (s. S. 344 ff) in vollem Gange; außerdem werden die Vorstufen bereitgestellt, die zur DNS-Synthese notwendig sind. Bei der Bohne (*Vicia faba*) wurde für diesen Abschnitt eine Zeitdauer von etwa 12 Std. festgestellt, für menschliche Zellen aus Gewebekulturen etwa 14 Std.
S-Phase, DNS-Synthesezeit.
Hier findet die DNS-Synthese und Verdoppelung der Chromatid(= Halb-)chromosomen zu den Vollchromosomen statt. Die Zeitdauer beträgt z. B. bei Erbsen 6 Stunden, bei Säugerzellen 6 — 8 Stunden.
G_2-*Phase* oder prämitotische Ruhephase.
Dieser Abschnitt ist ein Ruhestadium der Zelle, bevor sie in die Mitose eintritt.
Ungelöst sind die Fragen nach der Auslösung der Mitose. Zweifellos spielen dabei die Vorgänge in der Interphase eine entscheidende Rolle. Ist die DNS-Synthese einmal in Gang gekommen, laufen die weiteren Vorgänge nach dem Alles-oder-Nichts-Gesetz ab.

Bei vielen Organismen hat man einen Tagesrhythmus der Mitose festgestellt. Allgemein kann man sagen, daß bei tagaktiven Lebewesen die meisten Kern- und Zellteilungen dann stattfinden, wenn die Stoffwechselleistungen der Zelle ein Minimum aufweisen. Das ist häufig in den Stunden nach Mitternacht. Ungeklärt ist nach wie vor der Bewegungsmechanismus der Mitose.

Die Begriffe Zug- und Stemmfasern entstammen einer überholten Hypothese über den Mechanismus der Chromosomenbewegungen. Neuere elektronenoptische Untersuchungen haben ergeben, daß die Spindelfasern aus zahlreichen Mikrotubuli von 17 bis 3 μm Durchmesser und Längen bis 20 μm bestehen, die selbst nicht kontraktil sind. „Mantelfasern" im Oberflächenbereich der Spindel und von Pol zu Pol durchgehende Fasern bilden eine Art Gittergerüst mit Streben darin. Es umfaßt ca. 10 % der Mikrotubuli. Von den Centromeren = Kinetochoren der Chromosomen zu den Spindelpolen ziehende Fasern enthalten 90 % der Mikrotubuli. Nach der neueren „Reißverschluß-Hypothese" von *Bajer* kommen die Bewegungen durch seitliche Interaktionen der Mikrotubuli des Gittergerüsts mit denen der Kinetochorfasern zustande. Die zentrale Frage, wie chemische Energie in mechanische Energie umgesetzt wird, die sich in den Bewegungen der Chromosomen und der übrigen Zellpartikel äußert, ist noch ungelöst. Die „Reißverschluß-Hypothese" ist allgemeinverständlich von *Bajer* dargestellt in: Biologie in unserer Zeit, H 4, 1973.

6. Chromosomenzahlen einiger Organismen

Ascaris megalocephala (Pferdespulwurm)	2 bzw. 4
Culex pipiens (Stechmücke)	6
Drosophila melanogaster (Taufliege)	8
Psalliota campestris (Champignon)	8
Musca domestica (Stubenfliege)	12
Pisum sativum (Erbse)	14
Columba livia (Haustaube)	16
Antirrhinum spec. (Löwenmaul)	16
Zea Mays (Mais)	20
Bufo bufo (Erdkröte)	22
Viele Triturusarten (Molche)	24
Solanum lycopersicum (Tomate)	24
Rana temporaria u. esculenta (Gras- und Wasserfrosch)	26
Triticum verschiedene Species (Weizen)	14 bzw. 28 bzw. 42
Pieris brassica (Kohlweißling)	30
Lumbricus terrestris (Regenwurm)	32
Apis mellifica (Honigbiene)	32
Paracentrotus lividus (Seeigel)	36
Lacerta agilis (Zauneidechse)	38
Felis domestica (Hauskatze)	38
Mus musculus (Hausmaus)	40
Rattus norwegicus (Wanderratte)	42
Macaca mulatta (Rhesusaffe)	42
Hylobates lar (Gibbon)	44
Homo sapiens (Mensch)	46
Pan troglodytes (Schimpanse)	48
Gorilla gorilla (Gorilla)	48
Cebus capusinus (Kapuzineraffe)	54
Ovis aries (Schaf)	54
Bos taurus (Rind)	60
Capra hircus (Ziege)	60
Equus equus (Pferd)	64
Cavia porcellus (Meerschweinchen)	64
Gallus domesticus (Haushuhn)	78
Canis familiaris (Haushund)	78
Cyprinus capria (Karpfen)	104
Artemia salina (Salzkrebschen)	168
Eupagurus ochotensis (Einsiedlerkrebs)	254
Ophioglossum vulgatum (Natternzungenfarn)	500—520

Die Chromosomenzahlen verschiedener Tier- und Pflanzenarten lassen keinen Rückschluß auf die Organisationshöhe zu. Hohe Chromosomenzahlen sind mit Kleinheit der Einzelchromosomen korreliert.

7. Historisches

Fädige Strukturen, die bei der Kernteilung auftreten und sich teilen, wurden erstmals vor rund 100 Jahren unabhängig von mehreren Forschern bei pflanzlichen und tierischen Zellen entdeckt. Der Begriff Mitose (von Mitos, gr. der Faden) wurde von W. *Fleming* (1879), der Begriff Chromosomen (von Chroma, gr. Farbe, Soma, gr. Körper) von *Waldeyer* (1888) eingeführt. E. *Straßburger* (1882) hatte erstmals die Zahlenkonstanz, Th. *Boveri* (1887) die Individualität und T. H. *Montgomery* (1901) das paarweise Auftreten der Chromosomen beschrieben. Bereits 1883 hatte W. *Roux* aufgrund der exakten Teilung der Chromosomen die Vermutung ausgesprochen, daß sie die Träger von Vererbungseinheiten seien.

Literatur

Darlington, C. D. und *La Cour, L. F.*: Methoden der Chromosomenuntersuchung, Kosmos Verlag Stuttgart (1962)
Göltenboth, F.: Chromosomenmorphologie, Verarbeitung von Wurzelspitzen zu Quetsch- und Schnittpräparaten, Mikrokosmos 60, S. 273—276 (1971)
Göltenboth, F.: Chromosomenmorphologie, Der Ablauf der Mitose bei Pflanze und Tier, Mikrokosmos 61, S. 102—109 (1972)
Lustig, K.: Die Hornhaut der Kaulquappe, Mikrokosmos 62, S. 347—349 (1973)
Nagl, W.: Chromosomen, Das wissenschaftl. Taschenbuch, Goldmann, München, 1972
Ruthmann, A.: Färbung und Nachweis der Nukleinsäuren im mikroskopischen Präparat, Mikrokosmos 55, S. 324 (1965)
Zbären, J.: Chromosomenfärbung mit Nigrosin, Mikrokosmos 62, S. 84 (1973)

IV. Die Chromosomen des Menschen

1. Vorbemerkungen

In der ersten Phase der Chromosomenuntersuchungen des Menschen um die Jahrhundertwende schwanken die Angaben infolge unzureichender Methodik zwischen 16 und 36 Chromosomen. 1912 glaubt *Winiwarter* aufgrund histologischer Untersuchungen für den Mann 47, für die Frau 48 Chromosomen gefunden zu haben.

1923 gab *Painter* ebenfalls aufgrund histologischer Arbeiten für beide Geschlechter 48 Chromosomen an.

Erst 1956 wurde die richtige Zahl von 46 Chromosomen in Körperzellen durch *Tjio* und *Levan* gefunden.

Die Kombination von 3 Verfahren war dabei entscheidend:

1. Gewebekultur als Quelle für Mitosen
2. Colchizinbehandlung zum Anreichern von Metaphasen
3. Behandlung mit hypotonischen Lösungen zum Quellen und Separieren der Chromosomen.

Für die Gewebekulturen wurden ursprünglich Bindegewebsbildungszellen (Fibroblasten) von spontan abortierten Embryonen verwendet. Neben Fibroblasten- und Knochenmarkskulturen haben dann Blutkulturen eine breite Anwendung gefunden, insbesondere seit 1960 neben der hämagglutinierenden Wirkung eines Extraktes aus der Gartenbohne (Phytohämagglutinin), die mitosestimulierende Wirkung auf Lymphozyten des peripheren Blutes entdeckt worden war. Die 1963 von *Arakaki* und *Sparkes* eingeführte Mikromethode, die mit 3 Tropfen

Blut aus der Fingerbeere auskommt, ermöglicht unter gewissen Voraussetzungen sogar die Darstellung menschlicher Chromosomen als Schul-, Demonstrations- oder Praktikumsversuch.

Die Blutentnahme bei Schülern ist nicht in allen Bundesländern von den Kultusministerien erlaubt. Erfolgt sie sachgemäß, ist sie vom Standpunkt der Infektonsgefahr aus unbedenklich. Allerdings werden gelegentlich Schülerinnen oder Schüler beim Anblick von Blut ohnmächtig, so daß bei einem Sturz Verletzungsgefahrt bedacht werden muß. Entschließt man sich zur Blutentnahme, so wird man es selbstverständlich den Schülern freistellen und zögernden Kandidaten eher abraten. Auf jeden Fall kann man sich selbst Blut entnehmen (hoffentlich!). Chromosomenanalysen des Menschen für diagnostische Zwecke dürfen nur von zytogenetischen Labors durchgeführt werden. Dagegen besteht kein rechtlicher Einwand, wenn die Chromosomenpräparation als Demonstrations- oder Übungsversuch in einem Schul- oder Hochschulpraktikum durchgeführt wird und ausdrücklich betont wird, daß das Ergebnis unverbindlich ist. In der Regel wird man aus Mangel an Erfahrung auf Anhieb ohnehin kein verläßliches Karyogramm aufstellen können. Es geht vor allem darum, die Methode der Gewebekultur und menschliche Chromosomen aus eigener Anschauung kennenzulernen.

2. *Blutausstrich zur Demonstration von Lymphozyten*

Um zunächst die für die Gewebekultur benötigten Lymphozyten im Blut zu zeigen, kann man einen Blutausstrich herstellen, färben und untersuchen lassen.

a. *Blutentnahme:* Man reinigt die Fingerkuppe des Ringfingers der linken Hand mit einem Alkohol getränkten Tupfer und sticht mit einer sterilen Hämostylette (in Apotheken und Geschäften für medizinischen technischen Bedarf erhältlich) kurz hinein. (Schnäpper oder ausgeglühte Nadeln sind nicht mehr zu empfehlen.) Den austretenden Blutstropfen gibt man seitlich auf einen trockenen Objektträger, den man vorher zur Entfettung und Reinigung in ein Alkohol-Äther-Gemisch 1:1 gegeben hat. Die winzige Wunde hört in der Regel sofort zu bluten auf. Gelegentlich, wenn Schüler zu kräftig gestochen haben, blutet es ein wenig nach. Für diesen Fall hält man kleine Pflaster bereit.

b. *Ausstrich:* Einen zweiten Objektträger bewegt man auf der freien Fläche des ersten Objektträgers, in einem spitzen Winkel auf den Blutstropfen hin geneigt, auf diesen zu, bis der Tropfen sich schließlich an der Kante des bewegten Objektträgers nach beiden Seiten ausbreitet (Abb. 9). Dann zieht man diesen Objekt-

gleichmäßig verteilter Blutstropfen

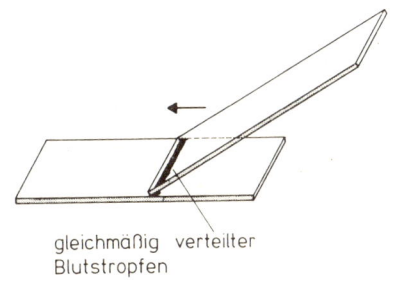

Abb. 9: Herstellen eines Blutausstriches

träger mit einer gleichmäßigen Bewegung so über den ersten Objektträger zurück, daß ein einheitlicher Blutausstrich entsteht.

c. *Färbung* nach *May-Grünwald:* Auf den luftgetrockneten Blutausstrich reichlich Farblösung tropfen. 4—5 Min. einwirken lassen; der Farbstoff darf nicht eintrocknen! Verdünnen der Farblösung durch die gleiche Menge destillierten Wassers 5—10 Min. Spülen mit destilliertem Wasser. Trocknen senkrecht auf einer Kante, evtl. Einschluß in Caedax *(May-Grünwalds* Lösung, Merck Nr. 1424)
nach *Giemsa:* Fixieren des frischen, lufttrockenen Ausstrichs in Methanol 5—10 Min. oder in absolutem Alkohol 30 Min. Abtrocknen. Verdünnen der Farblösung (10 ml abgekochtes destilliertes Wasser, 0,3 ml Stammlösung). Färbung 30—45 Min. Kräftig spülen mit abgekochtem destilliertem Wasser, trocknen, evtl. Einschluß in Caedax *(Giemsa-*Lösung, Merck Nr. 9204).
nach *Pappenheim:* Fixieren des frischen, lufttrockenen Ausstrichs durch Bedecken mit unverdünnter May-Grünwald-Lösung 3 Min. Verdünnen mit der gleichen Menge destillierten Wassers 1 Min. Abgießen der verdünnten Lösung und Auftropfen der verdünnten Giemsa-Lösung (10 Tropfen auf 10 ml destilliertes Wasser). Färbung 15—20 Min. Abspülen mit destilliertem Wasser, Trocknen, evtl. Caedax.

d. *Aufgabe:* Bei 40facher Objektivvergrößerung Lymphozyten neben den kernlosen Erythrozyten und den segmentkernigen Granulozyten identifizieren lassen.

3. *Lymphozyten-Gewebekultur* (nach *Arakaki* und *Sparkes* 1963 vereinfacht)

a. *Vorbereitung und Voraussetzungen*

Kulturmedium und Arretierflüssigkeit (Colchizin) sind bei den *Behringwerken,* 355 Marburg/Lahn, oder über chemisch medizinische Fachgeschäfte unter dem Namen Chromosomenbesteck für eine Untersuchung zu beziehen. Preis pro Packung z. Z. 9,— DM. Die Packung enthält eine genaue Anweisung. Es empfiehlt sich mehr als eine Packung zu bestellen, um Reserven bei einem eventuellen Scheitern des ersten Versuches zu haben.

Benötigt wird: ein *Wärmeschrank* (z. B. von *Memmert),* statt dessen kann man auch einen in Drogerien erhältlichen Babyflaschenwärmer als 37°-Wasserbad benützen,
konische, möglichst graduierte *Zentrifugengläser,*
eine *Zentrifuge;* eine Handzentrifuge ist im Prinzip geeignet, nur mühsam, weil man mehrmals je 5 Min. mit konstanter mäßiger Geschwindigkeit zentrifugieren muß. Die elektrischen Kleinzentrifugen z. B. der Fa. *Christ* liegen mit der niedrigsten einstellbaren Geschwindigkeit immer noch zu hoch. Man kann sich behelfen, indem man sie über einen Vorschaltwiderstand bzw. über die Schalttafel betreibt, um so 800 bzw. 600 U/Min. zu erreichen.
Nach dem Zentrifugieren ist der Überstand jeweils zu entfernen. Dies kann durch vorsichtiges Dekantieren geschehen. Feiner dosierbar kann man den Überstand mit einer *Pasteurpipette* — das ist eine lang und dünn ausgezogene Pipette — absaugen, wenn man sie über einen Druckschlauch an eine *Wasserstrahlpumpe* anschließt, oder mit einem Gummihütchen versieht.
Auf die in der Präparationsanweisung stehende *Hanksche Lösung* kann erfahrungsgemäß ohne Nachteil verzichtet werden.

Objektträger, die durch Einlegen in ein Alkohol-Äther-Gemisch 1:1 entfettet wurden und in aqua dest. möglichst in einem Kühlschrank bereitgestellt werden.
sterilisiertes aqua dest., auf 37° vorgewärmt
Methanol und Eisessig zum Fixieren, kaltgestellt
Giemsa-Lösung (s. S. 72) oder *Orcein-Essigsäure* (s. S. 62) zum Färben
Da die Inkubationszeit der Kultur 3 Tage und 3 Stunden dauert, wird man sie zeitlich so ansetzen, daß die 1—2 Stunden dauernde Aufarbeitung in eine Zeit fällt, in der man sie der Klasse als Demonstrationsversuch selbst vorführen kann bzw. von einer Schülergruppe als Übung durchführen lassen kann.

b. *Präparationsschritte und Vorgänge* (Abb. 10)
Dia Bild 2 R 2037, Die Chromosomen des Menschen
Blutentnahme: (s. S. 71)
3—4 Tropfen Blut, entsprechend ca. 0,2 ml, aus der gereinigten Fingerkuppe unter möglichst aseptischen Bedingungen (bei geschlossenen Fenstern und Türen neben einer brennenden Bunsenflamme) in das Fläschchen mit Kulturmedium fallen lassen. Fläschchen verschließen und vorsichtig umschwenken.

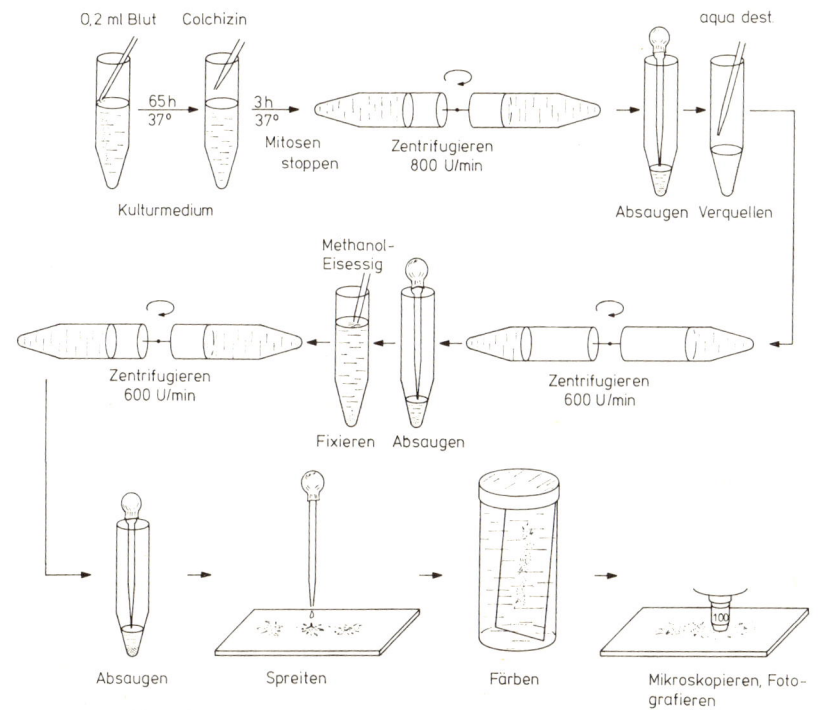

Abb. 10: Präparationsschritte zur Darstellung menschlicher Chromosomen aus Lymphozyten-Gewebekultur

Bebrüten — Inkubieren:
Kultur 72 Stunden bei 37° bebrüten, Fläschchen täglich 1- bis 2mal schwenken. Das Kulturmedium enthält neben Salzen, Glucose, Aminosäuren, Nukleotiden fetales Kälberserum sowie Heparin zur Verhinderung der Gerinnung, Antibiotika zur Verhinderung von Infektionen und als Auslöser für die Teilungen der Lymphozyten einen Extrakt aus der Gartenbohne (Phaseolus vulgaris), das Phytohämagglutinin. Die Lymphozyten beginnen aufzuquellen und in Mitosen einzutreten.

Mitosen stoppen:
0,5 ml Arretierflüssigkeit = 30 γ Colcemid (Colchizin, Gift der Herbstzeitlosen, Colchicum autumnale) zugeben, umschwenken und 3 weitere Stunden bei 37° bebrüten: Colchizin hemmt die Ausbildung des Spindelapparates. Folglich bleiben alle Mitosen, die während der drei Stunden in die Metaphase gelangen, auf diesem, für die Untersuchung bestmöglichen Stadium, stehen.

Verquellen:
Kultur mit ca. 800 Umdrehungen pro Minute 5 Min. zentrifugieren, Überstand mit an Wasserstrahlpumpe angeschlossener Pipette auf 0,5 ml absaugen, 1,5 ml vorgewärmtes aqua dest. zufließen lassen, Sediment mit Pipette resuspendieren und 5 Min. weiter inkubieren: Die hypotone Lösung bringt die roten Blutkörperchen zum Platzen, die weißen zum Aufquellen.

Fixieren:
5 Min. mit 600 U/Min. zentrifugieren, Überstand bis auf 0,5 ml absaugen, kalten Methanol-Eisessig (3:1) zufließen lassen und ca. 20 Min. bei Zimmertemperatur fixieren: die weichen Chromosomen werden widerstandsfähiger und fester.

Spreiten:
5 Min. mit 600 U/Min. zentrifugieren, Überstand bis auf 0,5 ml absaugen, Sediment mit Rest resuspendieren und aus Pasteurpipette 3—4 Tropfen auf gekühlten wasserbenetzten Objektträger aus 10 cm Höhe fallen lassen: durch ein Phänomen der Oberflächenspannung platzen die chromosomenhaltigen Lymphozyten und die Chromosomen kommen nebeneinander zu liegen.

Färben:
Objektträger durch die Flamme ziehen; der Alkohol-Eisessig brennt ab und die Kerne und Chromosomen werden dabei auf den Objektträger geklebt. Mit Giemsa-Lösung 10 Min. färben, mit Leitungswasser abspülen, zwischen Filterpapier trocknen. Präparat mit Eukitt und großem Deckglas eindecken und mit 40x-Objektiv, besser mit 100x-Ölimmersion untersuchen.

c. *Beobachtungsaufgaben:*
Am Mikroskop bzw. anhand von Dia Bild 3 R 2037 Zahl der Chromosomen bestimmen, deren Länge, Gestalt und die Lage des Centromers beachten, die sechs längsten Chromosomen heraussuchen und feststellen, ob sie sich alle unterscheiden oder zu drei Paaren anordnen lassen.

d. *Auswertung*
Ist die Präparation gut gelungen und sind an der Schule ein Photolabor und die Möglichkeiten für Mikroaufnahmen mit Ölimmersion vorhanden, so kann man z. B. einer Photo-Arbeitsgruppe den Auftrag erteilen, von gut ausgebreiteten Metaphasen Schwarz-Weiß-Negative und davon Positiv-Kopien (Format 13 x 18)

für die ganze Klasse herzustellen. Besteht diese Möglichkeit nicht, so kann man Negative menschlicher Metaphasechromosomen für Übungsversuche auch erhalten, wenn man sich mit einer entsprechenden Bitte an zytogenetische Labors wendet (z. B. zytogenetisches Labor der Universitäts-Kinderklinik, Doz. *Dr. Murken*, 8 München 2, Pettenkoferstraße 2 a). Um die Schwierigkeiten der Aufstellung eines Karyogramms kennen zu lernen, genügt es, wenn jeder Schüler von einem einzigen Positiv die Chromosomen ausschneidet und entsprechend dem nachstehenden Schema auf einem DIN A 4 Bogen zu ordnen versucht. Um ein statistisch gesichertes Ergebnis zu erhalten, müssen in der zytogenetischen Praxis allerdings mindestens 20 Metaphasen ausgewertet werden.

Seit den Beschlüssen von Denver (1960) und der Konferenz von London (1963) ist die abgebildete Einteilung in 7 Gruppen und die Numerierung der Autosomenpaare von 1—22 international üblich (Abb. 11). Sie erfolgt im wesentlichen nach

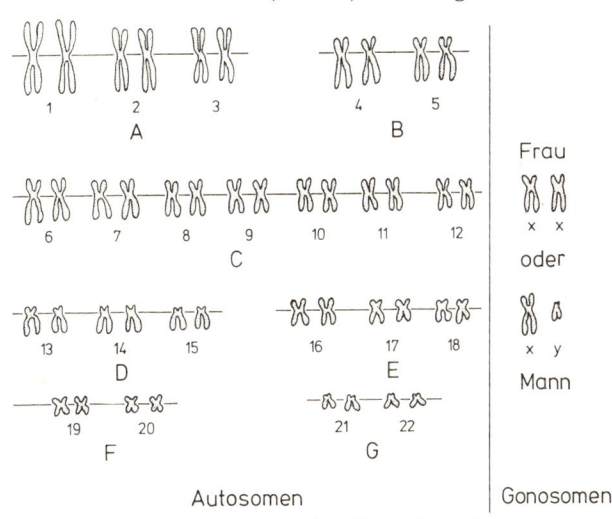

Abb. 11: Schema eines geordneten Karyogramms eines Mannes bzw. einer Frau als Vorlage zum Ordnen u. Aufkleben der von einer Positivkopie einer Metaphase ausgeschnittenen Chromosomen

der Größe und Lage des Centromers: A-Gruppe (Chromosom 1—3): große metazentrische und submetazentrische Chromosomen; B-Gruppe (Chromosom 4—5): große, submetazentrische Chromosomen; C-Gruppe (Chromosomen 6—12): mittelgroße, submetazentrische Chromosomen. Die X-Chromosomen können morphologisch nicht von dieser Gruppe unterschieden werden; D-Gruppe (Chromosomen 13—15): mittelgroße, akrozentrische Chromosomen mit Satelliten an dem kurzen Arm; E-Gruppe (Chromosomen 16—18): relativ kurze metazentrische bis submetazentrische Chromosomen; F-Gruppe (Chromosomen 19—20): kleine, metazentrische Chromosomen; G-Gruppe (Chromosomen 21—22): kleine, akrozentrische Chromosomen mit Satelliten an dem kurzen Arm. Das Y-Chromosom steht dieser Gruppe nach Form und Größe nahe. Seine Schenkel sind weniger gespreizt. Aufgrund morphologischer Kriterien sind lediglich die Chromosomen 1, 2, 3 sowie 16, 17 und 18 individuell identifizierbar, die Bezifferung der übrigen muß willkürlich erfolgen. Satellit (sine acidothymonucleinico) bedeutet einen Abschnitt des Chromosoms, in dem durch Färbung keine DNA nachgewiesen werden kann, so daß das endständige Chromosomenstück als Anhängsel erscheint. Detaillierte Beschreibungen finden sich in allen neueren Werken über Humangenetik (s. Literaturhinweis).

e. *Dias:* R 2037, Die Chromosomen des Menschen

4. Neuere Methoden zur Untersuchung und Identifizierung menschlicher Chromosomen

Die Methoden der Autoradiographie, Fluoreszenz- und Giemsabanden-Technik sowie der elektronenoptischen Darstellung von Chromosomen seien zur Ergänzung kurz skizziert:

a. *Autoradiographie mit ^3H Thymidin*

Thymidin ist eine der 4 Basen, die zum Aufbau der DNS nötig ist, Tritium ein β-Strahler mit einer Halbwertszeit von 12,26 Jahren und einer Reichweite von nur wenigen μm in Geweben. Einer Blutlymphozytenkultur wird zu einem bestimmten Zeitpunkt ^{3}H-Thymidin zugegeben. Alle Interphasekerne, die gerade DNS synthetisieren oder in der Versuchszeit noch damit beginnen, werden in ihre neue DNS die radioaktiv markierte Base einbauen. So gelangt ^{3}H-Thymidin in die nächsten Mitose-Chromosomen (Abb. 12). Nun werden die Mitosen mit Colcemid gestoppt und normale Präparate hergestellt, wie vorher beschrieben. Über die Präparate wird eine feinkörnige Silberbromid-Emulsion gegossen und in einer lichtdichten Schachtel 1—3 Wochen dem β-Zerfall exponiert. Nach photographischer Entwicklung zeigen sich die Chromosomen mehr oder minder von schwarzen Punkten übersät. Jeder Punkt stammt von einem Silberkorn und entspricht einem β-Zerfall der markierten DNS. Ergebnisse dieses und verwandter Typen von Experimenten:

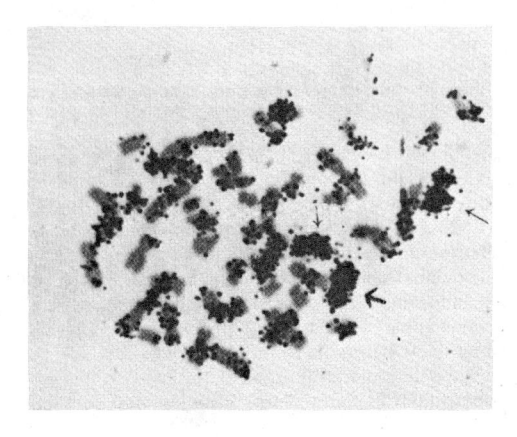

Abb. 12: Autoradiographische Markierung der Chromosomen eines Mannes mit drei überzähligen X-Chromosomen (Pfeile!). Man beachte die drei stark markierten überzähligen X-Chromosomen *(Dr. Murken).*

1. Es gibt früh (schwach markierte) und spät replizierende (stark markierte) Chromosomen. Am spätesten replizieren die Geschlechtschromosomen.

2. Die einzelnen Paare homogener Chromosomen zeigen ein charakteristisches Silberkornmuster (Replikationsmuster) längs ihrer Chromatiden, woran sie individuell identifiziert werden können.

3. Die DNS-Synthese findet in der zweiten Hälfte der Interphase statt (s. S. 68).

4. Die Chromosomen werden wie die DNS semikonservativ repliziert, d. h. von den beiden Chromatiden eines Metaphasechromosoms stammt eines aus der vorherigen Anaphase, das andere wurde in der Interphase synthetisiert.

b. *Fluoreszenz- und Giemsa-Bandentechnik*

Wird ein Chromosomenpräparat mit einem, im sichtbaren Licht farblosen, im UV-Licht aber fluoreszierenden Farbstoff („Quinacrin Mustard") „gefärbt" und in einem Fluoreszenzmikroskop untersucht, so zeigt jedes Chromosom ein charakteristisches Fluoreszenzbandenmuster. (Ein Fluoreszenzmikroskop enthält eine UV-Lichtquelle und Quarzoptik. Das Präparat wird über ein UV-durchlässiges Sperrfilter für sichtbares Licht beleuchtet; über ein UV-Sperrfilter gelangt nur sichtbares Fluoreszenzlicht in das Okular.) Mittels eines Mikrophotometers kann das Bandenmuster für jedes Chromosom als charakteristische Kurve dargestellt werden (Abb. 13): nach *T. Casperson et al.*, Analysis of human metaphase chromosome set by aid of DNA binding fluoreszent agents Exptl. Cell Res. 62, 490—492, 1970.

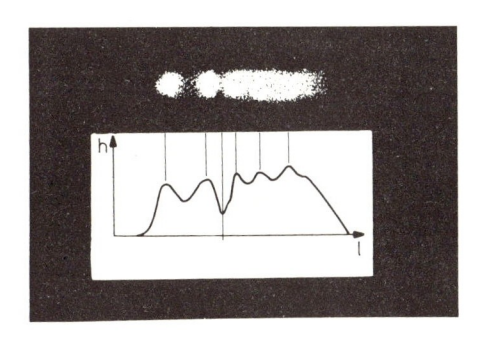

Abb. 13a: Fluoreszenzmuster des Chromosoms Nr. 6, darunter das typische Bandenmuster graphisch aufgetragen *(Dr. Murken)*

Behandelt man ein Chromosomenpräparat vor einer normalen Giemsa-Färbung mit NaOH, so zeigt jedes Chromosomenpaar ebenfalls ein charakteristisches Bandenmuster *(Schnedl, B a n d i n g   P a t t e r n of Human Chromosomes, Nature New Biology, Vol. 233, 93, 1971)* s. Abb. 14.

Die Banden werden als Orte sich wiederholender DNS-Sequenzen und nicht als Chromomeren gedeutet. Die Bandenmuster werden zur Identifizierung numerischer und struktureller Chromosomenaberrationen herangezogen.

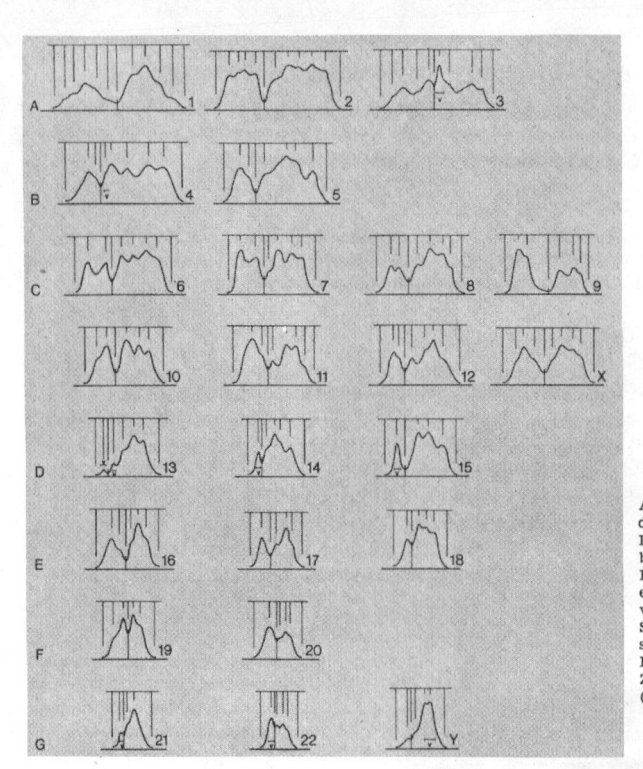

Abb. 13b: Fluoreszenzmuster des menschlichen Karyotyps. Das Diagramm beruht auf umfassenden Beobachtungen, die z. T. mit einem Computer analysiert wurden. Die senkrechten Striche bezeichnen die am stärksten hervortretenden Banden und die Lage des Zentromers (aus *Caspersson et al.* 1973).

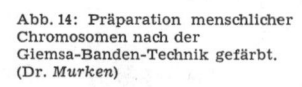

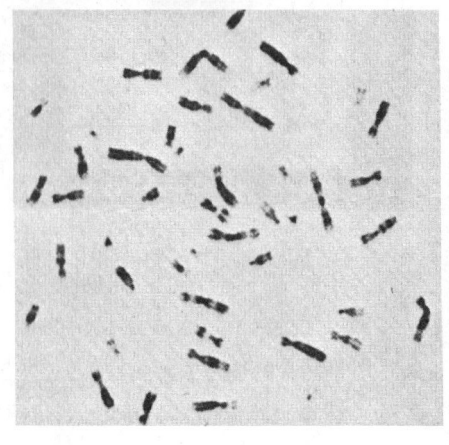

Abb. 14: Präparation menschlicher Chromosomen nach der Giemsa-Banden-Technik gefärbt. (Dr. *Murken*)

c. Elektronenmikroskopie

Elektronenoptische Untersuchungen von spezialbehandelten Metaphase-Chromosomen des Menschen zeigen Fibrillen unterschiedlicher Dicke, die als DNS-Histon-Fäden unterschiedlichen Spiralisierungsgrades gedeutet werden (Abb. 15). Die Elementarfibrillen besitzen einen Durchmesser von 150—180 A. (nach *Lampert*, 1971)

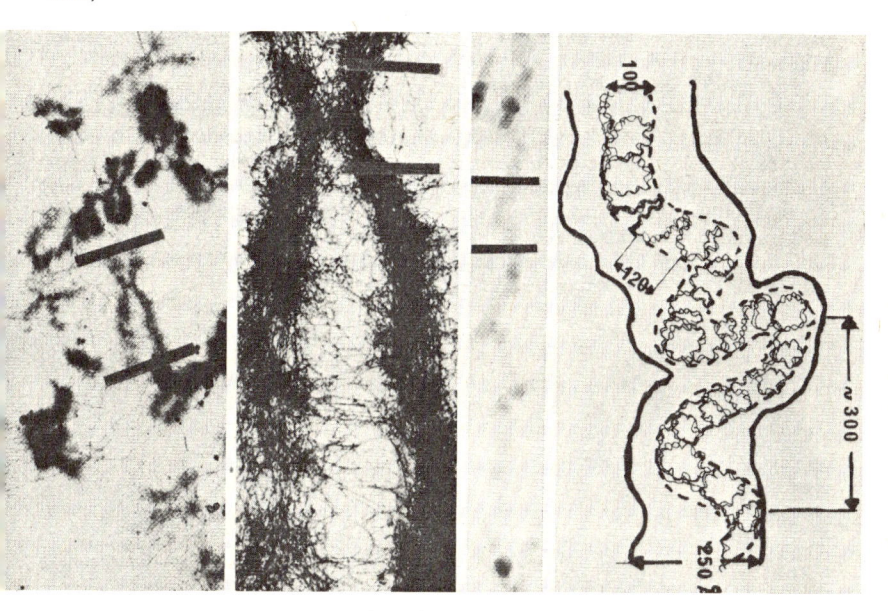

Abb. 15: Elektronenoptische Totalpräparation durch Oberflächenspreitung und kritische Punkttrocknung
a. Teil einer menschlichen Metaphase: Interchromosomale Fäden, Vergrößerung 3600fach.
b. Chromosom der Gruppe 4—5 dieser Metaphase: Fadenfeinstruktur der Chromatiden, Vergrößerung 20 000fach.
c. Chromosomenfaden („B-Typ"-faden) dieses Chromosoms:
Sich wiederholende Elektronendichtigkeiten innerhalb des Fadens, Vergrößerung 120 000 : 1
d. Modell einer möglichen 3-fach-Wendelung der DNS-Doppelhelix im B-Typ des Chromosomenfadens
(aus *Murken* 1973 nach *Lampert, F.*: 1971)

5. Feinbau eines Metaphase-Chromosoms

Wenn auch über den Feinbau eines Metaphase-Chromosoms noch keine endgültige Klarheit besteht, so sprechen doch viele Befunde für folgende Modellvorstellung:
Durch jedes der beiden Chromatiden zieht eine durchgehende DNS-Doppelhelix. Diese bildet eine Sekundärspirale, die hauptsächlich von basischen Proteinen, den Histonen, in einer im Detail noch nicht bekannten Weise umgeben ist. Der als Elementarfibrille bezeichnete Faden liegt im Metaphase-Chromosom vielfach

spiralisiert, gewunden und geknäuelt, im Interphase-Chromosom gestreckt vor. Er ist in einem bestimmten Spiralisierungszustand wohl identisch mit der lichtmikroskopisch sichtbaren, als Chromonema bezeichneten, fädigen Grundstruktur eines Chromosoms. Die in frühen Meiose-Prophase-Chromosomen sichtbaren, als Chromomeren bezeichneten, ein artkonstantes Muster bildenden Knötchen sind wahrscheinlich dichte Knäuel der Elementarfibrille (Abb. 16). Es scheint Fälle zu geben, bei denen mehr als eine Elementarfibrille pro Chromatid vorkommt. Bekannte Ausnahmen sind die polytänen Riesenchromosomen (s. nächstes Kapitel).

Die aufgrund unterschiedlichen Verhaltens bei Färbungen als euchromatisch und heterochromatisch bezeichneten Chromosomenabschnitte unterscheiden sich durch den Spiralisierungsgrad. Die heterochromatischen Abschnitte bleiben auch im Interphasekern kompakt und enthalten wohl kaum ablesbare Strukturgene. Im Bereich sekundärer Einschnürungen, die einen Satelliten vom Chromosomenschenkel abgrenzen, befinden sich häufig Gene, welche die ribosomale RNS codieren und damit als Nucleolus Organisatoren wirken.

Eine in früheren Chromosomenabbildungen dargestellte, als „Matrix" bezeichnete Hülle um die Chromatiden gibt es offenbar nicht.

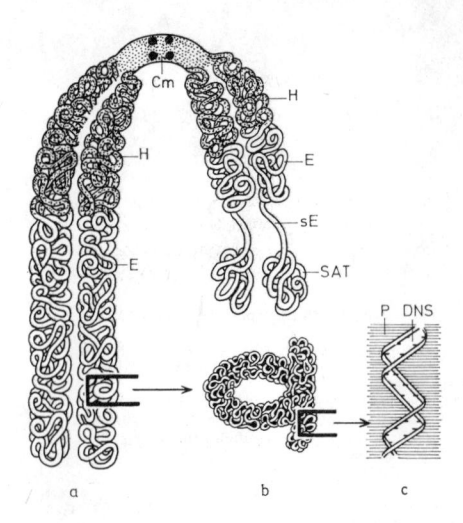

Abb. 16: Schema eines Metaphase-Chromosoms. Cm Centromer (Kinetochor), sE sekundäre Einschnürung mit Satellit (SAT), H Heterochromatin, E Euchromatin.
a. die gewundenen Chromatiden (Groß-Spirale)
b. die Klein-Spirale
c. DNS-Doppelhelix innerhalb der Klein-Spirale mit umgebendem Protein (schraffiert). (z. T. nach *Lima di Faria* und *du Praw*) aus *Hadorn*, dtv 4061, 1971

Literatur

Comes, P.: Mikroskopische Beobachtung menschlicher Chromosomen Biuz, H. 5, 1972
Hienz, H.: Chromosomenfibel, Einführung in die klinische Zytogenetik für Ärzte und Studenten Thieme, Stuttgart 1971
Schwarzacher, H. G. und *Wolf, U.* (Herausgeber): Methoden in der medizinischen Cytogenetik Springer, Berlin, Heidelberg, New York, 1970
Sperling, K.: Humanzytogenetik im Schulunterricht MNU, 1972, S. 164, 308
Murken, J. D. und *v. Wilmowsky, H.*: Die Chromosomen des Menschen. Die Geschichte ihrer Erforschung, Fritsch, München 1973
Nagel, W.: Chromosomen, Das wissenschaftliche Taschenbuch, Goldmann, München 1972

V. Die Riesenchromosomen von Chironomus und Drosophila

Seit in den 30er Jahren die Riesenchromosomen in den Speicheldrüsen der Dipteren bekannt geworden sind, sind sie zu einem Modellobjekt für die Untersuchung des Feinbaues von Interphase-Chromosomen geworden. Die Präparation und Untersuchung der Riesenchromosomen von Chironomus ist einfach und gelingt manuell geschickten Lehrern und Schülern auf Anhieb. Das Auffinden der Speicheldrüsen bei Drosophila erfordert etwas Übung.

1. Materialbeschaffung

a. *Chironomuslarven* werden von Oktober bis März in Fischhandlungen unter der Bezeichnung „rote Mückenlarven" geführt: Man kann sie gut eine Woche und länger in Gefäßen mit Wasser unter dem tropfenden Wasserhahn oder auf feuchtem Filterpapier in einer Schale halten.

b. *Drosophilalarven* (Beschaffung und Zucht von Drosophila s. S. 219), von denen man die Speicheldrüsen präparieren will, sollen verpuppungsreif und besonders gut ernährt sein. Man erreicht dies, indem man Überbevölkerung im Zuchtglas vermeidet und mit dickflüssigem Hefebrei nachfüttert. Die schließlich an der Glaswand hochgekrochenen und sich ruhig verhaltenden Larven sind verpuppungsreif und können z. B. mit einem angefeuchteten Pinsel entnommen werden. Auf Drosophilalarven wird man in der Regel nur im Sommer zurückgreifen, wenn die leichter zu präparierenden Chironomuslarven mit ihren großen Speicheldrüsen und großen Riesenchromosomen nicht zu haben sind.

2. Präparation

a. *Chironomus*

Die Präparation kann notfalls mit dem bloßen Auge durchgeführt werden. Sicherer gelingt sie unter der Prismenlupe (Binokular), wenn die anfänglichen Orientierungsschwierigkeiten überwunden sind. Man bringt die Larven mit einer Pinzette auf einem Hohlschliffobjektträger in einen Tropfen Leitungswasser (oder evtl. auch in Ringerlösung bzw. 0,7 % NaCl). Um die durchscheinenden Drüsen besser erkennen zu können, legt man den Objektträger auf eine schwarze Unterlage. Mit einer ersten Präpariernadel in der linken Hand drückt man die zappelnde Larve am Vorderende etwa am 2. Segment leicht auf die Unterlage und trennt mit einer 2. Präpariernadel den Kopf ab (Abb. 17). Dabei werden in der Regel bereits die beiden Speicheldrüsen als wasserhelle Bläschen aus dem Körper herausgeschwemmt. Wenn dies nicht der Fall ist, so kann man es durch leichtes Ausstreichen der Thorakalsegmente erreichen.

b. *Drosophila:*

Zur Präparation der wesentlich kleineren Larven und Speicheldrüsen ist eine Prismenlupe unbedingt erforderlich. Eine verpuppungsreife Larve wird in einem Tropfen Wasser bzw. 0,7 % NaCl-Lösung auf einen Hohlschliffobjektträger auf schwarzer Unterlage überführt. Wenn sich dabei die Flüssigkeit z. B. durch Futterbrei, der noch an der Larve haftet, trübt, wird sie durch frische ersetzt. Die saubere Larve wird mit einer Päpariernadel nahe dem Hinterende leicht auf die Unterlage gedrückt. Mit einer zweiten Nadel sticht man hinter der Mundpartie ein und zieht sie nach vorne, bis sie abreißt. Unter den ausgetretenen Ein-

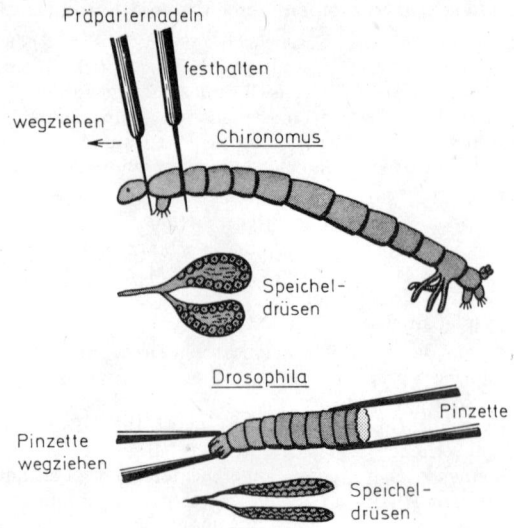

Abb. 17: Präparation der Speicheldrüsen von Chironomus und Drosophila

geweiden findet man die zwei länglichen, durchsichtigen Speicheldrüsen, an die meist noch gelblich weißer Fettkörper angeheftet ist. Statt mit zwei Präpariernadeln gelingt die Präparation auch sehr gut mit zwei spitzen Uhrmacherpinzetten: Mit der einen hält man die Larve am Hinterende fest, mit der andern faßt man sie am Vorderende und zieht mit einem leichten Ruck den „Kopf" weg. Vor allem lassen sich mit den Uhrmacherpinzetten der Fettkörper besser von den Speicheldrüsen entfernen und die Speicheldrüsen besser handhaben.

c. *Färben und Quetschen, Chironomus und Drosophila:*

Die herauspräparierten Speicheldrüsen überträgt man mittels einer dünn ausgezogenen Pipette oder Uhrmacherpinzette oder Präpariernadel auf einen zweiten Objektträger, dessen Hohlschliff mit einem großen Tropfen Orcein-Essigsäure (oder Karminessigsäure) gefüllt ist und färbt je nach Qualität der Farblösung 15 Min. bis evtl. 1 Std., jedenfalls bis die Kerne kräftig rot gefärbt sind. Die Verdunstung der Farblösung kann man verhindern, indem man ein Deckglas über den Hohlschliff schiebt. Um die Riesenchromosomen aus den Kernen zu befreien und nebeneinander auszubreiten, müssen die Präparate noch gequetscht werden. Dazu überträgt man die Speicheldrüsen auf einen normalen Objektträger in einen Tropfen verdünnter Farblösung, die man z. B. durch Vermengen je eines Tröpfchens Orcein-Essigsäure und eines Tröpfchens 50 % Essigsäure erhält. Anstelle der 50 % Essigsäure hat sich auch 50 % Milchsäure zum Verdünnen bewährt.

Auf das Präparat legt man ein Deckgläschen und saugt ausgetretene Flüssigkeit mit einem Filterpapier ab. Indem man mit einer Präpariernadel vorsichtig senkrecht auf das Deckglas klopft, kann man die Zellen voneinander trennen. Um die

Kerne zum Platzen zu bringen, legt man einen Filterpapierstreifen über das Deckglas und drückt mit dem Daumen bei Chironomus mäßig, bei Drosophila mit großer Kraft auf das Deckglas, ohne es seitlich zu verrücken. Das Präparat dient zur unmittelbaren Untersuchung, kann aber auch im Gefrierfach des Kühlschrankes praktisch unbegrenzt aufgehoben werden.

Will man ein entwässertes Dauerpräparat herstellen, kann man z. B. nach der Folienmethode verfahren: Objektträger mit Eiweißglycerin einreiben, kurz durch die Flamme ziehen. Folie von Deckglasgröße knicken und Unterseite mit z. B. Pril einreiben. Speicheldrüsen auf vorbereitetem Objektträger unter der Folie mit zweitem Objektträger quetschen. Objektträger vorsichtig abheben und Folie in 100 % Isopropylalkohol abschwimmen lassen (2 Min.). Präparat überführen in zweiten 100 % Isopropylalkohol (2 Min.) und in einem Tropfen Euparal eindecken.

d. *Beobachtungsaufgaben:*

Bei schwacher Vergrößerung Anzahl, Gestalt und Größe der Riesenchromosomen feststellen (Übersichtsskizze). Bei starker Vergrößerung bei einem Chromosom von einem Ende her die Bandenfolge skizzieren und versuchen, die Bandenfolge in einem entsprechenden Chromosom eines anderen Kernes wiederzufinden. (Detailskizze: konstantes Bandenmuster).
Nukleolus am kürzesten Chromosom aufsuchen (Detailskizze)
Auftreibungen (Puffs) aufsuchen (Detailskizze)

e. *Dia:* R 830, Feinstruktur der Zelle

f. *Ergänzende Hinweise:*

Die Riesenchromosomen sind am deutlichsten und größten in den Speicheldrüsen der Dipteren entwickelt, finden sich aber auch in den Malpighischen Gefäßen, im Fettkörper und anderen spezialisierten Organen. Ihr Vorkommen scheint in Zusammenhang mit der Produktion großer Sekretmengen zu stehen. Bei Chironomus dient der Schleim der Speicheldrüsen zum Bau von Röhren, bei Drosophila zum Anheften der Puppe auf der Unterlage.

Riesenchromosomen entstehen aus normalen kleinen Chromosomen:
1. durch somatische Paarung der Homologen, weshalb sie stets nur in der Haplozahl n (4 bei Drosophila und Chironomus) vorliegen,
2. durch Endomitose, d. h. die Chromosomen vermehren sich durch fortgesetzte Zweiteilung um ein Vielfaches, ohne auf Tochterchromosomen verteilt zu werden und bleiben weitgehend entspiralisiert, weshalb sie bis 25 μm breit und bis 0,5 mm lang werden. Der Polytäniegrad erreicht dabei in 9 Teilungsschritten das Tausendfache eines gewöhnlichen Chromosoms.

Die stark färbbaren Querscheiben oder Banden werden als die gepaarten homologen Chromomeren der vielen parallel liegenden Chromonemen gedeutet. Bei Drosophila hat man rund 5000 gezählt. Sie enthalten mehr DNS als die Zwischenstücke und sind Sitz der Gene (Abb. 18). Die Riesenchromosomen stellen somit ein sichtbares Substrat für die Lehre der linearen Zuordnung der Gene an bestimmten Loci im Chromosom dar. Selbst winzige Strukturmutationen (s. S. 103) können an ihnen z. B. als Ausfall oder Verdoppelung von Banden gesehen werden. Die Puffs gehen aus Chromomeren hervor. Sie sind Orte aktiver DNS, d. h. es findet in ihnen die Synthese von Ribonukleinsäure (RNS) statt. Puffs kann

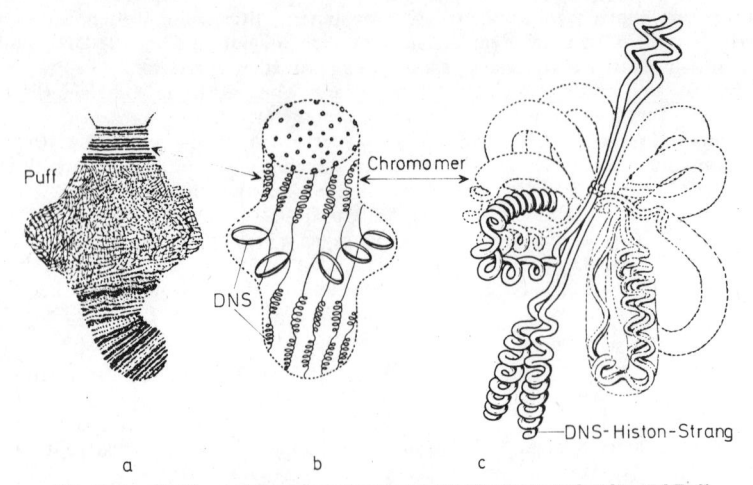

Abb. 18: Ausschnitt aus einem Riesenchromosom mit Chromomerenbanden und Puff
a. Zeichnung eines Riesenchromosoms nach Original (nach *Breuer* und *Pavan*)
b. Schema eines Riesenchromosoms mit vielen Chromonemen mit Chromomeren und einem Puff (nach *Karlson*)
c. Hypothetisches Modell der Struktur eines Chromomers: Die beiden DNS-Histon-Stränge sind im Bereich des Chromomers eng gewunden und bilden Schleifen. Bei der Puffbildung strecken sich die engen Windungen und bilden große Schleifen (nach *Sorsa* und *Sorsa* 1968).

man verschiedenen Klassen zuordnen: 1. Entwicklung- und gewebespezifische Puffs. Es handelt sich wahrscheinlich um Puffs, die für den Grundstoffwechsel verantwortlich sind.

2. Gewebespezifische Puffs: mRNA für gewebespezifische Proteine.

3. Entwicklungsspezifische Puffs.

Ihr Auftreten kann experimentell durch das Metamorphosehormon *Ecdyson* oder durch Alkaliionen verändert werden. Ihr Studium ist wichtig für die Erforschung der Regulation der Genaktivität.

Literatur

G. *Nagel* und L. *Rensing:* Struktur und Funktion von Riesenchromosomen und Puffs. Naturwiss. Rundschau 1972, S. 53

Walter, L.: Speicheldrüsenchromosomen, Experimentelle Untersuchungen in Schülerübungen MNU, H. 6, S. 359, 1973

—; Lampenbürsten-Chromosomen, MNU, H. 7, H. 8, 1974

Knodel/Bäßler/Haury: Biologie-Praktikum Metzler Stuttgart 1973, S. 239

VI. Meiose und Gametenbildung

1. Vorbemerkungen

Als Reifeteilungen oder *Meiose* bezeichnet man die besonderen Kern- und Zellteilungen, die den diploiden Chromosomensatz der Urgeschlechtszellen (2n) auf den haploiden Satz (n) der reifen befruchtungsfähigen Gameten reduzieren. Der Begriff Meiose ist aber nicht identisch mit Reduktionsteilung, sondern umfaßt auch die Äquationsteilung. Da es für Schüler zu schwierig ist, Ablauf und Prinzip

der Meiose aus selbstgefertigten Präparaten induktiv abzuleiten, wird man zunächst auf Demonstrationsmaterial zurückgreifen, ehe man sich an die Herstellung und Interpretation von Meiosepräparaten wagt.
Folgende grundlegende Aspekte der Meiose, die zu neuen Themen führen, lassen sich mit dem erweiterten Chromosomen-Magnettafelmodell anschaulich darstellen:
1. Paarung und Trennung der homologen Chromosomen zur Bildung haploider Keimzellen als Voraussetzung der Chromosomenzahlkonstanz bei geschlechtlicher Fortpflanzung über Generationen hinweg.
2. Trennung der Geschlechtschromosomen im Hinblick auf chromosomale Geschlechtsbestimmung (s. S. 91).
3. Meiosestörungen als Ursache von Chromosomenzahl-Mutationen (s. S. 97)
4. Neukombination der von Vater und Mutter stammenden Chromosomen bei der Erstellung der haploiden Sätze für die Keimzellen als Grundlage für die Neukombination ungekoppelter Anlagen (s. S. 130)
5. Chiasmenbildung als Grundlage der Neukombination gekoppelter Gene (s. S. 161)

2. Erweitertes Chromosomen-Magnettafelmodell

a. Um wesentliche Unterschiede zwischen dem auf S. 66 veranschaulichten Mitoseablauf zur Meiose zu demonstrieren, ordnet man die homologen Chromosomen, also die gleichlangen, verschiedenfarbigen Doppelstäbe zu Paaren zusammen und läßt sie in die Äquatorebene der auf die Magnettafel gezeichneten Spindel so einwandern, daß je ein Chromosom über und eines unter der Mitte liegt. Durch Auseinanderbewegen der homologen Modell-Chromosomen in Richtung der Pole läßt sich die Reduktionsteilung, durch Trennung und Auseinanderbewegen der beiden Chromatiden jedes Chromosoms die Äquationsteilung demonstrieren (Abb. 19).

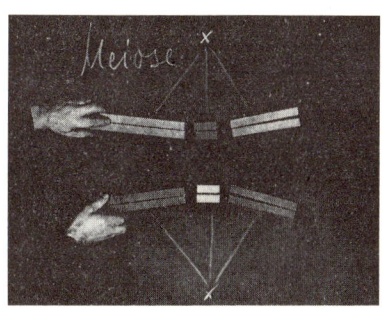

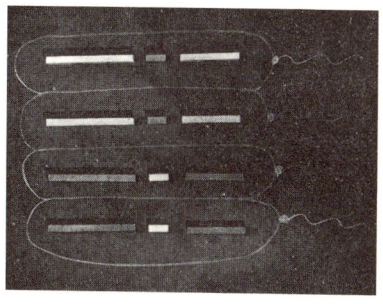

Abb. 19: Veranschaulichung der Meiose und Spermienbildung am Chromosomen-Magnettafelmodell

Indem man um die 4 haploiden Chromosomensätze schematisch die Umrisse je eines Spermiums zeichnet, demonstriert man die Spermienbildung, indem man willkürlich drei der vier Sätze wegnimmt und um den verbleibenden den Umriß einer Eizelle zeichnet, demonstriert man die Bildung der Eizelle.
b. Sehr anschaulich kann man aufgrund der verschiedenen Farbgebung des vom Vater und von der Mutter stammenden Partners eines homologen Paares die

Kombinationsmöglichkeiten der Anordnung der Chromosomenpaare in der Äquatorialebene demonstrieren und die daraus resultierende Zahl verschiedener Kombinationsmöglichkeiten der elterlichen Chromosomen im haploiden Satz ableiten:

bei einem Paar: z. B. oben: rot
                       unten: blau $2^1 = 2$ Möglichkeiten

bei zwei Paaren: z. B. oben: rot — rot
                       unten: blau — blau
                  oder oben: rot — blau
                       unten: blau — rot $2^2 = 4$ Möglichkeiten

bei drei Paaren: z. B. oben: rot — rot — rot
                       unten: blau — blau — blau
                  oder oben: rot — rot — blau
                       unten: blau — blau — rot
                  oder oben: rot — blau — rot
                       unten: blau — rot — blau
                  oder oben: rot — blau — blau
                       unten: blau — rot — rot $2^3 = 8$ Möglichkeiten

bei 23 Paaren $2^{23} = 8\,388\,608$ Möglichkeiten

Wenn man die Mendelschen Regeln auf das Verhalten der Chromosomen bei Meiose und Befruchtung zurückführt, kann man weiße Kartonscheibchen mit aufgemalten Buchstaben A, a, B, b ... als Modelle für Mendelsche Erbanlagen oder Gene auf den Modellchromosomen mit Nadeln feststecken, um so die Lokalisation der Gene in den Chromosomen zu demonstrieren (s. S. 130).

c. Um die Möglichkeit zu haben, Voraussetzungen und Ergebnis der Chiasmenbildung im Prinzip zu zeigen, bereitet man z. B. für das längste der drei Modellchromosomenpaare zwei Spezialchromatiden vor: man sägt die Stäbe an identischen Stellen ab und schlägt in die eine Schnitthälfte 2 Metallstifte (geköpfte Nägel), die in die Bohrungen in der anderen Schnitthälfte passen, so daß man die beiden Teile wieder zusammenstecken kann. Eines der Spezialchromatiden färbt man wieder blau, das andere rot. Nun kann man an der Magnettafel demonstrieren, wie bei der Paarung der homologen Chromosomen je ein Chromatid der beiden Chromosomen an identischer Stelle bricht und verkehrt zusammenwächst, indem man die Außenteile der „Spezialchromatiden" austauscht.

Dabei wird deutlich, daß ein Chiasma nur zwischen Nicht-Schwesterchromatiden zu einem Austausch genetischen Materials führt und zwei der vier Chromatiden unverändert bleiben. Ein Perlenkettenmodell zur quantitativen Ableitung des Zusammenhangs zwischen Genabstand und Rekombinationshäufigkeit wird auf S. 162 beschrieben.

d. Da X- und Y-Chromosom keine homologen Abschnitte besitzen, kommt es in der Prophase der Meiose auch nicht zur Längspaarung der beiden Gonosomen. Sie heften sich vielmehr hintereinander, ein längliches sog. X-Y-Bivalent bildend, zusammen.

Indem man aus dem Holzstab 2 längere und 2 kürzere Modellchromatiden schneidet, die beiden längeren dunkelrot bemalt und mit zwei Magnetfolienscheibchen außerhalb der Mitte verbindet, hat man ein Modell-X-Chromosom.

Indem man die beiden kürzeren dunkelblau bemalt und nahe einem Ende mit den Magnetfolienscheibchen verbindet, erhält man ein Modell-Y-Chromosom. Während die 3 Modellautosomen längsgepaart an die Magnettafel geheftet sind, kann man jetzt daneben das an den Stirnseiten der kurzen Schenkel sich berührende X-Y Modellpaar so auf der Äquatorlinie anordnen, daß ein Partner nach oben, der andere nach unten ragt.

Durch Auseinanderziehen der beiden Gonosomen und anschließendem Auseinanderziehen der beiden Chromatiden jedes Gonosoms kann man zeigen, daß von den 4 Spermien je zwei ein X- und je zwei ein Y-Chromosom erhalten und so die Entstehung des theoretischen Geschlechtsverhältnisses demonstrieren (s. S. 91).

e. Des weiteren kann man sehr anschaulich sämtliche Möglichkeiten der Entstehung autosomaler und gonosomaler Chromosomenaberrationen durch Nichttrennen = Nondisjunction eines Paares demonstrieren (s. S. 99).

Dabei ist zu beachten, daß Nondisjunction sowohl bei der Reduktionsteilung als auch bei der Äquationsteilung ja sogar bei beiden Teilungen erfolgen kann. Es ist eine reizvolle, analytisches Denken fördernde Aufgabe, Schüler an der Magnettafel mögliche Wege fehlerhafter Meiosen entwickeln zu lassen, die zu vorgegebenen Chromosomenaberrationen führen können.

3. Film- und Bildmaterial

FT 787 Reifeteilung (Meiose)
8F58 Meiose — Samenzellbildung (real)
8F59 Meiose — Bildung von Samen- und Eizellen
R 2 Reifungsteilung, Befruchtung und erste Furchungsteilung beim Seeigelei
R 638 Eireifung, Befruchtung und erste Furchungsteilung dargestellt am Beispiel des Pferdespulwurms = K 25008 V Dia Eireifung und Befruchtung bei Ascaris megalocephala
R 364 Fortpflanzungszellen des Menschen = K 25003 V Dia

4. Präparation von Meiosestadien

Die Meiose-Vorgänge verlaufen bei Pflanze, Tier und Mensch prinzipiell in derselben Weise. Sie können am Beispiel der Pollenreifung bei Liliaceen und der Spermienreifung bei Heuschrecken mit einfachsten Mitteln untersucht werden.

a. Pollenmutterzellen bei Gasteria

Als Untersuchungsobjekt ist die als Zimmerpflanze kultivierte blattsukkulente Liliacee Gasteria spec. gut geeignet, da der Blütenstand 2 — 3 Wochen Blüten enthält, in denen Meiosestadien anzutreffen sind. Die Reifeteilungen spielen sich während des Wachstums der geschlossenen Blüten von 3 mm auf 7 mm Länge ab. Von jeder Blüte dieses Größenbereichs soll ein Präparat reifenden Pollens hergestellt werden:

Blüte abschneiden, öffnen und einen der grünen Staubbeutel auf einen Objektträger legen. Mit dem Skalpell Spitze des Staubbeutels abschneiden, mit der Fläche des Skalpells den Inhalt herausdrücken und verschmieren. Sofort Tropfen Karminessigsäure (s. S. 62) dazugeben, leeren Staubbeutel entfernen, Deckglas auflegen, einige Minuten warten, evtl. leicht erwärmen und mit darübergelegtem Filterpapier leicht quetschen.

b. *Spermatogonien von Heuschrecken*

Geeignet sind die adulten (geflügelten) Männchen größerer Arten einheimischer Laub- und Feldheuschrecken. Die Tiere werden mit Äther betäubt, im kleinen Wachsbecken unter 0,7 % Kochsalzlösung festgesteckt und von dorsal durch 2 parallele Schnitte längs des Abdomens aufpräpariert. Unter dem Stereomikroskop (Binokular) entfernt man vorsichtig Darm mit Malpighischen Gefäßen und Tracheen. Die kammförmig bis traubig gebauten Hodenschläuche sind im Fettkörper eingebettet, von dem man sie so gut als möglich befreit. Einzelne Hoden werden auf einen sauberen Objektträger in einen Tropfen Orceinessigsäure übertragen und fein zerzupft. Gewebefetzen werden entfernt. Auf die Zellsuspension wird ein Deckglas gelegt evtl. unter leichtem Erwärmen verdünnte Orcein-Essigsäure nachgegeben, einige Minuten gewartet und schließlich mit einem Filterpapierstreifen kräftig gequetscht.

5. Beobachtungsaufgaben

Auffällige Kernteilungsstadien aufsuchen, zeichnen und interpretieren lassen. Häufigkeit der einzelnen Stadien abschätzen lassen, um Hinweise auf die Zeitdauer der einzelnen Phasen zu gewinnen. Chiasmen aufsuchen.

6. Auswertung

Es bedurfte fast ein halbes Jahrhundert mühseligster Untersuchungen an vielen Pflanzen und Tieren, ehe Klarheit über den Ablauf der Vorgänge gewonnen wurde, die zur Reduktion der Chromosomenzahl von 2n auf 1 n führen: Besonders interessant, aber auch kompliziert, ist der Ablauf der meiotischen Prophase, da sich hier die Paarung der Homologen und die für das Zustandekommen der Rekombination entscheidenden Prozesse abspielen. Die Fachausdrücke für die einzelnen Stadien der Meiose — Prophase I im Unterricht zu bringen, wäre sicher zu viel des Guten, doch mag ihre Anwendung bei der Auswertung der selbst hergestellten Präparate im Vergleich mit Schemazeichnungen in Fachbüchern nützlich sein (Abb. 20):

Im *Leptotän* beginnt die Heraussonderung feiner Fäden mit Chromosomenstrukturen, im *Zygotän* paaren sich die homologen längsgestreckten Chromosomen von den Chromosomenenden und vom Centromer aus beginnend. Im *Pachytän* verkürzen sich die gepaarten Chromosomen = Vierstrangstadium. Im *Diplotän* ist die Verkürzung weiter fortgeschritten, die gepaarten Chromosomen rücken wieder auseinander. An Berührungspunkten (Chiasmen) sind von den 4 Chromatiden je zwei und zwar je eines von beiden Chromosomen kreuzweise vereinigt. In der *Diakinese*, dem letzten Stadium der Meiose-Prophase, sind die Chromatiden maximal verkürzt, die Bivalente sind in diesem Stadium gut zu zählen.

Der Mechanismus der Chromosomenpaarung ist noch unbekannt. Die Paarung erfolgt jedenfalls Chromomer für Chromomer. Bei einem Stückverlust eines Partners bildet der andere an dieser Stelle eine Schlaufe.

Die Frage, ob stets zuerst die Reduktionsteilung und dann die Äquationsteilung erfolge, ist wegen der Chiasmenbildung zwischen den Nicht-Schwesterchromatiden zu einfach gestellt.

Im Centromerbereich und bei den Geschlechtschromosomen, bei denen aus Mangel an homologen Abschnitten keine Längspaarung und keine Chiasmenbildung

Leptotän · Zygotän · Pachytän

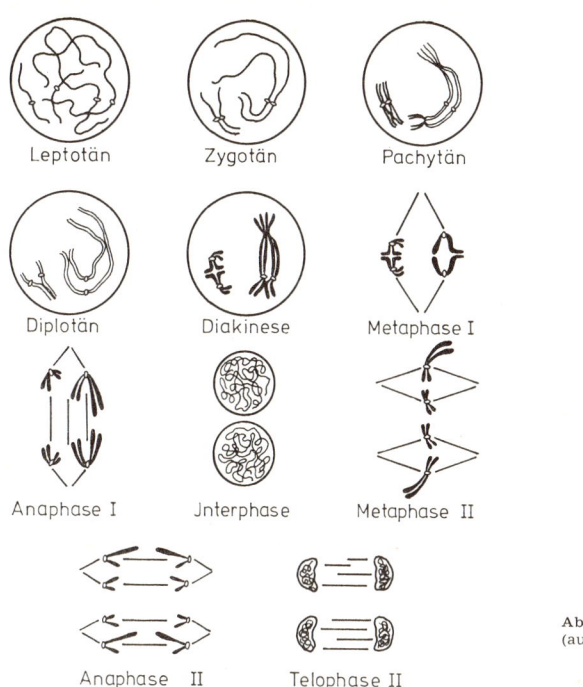

Diplotän · Diakinese · Metaphase I

Anaphase I · Interphase · Metaphase II

Anaphase II · Telophase II

Abb. 20: Meiose-Stadien (aus *Günther* 1969)

auftritt, geht die Reduktionsteilung (Trennung der homologen Chromosomen) der Äquationsteilung (Trennung der Schwesterchromatiden) voraus. Bei den übrigen Chromosomen können bald die Schwesterchromatiden zuerst (Äquationsteilung), bald die Nichtschwesterchromatiden zuerst (Reduktionsteilung) geteilt werden. Die zeitliche Relation zwischen Meiose und Befruchtung kann sehr verschieden sein: Bei niederen Pflanzen, wie Algen und Pilzen erfolgt die Meiose unmittelbar nach der Befruchtung in der Zygote (Zygotische Meiose), bei anderen Algen, bei Farnen, Moosen und vielen höheren Pflanzen in der Sporenmutterzelle (intermediäre Meiose) und bei den meisten Tieren und beim Menschen vor der Befruchtung während der Bildung und Reifung der Keimzellen (gametische Meiose). Der zeitliche Ablauf der Bildung und Reifung der Keimzellen sei für den Menschen noch etwas ausführlicher dargestellt:

7. Bildung und Reifung der Gameten beim Menschen

Im *männlichen* Geschlecht findet die mitotische Vermehrung der Ursamenzellen *(Spermatogonien)* in der Keimbahn bis zum Eintritt der Pubertät statt. Beim Eintritt in die Reifung der Spermatogonien wird der Bestand an Ursamenzellen durch differentielle Zellteilung gewahrt: Eine Spermatogonienzelle teilt sich in zwei Zellen, von denen aber nur eine in die Reifeteilungen eintritt und vier

Spermien liefert, während die andere zu einer erneuten mitotischen (differentiellen) Teilung bereit ist (Abb. 21). In jeder Sekunde treten etwa 100 diploide Spermatozyten I in die Reifeteilungen ein und differenzieren sich in die fertigen Spermien, von denen jedes Ejakulat ca. eine halbe Milliarde enthält.

Im *weiblichen Geschlecht* ist die mitotische Vermehrung der Ureizellen *(Oogonien)* bereits vor der Geburt abgeschlossen. Schon ab dem 3. Monat der Embryonalentwicklung beginnen einzelne Oogonien mit der Prophase der 1. Reifeteilung. Diese setzt sich bis zum 7. Monat fort. Ab dem 7. Monat ist die Paarung der Homologen und die Bildung der Chiasmen abgeschlossen *(Diplotän)*. Statt in die

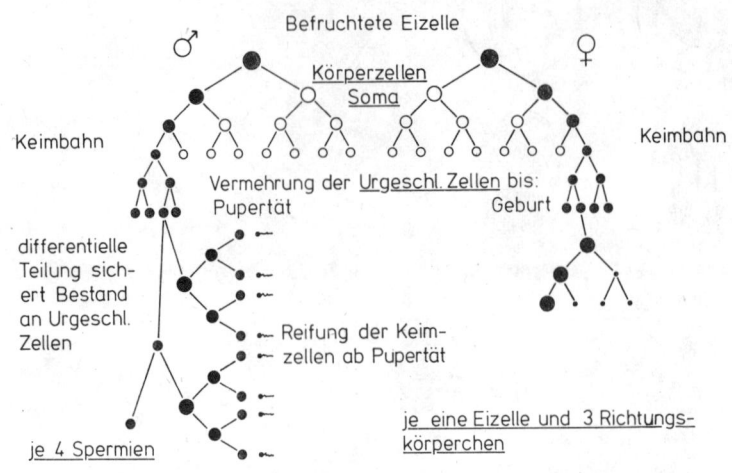

Abb. 21: Bildung der Keimzellen beim Menschen, Keimbahn und Soma

Äquatorialebene zu wandern, strecken und lockern sich die Chromosomentetraden, Kernmembran und Nucleolus bilden sich wieder. Bei der Geburt hat ein Mädchen ca. 500 000 Oozyten in diesem Wartestadium. 90 % davon degenerieren bis zum Eintritt in die Pubertät. In jeder ersten Hälfte des Zyklus setzen durch das follikelstimulierende Hormon (FHS) und das luteinisierende Hormon (LH) aus der Hypophyse ca. 10—50 Oozyten aus dem Wartestadium die Meiose fort (Progesteron verhindert dies, deshalb seine Verwendung in der Anti-Baby-Pille). Wenige Stunden nach der Metaphase II findet der Eisprung statt. Die anderen im Zyklus heranreifenden Oozyten degenerieren. Im Eileiter findet die Befruchtung statt. Erst dann wird die Meiose zu Ende geführt. Um die beiden haploiden Chromosomensätze bilden sich je eine Kernmembran, dann verschmelzen die beiden *„Pronuclei"* zur Zygote, die sich in rascher Folge mitotisch zu teilen beginnt.

Literatur

Abel, B.: Zur experimentellen Behandlung von Meiose und Mitose im Unterricht, PdN, 4, 1970
Eberle, P.: Die Chromosomenstruktur des Menschen in Mitosis und Meiosis, Göttingen, 1965
Göltenboth, Fr.: Die Meiose bei der Feldheuschrecke Chorthippus, Mikro 62, 1973
Krauter, D. und *Lieder, G.*: Ein klassisches Objekt: Der Pferdespulwurm. Bilder zu Befruchtung und Eireifung bei Parascaris equorum, Mikro 57, 1968

VII. Chromosomale Geschlechtsbestimmung und Geschlechtsentwicklung

1. Demonstrationsmaterial

Bild 4, Geordnetes Karyogramm des Menschen in R 2037 Die Chromosomen des Menschen, Bild 3, Vererbung des Geschlechts beim Menschen in R 2055, Geschlechtsgekoppelter Erbgang beim Menschen, Magnettafelmodell mit Geschlechtschromosomen (Abb. 22).

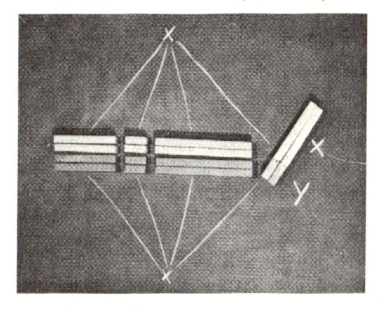

Abb. 22: Veranschaulichung der Meiose mit dem X-Y-Bivalent am Chromosomen-Magnettafelmodell

2. Geschlechtsbestimmung und Geschlechtsverhältnis beim Menschen

Aus dem ungleichen Chromosomensatz von Mann und Frau und dem Verhalten der Chromosomenpaare in der Meiose und bei der Befruchtung ergibt sich der Mechanismus der Geschlechtsbestimmung: Frauen bilden eine Sorte von Eizellen mit je einem Autosomensatz und einem X-Chromosom (A+X; homogametisches Geschlecht), Männer zwei Sorten von Spermien mit je einem Autosomensatz und je einem X- oder Y-Chromosom (A+X oder A+Y; heterogametisches Geschlecht). Die Befruchtung durch ein Y-Spermium läßt eine männliche Zygote (2A+XY), die Befruchtung durch ein X-Spermium eine weibliche Zygote (2A+XX) entstehen. Bei einer normalen Meiose werden die beiden Spermiensorten in gleicher Häufigkeit gebildet. Erfolgt eine Befruchtung des Eies zufällig und gleich häufig mit der einen oder anderen Spermiensorte, wäre ein 1:1-Verhältnis zu erwarten. Beim Menschen treffen bei der Geburt auf 100 Mädchen 106 Knaben (sekundäres Geschlechtsverhältnis). Berücksichtigt man das Geschlecht von Spontanaborten, so zeigt sich, daß darunter nicht etwa mehr Mädchen wären, wie man vermuten könnte, sondern sogar noch mehr Knaben. Da das Geschlecht erst nach dem 3. Monat eindeutig festgestellt werden kann, schwanken die Angaben für das primäre Geschlechtsverhältnis zwischen 120:100 bis 170:100 „männliche" Zygoten : „weibliche" Zygoten.

Bis zur Geschlechtsreife erfolgt ein Ausgleich bis zum 1:1-Verhältnis, das sich mit zunehmendem Alter zugunsten der Frauen verschiebt.

1. Frage: Worauf ist das von der 1:1-Erwartung stark abweichende primäre Geschlechtsverhältnis beim Menschen zurückzuführen?

Offenbar kommen mehr Spermien mit Y- als mit X-Chromosomen zur Befruchtung. Da das Y-Chromosom eine geringere Masse als das X-Chromosom besitzt, könnte man an eine höhere Geschwindigkeit der Y-Spermien auf dem Weg zum Ei denken. Der minimale Massenunterschied zwischen X- und Y-Spermien genügt jedenfalls, um sie experimentell in der Ultrazentrifuge zu trennen und sie evtl.

getrennt zur künstlichen Besamung einzusetzen. Doch wird diese Möglichkeit zur Geschlechtswahl des Kindes noch nicht praktisch genutzt.
(Unterschiedliche Wachstumsgeschwindigkeit von X- und Y-Pollenschläuchen ist bei *Melandrium rubrum* bekannt. Werden die Narben mit einem Überangebot an Pollen bestäubt, so entstehen überwiegend Samen mit weiblichen Pflanzen, da die weiblich bestimmenden Pollenschläuche schneller zu den Samenanlagen gelangen.)
Zur Erklärung des primären Geschlechtsverhältnisses beim Menschen hat man auch chemische Unterschiede zwischen X- und Y-Spermien angenommen, die den Y-Spermien die Besamung erleichtern. Die Frage ist wissenschaftlich noch nicht geklärt.
2. Frage: Worauf beruht die Verschiebung des sekundären Geschlechtsverhältnisses zugunsten der Frauen?
Offensichtlich besitzt das männliche Geschlecht während der Embryonalentwicklung und später eine erhöhte Sterblichkeit. Dies ist damit in Zusammenhang gebracht worden, daß Frauen 2 X-Chromosomen, Männer aber nur eins besitzen, so daß schädliche Mutationen auf dem X-Chromosom bei männlichen Embryonen sich sofort manifestieren können, bei weiblichen aber durch das 2., intakte, abgedeckt seien. Auch hier sind die tatsächlichen Gründe noch ungeklärt, ebenso wie für die statistisch gesicherten Befunde, daß der Knabenüberschuß bei Erstgeburten höher als in der weiteren Geschwisterfolge, und daß der Knabenüberschuß nach Kriegszeiten höher als in Friedenszeiten ist, was eventuell mit der Überbeanspruchung und der schlechteren Ernährung der Männer in Kriegszeiten in Zusammenhang steht.

3. Zellkernmorphologische Geschlechtserkennung und Lyon-Hypothese
a. Entdeckungsgeschichte und Vorbemerkungen
Barr und *Bertram* entdeckten 1949 bei histologischen Untersuchungen an den motorischen Ganglienzellen der Katze, daß die Mehrzahl der Kerne weiblicher Tiere in der Nähe der Kernperipherie einen basophilen Chromatinkörper aufwies, während er bei männlichen Tieren fehlte. Vergleichsuntersuchungen bei anderen Säugern und beim Menschen bestätigten die Möglichkeit, das genetische Geschlecht durch die Untersuchung somatischer Zellkerne festzustellen (siehe auch Bd. 3, S. 252). 1959 erkannte *Ohno* beim Studium des Mitosezyklus von Ratten-Leberzellen in Gewebekultur den Zusammenhang zwischen Barrkörperchen und einem der beiden X-Chromosomen weiblicher Zellen: Wie autoradiographische Befunde ergeben haben (s. S. 76) repliziert eines der beiden X-Chromosomen besonders spät. Während sich die Autosomen und ein X-Chromosom in der Telophase entspiralisieren, bleibt das spät replizierende kompakt und läßt sich im Interphasekern als heterochromatisches Barrkörperchen anfärben.
Mary F. Lyon sprach 1961 aufgrund von Versuchen mit Mäusen die Hypothese aus, daß in der frühen Embryonalentwicklung (zweite Woche nach der Befruchtung) im weiblichen Geschlecht in jeder Zelle eines der beiden X-Chromosomen genetisch weitgehend inaktiviert wird, indem es vom euchromatischen in den heterochromatischen Zustand übergeht. Dabei bleibt es dem Zufall überlassen, welches der beiden X-Chromosomen in einer bestimmten Zelle inaktiviert wird. So stellt der weibliche Organismus ein Mosaik von Zellen dar, in dem jeweils das eine oder andere X-Chromosom genetisch aktiv ist. Mit dieser Hypothese löste sie

das Problem der sog. Dosis-Kompensation. Da zwei identische Genorte doppelt soviel Genprodukte (Enzyme) produzieren als einer, sollten Frauen bezüglich aller X-chromosomalen Gene die doppelte Menge Enzyme produzieren als die Männer mit nur einem X-Chromosom. Die Inaktivierung eines der beiden X-Chromosomen im weiblichen Geschlecht kompensiert die ungleiche Anzahl von X-Chromosomen im weiblichen und männlichen Geschlecht und bewirkt, daß beide Geschlechter gleiche Enzymmengen erzeugen.

Die zellkernmorphologische Geschlechtserkennung wird in der medizinischen Praxis zur Feststellung des genetischen Geschlechts und zur Entdeckung gonosomaler Chromosomenaberrationen (s. S. 101) angewendet. Untersucht werden Mundschleimhautzellen, Blutzellen (segmentkernige Granulozyten) und neuerdings Haarwurzelzellen, sowie Amnionzellen (s. S. 105). Während das Aufsuchen der sog. Trommelschlegel (*Schmid* 1967) = *drum sticks* = Barrkörperchen an Leukozyten (Abb. Bd. 3, S. 252) dem Ungeübten Schwierigkeiten bereitet, lassen sich Barrkörperchen aus der Mundschleimhaut oder aus Haarwurzelzellen verhältnismäßig einfach demonstrieren. Wangenschleimhautzellen haben den Nachteil, daß sie zum Teil schon abgestorben und stets mit Bakterien übersät sind, was die Auswertung erschwert. Demgegenüber sind die Haarwurzelzellen in der Regel keimfrei.

So wurde der „Sex-Test" der Sportlerinnen bei den Olympischen Spielen 1972 in München mit der Haarwurzelmethode durchgeführt.

Neben den Barrkörperchen wurden dabei nach *Schwinger* 1971 auch die sog. *Y-Bodies* aufgesucht. Es handelt sich hierbei um das kondensierte Y-Chromosom, das nach „Färbung" mit dem Fiebermittel Atebrin im Fluoreszenzmikroskop (s. S. 77) als kleines Pünktchen im Zellkern von Männern aufleuchtet (Abb. 23).

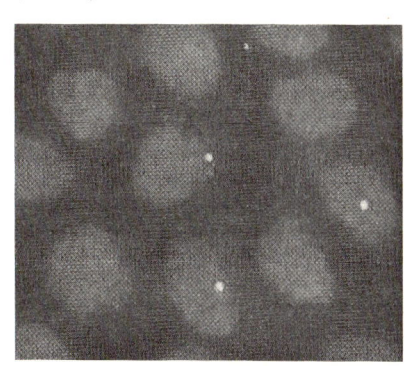

Abb. 23: Nachweis des y-Chromosoms in Zellkernen der Haarwurzel mittels der Fluoreszenz-Methode. Die hellen (durch Retouchierung verstärkten) Flecke sind „y-bodies". (Labor Dr. Murken)

Sollte in der Schule einmal ein Fluoreszenzmikroskop zur Verfügung stehen, ließen sich entsprechende Präparate verhältnismäßig einfach herstellen. Eine genaue Anweisung findet man z. B. in: *Göltenborth, F.:* Nachweis des Y-Chromosoms mit Hilfe von Fluorochromen, Mikrokosmos, Jg. 62, H7, 1973, S. 197.

b. *Versuchsdurchführung*

Die Gewinnung der Ausstriche von Mundschleimhaut und Haarwurzelzellen wurde auf S. 58 bereits beschrieben.

Die noch feuchten Ausstriche werden zur Fixierung in ein Alkohol-Äther-Gemisch 1:1 für 15 Min. eingestellt. Anschließend werden die lufttrockenen Präparate in Karbolfuchsin 10 Min. lang gefärbt Über 95 % Äthanol (1—3 Min. zur leichten Differenzierung), über zweimal gewechselten 100 % Äthanol (je 1 Min.) und Xylol (1 Min.) werden die Präparate in Eukitt eingedeckt.

Herstellung der Karbolfuchsinlösung: Stammlösung: 3 g Pararosanilin (Base) in 100 ml 70 % Äthanol lösen. Gebrauchslösung: 10 ml Stammlösung, 90 ml 5 % wässrige Phenollösung, 10 ml Eisessig und 10 ml Formaldehyd (37 % = konz. Formol) werden gemischt und 24 Stunden stehengelassen, dann filtriert. (Bis zu einem Monat haltbar.)

Die Untersuchung erfolgt am besten mit dem 100x-Ölimmersionsobjektiv. 30 % — 80 % der Zellkerne enthalten Barrkörperchen.

4. Normale und gestörte Geschlechtsentwicklung

Mit der Festlegung des genetischen chromosomalen Geschlechts bei der Befruchtung ist lediglich eine Vorentscheidung für die voraussichtliche Geschlechtsentwicklung getroffen. Da jedes Individuum die Anlagen für die Geschlechtsmerkmale beider Geschlechter in den Autosomen enthält (bisexuelle Potenz), kommt den Gonosomen Steuerungsfunktion, die Förderung der Entwicklung des einen, Unterdrückung des anderen Geschlechts, zu. Dabei kann es zu mannigfachen Störungen kommen. Nach *Money* (gekürzt) können folgende Entwicklungsmerkmale der Sexualität unabhängig voneinander variieren:

Genetisches oder Chromosomengeschlecht
Gonadengeschlecht
Hormongeschlecht im Fetalstadium
Hormongeschlecht in der Pubertät
Inneres morphologisches Geschlecht
Äußeres morphologisches Geschlecht
Geschlechtsidentifizierung und Geschlechtsrolle

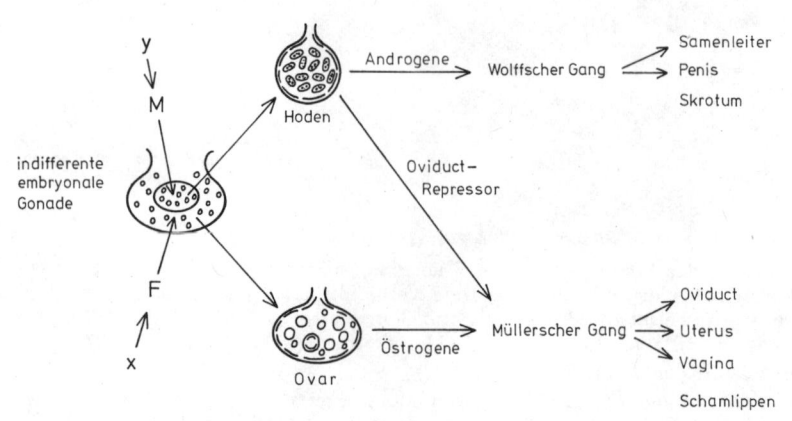

Abb. 24: Schema der geschlechtlichen Differenzierung

Die Geschlechtschromosomen entscheiden darüber, ob die in den ersten zwei Embryonalmonaten noch undifferenzierte Gonadenanlage sich zu einem Hoden oder Ovar entwickelt (Abb. 24).

Ist ein Y-Chromosom vorhanden, wird die Entwicklung des Marks der Gonadenanlage zum Hoden induziert, fehlt das Y-Chromosom, entwickelt sich die Rinde der Gonadenanlage zum Ovar. Die weitere Differenzierung der inneren und äußeren Geschlechtsmerkmale erfolgt aufgrund der in den Gonaden entstehenden Stoffe: Das vom Hoden im Fetalstadium produzierte *Testosteron* fördert die Entwicklung des *Wolffschen Ganges* zu Nebenhoden und Samenleiter, des *Tuberculums genitale* und der labioskrotalen Falten zu *Penis* und *Skrotum*. Der vom Hoden erzeugte sog. *Oviduktrepressor* hemmt gleichzeitig die Entwicklung des Müllerschen Ganges zum *Ovidukt* und *Uterus*.

Ist ein Ovar gebildet worden und fehlen demnach Testosteron und Oviduktrepressor, entwickeln sich die weiblichen Geschlechtsmerkmale „von selbst".

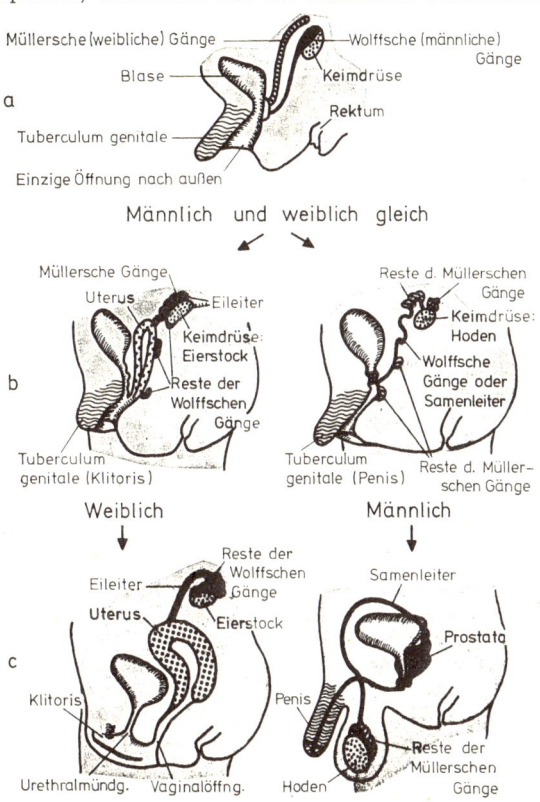

Abb. 25: Schema der Ausbildung der männlichen bzw. weiblichen Geschlechtsorgane
a. eines Fetus im 2. bis 3. Monat der Schwangerschaft
b. eines Fetus im 3. bis 4. Monat der Schwangerschaft
c. eines Säuglings zur Zeit der Geburt
(nach *Money* 1969)

Mannigfache Störungen der Geschlechtsentwicklung sind bekannt:
Ist z. B. die Induktion der undifferenzierten Gonadenanlage gestört, können sich nebeneinander Hoden und Ovar und intermediäre Geschlechtsmerkmale entwickeln (= echter *Hermaphroditismus*). Bei genetisch männlichen Individuen mit Hoden kann es vorkommen, daß infolge eines (autosomal rezessiven) Enzymmangels das Testosteron nicht in das wirksame *Dihydrotestosteron* umgewandelt wird. So entstehen Wesen mit weiblichen äußeren Geschlechtsmerkmalen, allerdings ohne Ovidukt und Uterus, deren Anlagen durch den Oviduktrepressor unterdrückt werden *(Testikuläre Feminisierung, Pseudohermaphroditismus)*.
Schüler haben in der Regel ebensogroßes Interesse wie Schwierigkeiten, sich das Aussehen von Geschlechtsorganen vorzustellen, die zwischen männlich und weiblich stehen, wie z. B. bei echten Hermaphroditen. Die Erklärung, daß sich hier der unfertige, undifferenzierte Zustand der Geschlechtsorgane des 3. bis 4. Embryonalmonats bis zur Geburt und danach erhalten hat, erleichtert das Verständnis. (Bildmaterial z. B. in Band 3, S. 251 und *Money:* Körperliche sexuelle Fehlentwicklungen rororo 8010) (Abb. 25).
„Geschlechtsumwandlungen" sind durch Hormongaben beim Menschen unter bestimmten Einschränkungen möglich, betreffen aber nur die äußeren Geschlechtsmerkmale.
Bei bestimmten Fischen, z. B. Schwertträgern, sind Geschlechtsumwandlungen die Regel: Ältere Weibchen, die schon viele lebendige Junge hervorgebracht haben, werden zeugungsfähige Männchen. Trotz Illustriertenberichten ist Entsprechendes beim Menschen noch nicht vorgekommen.

5. *Überblick über weitere Formen der Geschlechtsbestimmung*

a. *Genotypische Geschlechtsbestimmung*

Der XY-Typ der Geschlechtsbestimmung, bei dem das männliche Geschlecht heterogametisch (2A+XY) das weibliche homogametisch (2A+XX) ist, kommt neben dem Menschen bei den übrigen Säugetieren, bei Rana-Froscharten, vielen Fischen, bei Heuschrecken, Käfern, Wanzen, Zweiflüglern und der roten Lichtnelke vor. Dabei kann das Y-Chromosom wie z. B. bei manchen Wanzenarten auch fehlen (XO-Typ). In diesem Fall, ebenso wie bei *Drosophila*, liegen männchendeterminierende Gene in den Autosomen vor. Das Y-Chromosom von *Drosophila* spielt im Gegensatz zu den Verhältnissen bei den Säugetieren keine Rolle bei der Geschlechtsbestimmung. Die weibchendeterminierenden Gene liegen in den X-Chromosomen. Hier beruht die Geschlechtsausprägung auf dem Mengenverhältnis zwischen X-Chromosomen und Autosomen. Bei einem Verhältnis von 1:2 bilden sich normale Männchen, bei 1:1 normale Weibchen, bei Werten dazwischen sterile Intersexe. Bei Verhältnissen > 1 entstehen „Überweibchen", $< 0,5$ Übermännchen. 2 X-Chromosomen sind etwa so stark wie drei Autosomen-Sätze.
Der ZW-Typ der Geschlechtsbestimmung, bei dem das männliche Geschlecht homogametisch ist (2A + ZZ) und das weibliche heterogametisch (2A + ZW) ist nachgewiesen für Vögel, Reptilien, Schwanzlurche und den Krallenfrosch Xenopus, sowie für Schmetterlinge und Köcherfliegen.
Daneben gibt es noch den Diplo-Haplo-Typ, wie z. B. bei den Bienen, bei denen die Weibchen (Königin und Arbeiterinnen) diploid sind (2n), die Drohnen haploid.

Der Einfluß der Ernährung auf die Entwicklung der Zygote zu einer Königin oder Arbeiterin zeigt die Bedeutung eines Umweltfaktors für unterschiedliche Merkmalsentfaltung bei gleicher genetischer Basis.

Eine praktische Anwendung hat die Kenntnis des chromosomalen Mechanismus der Geschlechtsbestimmung beim Seidenspinner erbracht. Die männliche Seidenraupe ist der weiblichen in der Seidenproduktion weit überlegen, so daß es vorteilhaft wäre, nur befruchtete Eier, aus denen männliche Raupen hervorgehen, sich entwickeln zu lassen. Man kann die Eier aber nicht unterscheiden. Beim Seidenspinner liegt folgender Mechanismus der Geschlechtsbestimmung vor: weibliche Seidenspinner sind heterogametisch ZW, männliche homogametisch ZZ. Japanischen Forschern ist es nun gelungen, ein autosomales dominantes, Schwarzfärbung induzierendes Gen (S) durch Chromosomentranslokation auf das W-Chromosom zu verpflanzen. Dadurch färben sich bereits die Zygoten, aus denen Weibchen hervorgehen, schwarz und können maschinell ausgelesen werden. Nach *Yokoyama* aus *Brewbaker,* Angewandte Genetik, Grundlagen der modernen Genetik I, G. Fischer, Stuttgart (1967). Dort finden sich auch weitere Angaben zur genotypischen und phänotypischen Geschlechtsbestimmung, insbesondere bei Pflanzen.

b. *Phänotypische Geschlechtsbestimmung*
Hängt die Entscheidung darüber, welche Geschlechtsmerkmale auf der Grundlage der bisexuellen Potenz entwickelt und welche unterdrückt werden, von Außenfaktoren ab, spricht man von phänotypischer Geschlechtsbestimmung.
Als Beispiele können einerseits alle zwittrigen Pflanzen und Tiere, andererseits die Sonderfälle des Borstenwurmes *Ophryotrocha* (zunächst männlich, ab 15.—20. Segment nach weiblich sich umwandelnd) und des Sternwurms *Bonellia* genannt werden (aus einer Zygote entsteht ein Weibchen, wenn kein weiteres Weibchen vorhanden ist; dagegen entstehen Zwergmännchen, wenn bereits ein Weibchen vorhanden ist, aufgrund eines bestimmten Stoffes im Rüssel des Weibchens).

Literatur

Brewbaker, J. L.: Angewandte Genetik, Fischer, Stuttgart, 1967
Lenz, W.: Medizinische Genetik, Thieme, Stuttgart, 1970
Money, J.: Körperlich-sexuelle Fehlentwicklungen, rororo-Sexologie, Bd. 8010, 1969
Ohno, S.: Sexchromosomes and sex linked genes, Springer, Berlin, 1970
Wolf, U. et. al.: Geschlechtschromosomen und Evolution, Bild der Wiss. S. 913, 1967

VIII. Chromosomenaberrationen (Genom- und Chromosomenmutationen)

1. *Demonstrationsmaterial*

R 2037 Die Chromosomen des Menschen, numerische und strukturelle Aberrationen; R 2020 Von der Wildform zur Kulturform des Weizens; B 2021 Entstehung einer Kulturpflanze, Mais und Lupine; Herbarmaterial von Wild- und Zuchtformen von Kulturpflanzen; Magnettafel-Chromosomenmodell.

2. *Begriffe*

Um die verschiedenen Typen von Chromosomenaberrationen besser ordnen zu können, seien die am häufigsten verwendeten Ober-, Unter- und Synonymbegriffe zusammengestellt:

Unter dem Überbegriff Chromosomenaberrationen kann man die beiden, Chromosomenzahl und Chromosomenstruktur betreffenden, Mutationstypen zusammenfassen:
Veränderung der Chromosomenzahl: = numerische Chromosomenaberrationen = Genommutationen
Veränderung der Chromosomenstruktur: = strukturelle Chromosomenaberrationen = Chromosomen- oder Strukturmutationen.
Die numerischen Chromosomenaberrationen kann man je nachdem, ob komplette Chromosomensätze vermehrt, oder nur einzelne Chromosomen zuviel oder zuwenig vorhanden sind, untergliedern in:
Euploidie z. B. Triploidie, Tetraploidie, allgemein Polyploidie (ganze Chromosomensätze vermehrt) und
Aneu- bzw. Heteroploidie z. B. Monosomie (ein Chromosom zuwenig), Trisomie (ein Chromosom zuviel).
Ist ein Autosom betroffen, spricht man von autosomaler Aberration, ist ein Gonosom betroffen, von gonosomaler Aberration.

3. Chromosomenaberrationen beim Menschen

a. *Numerische autosomale Aberrationen* (R 2037)

Trisomie 21

Seit 1959 ist der Zusammenhang zwischen der Existenz eines zusätzlichen Chromosoms Nr. 21 (Trisomie 21) und dem Krankheitsbild der sog. mongoloiden Idiotie bekannt.

Symptome: Rundlicher Kopf mit abgeflachtem Hinterhaupt, eine kurze Nase mit abgeflachtem breiten Rücken, schielende Augen, eine dicke Zunge im leicht geöffneten Mund, niedrig angesetzte Ohren, sowie kurzfingrige, plumpe Hände, die auf der Innenseite eine durchgehende Querfurche („Affenfurche") aufweisen. Die Bezeichnung Mongolismus geht auf die schräge Lidachse und eine oftmals vorhandene Lidfalte zurück, Merkmale, die für Angehörige der mongoloiden Rasse typisch sind. Doch liegt dieser Ähnlichkeit kein genetischer Zusammenhang zugrunde, wie es *Langdon Down,* nach dem das Syndrom auch benannt wird, angenommen hat. Die Bezeichnung mongoloide Idiotie weist auf den stets hervortretenden Schwachsinn hin, der betroffene Kinder im günstigsten Fall hilfsschulfähig werden läßt. Eine der Trisomie 21 vergleichbare Trisomie ist 1969 bei einem Schimpansen entdeckt worden, der auch vergleichbare morphologische Symptome aufwies.

Lebenserwartung: Die Lebenserwartung ist infolge angeborener Herzfehler und erhöhter Infektionsanfälligkeit besonders der Atemorgane herabgesetzt. Bis zum Ende des 10. Lebensjahres sind 50 % der Kinder gestorben. Haben sie die kritische Phase überstanden, können sie ein normales Alter erreichen.

Es ist eine Reihe von Fällen bekannt, in denen mongoloide Frauen Kinder geboren haben. Diese sind entweder normal oder wieder mongoloid. Da drei homologe Chromosomen sich bei der Reduktionsteilung nur so auf zwei Zellen verteilen können, daß eine Zelle ein Chromosom, die andere zwei Chromosomen erhält, sind normale und mongoloide Kinder im Verhältnis 1:1 zu erwarten. Die Befunde decken sich mit dieser Erwartung.

Altersabhängigkeit und Entstehung:

Im Durchschnitt treffen auf 1000 Geburten 1,7 mongoloide Kinder, d. h. eines auf 600. Schlüsselt man die Geburten nach dem Alter der Mütter bzw. der Väter auf, so ergibt sich eine Häufigkeitszunahme nur mit steigendem Alter der Mütter, während das Alter der Väter ohne Einfluß ist. Daraus kann man schließen, daß das überzählige Chromosom von der Mutter stammt und der Fehler wohl bei der Oogenese aufgetreten ist. Das Prinzip des Nichttrennens *(Nondisjunktion)* eines Chromosomenpaares in der Meiose, von *Bridges* 1913 bei *Drosophila* entdeckt, kann man anschaulich mit dem Magnettafel-Chromosomenmodell demonstrieren

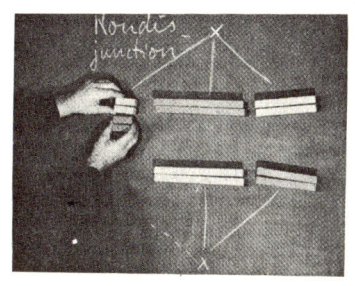

Abb. 26: Demonstration des Nondisjunktion-Phänomens als Ursache numerischer Chromosomenaberrationen

(Abb. 26): Prinzipiell sind für die Entstehung einer Eizelle mit 2 Chromosomen Nr. 21 zwei Möglichkeiten gegeben: Entweder unterbleibt die Trennung der homologen Chromosomen Nr. 21 in der *Reduktionsteilung,* indem das eine Chromosom

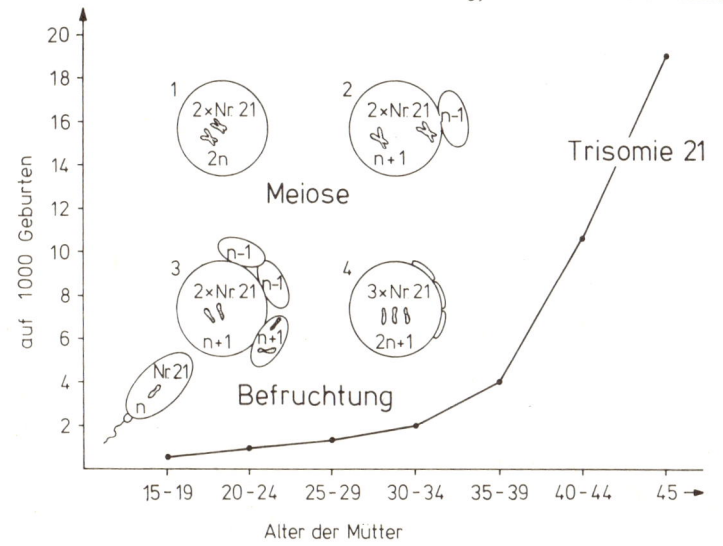

Abb. 27: Altersabhängigkeit und Entstehung der Trisomie 21 durch Nondisjunktion

z. B. nicht mit den anderen in das Richtungskörperchen eintritt, sondern in der Oozyte I bleibt. Dann verteilen sich die Chromatiden der beiden Chromosomen Nr. 21 bei der anschließenden Äquationsteilung auf die Eizelle und das 3. Richtungskörperchen, während die beiden übrigen Richtungskörperchen keine Chromatiden Nr. 21 enthalten (Abb. 27).

Oder die Reduktionsteilung verläuft normal und der Trennungsfehler findet bei der *Äquationsteilung* statt: Dann bleiben zwei Schwester-Chromatid-Chromosomen Nr. 21 in der Eizelle und das 3. Richtungskörperchen enthält kein Chromosom Nr. 21, während in den beiden übrigen je eines vorhanden ist.

Nachdem man die Modellchromosomen der Richtungskörperchen von der Magnettafel entfernt hat, kann man durch erneutes Hinzufügen eines haploiden Chromatid-Chromosomensatzes den Vorgang der Befruchtung simulieren und die Entstehung einer Trisomie im Modell vorführen.

Die Ursache für das Nichttrennen eines Chromosomenpaares in der Meiose kennt man nicht. Auch kann man nur Vermutungen äußern, weshalb dieses Ereignis bei der Reifung älterer Oozyten häufiger eintritt. Warum ein überzähliges Chromosom so viele Defekte bewirkt, ist im Grunde ebenfalls unbekannt. Man kann vermuten, daß die Gen-Balance gestört ist (Gen-Dosis-Effekt).

Translokations-Trisomie 21

Bei ca. 5 % der mongoloiden Kinder findet man nur 46 Chromosomen. Dennoch ist auch hier ein überzähliges Chromosom Nr. 21 vorhanden. Es liegt aber nicht frei vor, sondern ist mit anderen Chromosomen verwachsen, am häufigsten mit

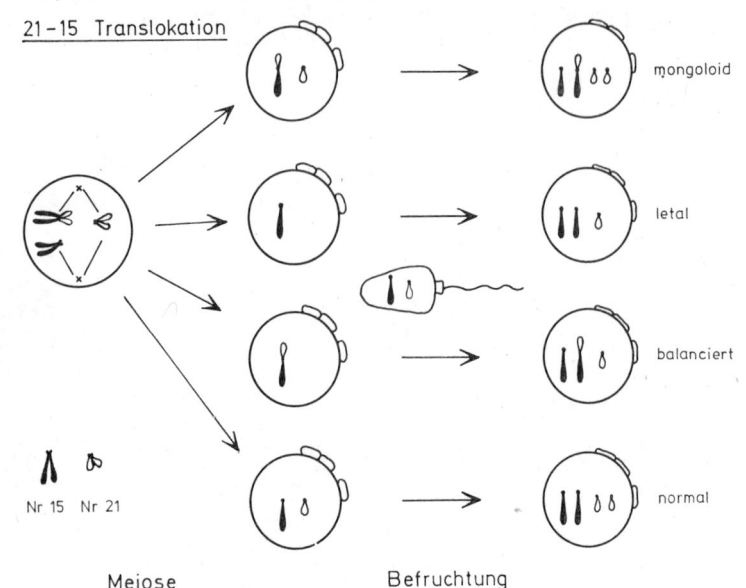

Abb. 28: Vererbung des Translokations-Mongolismus 21/15

Nr. 15 oder aber mit dem zweiten Chromosom Nr. 21 (Abb. 28). Dies hat Konsequenzen, die man wieder am Magnettafel-Chromosomenmodell ableiten kann. Zur Demonstration der häufigsten 15 — 21 Translokation klebt man mit Tesafilm die beiden Chromatiden des kleinsten Chromosoms („Nr. 21") an die (gleichfarbigen) Chromatiden des mittellangen Chromosoms („Nr. 15") und läßt nun sämtliche Meiosemöglichkeiten durchspielen. Je nachdem, wie man die Äquatorebene für die Reduktionsteilung legt, kann man die 4 möglichen Kombinationen in den Keimzellen bzw. nach der Befruchtung in den Zygoten zeigen. Da eine Zygote mit nur einem Chromosom Nr. 21 nicht entwicklungsfähig ist, bleiben 3 theoretisch gleich häufige Möglichkeiten für ein Kind mit Translokations-Mongolismus, für ein phänotypisch normales Kind mit einer balancierten Translokation und für ein phänotypisch und karyotypisch gesundes Kind.

Während demnach im Falle des Vorliegens einer 15/21 Translokation bei einem Elternteil mit $33^{1}/_{3}$ % Wahrscheinlichkeit ein mongoloides Kind erwartet werden kann, (tatsächlich ist die Wahrscheinlichkeit infolge erhöhter Sterblichkeit von Embryonen mit Trisomie 21 geringer) läßt sich bei einer 21/21 Translokation bei einem Elternteil voraussagen, daß ausschließlich mongoloide Kinder geboren werden.

Die Ursache hierfür kann man veranschaulichen, indem man die beiden Modellchromosomen Nr. 21 mit Tesafilm miteinander verbindet und Meiosemöglichkeiten durchspielt: Es gibt nur zwei: Entweder kommen beide in die Eizelle oder keines. Im ersten Fall gibt es eine trisome Zygote, im zweiten eine monosome, letale Zygote.

Trisomie 18, Edwards-Syndrom (1960); multiple Mißbildungen (ca. 1:5000)
Bis Ende des 2. Lebensmonats sind 50 % der Kinder gestorben

Trisomie 13, Patau-Syndrom (1960); multiple Mißbildungen (ca. 1:8000)
Bis Ende des 1. Lebensmonats sind 50 % der Kinder gestorben

Trisomie 14, 15; multiple Mißbildungen; Einzelbefunde

Trisomien sämtlicher übriger Autosomen sind in Aborten gefunden worden. Die Störungen sind offenbar so massiv, daß es nicht mehr zur Geburt lebender Kinder kommt. Dasselbe gilt für Fälle von *Triploidie* und *Tetraploidie,* die man in Gewebekulturen von Frühaborten entdeckt hat. Dagegen kennt man Kinder an der Grenze der Lebensfähigkeit mit Diploidie-Triploidie-Mosaiken, d. h. ein Teil der Organe besitzt diploide, ein anderer triploide Zellen. (Höhere Polyploidiegrade, durch Endomitose entstanden, finden sich regelmäßig in Leberzellen und Osteoblasten bei gesunden Personen.)

Bei rund 50 % der chromosomal bedingten Spontanaborte sind autosomale Trisomien die Ursache, bei rund 20 % ist es Triploidie, bei rund 5 % Tetraploidie, bei rund 20 % die XO-Monosomie. Der Rest entfällt auf autosomale Monosomien und weitere gonosomale Tri- und Polysomien.

b. *Numerische, gonosomale Aberrationen:* (Bild 9—12, R 2037)

Während die Mehrzahl der autosomalen, numerischen Aberrationen bereits die Embryonen absterben läßt, können fast alle Typen numerischer, gonosomaler Aberrationen zu lebensfähigen Individuen führen. Nondisjunktion kann nicht nur in der Reduktionsteilung *oder* Äquationsteilung vorkommen, sondern auch nacheinander in *beiden* Teilungen und dies sowohl in der Oogenese als auch in der

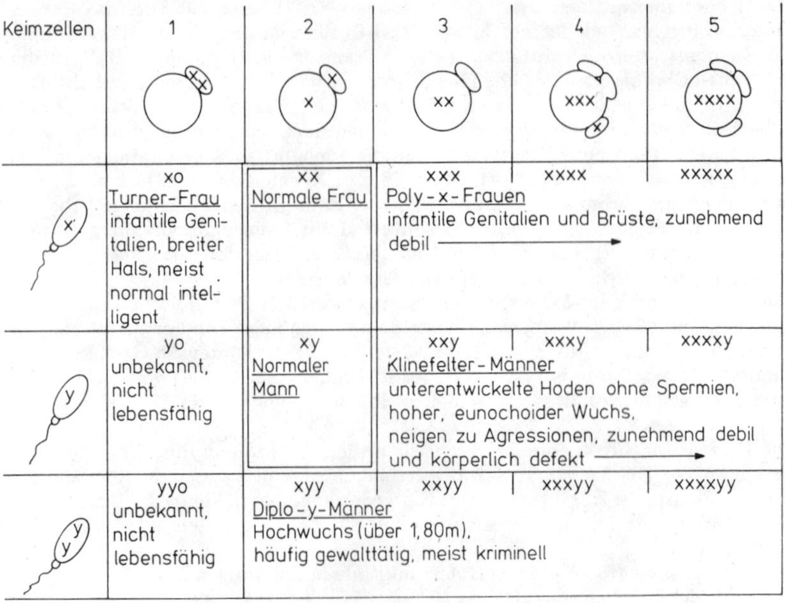

Keimzellen	1	2	3	4	5
![x']	xo Turner-Frau infantile Genitalien, breiter Hals, meist normal intelligent	xx Normale Frau	xxx Poly-x-Frauen infantile Genitalien und Brüste, zunehmend debil ⟶	xxxx	xxxxx
![y]	yo unbekannt, nicht lebensfähig	xy Normaler Mann	xxy Klinefelter-Männer unterentwickelte Hoden ohne Spermien, hoher, eunochoider Wuchs, neigen zu Agressionen, zunehmend debil und körperlich defekt ⟶	xxxy	xxxxy
![yy]	yyo unbekannt, nicht lebensfähig	xyy Diplo-y-Männer Hochwuchs (über 1,80m), häufig gewalttätig, meist kriminell	xxyy	xxxyy	xxxxyy

Abb. 29: Übersicht über die gonosomalen numerischen Aberrationen

Spermatogenese (Abb. 29). Mittels des Magnettafel-Chromosomenmodells läßt sich wieder gut demonstrieren, daß es dadurch Eizellen mit keinem, einem, zwei, drei oder vier X-Chromosomen geben kann, sowie Spermien mit den Konstitutionen: X, Y, 0, XY, YY, XX, XXY, XYY, XXYY. Durch Anlegen eines Kombinationsquadrates kann man sich die Fülle der möglichen Typen vor Augen führen. Sie sind inzwischen auch tatsächlich fast alle nachgewiesen.

Daß Individuen mit z. B. fünf X-Chromosomen überhaupt lebensfähig sind, hängt wohl damit zusammen, daß stets alle X-Chromosomen außer einem, genetisch weitgehend inaktiviert sind. Diese Vermutung wird durch den Befund gestützt, daß ein weibliches Wesen mit 5 X-Chromosomen in den Interphasekernen 4 Barrkörperchen aufweist, ein Individuum mit 4 X-Chromosomen und einem Y-Chromosom, 3 Barrkörperchen. Daß es sich beim letzteren Karyotyp immer noch um Wesen mit männlichen primären und sekundären Geschlechtsmerkmalen handelt, zeigt eindrücklich, daß beim Menschen — im Gegensatz zu *Drosophila* — im Y-Chromosom männliches Geschlecht determinierende Gene liegen.

Im einzelnen seien die bekanntesten gonosomalen Aberrationen kurz skizziert:

XO-Monosomie; Turner-Syndrom

Symptome: Minderwuchs, flügelartig verbreiterter Hals, tiefer Haaransatz im Nacken; kleine Ovarien, die, von seltenen Ausnahmen abgesehen, keine zur Reifung befähigten Ureizellen enthalten; ein Ausbleiben der Regelblutung; ein infantiles äußeres und inneres Genitale, sowie weit auseinanderstehende Brustwarzen bei fehlendem Drüsengewebe. Nur bei 20 % wurde eine Beeinträchtigung der Intelligenz beobachtet. Die Häufigkeit von XO-Kindern, 1 : 5000, ist unabhängig vom Alter der Mütter und Väter, so daß Nondisjunktion wahrscheinlich auch in der Spermatogenese vorkommt. Aus der Beobachtung von XO/XX- bzw. XO/XY-Mosaiken kann man schließen, daß auch der Verlust eines X- bzw. Y-Chromosoms nach der Befruchtung als Entstehungsursache in Frage kommt. Die Lebenserwartung ist nur in den Fällen herabgesetzt, in denen gleichzeitig innere Organe defekt sind (am häufigsten Herz und Nieren). Der Mangel an Östrogen kann im geeigneten Alter durch künstliche Gaben ersetzt werden, wodurch die Gesamtentwicklung günstig beeinflußt wird.

XXX-Trisomie; Triple-X-Syndrom
Symptome: Äußerlich unauffällig, sexuell unterentwickelt, mitunter aber fruchtbar. Die in der Regel beobachtete geistige Rückständigkeit ist bei den vereinzelt gefundenen Fällen von Tetra- und Pentasomie des X-Chromosoms verstärkt.
Häufigkeit rund 1:1000 unter weiblichen Neugeborenen

XXY-Trisomie; Klinefelter-Syndrom
Unterentwicklung der Hoden, unfruchtbar, eunuchoider Hochwuchs, unterdurchschnittliche bis normale Intelligenz, verringerte Frustrationstoleranz, Antriebsmangel, Psychische Labilität, Neigung zur Aggression.
Die Häufigkeit liegt in der Größenordnung der Trisomie 21, d. h. rund 1 : 600. Die vereinzelt gefundenen tetrasomen und pentasomen Fälle XXXY und XXXXY zeichnen sich durch zunehmende körperliche und geistige Defekte aus.

XYY-Trisomie; Diplo-Y-Syndrom
Überdurchschnittliche Körpergröße, erhöhter Testosteronspiegel, normal entwickelte Hoden, fruchtbar, in der geistig, seelischen Entwicklung ähnlich gestört wie Klinefelter, Variationsbreite bis in den Bereich des Normalen.
Häufigkeit rund 1:800.

c. *Strukturelle Aberrationen*

Mikroskopisch sichtbare Abweichungen in der Struktur einzelner Chromosomen, auch Chromosomen- oder Strukturmutationen genannt, wurden bei *Drosophila* durch *Sturtevant* und beim Mais durch *Mc. Clintock* entdeckt.
Sie beruhen auf Brüchen in einzelnen Chromosomen. Bruchstücke ohne Centromer gehen in der Meiose verloren *(Deletionen)*. Endstückverlust kommt durch einen einfachen Bruch zustande. Der Verlust eines Mittelstückes oder beider Endstücke unter Ringbildung des Restes, kann als Folge eines Doppelbruches an der Überkreuzungsstelle einer Chromosomenschleife erklärt werden. Geht der Schleifenteil dabei nicht verloren, sondern verklebt wieder mit dem Chromosom, so kann es zu einer *Inversion* kommen. *Duplikationen* entstehen durch Crossover zweier homologer Chromosomen an nicht homologer Stelle. Beim Partnerchromosom fehlt das entsprechende Stück. *Translokationen* kommen durch Crossover zwischen nicht homologen Chromosomen zustande.
Dank der verbesserten Präparationstechnik sind seit 1963 auch an menschlichen Chromosomen sowohl einfache Endstückverluste als auch Endstückverluste mit Ringbildung beobachtet worden, und zwar bei Säuglingen und Kleinkindern, die schwere körperliche und psychische Defekte aufwiesen (Abb. 30). Am be-

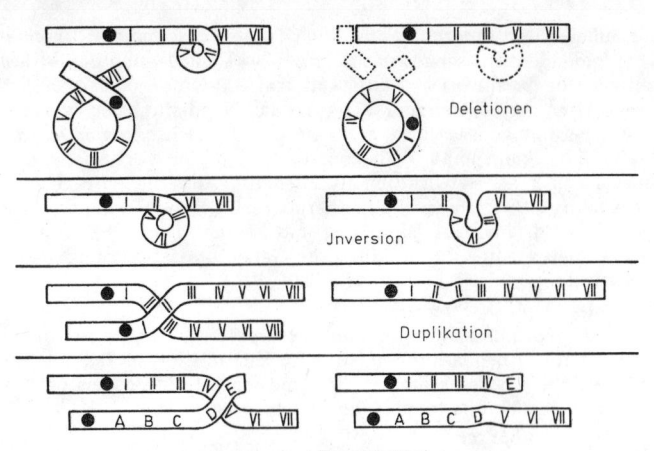

Abb. 30: Übersicht über Entstehung und Haupttypen struktureller Chromosomenaberrationen

kanntesten ist das *Katzenschrei-Syndrom*. Hier fehlt ein Stück des kurzen Arms von Chromosom Nr. 5. Mit dieser Deletion geht eine Reihe von Symptomen einher, von denen das charakteristische, katzenähnliche Schreien im Säuglingsalter dem Syndrom den Namen gegeben hat.

Ringbildung als Folge eines Doppelendstückverlustes ist beim Chromosom Nr. 18 gefunden worden. Als Symptome treten Schwachsinn, Gesichtsanomalien, spastische Versteifung der Muskulatur und weitere Abweichungen auf. Die wissenschaftliche Bedeutung von Deletionen liegt in der Möglichkeit, bestimmte Gene auf bestimmten Chromosomen zu lokalisieren. Da von einer Deletion in der Regel nur eines der beiden homologen Chromosomen betroffen ist, kann man erwarten, daß Enzyme, deren genetische Information auf dem verlorengegangenen Stück liegt, nur in etwa halber Konzentration vorhanden sind.

So hat man z. B. gefunden, daß im distalen Bereich des Chromosoms Nr. 18 die Information für Immunglobulin A liegt.

Besonders gut zur Analyse von Strukturmutationen sind die in Dauerpaarung vorliegenden polytänen Riesenchromosomen von Dipteren geeignet, da an Chromomerenmuster und Schleifenbildung auch kleine Deletionen registriert werden können. So ist auch die Lokalisation von Genen auf den Chromosomen von *Drosophila* am weitesten fortgeschritten.

d. *Chromosomenaberrationen und Psyche*

Der Zusammenhang zwischen Chromosomenaberrationen und gestörter psychischer Entwicklung ist offensichtlich. Im Einzelfall scheinen aber doch Umwelteinflüsse eine beträchtliche Rolle zu spielen. So können sich Kinder mit Trisomie 21 bei intensiver Pflege und Förderung erstaunlich gut entwickeln.

Die psychische Labilität und das häufig gestörte Sozialverhalten von XXY- und XYY-Männern bewirkt, daß sie in eine Außenseiterrolle der Gesellschaft gedrängt werden, was die Anfälligkeit für kriminelle Handlungen erhöht. Die kurzschlüssige Aussage „Y-Chromosom = Mörderchromosom" in Zusammenhang mit der unter Gewaltverbrechern gehäuft gefundenen XYY-Aberrationen ist jedenfalls nicht haltbar. Es sind mittlerweile auch psychisch weitgehend normale Diplo-Y-Jugendliche gefunden worden.

Die juristische Problematik, inwieweit Chromosomenbefunde in Strafprozessen eine Rolle bei der Urteilsfindung spielen können, ist im weiteren Rahmen des Problems der Freiheit bzw. Determiniertheit menschlichen Handelns ungelöst. Die Diskussion solcher fachübergreifenden Fragen sollte nicht in der Fülle des Faktenwissens untergehen.

e. Pränatale Diagnose von Chromosomenaberrationen

Erwartet eine Frau über 45 Jahre noch ein Kind, so wird dieses mit einer Wahrscheinlichkeit von etwa 4 % eine numerische Chromosomenaberration aufweisen. Hat eine Frau bereits ein mongoloides Kind geboren, so liegt für das zweite Kind die Wahrscheinlichkeit, wieder mongoloid zu sein, hoher, als es dem Mutteralter entspricht. Dies rührt daher, daß die Neigung zu Meiosefehlern genetisch bedingt sein kann. Ist in einer Ehe bei einem Elternteil z. B. eine balancierte 21/15-Translokation festgestellt worden, so liegt die Wahrscheinlichkeit für ein mongoloides Kind sogar bei 5—10 %.

Wenn aus der Ehe gesunder Eltern ein erstes Kind mit einer rezessiven Stoffwechselkrankheit hervorgegangen ist (s. S. 171), beträgt die Wahrscheinlichkeit für jedes weitere Kind 25 %, wieder mit der Krankheit behaftet zu sein.

In all diesen Fällen stellt eine eingetretene Schwangerschaft eine große psychische Belastung für die werdende Mutter, und die Geburt eines Kindes mit einem schweren genetischen Defekt eine Tragik für die Familie und für das Kind dar. Seit Ende der sechziger Jahre in Amerika die Methode der pränatalen Diagnose zur Feststellung der Rhesus-Unverträglichkeit des Fetus mit der Mutter entwickelt worden war, können heute numerische und strukturelle Chromosomenaberrationen und eine Reihe von Stoffwechselkrankheiten bereits im 3. Monat der Schwangerschaft mittels der sog. *Amniozentese* festgestellt werden (Abb. 31).

Dazu wird die Lage der Frucht mittels Ultraschall lokalisiert und dann durch die Bauchdecke und die Uteruswand hindurch mittels einer Kanüle ca. 10 ml Fruchtwasser entnommen. Da der Fötus in der Amnionflüssigkeit schwimmt, besteht für ihn keine Verletzungsgefahr. Im Fruchtwasser sind Zellen des Fötus suspendiert, die abzentrifugiert werden. Bereits der Überstand, also die zellfreie Amnionflüssigkeit, kann zur biochemischen Untersuchung und Identifizierung von Stoffwechselkrankheiten benützt werden. Von den sedimentierten Zellen des Fötus wird eine Gewebekultur angelegt. Dabei wachsen in der Regel im Laufe von 1—2 Wochen nur wenige Zellen zu Klonen heran. Durch Untersuchung der Zellkerne auf Barrkörperchen und Y-Bodies (s. S. 93) können das Geschlecht sowie gonosomale Aberrationen festgestellt werden. Eine Chromosomenuntersuchung gibt genauen Aufschluß über das Vorliegen eines normalen oder eines aberranten Karyotyps.

In der überwiegenden Zahl der Fälle pränataler Diagnose wird bezüglich der vermuteten genetischen Störung die Geburt eines gesunden Kindes vorausgesagt und die werdende Mutter von Angst befreit werden können.

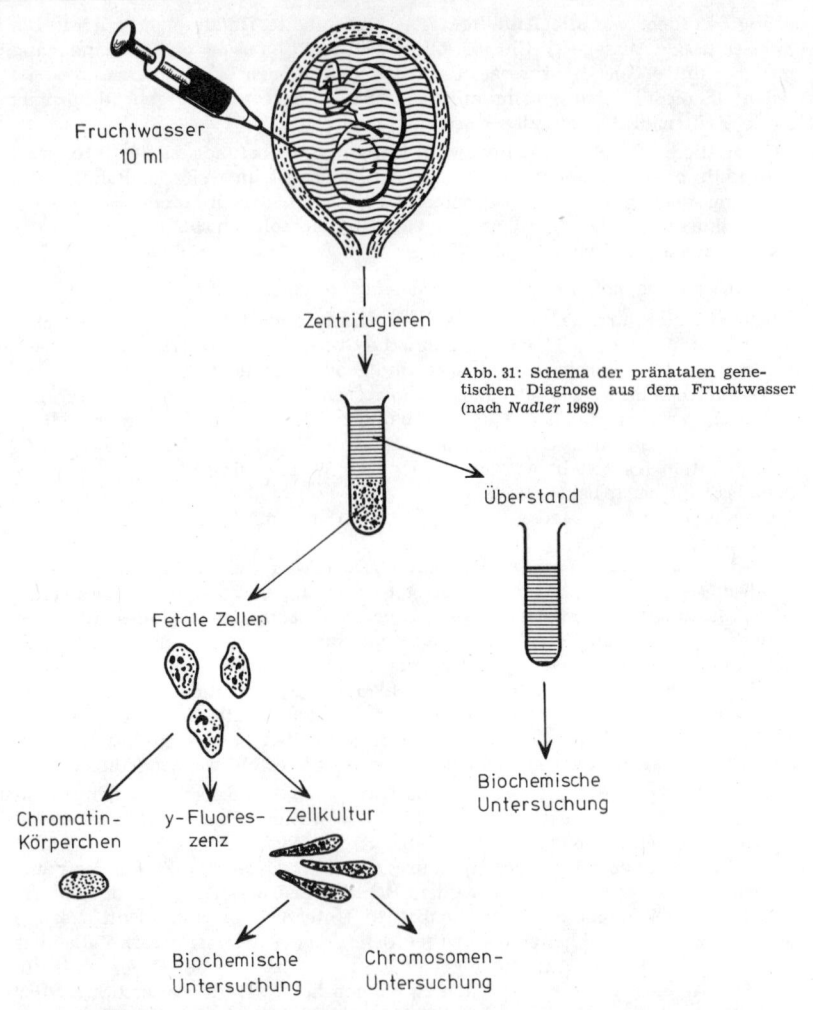

Abb. 31: Schema der pränatalen genetischen Diagnose aus dem Fruchtwasser (nach *Nadler* 1969)

Die Möglichkeit aber, mit Sicherheit festzustellen, daß das heranwachsende Wesen genetisch zur Idiotie oder einem anderen schweren Erbleiden verurteilt sein wird, zwingt zur Überprüfung bestehender ethischer Normen. Können auf der einen Seite prinzipielle Bedenken gegen einen Schwangerschaftsabbruch angeführt werden, so ist es auf der anderen Seite schwer mit der Würde des Menschen vereinbar, einer werdenden Mutter gegen ihren Wunsch das Austragen eines mit Sicherheit schwer erbgeschädigten Kindes zuzumuten.

Auch diese Problematik, durch den wissenschaftlichen Fortschritt aufgeworfen, aber durch die Wissenschaft nicht entscheidbar, sollte im Genetikunterricht den Schülern bewußt gemacht werden.

Pränatale Diagnose wird bisher an den Universitätsfrauenkliniken in Berlin, Frankfurt, Gießen, Hamburg, München und Ulm durchgeführt.

f. Auslösung von Chromosomenaberrationen beim Menschen

1927 entdeckte *Muller* die Auslösung von Gen- und Chromosomenmutationen durch Röntgenstrahlen bei *Drosophila*. Bald folgt die Erkenntnis, daß auch andere ionisierende Strahlen wie α-, β-, γ-Strahlen, sowie Neutronen und ultraviolettes Licht Mutationen auslösen. 1943 war es *Charlotte Auerbach* gelungen, mit Senföl bei *Drosophila* Mutationen zu erzeugen. Inzwischen sind viele chem. Stoffe sowie Viren als mutationsauslösend erkannt worden.

Nachdem die genetischen Nachkommenschaftsuntersuchungen an den Überlebenden von Hiroshima und Nagasaki, sowie an den durch den Bikini-Test gefährdeten Fischern keine sicheren Beweise für Erbkrankheiten erbracht hatten (trotz erheblicher Zunahme von Leukämie in den ersten Gruppen), haben nunmehr zytologische Untersuchungen mehrerer Forscher an Lymphozyten aller drei Gruppen (einschließlich der In-utero-Exponierten) fast übereinstimmend eine etwas überdurchschnittliche Zahl von strukturellen Chromosomenaberrationen nachweisen können, die jedoch wohl nur deshalb relativ geringfügig war, weil die Untersuchung erst 20 Jahre (Hiroshima) bzw. 11 Jahre (Bikini) nach der Explosion erfolgte (nach *Barthelmeß* 1973).

Frauen, die vor einer Schwangerschaft häufiger im Unterleibsbereich Röntgenstrahlen ausgesetzt waren, brachten eine größere Zahl von Kindern mit Trisomie-Syndromen zur Welt (nach *Uchida et al.* 1968).

Die mutationsauslösende Wirkung chemischer Stoffe und Viren ist beim Menschen bisher direkt nur in somatischen Zellen nachgewiesen worden und zwar sowohl in vivo als insbesondere in Lymphozytenkulturen. Z. B.:

Alkylierende Stoffe	z. B.	das Nervengift N-Lost
Antimetabolite	z. B.	Cytosinarabinosid, Propylthiouracil, Hydroxyharnstoff
Antibiotica	z. B.	Daunomycin, Mitomycin
Psychotrope	z. B.	Psilocybin, LSD 25
Andere Pharmaka	z. B.	Colchizin, Barbiturate
Technische Stoffe	z. B.	Benzol
Viren	z. B.	Rötelvirus

Da kein Grund zu der Annahme besteht, daß Keimbahnzellen nicht in der gleichen Weise durch chemische Mutagene betroffen werden, kommt man kaum um die Schlußfolgerung herum, daß die chemische Mutagenese einen erheblichen Beitrag zur Schädigung des Erbmaterials der Gesamtbevölkerung liefert, wahrscheinlich mehr als die ionisierende Strahlung (nach *Barthelmeß* 1973).

4. Chromosomenaberrationen bei Pflanzen

a. Aneuploidie

Monosomien und Trisomien, die beim Menschen und bei Tieren entweder bereits in der Embryonalentwicklung tödlich wirken oder zu schweren Mißbildungen führen, sind bei Pflanzen häufig mit dem Leben verträglich. Sie wurden bereits an dem klassischen Objekt aus der Zeit der Wiederentdeckung der Mendelschen Regeln bei der Nachtkerze *(Oenothera)* von *De Vries* gefunden und beim Stechapfel *(Datura)* von *Blakeslee* eingehend untersucht. Die 12 Trisomien beim Stechapfel unterscheiden sich stark z. B. in der Kapselform. Die komplexere Embryonalentwicklung bei Tieren wird offenbar durch eine gestörte Genbalance stärker beeinträchtigt als die Entwicklung der Pflanzen, die ja auch körperliche Verstümmelungen wesentlich leichter kompensieren als Tiere.

b. *Euploidie*

Polyploidisierung hat in der Evolution der Organismen wahrscheinlich eine große Rolle bei der Vermehrung des genetischen Materials gespielt. Während aber bei Wirbeltieren (nach *Ohno*) wohl in Zusammenhang mit der Herausbildung eines Geschlechtschromosomenpaares, die vermehrten Chromosomen durch Vereinigung einzelner sekundär wieder zu diploiden Sätzen zusammentraten und der ursprüngliche Polyploidisierungsgrad nur noch am DNS-Gehalt pro Kern erkennbar ist, erweisen sich einige wirbellose Tiere (z. B. bestimmte Blattwespen, Plattwürmer, Blutegel, Fadenwürmer) und insbesondere viele höhere Pflanzen als polyploid.

Polyploidisierung kann im Mitosezyklus einer diploiden Zelle erfolgen, wenn die Chromatiden sich nicht trennen und sich in der folgenden Interphase erneut verdoppeln. Dadurch entstehen tetraploide Zellen. Handelt es sich um Zellen in der Keimbahn, so bilden sich während der Meiose diploide Keimzellen, die nach der Befruchtung zu vollständig tetraploiden Wesen führen.

Polyploidisierung kann auch während der Meiose vorbereitet werden, wenn die Reduktionsteilung unterbleibt. Dadurch entstehen ebenfalls diploide Gameten, die bei der Vereinigung mit diploiden Gameten zu tetraploiden Wesen, bei der Vereinigung mit haploiden Gameten zu triploiden Wesen führen können.

Triploide Pflanzen sind infolge Schwierigkeiten bei der Reduktionsteilung, d. h. bei der Verteilung von drei Sätzen auf zwei Zellen, stets steril.

Polyploide Pflanzen sind namentlich in nördlichen Gegenden sehr häufig. Sie scheinen größere Anpassungsfähigkeit gegen extreme Klimabedingungen zu entwickeln. Viele unserer unverwüstlichen Ackerunkräuter, z. B. Hirtentäschelkraut *(Capsella bursa pastoris)*, Erdrauch *(Fumaria officinalis)*, sind polyploid. Fast die Hälfte aller wichtigen Kulturpflanzen, z. B. Weizen, Hafer, Kartoffel, Raps, Tabak, Erdbeere, Himbeere, Brombeere, sind polyploid. Die mit der Polyploidie verbundene Ertragssteigerung hängt wohl auch damit zusammen, daß in der Regel polyploide Zellen größer als haploide sind.

Gut bekannt ist die Entwicklungsreihe des Weizens vom ertragsarmen Einkorn (2n — 14 — diploid) über den Emmer (4n — 28 — tetraploid) zum Dinkel und ertragreichen Weizen (6n — 42 — hexaploid). Desgleichen sind die großblumigen Varietäten von Hyazinthen, Tulpen, Narzissen, Rosen, Dahlien polyploid.

Artbastarde, ja sogar Gattungsbastarde können durch nachfolgende Verdoppelung ihrer Chromosomenbestände die sonst bei solchen Bastardisierungen häufige Sterilität verlieren und fruchtbar werden. Auf diese Weise ist z. B. der Raps als polyploider Bastard aus *Brassica oleracea* und *Brassica rapa* entstanden.

Polyploidie kann künstlich durch die Einwirkung ionisierender Strahlen, durch Temperaturschocks sowie durch chemische Beeinflussung ausgelöst werden.

Seitdem 1937 die Wirkung des in der Herbstzeitlose enthaltenen Alkaloids Colchizin als Mitosegift entdeckt worden war, mit dessen Hilfe man experimentelle Polyploidie erzeugen kann, ist die gezielte Entwicklung polyploider, ertragreicher Kulturpflanzen in ständig wachsender Anwendung.

c. *Experimentelle Auslösung von Chromosomenaberrationen*

Als einfach zu handhabendes Objekt ist das Wurzelspitzenmeristem der Küchenzwiebel für die Schulpraxis gut geeignet. Da die Anwendung von Röntgenstrahlen in der Schule nicht zulässig ist, kommt nur die Verwendung von mutationsauslösenden Chemikalien in Frage. Zur Demonstration der Haupttypen von Chromosomenaberrationen sei je ein bewährtes Versuchsbeispiel beschrieben:

Auslösung von Euploidie (Polyploidie):
Ausgekeimte Küchenzwiebel für 2 Std. auf 0,002 molare = 0,08 %ige Colchizinoder Colcemidlösung setzen. Nach 24 Std. Erholung auf Leitungswasser sind tetraploide Kerne in Mitose. Verarbeitung der Wurzelspitze wie bei III. 1.

Auslösung von Aneuploidie:
Ausgekeimte Küchenzwiebel für 4 Std. auf 1 mol Äthylalkohol setzen, anschließend wie unter III. 1. verarbeiten. Der Mitosespindelapparat wird gestört. Es treten mehrpolige Spindeln auf, einzelne Chromosomen gehen verloren (Abb. 32).

Abb. 32: Induzierte Chromosomenaberrationen im Wurzelspitzenmeristem der Küchenzwiebel im Anaphasestadium.
a. Polyploidie, b. Heteroploidie, c. Strukturaberrationen

Auslösung von Strukturaberrationen:
Ausgekeimte Küchenzwiebeln für 4 Std. auf 0,025 mol (0,5 %ige) Coffeinlösung setzen. Nach 24 Std. Erholung auf Leitungswasser treten geschädigte Chromosomen in Mitose auf. Kleine Chromosomenbruchstücke ohne Centromer bleiben zurück.

Es ist festzuhalten, daß es sich hier um somatische Mutationen handelt. Gelingt es, polyploidisierte pflanzliche Gewebe vegetativ zu vermehren, kann man auf diese Weise künstlich polyploide Pflanzen herstellen, wovon in der experimentellen Pflanzenzucht reichlich Gebrauch gemacht wird.

Literatur

Barthelmeß, A.: Erbgefahren im Zivilisationsmilieu, Das wissenschaftliche Taschenbuch, Goldmann, 1973
Murken, J. D. Hsg.: Genetische Familienberatung und pränatale Genetik, Lehmanns Verlag, München 1972
Orywall, D.: Vorgeburtliche Diagnostik von Erbkrankheiten, Das wissenschaftl. Taschenbuch, Goldmann, 1973
Wendt, G., Keutel, J.: Chromosomendiagnostik, Bild d. Wiss., S. 947, 1969
Valentine, G. H.: Chromosomenanomalien als Ursache von Fehlgeburten, Das wissenschaftl. Taschenbuch, Goldmann, 1971
Pfeiffer, R. A.: Karyotyp und Phänotyp der autosomalen Chromosomenaberrationen beim Menschen, Fischer, Stuttgart,
Chromosomenanalyse und Chromosomenanomalien, Triangel, Sandoz-Zeitschrift für medizinische Wissenschaft Bd. II, Nr. 3, 1973

IX. Fragen zu den Kapiteln: A. Einführung und B. Zytogenetik

1. Wiederholungsfragen zur Auswahl

zu A. Einführung

1. Wie kann man Vererbung definieren? (als Weitergabe genetischer Information von Generation zu Generation)
2. In welcher Zelle ist erstmals die gesamte genetische Information für ein neues Lebewesen vorhanden? (in der befruchteten Eizelle)
3. Welche beiden Hauptfaktoren sind für die Merkmalsausprägung- und -entwicklung eines Lebewesens von Bedeutung? (genetische Information und Umwelteinflüsse)
4. Nennen Sie einige Grundfragestellungen der Genetik! (wo und wie wird genetische Information gespeichert, verdoppelt, verändert, wie steuert genetische Information die Merkmalsentwicklung?)
5. Nennen Sie drei Hauptgebiete der Genetik! (Zytogenetik, formale Genetik und Molekulargenetik)
6. Welche Methoden werden in den genannten Gebieten der Genetik hauptsächlich angewandt? (mikroskopische Untersuchungen — Zytogenetik; statistische Untersuchungen von Kreuzungsergebnissen und Familienstammbäumen — Formalgenetik; biochemische Verfahren — molekulare Genetik)
7. Welche Probleme, die Sie persönlich betreffen können, werden im Rahmen genetischer Forschung erörtert? (z. B. Probleme der Erbkrankheiten, des Vaterschaftsnachweises und der Erbgut-Umweltbeziehung)
8. Welche Probleme, die von genetischer Forschung bearbeitet werden, haben für den Fortbestand der Gesellschaft Bedeutung? (z. B. Belastung des Erbgutes durch Strahlen und mutagene Stoffe; Problem der Ausbreitung von Erbkrankheiten durch medizinische Fortschritte, Modellentwicklungen zur „genetischen Manipulation")

zu B. I. Befruchtung und II. Raumbedarf genetischer Information

1. Welche Gründe sprechen dafür, daß sich die genetische Information im Zellkern und nicht im Cytoplasma befindet? (aus dem Befund, daß Vater und Mutter gleichviel zur Merkmalsausprägung beitragen und Ei- und Samenzelle zwar unterschiedliche Mengen Cytoplasma, aber gleichviel Kernmaterial enthalten, läßt sich die Hypothese bilden, daß die Erbinformation im Kern lokalisiert ist)
2. Welche funktionelle Erklärung gibt es für die unterschiedliche Größe von Ei- und Samenzelle? (die Eizelle enthält die Nährstoffe für die erste Phase der Embryonalentwicklung)
3. Welcher Versuch spricht dafür, daß im Kern aller — auch der ausdifferenzierten — Körperzellen die gesamte genetische Information enthalten ist? (man kann ausdifferenzierte Darmzellen von Kaulquappen zu einer neuen Embryonalentwicklung anregen)
4. Aus welchen Geweben kann man lebende Zellen des Menschen am einfachsten gewinnen? (Wangenschleimhaut, Haarwurzel, Blut)

5. Mit welchen Hilfsmitteln kann man den Kern deutlicher sichtbar machen? (Untersuchung gefärbter Präparate im Lichtmikroskop oder ungefärbter im Phasenkontrastmikroskop)
6. Wie kann man die Größe von Zellkernen messen? (mittels Okular- und Objektmikrometer)
7. Welchen Raum nimmt die genetische Information aller heute lebenden Menschen ein? (Größenordnung: ein Stecknadelkopf)

zu B. III. *Chromosomen im Mitosezyklus*

1. In welchen Geweben kann man Chromosomen sichtbar machen? (teilungsaktive Gewebe, z. B. Wurzelspitzen, Vegetationskegel, Keimschicht der Haut, Hoden)
2. Was läßt sich über die Zahl der Chromosomen bei verschiedenen Organismen aussagen (arttypische, meist gradzahlige Anzahl zwischen 2 und ~ 1000, am häufigsten 20—40. Die Zahl ist unabhängig von der Organisationshöhe)
3. Welche Merkmale kann man an einfach gefärbten Chromosomen im Lichtmikroskop feststellen? (Größe, Lage des Centromers, Verhältnis der Schenkellängen)
4. Welche Voraussetzungen sind nötig, um den Ablauf der Mitose filmen zu können? (z. B. Zellgewebekultur, Phasenkontrastmikroskop. Filmaufnahmen mit Zeitraffung)
5. Beschreiben Sie den Ablauf der Mitose unter Verwendung der Fachausdrücke für die charakteristischen Stadien (Prophase: Kürzer-Dickerwerden der Chromosomen, Ausbildung der Kernspindel; Metaphase: Einordnen der Chromosomen in die Äquatorialebene; Anaphase: Auseinanderweichen der Chromosomenspalthälften = Chromatiden; Telophase: Dünner-Längerwerden der Chromosomen an den Spindelpolen, Bildung der neuen Kernmembran)
6. Wodurch unterscheidet sich die Mitose bei Pflanze und Tier? (Tier: Spindelapparat geht vom Zentriol aus; Pflanze: Spindelapparat geht von Polkappen aus)
7. Wodurch unterscheidet sich ein Metaphase- und ein Anaphasechromosom? (ersteres besteht aus zwei Chromatiden, letzteres aus einem Chromatid)
8. Wann findet die Verdoppelung der Einchromatid-Chromosomen statt? (In der Synthesephase der Interphase)
9. Aus welchen zwei Stoffgruppen bauen sich Chromosomen auf, welche ist der Träger der genetischen Information? (DNS als Träger der genetischen Information, Proteine)
10. Welcher Faktor spielt für die Steuerung des Mitosezyklus eine Rolle? (Kern-Plasma-Relation)
11. Welche Fragen bezüglich der Mitose sind noch ungelöst? (Zeitliche Steuerung des Mitosezyklus, Mechanismus der Chromosomenbewegung)
12. Wozu dient der Mitosezyklus? (Bildung von Tochterzellen mit identischen Chromosomensätzen)

zu B. IV. *Die Chromosomen des Menschen*

1. Welche Zellen des Menschen können verhältnismäßig einfach in Gewebekulturen vermehrt werden? (z. B. Lymphozyten des Blutes, Bindegewebszellen = Fibroblasten)
2. Welche Hauptpräparationsschritte sind notwendig zur Darstellung der Chromosomen des Menschen aus Blut? (Wachsenlassen der Lymphozyten in Kulturlösung bei 37°, Mitosen stoppen mit Colchizin, Verquellen der Lymphozyten und Platzenlassen der Erythrozyten mit hypotoner Lösung, Fixieren mit Methanol-Eisessig, Spreiten durch Auftropfenlassen der Suspension auf feuchte Objektträger, Abflammen, Färben)
3. Nach welchen Kriterien und nach welchem Schema lassen sich einfach gefärbte Chromosomen des Menschen ordnen? (nach Größe und Lage des Centromers in Gruppen von A bis G)
4. Nach welchen Kriterien spezialgefärbter Chromosomen lassen sich Chromosomen des Menschen individuell erkennen und zu Paaren Homologer ordnen? (nach dem Fluoreszenzbanden-Muster bzw. dem Giemsabanden-Muster)
5. Wie wird in der Praxis ein Karyogramm eines Chromosomenpräparates erstellt? (durch Fotografieren sowie Ausschneiden und Ordnen der Chromosomen aus der Positivkopie)
6. Wodurch unterscheidet sich der Chromosomenbestand von Mann und Frau? (Frau: 23 gleiche Paare mit XX, Mann: 22 gleiche Paare und ein ungleiches Paar XY)
7. Welche Vorstellungen hat man über den Feinbau eines Metaphase-Chromosoms? (durchgehender, mehrfach schraubig gewundener DNS-Histonfaden)

zu B. V. *Riesenchromosomen*

1. Bei welchen Objekten und bei welchen Geweben findet man Riesenchromosomen? (bei Zweiflüglern, insbesondere in Speicheldrüsenzellen, aber auch z. B. in Malpighischen Gefäßen)
2. Wodurch zeichnen sich Riesenchromosomen gegenüber normalen Metaphase-Chromosomen aus? (sie sind größer, liegen gepaart in der Haplozahl vor und zeigen Querscheiben = Chromomeren)
3. Wie stellt man sich den Aufbau eines Riesenchromosoms vor? (Es besteht aus über 1000 längsgepaarten Chromonemen; im Chromomerenbereich ist der Spiralisierungsgrad höher als in den Zwischenchromomerenbereichen)
4. Wie entstehen Riesenchromosomen in der Embryonalentwicklung? (durch Mitosezyklen entspiralisierter, längsgestreckter Chromonemen ohne Kernteilungen = Endomitose)
5. Wie bezeichnet man allgemein Chromosomen, die viele Chromonemen enthalten? (polytän)
6. Mit welcher speziellen Leistung von Zellen kann man das Vorkommen von Riesenchromosomen in Zusammenhang bringen? (Drüsenzellen mit hoher Proteinsyntheserate)
7. Mit welcher Vorstellung über die Anordnung der Erbanlagen = Gene kann man das Chromomeren-Bandenmuster in Zusammenhang bringen? (mit der linearen Anordnung der Gene, Chromomer als Ort eines bis mehrerer Gene)

8. Welche methodische Bedeutung kommt den Riesenchromosomen zu? (Mikroskopische Sichtbarmachung selbst kleinster Strukturmutationen, Lokalisation von Genen)
9. Was sind Puffs? (Auftreibungen der Riesenchromosomen, Orte genetischer Aktivität = RNS-Synthese)
10. Welche Typen von Puffs kann man unterscheiden? (unspezifische, gewebsspezifische, entwicklungsspezifische)

zu B. VI. *Meiose und Gametenbildung*
1. Was versteht man unter Meiose, welche Hauptschritte umfaßt sie? (Reifeteilungen: Paarung der Homologen, Reduktionsteilung, Äquationsteilung)
2. Was wird bei der Reduktionsteilung, was bei der Äquationsteilung getrennt? (bei der Reduktionsteilung homologe Chromosomen, bei der Äquationsteilung Schwesterchromatiden)
3. Welche Aufgaben leistet die Meiose im Rahmen der geschlechtlichen Fortpflanzung? (Reduktion des diploiden auf den haploiden Satz als Voraussetzung für die Befruchtung; Neukombination der von Vater und Mutter stammenden Chromosomen)
4. Welche Endprodukte entstehen bei der Meiose einer männlichen und einer weiblichen Urgeschlechtszelle? (vier Spermien bzw. eine Eizelle mit 3 Richtungskörperchen)
5. Wann ist die Vermehrung der Urgeschlechtszellen im männlichen und weiblichen Geschlecht abgeschlossen? (im männlichen beim Eintritt in die Pubertät, im weiblichen vor der Geburt)
6. Wie wird der Bestand an Ursamenzellen ab der Pubertät gesichert? (durch differentielle Zellteilungen der Ursamenzellen, wobei nur jeweils eine Tochterzelle in die Reifeteilung eintritt)
7. Wie ist der zeitliche Ablauf der Meiose bei der Frau? (Paarung der Homologen bereits vor der Geburt vollzogen, Fortsetzung der Reduktionsteilung in der ersten Zyklushälfte, Beendigung erst nach Eisprung und Befruchtung)
8. Welche zeitlichen Zusammenhänge zwischen Meiose und Befruchtung gibt es bei Pflanzen? (Meiose nach der Befruchtung bei vielen Algen und den Pilzen, Meiose bei der Sporenbildung im Sporophyten, Befruchtung auf dem Gametozyten bei z. B. Moosen ued Farnen, Meiose bei der Pollenbildung bzw. Embryosackbildung vor der Befruchtung bei Blütenpflanzen)

zu B. VII. *Chromosomale Geschlechtsbestimmung und Geschlechtsentwicklung*
1. Durch welche Chromosomen unterscheiden sich Mann und Frau? (durch die Geschlechtschromosomen = Gonosomen: Mann XY, Frau XX)
2. Welche Überlegungen führen zum theoretischen Geschlechtsverhältnis 1:1? (der Mann bildet bei der Meiose X- und Y-Spermien in gleicher Zahl, die bei gleichhäufiger Befruchtung von X-Eizellen gleichviel XX- und XY-Zygoten ergeben)
3. Wie interpretiert man die Verschiebung des primären Geschlechtsverhältnisses zugunsten der Jungen? (durch größere Wanderungsgeschwindigkeit der Y-Spermien im Eileiter wohl infolge ihrer geringeren Masse gegenüber den X-Spermien)

4. Wie interpretiert man die Verschiebung des sekundären Geschlechtsverhältnisses zugunsten des weiblichen Geschlechts im Laufe der weiteren Entwicklung? (durch größere Vitalität der weiblichen Individuen, wohl im Zusammenhang damit, daß Defekte in einem X-Chromosom durch das andere überdeckt werden, was bei männlichen Individuen nicht möglich ist)
5. Wie kann man das genetische Geschlecht eines Menschen ohne Chromosomenanalyse feststellen? (durch Spezialfärbung von Zellkernen aus Mundschleimhaut oder Haarwurzelzellen: Frau: ein Barrkörperchen, kein Y-Body; Mann: kein Barrkörperchen; ein Y-Body)
6. Wie interpretiert man das Auftreten eines Barr-Körperchens in Zellkernen von weiblichen Individuen? (Barr-Körperchen = im Interphasekern kontrahiert vorliegendes, genetisch inaktiviertes, zweites X-Chromosom)
7. Warum wird vermutlich eines der beiden X-Chromosomen bei der Frau in allen Zellen inaktiviert? (damit auch bezüglich der Gene auf dem X-Chromosom Mann und Frau dieselbe Dosis enthalten)
8. Wie erklärt sich, daß trotz der Inaktivierung eines X-Chromosoms sich rezessive Genmutationen auf dem X-Chromosom bei der Frau nicht manifestieren? (es ist nicht in allen Zellen das gleiche X-Chromosom inaktiviert, vielmehr zufallsbedingt mal das eine, mal das andere, so daß insgesamt doch beide Homologen aktiv sind)
9. Welche Arten von Geschlecht kann man beim Menschen unterscheiden, die in der Regel übereinstimmen? (z. B. chromosomales-, Gonaden-, Hormon-, morphologisches Geschlecht)
10. Was versteht man unter bisexueller Potenz? (jedes Wesen trägt die Anlagen für die Ausbildung beider Geschlechter auf den Autosomen)
11. Wie erfolgt die Determination der Entwicklung der Merkmale jeweils nur eines Geschlechts beim Menschen? (Y-Chromosom determiniert Mark der undifferenzierten embryonalen Gonade im 3. Monat zu Hoden, dieser produziert Oviduktrepressor und Androgene, dadurch Hemmung der Entwicklung der weiblichen Anlagen, Förderung der Entwicklung der männlichen Anlagen)
12. Wodurch sind echte Hermaphroditen gekennzeichnet, wodurch können sie entstehen? (besitzen Hoden und Ovargewebe; Determinierungsleistung des Y-Chromosoms war unvollständig)
13. Wodurch sind Pseudohermaphroditen gekennzeichnet, wie können sie entstehen? (besitzen eindeutiges Gonadengeschlecht, nicht eindeutige äußere Geschlechtsorgane oder trotz innerer Hoden äußere weibliche Geschlechtsmerkmale; z. B. Testiculäre Feminisierung infolge Androgenresistenz)
14. Welche weiteren Typen chromosomaler Geschlechtsbestimmung sind bekannt? (z. B. XY, XO bei z. B. Wanzen, ZZ, ZW bei Vögeln, Diplo-Haplo bei Bienen)
15. Was versteht man unter phänotypischer Geschlechtsbestimmung? (keine Gonosomen vorhanden, Entscheidung über die Geschlechtsentwicklung fällt durch Außenfaktoren z. B. bei zwittrigen Pflanzen und Tieren und manchen getrenntgeschlechtlichen Tieren z. B. Bonellia)

zu B. VIII. *Chromosomenaberrationen*

1. Was versteht man unter dem Begriff „numerische Chromosomenaberrationen"? (Veränderung der Chromosomenzahl = Genommutation)

2. Wie erklärt man sich das Zustandekommen der Trisomie 21, wie äußert sie sich? (Nichttrennen = Non-dis-junktion des Chromosomenpaares Nr. 21 bei der Meiose der Ureizelle; Befruchtung des Eies mit zwei Chromosomen Nr. 21 mit einem normalen Spermium führt zu Zygote mit 3 Chromosomen Nr. 21; bedingt Symptome der mongoloiden Idiotie)

3. Welcher Zusammenhang besteht zwischen Mutteralter und Häufigkeit mongoloider Neugeborener? (Zunahme mit Mutteralter bis 2 %!)

4. Wie erklärt man sich das Auftreten so vielfältiger Symptome bei mongoloiden Kindern als Folge eines überzähligen Chromosoms? (gestörte „Genbalance")

5. Welche Kinder sind bei mongoloiden Müttern zu erwarten, mit welcher Wahrscheinlichkeit? (Normale und mongoloide Kinder im Verhältnis 1:1)

6. Welche theoretischen Erwartungen bestehen für die künftigen Kinder einer Frau, bei der eine Translokation eines Chromosoms Nr. 21 auf ein Chromosom Nr. 15 festgestellt wurde? ($^1/_3$ normal, $^1/_3$ mongoloid, $^1/_3$ äußerlich normal aber mit der 21-15-Translokation)

7. Welche Erwartungen bestehen für die künftigen Kinder einer Frau, bei der beide Chromosomen Nr. 21 miteinander verbunden sind = 21-21-Translokation? (alle lebensfähigen Kinder werden mongoloid sein)

8. Wie kann es zur Entstehung einer XO-Monosomie kommen, welche Folgen sind damit verbunden? (z. B. beide X-Chromosomen geraten bei der Meiose in das Richtungskörperchen, das Ei enthält kein X-Chromosom und wird von einem X-Spermium befruchtet; Turner-Syndrom: Minder-Wuchs, Sterilität, normale Intelligenz)

9. Auf welche beiden Weisen kann es zur Entstehung einer XXY-Klinefelter-Chromosomenaberration kommen? (Nondisjunktion bei der Oogenese: Ei mit 2X-Chromosomen + Y-Spermium; oder: Nondisjunktion bei der Reduktionsteilung der Ursamenzelle: Spermium mit XY-Chromosomen + X-Eizelle)

10. Wie erklärt sich das Zustandekommen von Zygoten mit z. B. 5 X-Chromosomen? (Nondisjunktion bei Reduktions- und Äquationsteilung: Ei mit 4 X-Chromosomen + X-Spermium)

11. Worauf ist es wohl zurückzuführen, daß Individuen mit 5 X-Chromosomen überhaupt lebensfähig sind? (4 X-Chromosomen werden frühzeitig in der Embryonalentwicklung zu 4 Barr-Körperchen genetisch inaktiviert)

12. Wie kann es zur Entstehung einer XYY-Zygote kommen? (Normale Reduktionsteilung der Ursamenzelle, Nondisjunktion bei der Äquationsteilung der Y-Spermatocyte liefert Spermium mit zwei Y-Chromosomen)

13. Diskutieren Sie das Schlagwort „Y-Chromosom — Mörderchromosom"? (zweites Y-Chromosom determiniere zu Verbrechen nicht haltbar; verringerte Frustrationstoleranz seiner Träger führt zu Konflikten)

14. Was versteht man unter „struktureller Chromosomenaberration"? (Veränderung der Chromosomenstruktur = Chromosomenmutation)
15. Nennen Sie die bekanntesten Typen von Chromosomenmutationen! (Deletion, Inversion, Duplikation, Translokation)
16. Geben Sie ein Beispiel für eine Deletion beim Menschen an! (Deletion der kurzen Arme des Chromosoms Nr. 5; Katzenschrei-Syndrom)
17. Wie kann man Chromosomenaberrationen bereits beim Embryo feststellen? (Entnahme von Fruchtwasser mit Zellen des Embryos, Gewebekultur dieser Zellen, Chromosomenanalyse)
18. In welchen Fällen erscheint eine pränatale Diagnose angebracht? (z. B. bei schwangeren Frauen im höheren Alter, bei Frauen, die bereits ein Kind mit Translokationsmongolismus geboren haben)
19. Wodurch könnte die Rate an Chromosomenaberrationen beim Menschen zunehmen? (durch höhere Strahlenbelastung mit ionisierenden Strahlen, durch mutagene Agentien z. B. N-Lost, Colchizin, durch Rötelviren)
20. Welche Bedeutung spielt Polyploidie bei Pflanzen? (polyploide Pflanzen sind häufig widerstandsfähiger und ertragreicher)
21. Geben Sie ein Beispiel für Polyploidisierung bei einer Kulturpflanze an! (z. B. Einkorn diploid, Emmer tetraploid, Weizen hexaploid)
22. Geben Sie Möglichkeiten an, wie aus einer diploiden eine tetraploide Pflanze entstehen kann! (in somatischen Zellen unterbleibt bei Mitose Trennung der Chromatiden, vegetative Vermehrung; oder: Meiose unterbleibt, diploide Gameten vereinigen sich)
23. Wie wird die Meiose bei einer triploiden Pflanze verlaufen? (Bei der Paarung der Homologen bleibt der dritte Partner ungepaart. Bei der Reduktionsteilung verteilen sich die Partner zufällig. Es entstehen multiple Trisomien. Die Pflanze ist unfruchtbar)
24. Wie kann man bei Pflanzen experimentell Polyploide auslösen? (z. B. durch Behandlung von Vegetationspunkten bzw. Blütenanlagen mit Colchizin)

2. Objektivierte Leistungskontrolle

(Chromosomen, Mitose, Meiose, Geschlechtsbestimmung und -entwicklung, Chromosomenaberrationen)
In den folgenden Antwort-Auswahl-Aufgaben ist von den jeweils vier zur Wahl gestellten Antworten *eine* und zwar die beste bzw. einzig richtige auszuwählen und anzukreuzen.
Bitte Text genau lesen und gründlich überlegen!

1. Unter Vererbung versteht man die Weitergabe von
a Merkmalen von Generation zu Generation
b Chromosomen von Generation zu Generation
c Erbinformationen von Generation zu Generation
d Eigenschaften von Generation zu Generation

2. Jedes Chromosom einer embryonalen Körperzelle des Menschen
a besteht stets aus zwei Chromatiden
b ist doppelt vorhanden
c verdoppelt seine Substanz in der Anaphase
d verdoppelt seine Substanz in der Interphase

3. Bei der Mitose ist noch weitgehend unbekannt
a die Energiequelle für die Bewegung
b der Mechanismus der Bewegung
c die Funktion des Zentriols
d die Dauer der einzelnen Phasen

4. Die homologen Metaphase-Autosomen eines Menschen enthalten
a in verschiedenen Geweben verschiedene Informationen
b in jedem Paarling dieselbe genetische Information
c in gleichen Geweben verschiedene Informationen
d in verschiedenen Geweben gleiche Informationen

5. Während der Meiose einer Ursamenzelle finden folgende Vorgänge statt: (ohne Berücksichtigung von crossing over)
a eine Neusynthese genetischen Materials
b eine Reduktion des haploiden Chromosomensatzes
c die Bildung von je zwei Gameten mit identischer Erbinformation
d die Trennung der vom Vater und der Mutter stammenden Chromosomensätze

6. Differenzielle Zellteilungen führen zu Zellen mit unterschiedlichen
a Erbanlagen
b Merkmalen
c Chromosomenzahlen
d Gonosomen

7. Unter bisexueller Potenz versteht man beim Menschen die
a Tatsache, daß jeder Mensch auch Eigenschaften des anderen Geschlechts hat
b Möglichkeit zu homosexueller oder bisexueller Betätigung
c Tatsache, daß der Mensch die Erbinformation auch für das andere Geschlecht hat
d Unmöglichkeit, an einem zweimonatigen Fötus das Geschlecht zu erkennen

8. Ein Pseudohermaphrodit ist ein Mensch mit eindeutigen
a Geschlechtschromosomen und nicht eindeutigen Gonaden
b Geschlechtsorganen und nicht eindeutiger Hormonlage
c Gonaden und nicht eindeutigen Geschlechtsorganen
d Geschlechtsorganen und nicht eindeutiger Geschlechtsrollenidentifikation

9. Die Wahrscheinlichkeit, daß nach zwei Knaben ein drittes Kind wieder ein Knabe wird
a beträgt $\sim 1/2$
b beträgt $\sim 1/4$
c beträgt $\sim 1/8$
d kann nicht angegeben werden

10. Die Sterblichkeit der Knaben ist höher als die der Mädchen, weil
a mehr Knaben als Mädchen gezeugt werden
b die Ausbildung der männlichen Geschlechtsorgane störanfälliger ist
c die Knaben neben einem X- ein Y-Chromosom besitzen
d die Mädchen das zweite X-Chromosom als Barr-Körperchen inaktiviert haben

11. Den Barr-Körperchen entsprechende Strukturen können erwartet werden bei
a Schmetterlingsweibchen
b Vogelmännchen
c Arbeitsbienen
d Mäusemännchen

12. Der Begriff „numerische Chromosomenaberration" ist synonym mit
a überzählige Chromosomen
b Genommutation
c Chromosomenmutation
d Polyploidie

13. Ein Kind mit Trisomie-21 entsteht, wenn
a bei der Reduktionsteilung einer Ureizelle beide Chr. Nr. 21 sich nicht trennen
b eine diploide Eizelle von einem haploiden Spermium befruchtet wird
c eine Eizelle mit drei Chromosomen Nr. 21 von einem haploiden Spermium befruchtet wird
d eine Eizelle mit zwei Chromosomen Nr. 21 von einem haploiden Spermium befruchtet wird

14. Für das Zustandekommen eines Kindes mit der Chromosomenaberration XYY ist verantwortlich ein Fehler bei der
a Reduktionsteilung und Äquationsteilung einer Ursamenzelle
b Reduktionsteilung einer Ursamenzelle
c Äquationsteilung einer Ursamenzelle
d Reduktionsteilung oder Äquationsteilung einer der Samenzelle

15. Aus der Tatsache, daß man Männer mit zwei Y-Chromosomen gehäuft im Verbrechermilieu findet, kann folgender Schluß gezogen werden:
a ungünstige Milieueinflüsse begünstigen das Auftreten der XYY-Aberration
b im Y-Chromosom liegen Anlagen für kriminelles Verhalten
c durch zwei Y-Chromosomen übersteigerte Männlichkeit führt zu Verbrechen
d ein überzähliges Y-Chromosom hat Einfluß auf die psychische Entwicklung

16. Welcher Befund läßt sich aus Zellen des Fruchtwassers bei einem zweimonatigen Fötus ohne Zellkultur gewinnen?
a überzähliges Autosom
b defektes Autosom
c überzähliges Gonosom
d defektes Gonosom

17. Trisomie spielt eine große Rolle als Ursache von
a Pflanzen-Ertragssteigerungen
b Tier-Ertragssteigerungen
c Erbkrankheiten
d Spontanaborten

18. Die schwerstwiegenden Folgen für die Gesundheit eines künftigen Kindes ergeben sich theoretisch aus der Bestrahlung mit einer gegebenen Dosis Röntgenstrahlen
a der Körperzellen beider Eltern
b der Keimzellen eines Elternteils
c der Zygote des künftigen Kindes
d des Embryos

Lösungen der objektivierten Leistungskontrolle

1c, 2d, 3b, 4d, 5c, 6b, 7c, 8c, 9a, 10c, 11b, 12b, 13d, 14c, 15d, 16c, 17d, 18c

Weitere Beispiele von Antwort-Auswahlaufgaben zu den Teilgebieten der Genetik, eine Modell-Klausur und allgemeine Probleme der Leistungsmessung in der Kollegstufen-Biologie siehe: *Daumer, K.:* Lernzielorientierte, taxonomiebezogene Leistungsmessung in der Kollegstufen-Biologie. Beispiele auf dem Leistungskurs Genetik. In: Der Biologieunterricht in der Kollegstufe, Hrsg. *K. Daumer* und *W. Glöckner*, bsv-Verlag München, 1975.

C. Humangenetik

I. Erbganganalyse eines alternativen Merkmals
(1. und 2. Mendelsche Regel, Chromosomentheorie der Vererbung)

1. Vorbemerkungen, Film und Bildmaterial

Die Grundregeln der klassischen Genetik für die Vererbung bei alternativen Merkmalen gelten in gleicher Weise bei Pflanze, Tier und Mensch. In den meisten Lehr- und Schulbüchern werden sie anhand der klassischen Objekte, Erbsen, Wunderblumen oder Drosophila abgeleitet.

So werden die Denkansätze, Versuche und Ergebnisse, die *Mendel* zur Formulierung seiner Schlußfolgerungen führten z. B. im Oberstufenband des Klettverlags „Der Organismus" sehr ausführlich dargestellt. Wer diesen historischen Weg beschreiten will, findet zusätzliche Informationen in: Der Biologieunterricht, Heft 2, 1969, Beiträge zum Unterricht in klassischer Genetik, insbesondere in den Aufsätzen „Gregor Mendel als Klassiker des genetischen Experiments" *(Krumbiegel)* und „Die Formulierung der Mendelschen Regeln" *(Hammer)*.

Die historischen Versuche sind gut dargestellt in den Filmen:

FT 678 „Gregor Mendel und sein Werk"
8F 95 Natürliche und künstliche Bestäubung der Erbsen,
8F 96 Kreuzung von 2 Erbsenrassen — Uniformitätsregel,
8F 97 Kreuzung von 2 Erbsenrassen — Spaltungsregel und Rückkreuzung
3F 89 Kreuzung von 2 Erbsenrassen — Unabhängigkeit der Erbanlagen.

Die Diareihe R 756 „Vererbung" enthält Beispiele für Erbgänge bei verschiedenen Pflanzen und Tieren (Wunderblume, Brennessel, Mais, Maus). Bezüglich der Durchführung von Kreuzungsexperimenten mit Drosophila, Blattkäfern und Pillennessel sei auf die Kapitel D und E verwiesen.

Da sich die Schüler verständlicherweise mehr für die Vererbung beim Menschen als bei Erbsen und Wunderblumen interessieren und selbst agieren möchten, gelingt die Einführung in die klassische, formale Genetik mit größerer Motivation, wenn sie den Menschen betrifft und zudem von eigenen Beobachtungen und Überlegungen der Schüler ausgehen kann. Außerdem kann dabei die Bedeutung formalgenetischer Regeln für jeden Einzelnen deutlicher gemacht werden. Deshalb wird in diesem Abschnitt gezeigt, wie alternative Erbmerkmale beim Menschen festgestellt, wie Erbgänge aus Stammbäumen abgeleitet und die Erkenntnisse praktisch angewendet werden können.

Vorausgesetzt wird dabei die Kenntnis der Chromosomenverteilung bei Meiose und Befruchtung (Kapitel B). Ausblicke ergeben sich auf die molekularen Grundlagen der Vererbung, die im Detail in Kapitel G abgehandelt werden.

Als Überleitung von den im vorausgegangenen Kapitel beschriebenen Genom- und Chromosomenmutationen zur klassischen, formalen Genetik kann folgende Gegenüberstellung dienen: Veränderungen der Chromosomenzahl und -struktur sind im Mikroskop sichtbar. Sie sind mit einer Reihe von Entwicklungsstörungen und Merkmalsänderungen korreliert. Daraus ist die allgemeine Bedeutung intakter Chromosomen und kompletter Chromosomensätze für die Normalentwicklung ersichtlich. Spezielle Vererbungsregeln ließen sich daraus nicht ableiten.

Jetzt sollen eindeutig alternative Merkmale und deren Auftreten von Generation zu Generation betrachtet werden. Dabei soll versucht werden, Regeln des Erbganges zu entdecken und sie mit dem Verhalten der Chromosomen bei Meiose und Befruchtung in Zusammenhang zu bringen. Dieser Weg hat historisch zur Aufdeckung der Vererbungsregeln und zur Chromosomentheorie der Vererbung geführt.

2. Feststellung der Schmeckfähigkeit für Phenylthioharnstoff

Die merkwürdige Eigenschaft des Stoffes Phenylthioharnstoff (PTH), dem Einen ausgesprochen bitter, dem Anderen geschmacklos zu erscheinen, wurde von dem Chemiker *A. L. Fox* entdeckt, der 1931 darüber berichtete. Beim Umfüllen des von ihm in großer Menge hergestellten Stoffes hatte sich sein Laborkollege über die Bitterkeit des Staubes beschwert, der plötzlich die Luft erfüllte, während er nichts dergleichen feststellen konnte. Er prüfte daraufhin den Stoff an weiteren Personen und stellte fest, daß es zwei Gruppen von Menschen gibt: „PTH-Schmecker" und „PTH-Nichtschmecker".

Die alternativen Merkmale, PTH-Schmeckfähigkeit bzw. PTH-Geschmacksblindheit, sollen zunächst bei den Schülern festgestellt werden:
Siehe dazu: *Diareihe:* R 2051: Einfache Erbgänge normaler Merkmale beim Menschen, Bild 1, 2, 3, 4

Vorbereitung und Durchführung des Schmecktestes

$$PTH \quad C_6H_5-N(H)-C(=S)-NH_2$$

Phenylthioharnstoff

PTH kann von den Firmen Schuchardt (München) und Serva (Heidelberg) bezogen werden. 0,4 g des Stoffes werden in 200 ml Äthanol gelöst, so daß eine 0,2 %ige Lösung entsteht. Mit dieser Lösung können zwei große Bogen Filter- oder Chromatographiepapier getränkt werden. Man schneidet die Bögen dazu z. B. in vier Teile und faltet diese so lange zusammen, bis sie in die Glasschale mit der Lösung passen. Anschließend hängt man die wieder entfalteten Bögen zum Trocknen auf. Wenn der Alkohol verdunstet ist, zerschneidet man sie in kleine Stückchen von etwa 1 cm² Größe und erhält damit einen Vorrat an Testplättchen, der für mehrere Jahre ausreicht.

In einer Stunde vor Beginn der formalen Genetik läßt man die Schüler je ein Plättchen hinten auf die Zunge legen und den Geschmack prüfen. Die aufgrund des Bevölkerungsdurchschnitts (63 % Schmecker, 37 % Nichtschmecker) mögliche Voraussage, daß z. B. in einer Klasse mit 28 Schülern etwa 18 „bitter" und 10 überhaupt nichts geschmeckt haben werden, löst Verblüffung aus. Besonders die Nichtschmecker sind erstaunt und geradezu beunruhigt, weil sie sich nicht einmal vorstellen können, was der Nachbar empfindet, der das Gesicht verzieht und das Plättchen schleunigst aus dem Mund entfernt.

Ein Hinweis auf die alte Erfahrung „de gustibus non disputandum" und eine heilsame Erschütterung des Vorurteils, alle Menschen müßten so wie man selbst empfinden, kann hier angebracht werden. Die Schüler erhalten nun soviele Plättchen als sie Verwandte testen können und den Auftrag, die Ergebnisse in ein Stammbaumschema einzutragen, selbstverständlich auf freiwilliger Basis (s. S. 127).

Da es sicher ungewohnt ist, die Grundbegriffe der Mendelgenetik aus Stammbaumuntersuchungen abzuleiten, sei die Auswertung ausführlicher dargelegt.

3. Auswertung der Stammbäume, Grundbegriffe der Mendel-Genetik und Chromosomentheorie

In den eingehenden Stammbäumen sind stets folgende Fälle vertreten (vergl. dazu Abb. 33):

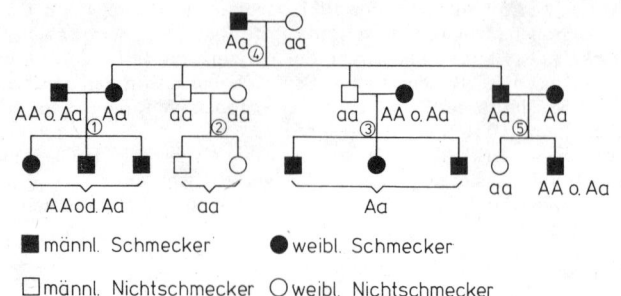

Abb. 33: Modellstammbaum zur Vererbung der Geschmacksblindheit für Phenylthioharnstoff: A = Schmecker-Gen, dominant; a = Nichtschmecker-Gen, rezessiv

(1) Beide Eltern und alle Kinder sind Schmecker.
(2) Beide Eltern und alle Kinder sind Nichtschmecker.

Diese Befunde (1) und (2) decken sich mit der allgemeinen Vorstellung von Vererbung. Für die Schüler überraschend fällt das Ergebnis dagegen bei Ehen aus, in denen der eine Partner Schmecker, der andere Nichtschmecker ist: Die Schmeckfähigkeit der Kinder liegt nicht etwa zwischen der der Eltern, vielmehr treten entweder (3) nur Schmecker, oder (4) neben Schmeckern auch reine Nichtschmecker auf. Eine weitere Überraschung bietet der Fall (5), bei dem aus einer Ehe zwischen zwei Schmeckern auch Nichtschmecker-Kinder hervorgehen. Es läßt sich jedoch in der Regel kein Beispiel finden, bei dem aus einer Nichtschmecker-Ehe ein Schmecker-Kind hervorgegangen wäre.

Aus diesen Beobachtungen lassen sich folgende Hypothesen bilden und Begriffe einführen, vorausgesetzt, daß Reifeteilungen und Befruchtung vorher behandelt wurden.

In den Keimzellen der Eltern müssen „Anlagen" vorhanden sein, die nach dem Zusammentreten bei der Befruchtung im heranwachsenden Kind darüber entscheiden, ob es PTH schmecken kann oder nicht. Man nennt sie Erbanlagen oder *Gene*. Die spezielle Ausführung eines Gens nennt man *Allel*.

Kommen vom Vater und von der Mutter je eine Anlage für PTH-Schmeckvermögen, z. B. mit + bezeichnet, so wird das Kind die Anlagen in doppelter Ausfertigung tragen (++) und Schmecker sein (Fall 1).

Sind beide Eltern Nichtschmecker, so wird den Kindern die Anlage doppelt fehlen (——) bzw. sie werden die anders geartete Anlage für Nichtschmecker in doppelter Ausfertigung tragen (Fall 2).

Kommt vom Vater z. B. die Anlage für Schmecken (+), von der Mutter die Anlage für Nichtschmecken (—), so trägt das Kind die Anlagen + und —. Aus dem Befund, daß es volles PTH-Schmeckvermögen besitzt, folgt, daß eine einzige Anlage (+) zur vollen Ausbildung des Merkmals genügt (Fall 3). Man nennt solche dominierenden Anlagen *dominant* und bezeichnet sie mit Großbuchstaben z. B. A, die daneben sich nicht entfaltenden Anlagen als *rezessiv* und bezeichnet sie mit den entsprechenden Kleinbuchstaben z. B. a. Die Schmecker-Kinder von Fall 3 haben demnach das Erbbild oder den Genotyp Aa. Man nennt sie mischerbig oder *heterozygot*. Sie sind an ihrem Schmeckvermögen, d. h. an ihrem Erscheinungsbild oder Phänotyp nicht von sogenannten reinerbigen oder *homozygoten* Schmeckern des Genotyps AA zu unterscheiden. Dagegen kommt Nichtschmeckern, die das, der rezessiven Anlage entsprechende, Merkmal zeigen (man kann auch sagen, die das rezessive Merkmal zeigen), eindeutig der Genotyp aa zu. Man spricht von *monohybridem* Erbgang, wenn ein Anlagenpaar ein Merkmal determiniert.

Nunmehr wird verständlich, warum aus einer Schmecker-Ehe auch ein Nichtschmecker-Kind hervorgehen kann (Fall 5). Die Schmecker-Eltern mußten dem

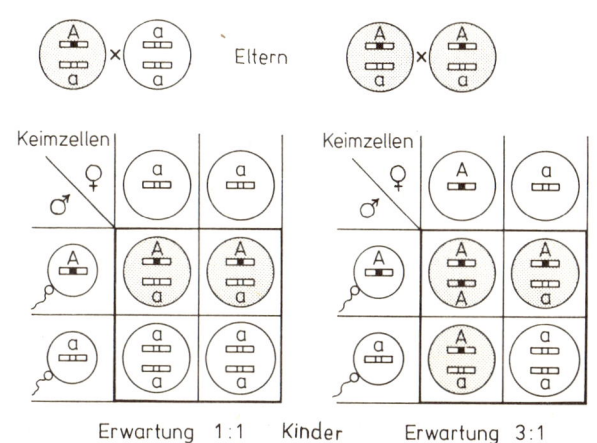

Abb. 34: Kombinationsquadrate zur Erklärung der Erbgänge von Fall 4 (heterozygote — homozygote Elternschaft) und Fall 5 (doppelt heterozygote Elternschaft) nach der Chromosomentheorie der Vererbung und zur Ermittlung der Erwartungen

mischerbigen Genotyp Aa angehört haben. Bei der Keimzellenbildung trennten sich die beiden offenbar unvermischt gebliebenen Anlagen A und a auf verschiedene Keimzellen, die bei der Befruchtung neu zusammentreten konnten. Die Anlagenkombination aa muß dann zu einem Nichtschmecker-Kind führen.
Die Vorstellung von Anlagenpaaren in den Körperzellen, die sich bei der Keimzellbildung trennen, und die bei der Befruchtung erneut zu Paaren zusammentreten, deckt sich mit dem beobachteten Verhalten der Chromosomen bei Reduktionsteilung und Befruchtung. Mit der erstmals 1904 von *Boveri* und *Sutton* präzisierten Theorie, nach der Paare *homologer Chromosomen* die Träger von Paaren dasselbe Merkmal betreffender Gene (allele Gene oder Allele) sind, lassen sich z. B. Fall 4 und 5 in der bekannten Weise darstellen: Nimmt man an, daß die zwei Spermiensorten mit den Anlagen A und a in gleicher Anzahl entstehen, und sich allein dem Zufall folgend mit einer Eizellsorte (Fall 4) und zwei Eizellsorten (Fall 5) vereinigen, so ist jede Anlagenkombination mit derselben Wahrscheinlichkeit von $1/4$ oder 25 % zu erwarten. Da die Genotypen AA und Aa phänotypisch nicht unterscheidbare Schmecker darstellen, wäre ein Verhältnis Schmecker : Nichtschmecker im Fall 4 (Aa × aa) $2/4 : 2/4 = 1:1$, im Fall 5 (Aa × Aa) wie $3/4 : 1/4 = 3:1$ zu erwarten. (Abb. 34).
Mit dieser Grundannahme läßt sich ein Modellversuch durchführen, der den Zusammenhang zwischen theoretischer Erwartung und tatsächlichem Häufigkeitsverhältnis in Abhängigkeit von der untersuchten Zahl von Fällen demonstriert und den wichtigen Eindruck von der statistischen Natur der Vererbungsregeln vermittelt:

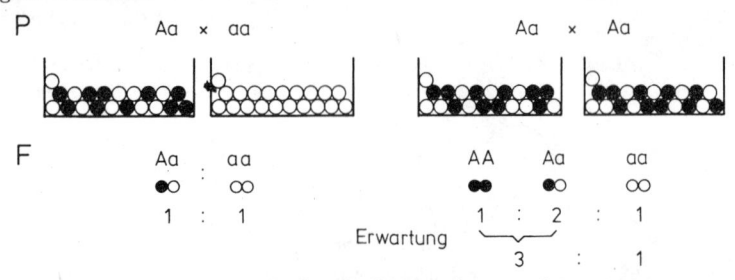

Abb. 35: Modellversuch zur Demonstration des Zusammenhanges zwischen Erwartung = Wahrscheinlichkeit und tatsächlich ermitteltem Häufigkeitsverhältnis bei einer endlichen Zahl von Proben.

4. Modellversuch zur Entstehung von Häufigkeitsverhältnissen (Abb. 35)

Man besorgt sich z. B. 80 Tischtennisbälle (kleine Holzkugeln oder dergleichen), färbt die Hälfte schwarz und verteilt sie zur Prüfung der 3:1-Erwartung so auf zwei Glasgefäße, z. B. Aquarien, daß sich in jedem gleichviel schwarze und weiße Kugeln befinden.
Die schwarzen Kugeln sollen die Keimzellen mit der Anlage für Schmecker (A), die weißen die Keimzellen mit der Anlage für Nichtschmecker (a) darstellen. Das eine Gefäß repräsentiert den Hoden des heterozygoten Vaters, das andere das Ovar der heterozygoten Mutter. Indem man blind aus jedem Gefäß je eine Kugel hochhebt, simuliert man das Ergebnis der Reifeteilungen, indem man die beiden

Kugeln zusammenführt, simuliert man den Vorgang der Befruchtung und kann den Genotyp und Phänotyp ablesen.
Nun läßt man einen Schüler z. B. wenigstens 20, besser 40 „Modellkinder zeugen" und einen zweiten an der Tafel die Ergebnisse notieren. Dazu legt man eine Tabelle mit zwei Spalten an, in denen die beiden *Phänotypen,* Schmecker (AA oder Aa) bzw. Nichtschmecker (aa), eingetragen werden.
Es ist ein spannendes Erlebnis, zu beobachten, wie nach anfänglichen großen Abweichungen von dem erwarteten 3:1 Verhältnis mit zunehmender Zahl der „Kinder" sich die Annäherung an die Erwartung verbessert. Eine mehr oder minder große Abweichung von der Erwartung bleibt aber dennoch bestehen. Es kann gefragt werden, ob das tatsächliche Ergebnis mit der Erwartung verträglich ist oder nicht. Diese Frage kann mit der χ^2-Methode (Chiquadrat-Methode) beantwortet werden.

5. Statistische Prüfung von Häufigkeitsverhältnissen

Um zu prüfen, ob ein tatsächlich gewonnenes Verhältnis z. B. 27:13 mit der Erwartung 3:1 verträglich ist, oder ob es sich signifikant davon unterscheidet, bedient man sich der χ^2-Methode. Dazu ermittelt man zunächst die für die Gesamtzahl n in beiden Merkmalsklassen erwarteten Häufigkeiten: Bei n = 40 und der Erwartung $^3/_4 : ^1/_4$ ergibt sich 40 : 4 = 10; 3 x 10 = 30; 1 x 10 = 10; also eine Erwartung von 30 : 10.
Dann bildet man die Differenz zwischen der Zahl der beobachteten und erwarteten Fälle in jeder Klasse, quadriert (zur Elimination des Vorzeichens), dividiert durch die Erwartung (zur Normierung) und bildet die Summe zwischen beiden Werten. Die Summe stellt den für die Größe der Abweichung repräsentativen χ^2-Wert dar.

z. B. Ergebnis 27 : 13
Erwartung 30 : 10
Differenz —3 +3
Differenz² 9 9
$\frac{\text{Differenz}^2}{\text{Erwartung}}$ $\frac{9}{30}$ $\frac{9}{10}$

$$\chi^2 = \frac{9}{30} + \frac{9}{10} = \frac{36}{30} = 1{,}02$$

vereinfachte χ^2-Tabelle (für 1 Freiheitsgrad)
χ^2-Werte

0,016	0,455	0,706	3,841	6,635
0,90	0,50	0,10	0,05	0,01

p-Werte

Dem χ^2-Wert entspricht ein, Tabellen zu entnehmender, p-Wert (p = engl. probability, Wahrscheinlichkeit), der die Wahrscheinlichkeit angibt, für das zufällige Auftreten einer so großen oder größeren Abweichung des Ergebnisses von der Erwartung. Beim Nachschlagen in der Tabelle ist die Zahl der Freiheitsgrade zu beachten. Im vorliegenden Fall eines Häufigkeitsverhältnisses von zwei Merkmalen liegt 1 Freiheitsgrad vor. (Von den beiden Häufigkeiten und ihrer Summe führt die freie Veränderung *einer* Zahl zwangsläufig zur Veränderung der beiden anderen.) Einem χ^2 von 1,02 entspricht laut Tabelle bei einem Freiheitsgrad ein p-Wert von rund 0,4 = 40 %; d. h., wenn man den Modellversuch in gleicher Weise 100mal wiederholt, würde man 40mal eine so große oder sogar größere Abweichung von der Erwartung 30 : 10 erhalten. Die Abweichung zwischen Ergebnis und Erwartung ist also nicht signifikant.

Allgemein betrachtet man einen p-Wert von 0,05 = 5 % als Warngrenze, einen p-Wert von 0,01 = 1 % als Widerspruchsgrenze. D. h., wenn die Abweichung von der Erwartung so groß ist, daß sie durch Zufall nur in 1 % der Fälle auftreten würde, verwirft man die Hypothese der Übereinstimmung als nicht zutreffend. (Weitere Informationen zur χ^2-Methode kann man in dem Kapitel „Biologische Statistik", dieses Handbuchs, Bd. 4/II, S. 315 ff., finden).

6. Überprüfung zusammengefaßter Familiendaten auf Übereinstimmung mit einem erwarteten Spaltungsverhältnis

Um zu prüfen, ob die Geschmacksblindheit für PTH beim Menschen tatsächlich nach dem einfachen dominant-rezessiven Mendelschema vererbt wird, erscheint es naheliegend, die Schmecker- und Nicht-Schmecker-Kinder aus verschiedenen Ehen des Typs 4 bzw. des Typs 5 von Abb. 33 zusammenzufassen und mittels der χ^2-Methode auf Verträglichkeit mit den Erwartungen 1:1 für Typ 4 bzw. 3:1 für Typ 5 zu untersuchen.

Da man pro Klasse und Jahr zuwenig entsprechende Fälle für eine statistische Bearbeitung erhält, wird man das Material von Jahr zu Jahr sammeln. Dabei wird sich herausstellen, was bei einigem Überlegen auch verständlich wird, daß die Nichtschmecker überwiegen: Man erfaßt ja nur jene Familien des Typs 4 Aa x aa, in denen wenigstens ein Nichtschmecker-Kind aufgetreten ist (diejenigen, die zufällig kein Nichtschmecker-Kind enthalten, erfaßt man nicht). Man kann den Erfassungsfehler dadurch vermeiden, daß man nur die Geschwister des erfaßten Nichtschmecker-Kindes zählt, dieses selbst wegläßt.

Um die Brauchbarkeit dieses Vorgehens zu veranschaulichen, kann man einer Buben- bzw. Mädchenklasse den Auftrag geben, das Geschlechtsverhältnis dadurch zu ermitteln, daß die Buben und Mädchen in allen Geschwisterschaften zusammengezählt werden. In einer Bubenklasse ergibt sich dabei eine Verzerrung des Verhältnisses zugunsten der Buben, in einer Mädchenklasse zugunsten der Mädchen. Erst wenn die Schüler bzw. die Schülerinnen selbst aus der Aufstellung eliminiert werden und nur deren Geschwister gezählt werden, erhält man eine Annäherung an das 1:1-Verhältnis.

Im Fall Aa × Aa, der ebenfalls nur über aufgetretene aa-Kinder erfaßt wird, ist die notwendige Korrektur komplizierter und beruht auf populationsgenetischen Überlegungen. Sie können in jedem Standardwerk der Humangenetik nachgelesen werden, kommen aber wohl nur für Facharbeiten in der Sekundarstufe II in Frage.

7. Wahrscheinlichkeitsvoraussagen im Einzelfall

Wahrscheinlichkeit kann definiert werden als Häufigkeit der zu erwartenden Ereignisse dividiert durch die Zahl der möglichen Ereignisse.

Frage: Wie groß ist die Wahrscheinlichkeit, daß z. B. die drei Kinder aus einer Ehe heterozygoter Schmecker-Eltern alle drei Nichtschmecker sind?
Antwort: Für das 1. Kind $1/4$, für das zweite Kind $1/4$ und für das 3. Kind $1/4$, für drei Kinder zusammen $1/4 \cdot 1/4 \cdot 1/4 = (1/4)^3 = 1/64$. Unter 64 Drei-Kinder-Ehen des heterozygoten Typs ist also einmal dieser Fall zu erwarten.

(Multiplikationssatz: Die Wahrscheinlichkeit für zwei unabhängige Erwartungen, zusammen aufzutreten, ist gleich dem Produkt aus den beiden einzelnen Wahrscheinlichkeiten.)

Frage: Wie groß ist die Wahrscheinlichkeit, daß nach drei bereits vorhandenen Nichtschmecker-Kindern ein viertes zu erwartendes Kind Nichtschmecker sein wird?

Antwort: $1/4 = 25\,\%$. Der Zufall hat kein Gedächtnis!

Frage: Wie groß ist die Wahrscheinlichkeit, daß z. B. zwei Schmecker- und ein Nichtschmecker-Kind auftreten?

Antwort: Wahrscheinlichkeit für ein Schmecker-Kind: $3/4$
für ein Nichtschmecker-Kind: $1/4$

Wahrscheinlichkeit für zwei Schmecker-Kinder und ein Nichtschmecker-Kind: $3/4 \cdot 3/4 \cdot 1/4 = 9/64$.

Zahl der möglichen Geburtenfolgen der Schmecker (+) bzw. Nichtschmecker (—) Kinder:

1. Kind	2. Kind	3. Kind	Wahrscheinlichkeit
+	+	—	$9/64$
+	—	+	$9/64$
—	+	+	$9/64$
			$\overline{27/64}$

Im Durchschnitt werden 27 von 64 Familien des besprochenen Typs zwei Schmecker-Kinder und ein Nichtschmecker-Kind besitzen. (Die Wahrscheinlichkeit, daß die eine oder andere von zwei oder mehr sich wechselseitig ausschließenden Erwartungen zutrifft, ist gleich der Summe der einzelnen Wahrscheinlichkeiten).

Die Zahl der möglichen Geburtenfolgen ergibt sich allgemein:

$$\frac{\text{Gesamtzahl der Kinder!}}{+\text{ Kinder!} \cdot -\text{ Kinder!}} \text{ (! Fakultät): z. B. } \frac{3!}{2! \cdot 1!} = \frac{1 \cdot 2 \cdot 3}{1 \cdot 2 \cdot 1} = 3$$

8. Ergänzende Hinweise und Versuche zum PTH-Schmecktest

Die Familienuntersuchung aufgrund des Schmecktestes könnte mitunter unangenehme Folgen haben, wenn ein Schüler mit Schmeckfähigkeit feststellt, daß seine beiden Eltern Nichtschmecker sind, was nach dem bisher gesagten einem Vaterschaftsausschluß gleichkäme. Tatsächlich ist aber der Schmecktest (glücklicherweise) nicht 100 %ig für einen Vaterschaftsausschluß brauchbar. Dies rührt daher, daß die PTH-Schmeckfähigkeit bzw. PTH-Geschmacksblindheit keine absolut alternativen Merkmale, wie etwa die Blutgruppenmerkmale, sind. Sie variieren vielmehr. Die vorgegebene Testkonzentration erscheint den Einen sehr unangenehm bitter, Anderen nur eben merklich bitter, wie man leicht durch eine Befragung ermitteln kann. Bei der Prüfung mit verschiedenen Testkonzentrationen überschneiden sich denn auch die Variationsbereiche von Schmeckern und Nichtschmeckern ein wenig, so daß in 5 % der Fälle die Zuordnung unsicher bleibt. Bei der verwendeten Grenzkonzentration ist es also durchaus möglich, daß ein genotypischer Schmecker gerade noch nichts, ein genotypischer Nichtschmecker schon ein wenig schmeckt. Mit dieser Argumentation kann man einen eventuell auftretenden Fall vom zuletzt besprochenen Typ entschärfen, ja man kann sogar sagen, daß ein solcher Fall aus statistischen Gründen irgendeinmal auftreten muß. Genaueren Aufschluß über die Variabilität des nur in erster Näherung alternativen Merkmals erhält man durch folgenden Versuch:

Versuch zur Schwellenbestimmung für die PTH-Geschmacksempfindlichkeit

Man löst 2 g PTH in 1 l siedendem, destilliertem Wasser und stellt von dieser 0,2 %igen Ausgangslösung eine Verdünnungsreihe in Schritten von $1/4$ her. Dadurch erhält man folgende Lösungen: 1, $1/4$, $(1/4)^2$, $(1/4)^3$, $(1/4)^4$, $(1/4)^5$, $(1/4)^6$ der Ausgangslösung, in die man Wattetupfer (in Apotheken erhältlich) oder auf Zahnstocher aufgespießte Wattekügelchen taucht.

Von der niedrigsten Konzentration beginnend, läßt man von jedem Schüler die Schwellenkonzentration ermitteln, indem der Zungengrund mit den Wattetupfern berührt wird. Dann stellt man fest, wieviele Schüler bei den einzelnen Konzentrationen gerade zu schmecken begonnen haben und trägt die Ergebnisse in ein Säulendiagramm ein. Man erkennt, daß die vorher ermittelten „Nichtschmecker" bei höheren Konzentrationen doch noch schmecken. Entscheidend ist aber der Befund, daß die Verteilung zweigipflig ausfällt: Der erste Gipfel umfaßt die „Nichtschmecker", der zweite die „Schmecker". Dazwischen liegen die 5 %, bei denen eine Zuordnung nicht eindeutig möglich ist (Abb. 36).

(Vorsicht: PTH-Pulver und konzentrierte Lösungen sind giftig, wenn sie in größeren Mengen geschluckt werden.)

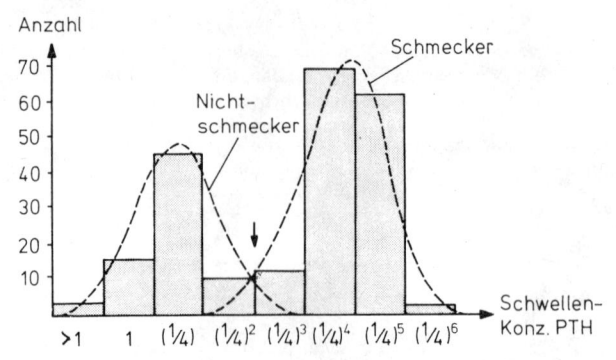

Abb. 36: Ergebnis einer PTH-Schwellenbestimmung an 212 Personen
(Daten aus Vogel nach Kalmus)

Gestrichelt ist die hypothetische Verteilung der Schwellenwerte der Nichtschmecker (aa) und Schmecker (Aa und AA) eingetragen. Mit einer Testkonzentration von 1/32 (zwischen $(1/4)^2$ und $(1/4)^3$ gelegen) der Ausgangslösung (0,2 %) lassen sich Schmecker und Nichtschmecker am besten unterscheiden. Wie man dem Kurvenverlauf im Überschneidungsbereich entnehmen kann, wird ein kleiner Prozentsatz „schwächster" Schmecker als Nichtschmecker und „stärkster" Nichtschmecker als Schmecker klassifiziert (insgesamt $\sim$ 5 %)

Die Schwellenempfindlichkeit für PTH hängt auch noch von Umweltfaktoren ab, wie z. B. Gesundheit und Ernährungszustand.

Interessant ist der auf großes Zahlenmaterial gestützte Befund, daß Nichtschmecker etwas häufiger Raucher sind als Schmecker. Dieser Befund ist allerdings nicht etwa so zu interpretieren, daß Rauchen die PTH-Schmeckfähigkeit beeinträchtigt, vielmehr sind im Rauch dem PTH verwandte Substanzen enthalten, welche bei Schmeckern den Rauchgenuß etwas beeinträchtigen, während Nichtschmecker davon nicht betroffen sind. So könnte Abneigung gegen Zigarettenrauchen eine mit der PTH-Schmeckfähigkeit zusammenhängende erbkomponente enthalten.

Die PTH-Schmeckfähigkeit beruht darauf, daß die Schmecker im Speichel ein Enzym enthalten (Thyroxinjodinase), welches PTH spaltet. Erst die Spaltprodukte lösen in den Geschmackszellen der umwallten Pupillen Erregung aus, die zur Bitterempfindung führt. Die Variabilität der Schmeckempfindung zeigt allerdings, daß die Verhältnisse tatsächlich komplizierter liegen.

9. Weitere harmlose Erbmerkmale, die auf Enzymdefekten beruhen

Bei einer Umfrage in der Klasse wird man stets eine positive Antwort auf folgende Fragen erhalten:
Wessen Urin nimmt nach Spargelgenuß einen auffälligen Geruch an? Die Betreffenden scheiden Methylmerkaptan aus. Sie sind homozygot für dieses rezessive Merkmal (aa) (25 % der Bevölkerung).
Wessen Urin nimmt nach dem Genuß von roten Rüben eine rotbraune Färbung an?
Die Betreffenden (10 % der Bevölkerung) scheiden den Farbstoff Betamin aus. Sie sind homozygot oder heterozygot für dieses dominante Merkmal (AA oder Aa).
Merkmalsträger können wieder Sippentafeln für diese einfachen, alternativ auftretenden Merkmale zur Prüfung der Erblichkeit aufstellen.
Bei Vaterschaftsgutachten kommt diesen Merkmalen kein absoluter Beweiswert zu, da auch bei ihnen in 5 % der Fälle Unstimmigkeiten auftreten. Mit 100 %iger Sicherheit folgt jedoch die Vererbung der Blutgruppen den Mendelschen Regeln.

Literatur
Daumer, K.: Versuche zur Humangenetik I, II, Praxis der Naturwissenschaften, Heft 6 und 9, 1968
Egel, R.: Der PTC-Schmeckversuch, Biuz, H. 6, 1971
Einschlägige Kapitel in den Lehrbüchern der Humangenetik z. B.
Vogel, F.: Lehrbuch der allgemeinen Humangenetik, Springer, Berlin, 1961
Stern, C.: Grundlagen der Humangenetik, Gustav Fischer, Stuttgart 1968

II. Neukombination von Merkmalen (3. Mendelsche Regel)

1. Film und Bildmaterial

8F 98, Kreuzung von 2 Erbsenrassen — Unabhängigkeit der Erbanlagen
R 756 Vererbung
R 2051 Einfache Erbgänge normaler Merkmale, Bild 13
Folien, Westermann Verlag 356600 Kreuzung mit 2 Merkmalspaaren
        356601 Kreuzung mit 3 Merkmalspaaren
R 2051 Einfache Erbgänge normaler Merkmale

2. Unabhängigkeit der Vererbung bei 2 Merkmalspaaren — dihybrider Erbgang

Neben der PTH-Schmeckfähigkeit kann ohne technischen Aufwand als zweites dominantes Erbmerkmal bei jedem Schüler und den Familienmitgliedern die Fähigkeit geprüft werden, die Zunge mit den seitlichen Rändern nach oben rollen zu können. 70 % der Bevölkerung sind dazu in der Lage, 30 % nicht. Dieses Merkmal ist allerdings nicht so eindeutig wie Blutgruppen- und Serummerkmale. Eine erste Erhebung in der Klasse zeigt, daß folgende 4 Kombinationen auftreten:

○ = Schmecker u. Roller
● = Schmecker u. Nichtroller
◐ = Nichtschm. u. Roller
○ = Nichtschm. u. Nichtroller

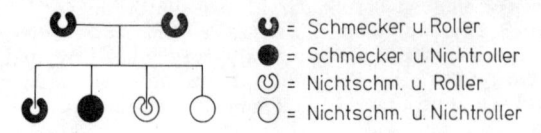

Abb. 37: Mögliche Merkmalskombinationen bei den Kindern von Eltern, die beide bezüglich PTH-Schmecken und Zungen-Rollen heterozygot sind.

Die Schüler entnehmen daraus, daß z. B. Schmecken und Zungen-Rollen nicht gemeinsam, gekoppelt, sondern unabhängig voneinander vererbt werden und vermuten die Lokalisation der entsprechenden Erbanlagen in zwei verschiedenen Chromosomenpaaren.
(Daß der Schluß vom Vorkommen aller 4 Kombinationsmöglichkeiten von 2 Merkmalen *in der Bevölkerung* auf freie Kombination, d. h. auf Lokalisation in 2 verschiedenen Chromosomenpaaren nicht zwingend ist, wird auf S. 160 im Zusammenhang mit Genkoppelung im X-Chromosom erläutert.)
Läßt man *Familienstammbäume* bezüglich dieser beiden Merkmale aufstellen, so kann man einen echten Beweis erhalten: Gehen aus der Ehe zweier Schmecker und Roller Kinder hervor, welche die beiden Merkmale in allen Kombinationen enthalten (Abb. 37), so spricht dies tatsächlich für Lokalisation der Anlagen in zwei verschiedenen Chromosomenpaaren (unter Vernachlässigung der Möglichkeit des Crossing-over).
Um zu den Häufigkeitsverhältnissen beim dihybriden Erbgang zu gelangen, reichen die von den Schülern beigebrachten Daten bei weitem nicht aus. Deshalb empfiehlt es sich, zunächst am Chromosomenmagnettafelmodell deduktiv die 4 Möglichkeiten der Chromosomen-Gen-Verteilung bei der Keimzellbildung zu demonstrieren, daraus das bekannte Kombinationsquadrat und die Erwartung 9:3:3:1 für die vier Phänotypen abzuleiten und schließlich in einem Modellversuch die Annäherung an die Erwartung zu verfolgen:

3. *Veranschaulichung der Gametenbildung und Anlagentrennung am Chromosomen-Magnettafelmodell*

Die Arbeitshypothese, die beiden Merkmale PTH-Schmecken und Zungenrollen werden von zwei Allelpaaren vererbt, die auf zwei verschiedenen Chromosomen lokalisiert sind, wobei die Gene für Schmecken und Zungenrollen sich dominant über die allelen Gene verhalten, kann man sehr einprägsam am Magnettafelmodell (s. S. 86) demonstrieren:
Dazu fertigt man sich 4 Kartonscheiben von 2 cm ϕ und beschriftet sie mit
A = Gen für PTH-Schmecker
a = Gen für PTH-Nichtschmecker
B = Gen für Zungenroller
b = Gen für Zungennichtroller
Mittels kurzer Stecknadeln können diese Gen-Symbole auf den Modellchromosomen für die Ehe zweier doppelt heterozygoter Schmecker-Roller entsprechend Abb. 38 angebracht werden („Genlokalisation"). Indem man nacheinander die Reduktionsteilung für Fall 1 und Fall 2 simuliert, kann man die Bildung von

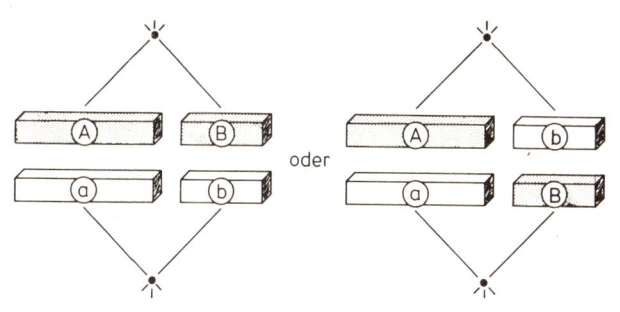

Abb. 38: Darstellung der Lokalisation von zwei Allelpaaren Aa und Bb auf zwei verschiedenen Chromosomen mit dem Magnettafelmodell (s. S. 66) zur Demonstration der vier Kombinationsmöglichkeiten AB, ab, Ab, aB, die bei der Reduktionsteilung für die Keimzellen entstehen.

Gameten mit viererlei Anlagenkombinationen zeigen. (Dabei verzichtet man auf die Simulation der Äquationsteilung, die bezüglich der Anlagenkombination nichts Neues bringt.) Da bei beiden Geschlechtern viererlei Gameten gebildet werden, können bei der Befruchtung sechzehnerlei Gameten-Kombinationen zustande kommen. Diese ergeben neunerlei verschiedene Genotypen und unter Berücksichtigung der Dominanz viererlei Phänotypen. Diese sind in einem Verhältnis von 9:3:3:1 zu erwarten (Abb. 39).

♀\♂	AB	Ab	aB	ab
AB	∪ AABB	∪ AABb	∪ AaBB	∪ AaBb
Ab	∪ AABb	● AAbb	∪ AaBb	● Aabb
aB	∪ AaBB	∪ AaBb	⊍ aaBB	⊍ aaBb
ab	∪ AaBb	● Aabb	⊍ aaBb	○ aabb

Erwartung:

∪ ● ⊍ ○
9 : 3 : 3 : 1

Abb. 39: Kombinationsquadrat zur Ermittlung der Erwartung für die Genotypen und Phänotypen, die bei dominant rezessivem, dihybriden = dimeren Erbgang auftreten.

4. Modellversuch zum dihybriden Erbgang mit Münzen und statistische Auswertung

Um zu zeigen, wie unter Zugrundelegung der beiden Annahmen — zufällige Verteilung der homologen Chromosomen bzw. Allele auf die Keimzellen und zufällige Kombination der verschiedenen Gametensorten — ein reales Häufigkeitsverhältnis zustandekommt, das mit der 9:3:3:1-Erwartung verträglich ist, kann man folgenden Modellversuch mit Münzen durchführen lassen, der den Schülern erfahrungsgemäß Spaß bereitet und Erstaunen auslöst: (Abb. 40).

Jeder Schüler nimmt ein 10-Pfennig-Stück zur Hand und beschriftet die eine Seite mit A, die andere mit a. Die beiden Seiten stellen das homologe Chromosomenpaar mit den für Geschmackstüchtigkeit bzw. -blindheit verantwortlichen

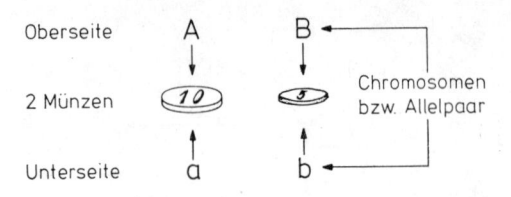

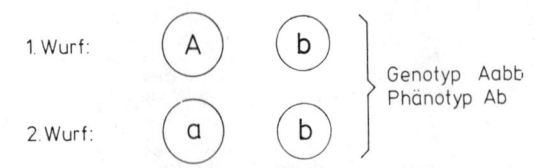

Abb. 40: Münzen-Modellversuch zum dihybriden, dominant rezessiven Erbgang. S. Text.

Genen A und a dar. Ein hinzugenommenes 5-Pfennig-Stück repräsentiert ein zweites Chromosomenpaar, das die mit B und b bezeichneten Gene für Zungen-Rollen und -Nichtrollen enthält. Gemeinsames Werfen der beiden Münzen veranschaulicht den Vorgang der Reduktionsteilung und die Bildung einer Keimzelle. Von jedem der beiden Genpaare liegt nach dem Wurf je eines oben auf. Die zufällige Kombination stellt eine der vier möglichen und gleich wahrscheinlichen dar, z. B. Ab. Indem beide Banknachbarn ihre Münzen werfen und zusammenschieben, wird der Vorgang der Befruchtung nachvollzogen. Jetzt liegt eine der $4 \cdot 4 = 16$ Kombinationsmöglichkeiten der zwei Genpaare auf, z. B. Abab, wovon der Phänotyp abgelesen und notiert wird, in diesem Fall Ab = Schmecker und Nichtroller. Nach vier bis fünf Würfen pro Bank werden die Ergebnisse in einer Tabelle an der Tafel gesammelt. Es ist wieder sehr eindrucksvoll zu sehen, wie die Einzelwerte von Bank zu Bank streuen, die Summe aber mehr oder weniger der Erwartung angenähert ist. Mit dem Ergebnis kann nochmals der χ^2-Test durchgeführt werden. Ergibt sich dabei z. B. ein $p < 0,05$, so besteht der Verdacht, daß einzelne Schüler falsch abgelesen haben. Eine Wiederholung des Versuchs führt dann sicher zu einem brauchbaren Ergebnis.

z. B.:

Phänotypen	AB	Ab	aB	ab
Ergebnis	44	7	11	2
Erwartung	36	12	12	4
Differenz	8	5	1	2
Differenz²	64	25	1	4
Differenz² / Erwartung	64/36	25/12	1/12	4/4

$n = 64 \quad 64 : 16 = 4$

$9 \times 4 = 36$
$3 \times 4 = 12$
$1 \times 4 = 4$

$\chi^2 = \dfrac{\Sigma \text{Diff.}^2}{\text{Erw.}} = 4,7 \qquad p = 0,1$

Vereinfachte χ^2-Tabelle für 4 Klassen (3 Freiheitsgrade)

χ^2	0,584	2,366	6,251	7,815	11,341	16,268
p	0,95	0,50	0,10	0,05	0,01	0,001

Das Ergebnis ist mit der Erwartung vereinbar, die Abweichung ist nicht gesichert. (p = 0,10).

5. Zunahme der Merkmalskombinationen mit der Zahl unabhängiger Merkmalspaare

Man kann die Schüler die Konsequenzen überlegen lassen, die sich ergäben, wenn man bei dem Modellversuch noch eine dritte Münze (Merkmals-Chromosomen-Allelpaar-Cc) hinzunehmen würde. Damit ließen sich die Erwartungszahlen für den trihybriden Erbgang ableiten. Doch sollte man diesen Formalismus nicht zu weit treiben. Wichtig ist die Einsicht, daß die Kombinationsmöglichkeiten für n unabhängig vererbte Merkmalspaare bei dominant-rezessivem Erbgang mit der n-ten Potenz von 2 zunehmen, wie der Tabelle zu entnehmen ist.

Gen- bzw. Merkmalspaare	Gametensorten der Eltern	Gametenkombinationen beider Eltern	Genotypen der Kinder	Phänotypen der Kinder	Häufigkeitsverhältnis d. Phänotypen
1	2	4	3	2	3:1
2	4	16	9	4	9:3:3:1
3	8	64	27	8	27:9:9:9: 3:3:3:1
:	:	:	:	:	
n	2^n	4^n	3^n	2^n	$(3+1)^n$

Ein Kind von Eltern, die auf jedem Chromosomenpaar nur an je einem Genort heterozygot seien, enthält eine von 3^{23} möglichen Genkombinationen, was bei Dominanz je eines Allels einem von $2^{23} = 8\,388\,608$ Phänotypen entspricht. Diese Folgerung ist wichtig für das Verständnis, warum normale Geschwister sich nie völlig gleichen, ja oft sehr verschieden ausfallen können. Selbstverständlich spielen Umwelteinflüsse hier zusätzlich noch eine Rolle.

Am auffälligsten tritt das Phänomen der Neukombination von Merkmalen bei den Nachkommen von Bastarden zweier stark verschiedener Rassen auf. Am bekanntesten sind die Rehobother Bastarde, Nachkommen von Holländern und Hottentotten in S-Afrika, die ein bunt gewürfeltes Merkmalsmosaik beider Rassen aufweisen. Ähnlich ist es bei den Nachkommen von Holländern und Malaien auf der Molukkeninsel Kisar, von Weißen und Negern auf Jamaika und von Chinesen und Negern auf Trinidad.

Literatur

Daumer, K.: Versuche zur Humangenetik III. Praxis der Naturwiss. H. 4, 1969
Einschlägige Kapitel in den Lehrbüchern der Humangenetik z. B.
Vogel, F.: Lehrbuch der allgemeinen Humangenetik, Springer, Berlin, 1961

III. Blutgruppen als alternative Erbmerkmale

1. Historisches

Die klassischen Blutgruppenmerkmale AB0 wurden 1901 von *Landsteiner* entdeckt. Er hatte Blutproben von sechs seiner Kollegen in Serum und Erythrozyten getrennt, die Erythrozyten in physiologischer Kochsalzlösung suspendiert und dann jede Serumprobe mit jeder Erythrozytenaufschwemmung vermischt. Dabei fand er, daß bei bestimmten Erythrozyten-Serum-Kombinationen Verklumpungen (Agglutinationen) der roten Blutkörperchen erfolgten, bei anderen nicht. Danach konnte er zunächst drei Gruppen von Blutkörperchenmerkmalen, die er mit ABC bezeichnete, unterscheiden. Mitarbeiter fanden eine 4. Gruppe (0). Jahrelang existierten mehrere Bezeichnungssysteme nebeneinander, bis die Hygiene-Kommission des Völkerbundes 1928 die heute gültigen Bezeichnungen des AB0-Systems einführte. 1927 entdeckten *Landsteiner* und Mitarbeiter ein weiteres Blutgruppensystem, das MN-System, und 1940 das Rhesussystem. Heute kennt man über 130 verschiedene Erythrozytengruppensysteme, deren Erblichkeit durch Familienuntersuchungen erwiesen wurde. Ungefähr drei Viertel der Antigene gehören zu 14 Systemen (AB0, MNSs, P, Rh, Lutheran, Kell, Lewis, Duffy, Kidd, Diego, Yt, I, Dombrock und Xg).
Im schulischen Rahmen kommt höchstens die Bestimmung der AB0-Blutgruppen, des Rhesusfaktors und evtl. der M- und N-Blutgruppen in Frage. S. R 2051

2. Durchführung des Agglutinationstestes

Zur Problematik und Methode der Blutentnahme bei Schülern s. S. 71. Hinzu kommt die Problematik, daß die Bestimmung der Blutgruppenzugehörigkeit bei Schülern die Gefahr in sich birgt, daß z. B. Adoptivkinder oder Kinder eines anderen Vaters, wenn sie die Blutgruppe ihrer vermeintlichen Eltern erfahren, evtl. zu der Erkenntnis gelangen, daß diese nicht ihre leiblichen Eltern sind. Will man auf die Bestimmung der Blutgruppen als Übungsversuch nicht verzichten, kann man solchen Komplikationen ein wenig vorbauen, indem man betont, daß nur das Prinzip der Blutgruppenbestimmung demonstriert wird und die Ergebnisse auf keinen Fall verbindlich sind (z. B. die Seren seien schon zu alt, nur geschulte Fachleute können in Grenzfällen entscheiden, ob Agglutination vorliegt oder nicht, usw.). Auf jeden Fall muß man sich der möglichen Konsequenzen bewußt sein, wenn man sich entschließt, die Bestimmung bei den Schülern durchzuführen.

a. *Bestimmung mit Testseren auf Objektträgern*

Erhältlich z. B. von der Fa. Asid-Institut GmbH, 8 München, Lohhof, Feldstr. 1 a je 2 ml Anti-A-, Anti-B-, Anti-AB-Serum, zusammen 13,50 DM (Preis 1975)
2 ml Anti-D-Serum 21,00 DM je 2 ml Anti-M- und Anti-N-Serum 35,80 DM.
Für die *AB0-Bestimmung* teilt man Alkohol, Tupfer, Hämostiletten und pro Schüler 2 saubere Objektträger aus (Abb. 41). Am besten gibt man selbst je einen Tropfen Anti-A-Serum (blau), Anti-B-Serum (gelb) und evtl. Anti-AB-Serum (farblos) auf den einen Objektträger. Erst dann läßt man die Schüler die gereinigte Fingerkuppe anstechen und je einen Tropfen Blut neben den Antiseren anbringen. (Dadurch wird vermieden, daß die Pipetten der Serumflaschen evtl. mit Blut in Berührung kommen und verdorben werden).

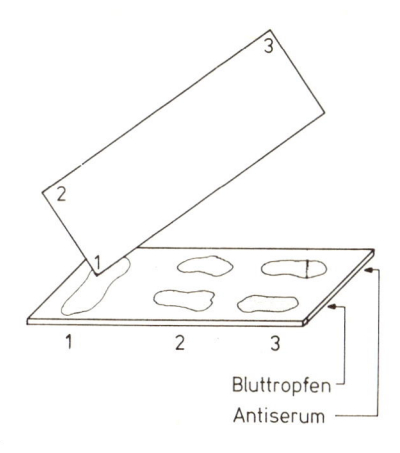

Abb. 41: Blutgruppen-Agglutinationstest mit Objektträgern durchgeführt

Mit dem zweiten Objektträger sollen die Schüler Blut- und Serumtropfen miteinander vermischen und zwar jedes Tropfenpaar mit einer frischen Ecke.
Agglutination im AB0-System tritt in der Regel sofort ein. Es lohnt sich, die agglutinierten Blutkörperchen im Mikroskop betrachten zu lassen bzw. in der Mikroprojektion für die ganze Klasse zu projizieren.

Die Bestimmung des *Rhesusfaktors* und evtl. der *M- und N-Gruppen* erfordert ein wenig mehr Aufwand:
Man erwärmt Petrischalen, in deren Deckel feuchtes Filterpapier eingelegt wird, im Wärmeschrank auf 40° C vor und legt die Objektträger mit den verrührten Antiserum-Bluttropfen hinein. Dann neigt man die Petrischalen 8—10 Minuten lang so hin und her, daß die Antiserum-Bluttropfen am Ort langsam hin- und herfließen. Dadurch werden die Bedingungen für die Agglutinationsreaktion verbessert. Sie sollte nach längstens 10 Min. eingetreten sein. Trotzdem kommen hier gelegentlich Fälle vor, in denen man als ungeübter Untersucher nicht sicher ist, ob die Reaktion positiv ist oder nicht.

b. *Bestimmung mit Eldonkarten*

zu beziehen bei Aquila GmbH, Pinneberg bei Hamburg, 20 Stück 18,00 DM (1975).
Man läßt zunächst die Personalien auf der Karte eintragen und vergißt nicht, die Schüler aufzufordern, z. B. unverbindliches Muster oder Ähnliches daraufzuschreiben. Dies ist umso wichtiger, als die Bestimmung bei erstmaliger Durchführung durchaus mißlingen kann. Auf der Karte sind Felder mit eingetrockneten Seren Anti-A, Anti-B und Anti-D neben einem vierten leeren Kontrollfeld. Die Packung enthält Tropfpipetten und kleine Kunststoff-Stäbchen. Mit der senkrecht gehaltenen Pipette läßt man je einen Tropfen Leitungswasser auf die Mitte der vier Felder fallen. Mit dem Stäbchen nimmt man das Blut von der Fingerkuppe ab und zwar soviel, daß ein halbkugeliger Tropfen auf dem Ende des Stäbchens entsteht. Diesen gibt man zu dem inzwischen aufgelösten Anti-A-Serum im ersten Feld, verrührt und breitet das Gemisch auf das ganze Feld aus.

Nachdem man das Stäbchen sauber gereinigt hat, verfährt man mit den weiteren Feldern in derselben Weise. Dies muß flott geschehen, sonst trocknet die Flüssigkeit ein und die Bestimmung mißlingt. Jetzt wird die Karte ca. 3 Min. nach allen Seiten gekippt, damit sich die Flüssigkeiten gut mischen können als Voraussetzung für eine eindeutige Agglutinationsreaktion.
Die Eldonkarten haben den Vorteil, daß das Ergebnis dauerhaft protokolliert ist.

3. Erläuterung der Agglutinationsreaktion anhand eines Magnettafelmodells

Man fertigt sich entsprechend Abb. 42 aus Plakatkarton 3 Scheiben von 30 cm $\varnothing$ (rot), je ca. 15 Modelle für das Antigen A (dunkelblau) und das Antigen B (orange) von ca. 5 cm $\varnothing$ sowie je 3 Modelle für die bivalenten Antikörper (Isoagglutinine) Anti-A (hellblau) und Anti-B (dunkelblau). Auf die Rückseite der Antigenmodelle klebt man einen kleineren und darüber einen größeren Kartonstreifen, so daß ein Spalt entsteht. Damit kann man die Antigenmodelle auf das Blutkörperchenmodell aufstecken. Alle Modelle werden mit Magnetfolienstreifen (s. S. 65) hinterklebt.

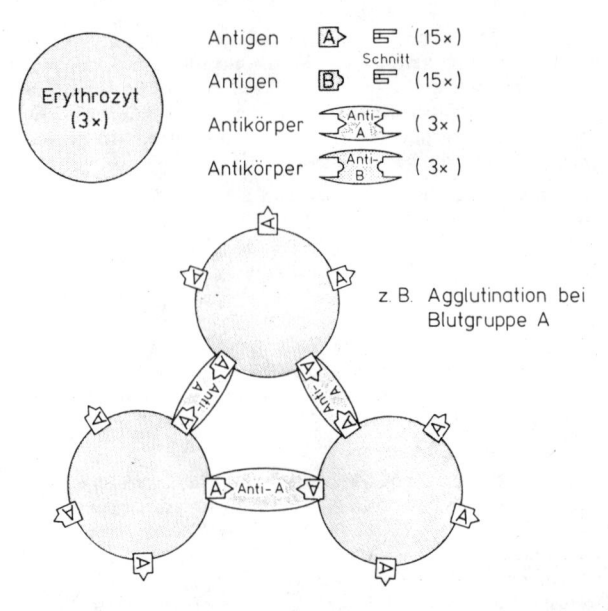

Abb. 42: Magnettafelmodell zur Veranschaulichung der Agglutinationsreaktionen im AB0-System (ab Herbst 1975 bei Phywe zu beziehen).

Mit diesen Modellen kann man auf einer Blechtafel sehr einprägsam das Prinzip der Agglutination und Blutgruppenbestimmung mit den Testseren erläutern, indem man die verschiedenen Fälle durchspielt:

1. Blutkörperchen mit dem Antigen A auf der Oberfläche werden durch die bivalenten Antikörper Anti-A des Testserums zusammengeballt: Blutgruppe A
2. Blutkörperchen mit dem Antigen B auf der Oberfläche werden durch die Antikörper Anti-B zusammengeballt: Blutgruppe B
3. Blutkörperchen, die sowohl das Antigen A als auch das Antigen B auf der Oberfläche tragen, werden sowohl durch Anti-A- als auch Anti-B-Antikörper zusammengeballt: Blutgruppe AB
4. Blutkörperchen, die weder Antigen A noch Antigen B tragen, werden weder von Anti A- noch von Anti B-Antikörpern agglutiniert.

Auch die Tatsache, daß Blut der Gruppe A natürlicherweise Anti-B-Antikörper enthält, Blut der Gruppe B Anti-A-Antikörper und Blut der Gruppe 0 beide Typen von Antikörpern, kann man sehr einprägsam mit dem Modell veranschaulichen und auf die Gewinnung von Antiseren aus dem Blut von Menschen mit den entsprechenden Blutgruppen hinweisen (Isoantikörper).

Agglutinationsschema		Antikörper in Testseren			Häufigkeit
		Anti-A	Anti-B	Anti-AB	
Antigene auf Blutkörperchen = Blutgruppen	A	+	—	+	(∼ 40 %)
	B	—	+	+	(∼ 15 %)
	AB	+	+	+	(∼ 5 %)
	0	—	—	—	(∼ 40 %)

Für das *MN-System* ergibt sich die Gruppenzugehörigkeit aus der Agglutinationsreaktion nach dem Schema, das sich ebenfalls an der Magnettafel anschaulich darstellen läßt, wenn man sich entsprechende Schablonen fertigt:

		Antikörper in Testseren		
		Anti-M	Anti-N	(Häufigkeiten)
Antigene auf Blutkörperchen = Blutgruppen	M	+	—	(∼ 29 %)
	N	—	+	(∼ 21 %)
	MN	+	+	(∼ 50 %)

Daraus ist ersichtlich, daß die roten Blutkörperchen entweder das Antigen M oder das Antigen N oder beide Antigene tragen können.

Mit dem *Anti-Rhesus-Serum* (Anti-D = Anti-Rh$^+$) werden Blutkörperchen mit dem Antigen D = Rh$^+$ agglutiniert = „rhesuspositiv".

4. Hinweise zur Entstehung der Erythrozyten-Antigene und -Antikörper

Die Blutkörperchen-Antigene sind in chemischer Hinsicht Muco-Polysaccharide. Gut bekannt sind die Antigene A und B. Aber auch auf den Blutkörperchen der Gruppe 0 befindet sich ein Antigen, das mit Seren verschiedener, *heterogener* Herkunft nachgewiesen werden kann und deshalb als Antigen H bezeichnet wird. Die ABH-Antigene werden bereits in den ersten Embryonalmonaten gebildet, so daß eine Blutgruppenbestimmung schon beim Neugeborenen mit Erfolg durchgeführt werden kann. Sie sind nicht auf die Erythrozyten beschränkt, sondern kommen auch auf Zellen anderer Gewebe vor und sind sehr beständig. So konnten Blutgruppen-Antigene in Geweben von Indianer-Mumien und in ägyptischen Mumien nachgewiesen werden.

Die Antikörper Anti-A und Anti-B entwickeln sich in der Regel erst im 3. bis 6. Monat nach der Geburt. In dieser Zeit erfolgt die Besiedlung des Darms mit Escherichia coli Bakterien, auf deren Zellwand man ebenfalls die Antigene A und B nachgewiesen hat. So kann man vermuten, daß die Entstehung der Antikörper Anti-A und Anti-B, von den Escherichia coli Antigenen A und B ausgelöst wird: Eine 0 Person, die auf ihren Blutkörperchen weder A- noch B-Antigene trägt, immunisiert sich gegen die Escherichia coli Antigene, bildet also sowohl Anti-A als auch Anti-B Antikörper. Eine A-Person, für die das A-Antigen ja nicht fremd ist, bildet nur Anti-B, eine B-Person nur Anti-A und eine AB-Person weder Anti-A noch Anti-B. Dieser Vorstellung steht die Hypothese gegenüber, daß die Anti-A und Anti-B-Antikörper direkt unter genetischer Kontrolle entstehen, ohne dann freilich zu erklären, wozu sie überhaupt da sind.

Die Antikörper gegen die M- und N-Antigene, gegen die Rhesusantigene und gegen die Antigene sämtlicher weiterer Erythrozytengruppen finden sich dagegen normalerweise nicht im Blutserum, sondern werden erst nach einer Blut(körperchen)transfusion von Mensch zu Tier bzw. von Mensch zu Mensch im Empfängerorganismus gebildet (Immunantikörper).

5. Vererbung von Blutgruppen
AB0-System

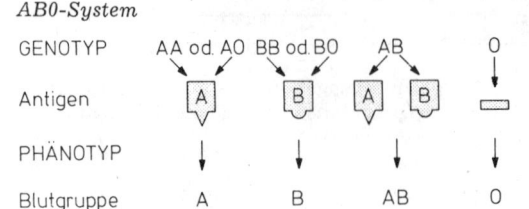

GENOTYP	AA od. A0	BB od. B0	AB	0
Antigen	A	B	A B	—
PHÄNOTYP	↓	↓	↓	↓
Blutgruppe	A	B	AB	0

Abb. 43: Darstellung des Zusammenhanges zwischen Genotyp, Antigen-Phänotyp und Blutgruppenzugehörigkeit mit den Antigen-Modellen auf der Magnettafel (s. S. 136)

Es sind im wesentlichen drei Allele am selben Genort bekannt: A, B, und 0. Man bezeichnet sie allgemein als *multiple Allele*. Jeder Genotyp enthält zwei davon. Sie determinieren die Antigenenmerkmale der roten Blutkörperchen und legen damit die Blutgruppe des Betreffenden fest. Dabei verhalten sich die Allele A und B dominant gegenüber dem Allel 0, so daß zwischen homozygoten (AA, BB) und heterozygoten (A0, B0) Merkmalsträgern der Gruppe A und B im Agglutinationstest nicht unterschieden werden kann. Liegen die Allele A und B nebeneinander vor, so werden beide Merkmale ausgeprägt und der Betreffende hat Blutgruppe AB. Man spricht in diesem Fall von *kombinantem* oder *kodominantem* Verhalten der Allele. Hier, ebenso wie bei Blutgruppe 0, ist aus dem Phänotyp auch der Genotyp eindeutig erkennbar. Diese Konzeption der multiplen Blutgruppenallele wurde 1924 von *Bernstein* durch Anwendung mathematischer, populationsgenetischer Methoden entwickelt.

In einer Ehe heterozygoter A- und B-Partner ist bei den Kindern das Auftreten jeder der vier Blutgruppen möglich und gleich wahrscheinlich. Dagegen können Eltern, die beide Blutgruppe 0 haben, nur Kinder der Gruppe 0 erhalten. Hat z. B. die Mutter Blutgruppe B, das Kind A, so kommen in dem fraglichen Fall nur A- und AB-, nicht dagegen B- und 0-Träger als Väter in Frage. Auf Überlegungen dieser Art beruht die Möglichkeit eines Vaterschaftsausschlusses.

Die Besprechung der Untergruppen des AB0-Systems (A_1, A_2, A_3 ... A_6, B_1, B_2, 0_1, 0_2) übersteigt den schulischen Rahmen.

Von Bedeutung bei Vaterschaftsuntersuchungen ist lediglich die Unterscheidung der Gruppen A_1 und A_2. Da sich A_1 dominant über A_2 verhält, sind Träger von A_2 entweder homozygot A_2A_2 oder heterozygot A_20, während Träger von A_1 entweder homozygot A_1A_1 oder heterozygot A_1A_2 oder heterozygot A_10 sein können.

Das MN-System: ein Genort mit zwei Allelen M und N, die sich kodominant verhalten, so daß drei Phänotypen auftreten: M, N und MN.

Das Rhesussystem: Die Genetik des Rhesussystems ist noch nicht restlos geklärt. Eine Theorie besagt, daß drei benachbarte Genorte mit je mindestens zwei Allelen, C-c, D-d und E-e vorliegen, wobei D = Rh^+ sich dominant über d = rh^- verhält und für die Sensibilisierung im Rhesussystem verantwortlich ist. Die übrigen Allele sind kodominant und spielen bei Sensibilisierungen der Mutter durch einen Embryo nur eine untergeordnete Rolle.

Die Vererbung *weiterer Blutgruppen-Merkmalspaare*, z. B. Lewis-System (Le^a-Le^b), Duffy-System (Fy^a-Fy^b), Kell-System (K) sowie Lutheran-System (Lu^a-Lu^b), P-Faktor (P-p) und Kidd-System (Jk^a-Jk^b) folgt streng dem einfachen, dominant-rezessiven Mendelschema, so daß sie für Vaterschaftsgutachten verwendbar sind.

6. Anwendungen der Kenntnisse über Blutgruppen-Vererbung

a. Serologischer Abstammungsnachweis

Die Feststellung der Vaterschaft ist eines der bekanntesten und verbreitetsten Anwendungsgebiete der Blutgruppengenetik. Sie wird nowendig bei Kindsvertauschungen, Unterhaltsklagen und bei Vaterschaftsanfechtungsklagen. Für einen Vaterschaftsausschluß bzw. positiven Vaterschaftsnachweis kommen in erster Linie die Blutgruppen- und Serumproteinmerkmale in Frage, da sie in engster Beziehung zu den Genen stehen, bereits beim Kleinkind manifest sind und während des ganzen Lebens umweltstabil bleiben. Ihnen kommt absoluter Beweiswert zu.

Beispiele:

1. In einer Entbindungsanstalt wurden in einer Nacht vier Kinder geboren und versehentlich nicht gekennzeichnet. Ihre Blutgruppen konnten als A, AB, B, 0 ermittelt werden. Die vier Ehepaare waren: 0 x 0, AB x 0, A x B, B x B. Gefragt wird, in welcher Weise die Kinder eindeutig ihren Eltern zugeordnet werden können?

Lösung: Das Ehepaar 0 x 0 kann kein A-, B-, oder AB-Kind haben, folglich ist ihm das Kind 0 zuzuordnen. Das Kind AB kann nur von dem Paar A x B stammen. Da das Elternpaar B x B kein A-Kind haben kann, muß das A-Kind den Eltern AB x 0 gehören. Dadurch bleibt für das B-Kind nur das Elternpaar B x B übrig.

2. Eine Frau mit den Blutgruppenmerkmalen A, M. Rh^+ hat ein B, MN, Rh^+-Kind. Ihr Mann hat die Blutgruppe A, MN und Rh^+ und beschuldigt einen gewissen Mann, Vater des Kindes zu sein. Dieser hat die Gruppe B, N und rh^-. Die Entscheidung des Gerichts durch Angabe der Erbformen aller Beteiligten ist zu begründen.

Lösung: Der beschuldigte Mann ist der Vater, da der Ehemann bei der Konstellation, Mutter A, Kind B, aufgrund seiner Blutgruppe A ausgeschlossen werden kann. Die beiden weiteren geprüften Blutgruppensysteme tragen hier nicht zur Entscheidung bei.

3. Ein Kind hat die Blutgruppe A_2, die Mutter 0. Der Ehemann mit der Blutgruppe A_1 beschuldigt einen Mann, Vater des Kindes zu sein, der ebenfalls die Blutgruppe A_1 hat. Eine Entscheidung wurde möglich durch den Befund, daß die Mutter des Ehemannes die Gruppe A_1, die Mutter des Beschuldigten B hatte.

Lösung: Der Ehemann ist Vater, da der beschuldigte Mann indirekt ausgeschlossen werden kann: Aus dem Befund, daß seine Mutter die Gruppe B hat, geht hervor, daß sie den Genotyp B0 und er $A_1 0$ haben muß, daß er also nicht das gegenüber A_1 rezessive Allel A_2 tragen kann.

Allein mit Hilfe der Blutgruppen des AB0-Systems, des MN-Systems und des Rhesussystems können etwa 50 % der zu Unrecht als Vater in Anspruch genommenen Männer von der Vaterschaft (mit 100 %iger Sicherheit) ausgeschlossen werden. Unter Einschluß der übrigen bekannten Systeme erhöht sich die durchschnittliche Ausschlußchance auf 92 %.

Jedoch auch in Fällen, in denen ein Ausschluß nicht möglich ist, lassen die Blutgruppen Schlüsse auf die Wahrscheinlichkeit einer Vaterschaft zu z. B. wenn das Kind mit einem der möglichen Väter ein sehr seltenes Merkmal gemeinsam aufweist. Dadurch wird es möglich, in Einzelfällen *Positive Vaterschaftsnachweise* mit an Sicherheit grenzender Wahrscheinlichkeit von über 99 % zu führen.

Geht es darum, bei neugeborenen, gleichgeschlechtlichen Zwillingen festzustellen, ob sie eineiig oder zweieiig sind, bedient man sich in erster Linie der Bestimmung der wichtigsten Blutgruppenmerkmale.

Stimmen die beiden z. B. in 10 untersuchten serologischen Merkmalen überein, für welche die Eltern heterozygot sind, so beträgt die Wahrscheinlichkeit, daß sie normale Geschwister sind, lediglich $1:2^{10} = 1:1024$. Tatsächlich ist die Wahrscheinlichkeit sogar geringer, da kodominantes Verhalten einzelner Blutgruppenallele die Zahl möglicher Phänotypen noch erhöht.

b. *Rhesus-Unverträglichkeit*

Von großer praktischer Bedeutung ist die Bestimmung des Rhesusfaktors bei werdenden Müttern zur Vermeidung der Folgen und evtl. schon der Ursachen der Rhesus-Unverträglichkeit (Rh-Inkompatibilität). *Levin* und *Stetson* (1939) fanden bei einer Frau, deren Schwangerschaft mit einer Totgeburt geendet hatte, im Serum einen Antikörper, der mit Erythrozyten des Ehemanns und mit 80 von 104 Blutproben anderer Personen reagierte. Der neue Antikörper blieb zunächst unbenannt.

Landsteiner und *Wiener* (1940) immunisierten Kaninchen mit Blutkörpern des Rhesusaffen und fanden im Kaninchen-Serum Anti-Körper, die nicht nur mit den Blutkörperchen der Rhesusaffen reagierten, sondern auch mit 85 % menschlicher Blutproben. Die große praktische Bedeutung des damit nachgewiesenen „Rhesusfaktors" (= Antigen Rh$^+$ bzw. D) bei Transfusionszwischenfällen und bei der Hämolyse-Krankheit von Neugeborenen *(Morbus haemolyticus neonatorum* = Erythroblastose) wurde bereits kurz nach der Entdeckung erkannt.

Gelangen Blutkörperchen mit dem Antigen-Merkmal D in die Blutbahn eines rhesusnegativen Menschen, so löst das Antigen D die Bildung von Antikörpern Anti-D aus („Sensibilisierung").
Die Sensibilisierung kann erfolgen bei der Transfusion von Blut eines rhesuspositiven Spenders auf einen rhesusnegativen Empfänger. Derartige Transfusionen werden heute selbstverständlich vermieden.
Von größerer Bedeutung ist die Sensibilisierung, die eintreten kann, wenn eine rhesusnegative Mutter ein rhesuspositives Kind empfangen hat und zur Welt bringt.
Bereits während der Schwangerschaft, insbesondere aber während der Geburt treten Blutkörperchen des Kindes in die Blutbahn der Mutter über und lösen dort die Bildung von Anti-D-Antikörpern aus, die bei einer erneuten Schwangerschaft bereits im heranwachsenden Fetus zu einer Agglutination und Auflösung der roten Blutkörperchen führen können.
Je nach dem Grad der Blutzerstörung kommt es zur Geburt eines Kindes mit Blutarmut (Anämie), mit schwerer Gelbsucht und der Gefahr von Hirnschädigungen oder zu einer Totgeburt infolge Wasserkopf. Bis 1968 konnten Neugeborene mit der Hämolysekrankheit häufig durch eine Austausch-Bluttransfusion gerettet werden. Nach der Entwicklung der pränatalen Diagnose durch Amniocentese wurden Austauschtransfusionen beim Fetus bereits vor der Geburt im Uterus der Mutter vorgenommen. Heute vermeidet man bereits die Sensibilisierung der Mutter nach der Geburt des ersten Kindes, indem man ihr innerhalb 24 Stunden nach der Geburt $\sim$ 250 mg Immunglobulin (Anti-D-Antikörper) einspritzt. Dadurch werden die bei der Geburt übergetretenen Blutzellen mit dem Rhesus-Antigen-D abgebaut und der mütterliche Organismus bekommt keine Gelegenheit, Antikörper-Anti-D zu produzieren. Zur Vorbereitung dieser Maßnahme ist die Bestimmung des Rhesusfaktors bereits während der ersten Schwangerschaft notwendig: Nur wenn die werdende Mutter rhesusnegativ ist, wird die Bestimmung auch beim Vater notwendig. Ist er ebenfalls negativ, besteht keine Gefahr; ist er aber positiv, so kann auch der Fetus positiv sein. Die Wahrscheinlichkeit dafür beträgt 100 %, wenn der Vater homozygot rhesuspositiv DD ist, 50 % wenn der Vater heterozygot rhesuspositiv Dd ist.

c. *AB0-Unverträglichkeit*

Auch im AB0-System kommen Unverträglichkeitsreaktionen zwischen Mutter und Fetus vor.
Z. B. ist der Ehe-Typ: Mutter 0 x Vater A signifikant weniger fruchtbar als der Ehetyp Mutter A x Vater 0. Außerdem sind unter den Kindern des ersten Ehetyps 23 % weniger A-Kinder als der Zufallserwartung entspricht. Beim Ehetyp Mutter 0 x Vater B sind es 18 % weniger B-Kinder als erwartet. Dies rührt nicht etwa daher, daß Isoantikörper Anti-A und Anti-B der 0 Mutter in den Embryo übertreten — sie passieren in der Regel die Plazenta nicht. Man nimmt vielmehr an, daß bereits in den ersten Monaten vom Embryo Blutkörperchen-Antigene A bzw. B in die 0-Mutter übertreten und dort die Bildung von sog. inkompletten Immun-Antikörpern veranlassen, die klein genug sind, um durch die Plazenta wieder in den Embryo zu gelangen. Dort können sie zur Zerstörung des Blutes und zu frühen Aborten führen. Kinderlosigkeit in manchen Ehen kann demnach auf Inkompatibilität im AB0-System beruhen.

7. Ergänzende Hinweise zur Blutgruppen-Vererbung

a. Regionale Verteilung der Blutgruppen und Infektionskrankheiten

Die einzelnen Blutgruppen sind nicht gleichmäßig über die Weltbevölkerung verteilt: Träger der Blutgruppe A finden sich am häufigsten in N-Europa, Träger der Gruppe B gehäuft im zentralasiatischen Raum und Träger der Gruppe 0 gehäuft im mittel- und südamerikanischen Raum. Bei der Suche nach Gründen für die ungleiche Verteilung stieß man auf Zusammenhänge mit bestimmten Infektionskrankheiten, besonders mit den großen Volksseuchen.
So findet man in Ursprungsländern der Pest, z. B. in Indien, der Mongolei und der Türkei die wenigsten Träger der Blutgruppe 0. Dieser Zusammenhang ist durch die Entdeckung verständlich geworden, daß der Pestbazillus dasselbe H-Antigen enthält, das Menschen der Blutgruppe 0 auf den Blutkörperchen tragen. Träger der Blutgruppe 0 können demnach keine Antikörper gegen das Pest-Antigen bilden, ohne dabei die eigenen Blutkörperchen zu schädigen. So erklärt sich eine Selektion gegen Menschen mit Blutgruppe 0 in Pestgebieten.
Ähnlich hatten Menschen mit dem Blutgruppen-Antigen A, also Träger der Blutgruppen A und AB Selektionsnachteile in Pockengebieten, da das Pockenvirus A-Antigen enthält. Einen Vorteil genießen Menschen mit Blutgruppen 0 und B, da sie Anti-A-Antikörper besitzen, die auch gegen Pockenviren wirken.

b. Blutgruppen und innere Krankheiten

Auch Zusammenhänge zwischen Blutgruppen und dem Auftreten bestimmter innerer Krankheiten konnten statistisch nachgewiesen werden.
Magen- und Zwölffingerdarmgeschwüre treten etwas häufiger bei Trägern der Blutgruppe 0 auf, während z. B. Magenkrebs und Zuckerkrankheit bei Trägern der Blutgruppe A häufiger zu finden sind.

c. Ausscheidung von Blutgruppenantigenen

Das Vorkommen der Antigene des AB0-Systems ist nicht auf Blutkörperchen oder Gewebe beschränkt, vielmehr können die Antigene auch in Körperflüssigkeiten vorkommen, z. B. Speichel, Samenflüssigkeit, Urin, Milch.
Dies trifft für etwa 75 % der weißen Bevölkerung zu. Man nennt sie „Ausscheider", bei 25 % bleiben die AB0-Antigene auf Blutkörperchen und Gewebe beschränkt. Man nennt sie Nichtausscheider. Die Eigenschaft ist erblich und folgt dem dominant rezessiven Mendelschema, wobei das Ausscheider- = Sekretorgen Se sich dominant über das Nichtausscheidergen se verhält.
Dieses Merkmal spielt eine gewisse Rolle in der Kriminalistik. So hat man schon Erpresser an den Blutgruppenantigenen im Speichel identifiziert, mit dem sie Briefe verschlossen hatten.

Literatur

Becker, P., Herausgeber: Humangenetik, ein kurzes Handbuch in fünf Bänden, Band I/4, Blutgruppen, bearbeitet von
W. *Helmbold*, F. *Schwarzfischer*, F. *Vogel*, Thieme, Stuttgart 1972
Prokop: Die menschlichen Blut- und Serumgruppen, Fischer, Jena 1963
Ziegelmayer, G.: Das erbbiologische Vaterschaftsgutachten in: Die Heilkunst, H. 8, 1964

IV. Serumprotein-Gruppen als alternative Erbmerkmale

1. Vorbemerkungen und Bildmaterial

Seit etwa 1955 sind auch im Blutserum eine Reihe *erblicher Proteinvarianten* entdeckt worden. Diese sind ebenfalls für Vaterschaftsgutachten brauchbar. Außerdem ist die Bestimmung der Serumproteine von praktischer Bedeutung für die Diagnose sowohl von Infektions- als auch Erbkrankheiten.
Die Methoden zur Trennung der Serumproteine: Elektrophorese, Immunodiffusion und Immunelektrophorese sind gleichzeitig fundamentale Methoden der Molekularen Genetik, handelt es sich bei den Proteinen doch um primäre Genprodukte.
Die nachstehenden Versuchsanleitungen dienen dazu, das Prinzip und einige Anwendungsbeispiele dieser Methoden zu demonstrieren. S. R 2051

2. Serumelektrophorese auf Membranfolien

a. Prinzip der Methode

1938 gelang es dem schwedischen Chemiker *Tiselius* mittels der von ihm entwickelten Papierelektrophorese eine Reihe von Proteinen im menschlichen Serum zu trennen (Nobelpreis Chemie 1948). Das Prinzip der Methode beruht darauf, daß die Eiweißstoffe des Serums in einem mit Puffer getränkten Filterpapierstreifen unter dem Einfluß einer angelegten Spannung je nach Größe und Ladung des Proteins verschieden schnell wandern und sich dabei trennen. Nach einem etwa 12stündigen Lauf können die Proteinbanden gefärbt werden. In der Reihenfolge ihres Auftretens nach dem am weitesten gewanderten Albumin wurden sie von Tiselius als α_1-, α_2-, β_1- β_2- und γ-Globuline bezeichnet.
Seit etwa 1960 werden statt Papier als Trägermaterial Membranfolien aus reinem Zelluloseazetat verwendet. Infolge der gleichmäßigen Porengröße und der geringen Adsorptionsfähigkeit der Membranfolien benötigt eine Serumelektrophorese heute lediglich noch 20 Minuten Zeit und einen minimalen Probenmengenbedarf, wodurch sie für die Schulpraxis interessant geworden ist (Abb. 44, 45).

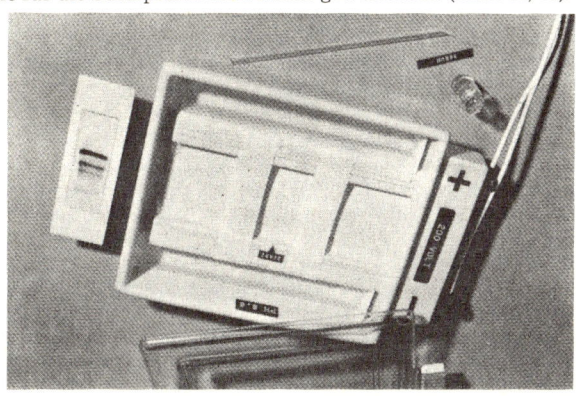

Abb. 44: Elphor-Rapid-Elektrophoresekammer mit 2 Membranfolienstreifen. Rechts eine Folie mit gefärbten Banden, die auf einen Objektträger aufgezogen und transparent gemacht worden ist.

b. *Material*

Das nachstehend aufgeführte Material ist sowohl von der Fa. Bender & Hobein, München 2, Lindwurmstraße 21, als auch über die Lehrmittelfirma Kind zu beziehen:

1 Elphor Standard-Netzanschlußgerät
von 100 — 250 Volt kontinuierlich regelbar, mit Meßinstrument für Spannung und Stromstärke, nicht stabilisiert
1 Verbindungskabel
(Auf das Netzanschlußgerät kann verzichtet werden, wenn eine Schalttafel für 220 Volt Gleichstrom zur Verfügung steht.)
1 *Elphor Standard-Rapidkammer*
für 8 Acetatfolien, Platin-Rundelektroden und Sicherheitsabschaltvorrichtung
1 Auftragslineal (jedes Lineal geeignet)
1000 Einmalkapillaren zum Verteilen des Serums
1 Deckglaspinzette, nicht rostend
1 Spezialkugelschreiber zur Folienbeschriftung
1 Folienandruckrolle (kann durch Finger ersetzt werden)
5 säurefeste Küvetten, mit Überfalldeckel zum Tränken, Färben und Entfärben der Elphor Folien (grün, schwarz, rot)
(gewöhnliche Petrischalen erfüllen denselben Zweck)
1 Schale mit Deckel und Gestell aus V2A Stahl zum Transparentmachen der Folien
1 Satz Verbrauchsmaterial
100 Elphor Folien 18 x 160 mm
3 Ltr. Puffer-Stammlösung
500 ml Färbelösung
2 Ltr. Entfärbelösung
1 Ltr. Transparenzbad
1 Heft Indikatorpapier
1 Pkt. Filterpapier Nr. 62, 21 x 14,7 cm

Bezüglich der Preise empfiehlt es sich ein Angebot einzuholen. (Zur Orientierung: Preis ohne Netzanschlußgerät 1974 ~ 700,— DM)

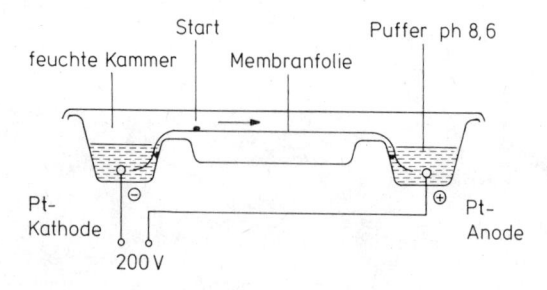

Abb. 45: Schematischer Schnitt durch Elektrophoreseanordnung

c. *Durchführung*

α Vorbereitung der Kammer:
Elphor-Puffer-Stammlösung 2:3 mit Aqua dest. verdünnen, ph 8,6 überprüfen evtl. mit HCl oder NaOH nachstellen, Pufferlösung in Elektrodenkammer füllen sowie in ein Schälchen.
Elphor-Folienstreifen mit Pinzette von oben auf Pufferlösung in Schälchen legen, nach vollkommener Benetzung untertauchen, zwischen Filterpapier durch leichtes Darüberfahren mit dem Handrücken von überschüssigem Puffer befreien und in die Kammer einlegen.
Durch Andrücken an die kleinen Stifte spannen. Kammer schließen.

β Vorbereitung und Auftragen der Serumprobe:
Einige Tropfen Blut mit einem Tröpfchen Heparin zentrifugieren;
Überstand reines Humanserum
oder einfacher: einige Tropfen Blut mit Aqua dest. hämolysieren:
Humanserum + Hämoglobin
ca. 0,001 ml Serum (0.07 mg Eiweiß) mit Mikropipette (mitgelieferte Glaskapillaren) als Strich auf der Kathodenseite der Kammer mittels Lineal auf der Folie anbringen — ca. 2 cm von der Brücke entfernt und nicht bis zur Streifenkante reichend.

γ Elektrophoreseverlauf:
220 Volt Spannung, pro Folie ca. 0,6 mA Strom, 20—25 Min. Laufzeit. Enthält die Serumprobe Hämoglobin, kann man den Elektrophoreselauf direkt beobachten. Andernfalls erfüllt ein Tröpfchen Bromthymolblau, zur Serumprobe gegeben, den selben Zweck.

δ Färbung und Entfärbung:
Feuchten Streifen auf die Länge der Trennstrecke zuschneiden, mit Pinzette in Amidoschwarzlösung (2 g in 200 ml einer Mischung aus 90 % Methanol und 10 % Eisessig) einlegen; 3 Min., Proteinbanden und Folie färben sich blauschwarz.
Gefärbte Folie mit Pinzette in erste Entfärberlösung (Methanol-Eisessig 9:1) einlegen, schwenken 2 Min., in zweite Entfärberlösung überführen, schwenken 2 Min., in dritte Entfärberlösung überführen, schwenken 2. Min.: Die Folie hat sich entfärbt, die Proteinbanden treten blau hervor.

ε Transparentmachen:
Folie im 3. Entfärberbad auf Objektträger auflegen, herausnehmen, mit Andruckrolle oder Finger blasenfrei aufziehen. Sofort in Transparenzbad (Eisessig-Isobutanol 9:1) einlegen bis Folie völlig durchsichtig. Anschließend in auf $100°$ vorgeheiztem Wärmeschrank in Schälchen trocknen lassen. Die Folie kann abgezogen und ins Protokollheft eingeklebt werden. (Zieht man die Folie auf ein Dia-Gläschen auf und beläßt sie dort, kann man das Ergebnis der Trennung auch im Diaprojektor projizieren). (Fehlermöglichkeiten s. Abb. 46).

d. *Ergebnis und klinische Bedeutung der Methode*

Unter dem Einfluß der Spannung haben sich die Serumproteine in fünf deutliche Banden getrennt: Albumin, $α_1$-, $α_2$-, $β$- und $γ$-Globulin. Die Hauptbedeutung der

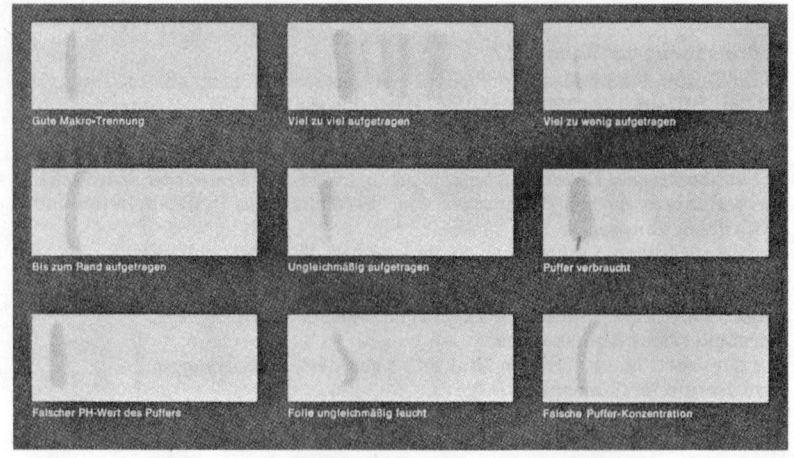

Abb. 46: Häufig auftretende Fehler bei der Serumelektrophorese

Methode liegt in der medizinischen Diagnostik, ist es doch möglich, aus dem relativen Anteil der einzelnen Fraktionen auf bestimmte Krankheiten zu schließen. Deshalb ist sie auch längst zur Routinemethode in klinischen Labors geworden (Abb. 47). Dabei wurden auch einige seltene erbliche Anomalien entdeckt, z. B.

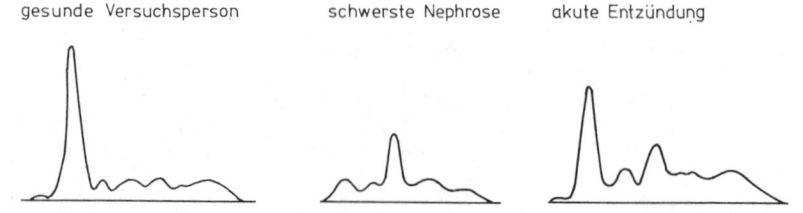

gesunde Versuchsperson   schwerste Nephrose   akute Entzündung

Abb. 47: Extinktionskurven der elektrophoretisch getrennten, gefärbten Serumproteinfraktionen

Analbuminämie (keine Albuminbande), Agammaglobulinämie (kein γ-Globulin, d. h. keine Antikörper und damit extreme Infektionsanfälligkeit). Vor großer Bedeutung für die Vererbungslehre war die Entdeckung erblicher Varianten von Proteinen bei gesunden Personen mittels spezieller elektrophoretischer Methoden. Verwendet man statt der Membranfolien eine Stärkegelschicht auf einer Glasunterlage als Träger für eine Serum-Elektrophorese, so findet eine Trennung der Proteine zusätzlich aufgrund ihrer veschiedenen Molekülgröße statt. Dadurch lassen sich innerhalb der Hauptgruppen noch feinere Banden nachweisen. So findet man z. B. im Bereich der α_2-Globuline die sog. Haptoglobine, die dazu dienen, das Hämoglobin abgebauter roter Blutkörperchen vorübergehend zu binden. Gibt man demnach freies Hämoglobin zu dem Serum, so beladen sich die Haptoglobine damit und lassen sich nach der Trennung selektiv mit Benzidin tief blau färben. Die Stärkegelelektrophorese von chemisch vorbehandeltem Serum verschiedener Personen liefert drei Typen von Haptoglobinbanden: (Abb. 48). Typ 1-1 besitzt eine weit gewanderte Bande, Typ 2-2 eine weniger weit gewanderte Bande und Typ 1-2 besitzt beide Banden, d. h. beide Sorten von Eiweißmolekülen. Familienuntersuchungen erwiesen den einfachen, kodominanten Erbgang der Haptoglobintypen: Die homozygoten Genträger Hp^1Hp^1 bzw. Hp^2Hp^2 produzieren je einen Proteintyp, die heterozygoten Genträger Hp^1Hp^2

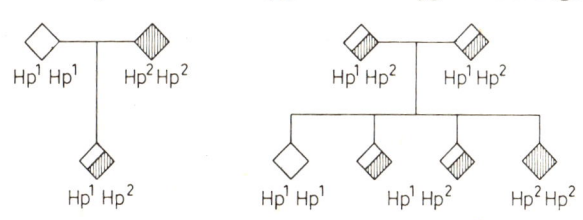

Abb. 48: Kodominanter Erbgang der Haptoglobintypen
Häufigkeit in der Bevölkerung:
Hp 1—1 (15 %) Hp 1—2 (50 %) Hp 2—2 (35 %)

produzieren beide Proteintypen. In diesem Befund kommt eine grundlegende Erkenntnis der modernen Genetik zum Ausdruck: Die primäre Wirkung eines Gens liegt in der Steuerung der Synthese eines bestimmten Proteins. Auch den drei Phänotypen der Gc- und Gm-Globuline, deren Darstellung kompliziert ist, liegen jeweils zwei Proteine zugrunde, die von zwei allelen Genen determiniert werden. Der Erbgang ist deshalb wie bei den Haptoglobinen monomer und kodominant. Bei den Transferrinen, die für den Eisentransport im Serum verantwortlich sind, kennt man eine ganze Reihe erblicher Proteintypen, die auf multiplen Allelen beruhen.
Neuerdings ist die Methode wichtig geworden zur Entdeckung erblicher Enzymdefekte insbesondere bei phänotypisch gesunden Heterozygoten. (Heterozygotentest s. S. 235).

e. *Proteinbandenvergleich bei verschiedenen Organismen*
Mit der Versuchsanordnung läßt sich eine moderne Methode der Evolutionsforschung demonstrieren, der Proteinbandenvergleich bei näher und weiter verwandten Organismen.
Dazu kann man z. B. eine Elektrophorese der Hämoglobin enthaltenden Hämolymphe von *Chironomus* und von *Tubifex* durchführen. Zur Gewinnung der Hämolymphe verreibt man eine kleine Menge der Tiere mit etwas Seesand und einigen Tropfen Pufferlösung in einer Reibschale ($\emptyset$ 5 cm) und zentrifugiert.
Als interessantes Nebenergebnis erhält man dabei den Befund, daß *Chironomus* offensichtlich eine Reihe verschiedener Hämoglobine enthält. Nach Anfärbung zeigen sich bei den Arten neben übereinstimmenden Banden ("gemeinsames Erbe") unterschiedliche Banden ("Neuerwerb").
In ähnlicher Weise kann man z. B. für Facharbeiten in der Kollegstufe proteinhaltige Körperflüssigkeiten verschiedener Tiere oder Extrakte verschiedener Pflanzen untersuchen lassen.

3. Immunodiffusion auf Membranfolien

a. Prinzip der Methode und Magnettafelmodell

Die empfindlichsten Methoden zur Identifizierung von Proteinen beruhen auf der Selektivität der Antigen-Antikörper-Immunreaktion. Ursprünglich hat man z. B. Humanserum und Antihumanserum (vom Pferde oder Kaninchen) in Petrischalen mit Agargel gegeneinander diffundieren lassen (Ouchterlony-Technik). Infolge unterschiedlicher Diffusionsgeschwindigkeit der Proteine (Antigene) im Humanserum und der Antikörper im Anti-Humanserum, treffen sich die zusammenpassenden Antigene und Antikörper an verschiedenen Stellen zwischen den beiden Startpunkten und bilden charakteristische Präzipitatlinien.

Das Prinzip kann sehr anschaulich an der Magnettafel verdeutlicht werden, indem man sich z. B. zwei Typen von Antigenen und Antikörpern unterschiedlicher Größe aus Plakatkarton, Styroporplatten oder ähnlichem Material entsprechend Abb. 49 ausschneidet und unter Berücksichtigung ihrer Größe auf der Magnettafel gegeneinander „diffundieren" läßt. Wo sich die passenden Partner treffen, gibt es „Präzipitatlinien".

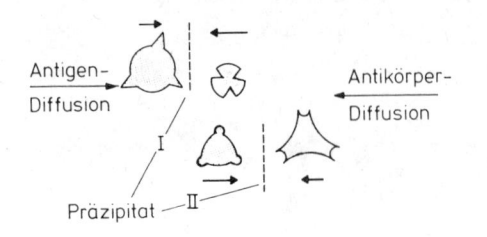

Abb. 49: Magnettafelmodell zu Demonstration der Antigen-Antikörper-Reaktion und des Prinzips der Immunodiffusion: kleine Moleküle diffundieren rascher

b. Anordnung und Material:

Auch die Immundiffusion kann heute in einfacher Weise auf Membranfolien durchgeführt werden (Abb. 50).

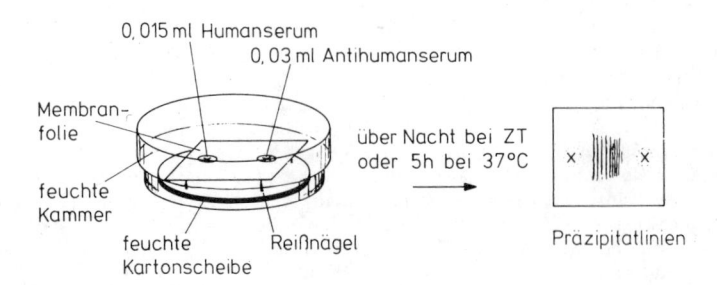

Abb. 50: Vereinfachte Versuchsanordnung zur Immunodiffusionstechnik: Die Membranfolie liegt auf den Spitzen von Reißnägeln, die von unten durch eine Kartonscheibe gesteckt sind. Diese liegt angefeuchtet in einer Petrischale von 10—12 cm ϕ

Man benötigt eine feuchte Kammer, in der die Folie frei hängt. Dazu eignet sich z. B. die Elektrophoresekammer (ohne Stromanschluß). Ebensogut läßt sich der Versuch aber in Petrischalen durchführen: dazu schneidet man aus Karton eine Scheibe, in die man von unten 6 Reißnägel drückt, auf die man das Stück Membranfolie legen kann. Die Durchtränkung der Kartonscheibe mit Wasser liefert die Feuchtigkeit für die Kammer.

Humanserum kann wie beim Elektrophoreseversuch beschrieben (s. S. 145), gewonnen werden.

Antihumanserum vom Pferd oder vom Kaninchen ist von Behring, Marburg, zu beziehen (1 ml 13,80 DM, 1974).

Membranfolien und Lösungen wie bei der Elektrophorese.

c. *Durchführung:*

Folie auf ca. 5 cm Länge abschneiden, wie bei der Serumelektrophorese mit Puffer tränken und von überschüssigem Puffer befreien.

In die pufferfeuchte Folie im Abstand von 2 cm auf weicher Unterlage zwei Grübchen zur Aufnahme der Seren symmetrisch in die Folie drücken. Auf der einen Markierung 0,015 ml Humanserum, auf der anderen 0,03 ml Antihumanserum mit 0,1-ml-Pipette auftragen. Die Tröpfchen sinken in den Grübchen in die Folie ein. Folie auf die Reißnägelspitzen in die Petrischale legen. Über Nacht stehen lassen (Die Seren diffundieren gegeneinander und bilden Präzipitatlinien). Am nächsten Tag das nichtpräzipitierte Eiweiß der Seren durch Einlegen der Folie in Puffer pH 10 (0,5 ml n NaOH + 100 ml Elphor-Puffer pH 8,6) entfernen; ca. 45 Min. Durch kräftiges Schwenken läßt sich diese Zeit auf ca. 15 Min. verkürzen. Anschließend Färbung, Entfärbung, Transparenzverfahren, wie bei der Serumelektrophorese beschrieben.

d. *Ergebnis:*

Zwischen den beiden Auftragpunkten erscheinen eine ganze Reihe von feinen Präzipitatlinien. Die Methode ist so empfindlich, daß durch Auswertung der Bandenabstände (allerdings nicht im Schulversuch) z. B. die erblichen Haptoglobingruppen identifiziert werden können.

In der molekularen Genetik dient die Methode zur Identifizierung von Spuren bestimmter Proteine, die sich z. B. in einer Bakterienzelle nach Phageninfektion (s. S. 295) oder bei einem Invitro-Proteinbiosyntheseversuch (s. S. 344) gebildet haben.

4. Immunoelektrophorese

a. *Prinzip:*

Die Immunoelektrophorese kombiniert die Trenneffekte von gewöhnlicher Elektrophorese und Immunodiffusion.

Diese ursprünglich — mit Agargel auf Objektträgern — aufwendige Methode kann heute einfach mit den Membranfolien durchgeführt werden. In einem ersten Schritt erfolgt dabei die elektrophoretische Trennung einer punktförmig aufgetragenen Serumprobe, in einem zweiten Schritt läßt man von einer parallel zur Trennstrecke liegenden Startlinie Antihumanserum gegen die getrennten Serum-Proteinfraktionen diffundieren. Wo Serumprotein und passende Antikörper sich treffen, bilden sich charakteristische bogenförmige Präzipitatlinien.

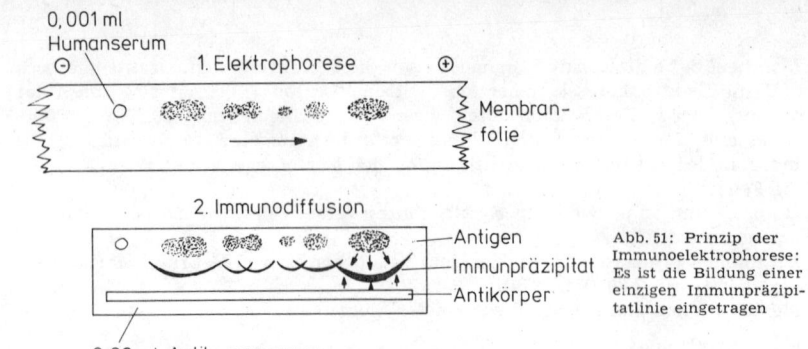

Abb. 51: Prinzip der Immunoelektrophorese: Es ist die Bildung einer einzigen Immunpräzipitatlinie eingetragen

b. Anordnung und Durchführung:

α. Elektrophorese:
Eine Membranfolie (18 x 160 mm) wird wie bei der normalen Elektrophorese (s. S. 145) mit Pufferlösung getränkt und von überschüssigem Puffer befreit. Mittels einer Glaskapillare wird entsprechend Abb. 51 5 mm vom seitlichen Rand und 5 cm vom einem Ende der Folie eine kleine Vertiefung in die auf pufferbefeuchtetem Filterpapier liegende Folie eingedrückt. Diese Vertiefung soll die 0,001 ml Humanserum aufnehmen, die man aus der senkrecht gehaltenen (und bis zu Beginn der Verdickung mit Serum gefüllten) Glaskapillare in die Folie eindringen läßt. Anschließend wird die Folie in die Elektrophoresekammer gelegt mit dem Startpunkt auf der Kathodenseite. 30—40 Min. Elektrophoreselauf.

β. Immunodiffusion
Nach Ablauf der Elektrophorese, Streifen auf pufferfeuchtes Filterpapier legen und mit Lineal, das die Folie nicht berühren soll, mit leerer Glaskapillare eine Rille 5 mm vom Folienrand entfernt längs der Laufstrecke eindrücken. 0,03 ml Antihumanserum vom Pferd (bzw. 0,04 ml Antihumanserum von Kaninchen) möglichst gleichmäßig in die Rille pipettieren.
Folie zuschneiden und in die feuchte Kammer legen (Abb. 50). Über Nacht erfolgt die Diffusion und Bildung der Präzipitatbögen. Am nächsten Tag nicht präzipitiertes Eiweiß mit Puffer pH = 10 auswaschen, färben, transparentmachen, wie bei Immunodiffusion s. S. 148 bzw. Elektrophorese s .S. 145 beschrieben.

c. Ergebnis:
Es lassen sich in der Regel mehr als 10 Präzipitatlinien erkennen. Unter optimalen (in der Schule nicht gegebenen) Bedingungen konnten bereits über 100 verschiedene Proteine im Serum dargestellt werden. Speziell wird die Immunoelektrophorese zur Unterscheidung der erblichen Gc-Globulin (group specific component) Gruppen angewendet: Jeder Mensch gehört einer der nachstehenden Gruppen an: Gc 1-1 (53 %), Gc 1-2 (40 %), Gc 2-2 (7 %). (Abb. 52).

Literatur

SM 10 Ein Handbuch der Sartorius-Membranfilter GmbH Göttingen 1971 Laboratoriumsblätter für die medizinische Diagnostik, Behringwerke AG; Marburg, 1964
Prokop: Die menschlichen Blut- und Serumgruppen, Fischer, Jena 1963
Klein, K.: Einführung in die Immunbiologie, Praxis der Naturwiss. Biol. 1972/1

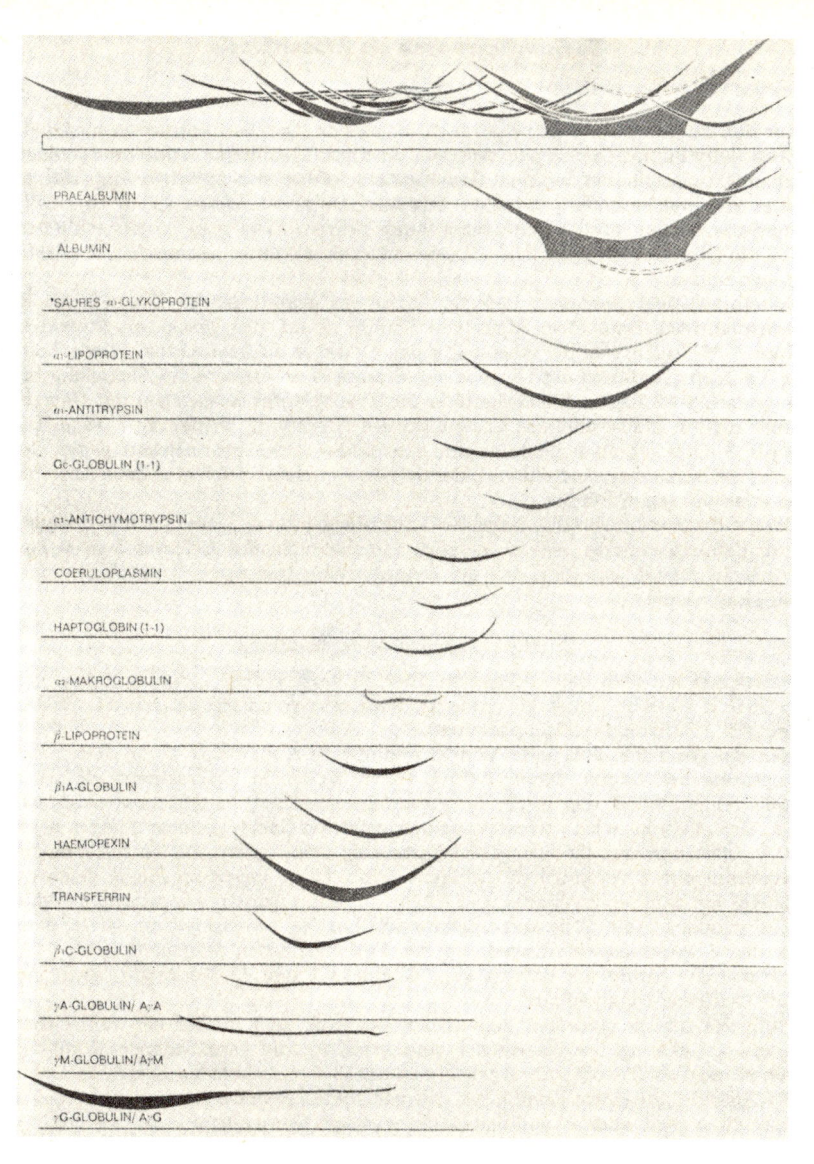

Abb. 52: Immunoelektrophoretische Verteilung der Plasmaproteine.
(aus SM 10, Ein Handbuch der Sartorius-Membranfilter GmbH, Göttingen Nov. 71)

V. Gewebegruppen als Erbmerkmale

1. Entdeckung

Aus den Befunden, daß Gewebetransplantationen zwischen Positionen innerhalb eines Individuums ebenso wie zwischen eineiigen Zwillingen keine immunologischen Schwierigkeiten bereiten, Gewebetransplantationen zwischen Angehörigen einer Art und besonders zwischen Angehörigen verschiedener Arten zu Abstoßungsreaktionen infolge Immunisierungen führen, kann man bereits schließen, daß die Gewebeverträglichkeit (Histokompatibilität) unter genetischer Kontrolle stehen müsse.

Nobelpreisträger *Medawar* lieferte hierzu ein grundlegendes Experiment: Er transplantierte Haut einer Maus von Stamm A auf eine Maus von Stamm B. Nach 6—7 Tagen war die Abstoßung des Gewebes zu beobachten. Wiederholte er die Transplantation mit Gewebe von Stamm A, so erfolgte die Abstoßung bereits nach 1—2 Tagen. Wiederholte er die Transplantation dagegen mit Gewebe eines dritten Mäusestammes C, dauerte die Abstoßung wieder 6—7 Tage. Die Maus B hatte offenbar zunächst eine spezifische Abwehrbereitschaft gegen Gewebe der Maus A entwickelt, nach der dritten Transplantation eine neue Abwehrbereitschaft gegen Stamm C.

Die gleiche Immunisierung gegen das Transplantat des A-Tieres konnte *Medawar* auch dadurch erzielen, daß er lediglich Lymphozyten des A-Tieres dem B-Tier injizierte. Damit war klar, daß die Lymphozyten spezifische Transplantationsantigene tragen.

2. HL-A-Gruppen beim Menschen

Inzwischen hat man beim Menschen über 20 verschiedene Gewebsantigene mit speziellen Gewebs-Antiseren entdeckt. Man bezeichnet sie als HL-A1, HL-A2 usw. (H = Human, L = Lymphozyten).

Man hat gefunden, daß jeder Mensch mindestens 2, maximal 4, von diesen Gewebsantigenen besitzt. Dieser Befund führte zu einem überraschend einfachen genetischen Modell, das an der Magnettafel vorgeführt werden kann (Abb. 53). Der Gewebetypus wird von zwei eng benachbarten Genen gesteuert; liegen beide Gene in reinerbiger (homozygoter) Form vor, dann besitzt das betreffende Individuum nur 2 verschiedene Antigene (Abb. 53 a); liegen an einem Genort 2 gleiche, am anderen 2 verschiedene Allele vor, dann werden 3 verschiedene Antigene gebildet (Abb. 53 b) und tragen beide Loci je 2 verschiedene Allele, dann werden 4 verschiedene Antigene an den Zelloberflächen aufgebaut (Abb. 53 c). 8 Merkmale (Antigene) werden vom Genlocus 1 und 12 Merkmale (Antigene) vom Genlocus 2 kontrolliert.

Trotz des relativ einfachen genetischen Schemas sind infolge der zahlreichen Allele an den beiden HL-A-Loci eine große Anzahl verschiedener Kombinationen möglich. Theoretisch ergeben sich ca. 5000 verschiedene Konstellationen. Die Aussicht, zu einem Empfänger den geeigneten Spender zu finden, ist daher nicht allzu groß, aber — und das ist die wichtige Konsequenz — sie besteht.

Hat ein Elternpaar 5 Kinder, dann kann damit gerechnet werden, daß 2 davon den gleichen HL-A-Typ aufweisen. Diese Erkenntnis ist für notwendig werdende Nieren- und Hauttransplantationen von Wichtigkeit.

HLA 1-1, 9-9   **HLA 1-2, 9-9**   **HLA 1-2, 9-10**

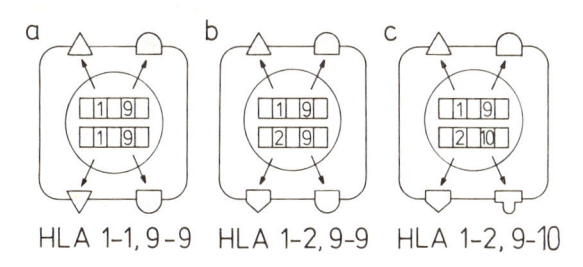

HLA-Antigene von Allelen [1]-[8] am 1. Genort kontrolliert:
zB △ △ ◊ △ ..... (8 Antigenmerkmale)

HLA-Antigene von Allelen [9]-[20] am 2. Genort kontrolliert:
zB ◯ ◊ ◊ ◊ ..... (12 Antigenmerkmale)

Abb. 53: Magnettafelmodell zur Veranschaulichung der Genetik der HL-A-Gewebsantigengruppen. Die Zelle aus Plakatkarton haftet mit Magnetfolie auf der Blechtafel. Der Zellkern (Kreis) ist aus Filz geschnitten und aufgeklebt. Das Paar homologer Chromosomen aus Plakatkarton haftet mittels Alphatexpapier auf dem Filz. Die Genorte auf den Chromosomen sind mit Filz beklebt. Darauf haften die austauschbaren, aus Plakatkarton geschnittenen und mit Alphatex hinterklebten Allele 1—8 und 9—20. Die verschiedenen Antigene, aus Plakatkarton geschnitten, können auf die Zellen aufgesteckt werden. (Die Ziffern im Modell decken sich nicht mit den noch nicht vollständig vereinheitlichten tatsächlichen Bezeichnungen). Vergleiche mit Abb. 42

Das Interesse am HL-A-System wurde durch die Chirurgie geweckt; die biologische Bedeutung des Systems ist hingegen noch unbekannt. Vorläufige Daten deuten auf einen Zusammenhang zwischen HL-A-Typus und Abwehrfähigkeit gegenüber einer krebsartigen Entartung der Zellen hin.

Literatur

Bender, K.: Genetische Aspekte der Organtransplantation in: Humanbiologie, Heidelberger Taschenbuch Bd. 121, 1973

VI. Geschlechtsgekoppelte Vererbung, Genkoppelung und Genaustausch

1. Rotgrünblindheit

a. *Erfassung rotgrünblinder Schüler*

Schüler, deren Rot-Grün-Wahrnehmung gestört ist, kann man mittels des Testbildes 1 aus der Diareihe R-2055 „Geschlechtsgekoppelte Erbgänge beim Menschen" feststellen. Dabei ist zu beachten, daß durch die Projektion mitunter leichte Farbverfälschungen auftreten und der Adaptationszustand der Schüler nicht kontrollierbar ist. Deshalb ist die Bestimmung mit dem Testdia zwar rasch durchführbar, aber mit einem Unsicherheitsfaktor behaftet. Bei einer Häufigkeit von 8 % im männlichen und 0,5 % im weiblichen Geschlecht ist zumindestens in einer Jungenklasse die Wahrscheinlichkeit groß, einen oder mehrere der Farbuntüchtigkeit Verdächtige zu erfassen. Ist dies eingetreten, kann man sich mit Hilfe der Originaltafeln (Tafeln zur Prüfung des Farbsinnes von *Prof. Dr. Velhagen* G. Thieme,

Stuttgart 1964 oder Test for Colour-Blindness by S. Ishihara, Kanehara Shuppan Co 1964) Gewißheit verschaffen und die Tafeln den Betreffenden zur Prüfung der Familienangehörigen mit nach Hause geben, mit dem Auftrag, wieder Familienstammbäume aufzustellen.

b. *Erbganganalyse*

Folgende Fälle kommen vor: (s. Abb. 54)

1) Aus der Ehe eines rot-grünblinden Mannes mit einer farbentüchtigen Frau gehen nur farbentüchtige Söhne und Töchter hervor.
2) Heiratet eine farbentüchtige Frau, deren Vater rotgrünblind war, einen farbentüchtigen Mann, so überträgt sie („Überträgerin") den Defekt auf die Hälfte ihrer Söhne. Alle Töchter erscheinen normalsichtig.
3) Heiratet eine Überträgerin einen rotgrünblinden Mann, so gehen aus Ehen dieses Typs gleich häufig farbgestörte und farbentüchtige Söhne und Töchter hervor.

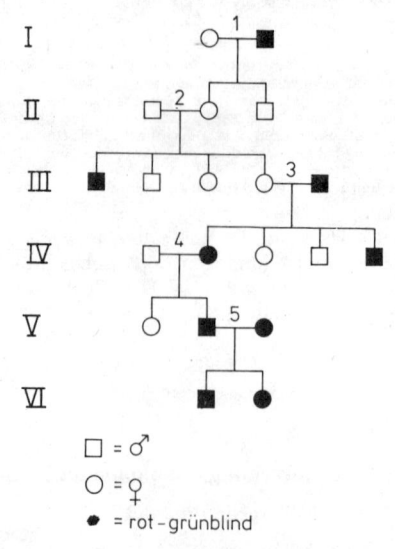

Abb. 54: Modellstammbaum zur Vererbung der Rot-Grün-Blindheit

4) Aus der Ehe einer rotgrünblinden Frau und einem farbentüchtigen Mann gehen ausschließlich rotgrünblinde Söhne und farbentüchtige Töchter hervor.
5) Sind beide Eltern farbuntüchtig, können nur ebensolche Kinder entstehen.

Obwohl die Besonderheiten dieses offenbar mit dem Geschlecht zusammenhängenden Erbganges bereits Ende des 18. Jahrhunderts bekannt geworden waren, blieben sie solange unverstanden, bis um 1910 der Mechanismus der chromosomalen Geschlechtsbestimmung aufgedeckt war (Abb. 55).

Die Besonderheiten des geschlechtsgekoppelten Erbganges lassen sich am einfachsten mit der Annahme vereinbaren, das mutierte Gen sei im X-Chromosom loka-

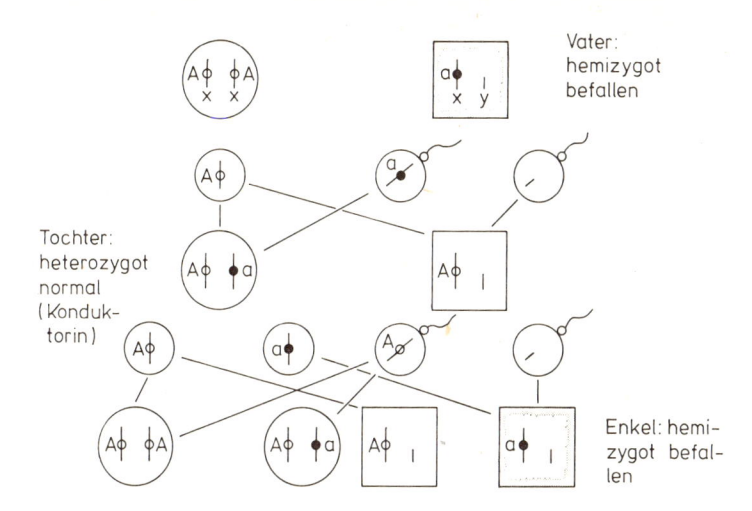

Abb. 55: Schema zum x-chromosomal rezessiven Erbgang

lisiert und rezessiv. Da das X-Chromosom beim Mann keinen homologen Partner besitzt, haben die dort lokalisierten Gene auch keine Allele. Ein rezessives Gen führt demnach in diesem, hemizygot genannten Zustand bereits in einfacher Dosis zur Manifestation des Merkmals. Heiratet ein hemizygot befallener Mann (a, -) eine bezüglich des betrachteten Merkmals homozygot gesunde Frau (AA), so kann er sein X-Chromosom mit dem mutierten Gen niemals an seine Söhne, sondern nur an seine Töchter weitergeben: Alle Söhne erhalten ihr X-Chromosom von der Mutter und sind genotypisch gesund (A, -). Alle Töchter erhalten das X-Chromosom des Vaters und eines der Mutter. Sie sind heterozygot und infolge der Dominanz des Normalallels phänotypisch gesund (A, a). Sie übertragen aber das X-Chromosom mit dem mutierten Gen auf die Hälfte ihrer Söhne und Töchter (Überträgerinnen, Konduktorinnen). Bei den hemizygoten Söhnen verursacht das mutierte Gen wieder den sichtbaren Defekt, bei den heterozygoten Töchtern bleibt es wieder durch das dominante Normalallel verborgen.

c. *Physiologische Grundlagen der Farbsinnstörungen*

Im Zusammenhang mit der Besprechung der Vererbung der Farbsinnstörungen taucht stets die Frage nach ihren physiologischen Grundlagen auf.

Versuche zur additiven Farbmischung (Abb. 56).

Sie lassen sich am einfachsten mit einer normalen Handzentrifuge vorführen, von der man den Rotor entfernt und stattdessen eine Holzscheibe von 20 cm ⌀ darauf montiert hat. Auf die Holzscheibe legt man übereinander eine rote, eine grüne und eine blaue Farbpapierscheibe, die je ein zentrales Loch zum Aufstecken auf

- Schlauchstück
- Plexiglasscheibe
- Farbpapiere
- Sperrholzscheibe

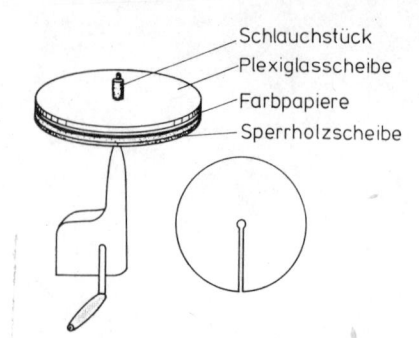

Abb. 56: Versuchsanordnung zur Demonstration der Gesetze der additiven Farbmischung als Grundlage der Helmholtzschen Erklärung der Farbsinnstörungen

die Achse und einen radialen Schlitz tragen, so daß man die Scheiben fächerartig ineinanderschieben und jede beliebige Mischung der drei Grundfarben erzielen kann. Damit sich die Papiere bei der Rotation nicht verschieben, bedeckt man sie mit einer in der Mitte durchbohrten Plexiglasscheibe. Diese kann man mit einem kurz abgeschnittenen Stückchen Schlauch fixieren, den man auf die Achse steckt.

Ergebnisse:

Aus der Mischung von Rot und Grün entsteht Gelb, von Grün und Blau Blaugrün und aus Blau und Rot entsteht der im Spektrum nicht enthaltene Purpurfarbton. Das dreifache Gemisch liefert den Eindruck Weiß. Aus der Beobachtung, daß durch entsprechende Mischung von drei Grundfarbreizen sämtliche Farbeindrücke der Spektralfarben, die Purpurtöne und alle Abstufungen zu Weiß hin erzeugt werden können, schloß *Helmholtz,* daß in der Netzhaut eines Normalen Trichromaten drei Rezeptortypen als Rot-, Grün- und Blaukomponenten mit den durch die drei Kurven symbolisierten spektralen Empfindlichkeiten vorliegen. Mit dieser Theorie lassen sich die beobachteten Farbsinnstörungen durch die Schwächung oder den Ausfall der ersten (protos), zweiten (deuteros) oder dritten (tritos) Komponente gut erklären:

Normale Trichromaten haben innerhalb des sichtbaren Spektralbereichs das Helligkeitsmaximum im Gelb.

Davon weichen die sogenannten *anomalen Trichromaten* geringfügig ab: Sie können zwar rot und grün unterscheiden, der Farbkontrast ist aber geringer als beim Normalsichtigen (Schwierigkeiten beim Suchen von Walderdbeeren!).

Man kann zwei Typen von anomalen Trichromaten unterscheiden: Bei den *Rotschwachen* (Protanomalen, Häufigkeit 1 %) ist der sichtbare Bereich des Spektrums am langwelligen Ende etwas verkürzt, und das Helligkeitsmaximum ist nach Gelbgrün verschoben (Schwächung der ersten Komponente). Bei der Einstellung der Farbgleichung: Rot + Grün = Gelb müssen sie am Spektralapparat mehr Rot beimischen als der Normale, um Identität des Mischlichtes mit spektralem Gelb zu erzielen. Bei den *Grünschwachen* (Deuteranomalen, Häufigkeit 5 %) sind sichtbarer Spektralbereich und Helligkeitsmaximum wie beim normalen Trichromaten, doch müssen sie mehr Grün zu Rot mischen (Schwächung der zweiten Komponente).

Wesentlich stärker ist die Störung bei den sog. *Dichromaten*, für die der Farbton für rot, grün und gelb identisch ist. Sie nehmen in diesem Spektralbereich Unterscheidungen nur auf Grund verschiedener Helligkeit vor. Bei den *Rotblinden* (Protanopen, Häufigkeit 1 %) ist offensichtlich die Rotkomponente völlig ausgefallen. Der sichtbare Spektralbereich ist am langwelligen Ende stark verkürzt, das Helligkeitsmaximum ist noch weiter in den kurzwelligen Bereich verschoben, und im Blaugrün liegt eine Neutralstelle, d. h. Licht der Wellenlänge 490 nm wird weiß gesehen. Das letztere gilt auch für die *Grünblinden* (Deuteranopen, Häufigkeit 1 %) bei denen aber sichtbarer Spektralbereich und Helligkeitsmaximum wie beim Normalsichtigen liegen.

Ohne Kenntnis über den kausalen Zusammenhang zu besitzen, nimmt man heute an, daß den Typen der Rot-Grün-Blindheit zwei eng gekoppelte Genloci zugrunde liegen mit je drei Allelen:

$A > a' > a''$ Normalsichtig $>$ rotschwach $>$ rotblind
$B > b' > b''$ Normalsichtig $>$ grünschwach $>$ grünblind

wobei die jeweils stärkere Störung sich rezessiv gegenüber der schwächeren bzw. gegenüber normal verhält.

2. Bluterkrankheit

a. Historisches und Symptome

Die Bluterkrankheit *(Hämophilie)* ist jenes Leiden, das den meisten Menschen als Erbkrankheit bekannt ist. Dies kommt wohl daher, daß sich beim Laien mit dem Begriff Blut die Vorstellung von geheimnisvollen Kräften insbesondere der Vererbung („blutsverwandt") verbindet und zudem dieses schwere Leiden durch das Auftreten in europäischen Fürstenhäusern des 19. und 20. Jahrhunderts eine traurige Berühmtheit erlangt hat. Kenntnisse über die besondere Art der Vererbung lassen sich weit in der Geschichte zurückverfolgen. Bereits im 2. Jahrhundert unserer Zeitrechnung brachte der Talmud Regeln, welche die Beschneidung von Knaben von solchen Müttern betraf, die bereits zwei Söhne durch Verbluten infolge des Eingriffs verloren hatten: Weitere Söhne, sowie die Söhne der Schwester der betreffenden Mutter waren von dem Ritual dispensiert. Dagegen behandelte man die Söhne desselben Vaters mit einer anderen Mutter wie normale Knaben. Darin kommt die Kenntnis zum Ausdruck, daß das Leiden nie vom Vater sondern nur von der Mutter auf den Sohn übertragen werden kann.

Im Jahre 1820 gab *Nasse* eine genauer gefaßte Regel: „Die Frauen aus jenen Familien übertragen von ihren Vätern her, auch wenn sie an Männer aus anderen, mit dieser Neigung nicht behafteten Familien, verheiratet sind, ihren Kindern diese Neigung; an ihnen selbst und überhaupt an einer weiblichen Person jener Familien, äußert sich eine solche Krankheit niemals."

Die endgültige Formulierung des Erbganges der Hämophilie als X-chromosomal rezessiv war erst um 1910 nach der Entdeckung der Geschlechtschromosomen möglich geworden.

Ausgetretenes Blut eines gesunden Menschen gerinnt nach 5—9 Minuten. Als Bluter bezeichnet man Menschen mit einer Gerinnungszeit von mehr als 15 Minuten. Die verlängerte Gerinnungszeit führt dazu, daß es selbst bei leichten Prellungen zu ausgedehnten Blutergüssen *(Hämatomen)* im Gewebe kommt. Äußerliche Verletzungen führen zu einem starken Blutverlust, der bei größeren Wunden zum Tode führen kann. Kleinere Blutungen kann der Organismus aber zum Stillstand bringen, indem sich die verletzten Gefäße und Gewebe kontrahieren. Derselbe Mechanismus führt bei gesunden Frauen normalerweise zum Versiegen der Monatsblutung und zum Wundverschluß in der Gebärmutter nach einer Geburt. So ist es verständlich, daß auch bluterkranke Frauen erwachsen werden können und, wie in einem bisher bekannt gewordenen Fall, sogar die Geburt eines Kindes überstehen können.

Bei einer beobachteten Häufigkeit befallener Männer von $1 : 10^4$ sind allerdings nur $1 : 10^8$, d. h. eine bluterkranke Frau auf 100 Mill. gesunde Frauen zu erwarten.

b. *Bestimmung der Blutgerinnungszeit*

Um die große Variabilität des Merkmals Blutgerinnungszeit zu demonstrieren, kann man den folgenden Versuch durchführen. Man wird selbstverständlich nur jene Schülerinnen und Schüler daran beteiligen, die freiwillig mitmachen wollen und im übrigen die auf Seite 71 beschriebenen Vorsichtsmaßregeln beachten.

Man benötigt Petrischalen, in deren Deckel man feuchte Filterpapierstreifen einlegt (feuchte Kammer), Objektträger, Hämostyletten, Tupfer und Alkohol zum Reinigen der Fingerkuppe, sowie eine Stoppuhr.

Jeder Schüler legt einen Objektträger in eine Petrischale und reinigt eine Fingerkuppe. Auf ein Kommando hin wird die Fingerkuppe angestochen, ein nicht zu kleiner Blutstropfen auf den Objektträger gebracht und die Petrischale geschlossen. Gleichzeitig wird die Stoppuhr in Gang gesetzt. Nach jeweils einer Minute

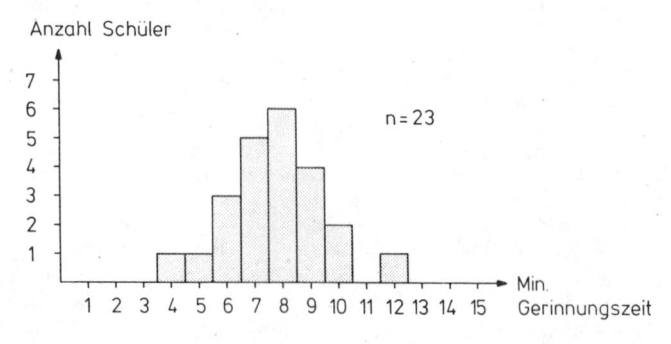

Abb. 57: Variabilität der Blutgerinnungszeit in einer 13. Klasse mit 23 Schülern

veranlaßt man die Schüler mit einem Klopfzeichen, den Deckel der Petrischale zu heben und mit der Spitze der Hämostylette quer durch den Blutstropfen zu fahren. Nach 4—5 Minuten bleibt bei den ersten Schülern ein kleiner Blutkuchen an der Hämostylette hängen.

Man setzt den Versuch solange fort, bis beim letzten Schüler die Gerinnung eingetreten ist und stellt die Ergebnisse in einer Graphik dar (Abb. 57).

c. Faktoren der Blutgerinnung und komplementäre Polygenie

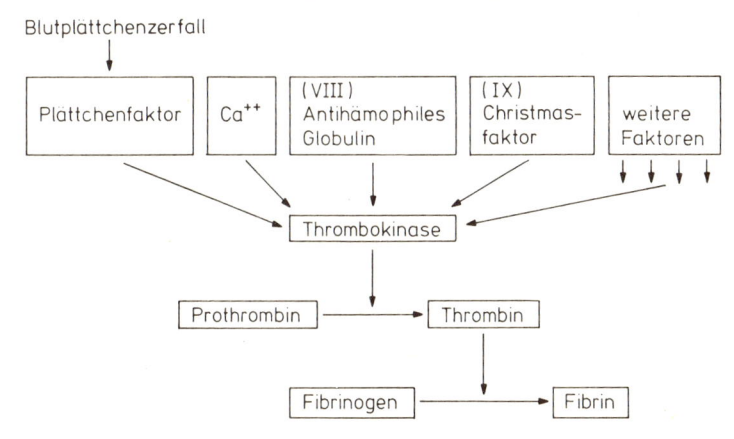

```
Blutplättchenzerfall
        │
        ▼
┌──────────────┐ ┌─────┐ ┌──────────────┐ ┌───────────┐ ┌──────────┐
│Plättchenfaktor│ │Ca++ │ │   (VIII)     │ │   (IX)    │ │ weitere  │
│              │ │     │ │Antihämophiles│ │Christmas- │ │ Faktoren │
│              │ │     │ │  Globulin    │ │ faktor    │ │          │
└──────────────┘ └─────┘ └──────────────┘ └───────────┘ └──────────┘
         ╲        ╲             │              ╱         ↓ ↓ ↓ ↓
          ╲        ╲            ▼             ╱
                    ┌─────────────────┐
                ───▶│  Thrombokinase  │◀───
                    └─────────────────┘
                             │
                             ▼
             ┌───────────┐        ┌──────────┐
             │Prothrombin│───────▶│ Thrombin │
             └───────────┘        └──────────┘
                                       │
                                       ▼
                  ┌───────────┐        ┌────────┐
                  │Fibrinogen │───────▶│ Fibrin │
                  └───────────┘        └────────┘
```

Die große Variabilität des Merkmals „Blutgerinnungszeit" kann als Indiz gewertet werden, daß viele Gene an seinem Zustandekommen beteiligt sein werden.

Aus einer Wunde ausgetretenes Blut gerinnt dadurch, daß sich im Plasma aus einer Vorstufe, dem Fibrinogen, ein hochmolekularer, fädiger Eiweißstoff, das Fibrin bildet, welcher die Blutflüssigkeit zu einer gallertigen Masse bindet und zudem die Wundränder zusammenzieht. Die Umwandlung wird katalysiert durch das Enzym Thrombin, welches aus dem inaktiven Prothrombin entsteht, wenn ein Enzym, die Thrombokinase durch mehrere Faktoren aktiviert worden ist.

Die Aktivierung der Thrombokinase wird eingeleitet durch einen Stoff, der beim Zerfall von Blutplättchen im ausgetretenen Blut (Plättchenfaktor) frei wird und ist nur möglich in Gegenwart von Ca^{++}-Ionen und einer Reihe von Eiweißstoffen im Plasma, die z. T. durch Elektrophorese bereits isoliert werden konnten. Eines dieser Proteine ist das in der Globulin-Fraktion gefundene sog. antihämophile Globulin (Faktor VIII). Dieser sehr labile Stoff, der bei der Gerinnung verbraucht wird, fehlt Männern, die an der klassischen Form der Bluterkrankheit, der Hämophilie A leiden. Von diesem häufigsten Typ kann man einen selteneren als Hämophilie B unterscheiden. Bei Blutern dieses Typs fehlt ein Protein, das sich relativ stabil verhält und bei der Gerinnung nicht verbraucht wird. Nach dem Vornamen des ersten gefundenen Patienten wird es als *Christmas*-Faktor (Faktor IX) bezeichnet. Bei schweren Verletzungsblutungen oder Operationen muß demnach Hämophilie A Patienten in kurzen Abständen normales Frischblut, Plasma, oder größere Mengen eines gereinigten Faktor VIII-Präparates infundiert werden, damit eine normale Gerinnung gewährleistet wird. Bei Hämophilie B Patienten genügt dagegen eine Blut- oder Plasmatransfusion für mehrere Tage.

Jedes einzelne Protein, das als Faktor der Blutgerinnung eine Rolle spielt, hängt von einem eigenen Gen ab. Damit es zur Realisierung des Merkmals „normale Blutgerinnung" kommt, müssen alle diese Gene intakt sein. Ist auch nur eines mutiert und liefert ein funktionsgestörtes Protein, so kommt es zu einer Verlängerung der Blutgerinnungszeit. Die Erscheinung, daß viele Gene an der Ausbildung eines Merkmals beteiligt sind, wobei der Ausfall eines einzigen Gens bereits den Ausfall des Merkmals bedingt, bezeichnet man als *komplementäre Polygenie.* Neben den X-chromosomalen Formen der Hämophilie gibt es auch autosomale. Die Erscheinung, daß ein- und dasselbe Erbmerkmal völlig verschiedene genetische Ursachen haben kann, bezeichnet man als *Heterogenie.*

3. Koppelung und Austausch der Gene im X-Chromosom

Die von der Morganschule an *Drosophila* entdeckten und analysierten Erscheinungen von Genkoppelung und Genaustausch werden praktisch in allen Schulbüchern anhand der klassischen Beispiele erläutert. Eine Versuchsbeschreibung für eine Dreipunktkreuzung bei *Drosophila* zur Bestimmung von Rekombinationshäufigkeiten X-chromosomal gekoppelter Gene findet sich in Kapitel D, S. 230.

Nachstehend werden Genkoppelung und Genaustausch am Beispiel Mensch abgehandelt.

a. Koppelung und Austausch der Gene für Rot-Grün-Blindheit und Bluterkrankheit

Da sowohl die Rotgrünblindheit als auch die Bluterkrankheit in derselben geschlechtsgebundenen Weise vererbt werden, müssen die verantwortlichen Gene *beide im X-Chromsom liegen.* Dabei lassen sich grundsätzlich zwei Möglichkeiten unterscheiden (Abb. 58):

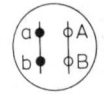

Abb. 58: Zwei Möglichkeiten für Genkoppelung im X-Chromosom einer Konduktorin: die beiden defekten Allele liegen im selben X-Chromosom (links) oder: die beiden defekten Allele liegen in je einem der beiden X-Chromosomen (rechts).

Entweder liegen bei einer Konduktorin die beiden mutierten Gene im selben X-Chromosom, oder sie liegen in je einem der beiden homologen X-Chromosomen.

Nur im ersten Fall treten bei männlichen Nachkommen die beiden Merkmale gemeinsam auf, im zweiten Fall getrennt.

Beweisend für Genkoppelung ist nicht die gemeinsame Vererbung zweier Merkmale — sie treten genauso häufig getrennt auf — sondern die Tatsache, daß in einer Familie in der Regel stets nur dieselben Kombinationen wie bei den Ahnen auftreten.

Gelegentlich tritt aber eine Durchbrechung der Koppelung und eine Neukombination der Merkmale ein.

Bereits 1938 wurde von *Verschuer* und *Rath* der Fall einer Frau beschrieben, die 4 Söhne mit allen möglichen Kombinationen hatte: Bluter-rotgrünblind, Bluter-farbentüchtig, blutnormal-farbenblind, blutnormal-farbentüchtig. Dies war der erste Beweis für Austausch gekoppelter Gene beim Menschen (Abb. 59 a).

Abb. 59a: Stammbaum einer Familie mit 4 Söhnen:
a. blutnormal, farbentüchtig; blutnormal, farbenblind; bluterkrank, farbuntüchtig; bluterkrank, farbenblind als Beweis für Austausch gekoppelter Gene (nach *Verschuer* und *Rath* 1938).

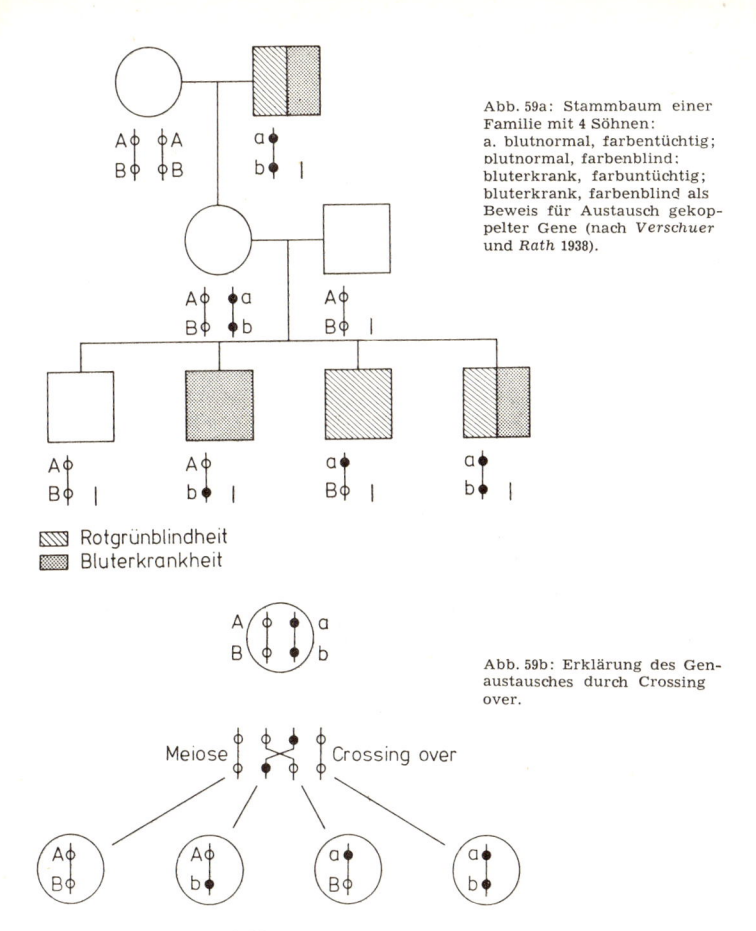

▧ Rotgrünblindheit
▨ Bluterkrankheit

Abb. 59b: Erklärung des Genaustausches durch Crossing over.

b. *Crossing over und Chiasmen*

Die Neukombination gekoppelter Gene kann nach *Morgan* durch *Crossing over* erklärt werden:

Die Vorstellung von „Crossing over" als Ursache des Genaustausches wird gestützt durch die tatsächliche Beobachtung von Überkreuzungen (Chiasmen) bei Chromosomen während der Meiose.

Im Tierversuch ist es gelungen, genetisch ermittelte Crossover-Häufigkeiten zweier Gene und zytologisch beobachtete Chiasma-Häufigkeiten des betreffenden Chromosoms miteinander zu vergleichen. Sie ändern sich gleichsinnig in Abhängigkeit von Temperatur, Feuchtigkeit und anderen physiologischen Faktoren. Dies rechtfertigt die Auffassung, daß sie zwei verschiedene Aspekte desselben

Phänomens sind. Das Crossover ermöglicht die Durchbrechung der Genkoppelung mit dem Effekt, daß neue Allele in eine Koppelungsgruppe eingebracht werden. Über den *Mechanismus des Crossover* existieren mehrere Hypothesen: Die *Bruch-Fusions-Hypothese* besagt, daß nach der Paarung der Homologen je ein Nichtschwesterchromatid infolge von Torsionen bricht und die gebrochene Chromatiden kreuzweise mit den gegenüberliegenden Bruchstellen vereinigt werden, so daß es zum Austausch homologer Stücke kommt. Diese Modellvorstellung ist auch mit Kenntnissen der DNS-Replikation verträglich, ebenso wie die *Matrizenwechsel-Hypothese (copy-choice)*. Diese geht davon aus, daß während der DNS-Replikation die DNS-Polymerase von einer elterlichen Matrize zur anderen wechselt, so daß die neuen Chromatiden teils die Gengehalt des einen, teils des des anderen Eltern-DNS-Stranges enthalten.

Unabhängig vom ungeklärten Mechanismus des Crossover führt folgende Übergung zur Aufstellung von genetischen Chromosomenkarten: Wenn Crossover an beliebigen Stellen des Chromosoms gleich wahrscheinlich eintritt, dann werden zwei gekoppelte Gene umso häufiger voneinander getrennt werden, je weiter sie voneinander entfernt liegen. Oder anders ausgedrückt: Die Wahrscheinlichkeit, daß zwischen zwei Genen ein Crossover stattfindet, ist umso größer, je weiter die beiden Gene voneinander entfernt sind. Somit ist die beobachtete Austauschhäufigkeit gekoppelter Gene ein Maß für ihren relativen Abstand.

c. *Modellversuch zur Erläuterung des Zusammenhanges zwischen Rekombinationshäufigkeit und Genabstand*

Das Grundschema eines Crossover Ereignisses, der Stückaustausch zwischen zwei Nichtschwesterchromatiden in der Paarungsphase der homologen Chromosomen während der Meiose, kann mit dem Magnettafelmodell und speziell dafür hergestellten Chromosomen veranschaulicht werden. Dieses Modell ist bereits auf S. 86 beschrieben.

Der nachstehend beschriebene Modellversuch zielt darauf ab, die Zufälligkeit des Crossover-Ereignisses und den Zusammenhang zwischen Rekombinationshäufigkeit und Abstand der linear angeordneten Gene zu demonstrieren:

Man fertigt sich 3 offene Ketten von ca. 25 cm Länge indem man Spielzeug-Holzkügelchen von ca. 4 mm $\emptyset$ auf einen leicht beweglichen, dünnen Perlonfaden oder dünnen Bindfaden auffädelt.

In die erste Kette hat man 2 größere Kugeln in weiterem Abstand (z. B. 15 cm), in die zweite Kette zwei größere Kugeln in näherem Abstand (z. B. 5 cm) eingefädelt. In die dritte Kette hat man drei größere Kugeln a, b, c eingefügt und zwar so, daß sich die Abstände a—b zu b—c wie 3:1 verhalten.

Die drei Ketten stellen die Modelle für 3 verschiedene Chromatiden des X-Chromosoms dar. Die kleinen Kügelchen repräsentieren nicht mutierte Normalallele, die größeren Kugeln mutierte, rezessive Allele.

Eine vierte, gleichlange Kette, ausschließlich aus den kleinen Kügelchen gefertigt, stellt ein Nichtschwesterchromatid des homologen X-Chromosoms dar. Ein Modell-Chromatid mit mutierten Allelen und das Modell-Chromatid ohne mutierte Allele nebeneinandergelegt, soll gepaarte Chromatiden während der Meiose simulieren. (Das jeweilige identische Schwesterchromatid ist dabei weggelassen.) Nur die Nichtschwesterchromatiden kommen für die Bildung von Chiasmen = Crossovers infrage (s. Abb. 60).

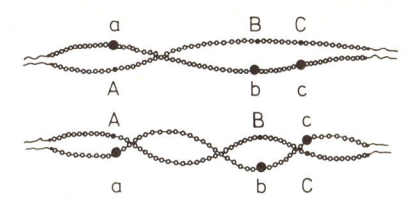

Austausch zwischen	a und b	b und c
	‖‖‖ ‖‖‖ ‖‖‖ ‖‖‖ ‖‖‖ ‖‖‖	‖‖‖ ‖‖‖ ‖‖
Verhältnis der Rekombinationshäufigkeiten	28 : 12 2,3 : 1	

Abb. 60: Perlenkettenmodell zur Demonstration des Zusammenhanges zwischen Rekombinationshäufigkeit und Genabstand. Ergebnis eines Versuches mit dem Dreipunktmodell.

Indem man die — Nichtschwesterchromatiden repräsentierenden — Ketten so an den beiderseits überstehenden Fadenenden mit den Händen faßt, daß die Ketten leicht durchhängen, kann man sie mit einem Ruck hochschlagen und auf eine ebene Unterlage fallen lassen. Dabei kann es zufällig entweder kein, ein oder mehr als ein Crossover Ereignis geben.

Führt man die Würfe auf der Fläche des Schreibprojektors durch, kann eine ganze Klasse die Ergebnisse beobachten und protokollieren.

Man führt rasch hintereinander 10 Würfe mit dem Kettenpaar mit den weiter entfernten Kugeln durch: Dabei haben sich die Ketten z. B. 5 mal nicht überkreuzt, 1 mal außerhalb der beiden größeren Kugeln und 4 mal innerhalb.

Die Wiederholung der Würfe mit dem Kettenpaar mit den nähergelegenen Kugeln ergab z. B. 4 Würfe ohne Überkreuzung, 4 Würfe mit Überkreuzung außerhalb der beiden Kugeln und einen Wurf mit Überkreuzung zwischen den beiden Kugeln.

Die Schüler können diesem einfachen Versuch anschaulich entnehmen, daß es vom Abstand der beiden Kugeln abhängt wie häufig sie bei zufälligem Überkreuzen der beiden Ketten getrennt werden.

Das Verhältnis Austausch- : Nichtaustauschwürfen im ersten Fall 4 : 6 (40 %) und im zweiten 1 : 10 (10 %) simuliert die sog. absoluten Rekombinationswerte, die eine erste Näherung an die Genabstände wiederspiegeln.

In der humangenetischen Forschung entspricht dies der Feststellung, wie oft z. B. in Sippen mit im selben Chromosom gekoppelten Anlagen für Rotgrünblindheit und Bluterkrankheit Söhne mit beiden Merkmalen und wie oft Söhne mit nur je einem Merkmal auftraten. (Diesbezügliche Stammbaumuntersuchungen ergaben für diese beiden Merkmale beim Menschen eine Rekombinationshäufigkeit von 12 %).

Will man mehr über die relative Lage der Gene erfahren, benötigt man ein weiteres Gen derselben Koppelungsgruppe.

Ein für Koppelungs- und Austauschversuche im X-Chromosom häufig verwendetes Markierungsgen betrifft die bei jedem Menschen feststellbare Blutgruppe Xg.

In dem zweiten Modellversuch mit der Drei-Kugel-Kette soll die erste größere Kugel das rezessive Allel a für diese Blutgruppe darstellen, die zweite Kugel das Gen b für Grünschwäche, die dritte Kugel das Gen c für Hämophilie A.

Zur Simulation der Crossover-Ereignisse mit der Normalkette verfährt man wie im ersten Versuch.

Gewertet werden aber diesmal nur jene Würfe, die zu einer oder mehreren Überkreuzungen der beiden Ketten geführt haben. Notiert wird, ob ein Crossover zwischen Kugel a und b, zwischen Kugel b und c oder ob je ein Crossover zwischen a und b sowie zwischen b und c („Doppelcrossover") vorliegt.

Crossover der beiden Ketten außerhalb der „markierten" Kugeln müssen unberücksichtigt bleiben, ebenso wie Doppelcrossover zwischen „markierten" Kugeln. Sie können ja auch bei einem realen Kreuzungsexperiment nicht festgestellt werden.

Um zu einem auswertbaren Ergebnis zu gelangen, sind mindestens 40 Würfe mit Crossover nötig (Abb. 60).

In einem entsprechenden Versuch sind z. B. zwischen a und b 24, zwischen b und c 8 einfache, sowie 4 Doppelcrossover aufgetreten. Letztere müssen zu den beiden Typen der einfachen Crossovers hinzugezählt werden. Damit ergibt sich ein Rekombinationsverhältnis von $28 : 12 = 2,3 : 1$. Den Schülern ist unmittelbar einsichtig, daß dieses Verhältnis durch die unterschiedlichen Abstände der „markierten" Kugeln bedingt ist. Daß es kleiner als das reale Abstandsverhältnis $3 : 1$ ausgefallen ist, kann anschaulich damit erklärt werden, daß Doppelcrossovers zwischen den beiden entfernteren Kugeln häufiger zu erwarten sind als zwischen den beiden näheren, so daß diese entfernteren seltener getrennt werden als es der Crossoverzahl entspricht. Auf diesem Umstand beruht der reale Befund, daß sich der Rekombinationswert entfernterer Gene nicht genau aus der Summe der Rekombinationswerte dazwischenliegender Gene ergibt, sondern stets kleiner ausfällt. Zu bemerken ist noch, daß dieser Modellversuch nur ein *Verhältnis* von Rekombinationswerten liefert und nicht absolute Rekombinationswerte.

Mit diesen Modellversuchen kann man den Schülern das Prinzip der Chromosomenkartierung, das ihnen erfahrungsgemäß gewisse Denkschwierigkeiten bereitet, anschaulich näherbringen.

d. *Vorläufige Chromosomenkarte des X-Chromosoms* (Abb. 61)

Aus den Rekombinationswerten gekoppelter Gene hat *Morgan* bei *Drosophila* die *lineare Anordnung der Gene* im Chromosom erschlossen.

Beim Menschen kennt man bisher (1974) ca. 150 überwiegend rezessive Gene in dem 5,5 μ langen X-Chromosom. Nur von einigen wenigen liegen Befunde über Koppelung und Genaustausch vor und nicht von einem einzigen Gen weiß man bislang an welchem Ort es im X-Chromosom lokalisiert ist. Es wird vermutet, daß die näher untersuchten Gene alle im kurzen Arm des X-Chromosoms liegen. Die angegebenen Rekombinationswerte stützen sich auf ein geringes Zahlenmaterial, so daß sie mit großer Unsicherheit behaftet sind. Selbst die relative Lage der Genorte zueinander ist nicht eindeutig festlegbar. So können z. B. die Loci für Augenalbinismus und Fischschuppenhaut auch beide, oder einer von beiden jenseits des Xg-Locus eingezeichnet werden.

```
X-Chromosom              Rekombinations-
                         werte
                                    ┌── Xg-Blutgruppe
                              ┌─┬─┐
                              │ │11│
                              │16│ └── Schuppenhaut
                              40?│
                              │  └── Augenalbinismus
                              │
                              │   ┌─── Grünschwäche
                              └─┬─┤ 5
                                │ ├─── Glucose-6-Phosphat-
                                12│          Dehydrogenase
                                │ ├─── Rotschwäche
                                │ └─── Bluterkrankheit A
                                              „       „    B

                                      │  Totale Farbenblindheit
              Brauner Zahnschmelz     │
                                      │  Retina-Verfall
              Vit. D resistente       │  Blausäure-Wahrnehmung
              Rachitis              ? │  Hypo-gamma-globulinämie
                                      │
              Augenzittern            │  Beckenmuskelschwund

                      dominant        │         rezessiv
```

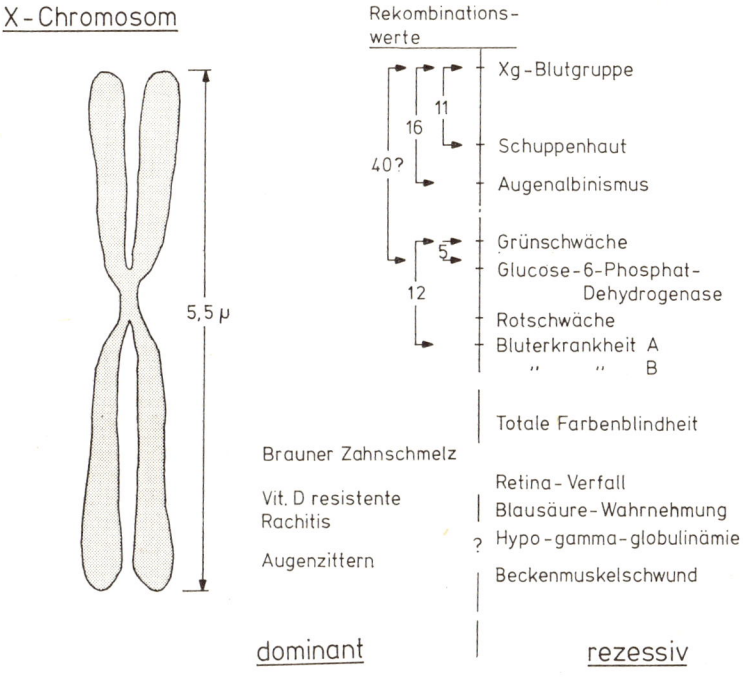

5,5 μ

Abb. 61: Vorläufige Karte des X-Chromosoms (nach *Race* und *Sanger* 1968 und *Lenz* 1970)

Erst wenn ein Rekombinationswert mit z. B. dem Grünlocus vorliegt, wird die Zuordnung eindeutig. Der enorme Vorsprung auf dem Gebiet der Genkartierung bei *Drosophila,* dem Bakterium *Escherichia coli* und dem Phagen T_2 beruht auf dem Vorteil gezielter Kreuzungen mit großen Individuenzahlen.

e. *Beispiele X-chromosomal-geschlechtsgebundener Merkmale*
Merkmale mit X-chromosomal rezessivem Erbgang:
Augenalbinismus: Rote Augen bei Männern infolge Pigmentmangels, übriger Körper normal pigmentiert. Auch bei heterozygoten Frauen bildet sich das Merkmal (allerdings nur schwach) aus.

Fischschuppenhaut (Ichthyosis vulgaris)
Die Haut ist am ganzen Körper von rauhen, schuppenartigen Hornfeldern bedeckt, besonders stark an Armen und Beinen. Lediglich Knie- und Ellbeugen bleiben davon frei. Die Felder kommen dadurch zustande, daß die ständig aus verhornenden Oberhautzellen sich nachbildende äußerste Schutzschicht der Haut nicht wie normal in winzigen Schüppchen laufend abgestoßen wird, sondern dicke Hornplatten bildet. Kratzt man sie weg, hinterlassen sie schmerzhafte, blutende Wunden. Das mit einer Häufigkeit von 1 : 100 000 bei Knaben gar nicht so seltene

X-chromosomal rezessiv vererbte Hautleiden kann durch intensive Behandlung z. B. mit Salycilvaseline soweit gemildert werden, daß es kaum noch auffällt.

Glukose-6-phosphat-dehydrogenase-Mangel: Beim Genuß von Bohnen oder bei der Einnahme von Sulfonamiden entsteht infolge des Enzymmangels eine schwere Anämie („Fabismus").

Hypo-γ-Globulinämie: Unfähigkeit, Antikörper in genügender Anzahl zu erzeugen. Infolge extremer Infektionsanfälligkeit führt die Krankheit ohne Behandlung bald zum Tode.

Blausäurewahrnehmung: 20 % der Männer und 4 % der Frauen empfinden keinen Bittermandelgeruch beim Einatmen von Blausäure.

Muskeldystrophie, Duchenne Typ
Die von diesem Leiden befallenen Knaben fallen meist in den ersten Lebensjahren durch Schwächlichkeit und einen unsicheren Gang auf, sofern sie überhaupt gehen lernen. Wenn sie am Boden sitzen und aufstehen wollen, nehmen sie in charakteristischer Weise die Arme zu Hilfe: Sie stellen sich wie ein Vierfüßer auf Arme und Beine und richten sich, mit den Händen an den Beinen hocharbeitend, auf. Der in den Beinen und am Becken beginnende Muskelschwund greift im Laufe der weiteren Jahre so stark auf den ganzen Körper über, daß die von diesem schweren Leiden Befallenen mit 10—15 Jahren gehunfähig und selten älter als 20 Jahre werden. Diese X-chromosomal rezessive, progressive Muskeldystrophie tritt mit der Häufigkeit von 1 : 30 000 ausschließlich bei Jungen auf. Befallene Mädchen können nicht entstehen, weil Merkmalsträger in der Regel nicht zur Fortpflanzung gelangen.

Ausschließliches oder gehäuftes Vorkommen eines Merkmals bei Männern ist für sich allein genommen noch kein Beweis für X-chromosomal rezessiven Erbgang. Es könnte auch eine „geschlechtsbegrenzte Manifestation" vorliegen, wie es etwa bei dem Merkmal „Glatze" der Fall ist. Es wird autosomal vererbt, manifestiert sich aber in der Regel nur im männlichen Geschlecht.

Merkmale mit X-chromosomal dominantem Erbgang:
Für diesen Erbgang ist typisch, daß das Merkmal bei Männern *und* Frauen auftritt, bei diesen sogar doppelt so häufig.

Im Einzelnen sind folgende Fälle typisch: 1. Alle Söhne befallener Männer sind merkmalsfrei, bei allen Töchtern tritt das Merkmal dagegen in Erscheinung. 2. Unter den Kindern weiblicher heterozygoter Merkmalsträger findet sich eine 1 : 1 Aufspaltung wie beim autosomal dominanten Erbgang unabhängig vom Geschlecht, wenn der Vater gesund war. 3. Ist er ebenfalls befallen, so tragen sämtliche Töchter das Merkmal, und die 1 : 1 Aufspaltung tritt nur bei den Söhnen ein. 4. Die Kinder homozygot weiblicher Merkmalsträger sind alle befallen, gleichgültig, ob der Vater gesund oder befallen war. Bei spärlichem Beobachtungsmaterial ist es schwierig, den X-chromosomal dominanten vom autosomal dominanten Erbgang abzugrenzen. Die größte Beweiskraft hat der Fall, wenn ein männlicher Merkmalsträger ausschließlich befallene Töchter und gesunde Söhne hat.

Beispiele:
Xg-Blutgruppe, das mit Antiserum nachweisbare Merkmal Xg^a ist besonders für Koppelungsuntersuchungen wichtig geworden. Außerdem konnte mit seiner Hilfe festgestellt werden, daß Nondisjunction der Gonosomen auch im männlichen Ge-

schlecht auftritt. Hat ein *Turner*-Mädchen (XO) z. B. das Merkmal Xg(a⁻), die Mutter Xg(a⁻), der Vater Xg(a⁺), so folgt daraus, daß das Mädchen sein einziges X-Chromosom von der Mutter bekommen haben muß und daß beim Vater durch Nondisjunction ein gonosomenfreies Spermium entstanden sein muß.

Vitamin D — resistente Rachitis: dominant vererbte Form von Rachitis, die durch Vitamin D Gaben nicht beeinflußt wird.

Augenzittern (Nystagmus): dominant vererbtes, ständiges Augenzucken.

Keratosis follicularis: Feine stachelförmige Haarbalgverhornungen führen zum teilweisen oder völligen Verlust der Wimpern, Augenbrauen oder des Kopfhaares.

f. Autosomale Koppelungsgruppen und Genlokalisation

Von den 415 sicher bekannten (528 vermutlichen) autosomal dominanten und 365 sicher bekannten (418 vermutlichen) autosomal rezessiven Genen (nach *McKusick* 1971) ist nur für relativ wenige bekannt, daß sie einer Koppelungsgruppe angehören z. B.

Lutheran-Blutgruppen und ABH-Sekretion
Rh-Blutgruppen und ovale Erythrocyten
ABO-Blutgruppen und Nagel-Patella-Syndrom
Duffy-Blutgruppen und Schichtstar
Transferrin und Serumcholinesterase
Gc-Serumgruppen und eine Albuminvariante
MNSs-Blutgruppen und eine seltene Hauterkrankung
ABO-Blutgruppen und das Enzym Adenylatkinase

Aufgrund des parallelen Erbganges von Duffy-Blutgruppen und Schichtstar einerseits und einem durch eine Einschnürung (Konstriktion) zufällig identifizierbarem Chromosomenindividuum des Paars Nr. 1 konnte in einer Sippe diese Koppelungsgruppe im Chromosom Nr. 1 lokalisiert werden.

Neuerdings hat die Technik der Zellhybridisierung einen Erfolg versprechenden Zugang zum Problem der Genlokalisation beim Menschen erbracht: Man kann in einer Kulturlösung einzelne Zellen eines Menschen und z. B. einer Maus (mittels eines Parainfluenza-Virus) zur Verschmelzung bringen. In den Hybridzellen machen die Chromosomen beider Arten synchrone Mitosen durch. Sehr bald jedoch werden nach Zellteilungen Tochterzellen gefunden, denen erst einzelne, später immer mehr Chromosomen fehlen. Interessanterweise betrifft der Verlust, je nach Hybridpaarung, vorwiegend oder ausschließlich nur die Chromosomen einer Spezies.

In der Kombination Maus-Mensch gehen mit hoher Rate ausschließlich menschliche Chromosomen verloren, so daß nach etwa 100 Generationen in manchen Zellen nur Mäuse-Chromosomen verblieben sind. Benutzt man z. B. eine Maus-Linie mit einem Defekt in dem Gen für Thymidin-Kinase und kultiviert die Hybridzellen in einem Medium, das die Funktion dieses Enzyms voraussetzt, so kann nur die von einem Gen auf einem menschlichen Chromosom codierte Thymidin-Kinase die Hybridzelle teilungsfähig halten. Nach vielen Zellteilungen besitzen dann alle Zellen nur noch ein menschliches Chromosom, der Gruppe E. Dieses muß Träger des Gens für Thymidin-Kinase beim Menschen sein.

Literatur

Mc.Kusick, V. A.: Scientific American, April 71
Einschlägige Kapitel in den Standardwerken der Humangenetik, siehe Gesamtverzeichnis

VII. Autosomal bedingte Erbkrankheiten und Phänogenetik

Der Begriff „Erbkrankheiten" ist zwar geläufig, aber nicht exakt. Vererbt werden nicht Krankheiten, sondern defekte Gene. Ob ein defektes Gen zu einer Mißbildung oder Krankheit führt, hängt häufig von weiteren Genen oder insbesondere von Umweltfaktoren ab. Die Fragen, welche den Weg vom (defekten) Gen zum

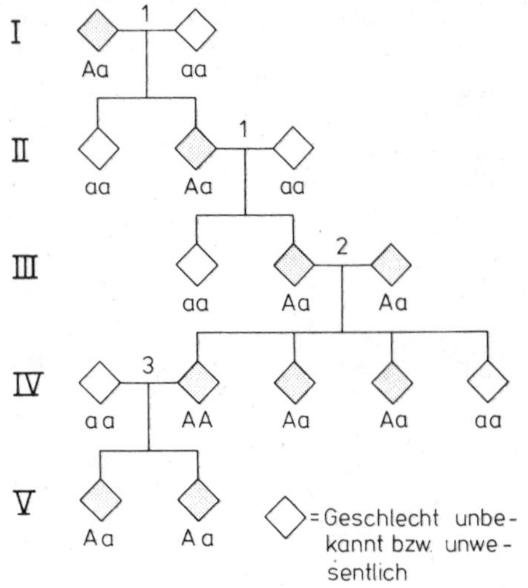

Abb. 62: Modellstammbaum zum autosomal dominanten Erbgang seltener Erbleiden.
a = rezessives Normalallel,
A = dominantes, Krankheit bedingendes, Allel

Merkmal betreffen, sind Gegenstand der sog. *Phänogenetik*. Dieser Forschungszweig der Genetik war an Drosophila, Bakterien und Viren entwickelt worden und bedient sich insbesondere biochemischer Methoden. Auf den Menschen angewandt, hat er wesentliche Einsichten in Ursachen und Therapiemöglichkeiten genetisch bedingter Leiden erbracht.

S. R 2054 Einfache Erbgänge krankhafter Merkmale beim Menschen

1. *Autosomal dominanter Erbgang*

a. *Stammbaumanalyse* (Abb. 62)

Von Dominanz wurde ursprünglich gesprochen, wenn ein Gen im heterozygoten Zustand den gleichen, oder fast den gleichen phänischen Effekt wie im homozygoten hat. Dies trifft z. B. für das Gen zu, das die Schmeckfähigkeit für Phenylthioharnstoff bedingt. Es trifft nicht zu für seltene Erbkrankheiten, bei denen Merkmalsträger in der Regel heterozygot sind und homozygote Merkmalsträger, soweit sie überhaupt lebensfähig sind, das Merkmal in viel stärkerer Ausprägung zeigen. In der medizinischen Humangenetik bezeichnet man deshalb Gene als dominant, die im heterozygoten Zustand eine Krankheit oder Mißbildung bedingen, ohne Rücksicht darauf, ob der homozygote Zustand bekannt ist und mit dem heterozygoten phänisch übereinstimmt. Der häufigste Ehetyp ist demnach der im Modellstammbaum mit 1 bezeichnete (Aa x aa), bei dem die Übertragung des Merkmals von Generation zu Generation vom Vater oder von der Mutter auf die Hälfte der Kinder erfolgt. (Verhältnis: Merkmalsträger : Gesunden = 1 : 1). Die normal erscheinenden Geschwister oder Kinder eines Merkmalsträgers sind homozygot gesund. Gelegentlich kommt es vor, daß zwei Merkmalsträger heiraten (Gleich und Gleich gesellt sich gern oder Verwandten-Ehe). Dann liegt der Ehetyp 2 (Aa x Aa) vor, bei dem neben gesunden (1/4), heterozygot kranken (2/4), auch homozygot kranke Kinder zu erwarten sind (1/4). Soweit solche Fälle bekannt geworden sind, zeigen die Homozygoten das krankhafte Merkmal stets in viel stärkerer Ausprägung als die Heterozygoten. Aus dem nur äußerst selten beobachteten Ehetyp eines homozygoten Merkmalsträgers mit einem gesunden Partner (AA x aa) gehen ausschließlich heterozygote Merkmalsträger hervor.

b. *Einige Beispiele (geschätzte Häufigkeiten in der Bevölkerung)*
Kurzfingrigkeit, Brachydactylie (1 : 170 000)
Farabee hatte 1904 die Vererbung der Kurzfingrigkeit in einer Sippe durch fünf Generationen festgestellt und ein Verhältnis zwischen Normalen und Behafteten von 1 : 1 ermittelt. Damit war zum ersten Mal beim Menschen ein einfach dominanter Erbgang gemäß den Mendelschen Regeln nachgewiesen.

Vielfingrigkeit, Polydactylie (1 : 5000)
Überzählige Finger und Zehen und das gehäufte Auftreten solcher Anomalien in bestimmten Sippen mögen dem Menschen schon sehr früh aufgefallen sein. So berichtet *Plinius der Ältere* (Historia naturalis, 11. Buch, 43. Kapitel) von zwei Töchtern des Patriziers C. *Oratius,* die wegen ihrer Sechsfingrigkeit „Sedigitae" genannt worden seien (1:5000).
Da diese Anomalie in der Regel durch einen einfachen chirurgischen Eingriff beseitigt wird, sieht man bei uns das Merkmal trotz einer Häufigkeit von 1 : 5000 nur sehr selten bei Erwachsenen.

Spalthand, Spaltfuß, Ectrodactylie (1 : 100 000) „Hummerschere"

Erbl. Knochenbrüchigkeit, Osteogenesis imperfecta (1 : 50 000)

Chondrodystropher Zwergwuchs (1 : 10 000)
Die Arme und Beine sind infolge primär mangelhafter Knorpelbildung an den Enden der Röhrenknochen extrem kurz. Der Rumpf ist dagegen nahezu von normaler Größe. Am Kopf fällt die Einziehung der Nasenwurzel infolge Verkürzung der Schädelbasis auf. Im Gegensatz dazu sind bei Liliputanern die Körperproportionen normal. Der Kleinwuchs ist bei ihnen entweder durch eine Hormonstörung bedingt (hypophysärer Zwerg) oder ebenfalls erbbedingt (primordialer Zwerg).
Muskeldystrophie (1 : 50 000) vom Schultergürtel ausgehend, fortschreitender Zerfall der Muskulatur
Veitstanz, Chorea Huntington (1 : 15 000) spät sich manifestierende Nervenkrankheit mit Muskelkrämpfen und geistigem Zerfall
Erbl. Augenkrebs, Retinoblastom (1:20 000) unbehandelt führt das bei Kindern auftretende Leiden zum Tode, s. S. 179, 202.
Erbl. Nachtblindheit (1 : 100 000) Diese Form läßt sich durch Vitamin A Gaben kaum bessern.

2. Manifestation dominanter Gene

Das *Marfansyndrom* ist ein genetisch bedingtes Leiden, das einerseits dem einfach dominanten Erbgang folgt, so daß man als Ursache ein einziges mutiertes Gen annehmen muß, das aber andererseits mit so vielen und vielerlei Defekten des Organismus verbunden ist, daß es schwer fällt sich vorzustellen, wie ein einzelnes Gen so vielfache Wirkungen entfalten könne. Die auffälligsten Symptome des Marfansyndroms sind die extreme Überlänge der Arme und Beine, der Finger und Zehen („Spinnenfingrigkeit"), sowie die Verkrümmung der Wirbelsäule und des Brustkorbes. Daneben ist eine Reihe weiterer Organe betroffen: Die Bänder und Sehnen der Gelenkkapseln sind stark überdehnbar, so daß es leicht zu Luxationen kommt, Muskulatur und subkutanes Fettgewebe sind schwach entwickelt, Augenlinse und Augapfel sind deformiert, so daß das Sehvermögen stark herabgesetzt ist. Die Blutgefäße, besonders der Aortenbogen sind durch Überdehnung und Wandrisse gefährdet. Die Erscheinung, daß ein Gen vielfache phänische Wirkungen hat, nennt man *Polyphänie* oder *Pleiotropie*.

McKusik hat eine Hypothese entwickelt, welche die vielfachen Wirkungen des dominanten Marfangens auf einfache Weise erklären kann (Abb. 63):

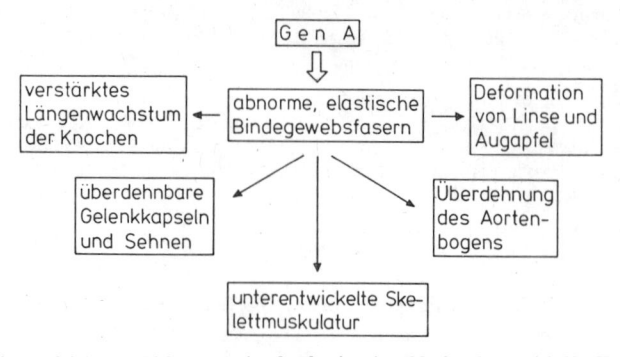

Abb. 63: Pleiotropes Wirkungsmuster des dominanten „Marfan"Gens, nach Mc. *Kusik*

Das defekte Gen verursacht ein abnormes Struktureiweiß, das Bestandteil der Bindegewebsfasern ist, die dadurch in ihren Eigenschaften verändert werden. Diese veränderten Bindegewebsfasern rufen dann in all den Organen, in denen sie eine wichtige Rolle spielen, Störungen hervor.

Die meisten Gene verursachen auf dem Weg vom primären Genprodukt über eine Reihe von Folgeprodukten vielfache Wirkungen. Auf diesem Wege können die Produkte weiterer Gene und Umweltfaktoren auf die Merkmalsbildung Einfluß nehmen. Deshalb sind dominante Erbleiden häufig verschieden stark ausgeprägt *(variable Expressivität)*, werden in verschiedenem Alter sichtbar *(variables Manifestationsalter)* oder treten trotz vorhandener Anlage aus unbekanntem Grund überhaupt nicht in Erscheinung *(nicht 100 %ige Penetranz)*.

Bei Mißbildungen wie Hüftgelenksluxation (♂ 1 %, ♀ 6 %), Lippen-Kiefer-Gaumenspalte oder Klumpfuß (♂ 0,2 %, ♀ 0,1 %) liegen mehrere additiv wirkende

Gene zugrunde, deren Produkte beim Überschreiten eines bestimmten *Schwellenwertes* die Mißbildung entstehen lassen. Gleichzeitig äußert sich hier eine *Geschlechtsbegrenzung* in der Manifestation.

Ein und dasselbe Erscheinungsbild einer Mißbildung kann mitunter von dem einen oder anderen Gen hervorgerufen werden: *Heterogenie*.

3. Autosomal rezessiver Erbgang

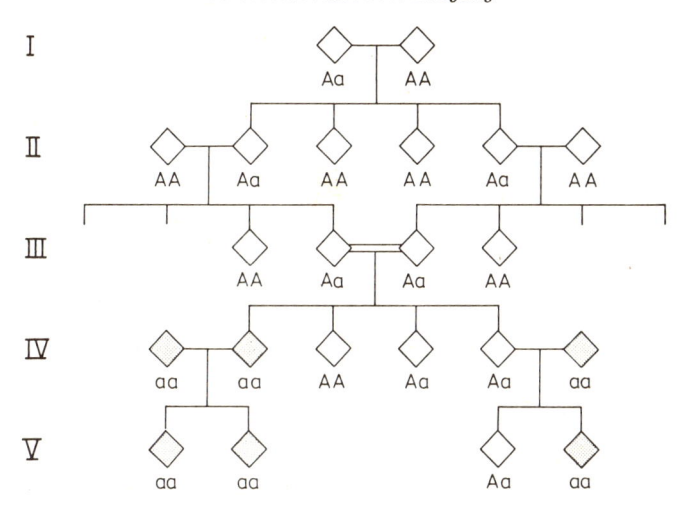

Abb. 64: Modellstammbaum zum autosomal rezessiven Erbgang seltener Erbleiden.
A = dominantes Normalallel, a = rezessives, im homozygoten Zustand Krankkeit bedingendes Allel. ═══ Verwandtenehe

a. *Stammbaumanalyse* (Abb. 64)

Von Rezessivität spricht man, wenn das mutierte Gen im heterozygoten Zustand keine einfach sichtbare Wirkung auf den Phänotyp hat, sondern nur im homozygoten Zustand ein verändertes Merkmal bewirkt.

Während für den dominanten Erbgang das Vorkommen von Merkmalsträgern in jeder Generation im Verhältnis 1 : 1 charakteristisch war, kommen beim rezessiven Erbgang in der Verwandtschaft eines Betroffenen meist keine weiteren Merkmalsträger vor, was den Nachweis der Erblichkeit erschwert. Besonders häufig sind die Eltern rezessiver Merkmalsträger miteinander verwandt und haben das rezessive Gen — wie im Modellstammbaum dargestellt — vom selben Ahnen erhalten. Aus Ehen dieses Typs (Aa x Aa), sind gesunde und kranke Kinder im Verhältnis 3 : 1 zu erwarten. Besonders beweisend für rezessiven Erbgang ist der seltene Ehetyp (aa x aa), bei dem nur befallene Kinder auftreten. Schwierigkeiten in der Deutung kann Typ (aa x Aa) bieten, da sich das für dominanten Erbgang typische 1 : 1 Verhältnis findet („Pseudodominanz"). Gelingt aber der Nachweis, daß der gesunde Partner heterozygot ist, wird auch dieser Fall eindeutig. Aus Ehen zwischen Merkmalsträgern und homozygot Gesunden (aa x AA) gehen ausschließlich phänotypisch gesunde Kinder hervor, die aber das pathologische Gen an die Hälfte ihrer Nachkommen weitergeben.

b. *Einige Beispiele* (geschätzte Häufigkeit in der Bevölkerung)

Alkaptonurie (sehr selten): Harn färbt sich schwarz, s. S. 174

Albinismus (1 : 15 000) Melaninmangel, s. S. 174

Am Erbgang dieser beiden seltenen Anomalien hat *Garrod* 1902 erstmals die Gültigkeit der Mendelschen Regeln für den Menschen nachgewiesen. Er erkannte sie als Stoffwechselstörungen und entwickelte an ihnen sein Konzept der „*Inborn Erros of Metabolism*".

Kretinismus mit Kropf, erbliche Form (1 : 50 000), s. S. 174
beruht auf einem Stoffwechseldefekt der Schilddrüse und kann durch Thyroxingaben nur unwesentlich beeinflußt werden. Die Patienten sind körperlich und geistig stark zurückgeblieben und können meist nicht sprechen. Diese autosomal rezessiv vererbte Hormonstörung ist zu unterscheiden von einem offenbar umweltbedingten Kretinismus, der durch ungenügende Jodversorgung in einigen Gebieten endemisch auftritt. Dieser endemische Kretinismus ist ein eindrucksvolles Beispiel für die *Phänokopie* eines Erbleidens.

Phenylketonurie (1 : 10 000), S. unten

Diese viererlei Krankheiten beruhen auf Störungen des Aminosäure-Stoffwechsels und werden anschließend ausführlicher dargestellt.

Galaktosämie (1 : 20 000) Unfähigkeit Galactose abzubauen, s. S. 175

Fruktose-Intoleranz (1 : 50 000) Unfähigkeit Fruktose zu verwerten, im Gefolge Lebervergrößerung, Linsenstar und Schwachsinn

Amaurotische Idiotie (infantiler Typ 1 : 25 000, juveniler Typ 1 : 40 000), Störung des Fettstoffwechsels, im Gefolge Blindheit, Muskelschwäche und Schwachsinn

Totale Farbenblindheit (1 : 500 000), Ausfall des Zäpfchenapparates

Taubstummheit (1 : 3000) mehrere verschiedene Typen (Heterogenie)

4. Manifestation rezessiver Gene

a. *Störung des Aminosäurestoffwechsels*

Die Phenylketonurie ist das erste Beispiel, bei dem ein Stoffwechseldefekt als Ursache einer erblichen Geisteskrankheit erkannt wurde. Die hochgradig schwachsinnigen Patienten bleiben in Größe und Gewicht zurück und zeigen die Tendenz zu geringer Pigmentierung (blonde-rote Haare).

Es fehlt das Enzym Phenylalaninhydroxylase, welches die Umwandlung der aromatischen Aminosäure Phenylalanin in Tyrosin katalysiert. Phenylalanin reichert sich deshalb im Blut und Gewebe um das 10- bis 30fache der Norm an. Gleichzeitig wird es in der Niere zu Phenylbrenztraubensäure desaminiert und im Harn ausgeschieden. Die erhöhte Konzentration von Phenylalanin und seiner Abbauprodukte verhindert die Ausreifung des Zentralnervensystems und führt schließlich zu Schwachsinn oder völliger Idiotie. Heterozygote besitzen neben dem mutierten ein normales Gen, so daß Enzym, wenngleich vermindert, produziert und der Stoffwechselschritt durchgeführt wird (Abb. 65).

Phenylalanin → Hydroxylase

Phenylalanin:
CH₂
|
HCNH₂
|
COOH

Tyrosin:
OH
|
CH₂
|
HCNH₂
|
COOH

Abb. 65: Umwandlung von Phenylalanin in Tyrosin durch das Enzym Phenylalaninhydroxylase

Durch eine Behandlung mit phenylalaninarmer Diät kann der Entwicklung einer geistigen Störung bei Phenylketonurie erfolgreich begegnet werden *(Birkel* 1953). Setzt die diätische Therapie in den ersten Lebensmonaten ein und wird sie bis etwa zum zehnten Lebensjahr konsequent eingehalten, entwickelt sich das Kind geistig und körperlich völlig normal (Abb. 66).

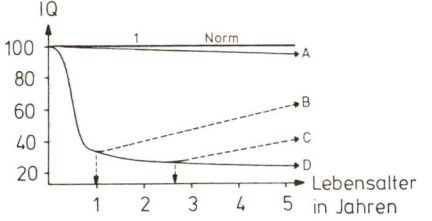

Abb. 66: Therapieerfolg bei phenylketonuriekranken Kindern in Abhängigkeit vom Behandlungsbeginn mit phenylalaninarmer Diät.
A = Behandlungsbeginn im 1. Lebensmonat, B = Behandlungsbeginn gegen Ende des 1. Lebensjahres, C = Behandlungsbeginn zwischen 2. und 3. Lebensjahr, D = Unbehandelt (nach *Menne*)

Nach dem zehnten Lebensjahr kann die erhöhte Konzentration von Phenylalanin und seiner Stoffwechselprodukte die Entwicklung der Intelligenz anscheinend nicht mehr stören.

Auch bei später einsetzender Diätbehandlung — zwischen zweitem und viertem Lebensjahr — kann dem weiteren Intelligenzabfall zumindest noch Einhalt geboten werden, oft wird die Intelligenz sogar wieder verbessert.

Dieses Beispiel verdeutlicht die Möglichkeit, die Manifestation defekter, rezessiver Gene durch geeignete Umweltfaktoren zu beeinflussen und gar zu verhindern.

Im Hinblick auf die geschilderten therapeutischen Möglichkeiten kommt einer Früherkennung der Phenylketonurie große Bedeutung zu. Sie ist nur durch klinisch-chemische Untersuchungen zu erreichen, da die Kinder äußerlich normal geboren werden und in den ersten Lebensmonaten keine spezifisch klinischen Symptome zeigen. Für die Laboratoriums-Diagnose stehen im Prinzip zwei Methoden zur Verfügung:

1. Die Bestimmung des Phenylalaningehalts im Blut.
2. Der Nachweis von Phenylbrenztraubensäure im Urin mittels $FeCl_3$.

Die Messung des Phenylalanin-Gehaltes im Blut gelingt am leichtesten mit einer mikrobiologischen Methode nach *Guthrie* (Abb. 67).

Ein Tropfen Blut wird mit einem gut saugfähigen festen Filterpapier aufgenommen und einem Spezialnährboden, der mit *Bacillus subtilis* beimpft ist, aufgelegt. Für diesen Mikroorganismus ist Phenylalanin essentiell. Ein Wachstum zeigt sich

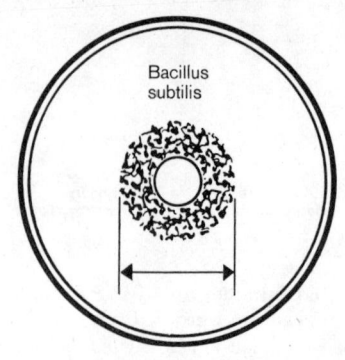

Abb. 67: Mikrobiologischer Test nach *Guthrie:* Von dem Bluttropfen diffundiert Phenylalanin in die Agarplatte. *Bacillus subtilis* wächst nur dort, wo Phenylalanin vorhanden ist. Je größer die Wachstumszone umso mehr Phenylalanin war vorhanden.

nach Inkubation der Platte als konzentrisch um die Blutprobe im Agar ausgebildete Trübungszone. Ihre Ausdehnung ist der Phenylalanin-Konzentration proportional. Der Phenylalanin-Gehalt im Blut, der beim Gesunden ca. 1,4 mg/100 ml beträgt, erreicht bei Phenylketonurie-Patienten etwa von der zweiten Lebenswoche an pathologische Werte.

Abb. 68 zeigt den Zusammenhang zwischen Phenylketonurie, Albinismus, Alkaptonurie und erblichem Kretinismus sowie das Prinzip einer Genwirkkette:

Je ein Gen determiniert primär die Synthese eines spezifischen Enzyms, welches seinerseits eine bestimmte Stoffwechselreaktion katalysiert. Liegen beide allelen Gene im mutierten Zustand vor, können sie kein wirksames Enzym mehr herstellen lassen. Dadurch wird der Stoffwechselschritt blockiert, der umzuwandelnde Stoff sammelt sich an, „läuft über" und verursacht schließlich einen äußerlich erkennbaren Schaden, oder das Fehlen eines Endproduktes macht sich bemerkbar.

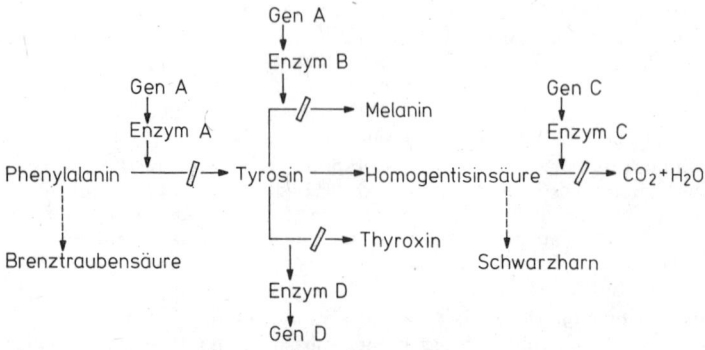

Stoffwechselblock: A Phenylketonurie – Schwachsinn, B Albinismus
C Alkaptonurie, D erblicher Kretinismus

Abb. 68: Schema der von Phenylalanin ausgehenden Stoffwechselwege und der Folgen ihrer Störungen. Ein Stoffwechselweg wird blockiert, wenn die für das betreffende Enzym verantwortlichen allelen Gene beide im mutierten Zustand vorliegen

Im Falle der Phenylketonurie ist der Stoffwechselschritt vom Phenylalanin zum Tyrosin blockiert, wodurch sich Phenylalanin im Blut anreichert.

Im Prinzip ähnlich funktioniert der Block bei C: Die letztlich in Kohlendioxid und Wasser abzubauende Homogentisinsäure reichert sich im Blut an und wird im Harn ausgeschieden. Die erhöhte Konzentration an diesem Zwischenprodukt bedingt allerdings keine schwerwiegenden Schäden. Durch Oxidation der Homogentisinsäure an der Luft färbt sich der Harn schwarz.

Im Falle von Block B und D ist es dagegen das fehlende Endprodukt des blockierten Stoffwechselschrittes, Melanin bzw. Thyroxin, welches die Symptome des Albinismus bzw. Kretinismus verursacht.

Die Beobachtung, daß beim Stoffwechselblock A nicht gleichzeitig die Symptome von Block B, C und D auftreten, beweist, daß der Organismus Tyrosin auch auf einem anderen Weg herstellen bzw. der Nahrung entnehmen kann. Die Tendenz zu verminderter Pigmentierung bei Phenylketonurie-Patienten zeigt aber doch, daß der Ersatzweg nicht vollwertig ist.

Das Prinzip einer Genwirkkette, in der verschiedene Enzyme aufeinanderfolgende Schritte des intermediären Stoffwechsels steuern, wurde 1941 von *A. Kühn* an der Ausbildung der Augenpigmente bei der Mehlmotte entdeckt. Die inzwischen hundertfach bestätigte Hypothese, daß ein Gen ein Enzym determiniere, wurde 1941 von *Beadle* und *Tatum* aus Versuchen mit Stoffwechsel-Mangelmutanten des Brotschimmels *Neurospora* entwickelt (s. S. 287).

b. *Störungen des Zuckerstoffwechsels*

Die *Galaktosämie* äußert sich bereits in den ersten Lebenstagen: Der Säugling reagiert auf die Milchfütterungen mit schwerem Brechdurchfall, zu dem sich bei fortgesetzter Milchnahrung Gelbsucht infolge Leberschädigung und Linsentrübungen gesellen. Die schweren Hirnschädigungen werden erst später manifest.

Dem Kind fehlt die Fähigkeit, Galaktose, einen Bestandteil des Milchzuckers, zu verwerten. Normalerweise wird die Galaktose in Traubenzucker verwandelt und so dem Körper als verwertbarer Nährstoff zugeführt. Diese Umwandlung wird in drei Schritten vollzogen. Das galaktosämiekranke Kind kann zwar den ersten Schritt dieser biochemischen Reaktionskette ausführen, nicht aber den zweiten. Im ersten Reaktionsschritt bildet sich aus Galaktose das Galaktosephosphat. Da der nächste Schritt blockiert ist, häuft sich Galaktosephosphat an und löst die vielfältigen Schäden aus.

Ersetzt man bei dem Säugling die Milch durch Milchzucker-freie Nahrungsmittel, wie sie von der pharmazeutischen Industrie speziell für diesen Zweck hergestellt werden, so gehen die Schäden an der Leber, der Milz und oft auch der beginnende graue Star der Augen wieder zurück und das Kind gedeiht in körperlicher Hinsicht normal. Das Gehirn und damit die geistige Entwicklung des Kindes bleiben dagegen geschädigt und zwar umso schwerer, je längere Zeit nach der Geburt das Kind milchzuckerhaltige Nahrung erhalten hat. Es kommt deshalb auch hier entscheidend darauf an, die Diagnose in den ersten Tagen nach der Geburt zu stellen. Vermeidet man die Milchnahrung von Anfang an, kommt es in den meisten Fällen auch zu einer normalen geistigen Entwicklung.

c. Störungen im Hämoglobinbau

Die *Sichelzellanämie* hat in der Genetik des Menschen grundsätzliche Bedeutung erlangt, ist es doch gelungen, die Ursache für dieses rezessive Erbleiden bis zur primären Wirkung des mutierten Gens zurückzuverfolgen. Dieser besondere Typ von Anämie mit Blutzersetzung, Milz-, Lebervergrößerung und Erschöpfungszuständen ist dadurch gekennzeichnet, daß die roten Blutkörperchen eine charakteristische Sichelform annehmen, wenn man den Blutausstrich eines Patienten in einer feuchten Kammer unter Luftabschluß stehen läßt. Auch die roten Blutkörperchen von gesunden, heterozygoten Trägern des Sichelzellgens nehmen unter diesen Bedingungen Sichelform an, so daß sie daran erkannt werden können (Abb. 69).

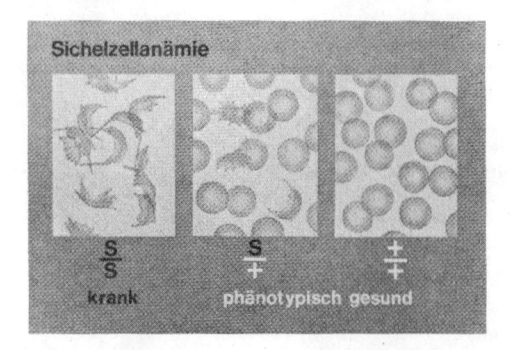

Abb. 69: Rote Blutkörperchen unter Sauerstoffmangel
a bei einem Patienten mit Sichelzellanämie S/S
b bei einer heterozygot gesunden Person S/+
c bei einer homozygot gesunden Person +/+
unter starkem Sauerstoffmangel nehmen auch bei Heterozygoten alle Blutkörperchen Sichelzellform an.

Die Sichelzellanämie, 1910 bei einem anämischen Neger in den USA entdeckt, ist besonders bei Negerpopulationen des tropischen und subtropischen Afrika verbreitet und erreicht dort lokal ungewöhnliche Häufigkeiten. Vereinzelt kommt sie auch in Teilen Griechenlands und der Türkei, bei einigen Arabern und den Weddoiden Indiens vor. Dieses Verbreitungsgebiet deckt sich mit dem der Malaria. Die große Häufigkeit des Sichelzellgens in der Bevölkerung dieser Gebiete läßt sich durch einen Selektionsvorteil der Heterozygoten erklären, die eine höhere Resistenz gegen *Malaria tropica* besitzen als die homozygot gesunden. Dadurch wird der Selektionsnachteil der homozygot anämiekranken ausgeglichen (balanzierter Polymorphismus).

Die Ursache für das besondere Verhalten der roten Blutkörperchen unter Luftabschluß bei Sichelzellpatienten liegt in einem abnormen Hämoglobin, das im reduzierten Zustand wesentlich schwerer löslich ist als das normale und damit unter anderem das osmotische Gleichgewicht stört. So stellt sich die Frage nach dem Unterschied zwischen dem normalen und dem Sichelzell-Hämoglobin. Ein Hämoglobinmolekül mit dem Molekulargewicht 66 400 setzt sich aus vier Untereinheiten zusammen, von denen jede aus einem zentralen Eisenatom (Häm, Scheiben in Abb. 70) und einer Polypeptidkette (Globin) besteht. Je zwei Polypeptidketten sind identisch und werden mit α und β bezeichnet. Jede der beiden Ketten ist durch eine chrakteristische Reihenfolge von Aminosäuren gekennzeichnet (Primärstruktur) und besitzt Spiralform (α-Helix, Sekundärstruktur). Die Spirale ist zu einem Knäuel verschlungen (Tertiärstruktur), in den die Hämgruppe eingebettet ist. Die vier Knäuel sind locker zum Gesamtmolekül verbunden, das somit tetramer und doppelt spiegelbild-symmetrisch gebaut ist (Quartärstruktur). Die räumliche Struktur wurde durch Röntgenstrukturanalyse ermittelt (*Perutz* 1963), die Aminosäuresequenz durch chemische Methoden: Enzymatische Zerlegung der Polypeptidketten in Teilpeptide, Trennung der Teilpeptide durch Hochspannungselektrophorese und Papierchromatographie, schrittweiser Abbau der Teilpeptide und chromatografische Identifizierung der einzelnen Aminosäuren *(Ingram* 1957, *Braunitzer* 1961). Siehe dazu 8 F 54, Sequenzanalyse eines Proteins und 8 F 55 Aufbau und Struktur eines Proteins, sowie S. 310.

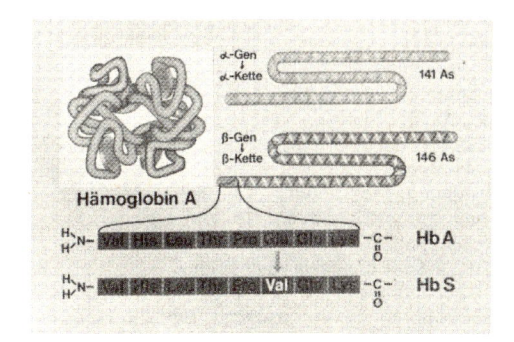

Abb. 70: Hämoglobinmolekül eines erwachsenen = adulten Menschen = Hämoglobin A. Austausch der Aminosäure Glutaminsäure in der β-Kette durch Valin führt zum veränderten Sichelzellhämoglobin = Hämoglobin S.

Pauling und Mitarbeitern gelang es 1949 einen Ladungsunterschied CO-gesättigten Hämoglobins von normalen Personen und von Patienten mit Sichelzellanämie nachzuweisen. Er prägte den Begriff Molekularkrankheit. *Ingram* glückte dann 1957 der exakte Nachweis des molekularen Unterschiedes durch Sequenzanalyse: (s. S. 311). Er erwies sich als kleinstmöglich und besteht in dem Austausch einer einzigen Aminosäure in der β-Kette. In Position β 6 steht beim Hämoglobin des gesunden Erwachsenen (Hb A) Glutaminsäure, beim Hämoglobin eines Sichelzell-Patienten (Hb S) Valin. Der Einbau einer falschen Aminosäure in Position 6 ist offenbar die Folge einer Mutation des die Synthese der β Kette kontrollierenden Gens. Nimmt man die Ergebnisse der Bakterien- und Phagengenetik über Punktmutationen und den genetischen Code vorweg, so läßt sich der Aminosäureaustausch Glu → Val zurückführen z. B. auf den Basenaustausch Adenin → Thymin in einem Triplet jenes DNS-Abschnittes, der das β Ketten-Gen repräsentiert. Weitere genetische Aspekte des Hämoglobinmoleküls werden im Rahmen der Molekulargenetik behandelt. s. S. 313.

Die *Thalassämie* ist eine erbliche Blutkrankheit, die wie die Sichelzellanämie ihr Hauptverbreitungsgebiet im Mittelmeerraum (gr. Thalassa, Wasser, Meer) hat. Sie ist das erste Beispiel eines Erbleidens, das nicht auf einem defekten Strukturgen und damit nicht auf einem abnormen Protein beruht, vielmehr scheint ein Gen betroffen zu sein, das mit der *Regulierung* der Hämoglobinsynthese zu tun hat. Der Blutabbau in der Milz ist so beschleunigt, daß dieses Organ riesige Ausmaße angenommen hat.

Der vermehrte Abbau ist von einem vermehrten Aufbau roter Blutkörperchen begleitet: In der Leber, die während des vorgeburtlichen Lebens das sogenannte fetale Hämoglobin Hb F produziert hat, läuft die Synthese auch nach der Geburt weiter und bedingt eine Vergrößerung dieses Organs.
Auch im Knochenmark findet eine übermäßige Blutbildung statt und bewirkt eine Auftreibung der Knochen, besonders des Kopfes. Dadurch kommt eine abweichende Gesichtsform mit dem leicht mongoloiden Ausdruck zustande. Der homozygote Zustand des rezessiv vererbten Leidens ist subletal. Befallene erreichen selten das Erwachsenenalter. Trotzdem ist das Leiden z. B. in Sizilien und dem Gebiet der Pomündung ungemein häufig. (5—10 % gesund oder leicht anämisch erscheinende heterozygote Genträger). Da eine so hohe lokale Mutationsrate ausgeschlossen werden kann, muß man auch hier einen Selektionsvorteil der Heterozygoten gegenüber den Normalen wie bei der Sichelzellanämie annehmen. Tatsächlich wurde experimentell eine höhere Resistenz der Blutkörperchen heterozygoter (und homozygoter) Genträger gegenüber Malariaerregern festgestellt.
Im Lauf der vor- und nachgeburtlichen Entwicklung eines Menschen werden nacheinander verschiedene Typen von Hämoglobin gebildet, die alle das α-Peptidkettenpaar gemeinsam haben, sich aber in dem zweiten Kettenpaar unterscheiden: Vor der Geburt herrscht das sog. fetale Hämoglobin Hb F vor, das pro Molekül neben den beiden α-Ketten zwei γ-Ketten enthält, nach der Geburt das sog. Adult-Hämoglobin Hb-A, mit zwei β-Ketten neben den beiden α-Ketten. Bei einem normalen 6 Monate alten Kind läßt sich in der Regel keine Spur von Hb-F mehr nachweisen, es ist vollständig von Hb-A verdrängt. Bei Thalassämie-Patienten bleibt dagegen die γ-Ketten- und damit die Hb-F-Synthese zeitlebens in Gang, während die Synthese der Ketten für das Hb-A stark gehemmt ist. Dies läßt sich sogar am fixierten Blutausstrich zeigen, wenn man ihn kurze Zeit mit einer schwachen Säure behandelt: Hb-F bleibt in den Blutkörperchen erhalten und kann anschließend mit Hämatoxylin-Eosin angefärbt werden, Hb-A tritt aus den Blutkörperchen aus, die dann blaß erscheinen. Dabei zeigt sich, daß etwa 80—90 % der roten Blutkörperchen von Thalassämie-Patienten das fetale Hämoglobin enthalten.
Die fortdauernde Hb-F-Synthese bei nur ganz schwacher Hb-A-Synthese wird heute nach dem von *Jakob* und *Monod* (1959) an Bakterien entwickelten Modell durch die Annahme eines sog. Operatorgens gedeutet, welches für die Aktivität des γ-Gens und damit für die Synthese der γ-Ketten verantwortlich ist. Eine Mutation des Operatorgens würde dann bewirken, daß die Aktivität des Gens nicht mehr abgestellt werden kann und die γ-Ketten-Synthese ungehemmt weiterläuft. Über einen zweiten Regelkreis würde dadurch der Operator des β-Gens und damit die β-Ketten-Synthese blockiert. Inwieweit diese Hypothese zutrifft, muß noch durch weitere Forschung geklärt werden.

5. *Genetische Familienberatung*

Es kann nicht Aufgabe der Schule sein, die Schüler mit der Vielzahl genetisch bedingter Leiden vertraut zu machen. Dies ist Aufgabe und Inhalt von Spezialvorlesungen für Mediziner. Doch muß es unbestreitbar ein zentrales Anliegen insbesondere des Oberstufenunterrichts sein, die prinzipiellen Anwendungsmöglichkeiten genetischer Grundlagenforschung für die genetische Familienberatung aufzuzeigen. Dabei geht es nicht darum, den Schüler zu befähigen selbst genetische Beratung durchführen zu können, es ist vielmehr wichtig, allgemeine Kenntnis von Diagnosemöglichkeiten zu vermitteln und letztlich beim Schüler als künftigem Elternteil Bereitschaft zu entwickeln, sich im gegebenen Fall an eine genetische Beratungsstelle zu wenden.

Eine genetische Familienberatung ist angezeigt vor einer Eheschließung, wenn in einer oder in beiden Familien der Verlobten Erbkrankheiten vorkommen. Am häufigsten wird eine Beratungsstelle aufgesucht, wenn bereits ein Kind mit einem genetisch bedingten Leiden aufgetreten ist und die Frage nach dem Risiko für ein weiteres Kind gestellt wird. Im Vordergrund der genetischen Beratung steht heute das Bemühen, im Einzelfall Ehepartnern und eventuellen Kindern Leid zu ersparen. Damit kann langfristig gesehen auch eine eugenische, d. h. auf eine Verringerung defekter Gene in der Bevölkerung gerichtete, Wirkung verbunden sein.

a. *Wahrscheinlichkeitsvoraussagen aufgrund der Kenntnis des Erbgangs eines Leidens*

Um die Mendelschen Regeln zur Berechnung der Chancen für das Auftreten einer bestimmten Erbkrankheit bei einem künftigen Kind anwenden zu können, muß das infrage stehende Leiden tatsächlich monogen bedingt sein und praktisch 100 % Penetranz besitzen.

Zwei Beispiele sollen den Typ der Überlegungen bei dominantem Erbgang verdeutlichen.

Fall 1: Die Braut eines jungen Mannes erscheint selbst gesund, ihr Vater und ein Bruder sind aber von dem schweren Erbleiden der Knochenbrüchigkeit *(Osteogenesis imperfecta)* befallen. Wie groß sind die Chancen für gesunde Kinder?

Überlegung: Da die *Osteogenesis imperfecta* mit praktisch 100 %iger Penetranz sich im heterozygoten Zustand manifestiert, kann das gesund erscheinende Mädchen das krankhafte Gen nicht tragen. Gegen die Verbindung ist deshalb nichts einzuwenden, es sind nur gesunde (in Bezug auf dieses Erbleiden) Kinder zu erwarten. Wahrscheinlichkeit $1/1 = 100 \%$.

Fall 2: Der Verlobte eines gesunden Mädchens wurde als Kleinkind an einem Auge wegen eines Retinoblastoms operiert und sieht nur mit dem intakten Auge. Dasselbe gilt für eine Schwester, dagegen haben zwei weitere Geschwister normale Augen. Die Verlobten wünschen sich zwei Kinder. Wie groß ist die Wahrscheinlichkeit, daß beide gesund sind?

Überlegung: Der Verlobte ist offenbar Träger des dominanten Retinoblastomgens und wird es mit einer Wahrscheinlichkeit von $1/2 = 50 \%$ an ein Kind weitergeben; mit gleicher Wahrscheinlichkeit kann ein gesundes Kind entstehen. Diese Überlegung gilt sowohl für das erste als auch für das zweite Kind. Die Wahrscheinlichkeit aber, daß von zwei Kindern beide gesund bzw. krank sind ist gleich dem Produkt der Wahrscheinlichkeit für jedes einzelne, also $(1/2) \cdot (1/2) = 1/4 = 25 \%$.

Da das defekte Gen bei normaler Expressivität beide Augen betrifft, die trotz Behandlung erblinden können, ist von einer Zeugung dringend abzuraten.

Zwei weitere Beispiele sollen den Typ von Überlegungen bei rezessivem Erbgang eines Leidens verdeutlichen:

Fall 3: Ein gesundes Ehepaar hat ein Kind, das infolge Phenylketonurie schwachsinnig ist und fragt nach den Chancen für ein zweites Kind.
Die Wahrscheinlichkeit, daß Eltern, die beide für ein rezessives Gen heterozygot sind, ein erbkrankes Kind haben, beträgt 1/4. Dies gilt unabhängig davon, ob schon ein oder mehrere kranke Kinder vorausgegangen sind, immer wieder in derselben Weise (Der Zufall hat kein Gedächtnis). Bei der Bewertung von 75 % Chance für ein gesundes Kind muß berücksichtigt werden, daß dabei mit 50 % Wahrscheinlichkeit wieder ein heterozygoter Genträger entsteht.
Fall 4: Der Vetter des Verlobten ist mit Galaktosämie behaftet. Wie groß ist die

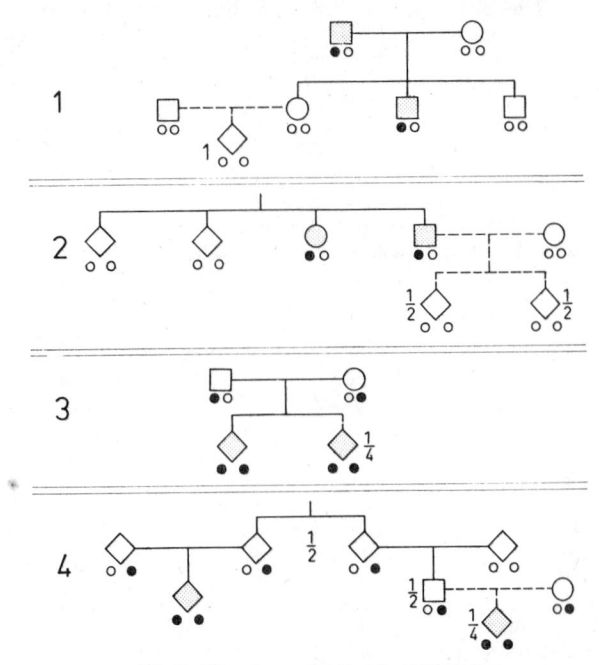

Abb. 71: Lösungen zu den Beratungsfällen 1—4

Wahrscheinlichkeit für ein krankes Kind unter der Voraussetzung, daß die Braut heterozygote Genträgerin ist?
Überlegung: Die Wahrscheinlichkeit, daß der Verlobte das rezessive Gen wie sein Vetter vom selben Ahnen (z. B. Großvater) geerbt hat, beträgt $(1/2) \cdot (1/2) = 1/4$, daß aus der Verbindung mit seiner sicher heterozygoten Braut ein krankes Kind hervorgeht $(1/4) \cdot (1/4) = 1/16 \sim 6\,\%$. Die Wahrscheinlichkeit, daß zwei kranke Kinder hervorgehen, beträgt $(1/16)^2 = 0{,}4\,\%$, daß zwei gesunde hervorgehen $(15/16)^2 = 87{,}9\,\%$, daß ein krankes und ein gesundes — ein gesundes und ein krankes — hervorgehen $[(1/16) \cdot (15/16)] + [(1/16) \cdot (15/16)] = 11{,}7\,\%$.

Steht ein genetisch bedingtes Leiden zur Diskussion, das keinem einfachen Erbgang folgt, so können empirisch ermittelte Risikozahlen angegeben werden: Ca 0,6 % aller lebend geborenen Kinder kommen mit angeborenen Herzfehlern Angiokardiopathien) zur Welt. Die Wahrscheinlichkeit für ein Geschwister eines behafteten Kindes das Leiden ebenfalls zu bekommen ist erfahrungsgemäß auf rund 2 % erhöht.

b. *Verbesserung der Wahrscheinlichkeitsvorausage durch Heterozygotentest:*
Ein Geschwister eines Menschen, der mit einem monogen bedingten Leiden behaftet ist, hat eine Wahrscheinlichkeit von 33 % bezüglich dieses Leidens erbgesund zu sein. Mit 66 % Wahrscheinlichkeit ist er Träger des defekten rezessiven Gens. Für eine Reihe von genetisch bedingten Stoffwechselstörungen (Enzymopathien) gibt es heute sog. Heterozygotentests, die letztlich darauf hinauslaufen, eine gegenüber dem homozygot normalen Zustand verringerte, bestimmte Enzymaktivität nachzuweisen. Der Nachweis gelingt entweder durch verfeinerte Bestimmungsmethoden bei normaler Belastung des Organismus oder durch zusätzliche Beanspruchung der kritischen Stoffwechselwege:

Beispiel Galaktosämie: Die Enzyme des Galaktosestoffwechsels können in den Erythrozyten nachgewiesen werden. Bei Heterozygoten liegen die Enzymaktivitäten im Durchschnitt bei 50 % der Normalwerte, bei Galaktosämikern findet man höchstens Spuren.

Beispiel Phenylketonurie: Der relative Mangel an dem Enzym Phenylhydroxylase bei Heterozygoten kann nach Verabreichung von z. B. 2 mmol Phenylalanin/ kg Körpergewicht auf zweierlei Weise festgestellt werden: einerseits am stärkeren Anstieg der Phenylalaninkonzentration im Blutplasma im Vergleich zu gesunden Personen; andererseits am geringeren Anstieg des Tyrosinspiegels im Vergleich zu gesunden Personen, die das zusätzliche Phenylalanin rascher in Tyrosin umwandeln als die Heterozygoten.

Die geringen Konzentrationsunterschiede an diesen beiden Aminosäuren werden wieder mittels der betreffenden Aminosäuremangelmutanten von *Bazillus subtilis* (s. S. 174) in dem mikrobiologischen Test nach *Guthrie* bestimmt.

Heterozygotentests sind bei z. Z. ca. 80 erblichen Stoffwechselkrankheiten durchführbar; ebenso bei Hämophilie A und B, bei Sichelzellanämie und anderen Hämoglobinopathien.

c. *Sicherheit der Voraussage durch pränatale Diagnose*
Dieselben Tests, mit denen heterozygote Eltern identifiziert werden können, sind auch geeignet um homozygote Neugeborene zu erfassen.
Sofern durch entsprechende Diät die Manifestation der Krankheit vermindert oder vermieden werden kann, ist das von großem Vorteil; soweit es sich um nicht beeinflußbare Leiden handelt, ist die Feststellung nach der Geburt zu spät.
So wurde in den sechziger Jahren die Methode der pränatalen Diagnose entwickelt, deren Technik und Anwendung zur Feststellung von Chromosomenaberrationen auf S. 105 bereits abgehandelt wurde. Nicht alle Stoffwechselkrankheiten, die *nach* der Geburt durch biochemische oder mikrobiologische Tests nachgewiesen werden, lassen sich auch schon im Fruchtwasser oder in Zellkulturen von Dreimonatsembryonen feststellen, da Enzymmangel des Embryos vom mütterlichen Organismus her ausgeglichen werden kann. Dies trifft z. B. für die Phenylketonurie zu, die pränatal noch nicht diagnostiziert werden kann.

Pränatale Diagnose ist dann indiziert, wenn Stammbaumanalyse oder Hetrozygotentest bei den Eltern ein hohes Risiko für ein stoffwechselkrankes Kind oder den Verdacht auf ein chromosomengestörtes Kind ergeben.

Die Praxis der Amniozentese ist für die pränatale Feststellung von Chromosomenaberrationen weiter entwickelt als für die Feststellung von Stoffwechselkrankheiten, wie folgende Übersicht aus den USA und Kanada (nach *Milunsky* 1973) zeigt:

Indikationen	Untersuchte Fälle	Befallene Feten	Schwangerschaftsabbruch vorgenommen	Normale Geburten
A Chromosomenaberrationen				
Translokalitionsträger	94	17	17	58
Mutter-Alter über 40 Jahre	374	10	7	203
Mutter-Alter 35—39 Jahre	276	4	3	135
Ein Kind mit freier Trisomie 21	504	5	4	290
Verschiedene Indikationen	212	3	3	112
B Gonosomale Stoffwechselkrankheiten	119	55	41	43
C Autosomale Stoffwechselkrankheiten	183	37	30	112
	1762	131	105	953

Aus der Zusammenstellung geht hervor, daß in rund 93 % der durchgeführten Amniozentesen die Geburt eines bezüglich des gesuchten Leidens gesunden Kindes vorausgesagt und damit die Mutter von der Angst, ein erbkrankes Kind zur Welt zu bringen, befreit werden konnte.

In rund 7 % verlief die Diagnose positiv und 80 % der betroffenen Mütter entschlossen sich daraufhin, einen Schwangerschaftsabbruch durchführen zu lassen. Die Differenz zu der Zahl der ausgetragenen Kinder in der 4. Spalte resultiert von Spontanaborten.

Pränatale Diagnosen sind z. Z. bei ca. 50 verschiedenen Stoffwechselkrankheiten des Menschen durchführbar.

Ob nach einem positiven Befund ein Schwangerschaftsabbruch in Erwägung gezogen werden soll, hängt von der Schwere des Erbleidens und den Therapiemöglichkeiten ab.

Literatur

Engel, W. u. *W. Vogel:* Neue Möglichkeiten der genetischen Beratung in dem Biologieunterricht, Themen und Probleme der Humanbiologie, H. 3, 1972
Fuhrmann, W. u. *F. Vogel:* Genetische Familienberatung, Heidelberger Taschenbücher, 42 (1968)
Kleemann, G.: Erbhygiene, kein Tabu mehr, Kosmos-Bändchen Nr. 267, 1970
Krone, W.: Biochemische Genetik angeborener Stoffwechselstörungen in Humanbiologie, Heidelberger Taschenbuch 121, 1973
Lenz, W.: Medizinische Genetik, Thieme, Stuttgart, 1970
Milunsky, A.: The Prenatal Diagnosis of Hereditary Disorders, Charles C. Thomas Publisher Springfield, Illinois USA 1973
Murken, J. D. (Herausgeber): Genetische Familienberatung und pränatale Genetik, Lehmanns Verlag München, 1972
Nachtsheim, H.: Kampf den Erbkrankheiten, Franz Decker Verlag Nachf., Schmieden bei Stuttgart, 1966

VIII. Vererbung bei kontinuierlich variablen Merkmalen — Polygenie

1. Vorbemerkungen und Historisches

Die Anwendung der Mendelschen Regeln auf die Vererbung beim Menschen ist auf jene Merkmale beschränkt, die eine klare Zwei- oder Dreiteilung der Bevölkerung zulassen, in der Regel von einem einzigen Genort aus kontrolliert werden und somit einen klaren Erbgang zeigen. Dies trifft für Blut- und Serumgruppen, für Enzymvarianten und viele genetisch bedingte Leiden zu.

Die überwiegende Mehrzahl von Merkmalen zeigt aber eine kontinuierliche Variabilität. Dies gilt in gleicher Weise für Menschen, Tiere und Pflanzen.

Eine genetische Analyse solcher quantitativ kontinuierlich variabler Merkmale ist erstmals im Pflanzenkreuzungsexperiment möglich geworden: Aus den klassischen Versuchen von *Nilsson-Ehle* mit Brotweizen verschiedener Spelzen- und Kornfärbung, sowie von *Ederson* und *East* mit Mais verschiedener Kolbenlänge und Tabak verschiedener Blütenlänge, war um 1906 das Konzept der additiven Polygenie entwickelt worden. 1913 ist es von *Davensport* zur Analyse der Vererbung der Hautfärbung beim Menschen angewendet worden. An diesem Beispiel sei das Prinzip abgeleitet:

2. Vererbung der Hautfärbung

Befund: Aus Ehen von Schwarzen und Weißen gehen Mulatten mit mittelbrauner Hautfärbung hervor. Heiraten diese untereinander, so treten bei den Kindern alle Abstufungen von schwarz bis weiß, am häufigsten mittlere Brauntöne auf.

Vereinfachte Annahme: An der Ausprägung der Hautfarbe seien zwei Genpaare beteiligt, die sich in ihrer Wirkung addieren: Jedes mit Großbuchstaben bezeichnete Gen bedinge eine bestimmte verdunkelnde Wirkung — in Abb. 72 mit zwei Punkten —, jedes Gen mit Kleinbuchstaben nur die Hälfte der verdunkelnden Wirkung — in der Zeichnung mit einem Punkt dargestellt.

Nach diesem Schema ergäben sich in der F_2-Generation bereits 5 Klassen von Hautfarbtönen in einem Häufigkeitsverhältnis von 1:4:6:4:1 von „schwarz" über mittelbraune Töne zu „weiß". Nimmt man in dem Denkmodell ein drittes, additiv

P   AABB × aabb

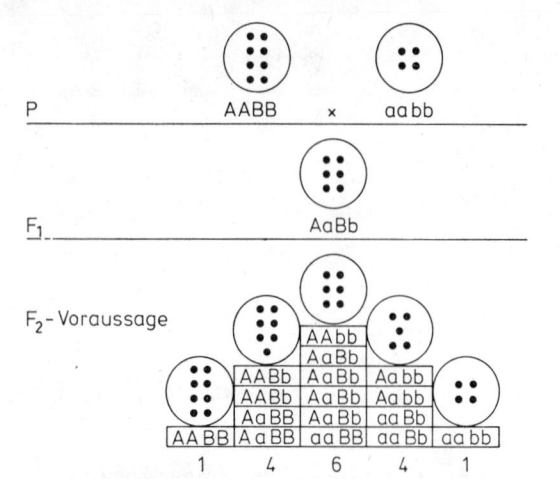

F₁   AaBb

F₂-Voraussage

		AAbb		
		AaBb		
	AABb	AaBb	Aabb	
	AABb	AaBb	Aabb	
	AaBB	AaBb	aaBb	
AABB	AaBB	aaBB	aaBb	aabb
1	4	6	4	1

Abb. 72: Vereinfachtes Denkmodell zur additiv polygenen Vererbung der Hautfärbung mit zwei Genpaaren. Jedes Gen mit „Großbuchstaben" soll zwei, jedes Gen mit „Kleinbuchstaben" ein „Pigmentkorn" pro einer bestimmten Flächeneinheit determinieren

wirkendes Genpaar hinzu, so kann man nach demselben, erweiterten Schema ableiten, daß es dann bereits 7 Klassen von Hautfärbungen geben würde in einem Häufigkeitsverhältnis von 1:6:15:20:15:6:1.

Die Zahl der Klassen und die Häufigkeitsverhältnisse, die sich bei verschiedenen Zahlen additiv wirkender Genpaare ergeben würden, können dem *Pascal-Dreieck* entnommen werden (Abb. 73):

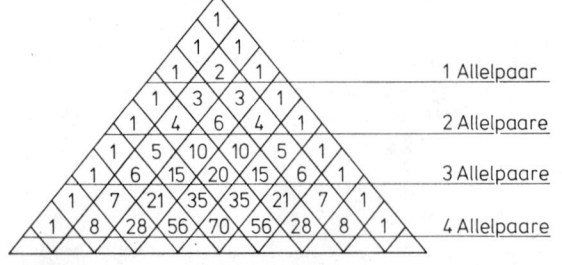

```
            1
           1 1
          1 2 1
         1 3 3 1                    1 Allelpaar
        1 4 6 4 1                   2 Allelpaare
       1 5 10 10 5 1
      1 6 15 20 15 6 1              3 Allelpaare
     1 7 21 35 35 21 7 1
    1 8 28 56 70 56 28 8 1          4 Allelpaare
```

Abb. 73: Pascal-Dreieck zur Bestimmung der Phänotypen-Verhältniszahlen bei 1—4 additiv wirkenden Allelpaaren

Mathematisch gesehen hat die Anordnung folgende Eigenschaften:
1. Jede Zahl ist gleich der Summe der unmittelbar links und rechts darüber stehenden Zahlen, z. B. $10 = 4 + 6$.
2. Jede Zahl ist gleich der Summe aller Zahlen der linken oder rechten Schrägzeile, beginnend mit der links oder rechts über ihr stehenden Zahl, z. B. $15 = 5 + 4 + 3 + 2 + 1$ oder $15 = 10 + 4 + 1$ (übers Eck).
3. Jede Schrägzeile ist eine arithmetische Folge höherer Ordnung:
   1. Schrägzeile: 1, 1, 1, 1, 1 ....   arithm. Folge 0. Ordnung
   2. Schrägzeile: 1, 2, 3, 4, 5 ....   arithm. Folge 1. Ordnung
   3. Schrägzeile: 1, 3, 6, 10, 15, ...   arithm. Folge 2. Ordnung

Ergebnis: Mit zunehmender Anzahl der additiv wirkenden Allelpaare nimmt die Verteilung mehr und mehr die Gauß'sche Glockenkurve an (Abb. 74).

Wieviel Allelpaare tatsächlich additiv an der Ausprägung der Hautfarbe beteiligt sind, ist nicht exakt bekannt. Vermutlich etwa 4.

Zusammenfassend läßt sich sagen:

Kontinuierlich variable Merkmale, wie die Hautfärbung, können auf der additiven Wirkung einer Vielzahl von Genen (Polygenie) beruhen. Sie können aber auch zusätzlich auf die modifizierende Wirkung der Umweltfaktoren zurückgehen. Es stellt sich das Problem der Abgrenzung erbbedingter von umweltbedingter Variabilität.

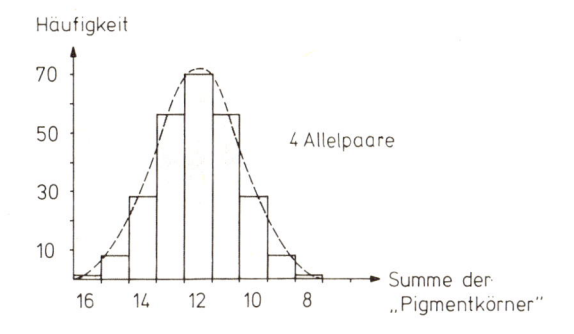

Abb. 74: Theoretische Verteilung der Phänotypenhäufigkeiten bei additiv polygener Vererbung der Hautfärbung unter der Annahme von 4 Allelpaaren: Säulendiagramm: ohne modifizierende Umweltvariabilität, Kurve: mit modifizierender Umweltvariabilität

Das Konzept der additiven Polygenie ist als Denkmodell für die Anwendung der Mendelschen Regeln auf die Vererbung kontinuierlich variabler Merkmale auch für jene Fälle brauchbar, in denen der Beweis für die genetische Determinierung eines Merkmals auf dem Nachweis einer Korrelation der quantitativen Merkmalsausprägung bei Eltern und Kindern beruht. Diese Methode sei am Beispiel der Körpergrößen demonstriert.

3. Nachweis der genetischen Bedingtheit der Körpergröße

Läßt sich nachweisen, daß verwandte Personen eine größere Ähnlichkeit in bestimmten quantitativen Merkmalen besitzen als Nichtverwandte, so kann man diese Merkmale als im wesentlichen genetisch bedingt betrachten, vorausgesetzt, daß die Wirkung familienspezifischer Umwelteinflüsse zu vernachlässigen ist. Dies trifft z. B. für die Körpergröße zu.

Nachstehend soll gezeigt werden, wie man die Korrelation zwischen den Körpergrößen von Eltern und (in den 13. Klassen nahezu) erwachsenen Kindern qualitativ und bei mathematischer Neigung auch quantitativ bestimmen kann.

a. *Korrelation der Körpergrößen bei Eltern-Kind-Paaren*

Dazu trägt man die Körperhöhen der Söhne und ihrer Väter bzw. der Töchter und ihrer Mütter in eine Korrelationstabelle ein, geordnet nach Größenklassen von 5 cm Klassenbreite.

(Indem man in gemischten Klassen für die Korrelationsbestimmung der Körperhöhen Sohn-Vaterpaare und Tochter-Mutterpaare nimmt, kann man den geschlechtsspefizifischen Größenunterschied unberücksichtigt lassen.)

Die Tabelle zeigt das Ergebnis einer Erhebung in drei 13. Klassen (1973) des Theresiengymnasiums München.

Man fragt z. B. Wer ist selbst kleiner als 160 cm? Im vorliegenden Material: keiner. Wer ist selbst 161—165 cm? Im vorliegenden Material: einer. Dieser wird gefragt: Ist Ihr Vater kleiner als 160, 161—165 cm? usw. Im vorliegenden Fall war er kleiner als 160 cm (erster Wert links unten in der Tabelle) usw.

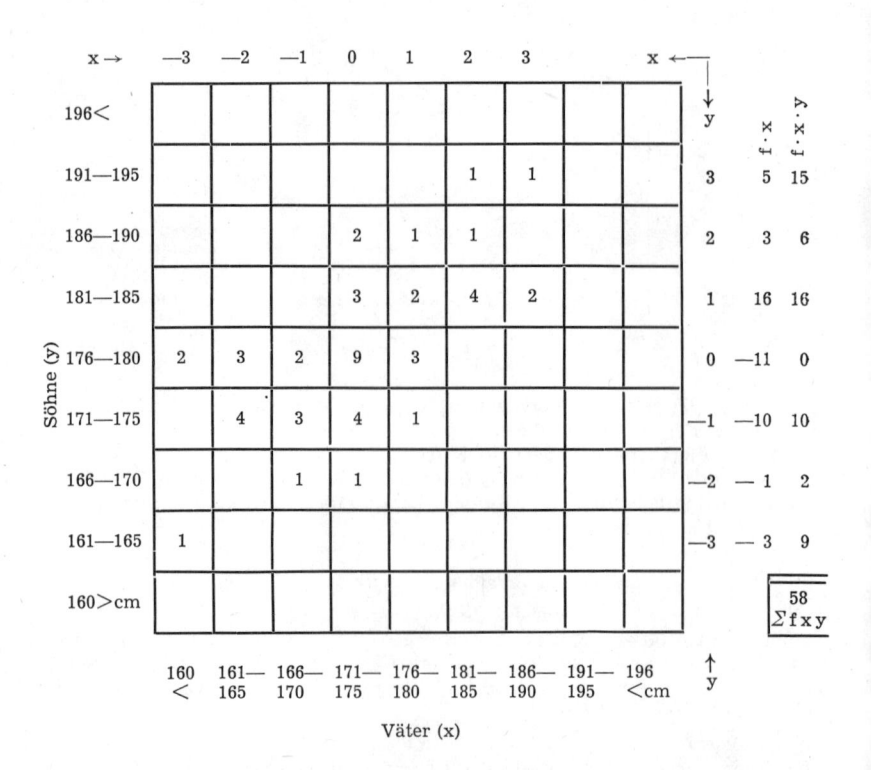

Söhne (y)	x→ −3	−2	−1	0	1	2	3	x ←	↓ y	f·x	f·x·y
196<											
191—195					1	1			3	5	15
186—190				2	1	1			2	3	6
181—185				3	2	4	2		1	16	16
176—180	2	3	2	9	3				0	−11	0
171—175		4	3	4	1				−1	−10	10
166—170			1	1					−2	−1	2
161—165	1								−3	−3	9
160>cm										58 Σfxy	

Väter (x): 160< 161—165 166—170 171—175 176—180 181—185 186—190 191—195 196<cm   ↑ y

Man kann sich begnügen, qualitativ festzustellen, daß die Werte nicht zufällig über die Tabelle verteilt sind, sondern sich in der Diagonale häufen: Dies ist Ausdruck dafür, daß kleine Eltern häufiger kleine Kinder, große Eltern häufiger große Kinder haben. Legt man eine Linie genau diagonal in die Tabelle, so erkennt man, daß die Werte asymmetrisch um die Diagonale verteilt sind und sich mehr darüber als darunter befinden. Dies ist Ausdruck für die Tatsache der

Akzeleration, d. h. dafür, daß die Jugendlichen heute durchschnittlich größer werden als die Eltern.

Man kann diese qualitativen Befunde auch quantitativ fassen:
Berechnen des Korrelationskoeffizienten nach der Formel:

$$r = i_x \cdot i_y \frac{\Sigma f \cdot x \cdot y - \frac{\Sigma f \cdot x \cdot \Sigma f \cdot y}{n}}{n \cdot \sigma_x \cdot \sigma_y}$$

Darin bedeuten:

r Korrelationskoeffizient (r=1 bedeutet maximaler = funktionaler Zusammenhang; alle Werte liegen auf der Diagonalen; r = O bedeutet kein Zusammenhang; die Werte liegen gleichmäßig verteilt)

i_x Klassenbreite der Körperhöhen der Väter (X-Achse), hier 5 cm

i_y Klassenbreite der Körperhöhen der Söhne (Y-Achse), hier 5 cm

f Häufigkeit

n Gesamtzahl der Vater-Sohn-Paare (Mutter-Tochter-Paare)

x, y Einfache, ganzzahlige Werte der neuen Klasseneinteilung in der X-Achse bzw. Y-Achse

σ_x, σ_y: Standardabweichung der x- bzw. y-Werte berechnet man nach der Formel:

$$\sigma = \pm i \cdot \sqrt{\frac{\Sigma f x^2}{n} - \left(\frac{\Sigma f x}{n}\right)^2}$$

Will man die tatsächlichen Mittelwerte M der Vater- und Sohngrößen kennen, müssen die angenommenen Mittelwerte (Klassenmitten) noch korrigiert werden nach der Formel:

$$M_x = A_x + i \frac{\Sigma f \cdot x}{n}$$

Rechenvorgang: Man schätzt, in welche Größenklassen der Mittelwert der Körperhöhen der Väter (X-Achse) bzw. der Söhne (Y-Achse) fallen wird und bezeichnet diese mit O, die jeweils darunter liegenden Klassen mit -1, -2, -3, die darüber liegenden Klassen mit +1, +2, +3;

(Mathematisch ausgedrückt: man bezeichnet die Mitten der Klassen, in welche die Mittelwerte fallen werden, als angenommene Mittelwerte A_x und A_y und subtrahiert sie von den übrigen Klassen. Unter Berücksichtigung der Klassenbreite i bedeutet dies eine neue Klassenbenennung mit den x- und y-Werten 4 3 2 1 0 —1—2—3—4).

Zur Bestimmung von $\Sigma f \cdot x \cdot y$ werden in der Korrelationstabelle zunächst die Einzelprodukte $f \cdot x$ in den einzelnen waagrechten Spalten addiert, rechts außen notiert und mit den y-Werten multipliziert. Die übrigen Ausdrücke $\Sigma f \cdot x$ und $\Sigma f \cdot x^2$, die für die Berechnung des Korrelationskoeffizienten und der Mittelwerte benötigt werden, erhält man nach folgendem Rechenschema (unter Verwendung der Werte aus der Korrelationstabelle)

Rechenschema:

x	f	f·x	x²	f·x²
3	3	9	9	27
2	6	12	4	24
1	7	7	1	7
0	19	0	0	0
—1	6	— 6	1	6
—2	7	—14	4	28
—3	3	— 9	9	27
	51	— 1		119
	n	Σf·x		Σf·x²

$A_x = 173 \quad i = 5$

$M_x = A_x + i \cdot \dfrac{\Sigma f \cdot x}{n}$

$M_x = 173 + 5 \cdot \dfrac{-1}{51}$

$M_x = 173 - 0{,}1 = 172{,}9 \text{ cm}$

$\sigma_x = i \cdot \pm \sqrt{\dfrac{\Sigma f \cdot x^2}{n} - \left(\dfrac{\Sigma f \cdot x}{n}\right)^2}$

$\sigma_x = 5 \cdot \pm \sqrt{\dfrac{119}{51} - \left(\dfrac{-1}{51}\right)^2}$

$\sigma_x = \pm 7{,}6 \text{ cm}$

y	f	f·y	y²	f·y²
3	2	6	9	18
2	4	8	4	16
1	11	11	1	11
0	19	0	0	0
—1	12	—12	1	12
—2	2	— 4	4	8
—3	1	— 3	9	9
	51	6		74
	n	Σf·y		Σf·y²

$A_y = 178 \quad i = 5$

$M_y = A_y + i \cdot \dfrac{\Sigma f \cdot y}{n}$

$M_y = 178 + 5 \cdot \dfrac{6}{51}$

$M_y = 178 + 0{,}6 = 178{,}6 \text{ cm}$

$\sigma_y = i \cdot \pm \sqrt{\dfrac{\Sigma f \cdot y^2}{n} - \left(\dfrac{\Sigma f \cdot y}{n}\right)^2}$

$\sigma_y = 5 \cdot \pm \sqrt{\dfrac{74}{51} - \left(\dfrac{6}{51}\right)^2}$

$\sigma_y = \pm 5{,}9$

$r = i_x \cdot i_y \dfrac{\Sigma f \cdot x \cdot y - \dfrac{\Sigma f \cdot x \cdot \Sigma f \cdot y}{n}}{n \cdot \sigma_x \cdot \sigma_y}$

$r = 25 \cdot \dfrac{58 - \dfrac{-1 \cdot 6}{51}}{51 \cdot 7{,}6 \cdot 5{,}9}$

$r = 0{,}64$

Beurteilung des Ergebnisses:

Die Hälfte der Gene der Söhne stammt von den Vätern. Gleichgültig wieviele Gene additiv an der Körpergröße beteiligt sind, wird ein Sohn immer die Hälfte der betreffenden Gene vom Vater bekommen. Die theoretische Korrelation der Körperhöhen von Vätern und Söhnen, von Müttern und Töchtern — ebenso wie zwischen Geschwistern — beträgt demnach 0,5, wenn keines der beteiligten Gene eine dominante Wirkung hat, und keine gerichtete Partnerwahl bezüglich des Merkmals stattfindet. Gerichtete Partnerwahl steigert, Dominanzeffekte vermindern die Korrelation.

Das vorliegende konkrete Ergebnis von r = 0,64 ist demnach Ausdruck für genetische Bedingtheit der Körpergröße und die bezüglich dieses Merkmals tatsächlich vorhandene gerichtete Partnerwahl (Homogamie).

Da die Zahl von Genen mit eventuell dominanter Wirkung, der Grad der Dominanz und das Ausmaß der Homogamie nicht exakt faßbar sind, liefert die Korrelationsrechnung unmittelbar keine zwingenden Aussagen über den quantitativen Anteil von Erb- und Umwelteinflüssen.

b. *Berechnung des Unterschieds der Körpergrößen von Eltern und erwachsenen Kindern (Akzeleration)*

Im vorstehenden Rechenschema ergab sich als Mittelwert der

Vatergrößen $M_x = 172{,}9 \pm 7{,}6$ cm
Sohngrößen $M_y = 178{,}6 \pm 5{,}9$ cm
Differenz $D = 5{,}7$ cm

Zur Beurteilung ob diese Differenz der Mittelwerte signifikant oder zufällig ist, kann man sich des t-Tests bedienen:

$$t = \frac{D}{\sqrt{\frac{\sigma_x^2}{n} + \frac{\sigma_y^2}{n}}}$$

Als Faustregel kann man folgende Zuordnung benutzen (bei $n > 20$ und $p \leq 0{,}003$)

$t < 2$: Die Differenz ist zufällig

$t = 2\text{—}3$: keine klare Aussage möglich

$t > 3$: Die Differenz ist signifikant

Durch Einsetzen der Werte ergibt sich:

$$t = \frac{5{,}7}{\sqrt{\frac{58}{51} + \frac{35}{51}}} = \frac{5{,}7}{1{,}35} = 4{,}2 \quad \text{d. h. } p < 0{,}003$$

Das Ausmaß der Akzeleration kann man in 13. Klassen auch rasch und elegant — unter Vermeidung der interindividuellen Variation — mittels der Überlegung bestimmen, daß die Differenz der Mittelwerte gleich dem Mittelwert der Differenzen der einzelnen Vater-Sohn-Paare (Mutter-Tochter-Paare) ist.

Man legt sich eine Liste an, in der man in der ersten Spalte mögliche Differenzen zwischen Vater und Sohngrößen in Klassen von z. B. 1 cm zwischen +20 cm (Sohn größer) und —10 cm (Vater größer) einträgt. Dann führt man die Befragung durch: „Wer ist um 20 cm größer als sein Vater, wer um 19 cm usw. und trägt die entsprechenden Häufigkeiten in die Tabelle ein.

Die Tabelle zeigt die Ergebnisse einer Erhebung und Berechnung an 55 Schülern der 13. Klasse des Theresiengymnasiums (1973). Der Mittelwert der Differenzen M_D (= Differenz der Mittelwerte) ergibt sich nach der Formel:

$$M_D = \frac{f \cdot D}{n}$$

wobei D die Differenz der Körpergrößen zwischen Sohn und Vater bedeutet, f, wie häufig diese Differenz aufgetreten ist und n die Anzahl Vater-Sohn-Paare. Der Stichprobenfehler σ des Mittelwertes der Differenzen wird berechnet nach der Formel:

$$\sigma_D = \pm \sqrt{\frac{\sum f D^2 - \left(\frac{\sum f D}{n}\right)^2 n}{n \cdot (n-1)}}$$

Der t-Wert zur Signifikanzprüfung nach der Formel: $\quad t = \dfrac{M_D}{\sigma_D}$

Rechenschema

D cm	f	f·D	D²	f·D²	
20					
19					
18					
17					
16	1	16	256	256	
15	3	45	225	675	$M_D = \dfrac{\Sigma f \cdot D}{n} = \dfrac{316}{55} = 5{,}7$ cm
14	—	—	—	—	
13	1	13	169	169	
12	4	48	144	576	
11	2	22	121	242	
10 (Sohn >Vater)	3	30	100	300	$\sigma_D = \pm \sqrt{\dfrac{\Sigma f D^2 - \left(\dfrac{\Sigma f D}{n}\right)^2 n}{n \cdot (n-1)}}$
9	1	9	81	81	
8	4	32	64	256	
7	4	28	49	196	
6	1	6	36	36	
5	6	30	25	150	$\sigma_D = \pm \sqrt{\dfrac{3148 - 1816}{55 \cdot 54}}$
4	8	32	16	128	
3	2	6	9	18	
2	5	10	4	20	
1	2	2	1	2	
0	3	329	0	—	$\sigma_D = \pm \sqrt{\dfrac{1332}{2970}}$
−1	1	−1	1	1	
−2	2	−4	4	8	
−3	1	−3	9	9	
−4	—	—	—	—	$\sigma_D = \pm 0{,}67$
−5 (Sohn <Vater)	1	−5	25	25	
−6		−13			
−7					
−8					$t = \dfrac{M_D}{\sigma_D}$
−9					
−10					
	n 55	Σf·D 316		Σf·D² 3148	$t = \dfrac{5{,}1}{0{,}67} = 7{,}6$

Die Differenz der Körperhöhen von Eltern und (nahezu) erwachsenen Jugendlichen hat sich in der vorliegenden Erhebung zu 5,9 ± 0,67 cm ergeben. Die Differenz ist (bei t = 7,6, n = 55) mit p ≤ 0,003 hochgradig signifikant.

Die Größenzunahme beruht auf einer Wachstumsbeschleunigung während der ersten 2 Lebensjahre und ist im wesentlichen auf bessere Ernährung, gesündere Säuglingspflege und seltenere Krankheitsfälle zurückzuführen. Die obere Grenze des genetisch fixierten Spielraums der Körpergröße scheint allerdings seit 10 Jahren bei den 2jährigen weitgehend erreicht, d. h. in ca. 10 Jahren wird die Durchschnittsgröße vermutlich mehr oder weniger konstant bleiben.

4. Genetische Bedingtheit morphologischer Merkmale

Auffällige Merkmale des Gesichts, die unter anderem beim anthropologischen, erbbiologischen Vaterschaftsnachweis (polysymptomatischer Ähnlichkeitsvergleich) berücksichtigt werden, kann man gut an einzelnen Schülern demonstrieren. Die Anregung, Familienangehörige auf diese Merkmale hin zu prüfen, muß allerdings gleich mit dem Hinweis verknüpft werden, daß hier keine einfachen Erbgänge zu erwarten sind. Am klarsten sind sie noch bei den relativ seltenen

Merkmalen wie weiße Haarsträhne (dominant) oder angewachsenes Ohrläppchen (rezessiv). Bei den anderen Merkmalen, die fließend ineinander übergehen, lassen sich nur für die charakteristischen Fälle qualitative Aussagen machen. So dominieren ausgesprochen dunkle Pigmentierung von Haut, Haaren und Iris über helle Pigmentierung, stark gelocktes über schlichtes Haar, Brauenwirbel und Kinngrübchen über das Fehlen dieser Merkmale.

Besonders das beliebte Schulbuchbeispiel der Vererbung der Augenfarbe ist wesentlich komplexer als allgemein dargestellt. Für den Gesamteindruck der Augenfarbe ist nicht nur die Pigmentierung verantwortlich, sondern auch die Irisstruktur. Ist z. B. die vordere Grenzschicht der Iris, in der die Pigmente gelagert werden, überhaupt nur sehr schwach ausgeprägt, kann das Auge trotz einer vorhandenen Anlage für dunkelbraun, blau erscheinen. Gerade an der Iris läßt sich sehr schön zeigen, wie viele Gene an ihrer Ausprägung beteiligt sind, wenn man die Aufmerksamkeit der Schüler z. B. auf Lage und Verlauf der Iriskrause, Ausprägungsgrad von Iriskrypten und Radiärfalten, Häufigkeit und Ausdehnung von Pigmentflecken lenkt und sie anregt bei Familienangehörigen darauf zu achten. Ähnlich kann man die Untersuchung von Farbe und Krümmungsgrad des Haares ausdehnen auf Dicke des Haares, Wirbelbildung, Verlauf der Stirn- und Nackengrenze. Reizvoll ist auch die Aufgabe, die Finger-Hautleistentypen untersuchen zu lassen, indem man in der bekannten Weise Fingerabdrücke mit dem Stempelkissen anfertigen und Bogen-, Schleifen- und Wirbelmuster feststellen läßt.

Beim polysymptomatischen Ähnlichkeitsvergleich zur Erstellung erbbiologischer Gutachten werden weit über 100 quantitative Körpermerkmale bei Kind, Mutter und den infrage stehenden Männern bestimmt. Aus dem Grad der Korrelation wird auf die Vaterschaft geschlossen.

5. Zwillingsbefunde zum Erbe-Umweltproblem

1,1—1,2 % aller Geburten sind Zwillingsgeburten. 1/3 davon entfallen auf eineiige Zwillinge, heute meist als monozygote Zwillinge bezeichnet. Eineiige Zwillinge (EZ) entstehen aus einer Zygote und haben daher gleiche Erbanlagen. Die übrigen Zwillinge sind zweieiig (ZZ) und sind in genetischer Hinsicht ebenso verschieden wie normale Geschwister.

Zur Unterscheidung von EZ und ZZ untersucht man möglichst viele einfache Erbmerkmale, besonders Blutgruppen, Serumgruppen sowie Merkmale des Gesichtes und das Fingerbeerenmuster. Stimmen Zwillinge in allen diesen Merkmalen überein, ist es extrem unwahrscheinlich, daß sie zweieiig sind. Sie werden als EZ angesehen.

EZ und ZZ wachsen in der Regel in einer weitgehend gemeinsamen, aber doch niemals völlig gleichen Umwelt auf.

Ein Vergleich von EZ mit ZZ kann nun zur Abschätzung des Erbe-Umweltanteils
a) an der Variation eines quantitativen Merkmals
b) am Zustandekommen von Krankheiten, die keinem einfachen Erbgang folgen,
   ausgewertet werden.

Überlegung:
Die Variation (V) eines quantitativen Merkmals (z. B. Körperhöhe) zwischen EZ-Paarlingen muß ausschließlich umweltbedingt sein (unter Vernachlässigung der Meßfehler)

$$V_{EZ} = V_U$$

Die Variation eines quantitativen Merkmals zwischen ZZ-Paarlingen wird umwelt- und genetisch bedingt sein.

$$V_{ZZ} = V_U + V_G$$

(Die Variation eines meßbaren Merkmals zwischen den Paarlingen wird entweder durch die Varianz $V = \sigma^2$ (Quadrat der Standardabweichung) oder durch den Korrelationskoeffizienten r ausgedrückt).

Folgerungen:
Läßt sich z. B. kein Unterschied in der Variation eines Merkmals bei EZ und ZZ feststellen, geht die beobachtete Variation ausschließlich auf Konto Umwelt.
Ist die Variation bei ZZ dagegen signifikant größer als bei EZ (= ist die Korrelation bei ZZ signifikant kleiner als bei EZ), ergibt sich die genetische Variation:

$$V_G = V_{ZZ} - V_{EZ}$$

Als *Heritabilität* h^2 bezeichnet man den Anteil von V_G an der gesamten phänotypischen Variation

$$h^2 = \frac{V_{ZZ} - V_{EZ}}{V_{ZZ}}$$

Ergebnisse (unter zusätzlicher Berücksichtigung der Variation in der Gesamtbevölkerung und des Homogamiegrades nach *Jensen* (1967)

	EZ r	ZZ r	h^2
Körperhöhe	0,93	0,64	0,64
Körpergewicht	0,92	0,63	0,64
Testintelligenz	0,92	0,56	0,80
Schulerfolg	0,95	0,87	0,16

D. h. z. B. die phänotypische Variation der Testintelligenz ist zu 4/5 genetisch, zu 1/5 durch Milieueinflüsse bedingt. Am Schulerfolg sind dagegen zu mehr als 4/5 Milieueinflüsse maßgebend.
Ein gewisses Maß an Intelligenz ist zwar Voraussetzung für Schulerfolg, sehr wichtig ist aber die Weckung von Lernmotivation und die Hilfestellung durch die Eltern in den ersten Schulklassen (und davor).
Von besonderem Interesse sind EZ, die früh getrennt und in stark verschiedenem Milieu aufgewachsen sind, im Vergleich zu EZ in gemeinsamem Milieu. Eine Untersuchung (*Shields* 1962) ergab, daß die Unterschiede im Intelligenzquotienten in beiden Gruppen nicht signifikant verschieden waren, d. h., daß die verschiedenen Umwelten keinen entscheidenden Einfluß hatten.
Andere Untersuchungen (von *Woodworth, Neuman, Freeman* und *Holzinger*, zusammengestellt von *Anastasi*) zeigen dagegen signifikante Einflüsse der Umwelt auf den Intelligenzquotienten.
Zweifellos spielt das Alter der Trennung eineiiger Zwillinge eine große Rolle für ihre künftige Entwicklung. Werden sie bereits in den ersten Lebensmonaten getrennt und erfahren in den ersten Lebensjahren eine unterschiedliche Betreuung, so spielen sich offenbar Prägungsvorgänge ab, die trotz gleicher Erbanlagen eine recht unterschiedliche geistige Entwicklung ermöglichen. Ja sogar in utero können

„Umweltfaktoren" bereits modifizierend auf die Merkmalsbildung bei EZ einwirken: So kommt es vor, daß EZ nicht dasselbe Geburtsgewicht besitzen. *C. Kaelker* und *T. Pugh* (1969) haben aufgrund einer umfangreichen Erhebung nachgewiesen, daß der schwerere Zwilling einen höheren Intelligenzquotienten hat. Bei einem Unterschied des Geburtsgewichts von 300 g kann der durchschnittliche IQ Vorteil des schwereren Zwillings bis zu 5 IQ Punkte betragen. Die Autoren führen die Begünstigung des einen Zwillings auf bessere Blutversorgung durch die gemeinsam geteilte Plazenta zurück. Auch muß bei Eineiigen Zwillingen unterschieden werden, ob sie im Stadium der ersten Furchungsteilungen entstanden sind — dann ist jeder in eigenen Embryonalhäuten herangewachsen — oder ob sie erst im Stadium des Primitivstreifens entstanden sind — dann sind sie in gemeinsamer Embryonalhülle herangewachsen. Die letzteren (monochorische EZ) sind in morphologischer Hinsicht ähnlicher als die ersteren (dichorische EZ) (nach *Testa-Bappenheim* 1959).

Zur Beurteilung des *genetischen Anteils* am Zustandekommen *relativ häufiger Krankheiten* wird meist lediglich die Erkrankung beider Paarlinge *(Konkordanz)* oder nur eines von beiden *(Diskordanz)* bei EZ und ZZ verglichen.

z. B. Manisch depressives Irrsein

	konkordant	diskordant
EZ	48	12
ZZ	31	134

daraus wird die *Konkordanzrate* berechnet für:

EZ $\dfrac{48}{48 + 12} = 0{,}80$

ZZ $\dfrac{31}{31 + 134} = 0{,}19$

Sie gibt die Wahrscheinlichkeit für einen Paarling an, dieselbe Krankheit wie der andere Paarling zu bekommen.

Konkordanzraten relativ häufiger Leiden

	EZ	ZZ	Häufigkeit in der Bevölkerung
Manisch depressives Irrsein	0,80	0,19	0,5 %
Schizophrenie	0,70	0,10	1 %
Epilepsie	0,54	0,24	2 %
Zuckerkrankheit	0,60	0,13	4 %
Tuberkulose	0,54	0,27	

Signifikant höhere Konkordanz bei EZ gegenüber ZZ beweist die Beteiligung genetischer Faktoren am Zustandekommen der Krankheit.

Die Signifikanzprüfung des Unterschieds kann durch die Berechnung von χ^2 aus der Vierfeldertafel wie folgt geschehen:

	konk.	disk.	
EZ	48	12	60
ZZ	31	134	165
	79	146	225

$$\chi^2 = \frac{(48 \cdot 134 - 12 \cdot 31)^2 \cdot 225}{79 \cdot 146 \cdot 60 \cdot 165}$$

$\chi^2 = 63 \quad p \ll 0,01$

d. h. der Unterschied in der Konkordanz ist in diesem Beispiel hochgradig signifikant.

Literatur

Degen, G.: Erbgut und Umwelt — Eine Analyse von Beispielen der Familienforschung aus dem Biologieunterricht der gymnasialen Oberstufe in: Der Biologieunterricht 8. Jg., H. 3, 1972
Hellmich, K.: Zur Milieu-Abhängigkeit der geistigen Entwicklung des Menschen, Praxis der Naturwissenschaften Biologie, H. 11, 1969
Intelligenzquotient und Schulnoten, Praxis der Naturwiss. Biol., H. 3, 1966
Ein Maß für die Abhängigkeit zweier Merkmale, Praxis der Naturwiss. Biol., H. 10, 1965; H. 2, 1966; H. 4, H. 10, H. 12, 1967
Henrysson, Haseloff, Hoffmann: Kleines Lehrbuch der Statistik, Walter de Gruyter & Co Berlin 1960
Kaelker, C. und T. Pugh: New England Journal of Medicine 280, 1969, zitiert nach „Intelligenzquotient bei Zwillingen", Naturwiss. Rundschau 12, S. 541, 1969
Lenz, W.: Medizinische Genetik, Thieme Stuttgart 1970
Lückert, H. R.: Begabungsforschung und Bildungsförderung als Gegenwartsaufgabe, E. Reinhardt Verlag München / Basel 1969
Mittenecker, E.: Planung und statistische Auswertung von Experimenten, Verlag Deuticke, Wien, 1970
Testa-Bappenheim, I.: Morphologische Merkmale bei eineiigen gleichgeschlechtlichen Zwillingen, Naturwiss. Rundschau 3, 1969
Verschuer, O. v.: Die Zwillingsforschung der inneren Medizin, Verhlg. Dtsch. Ges. inn. Med. 1958
Weber, E.: Mathematische Grundlagen der Genetik, Fischer, Jena 1967
Einschlägige Kapitel der Standardwerke der Humangenetik, z. B. *Vogel, Stern*, Siehe Gesamtliteraturverzeichnis

IX. Populationsgenetik

Bei Untersuchungen über die verschiedenen Erbgänge, die Aufspaltungsziffern und Rekombinationswerte, geht man von einzelnen Individuen bzw. Familien aus. In der Populationsgenetik werden dagegen die Fragen untersucht, in welchen Häufigkeiten die Allele eines Genpaares in der Bevölkerung, im „Genpool" vorkommen und durch welche Kräfte diese Häufigkeiten verändert werden. Man geht dabei von der Häufigkeit der Phänotypen in der Bevölkerung aus.

1. Vereinfachte Ableitung des Hardy-Weinberg-Gesetzes anhand eines Modellversuchs:

In die populationsgenetischen Überlegungen kann man in Anknüpfung an die PTH-Schmeckversuche (s. S. 121) z. B. mit der Frage einführen, welches der beiden Gene, das Schmeckergen A oder das Nichtschmeckergen a bei einer Häufigkeit von rund 64 % Schmeckern und 36 % Nichtschmeckern in der Bevölkerung wohl häufiger sei. Viele Schüler meinen spontan, es müsse das Schmeckergen sein. Erst der Hinweis, daß auch in allen heterozygoten Schmeckern das Gen a stecke, macht sie unsicher und bald bildet sich die Meinung, es könne auch a das häufigere Gen in der Bevölkerung sein. Damit ist die Frage nach einer Methode zur Bestimmung der Genhäufigkeiten = Genfrequenzen aus den Phänotypenhäufigkeiten gestellt.

Modellversuch:
Ein Glasaquarium mit weißen und schwarzen Tischtennisbällen stelle den „Genpool" dar, d. h. die Gesamtheit der in der Bevölkerung vorhandenen Gene A und a. Die Häufigkeit des dominanten Allels A wird mit p bezeichnet (im Modellversuch willkürlich auf 0,4 = 40 % schwarze Kugeln eingestellt), die Häufigkeit des rezessiven Allels a wird mit q bezeichnet (im Modellversuch demnach auf 0,6 = 60 % weiße Kugeln eingestellt).
Da nur ein Allelpaar für das infrage stehende Merkmal zuständig sein soll, muß gelten:
$$p + q = 1$$

Bei den Meiosen in sämtlichen Individuen der Elterngeneration zusammengenommen, werden Keimzellen mit A und Keimzellen mit a im Verhältnis p:q gebildet. Man kann die im „Genpool-Aquarium" befindlichen Kugeln demnach auch als eine repräsentative Auswahl sämtlicher Gameten der Elterngeneration vor der Zygotenbildung betrachten.
Da bezüglich der Schmeckfähigkeit von PTH sicher keine gerichtete Partnerwahl stattfindet, kann man die Zygotenbildung für die nächste Generation dadurch simulieren, daß man aus dem „Genpool" blindlings je zwei „Gameten" greift und die Wahrscheinlichkeit kalkuliert, mit der ein bestimmter Zygoten-Genotyp bei den vorgegebenen Genhäufigkeiten entsteht:
Für den Genotyp aa ergibt sich z. B.:
Wahrscheinlichkeit eine weiße Kugel a zu greifen: 0,6 = 60 %
Wahrscheinlichkeit eine weitere weiße Kugel a zu greifen: 0,6 = 60 %
Wahrscheinlichkeit für das gleichzeitige Greifen zweier weißer Kugeln aa:
$0,6 \cdot 0,6 = 0,36 = 36 \%$
(nach dem Produktsatz der Wahrscheinlichkeitsrechnung).
Dies stellt gleichzeitig die Häufigkeit der homozygot rezessiven Nichtschmecker (R) in der Bevölkerung dar (Sie stimmt mit der tatsächlichen Häufigkeit deshalb überein, weil die Genhäufigkeiten für den Modellversuch bewußt so gewählt wurden).
Die Häufigkeiten für die heterozygoten Schmecker Aa (H) und homozygoten Schmecker (D) lassen sich auf dieselbe Weise bestimmen und können dem Kombinationsquadrat entnommen werden.

		p (0,4)	A	q (0,6)	a
p (0,4)	A	p² (0,16)	D AA	pq (0,24)	H Aa
q (0,6)	a	pq (0,24)	H Aa	q² (0,36)	R aa

Allgemein besteht offenbar folgendes Verhältnis zwischen den Genotypen D, H und R:
$$D : H : R = p^2 : 2pq : q^2$$

Mit dem Genpool-Modell können sehr anschaulich folgende Konsequenzen verdeutlicht werden:

Würde man alle weißen Kugeln zu Paaren und alle schwarzen Kugeln zu Paaren zusammenfassen, so würde dies den hypothetischen Extremfall simulieren, daß in der Elterngeneration nur homozygote Schmecker und homozygote Nichtschmecker vorhanden gewesen wären.
Bei ungerichteter Partnerwahl, simuliert durch Auflösung der Kugelpaare, Durchmischung und erneut blindes Greifen von je zwei Kugeln, stellt sich bereits bei der nächsten Generation das Genotypenverhältnis
$$D : H : R = p^2 : 2pq : q^2 \text{ ein.}$$
Diese Beziehung bleibt auch über alle weiteren Generationen erhalten, soferne die Population genügend groß ist,
keine Zu- oder Abwanderung erfolgt,
ungerichtete Partnerwahl bestehen bleibt,
die verschiedenen Ehetypen durchschnittlich gleich viel Kinder haben,
keine Neumutationen hinzukommen.
Eine derart „ideale Population" befindet sich in einem genetischen Gleichgewicht.
Diese Gleichgewichtsverteilung wurde 1908 von *Hardy* und *Weinberg* unabhängig voneinander nachgewiesen und ist als *Hardy-Weinberg-Gesetz* bekannt.
Es kann grafisch auch als Quadrat dargestellt werden, dessen Seiten man im Verhältnis p : q teilt (Abb. 75).

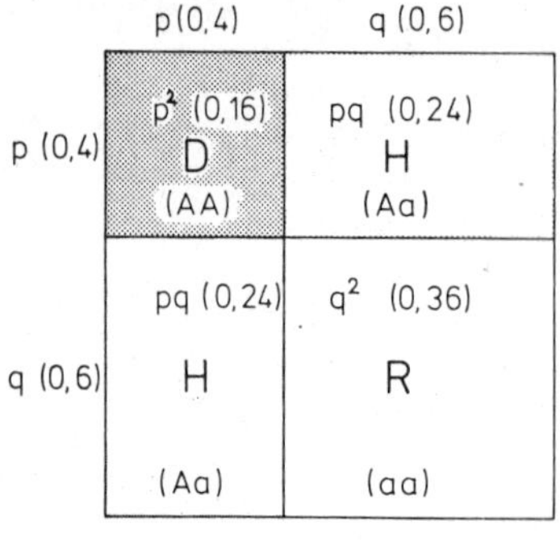

Abb. 75: Darstellung der Beziehung zwischen Genfrequenz und Genotypenhäufigkeit nach dem *Hardy-Weinberg*-Gesetz: Die Unterteilung der Kanten des Quadrats gibt die Genfrequenzen wieder, die Flächen repräsentieren die Genotypenhäufigkeit

Die Flächen in dem Quadrat repräsentieren die Häufigkeiten der drei Genotypen D, H und R.
Eine weitere anschauliche Darstellung des Hardy-Weinberg-Gesetzes ist in Abb. 76 wiedergegeben:
In einem gleichschenklichen Dreieck mit der Höhe = 1 ist die Summe der Abstände eines beliebigen Punktes von den 3 Seiten immer gleich der Höhe des Dreiecks. Bezeichnet man mit den 3 Abständen die 3 Genotypenfrequenzen D, H und R (deren Summe definitionsgemäß 1 ist), dann läßt sich leicht zeigen, daß der Abstand H die Grundlinie immer im Verhältnis der Genfrequenzen p : q unterteilt. Von den unendlich vielen Kombinationsmöglichkeiten der Genotypenfrequenzen erfüllen nur diejenigen Punkte die Bedingungen des Hardy-Weinberg-Gesetzes, die auf der Parabel liegen, die symmetrisch durch die Endpunkte der Grundlinie und den Halbierungspunkt der Höhe gehen. In einer Population, die sich im Hardy-Weinberg-Gleichgewicht befindet, können also nie mehr als die

Hälfte der Individuen heterozygot sein. Die Gleichung der Parabel lautet
H = 2 p q oder, abgewandelt, $(p-1)^2 = 1-H$. Wenn also zu einem beliebigen
Zeitpunkt die Genotypenzusammensetzung einer Population durch einen beliebigen Punkt P' im Dreieck gekennzeichnet ist, dann wird sich die Population nach

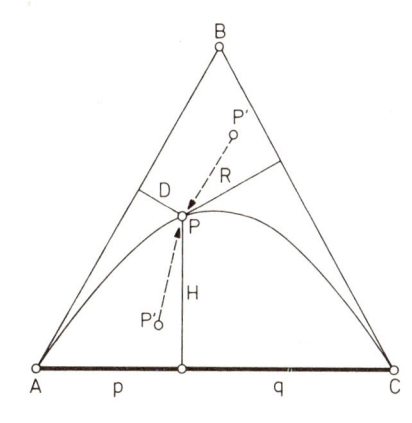

Abb. 76: Darstellung der Beziehungen zwischen Genfrequenz und Genotypenhäufigkeit im Koordinatensystem eines gleichschenkligen Dreiecks (s. Text)

einer Generation so verändern, daß sie nun durch den Punkt P gekennzeichnet ist
(gleiche Genfrequenzen wie für P'). Oberhalb der Parabel sind zuviele, unterhalb
zuwenige Heterozygote in der Population, um dem Hardy-Weinberg-Gesetz zu
genügen.
Die Parabel im Dreieck demonstriert eindringlich eine wichtige Aussage des
Hardy-Weinberg-Gesetzes: Die Verteilung eines Allels auf homo- und heterozygote Genotypen hängt von der Häufigkeit des Allels ab: Je seltener (häufiger) ein
Allel, desto größer (geringer) ist der Anteil, der im heterozygoten Genotyp Aa
vorliegt. Dies ist besonders wichtig für das Verständnis des balancierten Polymorphismus.

2. Anwendungen des Hardy-Weinberg-Gesetzes

Die *Hardy-Weinberg*-Beziehung kann benützt werden, um aus Phänotypenhäufigkeiten Genfrequenzen zu erschließen und daraus Heterozygotenhäufigkeiten
zu berechnen (zunächst unter Vernachlässigung von Mutation und Selektion).

a. *bei autosomal rezessiven Erbleiden:*

Aus $D : H : R = p^2 : 2 pq : q^2$ folgt:

$$q^2 = R \quad q = \sqrt{R}$$

d. h. die Genhäufigkeit des rezessiven Allels in der Bevölkerung ergibt sich als
Quadratwurzel aus der Häufigkeit der homozygot rezessiven Merkmalsträger:
da weiter: $p + q = 1$
folgt: $p = 1 - q$ als Genhäufigkeit des dominanten Allels. Die Häufigkeit der
Heterozygoten ergibt sich zu: 2 pq.

Beispiel:
Wieviel Prozent der Bevölkerung sind heterozygot für Albinismus?
Gegeben: Häufigkeit von Albinos: 1 : 10 000
Lösung: Aus $q^2 = 10^{-4}$ $q = 10^{-2}$
Genhäufigkeit von a: $q = 0{,}01$; Genhäufigkeit von A: $p = 1 - 0{,}01 = 0{,}99$
Häufigkeit der Heterozygoten Aa: $2\,pq = 2 \cdot 0{,}01 \cdot 0{,}99 = 0{,}0198$
d. h. rund 2 % der Bevölkerung ist heterozygot für Albinismus!
Frage:
Welchen Anteil haben die verschiedenen Ehetypen am Auftreten von Albinos?
Gegeben: $p = 0{,}99$ $q = 0{,}01$
Lösung:

Häufigkeit	Wahrscheinlichkeit für aa Albinokind	Verhältnis d. Ehetypen	Beispiel
Ehetyp Aa · Aa $(2\,pq)^2$	$1/4\ (2\,pq)^2$	p^2	0,9801
Aa · aa $(2\,pq \cdot q^2)$ aa · Aa $(q^2 \cdot 2\,pq)$	$1/2\ \ 4\,pq^3$	$2\,pq$	0,0189
aa · aa (q^4)	q^4	q^2	0,0001

d. h. 98 % der Albinos haben normal pigmentierte Eltern, nur bei rund 2 % der Albinos ist auch ein Elternteil befallen und nur jeder 1/10 000 Albino stammt von Albino-Eltern, unter der nicht ganz erfüllten Voraussetzung ungerichteter Partnerwahl.

b. bei X-chromosomal rezessiven Erbleiden

Bei X-chromosomal rezessiven Merkmalen ergibt sich ein interessanter populationsgenetischer Aspekt: Aus dem Prozentsatz der männlichen Merkmalsträger kann man direkt auf die Häufigkeit des mutierten Allels schließen: Die Häufigkeit der rot-grün-blinden Männer (8 %) ist gleich der Häufigkeit von X-Chromosomen mit dem Gen für Rot-Grün-Blindheit in der männlichen Bevölkerung, da ja jeder hemizygote Träger des Gens gleichzeitig Merkmalsträger ist.
Also beträgt die Häufigkeit des mutierten Gens a: $q = 0{,}08$ und die Häufigkeit des Normalallels A: $p = 1 - q = 0{,}92$.
Diese Werte stellen nicht nur die Häufigkeiten der Gene a und A in der männlichen, sondern in der Gesamtbevölkerung dar, da die X-Chromosomen der Männer (1/3) und der Frauen (2/3) ja von Generation zu Generation neu durchmischt werden. Somit gelten die für ein Drittel der X-Chromosomen gefundenen Genhäufigkeiten auch für alle X-Chromosomen.
Nach dem *Hardy-Weinberg*-Gesetz lassen sich aus den Genhäufigkeiten die Prozentsätze rot-grün-blinder sowie heterozygoter Überträgerinnen und homozygot farbentüchtiger Frauen in der Bevölkerung berechnen:
Die Wahrscheinlichkeit, daß bei der Konzeption eines Mädchens zwei X-Chromosomen mit dem mutierten Gen a (aa) zusammentreffen beträgt: $q^2 = (0{,}08)^2 = 0{,}0064 = 0{,}6$ %. Dieser Wert stimmt gut mit der beobachteten Häufigkeit von 0,5 % überein, ein Beweis für die Richtigkeit der Überlegungen. Der Prozentsatz von Heterozygoten (Überträgerinnen) ergibt sich gemäß dem *Hardy-Weinberg*-Gesetz zu
$$2\,pq = 2 \cdot 0{,}08 \cdot 0{,}92 = 0{,}15,$$
d. h. rund 15 % der Frauen sind Überträgerinnen für die Rot-Grün-Blindheit!

Auf die Bluterkrankheit angewendet ergibt sich bei einer Häufigkeit von 1 : 10000 unter Männern eine Genfrequenz q = 0,0001.
Daraus folgt eine Wahrscheinlichkeit von q^2 = 0,00000001, d. h. eine bluterkranke Frau auf 100 Millionen gesunde Frauen, unter der Voraussetzung, daß die bluterkranken Männer bis zur Fortpflanzung am Leben bleiben.

c. *bei autosomal dominanten Erbleiden*

Unter der Voraussetzung 100 %iger Penetranz des dominanten Allels und des praktisch ausschließlichen Vorkommens von heterozygoten Merkmalsträgern ergibt sich die Genhäufigkeit p als die Hälfte der Häufigkeit der Merkmalsträger. Die Hälfte deshalb, weil jeder Merkmalsträger als heterozygot Aa angesehen werden kann und nur ein mutiertes Allel A trägt, während jeder Gesunde zwei Normalallele aa besitzt.

Bei einer Häufigkeit eines Erbleidens von z. B. 1/10000 ist die Häufigkeit des defekten Gens
bei dominanter Vererbung: p = 1/20 000, bei rezessiver Vererbung: q = 1/100

d. *bei multipler Allelie (Blutgruppen)*

Mittels populationsgenetischer Überlegungen hatte *Bernstein* 1924 die Art der AB0-Blutgruppenvererbung als multiple Allelie nachweisen können.
Dabei ging es um die Frage, ob die festgestellten Blutgruppenhäufigkeiten auf Genotypenhäufigkeiten beruhen, die sich bei Panmixie im genetischen Gleichgewicht befinden.

Lösung: p = Frequenz für das Gen A
  q = Frequenz für das Gen B   } p + q + r = 1
  r = Frequenz für das Gen 0

Den Zusammenhang zwischen Genotypen- und Phänotypenhäufigkeiten kann man am einfachsten anhand eines Kombinationsquadrates erstellen.

Genhäufigkeiten	p	A	q	B	r	0
p A	p^2	AA	pq	AB	pr	A0
q B	pq	AB	q^2	BB	qr	B0
r 0	pr	A0	qr	B0	r^2	00

Daraus läßt sich ablesen:

Blutgruppe Phänotypus	Genotypus	Häufigkeit Genotypus
0	00	r^2
A	AA + A0	$p^2 + 2\,pr$
B	BB + B0	$p^2 + 2\,qr$
AB	AB	2 pq

Daraus folgt:
(0, A, B = Häufigkeit von Trägern der Blutgruppe 0, A, B)

Häufigkeit des 0-Gens: $r = \sqrt{0}$

Häufigkeit des A-Gens:
aus:

$$p^2 + 2pr + r^2 = A + 0$$
$$(p + r)^2 = A + 0$$
$$p + r = \sqrt{A + 0}$$
$$p = \sqrt{A + 0} - \sqrt{0}$$

Häufigkeit des B-Gens:
aus:

$$q^2 + 2qr + r^2 = B + 0$$
$$(q + r)^2 = B + 0$$
$$q + r = \sqrt{B + 0}$$
$$q = \sqrt{B + 0} - \sqrt{0}$$

Ist eine Population bezüglich dreier Allele an einem bestimmten Genort im Hardy-Weinberg-Gleichgewicht, muß für die Phänotypenhäufigkeiten gelten:
$$p + q + r = 1$$
also: $\sqrt{A + 0} + \sqrt{B + 0} - \sqrt{0} = 1$

Setzt man die Werte für die weiße Bevölkerung (der USA nach *Stern*) 41 % A, 45 % 0, 10 % B und 4 % AB in die Gleichung ein:

$$\sqrt{0,41 + 0,45} + \sqrt{0,10 + 0,45} - \sqrt{0,45}$$
$$0,927 + 0,742 - 0,671 = 0,998$$

ergibt sich eine ausgezeichnete Übereinstimmung mit der Erwartung.

Natürliche Populationen zeigen in vielen Fällen eine gute Übereinstimmung mit dem *Hardy-Weinberg*-Gesetz. Treten Abweichungen auf, so sind sie ein Anzeichen dafür, daß Abweichungen von den Voraussetzungen für die Gültigkeit des Gesetzes vorliegen. Sie werden anschließend kurz besprochen.

3. Gerichtete Partnerwahl, Blutsverwandtschaft, Inzucht

Ehen zwischen verwandten Individuen führen zu einem höheren Prozentsatz an homozygoten Kindern als es dem Hardy-Weinberg-Gleichgewicht entspricht. Bezüglich rezessiver Erbleiden bedeutet dies eine höhere Wahrscheinlichkeit für das Auftreten kranker Individuen. Da diese in der Regel nicht zur Fortpflanzung gelangen, werden in Inzuchtgebieten rezessive defekte Allele stärker eliminiert als in Gebieten in denen Panmixie vorherrscht.

Die Auflösung von Inzuchtgebieten und die Abnahme von Verwandtenehen führen demnach zu einer geringeren Zahl homozygot kranker Nachkommen, insgesamt aber zu einer hohen Zahl heterozygoter Individuen bei konstant bleibenden Genfrequenzen.

4. Geringe Populationsgröße, Genetische Drift

Wandert von einer großen Population ein kleiner Teil aus, z. B. nur einige Familien, und gründet eine Kolonie, so werden in diesen Kolonien zufallsbedingt andere Genhäufigkeiten vorherrschen, als in der Stammpopulation. Dieses Phänumen kann man anschaulich mit dem Aquarium-Genpoolmodell verdeutlichen, indem man willkürlich acht Bälle herausgreift (entsprechend zwei ausgewanderten Ehepaaren) und die Genfrequenz dieser „Kolonisten" mit der Genfrequenz im Stamm-Genpool vergleicht. Sie ist mit Sicherheit davon verschieden. Wiederholt man den Versuch mehrmals (nachdem man die Kugeln selbstverständlich wieder zurückgelegt hat) so zeigt sich, daß bei jeder neuen „Koloniegründung" wieder eine andere Genfrequenz zustande kommt. Die Erscheinung wird nach ihrem Entdecker *Sewall-Wright*-Effekt oder Genetische Drift genannt.

Ein Beispiel:
Untersuchungen in über 80 isolierten kleinen Populationen der religiösen Sekte der Hutteriten in den USA zeigen starke Schwankungen der Blutgruppenhäufigkeiten (z. B. zwischen 32 % und 52 % bei Blutgruppe A), die am einfachsten durch genetische Drift erklärt werden können.

Erlangt ein Allel durch Drift die Frequenz 0 oder 1, dann ist die Population bezüglich dieses Locus unwiderruflich fixiert. Somit hat auch die genetische Drift die generelle Tendenz zur Ansammlung homozygoter Loci.

5. Mutation und Selektion

Mutationen treten zufällig, ungerichtet und für jedes Gen mit einer bestimmten Häufigkeit spontan auf.

Als *Mutationsrate* definiert man den Anteil von Genen an einem Locus, der pro Generation in einer Population mutiert,

oder anders ausgedrückt,

die *Mutationsrate* gibt die Wahrscheinlichkeit an, mit der ein bestimmtes Gen im Laufe einer Generation mutiert.

Mutationen in den Keimzellen der Eltern wirken sich bei Dominanz und völliger Penetranz sofort bei den Kindern aus, die das mutierte Allel erhalten. Bei Rezessivität kann ihr Leiden erst nach Generationen auftreten, wenn zwei mutierte Allele zusammenkommen.

Bei dominanten Leiden läßt sich demnach die Mutationsrate direkt aus der Zahl von Merkmalsträgern abschätzen, die gesunde Eltern haben:

$$u = \frac{\text{Zahl der Merkmalsträger mit gesunden Eltern}}{2 \times \text{Zahl der Bevölkerung}}$$

(im Untersuchungsgebiet im Untersuchungszeitraum)

z. B. Chondrodystropher Zwergwuchs: $u = 4 \times 10^{-5}$

Die Träger eines Erbleidens haben in der Regel weniger Kinder als dem Durchschnitt der Bevölkerung entspricht.

Den Quotienten: $f = \dfrac{\text{Durchschnittliche Kinderzahl pro befallenem Elter}}{\text{durchschnittliche Kinderzahl pro normalem Elter}}$

bezeichnet man als *Fertilität oder Fitness*.

z. B. Chondrodystropher Zwergwuchs: $f = \dfrac{0{,}4}{2} = 0{,}20 = 20\,\%$

Als *Selektionsrate s* bezeichnet man die Differenz $1 - f$
z. B. $s = 1 - 0{,}2 = 0{,}80 = 80\,\%$

d. h. 80 % der Chondrodystrophie-Gene verschwinden pro Generation. Bleibt die Häufigkeit der Merkmalsträger von Generation zu Generation dennoch konstant, muß man annehmen, daß der Verlust an Genen pro Generation durch Neumutationen gerade wettgemacht wird. Unter der Annahme dieses Gleichgewichtes zwischen Mutationsrate und Selektionsrate gilt für

autosomal dominante Leiden: $u = s \cdot \hat{p}$ $\hat{p}$ = Genfrequenz im Gleichgewicht

autosomal rezissive Leiden $u = s \cdot \hat{q}^2$ $\hat{q}$ = Genfrequenz im Gleichgewicht

Die bisherigen Schätzungen von Mutationsraten beim Menschen haben Werte in der Größenordnung von 10^{-4} bis 10^{-5} ergeben.

Das Prinzip dieses Gleichgewichts kann grob veranschaulicht werden durch ein Gefäß mit Wasserzulauf (Mutationsrate) und Wasserablauf (Selektionsrate). Je nach den Zu- und Ablaufbedingungen stellt sich in dem Gefäß ein höherer oder niederer Wasserspiegel ein (Genfrequenzen im Mutations-Selektions-Gleichgewicht).

Röntgenstrahlen, radioaktive Strahlen, bestimmte Chemikalien und Hitze bewirken eine Erhöhung von Mutationsraten, wie im Pflanzen- und Tierexperiment vielfach bestätigt, auch für den Menschen angenommen werden kann. Die Heilung der Symptome von Erbleiden führt zu einer Senkung der Selektionsrate, wenn nicht aus Einsicht in die Folgen auf Kinder verzichtet wird.

Aus $u = s \cdot \hat{p}$ (bei Dominanz) und $u = s \cdot \hat{q}^2$ (bei Rezessivität) folgt, daß jede Erhöhung der Mutationsrate (bei konstanter Selektionsrate) eine proportionale Erhöhung der Häufigkeit Erbkranker zur Folge hat. Ebenso führt (bei konstanter Mutationsrate) jede Verminderung der Selektionsrate umgekehrt proportional zu einem Anstieg der Häufigkeit der Merkmalsträger.

Hätten die Betroffenen schließlich überhaupt keinen Selektionsnachteil mehr, d. h. ginge $s \to 0$, würde p bzw. $q \to \infty$ d. h. bei konstanter Hinmutationsrate würde sich das Gen schließlich in der ganzen Population ausbreiten — wenn nicht mit zunehmender Zahl mutierter Gene die Rückmutation mehr und mehr ins Gewicht fiele. Bei gleicher Hin- und Rückmutationsrate würde es schließlich zu einer neuen Gleichgewichtslage kommen, wenn p = q.

Frage:
In wieviel Generationen würde sich die Häufigkeit der Befallenen verdoppeln, wenn durch erfolgreiche Behandlung die Selektionsrate von ursprünglich s = 1, d. h. Letalität des Leidens, auf s = 0, d. h. volle Fertilität, sinken würde?

bei dominanten Leiden:
z. B. Retinoblastom, Häufigkeit 2×10^{-5}, $p_0 = u = 10^{-5}$

Lösung: $p_0 = p_0$
$p_1 = p_0 + u = 2 p_0$

d. h. unabhängig von der ursprünglichen Häufigkeit würde bei dominanten Leiden bereits nach einer Generation unter diesen (extrem angenommenen) Bedingungen die Häufigkeit Befallener verdoppelt sein.

bei rezessiven Leiden:
z. B. Phenylketonurie, Häufigkeit 10^{-4}, $q_0^2 = u = 10^{-4}$

Lösung:
$$q_0 = q_0$$
$$q_1 = q_0 + u = q_0 + q_0^2$$
$$q_2 = q_0 + q_0^2 + q_0^2$$
$$\cdot \quad \cdot \quad \cdot \quad \cdot \quad \cdot \quad \cdot$$
$$q_n = q_0 + n \cdot q_0^2 \quad (I)$$

Bedingung:
$$q_n^2 = 2 \cdot q_0^2$$
$$q_n = q_0 \cdot \sqrt{2} \text{ eingesetzt in I}$$

$$q_0 \cdot \sqrt{2} = q_0 \cdot (1 + nq_0)$$

$$n = \frac{\sqrt{2} - 1}{q_0}$$

$$n = (1{,}41 - 1) \cdot 100 = 41$$

d. h. erst in 41 Generationen, das sind rund 1000 Jahre würde sich unter den extrem angenommenen Bedingungen die Häufigkeit der homozygot Rezessiven verdoppelt haben.

6. Konsequenzen für die genetische Zukunft des Menschen

Die Abnahme des Selektionsdruckes gegen Erbkrankheiten durch den Fortschritt der Medizin erfüllt manchen Zeitgenossen mit großer Sorge. Qualitativ ist dieses Argument sicher richtig, doch zeigen die oben angestellten populationsgenetischen Überlegungen, daß es hunderte von Generationen dauern wird, bis aus diesem medizinischen Schutz für defekte Allele ein ernstes Problem für die Menschheit würde. Da wir andererseits auf eine Wissenschaftsperiode von erst 20 Generationen zurückblicken, ist zu erwarten, daß in 100 Generationen Lösungen des Problems gefunden sind. In jedem Fall kann die populationsgenetische Degeneration nicht als Argument gegen eine medizinische Hilfe bei Erbdefekten ins Feld geführt werden.

Ernster zu nehmen ist die Gefahr einer Steigerung unserer Mutationsraten durch die Entwicklung neuer Technologien. Dabei ist die Strahlenbedrohung des Erbgutes offenbar relativ gering, da der Mensch (und andere Säuger) physiologisch so strahlenempfindlich sind, daß ihr Tod eintritt bevor eine größere Zahl von strahleninduzierten Mutationen beobachtet werden kann. Auch die mögliche chemische Mutagenität von Arzneimitteln, die nur wenigen und älteren Patienten verabreicht werden, sollte nicht zu großer Sorge Anlaß geben. Der Sektor, der wirklich der vollen Aufmerksamkeit bedarf, ist die mögliche Mutagenität von chemischen Substanzen, denen große Teile der Bevölkerung über viele Jahre hinweg ausgesetzt sind.

Es wäre wichtig zu wissen, wie groß die Erblast („genetic load") von rezessiven Defektallelen in der menschlichen Population ist. Außer den homozygot letal wirkenden Defekten sollten dabei auch die „subletalen" berücksichtigt werden, d. h. solche, die homozygot zu einer reduzierten Fortpflanzungsfähigkeit führen. Liegen z. B. vier solche bei Homozygotie um 25 % reduzierende Allele vor, so können diese vier ungünstigen Allele zusammen einem „Letal-Äquivalent" gleichgesetzt werden. Ein Letal-Äquivalent ist also entweder ein homozygot direkt wirkendes Allel oder die Zusammenfassung mehrerer subletaler Allele.

Aus der gesteigerten Häufigkeit von Defekt-Geburten aus Verwandten-Ehen hat man grob die Zahl der Letal-Äquivalente des durchschnittlichen Menschen abgeschätzt und dabei einen Wert von 3 bis 5 gefunden. Das Resultat dieser recht primitiven Methode mag aber noch beachtlich von der Wirklichkeit entfernt sein. Sicher ist aber wohl, daß kaum ein Mensch ganz frei von solchen Defekt-Allelen ist und daß niemanden ein Verschulden trifft, wenn durch einen unglücklichen Zufall in einem Kind homozygot Defekt-Allele zusammenkommen oder chromosomale Aberrationen entstanden sind. Leider findet man oft Schuldkomplexe bei den betroffenen Eltern und Verständnislosigkeit bei Außenstehenden, was dazu führt, daß die unglücklichen Kinder als Makel betrachtet und daher verschwiegen und vor den Augen der Öffentlichkeit versteckt werden.

Diese Haltung ist auch heute noch verbreitet, obwohl nur noch wenig über „eugenische" Maßnahmen diskutiert wird. Darunter versteht man alle Vorhaben, die die Erblast der Bevölkerung reduzieren sollen, entweder durch verstärkte Verbreitung normaler Allele (positive Eugenik) oder durch Verhinderung der Weitergabe defekter Allele (negative Eugenik). Von allen denkbaren Maßnahmen ist natürlich die genetische Beratung möglichst in Verbindung mit Amniozentese die wichtigste, auch wenn sie vorrangig nicht populationseugenische Ziele verfolgt, sondern nur einzelnen Familien helfen soll, gesunde Kinder zur Welt zu bringen. (nach *Bresch* gekürzt).

Der Rückgang von Schwangerschaften älterer Frauen durch die Pille senkt zudem die Häufigkeit von Geburten von Kindern mit Chromosomenaberrationen.

Literatur

Baitsch, H.: Das eugenische Konzept und die genetische Zukunft des Menschen in: Humanbiologie, Heidelberger Taschenbücher, Bd. 121, 1973
Bresch, Hausmann: Klassische und molekulare Genetik, Springer, 1982
Barthelmeß, A.: Erbgefahren im Zivilisationsmilieu, Das wissenschaftliche Taschenbuch. Goldmann, München 1973
Li, C. C.: Population genetics, University of Chicago Press 1955
Nachtsheim, H.: Kampf den Erbkrankheiten, Franz Detlev Verlag, Schmieden bei Stuttgart 1966
Fuhrmann, W.: Genetik, moderne Medizin und Zukunft des Menschen, Das wissenschaftl. Taschenbuch, Goldmann, München 1970
Sperlich, D.: Populationsgenetik. Grundlagen moderner Genetik. Bd. 8, Fischer, Stuttgart 1973
Wendt, G. G.: Genetik und Gesellschaft, Stuttgart 1970
Einschlägige Kapitel in den Standardwerken der Humangenetik

X. Fragen zur Humangenetik

1. Wiederholungsfragen zur Auswahl

Zu I. *Erbganganalyse eines alternativen Merkmals*

1. Warum eignet sich die Schmeckfähigkeit für Phenylthioharnstoff PTH als Merkmal für eine Erbganganalyse (in erster Näherung)? (bei jedem Menschen leicht feststellbares, weitgehend alternatives und umweltstabiles Merkmal, von *einem* Genpaar determiniert)

2. Worauf beruht die Geschmacksblindheit für PTH? (Fehlen eines bestimmten Enzyms im Speichel)

3. Aus welchen Eltern-Kind-Konstellationen können beim PTH-Schmecktest die Genotypen eindeutig aus den Phänotypen erschlossen werden? (aa × aa → aa; Aa × aa → aa und Aa; Aa × Aa → aa)

4. Welche Eltern-Kind-Konstellation käme einem Vaterschaftsausschluß gleich? (aa × aa → A)

5. Wie läßt sich das Auftreten eines Schmecker-Kindes aus der Verbindung zweier Nichtschmecker erklären? (Das Merkmal ist nicht absolut alternativ; mit der verwendeten Testkonzentration werden in 5 % der Fälle „schwache" Schmecker als Nichtschmecker, „starke" Nichtschmecker als Schmecker klassifiziert.)

6. In welchen Häufigkeitsverhältnissen sind Schmecker und Nichtschmecker aus vielen Ehen des Typs Aa × aa bzw. Aa × Aa zu erwarten? (1:1 bzw. 3:1)

7. Anhand welcher Ehetypen bezüglich der PTH-Schmeckfähigkeit ließe sich der Inhalt der 1. und 2. Mendelschen Regel verdeutlichen? (AA × aa → Aa Uniformitätsregel; Aa × Aa → AA : Aa : aa 1:2:1 bzw. 3:1, Spaltungsregel)

8. Worin besteht die wichtigste Erkenntnis Mendels? (Unterscheidung von diskreten Erbanlagen und der von ihnen determinierten Merkmale)

9. Wie läßt sich das Verhalten der Erbanlagen bei Keimzellbildung und Befruchtung am einfachsten erklären? Wie nennt man diese Theorie (Lage eines Gen-Allelpaares in einem Paar homologer Chromosomen; Chromosomentheorie der Vererbung)

10. Welcher Fehler ergibt sich, wenn man z. B. Ehen des Typs Aa × aa über das Auftreten von Nichtschmecker-Kindern erfaßt und das Verhältnis Schmecker : Nichtschmecker mit der Erwartung 1:1 vergleichen will? (Ein Überwiegen der Nichtschmecker, da Familien des Typs Aa × aa, in denen kein Nichtschmecker aufgetreten ist, nicht erfaßt werden. Korrektur durch Feststellung des Verhältnisses unter den Geschwistern der beim Test erfaßten Nichtschmecker)

11. Die korrigierten Zahlen von Schmecker- und Nichtschmecker-Kindern ergaben in einer Untersuchung aus Ehen des Typs Aa × aa ein Verhältnis von 47:33, aus Ehen des Typs Aa × Aa ein Verhältnis von 64:16. Prüfen Sie mit der χ^2-Methode, ob die Ergebnisse mit den Erwartungen verträglich sind. ($\chi^2 = 2.45$, $p > 0,1$; $\chi^2 = 1,1$, $p > 0,1$, also verträglich)

12. Was bedeutet der einem χ^2 zugeordnete p-Wert? Welche Werte betrachtet man allgemein als Warngrenze, welche als Widerspruchsgrenze (p = Wahrscheinlichkeit für das zufällige Auftreten einer so großen oder größeren Abweichung eines Ergebnisses von der Erwartung. 5 % Warngrenze; 1 % Widerspruchsgrenze)

13. Die Häufigkeit von Schmeckern beträgt in Deutschland 63 %. Die Prüfung von 240 Schülern ergab 154 Schmecker. Ist die Abweichung vom Bevölkerungsdurchschnitt statistisch gesichert? (nein)

14. Wie groß ist die Wahrscheinlichkeit, daß aus einer Ehe des Typs Aa × aa drei Nichtschmecker hervorgehen? Wie häufig ist dieser Fall zu erwarten? ($1/2^3 = 1:8$)

15. Wie häufig ist bei heterozygoter Elternschaft und vier Kindern zu erwarten, daß zwei Schmecker- und zwei Nichtschmecker-Kinder auftreten? (27:128)

Zu II. *Neukombination von Merkmalen*

1. Welchen allgemeinen Schluß kann man bezüglich der Genlokalisation aus dem Befund ziehen, daß aus der Ehe zweier PTH-Schmecker und Zungenroller, Kinder folgender Phänotypen hervorgegangen sind: Schmecker und Roller, Nichtschmecker und Roller, Schmecker und Nichtroller, Nichtschmecker und Nichtroller? (Fähigkeit zum Zungenrollen wurde von einem Genpaar determiniert [tatsächlich sind es mehrere], das in einem anderen Chromosomenpaar lokalisiert ist als das Genpaar für PTH-Schmeckfähigkeit, also freie Kombination)

2. Worauf beruht die Möglichkeit der Neukombination von Genen und der von ihnen determinierten Merkmale entsprechend der dritten Mendelschen Regel? (Jedes Chromosomenpaar mit einem bestimmten Genpaar führt die Meiose unabhängig von einem anderen Chromosomenpaar mit einem bestimmten Genpaar durch; zufällige Kombination der Gameten bei der Befruchtung.

3. Ein Nichtschmecker-Nichtroller-Kind hat Schmecker-Roller-Eltern.
a. Geben Sie die Genotypen der Eltern und dieses Kindes an (AaBb $\times$ AaBb $\rightarrow$ aabb)
b. Welche Phänotypen sind bei weiteren Kindern dieses Ehepaares zu erwarten? (AB, Ab, aB)
c. In welchem Verhältnis sind die Phänotypen bei zusammengefaßten Familien dieses Typs zu erwarten? (AB:Ab:aB:ab = 9:3:3:1)

4. Zwei Schmecker-Eltern, die beide die Zunge nicht rollen können, besitzen ein Nichtschmecker-Kind.
a. Geben Sie die Genotypen der Eltern an. (Aabb $\times$ Aabb)
b. Mit welcher Wahrscheinlichkeit ist ihr zweites Kind ein Nichtschmecker? (1/4)
c. In wieviel Prozent aller Drei-Kinder-Ehen dieses Typs werden alle drei Kinder Nichtschmecker sein? ($1/4^3 = 1,56$ %)
d. Wie groß ist die Aussicht auf ein Kind, das die Zunge rollen kann? (0)

5. Ein Modellversuch zum dihybriden Erbgang erbrachte folgende Verhältniszahlen: 44:7:11:2. Überprüfen Sie mit der χ^2-Methode, ob dieses Verhältnis mit der 9:3:3:1-Erwartung verträglich ist (ja. p $>$ 0,1)

6. Nach welcher mathematischen Gesetzmäßigkeit nimmt die Zahl der Phänotypen mit der Zahl der unabhängigen Gen- bzw. Merkmalspaare bei Dominanz je eines Gens und heterozygoten Eltern zu? (2^n)

7. Wie groß ist die Wahrscheinlichkeit, daß zwei Geschwister in zwei alternativen Merkmalen übereinstimmen, für welche beide Eltern heterozygot sind?
a. wenn sie die dominanten Merkmale zeigen $(9/16)^2$
b. wenn sie die rezessiven Merkmale zeigen $(1/16)^2$

8. Ein Mann sei für 10 Genpaare, jedes in einem anderen Chromosom gelegen, heterozygot. Wieviele verschiedene Gametentypen kann er diesbezüglich bilden? (2^{10})

9. Wie groß ist die Wahrscheinlichkeit, daß ein Kind alle Chromosomen und Gene des Großvaters erhält (unter Vernachlässigung von crossing over)? ($1:2^{23}$)

Zu III. *Blutgruppen als alternative Erbmerkmale*

1. Worum handelt es sich bei den Blutgruppenmerkmalen? (bestimmte Antigene auf der Oberfläche der roten Blutkörperchen — und anderer Zellen)

2. Worauf beruht die Möglichkeit der Bestimmung der Blutgruppen? (Agglutination der roten Blutkörperchen mit bestimmten Testseren infolge einer spezifischen Antigen-Antikörper-Reaktion)

3. Wodurch unterscheidet sich die Gewinnung der AB0-Antiseren von der Gewinnung der Seren der übrigen Blutgruppensysteme? (Anti-A kann aus Serum von B-Blut, Anti-B kann aus Serum von A-Blut gewonnen werden, die übrigen Seren erst nach Immunisierung eines Tieres oder eines Menschen mit den betreffenden Blutkörperchen-Antigenen)

4. Erläutern Sie die Begriffe „multiple Allele" und „Kodominanz" am Beispiel der AB0-Blutgruppen (mehrere Genzustände, A, B oder 0 an einem Genort möglich, Gen A und Gen B auf homologen Chromosomen manifestieren sich nebeneinander)

5. Welchen AB0 Phänotypen kann man eindeutig Genotypen zuordnen? (0 — 00; AB —AB)

6. In einer Entbindungsanstalt wurden in einer Nacht vier Kinder geboren und versehentlich nicht gekennzeichnet. Ihre Blutgruppen konnten als A, AB, B und 0 ermittelt werden. Die vier Elternpaare waren: 1) 0 × 0; 2) AB × 0; 3) A × B; 4) B × B. In welcher Weise konnten die Kinder eindeutig ihren Eltern zugeordnet werden? (1) →0; 2) →A; 3) → AB; 4) → B)

7. Welche verschiedenen Genotypen und Phänotypen sind möglich, wenn die viererlei Allele A_1, A_2, B und 0 gegeben sind? (A_1A_1, A_1A_2, A_10, A_1, A_2A_2, A_20, A_2, BB, B0, B, A_1B, A_1B, A_2B, A_2B, 00, 0,)

8. Ein Kind hat die Blutgruppe A_2, die Mutter 0. Der Ehemann mit der Blutgruppe A_1 beschuldigt einen gewissen Mann, Vater des Kindes zu sein, der ebenfalls die Gruppe A_1 hat. Eine Entscheidung wurde möglich durch den Befund, daß die Mutter des Ehemanns die Gruppe A_1, die Mutter des Beschuldigten B hatte. Begründen Sie die Entscheidung durch Angabe der Genotypen. (Kind A_20; Mutter 00; Ehemann A_1A_2; Beschuldigter A_10. Der Ehemann ist der Vater des Kindes)

9. Wie wurde der Rhesusfaktor entdeckt? (Rhesuserythrozyten in Kaninchen gespritzt, Kaninchenserum mit menschlichen Blutproben gemischt ergibt bei 85 % der Mitteleuropäer Agglutination)

10. Bei welcher Konstellation kann es zu einer Schädigung des Embryos infolge Rhesusunverträglichkeit kommen? (Mutter rh^-, Embryo Rh^+)

11. Ein mit schwerer Gelbsucht infolge Rhesusunverträglichkeit geborenes Mädchen bleibt infolge einer Austauschtransfusion am Leben und erreicht das heiratsfähige Alter. Ihr Verlobter ist das einzige Kind einer Familie, bei der ein weiteres Kind an derselben Krankheit gestorben ist. Welche Gefahr besteht für Rhesusunverträglichkeit bei einer zu schließenden Ehe? (keine Gefahr, da künftige Mutter Rh^+)

12. Ein Ehepaar hat drei Kinder, von denen das letzte mit einer Blutkrankheit infolge Rhesusunverträglichkeit geboren wurde. Die Eltern fragen nach den Aussichten für künftige Kinder. Befragung ergibt, daß eine jüngere Schwester des Ehemanns im Säuglingsalter an derselben Krankheit gestorben ist. (Es besteht eine Aussicht von 50 %, daß beim nächsten Kind keine Rhesuskomplikation auftritt, da es mit 50 % Wahrscheinlichkeit rh^- sein wird)

13. Wie kann man die Sensibilisierung einer rh^--Mutter nach der Geburt eines Rh^+-Kindes verhindern? (Injektion von Rh^+-Antikörpern, welche übergetretene Rh^+-Antigene binden)

14. Angenommen, zwei Individuen vom Genotyp A0 MN Rh^+rh^- heiraten.
a. Wieviele Gametensorten bilden sie bezüglich dieser Gene? ($2^3 = 8$)
b. Wie groß ist die Wahrscheinlichkeit für ein Kind des Phänotyps 0, N, rh^-? (1/64)
c. Wie groß ist die Wahrscheinlichkeit, daß von vier Kindern eines den Phänotyp 0, N rh^- hat? (4/64)

15. Eine Frau mit den Blutgruppenmerkmalen A, M und Rh^+ hat ein B, MN, Rh^+-Kind. Ihr Mann hat die Blutgruppe A, MN und Rh^+ und beschuldigt einen gewissen Mann, Vater des Kindes zu sein. Dieser hat die Blutgruppen B, N und rh^-. Begründen Sie die Entscheidung des Gerichts. (Beschuldigter ist Vater wegen B)

16. Wie erklärt man sich, daß 0-Mütter mit A- oder B-Männern im Durchschnitt weniger fruchtbar sind als mit 0-Männern? (AB0-Unverträglichkeit: A- bzw. B-Antigene des Embryos lösen in 0-Mutter die Bildung kleiner Immun-Antikörper aus, welche das Blut des Embryos schädigen)

17. Womit kann man die regionale Verteilung der Blutgruppen in Zusammenhang bringen? Beispiele. (mit den Ursprungsgebieten der großen Seuchen; z. B. Selektionsnachteil von 0-Trägern gegenüber Pest, von A-Trägern gegenüber Pocken)

Zu IV. *Serumproteingruppen als alternative Erbmerkmale*

1. Wie führt man eine Serumelektrophorese aus? (Serumprobe auf puffergetränkte Trägerfolie geben, Gleichspanung anlegen)

2. Zu welcher Elektrode wandern die Serumproteine in einer basischen Pufferlösung? Begründung. (Zur Anode, weil die Zwitterionen der Proteine in basischer Lösung negativ geladen sind)

3. Worauf beruht der Trenneffekt bei der Elektrophorese auf Membranfolien? (unterschiedliche Ladung, Größe und Gestalt verschiedener Moleküle)

4. Nennen Sie drei verschiedene Anwendungsbereiche für die Serumelektrophorese (klinische Diagnose innerer Krankheiten, Feststellung einer erblichen Serumproteingruppe für Vaterschaftsgutachten, Feststellung eines erblichen Protein-Enzymdefektes)

5. Wozu kann die Elektrophorese von Körperflüssigkeiten in der Systematik und Evolutionsforschung dienen? (durch Proteinbandenvergleich Ermittlung von Verwandtschaftsgraden)

6. Worauf beruht das Prinzip der Immunodiffusion? (Antigene und Antikörper diffundieren in puffergetränkten Membranfolien unterschiedlich schnell gegeneinander und bilden charakteristische Präzipitatlinien)

7. Worauf beruht das Prinzip der Immunelektrophorese? (Kombination der Trenneffekte von Elektrophorese und Immunodiffusion)
8. Wieviele Genotypen und Phänotypen sind unter den Kindern eines Paares mit den Serumgruppen Hp_1Hp_2; Gc_1Gc_2 möglich? (9 Genotypen, 9 Phänotypen)

Zu V. *Gewebegruppen als alternative Erbmerkmale*
1. Was ist die Ursache für die Abstoßung transplantierter Gewebe? (Antigene auf den Zellen des Spendergewebes lösen Antikörperbildung im Empfänger aus)
2. Welche Indizien sprechen für die genetische Determiniertheit der Gewebsantigene? (Gewebstransplantationen zwischen Eineiigen Zwillingen sind verträglich, zwischen Geschwistern und nicht verwandten Personen in der Regel unverträglich)
3. Woraus kann man schließen, daß die Vielzahl der Gewebsantigene beim Menschen nur von zwei Loci kontrolliert wird? (Jeder Mensch besitzt minimal 2, maximal 4erlei Gewebsantigene)
4. Wie kommt es, daß nur ca. jeder 5000ste Mensch dieselbe Gewebsantigenkombination besitzt? (Multiple Allele an den beiden Loci erhöhen die Zahl von Kombinationsmöglichkeiten)
5. Ein Elternpaar sei an jedem der beiden HL-A-Loci homozygot, aber jeweils für ein anderes Allel. Wievielerlei Gewebsantigen-Phänotypen sind bei den Kindern zu erwarten, unter der Annahme, daß
a. beide Loci im selben Chromosom eng benachbart liegen,
b. beide Loci in verschiedenen Chromosomen liegen?
(ein Phänotyp mit viererlei Antigenen in beiden Fällen)

Zu VI. *Geschlechtsgekoppelte Vererbung, Genkoppelung und Genaustausch*
1. Welche Besonderheiten ergeben sich aus der Lokalisation eines rezessiven Gens in einem X-Chromosom für das Auftreten des Merkmals bei Mann und Frau? (jeder hemizygote männliche Genträger ist Merkmalsträger, nur homozygote weibliche Genträger sind Merkmalsträger, weshalb es mehr männliche als weibliche Merkmalsträger gibt)
2. Vergleichen Sie die Konsequenzen, die sich für den Erbgang eines Merkmals ergäben, wenn bei einem Mann das entsprechende rezessive Gen
a. im X-Chromosom läge,
b. im Y-Chromosom läge.
(a. alle Söhne gesund, alle Töchter Überträgerinnen, Hälfte der Söhne der Töchter Merkmalsträger; b. alle männlichen Nachkommen wären Merkmalsträger)
3. Ein Mann sei mit einem X-chromosomal dominanten Merkmal behaftet. Welche Konsequenzen ergeben sich daraus für seine Kinder und Enkelkinder? (alle Töchter befallen, die Hälfte deren Söhne und Töchter befallen; alle Söhne und deren Kinder gesund)
4. Eine Frau hat normalsichtige Eltern und einen farbenblinden Bruder. Mit welcher Wahrscheinlichkeit wird ihr erster Sohn farbenblind sein? ($1/2 \times 1/2 = 1/4$)
5. In einer Reihe von Stammbäumen weisen farbenblinde Väter farbenblinde Söhne auf. Wie ist das zu erklären? (Die Frauen der farbenblinden Männer waren Überträgerinnen)

6. Ein rotgrünblindes Turner-Mädchen hatte farbentüchtige Eltern. Wie läßt sich dieser Fall am einfachsten deuten? (Mutter Überträgerin, Vater lieferte durch Nondisjunction gonosomenloses Spermium)

7. Diskutieren Sie zwei Möglichkeiten, wie es zur Entstehung eines rotgrünblinden Klinefelters kommen könnte. (z. B. Mutter Überträgerin, Nondisjunction bei Äquationsteilung der Ureizelle; oder Mutter normal, Vater rotgrünblind, Nondisjunction bei der Reduktionsteilung der Ursamenzelle)

8. Welche Typen von „Rotgrünblindheit" kann man unterscheiden? (Grünblindheit, Grünschwäche, Rotblindheit, Rotschwäche)

9. Was läßt sich aus dem Befund, daß ein Mann sowohl grünschwach als auch rotschwach ist, bezüglich der genetischen Grundlage schließen? (es muß einen Locus für Grünschwäche und einen für Rotschwäche geben)

10. Was sind die physiologischen Ursachen der beiden Formen X-chromosomal rezessiver Bluterkrankheit? (Hämophilie A: Fehlen des antihämophilen Globulins, Hämophilie B: Fehlen des Christmas-Faktors zur Aktivierung der Thrombokinase)

11. Erläutern Sie den Begriff „komplementäre Polygenie" am Beispiel des Merkmals normaler und gestörter Blutgerinnung. (Bei der Blutgerinnung wirken viele genetisch bedingte Faktoren „sich ergänzend" zusammen. Ausfall eines Faktors führt zu verzögerter Blutgerinnung)

12. Eine bluterkranke Frau hat die Geburt eines Mädchens überstanden.
a. Welche Genotypen haben die Eltern der Frau, sie selbst und ihre Tochter? (Eltern: Aa × a; Frau: aa; Tochter: Aa)
b. Wie kam es zur Blutstillung nach der Geburt? (Kontraktion der Uterusmuskulatur und der Blutgefäße)

13. Eine Frau ist Überträgerin für Rotgrünblindheit und Bluterkrankheit. Welche Möglichkeiten bestehen für die Lage der defekten Gene? Welche Konsequenzen ergeben sich in beiden Fällen für ihre Söhne? (beide defekten Allele sind im selben X-Chromosom: befallene Söhne sind rotgrünblind und Bluter; oder: je ein defektes Allel liegt in je einem X-Chromosom: befallene Söhne sind entweder rotgrünblind oder Bluter)

14. Eine Frau, deren Vater rotgrünblind war, hatte vier Söhne: Rotgrünblind und Bluter, Rotgrünblind, Bluter, Normal. Wie läßt sich das erklären? (Crossing over)

15. Welche zytologischen Befunde stützen die Vorstellung von „crossing over"? (Überkreuzungen = Chiasmen, von Nichtschwesterchromatiden bei der meiotischen Paarung der Homologen)

16. Wie kann man Aufschluß über die relativen Abstände gekoppelter Gene erhalten? (Bestimmung der Rekombinationshäufigkeiten)

17. Warum ist die Summe der Rekombinationswerte zwischen den Genen a und b sowie zwischen b und c größer als der Rekombinationswert zwischen a und c? (im ersten Fall können Doppelcrossovers zwischen a und c zum Teil erfaßt werden, im zweiten Fall nicht)

Zu VII. *Autosomal bedingte Erbkrankheiten und Phänogenetik*

1. Wann bezeichnet man in der Humangenetik die Wirkung eines Gens als dominant? (wenn es im heterozygoten Zustand das Merkmal erscheinen läßt, gleichgültig, ob homo- und heterozygoter Zustand zu unterscheiden sind oder nicht)

2. Welches Verhältnis Gesunder : Befallener ist für Sippen mit einem dominanten Erbleiden charakteristisch? (1:1)

3. Eine normale Frau hat drei Geschwister, die an krankhafter Verhornung und Rißbildung der Hand- und Fußteller *(Keratoma palmare et planatare)* leiden. Geben Sie die wahrscheinlichsten Genotypen der einzelnen Individuen an. (Frau: aa; Geschwister: Aa)

4. Ein Mann ist mit leichter Brachydactylie behaftet, seine Frau ist normal. Es soll für sechs Kinder die Wahrscheinlichkeit angegeben werden, daß
a. alle sechs befallen sind (1/64)
b. daß die ersten drei befallen, die drei weiteren normal sind (1/64)
c. daß drei befallen und drei normal sind $\left(\dfrac{6!}{3! \cdot 3!} \cdot \left(\dfrac{1}{2}\right)^6 = \dfrac{20}{64}\right)$

5. Definieren Sie die Begriffe:
a. Manifestationsalter (Alter, in dem das Merkmal sichtbar wird)
b. Expressivität (Ausbildungsgrad des Merkmals)
c. Penetranz (Prozentsatz der Genträger, die das Merkmal zeigen)

6. Wie kann man sich erklären, daß ein Gen viele Merkmale betrifft z. B. Pleiotropie beim Marfansyndrom? (ein mutiertes Gen determiniert ein defektes Struktureiweiß, dieses führt zu vielfachen Mißbildungen)

7. Zwei taubstumme Eltern bekommen ein normales Kind. Wie läßt sich so ein Fall erklären? Begriff! (die beiden Partner sind homozygot rezessiv an zwei verschiedenen Loci für Taubstummheit, das Kind demnach an beiden Loci heterozygot; Heterogenie)

8. Warum gehen aus Verwandtenehen häufiger Kinder mit rezessiven Erbleiden hervor, als aus Ehen Nichtverwandter? (die Wahrscheinlichkeit, daß beide Partner dasselbe seltene rezessive Allel tragen, ist beträchtlich erhöht)

9. Wie groß ist die Wahrscheinlichkeit, daß aus einer Vettern-Basen-Ehe ein befallenes Kind hervorgeht, wenn der Großvater heterozygoter Träger des rezessiven Gens war? ($1/2 \cdot 1/2 \cdot 1/2 \cdot 1/2 \cdot 1/4 = 1/64$)

10. Ein Ehepaar mit normalen Vorfahren hat zwei normale Kinder und ein infolge Phenylketonurie schwachsinniges. Die Schwester des Mannes möchte den Bruder der Frau heiraten.
a. Zeichnen Sie den Stammbaum und tragen Sie die Genotypen ein.
b. Mit welcher Wahrscheinlichkeit wäre ihr erstes Kind krank? (1/16)

11. Beschreiben Sie von der Phenylketonurie
a. äußere Symptome (Schwachsinn, helle Haut, Phenylbrenztraubensäure im Harn)
b. biochemische Ursachen (Fehlen der Phenylalaninhydroxylase läßt Phenylalaninkonzentration ansteigen, welche das Gehirn schädigt)
c. eine Methode zur Früherkennung bei Säuglingen und zur Feststellung heterozygoter Genträger (mikrobiologischer Test mit Phenylalanin-Mangelmutanten von Bacterium subtilis)
d. eine Therapiemöglichkeit (phenylalaninarme Diät bis zum 10. Jahr)

12. Welche zwei prinzipiell verschiedene Folgen kann ein genetischer Stoffwechselblock haben? Geben Sie je ein Beispiel an. (Fehlen eines Endprodukts z. B. beim Albinismus; Stau einer Vorstufe z. B. bei Phenylketonurie)

13. Welcher biochemische Zusammenhang besteht zwischen Phenylketonurie, Albinismus, Alkaptonurie und erblichem Kretinismus (Enzymdefekte im Stoffwechsel der aromatischen Aminosäuren)

14. Erläutern Sie Schritte in der Kausalkette vom defekten Gen bis zum krankhaften Merkmal am Beispiel der Sichelzellanämie (Veränderte Basensequenz in der DNS, Aminosäureaustausch in der β-Polypeptidkette des Hämoglobins, veränderte Tertiärstruktur des Hämoglobins, verminderte Fähigkeit zur Sauerstoffbindung, Anämie)

15. Wie erklärt sich das gehäufte Auftreten bezüglich Sichelzellanämie Heterozygoter im Mittelmeerraum? (Zusammenhang mit Malariagebieten, höhere Resistenz Heterozygoter gegen Malaria)

16. Beschreiben Sie eine Methode, mit der man bestimmte erbliche Stoffwechselkrankheiten bereits bei einem drei Monate alten Embryo feststellen kann (Pränatale Diagnose: biochemische Untersuchung des Fruchtwassers bzw. des Homogenats fetaler Zellen)

VIII. *Vererbung bei kontinuierlich variablen Merkmalen — Polygenie*

1. Nennen Sie einige Beispiele für
a. alternative (Blut- und Serumgruppen, Enzymvarianten, monogene Erbkrankheiten)
b. kontinuierlich variable Merkmale beim Menschen (Hautfärbung, Körpergröße, und andere anthropologische Maße, Intelligenz)

2. Erläutern Sie am Beispiel der Hautfärbung ein Konzept, das den genetischen Anteil an der Variabilität dieses Merkmals erklären kann. (additive Polygenie mit 2—4 Allelpaaren)

3. Es gelte die Voraussetzung, daß der Genotyp aabbcc zu einer Körpergröße von 150 cm führe und durch jedes Allel mit Großbuchstaben dieser Größe 5 cm hinzugefügt werden. Geben Sie alle Genotypen an, die zu einer Körpergröße von 165 cm führen. (AABbcc, AAbbCc, AaBBcc, AaBbCc, aabBCC, aaBBCc)

4. Wieviele Phänotypenklassen sind bei drei additiv wirkenden Genpaaren zu erwarten? In welchem Häufigkeitsverhältnis? Aus dem Pascal-Dreieck abzuleiten. (7 Klassen: 1:6:15:20:15:6:1)

5. Welche verschiedenen Ursachen tragen zur Gesamtvariabilität eines Merkmals z. B. der Körpergröße in einer Population bei? (genetische, modifikatorische, altersbedingte Variabilität)

6. Was versteht man unter Reaktionsnorm? (möglicher Spielraum für modifikatorische Umwelteinflüsse bei gegebener genetischer Konstitution)

7. Die Untersuchung der Körpergrößen von Vätern und Söhnen hat einen Korrelationskoeffizienten von 0,6 ergeben. Interpretieren Sie dieses Ergebnis. (da Söhne maximal nur die Hälfte der Allele für Körpergröße von den Vätern bekommen, kann der Korrelationskoeffizient theoretisch nur 0,5 betragen. Eine höhere Korrelation kann als Indiz für gerichtete Partnerwahl bezüglich der Körpergröße gewertet werden)

8. Was versteht man unter Akzeleration? Wie kann sie interpretiert werden? (die Tatsache, daß die Kinder im Durchschnitt größer werden als ihre Eltern, wahrscheinlich bedingt durch bessere Säuglingsernährung und -hygiene)

9. Nennen Sie einige Merkmale des Gesichts, die beim polysymptomatischen Merkmalsvergleich bei Vaterschaftsgutachten untersucht werden. (z. B. Irisfarbe und -struktur, Haarfarbe und -struktur, Stirngrenze, Nasen-, Mund-, Ohrenform)

10. Begründen Sie, weshalb eine signifikante Korrelation im Intelligenzquotienten zwischen Eltern und Kindern nicht ohne weiteres als Beweis für genetische Determiniertheit dieses Merkmals gewertet werden kann. (Milieuspezifische Umwelteinflüsse wirken in dieselbe Richtung)

11. Auf welche Weise kann man beim Menschen den Grad der genetischen Fixierung bzw. den Grad der Beeinflußbarkeit eines kontinuierlich variablen Merkmals abschätzen? (Variabilität des Merkmals bei eineiigen Zwillingen, die in verschiedenem Milieu aufgewachsen sind)

Zu IX: *Populationsgenetik*

1. Mit welchen Grundfragestellungen beschäftigt sich die Populationsgenetik? (Fragen nach den Genhäufigkeiten in der Bevölkerung und nach den Mechanismen, die sie konstant halten bzw. verändern)

2. Unter welchen Voraussetzungen bleiben Genhäufigkeiten in der Bevölkerung über Generationen konstant? (ungerichtete Partnerwahl bezüglich des Merkmals, kein Zu- und Wegzug, keine Neumutationen, kein Selektionsnachteil der Merkmalsträger bzw. Mutations-Selektionsgleichgewicht)

3. Bei welchen Genotypenhäufigkeiten befindet sich eine Population bezüglich eines Allelpaares im Hardy-Weinberg-Gleichgewicht? (D:H:R = $p^2:2pq:q^2$)

4. Überprüfen Sie ob eine Population bezüglich der MN-Blutgruppenverteilung sich im Hardy-Weinberg-Gleichgewicht befindet, wenn folgendes Phänotypenverhältnis festgestellt wurde: M:MN:N = 29:50:21.

($p = \dfrac{29 + 25}{100} = 0{,}54$; $q = \dfrac{21 + 25}{100} = 0{,}46$;

$p^2:2pq:q^2 = 0{,}2916:0{,}4968:0{,}2166$, d.h. Übereinstimmung von Befund und Erwartung)

5. In welcher Häufigkeit sind heterozygote Phenylketonurie-Genträger zu erwarten, bei einer beobachteten Häufigkeit von $1:10^4$ Kranken? ($q = 10^{-2} = 0{,}01$; $p = 0{,}99$; $2pq = 2 \cdot 0{,}99 \cdot 0{,}01 \sim 2\,\%$)

6. Wieviel Prozent der PTH-Schmecker sind homozygot, wenn 36 % Nichtschmecker in der Population vorkommen? ($q^2 = 0{,}36$ $q = 0{,}6$; $p = 0{,}4$ $p^2 = 0{,}16$; $\dfrac{16 \cdot 100}{64} = 25\,\%$, d. h. ein Viertel der Schmecker sind homozygot)

6. Ein dominantes Allel A und ein rezessives Allel a an einem anderen Locus haben dieselbe Genhäufigkeit, z. B. 0,01. Mit welcher Häufigkeit zeigen Individuen a) das dominante b) das rezessive Merkmal in dieser Population? a) 1:50; b) 1:10 000

7. In einer Population beträgt die Häufigkeit für ein harmloses X-chromosomal rezessives Gen 1:10 000. Mit welcher Häufigkeit sind befallene Männer und Frauen zu erwarten? (Männer 1:10 000, Frauen 1:100 000 000)

9. Erhebungen an einer großen Population haben ergeben, daß drei Phänotypen im Verhältnis 70:21:9 vorkommen. Überprüfen Sie, ob diese Werte mit der Annahme vereinbar sind, daß dem Erbgang ein einfach mendelndes Genpaar zugrundeliegt, dessen Phänotypen durch die Genotypen AA, Aa und aa gegeben sind. ($q^2 = 0{,}09$ $q = 0{,}3$ $p = 0{,}7$
$p^2 = 0{,}49$ $2pq = 0{,}42$ $q^2 = 0{,}09$,
d. h. nicht vereinbar oder eine Voraussetzung des Hardy-Weinberg-Gesetzes trifft nicht zu)

10. Ein autosomal dominantes Erbleiden tritt mit einer Häufigkeit von $1:10^5$ auf. Die Merkmalsträger haben gegenüber dem Bevölkerungsdurchschnitt nur halb so viele Nachkommen. Berechnen Sie daraus die Mutationsrate für dieses Gen.

($p = \dfrac{1}{2 \cdot 10^5}$; $s = 1/2$; $u = s \cdot p$; $u = 1/2 \cdot 1/2 \cdot 10^5 = 1:4 \cdot 10^5$)

11. Wieviele Generationen würde es dauern, bis sich die Häufigkeit der Phenylketonurie von $1 : 10^4$ auf $2 : 10^4$ erhöht, wenn Betroffene künftig keinen Selektionsnachteil mehr hätten, nachdem bisher $s = 1$ war? (41 Generationen)

2. Objektivierte Leistungskontrolle: Humangenetik

(Formale Genetik, Phänogenetik, Populationsgenetik)

In den folgenden Aufgaben ist jeweils die einzig richtige bzw. die beste Antwort anzukreuzen.

1. Welcher der folgenden Begriffe ist nicht synonym mit den anderen?
a Erbanlage
b Erbfaktor
c Erbmerkmal
d Gen

2. Für eine einfache Erbganganalyse in einer menschlichen Sippe ist Voraussetzung, das das fragliche Merkmal
a nur in zwei Phänotypen existiert
b von einem einzigen Genpaar determiniert wird
c unter den Kindern eines Ehepaares mehrfach auftritt
d bei Ehepartnern jeweils verschieden ist

3. Als Beweis, daß die Geschmacksblindheit für PTH einem rezessivem Erbgang folgt, kann die Feststellung gewertet werden:
a Schmecker × Nichtschmecker — auch Schmecker-Kinder
b Schmecker × Nichtschmecker — auch Nichtschmecker-Kinder
c Schmecker × Schmecker — nicht nur Schmecker-Kinder
d Nichtschmecker × Nichtschmecker — Nichtschmecker-Kinder

4. Ein Schmecker-Ehepaar hat ein Nichtschmecker- und ein Schmecker-Kind. Wie groß ist die Wahrscheinlichkeit, daß das Schmecker-Kind heterozygot ist?
a 1/2
b 1/3
c 1/4
d 2/3

5. Das Häufigkeitsverhältnis Schmecker:Nichtschmecker in der Bevölkerung 64 %: 36 % deckt sich nicht mit dem 3:1-Verhältnis, weil eine 3:1-Erwartung
a durch starke Zuwanderung von Ausländern nicht mehr zutrifft
b infolge Dominanz des Schmeckergens bereits überschritten ist
c nie völlig mit einem realen Häufigkeitsverhältnis übereinstimmt
d nur für die Kinder heterozygoter Schmecker gilt

6. Beim Vergleich eines realen Häufigkeitsverhältnisses mit einer bestimmten Erwartung ergab sich ein p-Wert von 0,2. Dies bedeutet:
a der Unterschied ist statistisch gesichert
b der Unterschied ist statistisch nicht gesichert
c die Übereinstimmung ist statistisch gesichert
d die Übereinstimung ist statistisch nicht gesichert

7. Unter PTH-Nichtschmeckern finden sich signifikant mehr Raucher. Folgender Schluß ist am wahrscheinlichsten:
a die Anlagen für Rauchen und Nichtschmecken werden gekoppelt vererbt
b Schmecker empfinden Rauch mit PTH-verwandten Stoffen als unangenehm
c Rauchen unterdrückt die PTH-Schmeckfähigkeit
d Nichtschmecker rauchen, um ein Geschmacksdefizit zu kompensieren

8. Als Beweis für die Lokalisation von zwei dominant-rezessiven Allelpaaren in zwei verschiedenen Chromosomenpaaren gilt (ohne Berücksichtigung von crossing over):
a in der Bevölkerung sind alle vier Kombinationsmöglichkeiten der Merkmale vertreten
b unter den Kindern einer Familie können alle vier Merkmalskombinationen vertreten sein
c jedes Merkmal kommt in beiden Geschlechtern gleich häufig vor
d die Merkmale der dominanten Allele kommen in der Bevölkerung häufiger vor

9. Welche Phänotypen gehen aus der Verbindung AaBb $\times$ Aabb mit einer Wahrscheinlichkeit von je 3/8 hervor?
a AB und Ab
b Ab und aB
c aB und ab
d AB und ab

10. Blutserum jedes Menschen mit Blutgruppe A enthält:
a A-Antigene
b B-Antigene
c Anti-A-Antikörper
d Anti-B-Antikörper

11. Welches Kind kann nicht von einem Mann mit der Blutgruppe A_1 und einer A_2B-Mutter stammen?
a A_1
b 0
c A_2B
d A_2

12. Die Sensibilisierung einer rhesusnegativen Mutter kann am besten vermieden werden, wenn ihr nach der Geburt
a das Blut ausgetauscht wird
b RH^+-Antigene eingespritzt werden
c RH^+-Antikörper eingespritzt werden
d zellteilungshemmende Mittel gegeben werden

13. Angenommen, zwei Menschen mit den Blutgruppen-Genotypen A0, MN, Rh^+rh^- heiraten. Mit welcher Wahrscheinlichkeit hat ein Kind aus dieser Verbindung den Phänotyp 0, N, rh^-?
a 1/2
b 1/4
c 1/16
d 1/64

14. Serumproteinvarianten sind deshalb für Vaterschaftsgutachten besonders gut brauchbar, weil sie (bitte das am wenigsten stichhaltige Argument ankreuzen)
a bei jedem Menschen feststellbar sind
b kodominant vererbt werden
c auf mehreren Allelen beruhen
d bereits beim Säugling nachweisbar sind

15. Jeder Mensch besitzt nur zwei- bis viererlei Gewebsantigene; dennoch haben nur zwei Menschen unter Tausenden denselben Gewebsantigen-Phänotyp. Daraus kann man schließen:
a eine Serie multipler Allele ist in einem Chromosomenpaar lokalisiert
b zwei Genorte mit je zwei Allelen sind in verschiedenen Chromosomen lokalisiert
c zwei Serien multipler Allele sind in einem Chromosomenpaar lokalisiert
d mehr als zwei Serien multipler Allele sind in verschiedenen Chromosomenpaaren lokalisiert

16. Ein rotgrünblinder Mann hatte einen rotgrünblinden Sohn. Am wenigsten wahrscheinlich ist folgender Schluß:
a der Mann könnte auch eine farbenblinde Tochter haben
b sein Schwiegervater war ebenfalls farbenblind
c seine Mutter war Überträgerin
d sein Vater war ebenfalls farbenblind

17. Eine Frau hat neben gesunden Söhnen einen Bluter-Sohn und einen rotgrünblinden Sohn. Folgender Schluß ist am wahrscheinlichsten:
a die beiden defekten Gene liegen gekoppelt in einem X-Chromosom der Mutter
b die beiden defekten Gene liegen in je einem X-Chromosom der Mutter
c die beiden gekoppelten Gene wurden durch Crossing over getrennt
d eines der defekten Gene stammt vom Vater

18. Vitamin-D-resistente Rachitis wird X-chromosomal dominant vererbt. Deshalb haben befallene
a Väter stets befallene Töchter
b Väter stets befallene Söhne

c Mütter stets befallene Töchter
d Mütter stets befallene Söhne

19. Bei Söhnen von Überträgerinnen X-chromosomal rezessiver Merkmale seien folgende Rekombinationswerte festgestellt worden:
zwischen a und b 12 %
zwischen a und c 7 %
zwischen b und c 6 %
Folgende Anordnung der Gene auf dem X-Chromosom ist am wahrscheinlichsten:

a a b c
b a c b
c b a c
d c a b

20. Unter Pleiotropie versteht man die Tatsache, daß
a ein Gen viele Merkmale betrifft
b ein krankhaftes Merkmal von verschiedenen Genen determiniert sein kann
c an einem Genort mehrere Allele vorkommen
d ein Merkmal von vielen Genen determiniert wird

21. Taubstummheit wird rezessiv vererbt. Aus der Ehe von zwei Taubstummen geht ein normales Kind hervor. Daraus kann man schließen:
a es muß auch eine dominante Form von Taubstummheit geben
b das Kind ist an zwei Genorten für Taubstummheit heterozygot
c es ist eine Rückmutation erfolgt
d der Ehemann war nicht der Vater des Kindes

22. Phenylketonuriekranke Kinder sind in der Regel nur schwach pigmentiert. Dies rührt von einem Enzymmangel her, der primär die Bildung von
a Melanin mindert
b Tyrosin verhindert
c Phenylalanin steigert
d Phenylbrenztraubensäure steigert

23. Bei der Sichelzellanämie liegt der primäre Defekt in
a einem Austausch einer Aminosäure in einer Peptidkette des Hämoglobins
b einer verminderten O_2-Transportkapazität des Blutes
c einer veränderten Tertiärstruktur des Hämoglobins
d einer veränderten Gestalt der roten Blutkörperchen

24. Die Abnahme von Verwandtenehen
a steigert die Zahl defekter rezessiver Allele in der Bevölkerung
b senkt die Zahl defekter rezessiver Allele in der Bevölkerung
c steigert die Zahl rezessiver Merkmalsträger in der Bevölkerung
d hat keinen Einfluß auf die Häufigkeit der rezessiven Allele in der Bevölkerung

25. Welche der folgenden Aussagen trifft am ehesten für die Mehrzahl kontinuierlich variabler Merkmale zu?: Ein kontinuierlich variables Merkmal wird determiniert

- a im wesentlichen von einer Vielzahl von Genen
- b von einem Genpaar und modifizierenden Umweltfaktoren
- c von mehreren Genpaaren und modifizierten Umweltfaktoren
- d im wesentlichen von modifizierenden Umweltfaktoren

26. Welche Situation zeigt am deutlichsten Spielraum und Grenzen modifikatorischer Einflüsse auf die Erblichkeit eines Merkmals?
- a EZ in gleicher Umwelt
- b EZ in verschiedener Umwelt
- c ZZ in gleicher Umwelt
- d ZZ in verschiedener Umwelt

27. Eine Population befindet sich bezüglich eines bestimmten, monogen bedingten Merkmals dann im „genetischen Gleichgewicht", wenn
- a keine Zu- und Abwanderung erfolgt
- b keine Neumutationen erfolgen
- c die Häufigkeit des Allels A:p aus 1 — q hervorgeht
- d die Häufigkeit der Heterozygoten 2pq beträgt

28. Aus der Häufigkeit von Nichtschmeckern in der Bevölkerung (36 %) läßt sich die Wahrscheinlichkeit berechnen, mit der zwei Schmecker-Eltern als erstes Kind ein Nichtschmecker-Kind haben werden. Die Wahrscheinlichkeit beträgt aufgerundet
- a 1/4
- b 1/8
- c 1/16
- d 1/64

29. Die Häufigkeit bluterkranker Männer (Hämophilie A) beträgt $1:10^4$. Die Häufigkeit des Hämophilie-Gens in der Gesamtbevölkerung beträgt demnach:
- a 1×10^{-4}
- b $1/3 \times 10^{-4}$
- c $2/3 \times 10^{-4}$
- d $3/2 \times 10^{-4}$

30. Welche der folgenden Maßnahmen halten Sie für künftig am wichtigsten zur Vermeidung eines Anstiegs rezessiv erbkranken Nachwuchses?
- a Eindämmung mutagener Strahlen und Agentien
- b Verbot von Vettern-Basen-Ehen
- c Vorverlegung des Zeugungsalters
- d Verhinderung der Fortpflanzung von Merkmalsträgern

Lösungen der objektivierten Leistungskontrolle

1c, 2b, 3c, 4d, 5d, 6b, 7b, 8b, 9a, 10d, 11b, 12c, 13d, 14c, 15c, 16d, 17c, 18a, 19b, 20a, 21b, 22b, 23a, 24a, 25c, 26b, 27d, 28b, 29a, 30a

D. Drosophilagenetik

I. Einführung in das Arbeiten mit Drosophila

1. Vorbemerkungen

Die Taufliege *Drosophila melanogaster*[1] wurde 1910 von *Morgan* als Versuchstier in die genetische Forschung eingeführt. Inzwischen gehört sie zu den genetisch am besten untersuchten höheren Lebewesen. Das Schwergewicht der Forschung hat sich allerdings von den klassischen Fragestellungen der Aufstellung von Chromosomenkarten und der Genlokalisation auf molekulare, phänogenetisch-entwicklungsphysiologische sowie verhaltensgenetische und populationsgenetische Fragestellungen verlagert.

In der Schulpraxis kommen Versuche mit Drosophila insbesondere für Arbeitsgemeinschaften und Leistungskurse in der Kollegstufe in Frage. Richtet man es so ein, daß zu den Hauptthemen der Genetik, die in diesem Handbuch aufgrund langjähriger Unterrichtserprobung am Beispiel Mensch abgehandelt wurden, je ein Drosophila-Versuch zur Auswertung vorbereitet ist, so wird dabei eine typische Arbeitstechnik der biologischen Grundlagenforschung geübt, der wissenschaftsgeschichtliche Aspekt betont, die Induktionsbasis der Schlüsse verbreitert und Einseitigkeit vermieden.

Besonders geeignet erscheinen Drosophilaversuche als praktische Facharbeiten in der Kollegstufe, da die Arbeitstechnik rasch erlernbar ist und klar umgrenzte Themen gestellt werden können, welche apparativ und gedanklich von den Kollegiaten selbständig bewältigt werden können. Bei geeigneter Zeitplanung können die Kollegiaten dann Fragestellungen, Methode und Ergebnis ihrer Arbeit im Unterricht an passender Stelle vortragen und vorführen.

Da bereits eine Reihe auf die Kurspraxis zugeschnittene Anleitungen zur Drosophila-Versuchstechnik existieren (*Mainz* 1949, *Müller-Thieme* 1964, *Schwarzmeier* 1969, *Schlösser* 1971, *Knodel, Bäßler, Haury* 1973), sollen die Anleitungen zur Zucht und Kreuzungstechnik nur knapp gehalten und durch je einen Versuch zur Phänogenetik und zur Populationsgenetik ergänzt werden.

[1] Wörtlich übersetzt: „schwarzbäuchige Tauliebhaberin" von gr. drosos, der Tau; philos, der Freund; melas, schwarz, gaster, der Bauch

2. Materialbeschaffung

Die vielfach beschriebene Methode zum Fangen von freilebenden Taufliegen (s. dieses Handbuch, Bd. 2, S. 153) ist nicht geeignet, um Ausgangsmaterial für Kreuzungsexperimente zu gewinnen, da man nur den Wildtyp von Drosophila melanogaster neben einer Reihe weiterer Drosophilaarten gewinnt, für Kreuzungsexperimente aber definierte Mutanten benötigt. Will man lediglich Drosophila den Schülern vorstellen oder Material für eine Chromatographie von Augen-Pterinen oder Larven für die Darstellung der Riesenchromosomen gewinnen, so lohnt das Aufstellen eines Fanggefäßes, mit dem man gleichzeitig das chemotaktische Verhalten von Drosophila demonstrieren kann: Das mit dem Köder beschickte Fangglas (Abb. 77) wird in ca. 1 m Höhe in einem Busch aufgehängt. Die beste Fangzeit ist im Spätsommer.

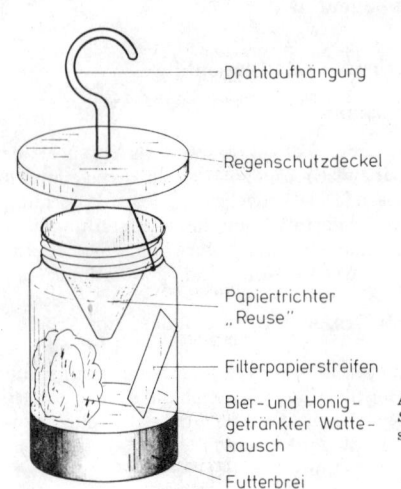

Abb. 77: Fangglas für Drosophilafliegen nach *Sturtevant* und *Burla* aus *Schlieper*. Geeignet sind z. B. 1/4 l Honig- oder Marmeladegläser

Für genetische Versuche beschafft man sich Wildtyp und Mutanten bei Phywe oder versucht sein Glück beim nächstgelegenen Zoologischen oder Genetischen Institut.

3. Vorbereitung der Zuchtgläser

Der *Futterbrei* wird hergestellt, indem man z. B.
50 g Maisgries (Reformhaus)
50 g Zucker
10 g Agar-Agar-Pulver (Chemikalienhandlung)
 5 g Trockenhefe (Reformhaus) mit
1/2 l Leitungswasser in einem 1 l Becherglas verrührt und 15 Min. lang kochen läßt. Anschließend wird zur Vermeidung zu rascher Schimmelbildung eine Messerspitze Nipagin (Merck Nr. 6757) hinzugefügt und gut verrührt.
Die *Kulturgläser* (Kinderbreigläser anstelle der früher verwendeten Joghurtgläser oder Färbegläser 40 x 100 mm etc.) sind in den kalten Trockenschrank gestellt und dann bei 200° 1/2—1 Stunde sterilisiert worden. In die noch heißen Kulturgläser gießt man den heißen zähflüssigen Futterbrei, so daß der Boden der Gefäße ca. 2 cm hoch bedeckt wird. Das Einfüllen geschieht am besten, indem man das heiße Becherglas mit einem Handtuch umwickelt. Der Ansatz reicht für

20—30 Gläser. Stellt man die gefüllten Gläser in den auskühlenden Trockenschrank bei leicht geöffneter Schranktüre, so erreicht man, daß das Kondenswasser, das sich beim Abkühlen in den Gefäßen bildet, über Nacht verdunstet, ohne daß die Nährböden infiziert werden.

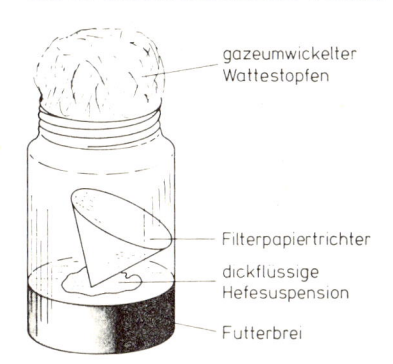

Abb. 78: Zuchtglas für Drosophila-Kulturen (z. B. Glas für Babynahrung)

Beschriftungen der Abbildung: gazeumwickelter Wattestopfen; Filterpapiertrichter; dickflüssige Hefesuspension; Futterbrei

Auf die abgekühlten Nährböden in den getrockneten Gläsern gibt man einige Tropfen einer Hefesuspension, die man sich durch Aufschwemmen eines erbsengroßen Stückchens Bierhefe in 50 ml Leitungswasser hergestellt hat. Die Hefe besiedelt den Nährboden und dient in erster Linie als Futter für die Larven. Gleichzeitig wird dadurch die Schimmelbildung gehemmt. In die so vorbereiteten Zuchtgläser steckt man zu Trichtern gefaltete frische Rundfilterpapiere, die man evtl. auch vorher sterilisiert hat, ebenso wie die mit Gaze umbundenen Wattebäusche, die zum Verschließen der Gefäße dienen. Auch Schaumgummistopfen haben sich bewährt. Die Papiertrichter verhindern, daß eingefüllte Fliegen auf dem Nährboden festkleben (Abb. 78).

Die fertigen Kulturgläser kann man notfalls einige Wochen im Kühlschrank aufbewahren; am besten verwendet man sie aber 1—2 Tage nach der Füllung. Hat sich Schimmel ausgebreitet, sind sie nicht mehr brauchbar.

4. Ansatz von Stammkulturen

Läßt man sich Drosophila-Wildtyp- und Mutantenstämme kommen, so erhält man sie in kleinen Kulturgefäßen im Larven- oder Puppenstadium.

Meistens sind die Elterntiere noch in dem Gefäß, in dem sich inzwischen die Larven entwickeln, mitunter sind auch schon die ersten Nachkommen geschlüpft. Man wartet, bis wenigstens etwa 100 Fliegen vorhanden sind und kann die Stammkultur dann auf zwei Weisen fortführen: Unkontrolliert, indem man einfach eine größere Anzahl Fliegen (ca. 30—40) in vorbereitete Zuchtgläser überfliegen läßt. Dazu schlägt man das Glas in die flache Hand, so daß die Fliegen auf den Boden des Gefäßes fallen, entfernt schnell den Verschluß und hält möglichst rasch ein zweites Kulturglas so über das erstere, daß die beiden Öffnungen aneinanderliegen und mit der Hand dicht umschlossen werden können. Passen die beiden Gefäße nicht aufeinander, kann man einen Plastik-Trichter für Substanzen als Verbindungsteil nehmen. Indem man die beiden Gläser gemeinsam umdreht und mit dem leeren Glas voran in die Hand klopft, kann man die Fliegen in das zweite Gefäß überführen. Zum dosierten Überfliegenlassen kann man sich auch des positiv phototaktischen Verhaltens der Tiere bedienen, indem man das alte Kulturgefäß mit der Hand abdunkelt und das neue dem Licht aussetzt. Nach dem Trennen der Gefäße werden beide rasch mit Stopfen verschlossen. Um Übervölkerung des Glases zu vermeiden, muß man die Elterntiere nach 1—2 Tagen entfernen. Die Nachkommen werden dann in einem eng begrenzten Zeitraum schlüpfen. Will man über einen längeren Zeitraum schlüpfende Imagines haben, so setzt man nur wenige Tiere an und beläßt sie im Zuchtglas, so daß sich die Eiablage über mehr als eine Woche erstrecken kann. Hierbei ist es nötig, den Ansatz kontrolliert mit zusammengestellten Pärchen vorzunehmen. Dazu überführt man die Tiere in der beschriebenen Weise in ein leeres Kulturglas ohne Nährboden und verschließt dieses mit einem Wattebauschen, den man mit einigen Tropfen Äther getränkt hat. Sobald alle Fliegen reglos am Boden des Gefäßes liegen, schüttet man sie auf ein Blatt weißes Papier und trennt Männchen und Weibchen mittels eines feinen Haarpinsels. Hat man sich erst einmal im Binokular mit den Geschlechtsmerkmalen vertraut gemacht (S. 224), so gelingt die Trennung auch mit bloßem Auge. Je etwa 5 Pärchen werden in ein Kulturglas gegeben. Sobald die ersten Larven erscheinen, entfernt man die Elterntiere, um eine Überbesetzung zu vermeiden.

Die Fortführung der Stammkulturen über das ganze Jahr ist an der Schule zu aufwendig, besonders wenn man keine geeigneten Hilfskräfte zur Verfügung hat.

5. Ansatz von Kreuzungen

Will man eine Kreuzung von zwei Stämmen ansetzen, so benötigt man selbstverständlich jungfräuliche Weibchen. Diese erhält man aus Kulturgläsern, in denen sich noch Puppen befinden, wenn man z. B. am Morgen *alle* bereits geschlüpften Tiere aus den Gläsern entfernt. Die Weibchen, die dann bis Mittag in den Gläsern schlüpfen, sind unbefruchtet, da das Chitin des Genitalapparates erst nach ca. 6 Std. soweit gehärtet ist, daß Kopulationen erfolgen können. Die frisch geschlüpften Fliegen beider Stämme werden in der beschriebenen Weise narkotisiert und in Männchen und Weibchen getrennt. Mit ca. 5 zusammengestellten Pärchen setzt man reziproke Kreuzungen an (Männchen vom Stamm 1 und Weibchen vom Stamm 2 und umgekehrt). Nach ca. 8 Tagen werden die Elterntiere entfernt. Will man möglichst viele Nachkommen erhalten, kann man die Elterntiere in ein weiteres Kulturglas überführen.

Beim Ansetzen der F_1 Kreuzung inter se erübrigt sich die Gewinnung jungfräulicher Weibchen. Man läßt einfach ca. 20 Tiere in ein frisches Kulturglas überfliegen. Sicherer ist es allerdings auch hier, die Fliegen zu betäuben und 5 kontrollierte Pärchen überzusetzen.

6. Entwicklungsbedingungen

Die Zeit von der Eiablage bis zum Schlüpfen der Imagines dauert bei Zimmertemperatur etwa 2 Wochen, bei 18° C etwa 16 Tage und bei 25° etwa 10 Tage. Licht ist nicht notwendig, Sonneneinstrahlung ist zu vermeiden.

Das Studium der Entwicklung von Drosophila z. B. bei 18° und 25° ist als Thema für eine Facharbeit geeignet. Dabei ist besonderer Wert auf exakte Protokollierung, grafische Darstellung und Beschreibung der Beobachtungen zu legen.

7. Zeitplan von Kreuzungen

14 Tage vor Beginn: Anzucht der Stämme
4—6 Stunden vor Beginn: Ausschüttung aller geschlüpften Fliegen
Beginn der Kreuzung: Einsetzen von je 5 zusammengestellten Pärchen
8 Tage nach Beginn: Entfernen der Elterntiere
12—14 Tage nach Beginn: Schlüpfen der F_1-Generation, Überprüfen und Ansetzen der $F_1 \times F_1$ Kreuzung
21—28 Tage nach Beginn: Schlüpfen der F_2-Generation, Untersuchung und Auszählung
Die angegebenen Zeiten sind durch die Wahl der Zuchttemperatur (s. oben) zu beeinflussen.

II. Untersuchungsaufgaben für Übungen

Die folgenden Untersuchungen zum Kennenlernen von Drosophila können als Übung in gleicher Front in einer Doppelstunde zügig durchgeführt werden, vorausgesetzt, daß optische Hilfsmittel zur Vergrößerung vorhanden sind. Am besten sind binokulare Prismenlupen (Stereomikroskop, Binokular) geeignet, doch kommt man auch mit Handlupen mit 10facher Vergrößerung aus. Als Lupen können auch die 10er Mikroskopobjektive verwendet werden, wenn man sie nahe genug an die Fliege und das Auge hält und das Objekt zudem gut beleuchtet ist. Außerdem werden pro Schüler ein feiner Haarpinsel und eine weiße z. B. Karteikarte sowie Zeichenutensilien benötigt. Die auszuteilenden Fliegen werden unmittelbar vor der Untersuchung mit Äther getötet.

1. Untersuchung des Wildtypes

Auf Anweisung sollen die Schüler folgende Teile aufsuchen und identifizieren: Kopf mit Facettenaugen, 3 Ocellen, Fühler mit Fühlerborste; Thorax mit Borsten und Haaren, Scutellum mit Borsten; Flügelgeäder mit 2 Queradern, Schwingkölbchen; Körper- und Augenfarbe. Die Anfertigung von einer Übersichtsskizze und von Detailskizzen schärft die Beobachtungsgabe.

2. Unterscheidung der Geschlechter

Folgende Unterscheidungsmerkmale sollen herausgefunden werden (Abb. 79): Weibchen größer, Hinterleib spitz zulaufend und mit deutlich voneinander getrennten dunklen Querbinden. Männchen kleiner, Hinterleib abgerundet und gegen das Ende einheitlicher dunkel gefärbt. Am ersten Fußglied der Vorderbeine des Männchens befindet sich je eine kräftige Borstenreihe, die während der Kopulation zum Festhalten des Weibchens dient (Geschlechtskamm).

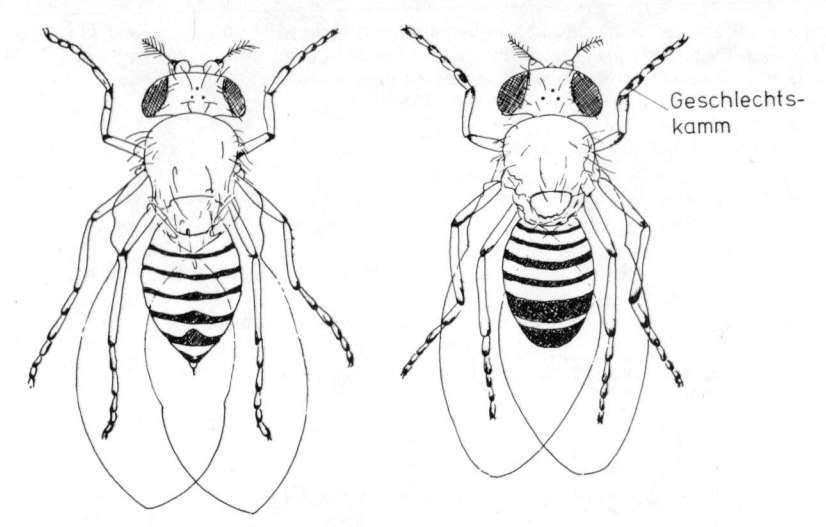

Abb. 79: *Drosophila melanogaster*, Wildtyp, links: Weibchen, rechts: Männchen, leicht schematisch

3. Untersuchung von Mutanten

Es wird die Aufmerksamkeit gelenkt auf die:

Augenfarben von	se	= sepia, dunkelbraun	3 — 26,0	rezessiv
	v	= vermilion, zinnoberrot	1 — 33	rezessiv
	w	= white, weiß	1 — 1,5	rezessiv
Augenform von	B	= Bar, balkenförmig	1 — 57	dominant
Körperfarben von	y	= yellow, gelb	1 — 0,0	rezessiv
	e	= ebony, dunkel	3 — 70,7	rezessiv
Flügel von	vg	= vestigial, stummelflüglig	2 — 67	rezessiv
	cv	= crossveinless, queraderlos	1 — 13,7	rezessiv
	Cy	= Curly, aufgebogene Flügel	2 — 6,1	homozygot letal
	W	= Wrinkled, kleine nicht ausgebreitete Flügel	3 — 46	dominant
Borsten von	f	= forked, gegabelte Borsten	1 — 56,7	rezessiv

Die Kurzbezeichnungen der Mutanten sind die Abkürzungen der englischen Begriffe, die das veränderte Merkmal charakterisieren.
Kleinbuchstaben bedeuten rezessive Gene, Großbuchstaben dominante. Die erste Zahl rechts gibt an, welcher Koppelungsgruppe, d. h., welchem der 4 Chromosomen das betreffende Gen angehört.
Die zweite Zahl gibt den sog. Genkartenabstand an.
Die Kopplungsgruppe 1 ist mit dem X-Chromosom identisch.

III. Kreuzungsexperimente

1. Vorbemerkungen zur Schreibweise

Die Schreibweise der Genotypen wird nicht einheitlich gehandhabt. Es empfiehlt sich zunächst die ausführlichste vorzustellen, die dann schrittweise reduziert werden kann:
Will man z. B. die Kreuzung von Drosophila Wildtypfliegen mit der schwarzen Mutante ebony formulieren, so kann man den Genotyp der Elterntiere wie folgt darstellen:

Wildtyp: $\dfrac{e^+}{e^+}$ oder $\dfrac{+}{+}$ oder $\dfrac{+}{+}$ oder $+/+$ oder $\dfrac{+}{+}$

Mutante ebony: $\dfrac{e}{e}$ oder $\dfrac{e}{e}$ oder e/e oder $\dfrac{e}{e}$

Das einfache + Zeichen wird für jedes Wildtypallel verwendet. Um welches es sich dabei handelt, geht erst in Verbindung mit dem mutierten Allel hervor.
Die beiden kurzen waagrechten Striche sollen das Chromosomenpaar darstellen, auf dem sich das betreffende Genpaar befindet. Sie erleichtern die Vorstellung der Trennung der Allele bei der Meiose und gestatten bei Mehrfaktorenkreuzungen zum Ausdruck zu bringen, ob die verschiedenen Gene auf verschiedenen Chromosomen oder ob sie in einem gekoppelt liegen z. B.:

$\dfrac{e}{e}\ ;\ \dfrac{vg}{vg}$ bedeutet die Doppelmutante: schwarzer Körper = ebony und stummelflüglig = vestigial, deren Gene auf verschiedenen Chromosomenpaaren liegen.

$\dfrac{yvf}{yvf}$ bedeutet die Dreifachmutante: gelber Körper = yellow, zinnoberrote Augen = vermillion und gegabelte Borsten = forked, deren einzelne mutierte Gene im selben Chromosom liegen.

$\dfrac{yvf}{\ \ /}$ bedeutet, daß es sich bei den Genen y, v, f um X-chromosomal gebundene Gene handelt und hier der sog. hemizygote Zustand im männlichen Geschlecht vorliegt. Der zweite Strich mit dem Haken soll das Y-Chromosom darstellen, dem ja die entsprechenden Gene fehlen.

P bedeutet Parental = Elterngeneration,

F_1 bedeutet erste Filial oder erste Tochtergeneration

F_2 bedeutet zweite Filial oder zweite Tochtergeneration

K_z bedeutet Keimzellen

Schreibt man eine Kreuzung an, so ist es üblich, zuerst, d. h. links, den weiblichen Partner zu formulieren. Alle Zuchtansätze werden mit Filzschreiber in der angegebenen Weise auf Flaschen geschrieben.

Will man lediglich den Phänotyp angeben, so ist es üblich, die Symbole in Anführungszeichen zu setzen, z. B.

"+" = Wildtyp-Phänotyp

"e" = ebony-Phänotyp

2. Einfaktorkreuzung — monohybrider Erbgang

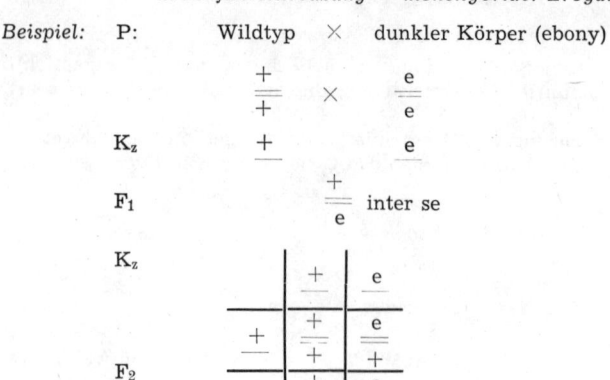

Beispiel: P: Wildtyp × dunkler Körper (ebony)

$$\frac{+}{+} \times \frac{e}{e}$$

K_z $\quad +\quad\quad\quad e$

$F_1 \quad\quad \dfrac{+}{e}$ inter se

K_z

	$+$	e
$+$	$\dfrac{+}{+}$	$\dfrac{+}{e}$
e	$\dfrac{+}{e}$	$\dfrac{e}{e}$

F_2

F_2-Phänotypen: "+" : "e" = 3:1

Durchführung und Auswertung:

2 Zuchtgläser mit je 5 Wildtypmännchen und 5 jungfräulichen ebony-Weibchen besetzen und für die reziproke Kreuzung in zwei weiteren Zuchtgläsern je 5 ebony-Männchen und 5 jungfräuliche Wildtyp-Weibchen ansetzen. Nach 8 Tagen Elterntiere entfernen. Sobald genügend F_1-Individuen geschlüpft sind, diese leicht narkotisieren, Phänotyp überprüfen und 4 frische Zuchtgläser mit je 5 Pärchen beschicken (= $F_1 \times F_1$). Den Rest der F_1-Individuen mit Äther töten und anhand des Materials Uniformitätsregel und Reziprozitätsregel überprüfen oder ableiten lassen.

Männchen und Weibchen separieren und Geschlechtsverhältnis bestimmen. Ergebnis mittels χ^2-Methode (s. S. 125) auf Verträglichkeit mit der 1:1-Erwartung überprüfen lassen. Im Falle signifikanter Abweichungen Arbeitshypothesen entwickeln lassen (unterschiedliche Entwicklungsgeschwindigkeit, unterschiedliche Vitalität von Männchen und Weibchen?).

8 Tage nach dem Ansatz der $F_1 \times F_1$-Kreuzung wieder Elterntiere entfernen und sobald genügend F_2-Tiere geschlüpft sind, diese mit Äther töten, Phänotypen auszählen. Diese Prozedur kann nach einigen Tagen wiederholt werden, wenn man größeres Zahlenmaterial erhalten will.

Tatsächliches Phänotypen-Verhältnis "+" : "e" mit der Erwartung 3:1 mittels der χ^2-Methode auf Verträglichkeit vergleichen lassen (s. S. 125) zur Überprüfung bzw. Ableitung der Spaltungsregel.

Besonders reizvoll ist es, nach der Auszählung der Phänotypen den Modellversuch (s. S. 124) durchführen zu lassen, der zeigt, daß das 3:1 Verhältnis allein durch das Spiel des Zufalls zustandekommt.

3. Zweifaktorenkreuzung — dihybrider Erbgang

Beispiel: stummelflüglig, Wildtypfarbe × normalflüglig, dunkle Körperfarbe

P: $\dfrac{vg}{vg} ; \dfrac{+}{+}$ × $\dfrac{+}{+} ; \dfrac{e}{e}$

K_z: $\underline{vg} ; +$ $+ ; \underline{e}$

F_1: $\dfrac{vg}{+} ; \dfrac{+}{e}$ inter se

K_z:

	vg ; +	+ ; e	+ ; +	vg ; e
vg ; +	$\dfrac{vg}{vg} ; \dfrac{+}{+}$	$\dfrac{+}{vg} ; \dfrac{e}{+}$	$\dfrac{+}{vg} ; \dfrac{+}{+}$	$\dfrac{vg}{vg} ; \dfrac{e}{+}$
+ ; e	$\dfrac{vg}{+} ; \dfrac{+}{e}$	$\dfrac{+}{+} ; \dfrac{e}{e}$	$\dfrac{+}{+} ; \dfrac{+}{e}$	$\dfrac{vg}{+} ; \dfrac{e}{e}$
+ ; +	$\dfrac{vg}{+} ; \dfrac{+}{+}$	$\dfrac{+}{+} ; \dfrac{e}{+}$	$\dfrac{+}{+} ; \dfrac{+}{+}$	$\dfrac{vg}{+} ; \dfrac{e}{+}$
vg ; e	$\dfrac{vg}{vg} ; \dfrac{+}{e}$	$\dfrac{+}{vg} ; \dfrac{e}{e}$	$\dfrac{+}{vg} ; \dfrac{+}{e}$	$\dfrac{vg}{vg} ; \dfrac{e}{e}$

F_2

Phänotypen   "+ +"   "+ e"   "vg +"   "vg e"

Erwartung   9   :   3   :   3   :   1

Durchführung und Auswertung:

Vier Zuchtgläser mit je z. B. 5 ebony-Männchen und 5 jungfräulichen vestigial-Weibchen ansetzen. Nach 8 Tagen Elterntiere entfernen. F_1-Tiere überprüfen und 4 Gläser mit der $F_1 \times F_1$-Kreuzung ansetzen. Nach 8 Tagen Elterntiere entfernen.

F_2-Individuen auszählen. Dabei empfiehlt es sich, die Tiere mit dem Pinsel zunächst nach dem einen Merkmal, z. B. Körperfarbe (normalbraun und schwarz), in zwei Reihen zu separieren und anschließend in jeder Reihe nach dem zweiten Merkmal Flügellänge (normale und Stummelflügel) erneut zu trennen, so daß am Ende vier Reihen von Fliegen vorliegen, die jetzt leicht gezählt werden können. Kombinationsquadrat aufstellen, dritte Mendelsche Regel — freie Kombination der Gene — diskutieren.

Häufigkeit der 4 Phänotypen: Wildtyp; schwarzer Körper; stummelflüglig; schwarzer Körper und stummelflüglig mit der 9:3:3:1-Erwartung mittels der χ^2-Methode auf Verträglichkeit überprüfen (s. S. 125). Der Vergleich des Ergebnisses mit dem Ergebnis des Münzenmodellversuches (s. S. 131) zeigt anschaulich, daß am Zustandekommen des 9:3:3:1-Verhältnisses tatsächlich nur der im Münzversuch offensichtliche Zufall beteiligt ist.

4. Rück- oder Testkreuzung

Führt man mit den F_1-Tieren aus dem voranstehend beschriebenen Versuch nicht nur eine Kreuzung inter se durch, sondern setzt gleichzeitig z. B. F_1-Männchen $\frac{+}{vg} ; \frac{e}{+}$ mit homozygot rezessiven, jungfräulichen Weibchen $\frac{vg}{vg} ; \frac{e}{e}$ der Elterngeneration an, so kann man das Ergebnis dieser Kreuzung mit der 1:1:1:1-Erwartung der 4 Phänotypen: Wildtyp; schwarzer Körper; stummelflüglig; schwarzer Körper und stummelflüglig vergleichen lassen.

Die Methode der Rückkreuzung eines Tieres, das die Merkmale der dominanten Allele trägt, mit einem homozygot rezessiven Partner, dient dazu, festzustellen, ob der Wildtyp-Phänotyp auf einem homozygoten oder heterozygoten Genotyp beruht.

Unter den Wildtypfliegen aus der F_2-Generation der beschriebenen Zweifaktorkreuzung kommen folgende Genotypen vor:

$$\frac{+}{+} ; \frac{+}{+} \Big/ \frac{+}{+} ; \frac{e}{+} \Big/ \frac{vg}{+} ; \frac{+}{+} \Big/ \frac{vg}{+} ; \frac{e}{+}$$

Setzt man eine Reihe von Zuchtflaschen mit jeweils *einem* Pärchen bestehend aus je einem Wildtypmännchen der F_2-Generation und einem jungfräulichen vg/vg; e/e Weibchen an, so kann man aus der Zahl der bei den Kreuzungen auftretenden Phänotypen auf den Gentyp des F_2-Männchens zurückschließen: treten nur Wildtypmännchen auf, hatte das Männchen den Genotyp +/+; +/+, treten Wildtyp- und vestigial Tiere im Verhältnis 1:1 auf, so hatte es den Genotyp +/vg; +/+, treten Wildtyp und ebony-Fliegen im Verhältnis 1:1 auf, so hatte es den Genotyp +/+; e/+ und treten schließlich alle vier Phänotypen auf, war das Männchen doppelt heterozygot +/vg; +/e.

Auf Seite 235 wird ein biochemischer Heterozygotentest beschrieben.

5. Letalfaktoren

Beispiel: Curly: hochgebogene Flügel

1. $\frac{Cy}{+} \times \frac{+}{+}$

	Cy	+
+	Cy/+	+/+
+	Cy/+	+/+

"Cy" : "+" = 1:1

2. $\frac{Cy}{+} \times \frac{Cy}{+}$

	Cy	+
Cy	Cy/Cy	Cy/+
+	Cy/+	+/+

"Cy" : "+" = 2:1!

Kreuzt man jungfräuliche Curly-Weibchen mit Wildtypmännchen oder umgekehrt, so treten in der F_1-Generation Wildtyp- und Curly-Fliegen entsprechend dem Verhältnis 1:1 auf. Daraus geht hervor, daß das Cy-Gen über das Wildtyp-Allel (+) dominant ist und die Curly-Tiere tatsächlich heterozygot sind.

Setzt man eine Curly-Kreuzung inter se an, wobei man auf Jungfräulichkeit der Weibchen achtet, und läßt die Häufigkeit der Curly- und Wildtyp-Nachkommen auszählen, so kann man das Ergebnis sowohl mit einer 3:1-Erwartung als auch mit einer 2:1-Erwartung mittels der χ^2-Methode (s. S. 125) vergleichen lassen. Die bessere Übereinstimmung mit der 2:1-Erwartung läßt sich durch das Fehlen homozygoter Curly-Tiere infolge Letalität des Genotyps $\frac{Cy}{Cy}$ erklären.

Alle lebensfähigen Curly-Individuen sind heterozygot ($\frac{Cy}{+}$).

6. Einfaktorkreuzung mit X-chromosomal gebundenem Gen

Sehr lohnend, weil einfach durchführbar und vielseitig auswertbar, ist die Kreuzung Wildtyp × weißäugige Fliegen (Mutante white), die man reziprok ansetzt:

P_I: "+" ♀ $\frac{+}{+}$ × "w" ♂ $\frac{w}{\rightarrow}$

	w	— →
$\frac{+}{}$	$\frac{+}{w}$	$\frac{+}{\rightarrow}$

F_1: "+"♀ : "+"♂ = 1:1
uniform!

P_{II}: "w" ♀ $\frac{w}{w}$ × "+" ♂ $\frac{+}{\rightarrow}$

	+	—
w	$\frac{w}{+}$	$\frac{w}{\rightarrow}$

F_1: "+"♀ : "w"♂ = 1:1
Aufspaltung!

Das Ergebnis der Kreuzung P_I deckt sich mit bisherigen Befunden: alle F_1-Individuen, Männchen wie Weibchen, sind uniform Wildtyp.

Das Ergebnis der reziproken Kreuzung fällt dagegen für die Schüler überraschend aus: alle Weibchen haben Wildtypaugen, alle Männchen aber weiße Augen. Hier läßt sich in einem Zuge das Häufigkeitsverhältnis der Phänotypen bezüglich des Geschlechtes feststellen und mit der 1:1-Erwartung statistisch vergleichen und das Prinzip des X-chromosomal rezessiven Erbgangs erläutern.

Unter ca. 1000 normaläugigen weiblichen Fliegen hat man die Chance, ein weißäugiges Individuum zu entdecken. Es handelt sich um ein XXY-Weibchen, das durch Nondisjunktion entstanden ist (s. S. 99). Interessant ist auch die Auswertung der F_2-Individuen, die aus der Kreuzung von F_1-Tieren aus den beiden Kreuzungstypen I und II hervorgehen.

Kombinationsquadrate zur Ermittlung der Erwartungen aufstellen lassen.

7. Mehrfaktorkreuzung gekoppelter Gene

Gene, die sich bei Mehrfaktorenkreuzungen zu signifikant weniger als 50 %
rekombinieren, betrachtet man als einer Koppelungsgruppe angehörig. Die Ermittlung, welche Gene zu einer Koppelungsgruppe gehören und in welchen Häufigkeiten sie rekombinieren, stellt den klassischen Ausgangspunkt der Morganschule dar und führte zum Konzept des Genaustausches durch Crossing over, zur Herstellung des Zusammenhanges zwischen Koppelungsgruppe und Chromosom, zwischen Chiasmahäufigkeit (zytologisch beobachtete Häufigkeit von Chromatidenüberkreuzungen in der Meiose) und genetisch ermittelter Rekombinationshäufigkeit und schließlich zur Aufstellung von Chromosomenkarten.

Das allgemeine Prinzip des Rückschlusses von beobachteten Austauschhäufigkeiten zwischen gekoppelten Genen auf die relative Lage und den relativen Abstand der Gene wurde bereits auf S. 162 ff. anhand von Modellversuchen mit Ketten erläutert.

An dieser Stelle soll eine Anleitung zur Durchführung und Auswertung einer Drosophila-Dreifaktorenkreuzung gegeben werden. Der Versuch eignet sich als Thema für eine anspruchsvollere, experimentelle Kollegstufen-Facharbeit, wenn man von einem Institut dafür geeignete Stämme erhält.

Mit unbewaffnetem Auge auswertbar sind z. B. die autosomal auf dem 2. Chromosom gekoppelten Gene bzw. Mutanten b (black) = schwarzer Körper, pr (purple) = purpurne Augen und vg (vestigial) = Stummelflügel.

Häufig werden in Kursen auch X-chromosomal gekoppelte Gene für einen Dreifaktorversuch verwendet mit den Genen y (yellow) = gelber Körper, und/oder v (vermillion) = zinnoberrote Augen, und/oder cv (crossveinless) = Flügel queraderlos, und/oder B (Bar) = balkenförmiges Auge und/oder f (forked) = gegabelte Borsten. Hier sei einer Kurzanleitung der Dreifaktorenkreuzung mit dem Stamm yvf wiedergegeben (erhältlich vom Zoologischen Institut der Universität München, 8 München 2, Luisenstraße 14, Abt. Prof. Becker).

Die sichere Erkennung des Phänotyps von vermillion und forked bedarf einiger Übung.

Durchführung:

Man stellt sich zunächst in 2 Zuchtflaschen durch Kreuzung von jungfräulichen Wildtyp-Weibchen mit Männchen der Dreifachmutante yvf die dreifachheterozygoten F_1-Weibchen her, die in der eigentlichen Testkreuzung mit yvf-Männchen rückgekreuzt werden. Um genügend Tiere zu erhalten, setzt man die Testkreuzung in mindestens 5 Zuchtgläsern an (Technik s. S. 222).

Testkreuzung:

$$\frac{+\ +\ +}{y\ v\ f} \times \frac{y\ v\ f}{\longrightarrow}$$

Dadurch, daß der männliche Partner in dieser Kreuzung entweder das leere Y-Chromosom oder das X-Chromosom mit den rezessiven Allelen beisteuert, hängt der Phänotyp der Nachkommen allein vom Ergebnis der Meiose der Eizellen ab. Dadurch wird eine Gametenanalyse möglich.

Folgende Fälle sind zu erwarten:

	Eizellen	Phänotypen der Nachkommen	Anzahl ♂ + ♀		Häufigkeit % z. B. bei $n = 434$
Ohne Crossover	+ + + I II y v f	brauner Körper rotbraune Augen normale Borsten	a_1	a	55,4
		gelber Körper zinnoberrote Augen gegabelte Borsten	a_2		
Einfaches Crossover an Stelle I	+ v f y + +	brauner Körper zinnoberrote Augen gegabelte Borsten	b_1	b	23,6
		gelber Körper rotbraune Augen normale Borsten	b_2		
Einfaches Crossover an Stelle II	+ + f y v +	brauner Körper rotbraune Augen gegabelte Borsten	c_1	c	17,6
		gelber Körper zinnoberrote Augen normale Borsten	c_2		
Doppelcrossover an Stelle I u. II	+ v + y + v	brauner Körper zinnoberrote Augen normale Borsten	d_1	d	3,4
		gelber Körper rotbraune Augen gegabelte Borsten	d_2		

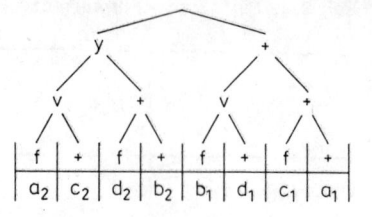

Die Auszählung der Phänotypen der Testkreuzungsnachkommen nimmt man nach einem dichotomen Auszählschema vor:

f	+	f	+	f	+	f	+
a_2	c_2	d_2	b_2	b_1	d_1	c_1	a_1

(oberhalb: y — +; v + v +)

Die Tiere werden zunächst nach der Körperfarbe mit einem Pinselchen in zwei Reihen getrennt, dann die Tiere jeder Reihe nach der Augenfarbe erneut getrennt und schließlich die Tiere jeder der 4 Reihen nach dem Merkmal gegabelte und ungegabelte Borsten getrennt, so daß 8 Reihen = Klassen entstehen.

Die Anzahlen in den Klassen a_1 und a_2, b_1 und b_2, c_1 und c_2, d_1 und d_2 sind der Erwartung nach gleich groß und werden zusammengefaßt zu a, b, c, d. Die Summe a + b + c + d stellt die Gesamtzahl n der Tiere (= analysierte Meioseergebnisse der Eizellen) dar. Die Rekombinationshäufigkeit zwischen den 3 Genen ergibt sich dann wie folgt:

zwischen y und v:

$$\frac{(b + d) \cdot 100}{n} \, \% = \text{z. B. } 27 \, \%$$

zwischen v und f:

$$\frac{(c + d) \cdot 100}{n} \, \% = \text{z. B. } 21 \, \%$$

zwischen y und f:

$$\frac{(b + c) \cdot 100}{n} \, \% = \text{z. B. } 42 \, \%$$

Aus den Prozentzahlen (die aus einem vom Verfasser mit Schülern durchgeführten Versuch stammen) geht hervor, daß
1. die Gene y und f tatsächlich „außen" liegen und v dazwischenliegt, wie in der Tabelle zum besseren Verständnis bereits vorweggenommen wurde,
2. der direkt bestimmte Rekombinationswert für die zwei entfernten Gene (42 %) kleiner ausfällt, als es der Summe der Rekombinationswerte (48 %) entspricht. Dies rührt daher, daß bei der direkten Bestimmung Doppelcrossovers nicht erfaßt werden.

Nachstehend sind die ermittelten Rekombinationswerte mit den veröffentlichten Chromosomenkartenabständen der betreffenden Gene verglichen.

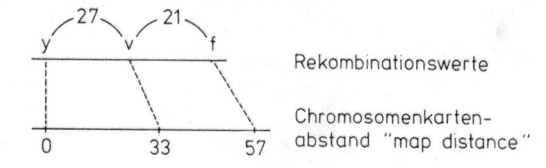

y —27— v —21— f   Rekombinationswerte

0 — 33 — 57   Chromosomenkartenabstand "map distance"

Die Tatsache, daß die Chromosomenkartenabstände zwischen den Genen y, v, f größer sind als die Rekombinationswerte, rührt daher, daß die Chromosomenkartenabstände durch Addition der Rekombinationswerte sämtlicher bekannter dazwischenliegender Gene ermittelt werden.

Literatur:

Knodel, Bäßler, Haury: Biologie-Praktikum, Metzler, Stuttgart 1973
Lindsley, D. N, and *E. H. Grell:* Genetic Variation of Drosophila melanogaster, Carnegie inst. of Washington, Publ. Nr. 627 (1968)
Mainx: Das kleine Drosophila-Praktikum, Wien, Springer, 1949
Müller, J. und *Thieme, E.:* Biologische Arbeitsblätter
Schlieper, C.: Praktikum der Zoophysiologie, Fischer, Stuttgart. 1957
Schlösser, K.: Experimentelle Genetik, Quelle Meyer, Heidelberg 1971
Schwarzmeier: Zucht und Vererbungsversuche mit Drosophila melanogaster in der Schule, Der Biologieunterricht H. 2, 87—116 (1969)

IV. Chromosomenuntersuchungen

Die Präparation der Riesenchromosomen von Drosophilalarven wurde bereits im Rahmen der Zytogenetik beschrieben (s. S. 81). Die Verbindung der zytogenetischen Untersuchungen mit denen der Rekombinationsexperimente hat schließlich zur Lokalisation der meisten der über 1000 erfaßten Gene in den 4 Chromosomen von Drosophila melanogaster geführt.

V. Biochemische Versuche zur Phänogenetik

(nach Hadorn)

Viele Mutanten von Drosophila können nicht nur am Aussehen, sondern auch in biochemischer Hinsicht unterschieden werden. Die biochemische Charakterisierung der verschiedenen Augenmutanten von Drosophila hat dabei zu Einblikken in den Weg vom Gen zum Erscheinungsbild und in vielfache Wirkungsmuster einzelner Gene *(Pleiotropie)* geführt. Auch ist es möglich, heterozygote Wildtypfliegen zu unterscheiden.

Die Grundmethode der verwendeten Papier-Pterinchromatographie von Drosophila-Augenmutanten ist so einfach und eindrucksvoll, daß man es nicht versäumen sollte, sie zu demonstrieren oder als Übungsversuch durchführen zu lassen, wenn man Drosophila-Mutanten und eine UV-Lampe zur Verfügung hat. Das Prinzip läßt sich auch leicht mit geköderten Drosophila-Wildfängen (s. S. 220), Stubenfliegen oder Bienen vorführen.

1. Charakterisierung von Augenmutanten durch Pterinchromatographie

Um gleichzeitig Wildtypfliegen und Mutanten in einem Gang untersuchen zu können, empfiehlt es sich, eine Rundfilterchromatographie durchzuführen.

Anordnung:

Dazu schneidet man aus Chromatographiepapier (z. B. Schleicher & Schüll MN 261) Scheiben von 10—20 cm Durchmesser oder besorgt sich entsprechende, fertige Rundfilter. Kleine Filter (10 cm) eignen sich für Übungsversuche, die das Prinzip der Pterintrennung in einer Unterrichtsstunde zu demonstrieren gestatten, größere Filter liefern bessere Trennungen, allerdings bei einer Laufzeit von ca. 3 und mehr Stunden (Abb. 80).

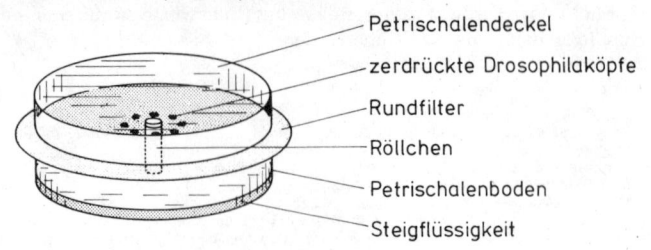

Abb. 80: Versuchsanordnung zur Rundfilterchromatografie von Pterinen aus Drosophila-Augenmutanten

In die Mitte der Scheiben stanzt man mit einem Korkbohrer ein Loch von 5 mm Durchmesser und bereitet sich Röllchen aus Chromatografiepapier (ca. 1,5 cm × 2,5 cm) vor. Im Abstand von ca. 5 mm vom Rand des zentralen Loches markiert man mit weichem Bleistift die Startpunkte für die aufzutragenden Proben, nicht mehr als 8, und beschriftet sie am äußeren Rand der Papierscheibe.
Als Chromatographiegefäße dienen Petrischalen. Auch die Einmal-Petrischalen aus Plexiglas, die man nach der Verwendung in bakteriologischen Versuchen nicht wegwirft, sondern reinigt, sind für rasche Übungsversuche geeignet. Für die größeren Rundfilter benötigt man entsprechend große Petrischalen.
Als Steigflüssigkeit bereitet man sich ein Gemisch vor aus:
n-Propanol 7 Teile
konz. Ammoniak 1,5 Teile
Wasser 1,5 Teile
Man beschichtet den Boden der Schalen ca. 3 mm hoch mit der Steigflüssigkeit und legt die Deckel auf.

Durchführung:

Auf die Startpunkte können jetzt die Proben aufgetragen werden. Da die Pterine nicht lichtbeständig sind, ist Sonnenlicht beim Auftragen zu vermeiden; besser ist es, den Raum etwas abzudunkeln. Pro Mutante und Wildtyp genügen etwa 3 Köpfe, die man von den frisch mit Äther getöteten Fliegen mit einem Skalpell abschneidet und mit der flach gelegten Skalpellspitze auf einem Startpunkt so ausdrückt, daß die Flüssigkeit aus Kopf und Augen deutlich sichtbar in das Filterpapier eindringt. Dabei bemüht man sich, den Startfleck möglichst klein zu halten.
Um außerdem biochemische Geschlechtsunterschiede zu überprüfen, kann man die Köpfe von Männchen und Weibchen getrennt auftragen und zudem auch getrennt ihre Abdomina.
Nun steckt man die vorbereiteten Röllchen in die Rundfilter und achtet darauf, daß sie ganz satt an dem Rand des Loches anliegen. Die Filter legt man auf die untere Hälfte der vorbereiteten Petrischalen, sodaß das Röllchen sicher in die Steigflüssigkeit taucht und bedeckt den Rundfilter mit dem Petrischalendeckel.

Die Chromatogramme läßt man am besten im dunklen Abzug laufen, um Geruchsbelästigung durch Ammoniak und Belichtung der Pterine zu vermeiden.
Kurz ehe die Front des Laufmittels den Rand der Petrischale erreicht hat, was bei den kleinen Filtern nach 30—40 Min., bei den größeren nach einigen Stunden der Fall ist, unterbricht man den Lauf und läßt die Filter im Abzug trocknen.

Auswertung:
Im verdunkelten Raum werden die Chromatogramme mit einer UV-Lampe z. B. einer UV-Analysenstablampe beleuchtet.
Wildtyp Drosophila zeigt ein charakteristisches Muster von 7 im UV mit verschiedenen Farben fluoreszierenden Pterinbanden und zwar in der Reihenfolge vom Start zur Front:

Drosopterin (orange)

Isoxanthopterin (blauviolett)

Xanthopterin (blaugrün)

Sepiapterin (gelb)

2-Amino-4-Hydroxy-Pteridin (blau)

Biopterin (blau)

Isosepiapterin (gelb)

Pyrimidin + Pyrazin

Pterin-Grundgerüst

Alle 7 Fraktionen sind allerdings nur bei optimalen Trennungen zu sehen.
Die einzelnen Mutanten zeigen ein vom Wildtyp abweichendes Muster: Manche Pterine fehlen, andere sind verstärkt vertreten.
Das blauviolett fluoreszierende Isoxanthopterin ist in großen Mengen im Hoden vorhanden.
Bezüglich der detaillierten Auswertung in genetischer Hinsicht siehe *Hadorn* (1962), bezüglich der Funktionen der Pterine im Insektenauge siehe *Langer* (1967).

2. Heterozygotennachweis durch Pterinchromatographie

Die Drosophilamutante sepia zeichnet sich durch braune Augen und große Mengen eines stark gelb fluoreszierenden Pterins aus, das nach dieser Mutante als Sepiapterin bezeichnet wird. Obwohl die Augenfarbe von Wildtypfliegen und heterozygoten Sepia-Fliegen nicht unterscheidbar ist, lassen sich Wildtypphänotypen, die heterozygot das rezessive se-Gen tragen, leicht durch eine Pterinchromatographie herausfinden, da das se-Gen auch in einfacher Dosis die Synthese von Sepiapterin steuert.

Durchführung:
Man kreuzt Drosophila-Wildtyp mit der Mutante sepia.
Mit den heterozygoten F_1-Tieren, sowie zum Vergleich mit Wildtyp- und se-Fliegen, führt man eine Pterinchromatografie in der vorstehend beschriebenen Weise durch. Selbstverständlich kann man diesen Versuch auch gleich mit dem ersten verbinden.
Um eine andere Chromatographiemethode zu zeigen, kann man ihn aber auch für sich allein auf Chromatographiepapierstreifen in Standzylindern nach der aufsteigenden Methode durchführen.
Die Standzylinder werden mit großen Stopfen verschlossen, in denen man unten einen Schnitt angebracht hat. In diesen werden die Papierstreifen geklemmt.

Bei einem Lauf über Nacht ist die Trennung auf einer Strecke von 15—20 cm sehr gut.

Der Versuch eignet sich als Modellversuch für einen Heterozygotennachweis. Biochemische Heterozygotennachweise spielen in der Humangenetik eine zunehmend größere Rolle im Rahmen der genetischen Familienberatung (s. S. 181).

Literatur:

Hadorn, E.: Fractionating the fruit fly. Scientific American April 1962, S. 100—113
Langer, H.: Die physiologische Bedeutung der Farbstoffe im Auge der Insekten, Umschau in Wissenschaft und Technik 1967, S. 112—120

VI. Versuche zur Populationsgenetik

Populationsgenetische Versuche sind naturgemäß Langzeitversuche. Sie sind deshalb lediglich für Arbeitsgemeinschaften, Praktika oder als Themen für Kollegstufenfacharbeiten geeignet.

Der nachstehend beschriebene Versuch mit der homozygot letalen Mutante Curly kann als Modellversuch angesehen werden für die experimentelle Beantwortung der Frage, wie sich die Phänotypen- und Genhäufigkeiten in einer Population verändern, wenn gegen die homozygoten Merkmalsträger eine 100 % Selektion wirkt.

Besonders reizvoll ist die Auswertung des Versuchs, wenn das Ergebnis mit der aufgrund populationsgenetischer Überlegungen mathematisch ableitbaren Erwartung verglichen wird.

1. Durchführung

Hat man einen Curly-Stamm geschickt bekommen, schlüpfen in dem Glas aus dem Cy/+ × Cy/+ -Ansatz infolge der Letalität der homozygoten Curly-Tiere neben heterozygoten Curly-Fliegen ein Drittel Wildtyp-Fliegen, wie im Versuch S. 228 bereits beschrieben. Sobald in dem Transportzuchtglas die ersten Imagines schlüpfen, entfernt man sie und kreuzt ca. 50 jungfräuliche Curly-Weibchen und 50 Curly-Männchen. Sie bilden die Ausgangsgeneration des Selektionsversuches. Man setzt die Ausgangsgeneration und alle weiteren Generationen in jeweils 2 Gläsern an: Das eine Glas dient zum Auszählen der F_1-Nachkommen (A-Glas),

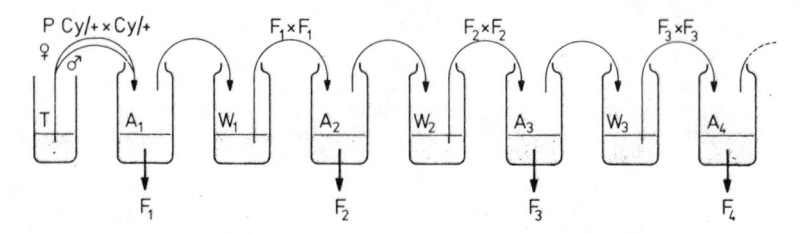

Abb. 81: Ansatzschema für den populationsgenetischen Versuch.
T = Transport-Zuchtglas, A = Kulturglas zum Auszählen, W = Kulturglas zur Weiterzucht.
Erklärung im Text

das andere dient zum Weiterführen der Panmixie-Zucht (W-Glas). Die etwa 50 kontrollierten Pärchen der Ausgangsgeneration überführt man zunächst in das A_1-Glas und läßt sie dort einige Stunden ablegen, dann überführt man sie in das W_1-Glas und läßt sie dort ebenfalls ca. 4 Stunden ablegen, worauf sie entfernt werden (Abb. 81).

Sobald nach 10—14 Tagen reichlich F_1-Fliegen in den beiden Gläsern ausgeschlüpft sind, werden die Tiere aus dem A_1-Glas mit Äther getötet, ausgezählt und verworfen.

Die Tiere aus dem W_1-Glas läßt man unsortiert, also unter Panmixie-Bedingungen in das A_2-Glas überfliegen und dort eine Stunde Eier ablegen. Anschließend werden sie abgetötet und verworfen. Im Abstand von 2 Wochen wiederholt man diese Prozedur. Dabei gewinnt man die Daten für die Phänotypenverhältnisse "Cy" : "+" von Generation zu Generation (nach einer Anregung von Frau Dr. *Haendle*).

2. Auswertung

Die Abnahme der prozentualen Häufigkeit der Curly-Tiere unter Panmixiebedingungen von Generation zu Generation wird grafisch dargestellt.

Zur Berechnung der theoretisch erwarteten Abnahme der Häufigkeit der Curly-Tiere ist es notwendig, auf die Genhäufigkeit zurückzugreifen.

Als Voraussetzungen für die Anwendung der Hardy-Weinberg-Formel müssen dabei ungerichtete Partnerwahl, gleiche Fertilität der Cy/+ und +/+ Fliegen, 100 %ige Selektion gegen die Cy/Cy Fliegen, hinreichende Größe der Population und das Ausbleiben von Neumutationen (+ $\longrightarrow$ Cy) angenommen werden.

Der Vergleich von Ergebnis und Erwartung wird zeigen, inwieweit diese Voraussetzungen zutreffen.

Die Genhäufigkeit p für das dominante Cy-Gen und q für das rezessive +-Gen betragen in der Ausgangsgeneration Cy/+ $\times$ Cy/+ je 50 %.

$p_0 = 0{,}5 \quad q_0 = 0{,}5 \quad p + q = 1$

Das Genotypenverhältnis der Zygoten der F_1-Generation vor der Selektion ist nach der *Hardy-Weinberg*-Beziehung:

p_0^2 (Cy/Cy) : 2 $p_0 q_0$ (Cy/+) : q_0^2 (+/+)

Nach der Selektion gegen die homozygoten Cy/Cy-Tiere beträgt der Anteil der heterozygoten Curly- und der homozygoten Wildtyp-Fliegen an der Gesamtpopulation:

$$\frac{2 p_0 q_0}{2 p_0 q_0 + q_0^2} \text{ (Cy/+)} \quad \text{und} \quad \frac{q_0^2}{2 p_0 q_0 + q_0^2} \text{ (+/+).}$$

Aus der Häufigkeit der Heterozygoten läßt sich die Genfrequenz p_1 in der F_1-Generation bestimmen; sie beträgt die Hälfte der Heterozygotenfrequenz:

$$p_1 = \frac{1}{2} \cdot \frac{2 p_0 q_0}{2 p_0 q_0 + q_0^2} = \frac{p_0}{2 p_0 + q_0}$$

da $q = 1 - p$ ergibt sich:

$p_1 = \dfrac{p_0}{1 + p_0}$ (Frequenz des Cy-Gens in der F_1)

$q_1 = 1 - p_1$ (Frequenz des +-Gens in der F_1)

Die Häufigkeit der Heterozygoten in der F_2 vor der Selektion beträgt $2\,p_1q_1$, nach der Selektion $\dfrac{2\,p_1q_1}{2\,p_1q_1 + q_1^2}$.

Die Genhäufigkeit p_2 ist davon wieder die Hälfte:

$$p_2 = \dfrac{p_1}{1 + p_1}$$

Die Beziehung für p zwischen zwei aufeinander folgenden Generationen lautet demnach allgemein:

$$p_n + 1 = \dfrac{p_n}{1 + p_n}$$

Dies ist die Gleichung einer harmonischen Reihe.

Die allgemeine Formulierung von p_n nach n-Generationen mit vollständiger Ausschaltung der Homozygoten lautet:

$$p_n = \dfrac{p_0}{1 + n\,p_0}$$

Indem man für n die Zahl der Generationen und für $p_0 = 0{,}5$ einsetzt, erhält man die Häufigkeit des Cy-Gens und durch Verdoppelung dieses Wertes die Häufigkeit der Heterozygoten Cy-Tiere in jeder Generation:

Grenzfrequenz p	p_0 1/2	p_1 1/3	p_2 1/4	p_3 1/5	p_4 1/6	p_5 1/7	p_6 1/8
Phänotypenhäufigkeit Cy/+	P 1	F_1 2/3	F_2 1/2	F_3 2/5	F_4 1/3	F_5 2/7	F_6 1/4

Abb. 82 zeigt die errechnete Abnahme der Genfrequenz des Cy-Gens und die

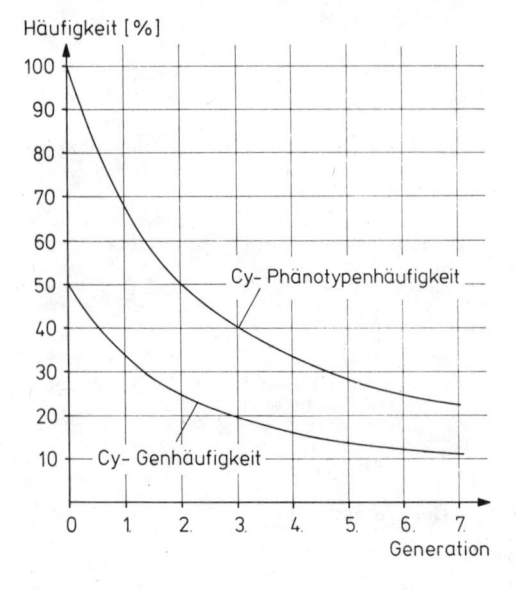

Abb. 82: Errechnete Abnahme der Gen- und Phänotypenhäufigkeit von *Curly* bei 100 %iger Selektion gegen die Cy/Cy-Tiere und Panmixie der Cy/+ × +/+-Tiere.

damit korrespondierende Abnahme der Cy-Fliegen von Generation zu Generation unter den eingangs genannten Prämissen in grafischer Darstellung. Die Übereinstimmung konkreter Versuchsergebnisse mit der errechneten Erwartung ist in den ersten Generationen in der Regel sehr gut, später können Abweichungen auftreten, woraus zu schließen ist, daß dann die eine oder andere Prämisse für die Berechnung nicht mehr zutrifft.

Allgemein ist dem Kurvenverlauf die wichtige Erkenntnis zu entnehmen, daß selbst bei 100 %iger Selektion gegen homozygote Merkmalsträger die Abnahme der Genhäufigkeit von Generation zu Generation nur dann relativ groß ist, wenn die absolute Genhäufigkeit groß ist, dagegen minimal wird, wenn die absolute Genhäufigkeit klein ist.

So sind 2 Generationen nötig, um die Genhäufigkeit von 50 % auf 25 % zu reduzieren, für den nächsten Halbierungsschritt sind bereits 8 Generationen nötig.

Aus $p_n = \dfrac{p_0}{1 + n \cdot p_0}$ folgt allgemein, daß sich die Genhäufigkeit halbiert, wenn $n \cdot p_0 = 1$.

Die Genhäufigkeit wird also unter den gegebenen Selektionsbedingungen innerhalb von $n = \dfrac{1}{p_0}$ halbiert.

Um die Genhäufigkeit beispielsweise von $0{,}02 = 2\,\%$ auf $0{,}01 = 1\,\%$ zu reduzieren, wären bereits $\dfrac{1}{0{,}02} = 50$ Generationen nötig.

Das Curly-Modell entspricht rezessiven Erbkrankheiten beim Menschen, bei denen die Homozygoten in jeder Generation von der Fortpflanzung völlig ausgeschaltet sind und die homozygot und heterozygot gesunden gleiche Fertilität besitzen.

Bei einer Häufigkeit von 4 : 10 000, entsprechend einer Genhäufigkeit von $q = \sqrt{4 \cdot 10^{-4}} = 0{,}02$ würde demnach die vollständige Ausschaltung der Merkmalsträger bei einer Generationsdauer von 30 Jahren erst in 1500 Jahren zu einer Halbierung der Genfrequenz führen. Die Häufigkeit der Merkmalsträger würde dabei von 4 : 10 000 auf 1 : 10 000 sinken unter der — nicht erfüllten — Voraussetzung, daß keine Neumutationen erfolgen.

Diese Überlegungen zeigen, wie wenig wirksam es wäre, Merkmalsträger homozygot rezessiver Erbleiden mit eugenischer Begründung von der Fortpflanzung auszuschalten oder umgekehrt, wie minimal die Zunahme eines defekten rezessiven Allels wäre, wenn bisher letale Homozygote durch ärztliche Kunst volle Fertilität erreichten.

Literatur:

Sperlich, D.: Populationsgenetik, Grundlagen moderner Genetik, Bd. 8, Fischer, Stuttgart 1970
Vogel, F.: Lehrbuch der allgemeinen Humangenetik, Springer, 1961, S. 510, 511

E. Versuche zur klassischen Genetik mit Pflanzen und Tieren

I. Kreuzungsexperimente — Mendelfälle

1. Vorbemerkungen

Bastardierungen von Pflanzen und Tieren sind mehr oder weniger unbewußt schon früh in der Menschheitsgeschichte vorgenommen worden. Sie haben eine große Rolle bei der Entwicklung der Kulturpflanzen und Haustiere gespielt.
Aber erst nachdem *Kolreuter* (1733 — 1806) die Sexualität für die Pflanzen einwandfrei nachgewiesen und künstliche Kreuzbestäubung durchgeführt hatte, war das Tor für eine wissenschaftliche Untersuchung des Vererbungsgeschehens aufgestoßen. Den Kreuzungsexperimenten, die die Vorläufer *Mendels* im 18. Jahrhundert und in der ersten Hälfte des 19. Jahrhunderts mit einer Reihe von Pflanzenarten (z. B. Mais, Primeln, Nelken, Tabak, Hafer, Königskerze, Wicken, Kürbis, Wunderblume, Stechapfel, Löwenmaul, aber auch schon Erbsen) zum Teil noch mit züchterischen, zum Teil aber schon mit rein wissenschaftlichen Zielsetzungen durchgeführt hatten, blieb aber der durchschlagende Erfolg versagt. Die Gründe für die unklaren Ergebnisse der Prämendelisten lagen darin, daß sie nicht von reinen Linien ausgegangen waren, meist kontinuierlich variable Merkmale, gleichzeitig zu viele Merkmale untersuchten, die Ergebnisse nicht quantitativ auswerteten und sie zudem durch wissenschaftliche Vorurteile beeinträchtigt waren.
Mendels Erfolg beruhte darauf, daß er zunächst die „Reinerbigkeit" der Ausgangsrassen sicherstellte, daß er nur wenige, streng alternative Merkmale für die Untersuchung auswählte, große Anzahlen von Nachkommen restlos auszählte, Verhältniszahlen bildete und daß er die Ergebnisse vorurteilsfrei und scharfsinnig interpretierte.
Die nachstehend beschriebenen Kreuzungsexperimente gestatten es, die Arbeitsweise und die Gedanken des Begründers der klassischen Genetik nachzuvollziehen und zu neueren Fragestellungen vorzustoßen. Naturgemäß handelt es sich dabei um Langzeitversuche, die in erster Linie für Arbeitsgemeinschaften und Facharbeiten infrage kommen.
Neben der Bearbeitung der genetischen Fragestellung bieten dabei der Umgang mit den biologischen Objekten, das Studium der Entwicklung und Entwicklungsbedingungen sowie die Untersuchung des Einflusses unterschiedlicher Umweltbedingungen auf die Merkmalsausprägung reiche Möglichkeiten zum selbständig forschenden Lernen.
Bezüglich weiterer Informationen über den geschichtlichen Hintergrund der Entstehung der klassischen Genetik s. *I. Krumbiegel:* Gregor Mendel, der Klassiker des genetischen Experiments in: Der Biologieunterricht, 5, H2, 1969: Beiträge zum Unterricht über klassische Genetik. Film- und Bildmaterial s. S. 120.

2. Kreuzungsversuche mit der Pillennessel

a. Das Versuchsobjekt

Die Pillennessel *(Urtica pilulifera)* ist im Mittelmeerraum und Südasien beheimatet. Sie hat ihren Namen von den pillen- = kugelförmigen, weiblichen Blütenständen, die über den rispenartigen, männlichen Blütenständen aus den Blattachseln entspringen (Abb. 83).

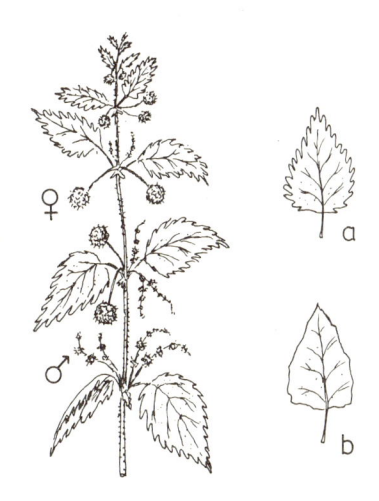

Abb. 83: Pillennessel *Urtica pilulifera*
unten die männlichen Blütenstände der einjährigen, einhäusigen, windblütigen Pflanze, oben die weiblichen Blütenstände
a) Blatt der Wildform *Urtica pilulifera*
b) Blatt der Mutante *Urtica pilulifera Dordartii*

Die herzförmigen Blätter sind kräftig eingeschnitten gesägt. 1633 wurde erstmals eine glattrandige Varietät entdeckt und als *U. pilufera Dodartii* beschrieben. *Correns*, einer der Wiederentdecker der Mendelschen Regeln, hat die beiden Formen für planmäßige Vererbungsversuche herangezogen und 1905 darüber berichtet: Das Merkmal „gesägter Blattrand" dominiert. Seitdem ist die Pillennessel als Demonstrationsobjekt für die Ableitung der Mendelschen Regeln in der Schule empfohlen worden, da sie einfach in Töpfen kultivierbar ist, ein klares alternatives Merkmalspaar aufweist und die F_2-Generation innerhalb eines Jahres erhalten werden kann.

b. Materialbeschaffung, Durchführung und Auswertung

Die Samen besorgt man sich über einen botanischen Garten, eine größere Samenhandlung oder gegen Rückporto von *Dr. Werner Gotthard,* 7302 Nellingen, Parksiedlung, Robert-Koch-Straße 44.

Die Samen werden in Töpfen mit Blumenerde im Februar ausgesät, z. B. 3 Töpfe mit Pilulifera, 3 Töpfe mit Dodartii. Nach 4—6 Tagen kommen bei 20° die Keimlinge zum Vorschein. Sie wünschen einen hellen Standort, aber kein Südfenster. Man reduziert die Pflänzchen auf 3—5 Stück pro Topf. Nach 6—8 Wochen sind sie ca. 50 cm hoch gewachsen (am Stöckchen hochbinden) und beginnen zu blühen. Von einer der beiden Formen, z. B. der glattrandigen Dodartii, werden laufend die männlichen Blütenstände sorgfältig weggeschnitten und verworfen. Zur Sicherung der Kreuzbestäubung kann man die reifen männlichen Blütenstände z. B. der gezähnten Pilulifera abschneiden und auf den weiblichen Blütenständen der glattrandigen Dodartii abklopfen. 4—6 Wochen nach der Befruchtung reifen die Nüßchen und werden geerntet. Da die Pillennessel keine Samenruhe benötigt, können die Nüßchen sofort wieder ausgesät werden zur Zucht der F_1-Generation.

Als Ergebnis beobachtet man, daß die Pflanzen der F_1-Generation alle gezähnte Blätter haben, in Übereinstimmung mit der Uniformitätsregel (vorausgesetzt, daß die Kastrierung der Dodartii-Pflanzen vollständig war).

Sobald die F_1-Pflanzen blühen, stellt man sie nahe zusammen oder führt die Bestäubung (F_1 inter se) mit abgeschnittenen, männlichen Blütenständen selbst durch. Wenn genügend Samen herangereift sind, werden sie geerntet und sofort wieder in Töpfen ausgesät. Bereits nach 3 Wochen kann festgestellt werden, bei wieviel Pflanzen die Blätter gesägt bzw. ganzrandig sind. Das Ergebnis kann mit der 3:1-Erwartung mittels der χ^2-Methode statistisch verglichen werden (s. S. 125).

Es empfiehlt sich, den Versuch auch durch die Herstellung von Herbar- und Diamaterial zu dokumentieren (nach *Gotthard* 1969).

c. *Versuchserweiterung*

Der Versuch kann aktualisiert werden durch die Frage, ob die Dominanz tatsächlich vollständig ist. Dazu läßt man die Zähne gleich großer Blätter der P- und F_1-Generation auszählen, Mittelwert und Streuung berechnen und vergleichen. Man findet dabei, daß die F_1-Blätter tatsächlich weniger Zähne aufweisen als die Blätter der Pilulifera-Eltern. Dies kann als Hinweis gewertet werden, daß vollständige Dominanz eines Merkmals in der Regel nur einen Grenzfall darstellt und man bei genügend feiner Beobachtung doch häufig homo- und heterozygote Merkmalsträger unterscheiden kann. Die Streuung der Mittelwerte ist gleichzeitig ein Maß für die modifikatorische Variabilität der Zahl der Blattrandzähne.

3. Kreuzungsversuche mit dem Mais

a. *Vorbemerkungen*

Der Mais ist eine uralte Kulturpflanze, die schon vor 6000 Jahren von den Indianern Amerikas angepflanzt wurde und heute in einer Vielzahl von Rassen gezüchtet wird. Er gehört zu den in genetischer Hinsicht am besten untersuchten höheren Pflanzen. Über 100 Gene sind auf den 10 Chromosomen des haploiden Satzes bereits kartiert, insbesondere durch Forschungen in Amerika, wo der Mais als Kulturpflanze eine größere Rolle spielt als in Europa.

In der Schule kommt ein Kreuzungsversuch mit Maisrassen nur dann infrage, wenn ein Schulgarten zur Verfügung steht, und eine auch botanisch-gärtnerisch interessierte Schülergruppe in einer Arbeitsgemeinschaft ausdauernd genug ist, den Versuch 2 Jahre lang zu betreuen.

Es ist auch möglich, daß Schülern, deren Eltern einen größeren Garten oder einen landwirtschaftlichen Betrieb besitzen, einige qm Land für den Versuch zur Verfügung gestellt werden. Selbstverständlich wird man die Kultur der Maispflanzen mit weiteren Fragestellungen anreichern, z. B. mit einer Untersuchung der Chromosomen in Mitose und Meiose (s. S. 62 ff und S. 87) oder des modifikatorischen Einflusses von Düngung auf Wachstum, Blütenbildung, Samenansatz, Samenzahl, -gewicht pro Kolben etc.

b. *Materialbeschaffung*
Das Saatgut für einen Kreuzungsversuch kann von den meisten botanischen Gärten oder landwirtschaftlichen Versuchsanstalten oder großen Samenhandlungen bezogen werden oder gegen Rückporto von *Dr. W. Gotthard,* 7302 Nellingen, Parksiedlung, Robert-Koch-Straße 44. Auch kleine Ziermaisvarietäten sind geeignet.

Auf jeden Fall ist es empfehlenswert, sich Maiskolben einer P-, F_1- und F_2-Generation einer dihybriden Kreuzung zu beschaffen. Man kann die Kolben dann Jahr für Jahr im regulären Genetikunterricht an geeigneter Stelle austeilen, untersuchen und die F_2-Kolben auszählen lassen. Wenige F_2-Kolben genügen für eine statistische Bearbeitung der Spaltungszahlen. Es handelt sich dabei um das beste reale Dauerpräparat eines Kreuzungsergebnisses.

c. *Durchführung der Kreuzung und Auswertung*
Für das Kreuzungsexperiment brauchbar sind Maissorten mit gelb-glatten, gelbrunzeligen, blau-glatten und blau-runzeligen Körnern. Die gelbe Farbe wird durch ein Xanthophyll, die blaue durch Anthozyan in der Aleuronschicht hervorgerufen. Die Form der Kornoberfläche hängt von der Beschaffenheit des Endosperms ab: Die glatten Körner enthalten mehr Stärke und weniger Zucker, die runzeligen mehr Zucker und weniger Stärke. Diese nehmen bei der Reifung mehr Wasser auf, das sie während der Ausreifung wieder abgeben. Dadurch werden die Körner runzelig.

Die Aussaat z. B. der gelb-glatten und blau-runzeligen P-Generation erfolgt Ende April, Anfang Mai in Reihen von 40 cm Abstand. Der Boden soll gut gelockert sein. Die Saattiefe beträgt 2—3 cm, der Abstand der Körner 20 cm. In jede Reihe sät man eine Rasse. Die Kennzeichnung der Sorten darf nicht vergessen werden. Bei trockenem Wetter muß man regelmäßig gießen. Zwei- bis dreimal wird nach der Keimung etwas Volldünger, z. B. Nitrophoska rot, gestreut und von Zeit zu Zeit der Boden gelockert.

Sobald die Pflanzen etwa 20 cm hoch sind, entfernt man jede zweite, so daß der endgültige Abstand 40 cm beträgt.

In höheren Lagen, wo im Mai häufig noch Fröste auftreten, muß das Maisbeet abgedeckt werden. Noch besser ist es, den Mais in Blumentöpfen im Klassenzimmer keimen zu lassen, um erst Ende Mai die Pflanzen ins Freie zu setzen. Die Keimung wird beschleunigt, wenn man die Körner 1—2 Tage in Wasser legt.

Die Kreuzung ist einfach durchzuführen. Man schneidet bei der gelbglatten Sorte die männlichen Blütenstände ab, sobald sie im Juli erscheinen, Der Blütenstaub der Sorte mit den blau-glatten bzw. blau-runzeligen Körnern wird vom Wind auf die Narben der gelbkörnigen glatten Sorte getragen.

Besteht die Gefahr, daß fremde, unerwünschte Pollenkörner auf die Narbe geweht werden, z. B. wenn sich in der Nähe ein Maisfeld befindet oder wenn gleichzeitig mehrere Kreuzungsversuche durchgeführt werden, muß man die Narben sorgfältig mit einer Pergamenttüte einbeuteln. Sie muß, wenn sie lang genug ist, unten eingeschnürt werden. An jedem Sproß lassen wir nur 1—2 Kolben ausreifen. Wenn die Hüllblätter hell und trocken sind, prüfen wir an der gelben Ausgangssorte das Ergebnis unseres Kreuzungsversuches. Die Körner müssen blauglatt sein. Sie dienen uns im nächsten Jahr als Saatgut.

Bei der Kreuzung von Pflanzen der F_1-Generation ist eine Kastrierung nicht erforderlich. Nur wenn die Gefahr besteht, daß unerwünschter Blütenstaub auf die Narben unserer Versuchspflanzen geweht wird, müssen die weiblichen Blütenstände eingebeutelt werden.

Die F_2-Kolben werden ausgezählt und mit der 9:3:3:1-Erwartung verglichen. Man kann sich mit der Feststellung, daß blau über gelb und glatt über runzelig dominiert, begnügen. Da sich die Merkmale auf das triploide Endospermgewebe beziehen, sind die tatsächlichen Verhältnisse komplizierter *(n. Gotthard 1969)*.

4. Mendelfälle bekannter Kultur- und Zierpflanzen

Für den normalen Genetikunterricht kommt die Durchführung von Kreuzungsexperimenten mit Pflanzen wegen der langen Dauer und des Aufwandes praktisch nicht infrage. Um die allgemeine Gültigkeit der Mendelschen Regeln für die Vererbung bei alternativen Merkmalspaaren zu belegen, insbesondere, wenn man sie — wie in diesem Handbuch dargestellt — am Beispiel Mensch abgeleitet hat, ist es zweckmäßig, eine Reihe von Beispielen aus dem Pflanzen- und Tierreich einfach zu demonstrieren durch Originalmaterial aus dem Garten, durch Herbar- oder Diamaterial.

Z. B. dominieren (nach *Spanner* 1965) bei

Kopfsalat	grüne Blätter	über gelbe Blätter
Buschbohnen	grüne Hülsen	über gelbe Hülsen
Kohlrabi	blaue Blätter und Knollen	über weiß-grüne Blätter und Knollen
Tomaten	rundglatte oder rundgerippte Früchte	über pflaumenförmige Früchte
Gartenbohnen	violette und rote Blüten	über weiße Blüten
Pferdebohnen	violette Blüten	über weiße Blüten
Kapuzinerkresse	rote Blüten	über blaßgelbe Blüten
Fingerhut	rote Blüten	über gelbe Blüten
Wiesenklee	rote Blüten	über weiße Blüten
Lupinen	blaue Blüten	über weiße Blüten
Himmelsleiter	blaue Blüten	über weiße Blüten
Landnelke	weiße Blüten	über gelbe Blüten

Bei genauerer Analyse zeigt sich allerdings auch bei diesen Beispielen, daß die Vererbung der Färbungen komplexer ist. Die Angabe der Dominanz bezeichnet im Grunde nur eine Tendenz, die bei Kreuzungen sichtbar wird. Eingehender untersucht ist die komplexe Vererbung der Blütenfärbungen beim Löwenmäulchen. Die Fülle der Farbnuancen kommt durch intermediäre und polymere Vererbung zustande.

5. Kreuzungsexperimente mit Blattkäfern

a. Materialbeschaffung, Haltung und Kreuzungstechnik

Kreuzungsversuche mit dem veränderlichen Blattkäfer *Chrysomela varians Schall.* eignen sich für Arbeitsgemeinschaften und Kollegstufenfacharbeiten. Die Versuchstiere findet man bevorzugt ab Mai am Tüpfeljohanniskraut *(Hypericum perforatum)* an Waldrändern und anderen sonnigen Standorten. Auffällig ist die variable Färbung der Käfer, auf die sich der Artname bezieht: Manche Käfer schimmern metallisch grün, manche blau, manche kupferrot. Daneben findet man auch die braunen Larven mit schwarzem Kopf an Johanniskraut fressend.
Die Erblichkeit der verschiedenen Farben der Käfer wurde bereits 1909 durch D. *Meißner* nachgewiesen.
Die Käfer können in Aquarienbecken gehalten und gezüchtet werden. Der Boden wird 2 cm hoch mit Sand, dann 6—8 cm hoch mit lockerer sandiger Gartenerde und schließlich mit einer Moosschicht abgedeckt. In die Erde werden bündig mit der Moosschicht zwei 250-ml-Erlenmeyerkolben gebettet. In das Wasser des einen Kolben gibt man Johanniskraut. Die Öffnung beider Kolben wird mit Watte verschlossen, damit keine Larven und Käfer in das Wasser fallen können. Larven oder Käfer werden mit einer Papierrinne auf die Futterpflanze gebracht. Ist die Futterpflanze abgefressen, stellt man in das zweite Wassergefäß frisches Johanniskraut, so daß es das erstere berührt. Die Tiere krabbeln dann selbst auf die neue Futterpflanze über und die alte kann nach einigen Tagen entfernt werden.
Zur Durchführung von Kreuzungen muß man Männchen und Weibchen unterscheiden können: Die Männchen sind kleiner als die Weibchen und haben auf der Bauchseite in der Mitte des letzten Hinterleibsringes eine feine konkave Ausbuchtung, die mit der Lupe erkennbar ist (Abb. 84).

Abb. 84: Veränderlicher Blattkäfer *Chrysomela varians* von der Unterseite, links das große Weibchen, rechts das kleinere Männchen mit der Eindellung auf dem letzten Hinterleibsring

Weibchen aus der freien Natur können schon befruchtet sein. Man wird demnach mit den Vererbungsversuchen erst beginnen, wenn frisch geschlüpfte Tiere aus eigener Zucht zur Verfügung stehen.
Etwa 8 Tage nach der Paarung beginnen die Weibchen mit der Eiablage. Alle 2—4 Tage werden 2—4 Eier auf die Wirtspflanze gesetzt. Nach *Gondert* (1937) sollen es bis zu 40 pro Tier sein. Die Eier sind etwa 1,5 mm groß und enthalten eine völlig entwickelte Larve, die wenige Minuten nach der Eiablage schlüpft. Kurze Zeit später beginnt sie mit der Futteraufnahme.

Die schnellwachsenden Larven häuten sich dreimal, im Abstand von 5—7 Tagen. Nach rund drei Wochen verläßt die Larve die Futterpflanze und gräbt sich flach in die feuchte Erde ein. Sie fertigt eine glattwandige Puppenwiege und verwandelt sich — je nach Temperatur — innerhalb von 8—12 Tagen in einen Käfer. Frisch geschlüpfte Käfer sollten möglichst nicht angefaßt werden. Sie können leicht zu Schaden kommen. Anfangs sind sie wie Puppen rötlich. Dann bräunt sich das Chitin, und der metallische Schimmer kommt hinzu. Nach und nach stellt sich die endgültige Farbtönung ein. Nach 8 Tagen, in denen besonders das Weibchen noch stark wächst und das Männchen an Größe überflügelt, sind die Tiere geschlechtsreif. Die Entwicklung von der Eiablage bis zur Geschlechtsreife dauert 6—7 Wochen.

b. *Mögliche Kreuzungen und Ergebnisse*

Folgende Kreuzungen können durchgeführt werden:
α) blaue × blaue und rote × rote Käfer (Prüfung der Reinerbigkeit)
β) blaue × rote Käfer (P-Generation) → grüne Käfer
γ) grüne Käfer unter sich (F_1 inter se) → Aufspaltung: blau:grün:rot 1:2:1
δ) blaue bzw. rote × grüne Käfer (Rückkreuzung) → Aufspaltung 1:1

Die Kreuzungsergebnisse liegen nach 3 Monaten vor und können statistisch bearbeitet werden. Larven und Käfer sauber zeichnen lassen, schärft die Beobachtungsgabe. Die Variabilität innerhalb der Farbgruppen kann beachtet werden und ebenso wie die Ergebnisse der Kreuzungsexperimente in Insektenkästen durch Präparation der Käfer dokumentiert werden. Den Überschuß der Käfer kann man am Fundort wieder aussetzen (nach *Gotthard* 1969, erweitert).

6. *Kreuzungsversuche mit Buntmäusen*

a. *Vorbemerkungen*

Hausmäuse und ihre zahlreichen Farbrassen gehören zu den genetisch am besten untersuchten Säugetieren. Die Anzahl der gegenwärtig analysierten Gene liegt in der Größenordnung um 300. Ein Drittel davon betrifft Eigenschaften des Fells der Mäuse. Ihre Zucht in der Schule im Rahmen einer Arbeitsgemeinschaft oder als Versuchstier für Kollegstufen-Facharbeiten lohnt in mehrfacher Hinsicht, lassen sich doch damit nicht nur Versuche mit genetischer Fragestellung, sondern auch eine Reihe reizvoller Versuche mit sinnesphysiologischen und ethologischen Fragestellungen durchführen. Erfahrungsgemäß finden sich stets eine Reihe von Schülern oder Schülerinnen, die — zumindest eine Zeit lang — mit Begeisterung sich der Pflege der Tiere widmen.

b. *Materialbeschaffung und Haltung*

Als Versuchstiere besorgt man sich in Zoohandlungen sog. Bunt- oder Farbmäuse sowie weiße Mäuse, Rassen der wilden Hausmaus *Mus musculus*. Falls keine Farbmaus zu beschaffen ist, kann man auch mit einer wilden Hausmaus und einer „weißen Maus" beginnen.

Am ungefährlichsten ist es, die Tiere am Schwanz hochzunehmen. Zu Bissen kommt es selten, da die Art im allgemeinen weitgehend domestiziert ist. Bei Wildmäusen sollte man vorsichtig sein. Hier bewährt sich beim Fang die Verwendung eines Lederhandschuhes.

Als Käfige eignen sich z. B. engmaschige Hamsterkäfige oder mit Gitter abgedeckte Aquarienbecken, deren Böden mit der geruchsabsorbierenden handelsüblichen Katzenstreu bedeckt werden. Wechselt man sie alle 2 Wochen, bleibt die Geruchsbelästigung in erträglichen Grenzen. Gefüttert wird täglich mit Brot, Körnern und Grünzeug. Die Verwendung handelsüblicher Futterautomaten mit Kraftfutter und mechanischen Tränken erlaubt es, mehrere Käfige ohne tägliche Betreuung zu halten.

Mäuseweibchen werfen alle 4 Wochen im Mittel 8 Nachkommen. Die Jungtiere sind zunächst nackt und blind. Bei Farbmäusen lassen sich aber schon vom ersten Tag an die Augenpigmente erkennen. Nach 2 Wochen verlassen die völlig behaarten Jungen das Nest.

Die Geschlechtsreife tritt nach etwa 4 bis 6 Wochen ein. Bevor die Bauchbehaarung erscheint, lassen sich die Geschlechter der Jungtiere an den bei den Weibchen vorhandenen Zitzen erkennen. Später haben die Männchen zwischen After und Geschlechtsteil eine Zone behaarten Bauchfells, die bei den weiblichen Tieren fehlt. Bei diesen liegen After und Scheide nahe beieinander.

c. *Versuchsdurchführung und Auswertung*

Man kann mit einer Kreuzung: dunkle Buntmaus × weiße Maus beginnen. Um Beißereien zu vermeiden, bringt man die Zuchttiere in einen sauberen und neu ausgetreuten Behälter.

Weiße Mäuse, Albinos der Hausmaus, enthalten eine Reihe von Genen für Fellfarbe, die sich aber nicht manifestieren, da die Albinos homozygot rezessiv für einen sog. Chromogenfaktor c sind, der die Ausprägung jeder Fellfarbe verhindert.

Kreuzt man demnach eine wilde Hausmaus oder eine schwarze Buntmaus mit einer Albinomaus, so sind alle Individuen der F_1-Generation pigmentiert, da sie heterozygot für den Chromogenfaktor (Cc) sind und sich die eigentlichen, die Fellfarbe bestimmenden Gene manifestieren können. Da die Fellfarbe von zahlreichen Farbgenen mit Reihen multipler Allele bestimmt wird, zu denen noch Aufhellungs- und Scheckungsfaktoren sowie Faktoren für die Verteilung auf Bauch- und Rückenseite kommen, fallen die Individuen der F_1-Generation in der Färbung bereits recht heterogen aus. Zählt man die Farbtypen mehrerer Würfe des Elternpaares aus, kann man mit Hilfe der Literatur in erster Näherung den Genotyp der Eltern bestimmen. Folgende Faktoren sind an der Haarfärbung beteiligt (nach *Plate* verändert aus *Teufert*):

Großbuchstaben bezeichnen dominante Allele, Kleinbuchstaben rezessive Allele. Mehrere Groß- bzw. mehrere Kleinbuchstaben bedeuten Reihen multipler Allele, wobei die jeweils weiter links stehenden über die nachfolgenden dominieren:

A^y (gelb), A^z (zobelfarben), A^w (wildfarbig mit weißem Bauch), A (wildfarbig mit grauem Bauch), a^t (schwarzrückig mit gelblichem Bauch) und a (schwarz oder braun).

B (schwarzes Pigment), b (braunes Pigment).

D (dichtes Pigment), d (verdünntes Pigment).

H (dunkles Pigment), h (helles Pigment).

C (Vollfärbung), c^i (intensive Chinchillafärbung), c^{ch} (Chinchillafärbung), c^e (extreme Verdünnung lohfarben oder schmutzigweiß) und c (albinotisch).

P (Pigment körnig, Augen schwarz), p (Pigment krümelig, Augen rot).
L^n (nicht bleifarbig), l^n (bleifarbig).
S (einfarbig), s (weißscheckig).
W (weißscheckig), w (einfarbig).
G^l (normalfarbig), g^l (letales Grau).
S^i (nicht silbern), s^i (silbern).
S^w (einfarbig), s^w (weißer Bauchfleck).

Durch die Kombination multipler Allelie, additiver und komplementärer Polygenie bei der Vererbung der Fellfärbung sind die Ergebnisse von F_1-inter se-Kreuzungen im schulischen Rahmen nicht einfach zu interpretieren. Sind gelbe Mäuse aufgetreten, kann man die Wirkung des Letalfaktors demonstrieren: Kreuzt man gelbe Mäuse untereinander, so spalten sie stets in einem Verhältnis gelb : andersfarbig auf, das mit dem 2:1-Verhältnis verträglicher als mit dem 3:1 ist. Dies rührt daher, daß gelb homozygote Embryonen ($A^y A^y$) am 5. Tag der Trächtigkeit absterben und die ausgetragenen Gelbmäuse stets heterozygot sind ($A^y A$). (Dominanter Letalfaktor s. S. 228).

Am Gen für gelb läßt sich auch das Phänomen der Pleiotropie oder Polyphänie zeigen: Das Gen für gelb bewirkt nicht nur eine Veränderung der Fellfarbe, sondern auch einen verstärkten Fettansatz.

Ist man bestrebt, mit den anfallenden Farbmäusen reine Rassen zu züchten, so empfiehlt es sich, mit den von Natur aus bereits reinrassigen, rezessiven Farben zu beginnen (braun oder verdünnt-braun). Bei Farbmäusen, die mehrere dominante Gene enthalten, paart man immer wieder die phänotypisch brauchbaren Jungtiere untereinander. Auf diese Weise kommt man zu einer nach und nach angenäherten Reinrassigkeit (künstliche Auslese).

Zur Feststellung der wirklich schon reinrassig gewordenen Stämme werden diese mit den entsprechend rezessiven Merkmalsträgern gekreuzt. Treten auch jetzt bei den Nachkommen (Rückkreuzung: 1 rezessiver Bock mit fünf zu prüfenden Weibchen) phänotypisch keine rezessiven Merkmale mehr auf, so können die untersuchten Tiere als reinrassig angesehen werden (nach *Teufert* 1962).

Die Kreuzungsversuche können ergänzt werden durch die Darstellung der Mäusechromosomen. Eine detaillierte Versuchsanleitung findet sich in den Artikeln von *E*. u. *D. Fiuczynski*: Mitosechromosomen aus dem Knochenmark der Weißen Maus, Mikrokosmos, H 2, 1971 und: Mitose- und Meiosechromosomen aus den Hoden der Weißen Maus, Mikrokosmos, H 5, 1971.

Literatur

Gotthard, W.: Erbversuche mit der Pillennessel und dem Mais. Erbversuche mit dem veränderlichen Blattkäfer in: Der Biologieunterricht, Beiträge zur klassischen Genetik, H. 2 (1969)
Hagemann, E.: Ratte und Maus, Kapitel Genetik, de Gruyter, Berlin (1960)
Schwanitz, F.: Die Evolution der Kulturpflanzen, blv-Verlag, München, Basel, Wien (1967)
Spanner, L.: Von der Genetik in der Praxis und der Praxis der Genetik, Praxis der Naturwiss., H. 8 (1965)
Teufert, K.: Vererbungsversuche mit Farbmäusen, Praxis der Naturwiss., H. 3 (1962)

II. Kreuzungsexperimente — extrakaryotische Vererbung

1. Historisches und allgemeine Grundlagen

Bereits 9 Jahre nach der Wiederentdeckung der Mendelschen Regeln beschrieben *Correns* bei der Wunderblume *(Mirabilis jalapa)* und *Baur* bei Pelargonien *(Pelargonium zonale)* Kreuzungsresultate, die nicht mit diesen Regeln in Einklang zu bringen waren: Sie experimentierten mit Pflanzen, bei denen neben Zweigen mit grünen Blättern solche mit grün-weiß gefleckten (panaschierten) und solche mit weißen Blättern aufgetreten waren. Bestäubten sie Blüten auf grünen Zweigen mit Pollen von Blüten an weißen Zweigen, so entstanden grüne F_1-Pflanzen. Bestäubten sie umgekehrt Blüten auf weißen Zweigen mit Pollen von Blüten grüner Zweige, so entstanden weiße F_1-Keimlinge, (die infolge des fehlenden Chlorophylls absterben). Dieses Ergebnis widerspricht der Reziprozitätsregel und zeigt den ausschließlich mütterlichen Einfluß auf die Merkmalsbildung. Ein solcher Vererbungsmodus spricht dafür, daß Erbfaktoren im Zytoplasma der Eizelle außerhalb des Kerns eine Rolle spielen. Die These der plasmatischen Vererbung oder besser extrakaryotischen Vererbung wurde seitdem kontrovers diskutiert und erst seit 1962 mit dem Nachweis von DNS in Plastiden, Mitochondrien und Zentriolen eindeutig bestätigt: In den weißen Blättern der genannten Versuchspflanzen liegt eine Plastidenmutation vor, die den Verlust der Ergrünungsfähigkeit zur Folge hat. Mit der Annahme, daß die Plastiden über das Zytoplasma der Eizelle und nicht über den Pollen in die Zygote gelangen, wird die Ungleichheit der Produkte reziproker Kreuzungen in den historischen Versuchen verständlich.

Einen weiteren Nachweis für extrakaryotische Vererbung lieferte die von *Renner* durchgeführte Kreuzung der beiden grünen Nachtkerzenarten *Oenothera scabra* und *Oenothera longiflora:* Neben grünen Pflanzen traten in der F_1-Generation stets neben panaschierte Pflanzen auf in unterschiedlichen Verhältnissen, im Widerspruch zur Uniformitätsregel. Die Analyse dieser Erscheinung ergab folgendes Resultat: Die Plastiden der mütterlichen *Oenothera scabra* sind in Verbindung mit dem scabra/longiflora Bastardgenom nicht ergrünungsfähig, während die von der Vaterpflanze übertragenen longiflora-Plastiden ergrünen. Die grünen Bastardpflanzen der F_1 besitzen in allen Zellen funktionsfähige, väterliche longiflora-Plastiden. Bei den Schecken wechseln dagegen Zonen nichtergrünungsfähiger, mütterlicher scabra-Plastiden mit Zonen ergrünungsfähiger longiflora-Plastiden.

Extrakaryotische Vererbung ist demnach nicht identisch mit mütterlicher = matrokliner Vererbung. Auch in dem Plasma der männlichen Gameten können extrakaryotische Genträger in die Zygote übertragen werden.

Der Rennersche Oenotheraversuch lieferte einen weiteren Nachweis für extrakaryotische Vererbung durch den Befund von sog. vegetativen Umkombinationen: Die Zygoten der scabra/longiflora-Bastarde enthalten in der Regel sowohl scabra- als auch longiflora-Plastiden. Bei den nachfolgenden Zellteilungen bleiben aber diese Mischungsverhältnisse meist nicht erhalten, sondern es entstehen neben neuen Mischzellen auch Zellen mit nur gelben scabra-Plastiden und Zellen mit nur grünen longiflora-Plastiden.

Die genetische Konstitution der Zellen kann also bezüglich der extrakaryotischen Erbfaktoren verschieden sein. Sie kann sich bei jeder Zellteilung verändern. Das steht wiederum im krassen Gegensatz zur karyotischen Vererbung, wo durch den exakten Chromosomenverteilungsmechanismus der Mitose gewährleistet wird, daß die Zusammensetzung der karyotischen Erbfaktoren in allen vegetativ entstandenen Zellen dieselbe bleibt.

Die Summe der in den Plastiden lokalisierten Erbfaktoren nennt man Plastom. Besonders eigenartig und interessant ist das Phänomen der sog. kerninduzierten Plastommutation. Hier wird durch ein im Zellkern lokalisiertes Gen eine Plastidenmutation ausgelöst. Diese Mutation wird extrakaryotisch vererbt. Sie bleibt auch dann erhalten, wenn das „Mutator"-Gen durch ein anderes Kerngen ausgetauscht worden ist. Wenn z. B. beim Mais das rezessive Gen „iojap" homozygot vorliegt, dann kommt es zur Entstehung von Zonen mit nicht ergrünungsfähigen Plastiden.

In dem nachstehend (nach *Potrykus* 1970) beschriebenen Versuch wird mit einer solchen kerninduzierten Plastommutation bei *Petunia* gearbeitet. Der Versuch eignet sich für Arbeitsgemeinschaften und Facharbeiten, wenn geeigneter Raum zur Verfügung steht.

2. *Kreuzungsversuch mit einer Petunia-Mutante*

a. *Materialbeschaffung, Kultur und Kreuzungstechnik*

Samen der Versuchspflanze können von Dr. J. *Potrykus*, Institut für Botanische Entwicklungsphysiologie der Universität Hohenheim, 7 Stuttgart 70, Fruwirthstraße 20, bezogen werden.

Das Untersuchungsobjekt ist eine Röntgenstrahlen-induzierte Mutante von *Petunia hybrida var. Blue Bedder* aus dem Max-Planck-Institut für Züchtungsforschung, Köln Vogelsang.

Die Mutation $a^+ \rightarrow a^-$ bewirkt im homozygoten Zustand in den Plastiden immer wieder Mutationen von grün nach weiß und von weiß nach grün. Dies äußert sich in einer grün-weißen Sprenkelung der Blätter der Mutante. Als Kreuzungspartner werden grüne Pflanzen des „Wildtyps" a^+a^+ verwendet. Man erhält Samen der Mutante und des Wildtyps.

Die Aussaat erfolgt auf mehreren Lagen angefeuchteten Filterpapiers in Petrischalen, die anschließend verschlossen werden. Wenn die Keimlinge anschließend aufgezogen werden sollen, wird auf ein sehr fein gesiebtes, feuchtes Torf-Sand-Gemisch ausgesät.

Die Samen keimen bei Temperaturen um 25° C nach 3—4 Tagen.

Die Auswertung von Kreuzungsnachkommen kann bereits nach 7 Tagen in der Petrischale (bis 300 Keimlinge je Schale) oder Aussaatschale erfolgen.

Die Keimlinge werden in ein Torf(4)-Humus(1)-Gemisch pikiert, die Jungpflanzen in ein Humus(2)-Torf(3)-Sand(1)-Gemisch in nicht zu große Töpfe eingepflanzt (für 2 Tage abdecken).

Wenn viele Wurzeln an der Topfinnenseite entlangwachsen, wird umgetopft. Die Pflanzen beginnen durchschnittlich (von Frühjahr bis Herbst) 60 Tage nach der Aussaat zu blühen. Die Blütenzahl beträgt in Abhängigkeit von der Wuchsform 5—100.

Zur Kreuzung werden ausgefärbte Knospen vor dem Entfalten seitlich aufgeschlitzt und die Staubgefäße entfernt. Die Blütenknospen werden mit Bastfäden zugebunden. Am übernächsten Tag wird die reife Narbe (mit feuchtem Sekret) mit einer aufgeplatzten Anthere des gewählten Kreuzungspartners betupft (ganze Anthere mit spitzer Pinzette übertragen und diese vor jedem Kreuzungsschritt mit Alkohol reinigen). Die Blütenkrone wird mit Bast verschlossen.

Im Durchschnitt reifen die Samen 4 Wochen nach der Bestäubung, im Sommer noch schneller. Die Frucht (Kapsel) wird ockerfarben und springt an der Verwachsungsnaht der beiden Fruchtblätter auf. Die Früchte müssen rechtzeitig geerntet werden.

b. *Mögliche Kreuzungen und Auswertung*

Mit folgenden Kreuzungen lassen sich sämtliche Nachweise für extrakaryotische Vererbung demonstrieren: (Abb. 85).

1. Die Kreuzung gesprenkelt (a^-a^-) × grün (a^+a^+) liefert, obwohl alle Nachkommen den (Kern)-Genotyp a^+a^- haben, grüne, grün-weiß gescheckte und weiße Pflanzen (Aufspaltung der F_1-Generation, vegetative Entmischung).

2. Die reziproke Kreuzung: grün (a^+a^+) × (a^-a^-) liefert nur grüne Nachkommen. (Reziprokenunterschiede, mütterliche Vererbung!)

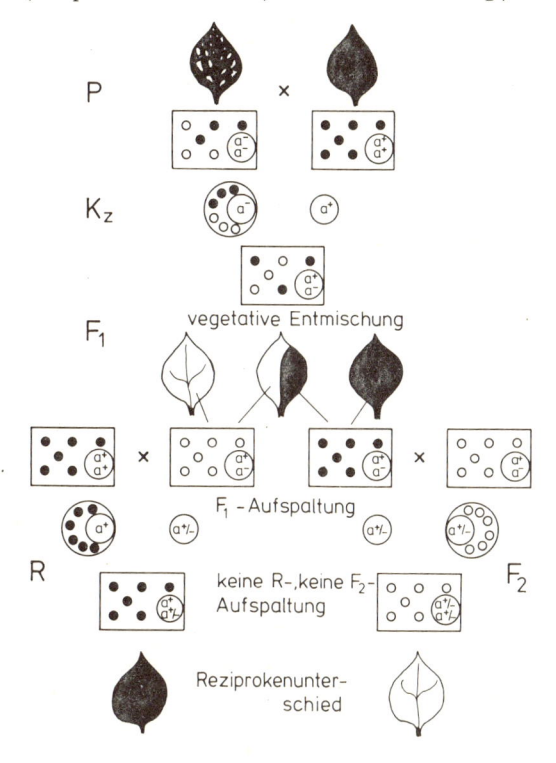

Abb. 85: Schema der extrachromosomalen Vererbung bei einer *Petunia hybrida* Mutante. Die Rechtecke sollen somatische Zellen darstellen, in die der Plastidentyp (schwarze Kreise = grüne Chloroplasten, weiße Kreise = weiße Chloroplasten) und der Genotyp eingezeichnet sind. Die mutierten Allele a^- induzieren Hin- und Rückmutationen in den Plastiden. Die Plastiden werden im vorliegenden Fall nur über das mütterliche Zytoplasma an die nächste Generation weitergegeben, wo sie sich während fortgesetzter Zellteilungen zufällig entmischen können.
Weitere Erklärungen s. Text (nach *Potrykus* 1970 verändert)

3. Werden weiße F_1-Pflanzen (Sproß [a^+a^-] mit grünen [a^+a^+]) rückgekreuzt, so entstehen ausschließlich weiße Keimlinge (a^+a^+ oder a^+a^-). (Keine Rückkreuzungsaufspaltung, Stabilität der Plastidenmutation auch unter dem Wildtyp-[Kern]-Genom!)

Abschließend sei noch darauf hingewiesen, daß nicht alle Panaschierungen auf Plastidenmutationen beruhen. Es kommen vielmehr auch chromosomal bedingte Scheckungen, sowie durch Virusarten (Virosen) oder Ernährungsmängel bedingte Scheckungen vor.

Literatur

Arnold, C. G.: Gene außerhalb des Zellkerns, Biuz, H. 4, 1971, S. 111
Potrykus, I.: Schulversuche zur plasmatischen Vererbung. I. II. III., Mikrokosmos 59, H. 8, H. 9 H. 10 (1970)

III. Untersuchungen zur Variabilität

1. Vorbemerkungen und Begriffe

Die Gesamtheit der Merkmale eines Lebewesens bezeichnet man als sein Erscheinungsbild oder seinen Phänotyp. Es ist eine Grundeigenschaft lebender Systeme, daß die Phänotypen der Individuen einer Population stets mehr oder minder variieren. Diese Erscheinung nennt man *Variabilität*, die einzelnen Formen *Varianten*.

Darwin hat die Variabilität der Organismen als Voraussetzung für den Artenwandel erkannt, *Galton* hat als erster klar ausgesprochen, daß die Variabilität durch Erbgut und Umwelteinflüsse („nature and nurture") bedingt wird: Das Erbgut, die genetische Information, der Genotyp bestimmt die sog. *Reaktionsnorm und Reaktionsbreite* der Merkmale. Innerhalb der Reaktionsnorm bestimmen Umweltfaktoren die tatsächliche Ausprägung der Merkmale.

Die durch die Reaktionsnorm gegebenen Entwicklungsmöglichkeiten können sich in wechselnden Zuständen desselben Individuums oder bei Gruppen erbgleicher Individuen zeigen, die sich unter verschiedenen Bedingungen entwickeln.

Die *Variabilität des Phänotyps eines einzelnen Individuums* sowie die *Variabilität der Phänotypen erbgleicher Individuen* bezeichnet man als *Modifikabilität*, die einzelnen Abwandlungen als *Modifikationen*.

Erbgleich sind z. B. *eineiige Zwillinge*. Untersuchungen an EZ zur Frage der Modifikabilität von Merkmalen sind bereits im Rahmen der Humangenetik beschrieben (s. S. 191ff). Zwillingsuntersuchungen am Menschen müssen auf das Experiment verzichten. Dagegen lassen sich eineiige Zwillinge von z. B. Rindern unter extrem verschiedenen, kontrollierten Ernährungs- und Haltungsbedingungen aufziehen und so die Modifikabilität, die Reaktionsbreite z. B. der Milchleistung, des Fleischansatzes etc. messen.

Erbgleiche Individuen bekommt man auch durch *vegetative Vermehrung* eines Ausgangsindividuums (z. B. Paramaecien, Hydra, Ausläufer, Brutknollen, Stecklinge bei Pflanzen; Regenerationsexperimente mit vegetativen Zellen z. B. bei Fröschen, Höheren Pflanzen s. S. 57), oder durch *eingeschlechtige (parthenogenetische) Vermehrung* eines Ausgangsindividuums (z. B. Daphnien, Artemien,

Blattläuse). Derartige Gruppen erbgleicher Individuen bezeichnet man als *Klone.*
Erbgleiche Individuen erhält man auch durch fortgesetzte Selbstbefruchtung zwittriger Individuen, die von einem reinrassigen Individuum abstammen. Man nennt sie *reine Linien.*
Und schließlich kann man sog. *reine Ketten* erbgleicher Individuen durch fortgesetzte Inzucht von einem gleich- und reinerbigen Elternpaar ausgehend erhalten.
Modifikabilität tritt in zwei Erscheinungsweisen auf:
Man spricht von *fluktuierender oder fließender Modifikabilität,* wenn die Modifikationen fortlaufend gradweise Steigerungen eines Merkmals, wie stetige Größen- oder Gewichtszunahme, stetige Formabwandlung oder stetiges Aufsteigen in einer Zahlenreihe (z. B. Zahl der Staubblätter) darstellen.
Von *alternativer oder umschlagender Modifikabilität* spricht man, wenn die Modifikation nicht durch Übergänge miteinander verbunden sind.

2. Qualitative Beispiele und Untersuchungen zur Modifikabilität

Die Reaktionsbreite eines Genotyps, die sich in der Modifikationsbreite eines Merkmals äußert, ist bei Pflanzen in der Regel weit größer als bei Tieren.

a. *Beispiele aus dem Pflanzenreich*

Besonders anschaulich zeigen die extrem verschieden gestalteten Blätter amphibischer Pflanzen eine große Modifikationsbreite, die man durch Lebend-, Herbar- oder Diamaterial demonstrieren kann:
Die untergetauchten Wasserblätter sind den Bedingungen im Wasser angepaßt, zart und fein zerteilt, die Schwimm- oder Luftblätter kräftiger und weniger geteilt, z. B. Wasserhahnenfuß *(Ranunculus aquatilis),* gemeiner Tannenwedel *(Hippuris vulgaris),* Tausendblatt *(Myriophyllum spec.),* Bachbungen Ehrenpreis *(Veronica beccabunga)* etc.
Auch Licht- und Schattenblätter, Primär- und Folgeblätter ein- und derselben Landpflanze variieren oft beträchtlich, z. B. Bohne *(Phaseolus vulgaris),* Efeu *(Hedera helix).*
Den gewaltigen Einfluß günstiger oder ungünstiger Umwelteinflüsse auf das Wachstum zeigt z. B. der Ackersenf *(Sinapis arvensis),* von dem man auf Kies winzige blühende Zwergpflänzchen von 3—4 cm Höhe und daneben auf gutem Boden oder Komposthaufen Riesenpflanzen von 1 m Höhe und mächtiger Verzweigung antreffen kann. Beide Varianten blühen und fruchten und ihre Nachkommen liefern unter gleichen Bedingungen normale Pflanzengestalten.
Den modifizierenden Einfluß durch Parasitenbefall kann man am leichtesten bei der Zypressenwolfsmilch *(Euphorbia cyparissias)* zeigen. Die befallenen Pflanzen sind schlanker und blühen nicht; sie stehen häufig inmitten normaler, blühender Individuen.
Den Einfluß einzelner Umweltbedingungen kann man am besten in Experimenten demonstrieren, in denen erbgleiche Individuen kontrollierten unterschiedlichen Umweltfaktoren ausgesetzt werden:
Man schneidet eine Kartoffelknolle in fünf annähernd gleich große Stücke mit je mindestens einem Auge und läßt jedes Stück unter anderen Bedingungen austreiben:

1. auf einem Teller in Fensternähe bei Zimmertemperatur (hell, warm, trocken)
2. in einem Weckglas auf feuchtem Filterpapier in Fensternähe bei Zimmertemperatur (hell, warm, feucht)
3. auf einem Teller bei Zimmertemperatur im Dunkeln (dunkel, warm, trocken)
4. in einem Weckglas auf feuchtem Filterpapier bei Zimmertemperatur im Dunkeln (dunkel, warm, feucht)
5. Im Gemüsefach des Kühlschrankes (dunkel, kalt, feucht)

Die bekannten Versuchsergebnisse zeigen die modifikatorischen Einflüsse der verschiedenen Umweltbedingungen, wobei die verschiedenen Antworten der erbgleichen Individuen als Anpassung im Sinne der Erhaltung des Individuums verstanden werden können.

Schneller kommt man zu dem Ergebnis, wenn man z. B. Kresse, Ackersenf oder Bohnensamen unter den verschiedenen Bedingungen treiben läßt. Man muß dabei den Nachteil in Kauf nehmen, daß man die Erbgleichheit der Pflänzchen nicht belegen kann.

Die Belichtungsdauer hat bei vielen Pflanzen einen modifikatorischen Einfluß auf die Blütenbildung. Bei sog. Kurztagspflanzen, z. B. der Schmuckwinde *(Ipomea hederacea)* werden nur dann Blüten angelegt, wenn die Pflanzen 8 Stunden belichtet werden und eine „ungestörte Nachtruhe" haben. Eine kurzfristige Belichtung während der Nacht hemmt die Blütenbildung. Umgekehrt ist es bei Langtagspflanzen. Die Belichtungsdauer entscheidet über die Alternative: Blütenbildung oder keine Blütenbildung. Man spricht in diesem Falle von alternativer oder umschlagender Modifikabilität.

Das altbekannte Beispiel für alternative Modifikabilität ist die Temperaturabhängigkeit der Blütenfarbe bei der Chinesischen Primel *(Primula sinensis):* unterhalb 30° blüht sie rot, oberhalb 30° weiß. Ähnlich reagiert eine Chrysanthemenart, die im Freien tiefrote Blüten hat, auf Gewächshauskultur mit der Bildung fast weißer Blüten. Ein besonders eindrucksvolles Beipiel für die Farbänderung von Blüten bieten einige Petunienrassen: Im Schatten bei 30° gehalten, sind die Blüten einfarbig blau, in voller Sonne bei 20° C reinweiß. Durch Umsetzen von einer Bedingung in die andere erhält man Blüten mit verschiedenen Blau-Weiß-Mustern.

Ein im Frühjahr ausgesätes Wintergetreide wird bei normalem Witterungsablauf keine Halme mit Ähren bilden. Dazu benötigt das Wintergetreide die Kältephase des Winters. Den gleichen Effekt kann man erreichen, wenn man die keimenden Körner längere Zeit niedrigen Temperaturen von etwa $+3°$ aussetzt. Unter diesen Bedingungen trägt das Wintergetreide auch bei Frühjahrsaussaat. Die Behandlung mit niedrigen Temperaturen (Vernalisation oder Jarowisation) hat das Getreide modifikativ in Sommergetreide umgestimmt.

Die Vernalisation hat in keiner Weise das Erbgut verändert, wie *Lyssenko* fälschlicherweise angenommen hat.

b. *Beispiele aus dem Tierreich*

Auffällige Beispiele aus dem Tierreich für Modifikabilität sind z. B. verschiedene Sommer- und Winterfellfarben und -formen bei vielen Säugetieren. Beim Russenkaninchen kann die Fellfärbung experimentell durch die Temperatur manipuliert werden: Bei normaler Temperatur ist das Fell am Körper weiß. Rasiert

man ein Stück und setzt das Kaninchen niedrigeren Temperaturen aus, so wachsen schwarze Haare an dieser Stelle nach.
Den Einfluß der Temperatur auf die Ausbildung des Farbmusters kann man in der Schule bei Schmetterlingen, z. B. beim Kleinen Fuchs *(Vanessa urticae)*, zeigen: Die Raupen findet man bekanntlich auf Brennesseln. Zusammen mit den Futterpflanzen stellt man sie in einen Insektenkäfig, bis sie sich verpuppen. Je etwa 10 frisch gebildete Puppen läßt man dann im Kühlschrank bei ca. 8°, im Zimmer bei ca. 20° und im (angefeuchteten) Wärmeschrank bei ca. 30° sich entwickeln. Dazu legt man die Puppen in Petrischalen auf Watte. Es ergibt sich, daß die Intensität der Färbung mit der Temperatur während der Puppenzeit deutlich zunimmt.
Beim Tagpfauenauge verschwindet z. B. der große augenförmige Punkt auf dem hinteren Flügelpaar, wenn man die Puppen zwei Tage lang bei Temperaturen von — 10° C hält.
Bekannt sind die natürlicherweise vorkommenden, unterschiedlichen Sommer- und Herbstformen bei manchen Schmetterlingen, z. B. beim Landkärtchen *(Araschnia levana)*.
Die unterschiedlichen Merkmale bei Bienenkönigin und Arbeiterinnen, bei Hummelköniginnen und den im Laufe des Jahres zunehmend größer ausfallenden Arbeiterinnen sind bei gleichem Erbgut allein umweltinduziert und zwar ernährungsbedingt.
Auch Beispiele für phänotypische Geschlechtsbestimmung im Tierreich können in diesem Zusammenhang genannt werden, z. B. *Bonellia,* bei der Umweltfaktoren darüber entscheiden, ob aus einer Larve ein mikroskopisch kleines Zwergmännchen oder ein Weibchen mit meterlangem Rüssel hervorgeht.

3. Quantitative Untersuchungen zur fließenden Modifikabilität
Bereits 1903 hat *Johannsen* die Modifikabilität der Länge von Bohnensamen reiner Linien untersucht und dabei die Gültigkeit statistischer Gesetzmäßigkeiten gefunden. Das Bohnenbeispiel hat Eingang in alle Schulbücher gefunden und eignet sich auch für eine praktische, quantitative Untersuchung, die schon in der Sekundarstufe I durchgeführt werden kann. Die statistische Behandlung des Zahlenmaterials wird der Kollegstufe vorbehalten sein.

a. *Versuchsdurchführung*
Man besorgt sich in einer Samenhandlung z. B. 1 kg Feuerbohnen und 1 kg Buschbohnen. Es ist anzunehmen, daß es sich dabei um reine Linien handelt. Die Samenlänge mit der Schublehre zu messen, wie gelegentlich empfohlen wird, ist zeitaufwendig und liefert ein Zahlenmaterial, das erst durch die Einteilung in Größenklassen überschaubar wird. Den Meßvorgang und die Zuordnung der einzelnen Bohnen zu Größenklassen kann man nach einem Vorschlag von *Weber*

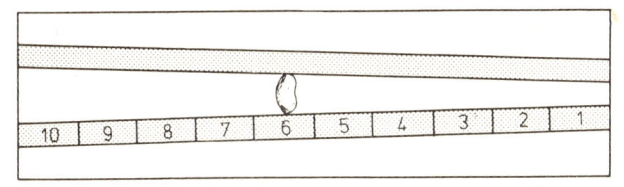

Abb. 86: Lehre zur Bestimmung der Bohnenlänge. Die Zahlen auf der unteren Leiste bedeuten die Längenklassen.

(1969) wie folgt vereinfachen: Auf Sperrholzplatten von 8 × 25 cm sind je zwei Leisten so aufgenagelt, daß sie einen spitzkeilförmigen Raum zwischen sich fassen. Auf einer der Leisten sind Marken aufgetragen, welche die einzelnen Klassen der Bohnenlängen abgrenzen (Abb. 86). Die Objekte werden nacheinander in den Keil eingeführt, bis sie gerade klemmen. Damit ist die Zuordnung jedes Objekts zu einer Längenklasse geklärt. Nach Vorführung und Vereinbarung des Protokollverfahrens erhalten je 2 Schüler eine Lehre und eine Handvoll Bohnen. Einer mißt, der andere protokolliert. Während dies geschieht, bereitet man ein Sammelprotokoll vor, in das alle Meßergebnisse schließlich eingetragen werden.

b. *Ergebnis:*

Die jeweils von einem Schülerpaar gewonnenen Daten lassen kaum eine Regelmäßigkeit erkennen. Doch wird diese zunehmend deutlich, wenn man eine immer größere Zahl von Daten zusammenfaßt: Beiderseits einer bestimmten mittleren Größen-Klasse nimmt die Klassenbesetzung umso mehr ab, je mehr man sich den Extremklassen nähert (Abb. 87). Das Treppenpolygon zeigt die Häufigkeit der Bohnen in den einzelnen Längenklassen aus der untersuchten Probe.

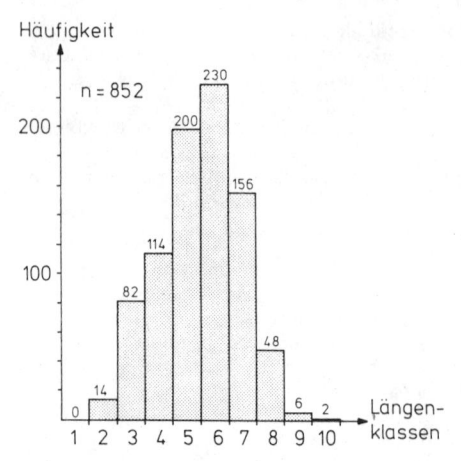

Abb. 87: Verteilung der Längen von 852 Bohnensamen auf 10 Längenklassen.

c. *Zufalls- oder Binominalkurve*

Mit zunehmender Zahl der gemessenen Bohnen und bei kleinerer Klassenbreite und entsprechend größerer Anzahl von Klassen, nähert sich die Verteilung zunehmend der sog. *Zufallskurve oder Binominalkurve* (Abb. 88). Diese Kurve fällt beiderseits vom Mittelwert symmetrisch geschwungen ab. Der Abstand der Projektion eines Wendepunkts der Kurve auf die Abszisse vom Mittelwert wird als *Streuung* σ bezeichnet. Die Streuung ist wichtig als Ausdruck für den Bereich, innerhalb dessen ein bestimmter, zahlenmäßig angebbarer Prozentsatz der Werte bei binomialer Verteilung liegt: Innerhalb des Bereichs der einfachen Streuung nach oben und unten auf dem Maßstab ($M \pm 1\sigma$) liegen 68,3 % der Werte, innerhalb des doppelten Streuungsbereiches ($M \pm 2\sigma$) schon 95,5 %; und innerhalb von ($M \pm 3\sigma$) liegen 99,7 %. Die Binomialkurve heißt auch Zufalls-, Wahrschein-

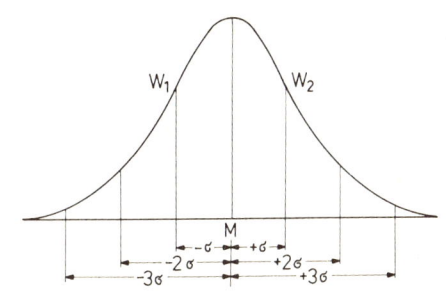

Abb. 88: Zufallskurve (Binomialkurve);
M = Mittelwert, σ = Streuung,
W_1, W_2 = Wendepunkte der Kurve

lichkeits- oder Fehlerkurve, weil diese Zahlenverteilung verwirklicht wird, wenn das Ergebnis irgendeines Vorganges durch zahlreiche Einzelwirkungen (Fehlermöglichkeiten) bedingt wird, deren Zusammentreffen rein zufällig erfolgt. Die Modifikationskurve eines quantitativen Merkmals gleicht deshalb der Binomialkurve, weil der Grad der Ausprägung eines Merkmals eines Lebewesens meist von zahlreichen, teils hemmenden, teils fördernden Bedingungen abhängig ist. Selbst auf einem sehr gleichmäßig aussehenden Feld gibt es Unterschiede in der Bodenbeschaffenheit, der Verteilung des Düngers, der Standweite und sogar an einer Pflanze werden nicht alle Samen oder Früchte gleich gut ausgebildet.
Es ist ein immer wiederkehrendes biologisch-statistisches Verfahren, Mittelwert und Streuung sowie den mittleren Fehler des Mittelwertes eines quantitativen Merkmals zu bestimmen und zu prüfen, ob dieser Mittelwert vom Mittelwert einer anderen Probe signifikant verschieden ist oder nicht. Die zur Berechnung nötigen Formeln sind bereits auf S. 189 dargestellt. Bezüglich Hintergrundinformationen siehe Bd. 4/II, „Biologische Statistik", S. 251 u. f. und Lehrbücher der Statistik. Es ist eine lehrreiche Übung, das Berechnungsverfahren mit den Werten der Samenlängen der beiden Bohnenrassen konkret z. B. im Rahmen einer Facharbeit durchführen zu lassen. Ähnliche Untersuchungen zur fließenden Modifikabilität lassen sich auch mit Merkmalen durchführen, die durch variable Anzahlen gekennzeichnet sind, z. B. Anzahl Spreitenteile des gefiederten oder gefingerten Laubblatts, Anzahl Staubgefäße in Blüten einer Art, Anzahl Blüten im Blütenstand, Anzahl Früchte im Fruchtstand, Anzahl Samen in einer Frucht.
Hierbei ist von Natur aus bereits eine klare Klasseneinteilung gegeben.

d. *Schiefe Verteilungen*

Nicht alle Verteilungen erweisen sich als symmetrisch. Es können auch schiefe Verteilungen vorkommen, wenn z. B. die Umweltbedingungen so günstig sind, daß die Merkmalsausprägung an die obere Grenze der Reaktionsnorm gerückt ist oder wenn eine Anzahl einen Grenzwert darstellt. Z. B. ist die Anzahl von Sauerkirschen in einer Fruchtdolde am häufigsten gleich eins, seltener zwei, noch seltener drei usw. Stellt man die Besetzungszahlen als Quotienten zur Gesamtzahl Kirschen dar, so erhält man Werte, die sich angenähert verhalten wie: $x : x^2 : x^3$. Das deutet darauf hin, daß die Entwicklung eines beliebigen Fruchtknotens sich mit einer gewissen Wahrscheinlichkeit vollzieht oder abbricht. Ganz ähnliche Klassenverteilungen findet man für die Anzahl reifer Früchte je Fruchtstand des Haselstrauches, der Eichen und Buchen etc.

4. Modellversuche zur Entstehung der Zufallskurve
a. Galtonscher Zufallsapparat (Abb. 89)

Galton konstruierte im Rahmen seiner statistischen Versuche zur Erklärung der Modifikationskurven von quantitativen Merkmalen eine mechanische Vorrichtung, die es gestattet, die Entstehung der Binomial- oder Zufallskurven anschau-

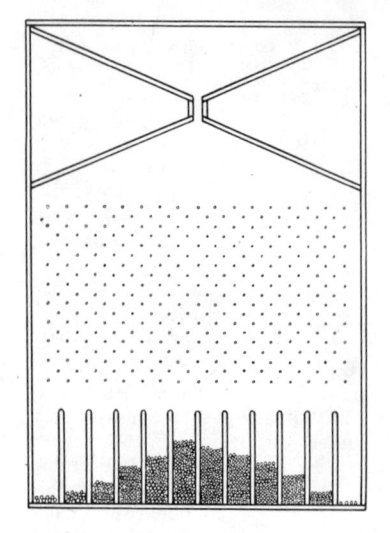

Abb. 89: Galtons Zufallsapparat

lich zu verfolgen. Die Anordnung ist so einfach zu bauen und die damit zu vermittelnde Anschauung so faszinierend, daß der Apparat in keiner Biologiesammlung fehlen sollte. Man kann ihn z. B. im Rahmen einer Facharbeit zum Thema Modifikationskurve — Zufallskurve von einem Schüler basteln lassen.

Eine 1 cm dicke Sperrholzplatte von 50 cm x 34 cm Größe wird mit etwa 4 mm starken 2,5 cm hohen Sperrholzstreifen umrandet, so daß der Rand 1,5 cm über die Bodenfläche ragt. Auf die Fläche klebt man 1,5 cm hohe Sperrholzstreifen entsprechend der Abbildung, so daß auf der einen Schmalseite 12 gleichbreite, etwa 10 cm lange Kammern und auf der anderen Schmalseite eine doppeltrichterförmige Führung entsteht mit einem 1 cm breiten Durchlaß. Der entscheidende Teil der Anordnung ist die mittlere Fläche, auf der peinlich genau auf Lücke stehende Nägel so eingeschlagen werden, daß ein regelmäßiges Muster entsteht. Der Abstand der horizontalen und vertikalen Nagelreihen beträgt 2 cm. Die Nägel sollen genau 1,5 cm über die Fläche ragen (Holzklötzchen von 1,5 cm Stärke beim Nageln als Lehre benutzen). Auf der Oberseite der Anordnung wird eine Plexiglasscheibe angebracht, wobei man auf der Trichterseite einen Spalt von etwa 5 cm frei läßt. Auf der Unterseite der Sperrholzplatte befestigt man ein senkrecht stehendes Brettchen, so daß die Anordnung von der Trichter- zur Kämmerchenseite um ca. 15° geneigt ist. Zur Durchführung des Versuches benötigt man etwa 200—300 Kugellager-Kugeln von 5 mm Durchmesser. Gibt man diese in den oberen Trichterraum, so rollen sie durch die zentrale Öffnung auf das Nagelmuster zu. Die Wahrscheinlichkeit, daß eine Kugel beim Auftreffen auf einen Nagel nach links oder rechts abgelenkt wird, ist im Durchschnitt gleich groß (1/2). Dies gilt im Prinzip für jede Reihe von Nägeln. Die Wahrscheinlichkeit, daß eine Kugel an je einem Nagel der 20 Reihen jedesmal z. B. nach links abgelenkt wird, beträgt theoretisch $(1/2)^{20}$[20]. In die seitlichen Kammern werden deshalb sehr wenig Kugeln gelangen und in die mittleren entsprechend mehr, da es wahrscheinlicher ist, daß zufällige Abweichungen nach links und rechts sich mehr oder weniger die Waage halten. Die Häufigkeit der Kugeln in den einzelnen Kammern am Ende des Versuches spiegelt die Zufallskurve wieder. Die Beobachtung des Versuches zeigt, daß die Kugeln nicht in jeder Nagelreihe erneut abgelenkt werden, sondern mehrere Nagelreihen geradlinig durchrollen. Dies führt dazu, daß die Verteilung steiler ausfällt, als es der Zahl der Nagelreihen und damit der theoretischen Zahl der möglichen rechts-links-Entscheidungen entspricht. Die Kurvenform gibt dennoch die Binomialverteilung $(a + b)^n$ mit $n = \leqslant 20$ wieder. Besonders reizvoll ist es, den Lauf einzelner Kugeln zu verfolgen. Er ist in keiner Weise voraussagbar. Dennoch fällt das Endergebnis jedesmal im Prinzip in derselben voraussagbaren Weise aus. Diese Eigentümlichkeit statistischer Prozesse zu erfassen, ist ein wichtiges Lernziel.

Die Analogie der Wirkungsweise des Galtonschen Zufallapparates mit der Wirkungsweise verschiedener fördernder und hemmender Umweltfaktoren auf die Entwicklung erbgleicher Individuen, die zur Übereinstimmung von Modifikationskurven mit der Zufallskurve führt, ist leicht aufzuzeigen: Jede Kugel entspricht einem Individuum, jede Nagelreihe, an der die Kugel abgelenkt wird, einem Umweltfaktor, der entweder fördernd oder hemmend wirkt. Die zufälligen Kombinationen von rechts-links-Abweichungen, ebenso wie die zufälligen Kombinationen fördernder und hemmender Umwelteinflüsse auf ein metrisches Merkmal führen zur Entstehung der Zufallskurve. Man kann es auch so interpretieren, daß nur ein das Merkmalsmaß beeinflussender Umweltfaktor vorliegt, dessen Ausprägungsgrad selbst der Zufallskurve folgt, z. B. Düngungskörner pro Flächeneinheit und so die Modifikationskurve bedingt.

b. *Münzenversuch:*

Man kann eine Annäherung an die Binomialverteilung und die Entstehung einer Modifikationskurve auch durch einen Versuch mit Münzen demonstrieren: Die Zahlseite repräsentiere eine bestimmte positive, die andere Seite eine entsprechend große negative Wirkung auf ein quantitativ variables Merkmal.
Wirft man z. B. 6 Münzen, so sind folgende Fälle möglich:
6 mal +; 5 mal + und 1 mal —; 4 mal + und 2 mal —; 3 mal + und 3 mal —; 2 mal + und 4 mal —; 1 mal + und 5 mal —; 6 mal —.
Die erwarteten Verhältniszahlen in den Klassen können dem Pascal-Dreieck (s. S. 184) entnommen werden. Sie betragen 1, 6, 15, 20, 15, 6, 1. Die tatsächlich bei den Würfen erzielten Häufigkeiten nähern sich mit zunehmender Zahl der Würfe diesen erwarteten Verhältniszahlen, die Ausdruck des Binoms $(a + b)^6$ (bzw. der Binomialkoeffizienten) sind.
Derselbe Modellversuch kann benützt werden, um eine ausschließlich genetisch bedingte Variation eines von 6 additiv wirkenden Genpaaren determinierten Merkmals zu demonstrieren (s. S. 185).

c. *Würfelversuch:*

Weber empfiehlt mit drei Würfeln pro Wurf die Punktsummen bilden zu lassen Trägt man die Häufigkeit der verschiedenen zwischen 3 und 18 variierenden Punktsummen von einigen 100 Würfen grafisch auf, erhält man ebenfalls eine der Binomialverteilung angenäherte Verteilung.
Die Variation eines Merkmals in einer natürlichen Population (d. h. nicht in einer reinen Linie) wird sowohl genetisch als auch umweltbedingt sein.
Wie man genetisch bedingte Variabilität von umweltbedingter = modifikatorisch bedingter Variabilität sowie altersbedingter Variabilität experimentell unterscheiden kann, soll das folgende Experiment zeigen.

5. Untersuchung des Anteils genetisch, modifikatorisch und altersbedingter Variabilität an der Gesamtvariabilität

Der nachstehende, von *Halbach* und *Katzl* (1974) entwickelte Versuch, ist als Anregung für Kollegstufenfacharbeiten geeignet.
Als Versuchsobjekt dient das Pantoffeltierchen *(Paramaecium)*, als variables Merkmal die Körperlänge.

a. *Materialbeschaffung*

Zur Beschaffung einer natürlichen Population von Paramaecien holt man sich Wasserproben aus Tümpeln, Pfützen oder Regentonnen, in denen Pflanzenreste modern und läßt sie einige Tage am Fenster stehen; oder man übergießt Heu, Laub, Erde mit gekochtem Leitungswasser oder grobfiltriertem Tümpelwasser und überprüft die Proben nach ca. 10 Tagen auf ihren Inhalt. Haben sich reichlich Paramaecien entwickelt, so pipettiert man sie in Bechergläser in abgekochtes Leitungswasser. Gefüttert wird mit einer Bakteriensuspension. Diese erhält man, indem man einige Salatblätter kurz in siedendes Wasser wirft und dann auf die Wasseroberfläche abgekochten Leitungswassers in einen Behälter legt. Nach 2—3 Tagen ist die Suspension trüb von Bakterien. Die Paramaecien werden tropfenweise damit gefüttert.

b. *Versuchsdurchführung*

Um Aufschluß über die Gesamtvariabilität der Ausgangspopulation zu bekommen, wird eine Probe davon durch Zugabe von ein Zehntel 40 % Formalinlösung fixiert. Ca. 300 Individuen werden im Mikroskop bei 400facher Vergrößerung mittels eines Okularmikrometers (s. S. 59) ausgemessen. Will man absolute Maße haben, was für die Fragestellung aber nicht nötig ist, muß man die Skala des Okularmikrometers mittels des Objektmikrometers eichen. Bei der Untersuchung ist darauf zu achten, daß nur Tiere, die plan liegen, d. h. bei denen Vorder- und Hinterende gleich scharf abgebildet sind, gemessen werden.
Man ordnet die Werte in etwa 15 Größenklassen und stellt die Häufigkeiten grafisch dar: Es kann eine eingipflige oder eine mehrgipflige Variationskurve sein. Ist sie mehrgipflig oder sind es gar zwei getrennte Verteilungen, so kann das als Hinweis gewertet werden, daß mehrere distinkte Genotypen (Subpopulationen) vorliegen. Auch bei einer eingipfligen Variationskurve kann das der Fall sein, doch sieht man das der Verteilung nicht an.
Um zu prüfen, ob den unterschiedlichen Größen der Paramaecien eine genetische Variabilität zugrunde liegt und um deren Ausmaß abschätzen zu können, werden nun Klone von verschieden großen Einzeltieren gezüchtet. Auf jeden Fall wählt

man dazu kleinste und größte Individuen aus der Ausgangspopulation aus. Je nach Fleiß kann man auch von Individuen dazwischenliegender Größenklassen Klone züchten.

Um einzelne Paramaecien zu isolieren, gibt man einen Tropfen Suspension in ein kleines Becherglas und verdünnt mit abgekochtem Leitungswasser. Aus dieser Verdünnung werden einzelne Tropfen auf Objektträgern auf den Inhalt untersucht. Sind noch mehr als ein Tier pro Tropfen vorhanden, wird mit einem Tropfen Wasser weiterverdünnt und mit fein ausgezogenen Pipetten abgesaugt, bis sich nur noch ein Tier im Tropfen befindet. Um die Länge des Tieres messen zu können, wird der Objektträger 5—10 Min. in den Kühlschrank gestellt, wobei das Paramaecium zur Ruhe kommt. Nach der Messung wird der Tropfen mit dem Einzeltier mit einer feinen Pipette abgesaugt und in einen Hohlschliffblock (Salznäpfchen) in Kulturwasser überführt und am Näpfchen die Länge des Tieres vermerkt. So verfährt man, bis man etwa 30 Tiere isoliert und gemessen hat. Die Schalen mit dem kleinsten und dem größten Individuum sowie mit einigen dazwischenliegenden etwa gleichabständigen Größenklassen werden ausgewählt, die anderen verworfen. Bei guter Fütterung kann man nach 10 Tagen mehrere Hundert Tiere pro Klon erhalten. Die Klone werden fixiert, die Längenverteilungen gemessen und Mittelwert und Streuung pro Klon berechnet.

Bei der Messung werden die Längenwerte von Teilungsstadien für eine gesonderte Auswertung gekennzeichnet.

c. *Auswertung*

Unterscheiden sich die Mittelwerte der Klone des größten und kleinsten Ausgangstieres signifikant, so kann die Differenz der Mittelwerte als Maß für die genetisch bedingte Variabilität der Körperlängen gewertet werden. Die Differenz zwischen größtem und kleinstem Tier pro Klon könnte man auf den ersten Blick als umweltbedingte Variabilität, als Modifikationsbreite, ansprechen. Da in den Klonen aber im Teilungszyklus verschieden alte Individuen vorliegen und ein Paramaecium nach der Teilung gerade halb so groß ist als vor der Teilung, wird diese altersbedingte Variabilität zweifellos einen beträchtlichen Anteil an der Variabilität pro Klon haben. Am sichersten sind die eingeschnürten Teilungsstadien als „gleichaltrige" älteste Tiere zu identifizieren. Die halbe Größe der Teilungsstadien, d. h. die Längendifferenz zwischen dem Muttertier und den beiden Tochtertieren kann als Maß dieser altersbedingten Komponente der Gesamtvariabilität gewertet werden.

Um die modifikatorisch bedingte Variabilität isoliert zu erhalten, darf man nur die Längen gleich alter Tiere in jedem Klon berücksichtigen. Als sicher gleichaltrig sind wie gesagt die eingeschnürten Teilungsstadien zu identifizieren. Die Differenz zwischen größtem und kleinstem Teilungsstadium pro Klon kann als Modifikationsbreite, d. h. als umweltbedingte Variabilität, gewertet werden.

d. *Zusammenfassung der Ergebnisse* (s. Abb. 90 und 91)

Bezeichnet man die Differenz der Längen des größten (L) und kleinsten (K) Tieres in der Stichprobe der Ausgangspopulation als Gesamtvariabilität V_{ges} und setzt diese gleich 100 %, so kann man überschlagsmäßig die prozentualen Anteile einzelner Komponenten wie folgt bestimmen: $V_{ges} = L-K$

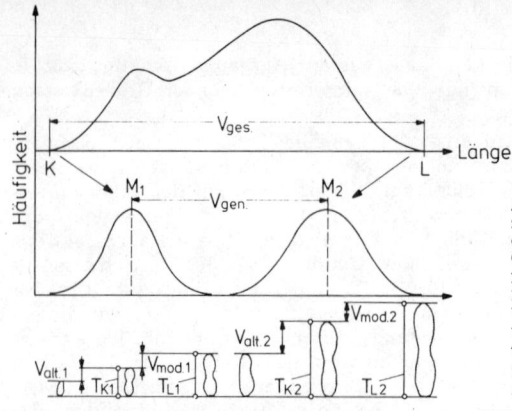

Abb. 90: Schematische Darstellung zur Erklärung der Bestimmung der einzelnen Komponenten der Gesamtvariabilität ($V_{ges.}$) der Körperlängen in einer Paramaeciumpopulation.
$V_{gen.}$ = genetisch-,
$V_{mod.}$ = modifikatorisch-,
$V_{alt.}$ = altersbedingte Variabilität.
Näheres s. Text (nach *Halbach* und *Katzl* 1974, verändert).

Genetisch bedingte Variabilität: Differenz der Mittelwerte des Klons mit den größeren Tieren (M_2) und des Klons mit den kleineren Tieren (M_1) umgerechnet auf Prozent:
$$V_{gen} = \frac{(M_2 - M_1) \cdot 100}{V_{ges}} \; \%$$

Altersbedingte Variabilität: Die Hälfte des arithmetischen Mittels aus dem kleinsten Teilungsstadium im Klon der kleineren Tiere (T_{K1}) und dem größten Teilungsstadium im Klon der größeren Tiere (T_{L2}) umgerechnet auf Prozent:

$$V_{alt} = \frac{\frac{1}{2} \cdot \frac{T_{K1} + T_{L2}}{2} \cdot 100}{V_{ges}} \; \%$$

Modifikatorisch bedingte Variabilität: Mittelwerte der Differenzen von größten und kleinsten Teilungsstadien in den beiden extremen Klonen, umgerechnet auf Prozent:

$$V_{mod} = \frac{\frac{(T_{L1} - T_{K2}) + (T_{L2} - T_{K2})}{2}}{V_{ges}} \cdot 100 \, \%$$

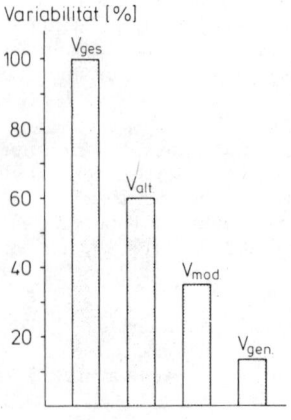

Abb. 91: Prozentuale Anteile der altersbedingten ($V_{alt.}$), modifikatorisch bedingten ($V_{mod.}$) und genetisch bedingten ($V_{gen.}$) Variabilität an der Gesamtvariabilität ($V_{ges.}$) in einer Paramaecienpopulation (nach *Halbach* und *Katzl*, 1974).

Abb. 91 zeigt das Ergebnis eines von *Halbach* und *Katzel* mit Studenten durchgeführten Versuchs.

Der relativ geringe Anteil genetisch bedingter Variabilität an der Gesamtvariabilität in diesem Beispiel ist Ausdruck für eine gewisse genetische Starrheit der Versuchspopulation von Paramaecium, die wenig Spielraum für evolutiven Wandel durch Selektion bieten würde.

6. Zur Frage der Erblichkeit von Modifikationen

Jean Baptiste de Lamarck hat im Jahre 1809 in seinem Werk „Philosophie Zoologique" im Gegensatz zur damals vorherrschenden Meinung von der Unveränderlichkeit der Arten seit ihrer Erschaffung zum ersten Mal die Veränderlichkeit von Lebewesen durch individuelle Anpassung hervorgehoben und zu belegen versucht, daß diese Anpassungen erblich seien.

In den umfangreichen Untersuchungen über die Variabilität von Bohnensamen hat *Johannson*, dem wir die Begriffe Gen, Genotyp und Phänotyp verdanken, 1903 klar gezeigt, daß Selektion und Weiterzucht der jeweils größten und kleinsten Samen nur solange zu einer Verschiebung des Merkmals führt, als genetische Variabilität in der Population vorliegt, daß aber Selektion der größten und kleinsten Modifikationen in genetisch einheitlichen reinen Linien wirkungslos bleibt. Viele spätere Untersuchungen bestätigten: Individuell erworbene Anpassungen, adaptive Modifikationen, werden nicht vererbt. Dennoch ist in merkwürdiger Verquickung mit Gedanken des dialektischen Materialismus in der Sowjetunion während der stalinistischen Ära durch die Botaniker *Mitschurin* und *Lyssenko* die These zum Dogma erhoben worden, Lebewesen könnten durch gezielte Veränderungen der Umwelt *erbliche* Anpassungen erwerben. Sie stützten sich dabei auf vermeintliche Beweise, z. B. Wintergetreide durch Kältebehandlung dauerhaft in Sommergetreide verwandelt zu haben oder auf Pfropfreisern durch die Unterlage erbliche Veränderungen hervorgerufen zu haben. Die Mitschurin-Lyssenkoschen Befunde haben sich nicht bestätigen lassen. Manche, vermeintlich erbliche, Veränderungen haben sich als sog. Dauermodifikationen erwiesen. Es handelt sich dabei um Modifikationen, die ohne Veränderung der Erbanlagen über das Plasma der Eizelle über einige Generationen weitergegeben werden, schließlich aber doch wieder abklingen.

Am längsten hat sich die Vorstellung, daß Umwelteinflüsse adaptive erbliche Änderungen hervorrufen können, bei den Bakterien gehalten. Es wurde angenommen, daß sich Bakterien z. B. an Penicillinbehandlung gewöhnen könnten und ihre Widerstandskraft auch vererben könnten. *Luria* und *Delbrück* zeigten, daß auch in diesem Fall die adaptive erbliche Veränderung durch den Mutations-Selektionsmechanismus zustandekommt und nicht durch Vererbung individuell erworbener, gezielter Anpassung.

Literatur

Brewbaker, J. L.: Angewandte Genetik, Grundlagen der modernen Genetik, G. Fischer, Stuttgart 1967
Halbach und *Katzl:* Das Experiment: Die Ursachen der Variabilität, Biuz, H. 2, 1974
Kühn, A.: Grundriß der Vererbungslehre, Quelle u. Meyer, Heidelberg 1961
Ungerer, E.: Die Wissenschaft vom Leben, Bd. III, 1966
Weber, R.: Die Veränderlichkeit des Organismus, in: Der Biologieunterricht, Beiträge zum Unterricht über klassische Genetik, H. 2, 1969
Müller Thieme: Biologische Arbeitsblätter, Industrie Druck GmbH Verlag, Göttingen 1964 UV 129
Einschlägige Kapitel in den Genetik-Lehrbüchern

F. Bakterien- und Phagengenetik

I. Voraussetzungen

1. Vorbemerkungen

Mitte der vierziger Jahre wurden Bakterien und Phagen als neue Versuchsobjekte in die genetische Grundlagenforschung eingeführt. Nachdem man auch bei ihnen Phänomene wie Mutation und Rekombination entdeckt hatte, wurde klar, daß die Mikroorganismen infolge ihrer Kleinheit und einfachen Organisation, infolge leichter Kultur und rascher Vermehrungsfähigkeit, sowie wegen ihrer chemisch definierten Wachstumsansprüche die Chance böten, zu den molekularen Grundlagen des Vererbungsgeschehens vorzustoßen. Die bahnbrechenden Erkenntnisse der molekularen Genetik in den letzten drei Jahrzehnten basieren in der Tat auf genetischen und biochemischen Forschungen mit Mikroorganismen. Erst in jüngster Zeit wird versucht, von dieser sicheren Basis aus mit den neuen Fragestellungen und Methoden wieder zu höheren Organismen mit echtem Zellkern, Mitochondrien und endoplasmatischen Retikulum, Strukturen, welche den Mikroben fehlen, vorzudringen.

Bakterien wurden in der Schulpraxis seit langem im Hinblick auf ihre Bedeutung als Krankheitserreger oder als Destruenten im Kreislauf der Stoffe behandelt (siehe auch Bd. 2, S. 387 u. f.). Als Objekte des Genetikunterrichts haben sie noch kaum Eingang in die experimentelle Schulbiologie gefunden. Da andererseits die Ergebnisse der molekularen Genetik längst zu Inhalten des Oberstufenunterrichts, ja nach neueren Plänen sogar des S1-Unterrichts geworden sind, ist die Gefahr eines Rückfalls in die desolate Praxis der Kreidebiologie und der blanken Informationsvermittlung hier besonders groß. Das zentrale Anliegen eines modernen Biologieunterrichts muß es aber sein, die Methoden und Wege aufzuzeigen, mit denen Erkenntnisse gewonnen werden, und die Schüler möglichst eigenaktiv bei der Erarbeitung zu beteiligen. Die folgenden Kapitel vermitteln Anregungen, wie man im schulischen Rahmen mit einfachen Mitteln, anschaulich und praktisch in die Denk- und Arbeitsweise der Mikrobengenetik einführen kann.

Es wäre unrealistisch, anzuregen, daß ein mit voller Stundenzahl im Dienst stehender Kollege ohne Laborant oder sonstige technische Hilfe Jahr für Jahr eine Reihe mikrobengenetischer Versuche in einer Klasse vorführen sollte. Der zeitliche Aufwand für Vorbereitung und Durchführung ist für den normalen Unterricht zu groß. Wenn man allerdings die Grundausstattung angeschafft hat, und die Versuche einmal selbst ausgeführt hat, kann man die Ergebnisse der bebrüteten Agarplatten fixieren (s. S. 269) und dann im normalen Unterricht Jahr für Jahr die Grundmethoden im Blindversuch zeigen und durch die Demonstration der fixierten Ergebnisse ergänzen. Auf dieser anschaulichen Basis läßt sich dann die Erörterung komplizierter Versuche sinnvoll aufbauen. Von den Schülern selbst können bakteriengenetische Versuche nur in Arbeitsgemeinschaften, Praktika oder im Rahmen von Kollegstufen-Facharbeiten unter sorgfältiger Anleitung durchgeführt werden. Bebrütete Platten, die Versuchsergebnisse dokumentieren, wird man auch hier fixieren lassen und sich so allmählich eine Sammlung anlegen. Wenn bei Schülern ein gewisses Minimum an Anschauung und Praxis im Umgang mit Mikroben entwickelt ist, kann man Literaturarbeiten über Mikroben und molekulargenetische Themen für Referate und eventuell auch für Kollegstufen-Facharbeiten ausgeben.

2. Grundausstattung

Da Zusammenstellungen von Arbeitsgeräten und Techniken der Bakteriologie häufig veröffentlicht wurden (s. z. B. dieses Handbuch, Band 2, Seite 400 ff., oder *Schlösser:* Experimentelle Genetik, Quelle und Meyer, 1971), soll an dieser Stelle eine Zusammenstellung ohne ausführlichen Kommentar genügen, s. S. 365.

a. *Einzelne Geräte*

1 Wärmeschrank, der zum Trockensterilisieren und zum Bebrüten der Kulturen geeignet ist. Besser sind zwei Schränke, einer zum Sterilisieren (Trockenschrank) und einer zum Bebrüten (Brutschrank)

1 Dampfdrucktopf anstelle eines teureren Autoklaven zum Sterilisieren der Lösungen

Ein bis zwei Wasserbäder zum Einstellen belüfteter Kulturen (ein Aquarium mit Heizungsregler oder einfache Babyflaschenwärmer erfüllen denselben Zweck billiger)

1 Aquariumpumpe zum Belüften der Kulturen

1 UV-Analysenlampe

1 elektrische Kleinzentrifuge

Eventuell 1 Phasenkontrastmikroskop, wenigstens mit dem 40 × Ph-Objektiv

1 Bakterienzählkammer (z. B. nach *Neubauer* oder *Helber*)

1 Saugkolben mit Glasfritte für Ultrafiltration, Porendurchmesser 0,5 bis 1 μ, evtl. ein Aufsatz für Membranfiltration

eventuell 1 Lange-Photometer

b. *Glaswaren etc.*

Die Anzahl richtet sich danach, ob man für Demonstrationsunterricht bzw. eine Arbeitsgruppe oder für mehrere Arbeitsgruppen einrichten will. Geräte wie z. B. Erlenmeyer-Kolben, Bechergläser, Waschflaschen, Bunsenbrenner etc. sind nicht extra erwähnt, da anzunehmen ist, daß sie in jeder Schule vorhanden sind.

Kulturröhrchen aus Jenaer Glas mit geradem Rand
Kapselbergkappen aus Aluminium zum sterilen Verschluß anstelle von Zellstoff
Einsatzgestell für Kulturröhrchen aus Metall bzw. kunststoffüberzogen
Meßpipetten 10 m*l*, 1 m*l*, 0,1 m*l*
Sterilisierbüchse für Pipetten
Kollehalter mit Platinöse = Impfnadeln
Einmalpetrischalen 94 × 26 mm, gebrauchsfertig verpackt
„Meplatflaschen" (Arzneiflaschen mit Schraubverschluß) Drigalski-Spatel (zu einem Dreieck gebogener Glasstab)
Handzähluhr zum Zählen von Kolonien
Plastikeimer zum Aufnehmen der gebrauchten Pipetten

c. *Substanzen und Medien*

Nährmedium für Flüssigkultur:

Standard I-Nährbouillon (Merck 7882)	25	g
H_2O	1000	ml
oder:		
Difco Nutrient Broth	8	g
NaCl	5	g
H_2O	1000	ml

Nähragar für Platten:

Standard I-Nähragar (Merck 7881)	37	g
H_2O	1000	ml
oder:		
Difco Nutrient Broth	8	g
NaCl	1	g
Difco Agar	15	g
H_2O	1000	ml

Verdünnungsmedium:

NaCl	9,5	g
H_2O	1000	ml

Spezial-Nährböden zum selektiven Nachweisen von *E. coli* Bakterien:

Fuchsin-Lactose-Agar nach Endo (Merck 4043) oder Difco Methylen-Eosin-Lactose-Agar; EMB-Agar (Merck 1342) oder Difco

Minimalmedium flüssig:

Na-Citrat $\cdot$ 5 H_2O	1	g
K_2HPO_4	3,5	g
KH_2PO_4	1,5	g
$(NH_4)_2SO_4$	1	g
$MgSO_4 \cdot 7 H_2O$	0,1	g
H_2O	1000	ml
Glucose, 40 %	5	ml

Salzlösung und Glucoselösung getrennt sterilisieren

Minimalmedium fest, für Platten:

Salze wie oben in 500 ml H_2O lösen, Agar-Agar (Merck 1613) oder Difco-Agar 20 g in 500 ml H_2O lösen, 5 ml 40 % Glucose getrennt sterilisieren, vor dem Gießen der Platten mischen.

Streptomycinsulfat (Merck 10117) zur Selektion von Resistenzmutanten
N-Methyl- N'-nitro-N-nitrosoguanidin zur Induktion von Mutationen.

Bezüglich Bezugsquellen und Preise s. S. 144 und 365

d. *Bakterien- und Phagenstämme*

Wildtyp-*Escherichia coli* Bakterien können z. B. aus frischer Milch gewonnen werden (s. S. 268), Phagen aus Abwasserproben (s. S. 288). Für die Demonstration der allgemeinen Versuchstechnik kann man sich auf diese Quellen beschränken. Zur Durchführung bakterien- und phagengenetischer Versuche benötigt man allerdings definierte Stämme: Diese erhält man von molekulargenetischen oder mikrobiologischen Instituten, wenn man damit Kontakt aufnimmt. So sind z. B. das Max-Planck-Institut für Biochemie, Martinsried bei München, Abteilung *Prof. Hofschneider,* oder das Genetische Institut der Universität München, 8 München, Maria-Ward-Straße, *Prof. Kaudewitz,* freundlicherweise bereit, Bakterien- und Phagenkulturen an Schulen zu versenden. Bakterien- und Phagenstämme werden auch vom Lehrstuhl Biologie der Mikroorganismen, Ruhr-Universität Bochum, 4630 Bochum-Querenburg, Postfach 2148, verschickt. Phagen- und Drosophila-Stämme können über Herrn *R. Urban,* MNU-Außenstelle, 435 Recklinghausen, Mühlenstraße 18b, gegen eine geringe Gebühr bezogen werden. Die für die einzelnen Experimente benötigten Bakterien- bzw. Phagenstämme werden an den entsprechenden Stellen genannt.

3. Allgemeines zur Versuchstechnik

Zur Durchführung der Versuche ist jeder Raum mit Gas-, Wasser- und Stromanschluß geeignet. Die Arbeitsfläche soll aus gut abwaschbarem Plastik oder Tonfliesen bestehen.

a. *Sterilisieren der Glasgeräte*

Die gut gereinigten und mit Aqua. dest. abgespülten Glasgeräte können feucht in den kalten Trockenschrank gestellt werden. Die Kulturröhrchen sind locker mit den Aluminiumkappen verschlossen. Die Pipetten befinden sich in der Sterilisationsbüchse, wobei darauf zu achten ist, daß das Loch in der Büchse zum Entweichen des Wasserdampfes geöffnet ist. Die Schraubverschlüsse der Meplatflaschen dürfen nicht fest aufgeschraubt werden. Sterilisiert wird mindestens drei Stunden bei ca. 150° C.

b. *Bereitung der Nähr- und Verdünnungsmedien, Agarplatten und Schrägagarröhrchen*

Das Nähragar- bzw. das Nährbouillonpulver wird entsprechend der den Flaschen beiliegenden Gebrauchsanweisung in destilliertem Wasser aufgelöst und auf 250 ml Erlenmeyer-Kolben so verteilt, daß diese nur etwa zu einem Drittel gefüllt sind. Die Erlenmeyer-Kolben werden mit Aluminiumkappen verschlossen oder mit mehreren Lagen Alufolie, die man über die Öffnung stülpt.

Die Nährmedien werden im Dampfdrucktopf etwa 30 Minuten sterilisiert. Nach dem Abkühlen sterilisiert man erneut 30 Minuten. Diese Prozedur (fraktionierte Sterilisation) kann zur Sicherheit noch einmal wiederholt werden.

Beim Umfüllen der Nährmedien, wie überhaupt bei bakteriologischen Arbeiten, sollen Türen und Fenster des Raumes geschlossen sein.

Zur Herstellung der *Agarplatten* läßt man den Nähragar auf ca. 60° C abkühlen, ehe man die Petrischalen ca. 3–4 mm hoch neben der brennenden Bunsenflamme und evtl. im Licht der UV-Lampe (Schutzbrille!) füllt. Dabei liegt der Deckel schräg auf der Platte und wird nach der Füllung sofort darübergeschoben. Schlägt sich beim Abkühlen der Nährböden dennoch auf dem Deckel Kondenswasser nieder, so kann man den Deckel neben der brennenden Bunsenflamme kurz abheben und die Wassertropfen abschleudern oder einen frischen Deckel auflegen. Man kann die gegossenen Platten auch in den Wärmeschrank stellen, den Deckel etwas seitlich verschieben und bei 37° C und nur angelehnter Tür des Schrankes die Platten über Nacht etwas trocknen lassen.

Dabei bekommt der Agar eine für das Ausplattieren günstige Konsistenz. Fertig gegossene Platten werden stets mit dem Deckel nach unten aufbewahrt. In die Plastiktüten gehüllt, in denen die Einmalpetrischalen verpackt waren, kann man sich einen Vorrat im Kühlschrank halten.
Um *Schrägagarröhrchen* herzustellen, füllt man sterilisierte Kulturröhrchen neben der Bunsenflamme mit heißem Standardnähragar zu etwa einem Drittel, flammt Rand und Verschluß ab und legt das Röhrchen zum Abkühlen schräg auf eine Unterlage.
Die *Nährbouillonlösung* = Kulturmedium wird heiß in die heißen Meplatflaschen abgefüllt, wenn man sie nicht ohnehin in diesen Flaschen sterilisiert hat. Nach dem Abkühlen können diese im Kühlschrank aufbewahrt werden.
Als *Verdünnungsmedium* ist anstelle einer Phosphatpufferlösung 0,9 %ige Kochsalzlösung geeignet, die wie das Kulturmedium sterilisiert und in Meplatflaschen aufbewahrt wird.

c. *Vorbereitung einer Belüftungseinrichtung*

Belüftung der Kulturen ist bei vielen Versuchen nicht unbedingt erforderlich, bei einigen (z. B. Lyseversuch) kann man aber nicht darauf verzichten.
Man schließt an eine Aquarienpumpe über einen Teflonschlauch eine Waschflasche an, die Wasser mit einigen Kristallen Kupfersulfat enthält. Über ein T-Stücke kann man den Ausgang der Waschflasche vervielfachen, sodaß man gleichzeitig mehrere Kulturröhrchen belüften kann. Die Belüftung erfolgt über ein Glasrohr, das zu einer Spitze ausgezogen wird. Man bemißt die Länge so, daß die Spitze den Boden eines Kultur-Reagenzgläschens berührt und das andere Ende 2—3 cm über den Rand ragt. Faltet man einige Lagen Alufolie zu einem Stückchen von ca. 4 cm Kantenlänge, stülpt es über ein leeres Kulturröhrchen, stößt das Glasrohr in der Mitte hindurch und schließt daran einen Schlauch von der Waschflasche an, so hat man eine einfache Belüftungseinrichtung. Kulturröhrchen mit Folie und Glasrohr müssen selbstverständlich vor der Beschickung mit Medium und Bakterien noch sterilisiert werden.

d. *Anzucht und Isolierung von Escherichia coli*

Das Bakterium *Escherichia coli* wurde um die Jahrhundertwende von dem Münchener Arzt *Escherich* im Dickdarm (Colon) entdeckt. Es ist heute das am häufigsten verwendete Versuchsobjekt der Bakteriengenetik. *E. coli* kommt auch im Darm von Kühen vor und gelangt trotz sauberster Gewinnung in die Milch.

α Anzucht von *E. coli* aus Milch

1 ml rohe Frischmilch wird mit 99 ml Leitungswasser verdünnt, davon 0,1 ml in einer Petrischale mit Fuchsinlactoseagar nach Endo ausgestrichen und 24 Stunden bei 37° C bebrütet: Kolonien, die infolge von Fuchsinausscheidung Metallglanz zeigen, stammen von Escherichia coli.
Mit einer ausgeglühten Platinöse wird von einer Kolonie mit Metallglanz etwas Masse abgenommen und auf einer frischen Endo-Agarplatte ausgestrichen und zwar so, daß drei Wellenlinien im rechten Winkel auf der Platte entstehen. Spätestens auf der dritten Linie werden die Bakterien so vereinzelt, daß nach Bebrüten wieder einzelne Kolonien entstehen. Sehen sie alle gleich aus, hat man bereits eine Reinkultur vor sich und kann davon mit einer Platinöse eine Probe in ein Kulturröhrchen mit normaler Nährbouillon übertragen. Über Nacht

bildet sich eine trübe Suspension von *Escherichia coli*-Bakterien (Übernachtkultur).

β Anzucht von *E. coli* vom After
Berührt man den After mit einem frischen Tupfer und drückt diesen auf einer Endo-Agarplatte ab, so wachsen ebenfalls Kolonien von *E. coli,* von denen wie bei α eine Reinkultur angelegt werden kann. Diese Methode ist jedoch nicht zu empfehlen, da die Gefahr, pathogene Keime auf die Platte zu bekommen, nicht ausgeschlossen werden kann. Gleiches gilt für die Gewinnung aus Abwasser.

γ Entnahme von einer Schrägagarkultur
Am einfachsten, saubersten und sichersten ist es natürlich, wenn man von einer Schrägagarkultur, z. B. des definierten Wildtyps *E. coli* B ausgeht, den man sich von einem Institut hat schicken lassen (s. S. 267). Will man einige Zeit damit arbeiten bzw. arbeiten lassen, so empfiehlt es sich, besonders wenn man für weitere Versuche verschiedene Stämme geschickt bekommen hat, von jedem Stamm eine weitere Schrägagarkultur zur Reserve auszulegen. Wenn der Verschluß des Transportröhrchens mit Paraffin überzogen ist, hält man ihn kurz in die Bunsenflamme, bis das Paraffin geschmolzen ist und man den Verschluß öffnen kann. Mit der ausgeglühten, abgekühlten Platinöse wird dann eine Probe in das frische Röhrchen übertragen und in Form einer engen Wellenlinie ausgestrichen. Durch Anflammen kann man den Paraffinbezug wieder dichten. Gut angegangene Stämme können luftdicht paraffinversiegelt über Monate, mitunter über Jahre, im Kühlschrank aufbewahrt werden. Solange sich der Agar nicht von der Gläschenwand löst, ist die Kultur in der Regel brauchbar.

Indem man mit der Platinöse eine Probe daraus in z. B. 5 ml steril in ein Kulturröhrchen eingefülltes Nährmedium überführt und den Ansatz im Wasserbad über Nacht bei 37° C belüftet, erhält man eine belüftete Übernachtkultur für die ersten quantitativen Versuche.

e. *Konservieren bebrüteter Platten*
Leere Kontrollplatten sowie Platten mit Kulturen können auf folgende Weise zu Dauerpräparaten verarbeitet werden: Man gibt auf die Agaroberfläche einige Tropfen Formaldehyd und verteilt sie durch Schwenken über die ganze Fläche. Dann läßt man in den Rand des schräg gehaltenen Deckels aus einer Pipette einen halben ml Chloroform zufließen und schwenkt den Deckel, so daß die Flüssigkeit rundum mit dem Rand in Berührung kommt. Dabei wird das Plexiglas weich. Nun stülpt man den Boden auf den etwas aufgelösten Schalendeckel und drückt leicht an. Nach wenigen Minuten sind Boden und Deckel fest miteinander verbunden. Wenn der Verschluß auf diese Weise luftdicht geworden ist, hält das Präparat über Jahre hinweg.

II. Versuche zur Bakteriengenetik

Die meisten bakteriengenetischen Versuche laufen letztlich darauf hinaus, Anzahlen von Bakterien zu bestimmen. Drei Methoden zur Feststellung des sog. Titers (Anzahl Bakterien pro ml Kulturflüssigkeit) einer Bakteriensuspension seien demonstriert. Da in einer Bakteriensuspension, insbesondere in einer Übernachtkultur, nicht alle Zellen lebensfähig sind, unterscheidet man Gesamtzellzahl und Lebendzellzahl.

1. Bestimmung des Titers einer Übernachtkultur (Abb. 92)

a. Bestimmung der Gesamtzellzahl mit der Bakterienzählkammer im Phasenkontrastmikroskop

Auf die markierte Fläche der Bakterienzählkammer gibt man einen Tropfen Bakteriensuspension. Die beiden Stege werden mit Speichel angefeuchtet und das Spezialdeckglas so auf die Stege geschoben und angedrückt, daß es fest sitzt, was man am Auftreten Newtonscher Ringe erkennt. Im Phasenkontrastmikroskop zählt man bei 40facher Vergrößerung die Bakterien in etwa 10 Quadraten und bildet den Mittelwert.

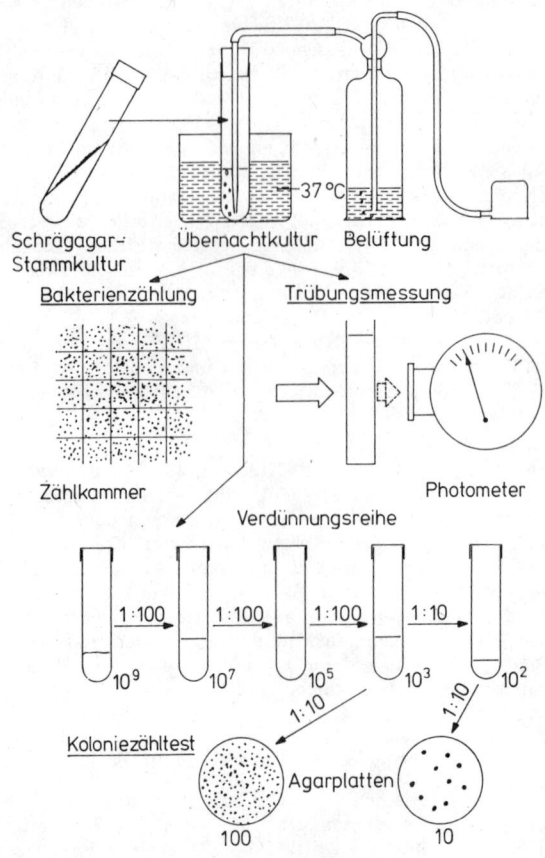

Abb. 92 Übersichtsschema zur Herstellung einer belüfteten Übernachtkultur und zur Bestimmung ihres Titers durch Zählung der Bakterien in der Zählkammer im Phasenkontrastmikroskop, über eine Verdünnungsreihe durch den Koloniezähltest, sowie durch eine Trübungsmessung über ein Photometer

Ist eine hinreichend lichtstarke Mikroprojektion vorhanden, (z. B. Zeiss Mikroprojektion), in die der Phasenkontrastkondensor paßt, so kann man die Zählkammer projizieren. Wenn je 2 Schüler von ihrem Platz aus ein Stück Papier in den Strahlengang halten, sodaß sie gerade ein Quadrat auszählen können, kann man die Methode im normalen Unterricht demonstrieren und gleichzeitig die Streuung der Einzelzählungen überprüfen, indem man die Werte der einzelnen Schüler an der Tafel anschreibt und daraus Mittelwert und Streuung berechnet.

Die Gesamtzahl Bakterien pro ml ergibt sich dann wie folgt:

$$\text{Bakterienzahl/ml} = \frac{\text{Bakterienzahl/Zähleinheit}}{\text{Volumen der Zähleinheit in ml}}$$

Beträgt die Schichtdicke 0,02 ml und hat das quadratische Areal 0,05 mm Kantenlänge (Volumen $5 \cdot 10^8$ cm³), so ist die Zahl der darin befindlichen Zellen mit $2 \cdot 10^7$ zu multiplizieren, um zur Zellzahl pro ml zu gelangen.

Titer = $n \cdot 2 \cdot 10^7$ (n = Bakterienzahl/Zähleinheit).

Ist man von einer unbelüfteten Übernachtkultur ausgegangen, so erhält man in der Regel einen Titer in der Größenordnung 10^9 Bakterien pro ml. Bei belüfteten Übernachtkulturen erhöht sich der Titer auf $\sim 3 \cdot 10^9$ Bakterien pro ml. Dies entspricht der Zahl der Weltbevölkerung und vermittelt einen Eindruck von den riesigen Individuenzahlen, mit denen man in der Bakteriengenetik arbeitet.

b. *Bestimmung der Lebendzellzahl mit dem Koloniezähltest*

In einer Übernachtkultur sind stets eine Anzahl Bakterien bereits abgestorben. Will man den Titer vermehrungsfähiger Bakterien in der Übernachtkultur bestimmen, bedient man sich der Tatsache, daß ein einzelnes Bakterium auf einer Agarplatte durch fortgesetzte Teilungen zu einer gut sichtbaren Kolonie von einigen Millimeter Durchmesser heranwächst. Dazu muß eine Übernachtkultur so weit verdünnt werden, daß man eine auszählbare Anzahl von Kolonien auf der Agarplatte erhält, wenn man eine Probe darauf ausstreicht.

a Verdünnungsreihe

Die Verdünnung erfolgt in sog. Hunderter- und Zehner-Schritten.

„Hunderter-Schritt": Man gibt zu 9,9 ml Verdünnungsmedium genau 0,1 ml der Bakteriensuspension und erhält so ein Endvolumen von 10 ml; mithin gilt: 0,1 : 10 = 1 : 100. Statt dessen kann man auch von 5 ml Verdünnungsmedium ausgehen und 0,05 ml Bakteriensuspension hinzupipettieren. Der dabei auftretende Fehler liegt unterhalb der Ablesegenauigkeit.

„Zehner-Schritt": Dazu pipettiert man in 9 ml Verdünnungsmedium 1 ml der Ausgangslösung, so daß ein Endvolumen von 10 ml erreicht wird. Somit gilt: 1 ml : 10 ml = 1 : 10. Um auch hier mit einer geringeren Flüssigkeitsmenge auszukommen, kann auch in 0,9 ml Verdünnungsmedium 0,1 ml der Bakteriensuspension pipettiert werden.

Vor Beginn der Verdünnung überlegt man, wieviele Verdünnungsschritte man benötigen wird. Um von einem Titer von z. B. 10^9 Bakterien/ml ausgehend, letztlich rd. 100 bzw. 10 Bakterien auf eine Agarplatte zu bekommen, führt man drei Hunderter-Verdünnungsschritte und einen Zehner-Verdünnungsschritt durch. Da man aus den Endverdünnungsstufen je 0,1 ml Suspension auf die Platte überträgt, kommt dabei ein weiterer Zehner-Verdünnungsschritt hinzu.

Man füllt neben der Bunsenflamme die nötige Zahl von Röhrchen mit Verdünnungsmedien und stellt sie mit den Alu-Kappen bedeckt der Reihe nach in den Ständer. Benützt man für den Hunderter-Schritt höhere Röhrchen, und für den Zehner-Schritt niedrigere, so kann man jederzeit die Verdünnungsschritte nachzählen.

Für jeden Verdünnungsschritt benötigt man eine frische 0,1 ml-Pipette. Die gebrauchte wird in einen bereitgestellten Plastikeimer in Wasser eingestellt, dem einige Tropfen Formol zugefügt sind. Zu beachten ist, daß die 0,1 ml-Pipetten sog. Ausblaspipetten sind, während die 10 ml- und 1 ml-Pipetten sog. Auslaufpipetten sind, die nicht ausgeblasen werden dürfen und beim Ablesen senkrecht gehalten werden müssen.

Die Gesamtverdünnung ergibt sich durch Multiplikation der einzelnen Verdünnungsschritte. Als Verdünnungsfaktor bezeichnet man den reziproken Wert der Verdünnung. Mit diesem Faktor muß die Zahl der Kolonien multipliziert werden, die sich beim Plattieren der Endverdünnungsstufe aus den einzelnen Bakterien entwickeln, um den ursprünglichen Titer zu erhalten.

β Plattieren

Unter Plattieren versteht man das flächenhafte Aufbringen der Bakterien auf der Oberfläche einer Agarplatte. Zwei Methoden sind dazu geeignet.

Pipettenmethode:

Wichtig ist, daß die Agarplatten gut durchgehärtet, aber noch nicht zu trocken sind. Der Inhalt einer 0,1 ml-Pipette wird auf die Mitte der Agarplatte ausgeblasen (ca. 3 Tropfen). Die linke Hand hält die Platte und die rechte die Pipette. Diese wird fast waagrecht und mit gleichmäßigem Andruck und kreisförmigen Bewegungen über die Agaroberfläche bewegt. Ein Zerfurchen das Agars ist zu vermeiden. Durch Schräghalten der Platte kann man kontrollieren, ob alle Partien des Agars mit der Suspension bestrichen wurden. Ist die Platte bereits zu trocken, so wird die Flüssigkeit zu schnell eingesogen und die Verteilung macht Schwierigkeiten. Auch eine zu nasse Agaroberfläche führt zu schlechtem Bakterienrasen, da beim anschließenden Bebrüten die Bakteriensuspension wieder einseitig verlaufen kann.

Spatelmethode:

Die drei Tropfen Bakteriensuspension werden mit einem Glasspatel nach *Drigalski* gleichmäßig verteilt. Der Spatel muß vor Gebrauch in Alkohol getaucht und abgeflammt werden. Die gleichmäßige Ausbreitung wird erleichtert, wenn man die Platte auf einen Drehtisch stellt und rotieren läßt, während man den Spatel ruhig hält.

γ Bebrüten

Die auf die eine oder andere Weise beschickten Platten werden auf der Bodenseite mit Fettstift bzw. Filzschreiber eindeutig markiert und mit dem Deckel nach unten im Brutschrank bei $37°$ C inkubiert. Über Nacht wächst aus jedem einzelnen Bakterium durch fortgesetzte Teilung eine Kolonie von ca. 10^9 Individuen heran. Das Koloniemuster bebrüteter Platten kann man sehr gut über den Schreibprojektor einer ganzen Klasse zeigen.

δ Zählen

Die Zählung der Bakterienkolonien kann man so vornehmen, daß man mit der einen Hand mit einer Präpariernadel die einzelnen Kolonien ansticht und gleichzeitig im Kopf mitzählt bzw. mit der anderen Hand eine Zähluhr betätigt. Das Anstechen der Kolonien hat den Vorteil, daß man eine Kolonie nicht mehrfach zählt. Die Zählung kann halbautomatisiert werden, wenn man sich ein elektrisches Zählwerk beschafft, das über einen Trafo oder über eine 6 V-Batterie betrieben wird. Den einen Kontakt stellt man über eine Krokodilklemme mit dem Agar her, indem man sie an den Rand der Platte klemmt. Den anderen Kontakt führt man bleistiftähnlich als isoliertes Metallstift mit freier Spitze aus. Wenn man damit Kolonie nach Kolonie ansticht, gibt es jedesmal Kontakt und das Zählwerk springt weiter. Auf diese Weise lassen sich rasch und sicher auch größere Mengen von Platten auszählen.

Von einem Verdünnungsschritt wird man drei Platten auswerten und den Mittelwert bilden. Durch Multiplikation mit dem Verdünnungsfaktor ergibt sich der ursprüngliche Titer der Lebendzellzahl.

c. *Abschätzung der Gesamtzellzahl über eine Trübungsmessung*

Ein frisch beimpftes Nährmedium ist völlig klar und wird mit steigendem Bakterientiter zunehmend trüb. Um den Titer einer *E. coli*-Suspension aus der Trübung abschätzen zu können, empfiehlt es sich, aus einer Übernachtkultur, deren Titer mit der Zählkammer genau festgestellt wurde, eine Verdünnungsreihe in Zehnerschritten in frischem Nährmedium herzustellen und sich den Trübungsgrad der einzelnen Stufen einzuprägen. Durch Zugabe einiger Tropfen Formol und luftdichten Verschluß kann man die Kulturen fixieren und als Vergleichstrübungsskala einige Zeit aufbewahren.

Hat man in der Schule z. B. ein Lange-Photometer zur Verfügung, so kann man die Trübungsmessung objektivieren: Indem man die Extinktion jeder Verdünnungsstufe gegenüber reinem Kulturmedium als Grundwert mißt, kann man eine Eichkurve aufstellen, über die der Titer jeder beliebigen *E. coli*-Suspension rasch gemessen werden kann.

2. *Aufstellen einer Bakterien-Wachstumskurve*

Eine Voraussetzung für bakteriengenetisches Arbeiten ist die Kenntnis der Besonderheiten des bakteriellen Wachstums und der Generationszeit. Man kann darüber Aufschluß erhalten, wenn man eine z. B. $2 \cdot 10^9$ Bakterien pro ml enthaltende Übernachtkultur um den Faktor 10^3 mit frischem Nährmedium verdünnt, so daß der Anfangstiter der Versuchskultur $2 \cdot 10^6$ ml beträgt. Diese Kultur wird bei 37° C belüftet. Alle 20 Minuten entnimmt man eine Probe, deren Titer möglichst nach jeder der drei vorher beschriebenen Methoden bestimmt wird. Da sich der Versuch über 4—5 Stunden erstreckt, eine beträchtliche Zahl von Agar-Platten benötigt und die Proben für jede der drei Methoden möglichst gleichzeitig verarbeitet werden sollen, eignet sich der Versuch nur für eine Teamarbeit von Kollegiaten im Rahmen einer Facharbeit. Der Versuch kann in mehrfacher Hinsicht gewinnbringend ausgewertet werden. Bezüglich der statistischen Bearbeitung der Meßwerte siehe *U. Winkler, W. Rüger, W. Wackernagel* „Praktikum der Genetik", Bd. 1, Bakterien-, Phagen- und Molekulargenetik, Springer-Verlag 1972.

Trägt man die Mittelwerte des Titers der Versuchskultur pro Meßzeit als Ordinate in einem logarithmischen Maßstab gegen die Zeit in einem linearen Maßstab auf, so erhält man eine charakteristische Wachstumskurve, an der sich regelmäßig mehr oder weniger ausgeprägt vier Phasen unterscheiden lassen (Abb. 93). Die *Anlauf- oder lag-Phase* umfaßt das Zeitintervall zwischen der Impfung bzw. der Verdünnung aus der Übernachtkultur und dem Erreichen der maximalen Teilungsrate (Zellteilungen pro Stunde). Der in der Übernachtkultur weitgehend zum Stillstand gekommene Stoffwechsel der Bakterien läuft im frischen Nährmedium zunächst langsam an, ehe er auf vollen Touren rasche Vermehrung der Bakterien ermöglicht.

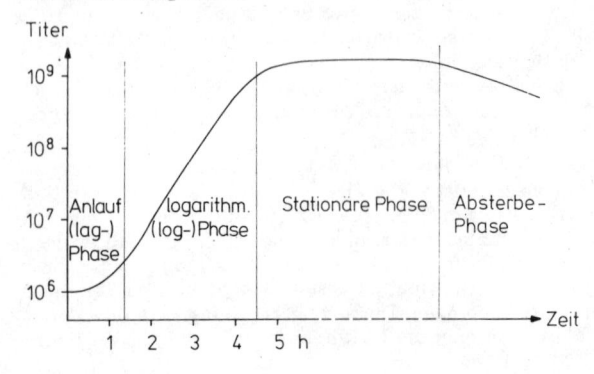

Abb. 93: Wachstumskurve einer Bakterienkultur

Die *exponentielle, logarithmische oder log-Phase* ist durch eine konstante maximale Teilungsrate bestimmt. Die Vermehrung entspricht einer geometrischen Progression: $2^0 \to 2^1 \to 2^2 \to 2^3 \to \ldots \to 2^n$.

Hat man den Titer einer Kultur in der log-Phase zu einem Zeitpunkt t_0 zu N_0 (Bakterien/ml) bestimmt und zu einem späteren Zeitpunkt t_n zu N_n (Bakterien/ml), so läßt sich aus diesen Daten die Zahl n der dazwischenliegenden Zellteilungen, die Teilungsrate v (Zellteilungen pro Stunde), sowie die Generationszeit (Zeit von einer Zellteilung bis zur nächsten) wie folgt berechnen:

$N_n = N_0 \cdot 2^n$

durch logarithmieren:

$\log N_n = \log N_0 + n \cdot \log 2$

daraus:

Zahl der Teilungen $\quad n = \dfrac{\log N_n - \log N_0}{\log 2}$

Teilungsrate: $\quad v = \dfrac{t_n - t_0}{n}$

Generationszeit: $\quad g = \dfrac{1}{v} = \dfrac{t_n - t_0}{n}$

Für eine *E. coli*-Kultur beträgt die Generationszeit 20—30 Minuten.

Die *stationäre Phase* stellt sich ein, wenn die Wachstumsrate bei abnehmender Substratkonzentration auf 0 absinkt. Der Übergang von der exponentiellen zur stationären Phase erfolgt daher allmählich.

Die *Absterbephase* und die Ursachen des Absterbens von Bakterienzellen in normalen Nährlösungen sind noch wenig untersucht. Bei *E. coli* spielen sich anhäufende Säuren eine Rolle. Die Lebendzellzahl kann sogar exponentiell abnehmen. Unter Umständen lösen sich die Zellen durch Wirkung der zelleigenen Enzyme auf (Autolyse).

Für die meisten bakteriengenetischen Versuche benötigt man Zellen in der logarithmischen Wachstumsphase. Nur in dieser Phase läuft der Zellstoffwechsel auf vollen Touren.

3. Selektion Antibiotika-resistenter Mutanten

Wie in der klassischen Genetik ist auch in der Bakteriengenetik die Gewinnung von Mutanten des Wildtyps eine Voraussetzung für die Durchführung von Kreuzungsexperimenten. Während das Auffinden von Mutanten unter den Nachkommen von *Drosophila* Wildtyp-Fliegen eine äußerst mühsame Angelegenheit darstellt, offenbart sich ein Vorteil von Bakterien als Versuchsobjekte in der einfachen und raschen Selektionstechnik. Diese kann im schulischen Rahmen leicht und jederzeit demonstriert werden. Die Versuche sind unbedenklich, wenn man dafür sorgt, daß selektierte resistente Bakterien nach dem Versuch restlos vernichtet werden. Würde man sie beim Pipettieren schlucken, wäre es zwar unwahrscheinlich, aber nicht auszuschließen, daß sie ihre Resistenz auf andere Bakterien, auch auf pathogene, übertragen (s. S. 301). Selbstverständlich ist auch beim Pipettieren von Antibiotika-Lösungen zu vermeiden, daß man sie in den Mund bekommt und schluckt und auf diese Weise evtl. die Darmflora beeinträchtigt.

a. *Qualitative Versuche* (Abb. 94)

Man stellt sich verdünnte Lösungen bekannter Antibiotika her, z. B. Penicillin, Streptomycin-Sulfat, Tetrazyclin (Hoechst) in einer Konzentration von ca. 100 µg

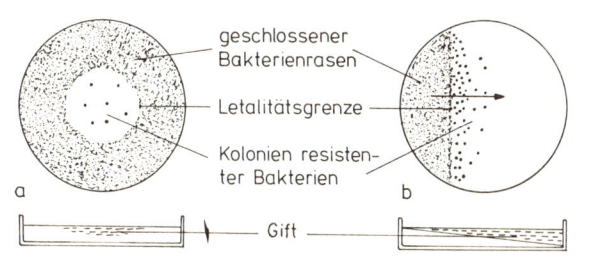

Abb. 94: Selektion antibiotica-resistenter Mutanten
a. Tropfentest
b. Gradientenplatte

pro ml. Davon gibt man je 1 Tropfen in die Mitte einer Agarplatte, verbreitet ihn auf eine Fläche von ca. 3 cm ⌀ und läßt ihn 10 Min. einsaugen. Auf den Platten werden drei Tropfen einer hochtitrigen *E. coli*-Übernachtkultur in der bekannten Weise mit der Pipette oder dem *Drigalski*-Spatel ausgebreitet. Nach zwei Tagen Bebrütung ergibt sich das folgende charakteristische Ergebnis: Die vom Antibiotikum freie Randzone ist von einem dichten Bakterienrasen bedeckt. Die Fläche, die das Antibiotikum enthält, ist in der Regel nicht völlig frei von Bakterien, vielmehr finden sich dort vereinzelte Kolonien. Diese sind offenbar aus Individuen hervorgegangen, die gegen das Antibiotikum resistent waren (Abb. 94a).

Resistenz eines Bakteriums gegen ein Antibiotikum ist kein einfaches monogen bedingtes Merkmal. Dies geht daraus hervor, daß mehr Bakterien gegenüber niedrigeren Antibiotikum-Konzentrationen resistent sind als gegenüber höheren. Diese Konzentrationsabhängigkeit kann man zeigen, indem man die Bakterien auf Nährböden plattiert, die Verdünnungsreihen von Antibiotika enthalten, oder auf elegante Weise in Platten, die einen Konzentrationsgradienten des Antibiotikums enthalten (Abb. 94b). Diese stellt man (nach einer Praktikumsanleitung des Genetischen Instituts der Universität München) wie folgt her: Leere Petrischalen werden auf eine schiefe Ebene gestellt. Zuvor wird auf der Plattenunterseite die Gefällerichtung mit einem Pfeil markiert (Spitze nach oben). Aus dem 70°-Wasserbad werden in jede Platte 20 ml flüssiger Nähragar gegossen, die Plattendeckel sofort wieder aufgelegt und nach Erstarren des Agars die Platten von der schiefen Ebene entfernt. Die nun waagrecht gelagerten Platten erhalten eine zweite Agarschicht, welche aus 20 ml Nähragar besteht, dem z. B. 1 μg, 5 μg, 10 μg Streptomycin pro ml Agar zugesetzt sind. Danach läßt man die Platten erstarren, schleudert das sich bildende Kondenswasser vom Deckel ab (oder legt einen neuen Deckel auf) und läßt den Agar sich verfestigen, indem man die Platten für 2 Stunden bei 37° C in den (sterilen) Wärmeschrank stellt, bei leicht zur Seite geschobenem Deckel. Anschließend wird auf jede Platte 0,1 ml einer Übernachtkultur von E. coli B plattiert und 48 Stunden bei 37° C bebrütet.

Ergebnis: In Richtung des Gradienten sind von der Seite geringster Antibiotika-Konzentrationen die aufgebrachten Bakterien zu einem dichten Rasen gewachsen, der sich gegen die Seite der höheren Konzentration in einzelne Kolonien auflöst in einer Übergangszone zur vollständigen Hemmung bei der höchsten Konzentration. Die unterschiedlichen Grade der Antibiotika-Resistenz bei Bakterien erklärt man mit der Annahme, daß mehrere Gene im Sinne additiver Polygenie an der Ausbildung der Resistenz beteiligt sind.

b. *Quantitativer Versuch — Bestimmung der Mutationsrate*

Sieht man von der eben genannten Komplikation ab, kann man mit Antibiotika leicht das Prinzip einer Mutationsratenbestimmung bei Bakterien demonstrieren. Dazu geht man von einer Übernachtkultur aus und stellt über eine Verdünnungsreihe und den Koloniezähltest den genauen Titer lebensfähiger Bakterien fest. Gleichzeitig werden je 0,1 ml der Übernachtkultur auf vorbereitete Streptomycin-Agarplatten ausgebreitet. Zur Herstellung des Streptomycin-Agars gibt man zu einem halben Liter sterilen Nähragars 2,5 ml einer 10 %igen Streptomycinlösung, sodaß die Endkonzentration an Streptomycin 500 μg/ml beträgt. Streptomycin soll nicht im Autoklaven erhitzt werden und wird erst kurz vor dem Gießen der Platten dem flüssigen Agar zugesetzt. Nach zwei Tagen Bebrütung kann man die Kolonien streptomycinresistenter Bakterien auszählen. Betrug der Titer der Übernachtkultur z. B. $2 \cdot 10^9$ Bakterien pro ml, und ergab die Auszählung 10^2 resistente Bakterien pro ml, so ergibt sich die Mutationsrate: $2 \cdot 10^2 : 2 \cdot 10^9 = 1 : 10^7$ (s. Abb. 95).

Noch in den 40er Jahren war nicht klar, ob es sich bei der aufgetretenen Antibiotikaresistenz tatsächlich um Mutationen handelte, die zufällig und unabhängig von der Giftzugabe erfolgen, oder um die Fähigkeit eines bestimmten Prozentsatzes der Wildtypbakterien, sich dem Gift anzupassen. Eine Entscheidung dieser Frage ermöglichte der Fluktuationstest von *Luria* und *Delbrück* (1943).

Normal-Platte   Giftplatte

←1:10⁷ verdünnt   ÜK   unverdünnt→

z.B.~100 Wildtyp-Kolonien   z.B.~100 Resistenzmutanten
Mutationsrate: 1:10⁷

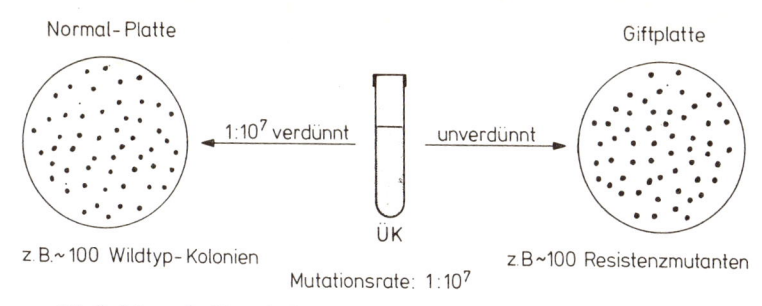

Abb. 95: Schema der Versuchsdurchführung zur Bestimmung der Mutationsrate von Wildtyp-Bakterien zur Antibiotica-Resistenz

4. Fluktuationstest (Varianztest)

a. *Prinzip* (Abb. 96)

Im vorangegangenen Versuch wurde z. B. festgestellt, daß im Durchschnitt eines von 10^7 Bakterien gegen Streptomycin resistent ist. Dies soll als Ergebnis des Kontrollversuchs für die Erklärung des Prinzips des Fluktuationstests angenommen werden. Für den Test wird eine Bakterienkultur so weit verdünnt und auf viele Kulturröhrchen verteilt, daß jedes nur wenige Bakterien enthält, im Modellbeispiel z. B. je eines pro ml. Läßt man die Einzelkulturen bis zu einem Titer von z. B. 10^8 Bakterien/ml hochwachsen und gießt davon 0,1 ml auf Agarplatten, die das Gift enthalten (also 10^7 Bakterien pro Platte), so wäre nach der Anpassungshypothese im Durchschnitt ein resistentes Bakterium pro Platte zu erwarten, das zu einer Kolonie auswächst. Das Ergebnis zeigt dagegen viele Platten ohne, eine Reihe von Platten mit wenigen und vereinzelte Platten mit vielen Kolonien, d. h. eine starke Fluktuation, worauf sich der Name des Tests bezieht. Dieses Ergebnis kann nur so gedeutet werden, daß in vielen Röhrchen zufällig noch keine Zelle zur speziellen Giftresistenz mutiert ist, in wenigen Röhrchen diese Mutationen aber längst vor der Giftzugabe erfolgt sind und sich die zur Resistenz mutierten Bakterien je nach dem Zeitpunkt des Mutationsergebnisses inzwischen mehr oder weniger vermehrt haben.

b. *Praktische Durchführung*

Die praktische Durchführung ist von der Methode her nicht schwierig, aber doch so platten- und zeitaufwendig, daß sie nur für ein Praktikum oder eine Kollegstufenfacharbeit infrage kommt.
Anstelle der variablen Antibiotika-Resistenz geht man besser von der streng alternativen Phagen-Resistenz aus (nach einer Praktikumsanleitung des Genetischen Instituts der Universität München):
Am Vortag des Versuchs werden 11 Kulturröhrchen mit je 1,5 ml Nährmedium beschickt und jedes Röhrchen mit 10^3 Zellen aus der Übernachtkultur eines phagensensiblen Stammes von *E. coli* beimpft (z. B. Phage T_1 und *E. coli* B). Die Kulturen werden 24 Stunden bei $37°$ C ohne zusätzliche Belüftung unter Schrägstellung bebrütet. Die Röhrchen sind während der Bebrütung mit Aluminium-Steckkappen verschlossen.
Versuchsdurchführung: 15 Agarplatten werden mit je 0,1 ml unverdünntem Pha-

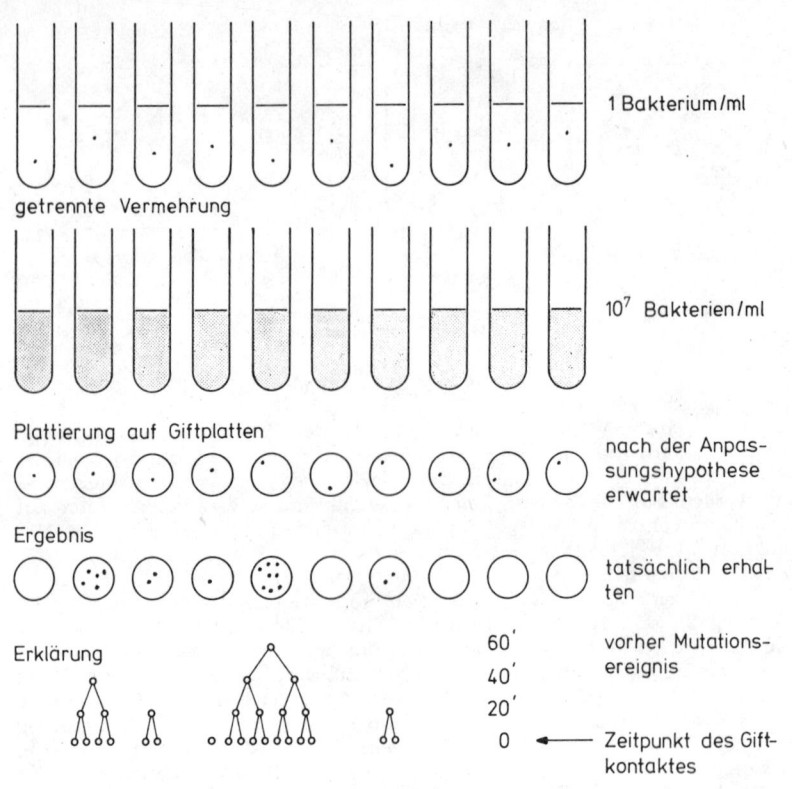

Abb. 96: Schema zum Prinzip des Fluktuationstests

genlysat bis zum Rand vorplattiert. Nach 10 Min. werden aus den Röhrchen Nr. 1—10, die man vorher kurz schüttelt, je 0,2 ml der Suspension von *E. coli* mit je einer frischen Pipette entnommen und auf je eine der vorher mit Phagen vorplattierten 10 Agarplatten ausgestrichen und zwar nur bis 1 cm vom Rand der Platte entfernt (Platten 1—10). Danach plattiert man aus dem 11. Röhrchen weitere 10 vorbereitete Platten mit je 0,2 ml *E. coli* wie oben (Platten 11—20). Die Platten werden 24—48 Stunden bei 37° C bebrütet und die Kolonien in den Versuchsplatten 1—10 und den Kontrollplatten 11—20 ausgezählt. Für beide Plattengruppen werden Mittelwert und Streuung der Koloniezahlen berechnet. Die Mittelwerte sind für die Beurteilung des Ergebnisses unerheblich. Entscheidend ist der Vergleich der Streuungen.

Ist die Streuung bei den Versuchsplatten deutlich größer als bei den Kontrollplatten, ist der Versuch geglückt. Von den Platten wird man nach der auf Seite 269 beschriebenen Methode Dauerpräparate herstellen.

5. Induktion und Selektion von Mutanten

Mutationen können durch *UV- und ionisierende Strahlen*, sowie durch *mutagene Agentien* induziert werden. Dadurch wird ganz allgemein die Mutationsrate erhöht und damit die Chance, bestimmte Mutanten zu gewinnen.

a. Induktion einer morphologischen E. coli-Mutante durch UV

Der folgende Versuch ist einfach und eindrucksvoll: Man taucht eine ausgeglühte Platinöse in eine hochtitrige *E. coli*-Suspension und hält die Öse, in der sich ein Film der Suspension befindet, in etwa 15 cm Abstand ca. 30 Sekunden unter die UV-Lampe. Überträgt man die so bestrahlten Bakterien in ein frisches Kulturmedium und läßt sie hochwachsen, so kann man im Phasenkontrastmikroskop merkwürdige längliche, wurstähnliche Formen finden. Es könnte sich dabei um eine Mutation von *E. coli* handeln, der die Fähigkeit zum Abschnüren der einzelnen Zellen bei der Spaltung verloren gegangen ist. Es könnte sich dabei allerdings auch um die Folgen eines Stoffwechseldefektes handeln, der unmittelbar, also nicht über die DNS, durch die UV-Bestrahlung induziert wurde.

b. *Induktion und Selektion von Aminosäuremangelmutanten durch Mutagene* (Abb. 97)

Der nachstehend beschriebene Versuch dient dazu, zu zeigen, wie z. B. Aminosäuremangelmutanten von *E. coli* gewonnen werden können. Die Ausführung des Versuchs für die normale Unterrichtspraxis ist zu aufwendig; sie kommt nur für Praktika und Kollegstufenfacharbeiten infrage. Das Prinzip der Methode, insbesondere die Stempeltechnik, läßt sich aber im Unterricht gut im Blindversuch mit fixierten Platten demonstrieren.

α Induktion von Mutationen mit Nitrosoguanidin

Unter den gegenwärtig verfügbaren Mutagenen ist das „Nitrosoguanidin" das stärkste:

$$O_2N - N = C - N \begin{matrix} & N = O \\ \nearrow \\ \searrow \\ & CH_3 \end{matrix}$$
$$\quad\quad\quad\quad | $$
$$\quad\quad\quad NH_2$$

(N-Methyl-N'-Nitro-N-Nitrosoguanidin)

Die Substanz ist hochgiftig und gefährlich und darf unter keinen Umständen unbeaufsichtigt in die Hand der Schüler gegeben werden.
Sie wird im Kühlschrank sicher verschlossen aufbewahrt.

Für den Versuch benötigt man eine *E. coli*-Kultur in der logarithmischen Wachstumsphase. Dazu werden 0,1 ml Übernachtkultur mit 9,9 ml vorgewärmtem Nährmedium verdünnt und 2 Stunden bei 37° C belüftet. 4 ml dieser Bakteriensuspension werden mit 1 ml einer Lösung von 5 μg Nitrosoguanidin in 4 ml Aqua dest. (= 1250 μg/ml) gemischt. Die Endkonzentration beträgt dann 250 μg/ml. Dieses Gemisch wird eine Stunde bei 37° C unbelüftet inkubiert. Während dieser Zeit induziert das Nitrosoguanidin zahlreiche Mutationen.

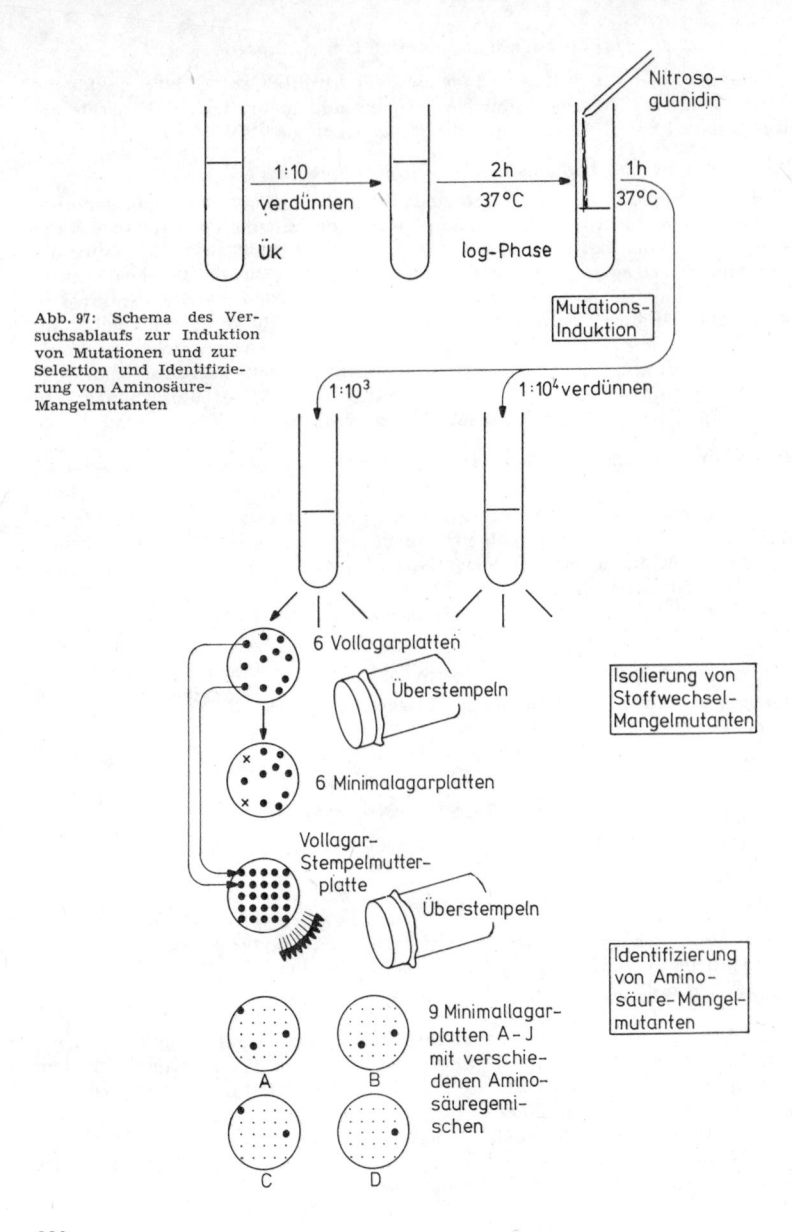

Abb. 97: Schema des Versuchsablaufs zur Induktion von Mutationen und zur Selektion und Identifizierung von Aminosäure-Mangelmutanten

β Selektion von Aminosäure-Mangelmutanten
Die Versuchskultur wird anschließend um den Faktor 10^4 und 10^3 mit Verdünnungsmedium verdünnt. Je 0,1 ml der Verdünnungsstufen werden auf je 3 Agarplatten plattiert. Die Platten werden 48 Stunden bei 37° C bebrütet.
Unter den Kolonien, die auf den Platten gewachsen sind, werden neben Wildtyp- auch Mutanten-Kolonien sein und darunter auch sog. Aminosäure-Mangelmutanten, die die Fähigkeit zur Synthese bestimmter Aminosäuren verloren haben. Man nennt sie auch auxotrophe Mutanten, da sie zum Wachstum der „Hilfe", d. h. des Angebots der betreffenden Aminosäure im Medium bedürfen, während die Wildtypbakterien alle Aminosäuren selbst synthetisieren können. Nur diese können auf einem sog. Minimalmedium wachsen, das alle notwendigen Salze sowie als Energiequelle Glucose, aber keine Aminosäuren enthält.
Um aus den Kolonien auf den Platten die As-Mangelmutanten herauszufinden und um festzustellen, um welche es sich im einzelnen handelt, bedient man sich der von *Lederberg* eingeführten „Stempeltechnik" oder „replica plating"-Technik.
Dazu hat man einige Samttücher über den Boden von Bechergläsern gespannt und mit dem Samt nach oben im Trockenschrank sterilisiert. Mit diesen „Stempeln" kann nun das Koloniemuster der Platten mit den am gleichmäßigsten verteilten Kolonien auf je eine Platte mit Minimalagar und danach zur Kontrolle auf eine Platte mit normalem Nähragar dadurch übertragen werden, daß man den Samtstempel sanft auf die Oberfläche einer Originalplatte und dann auf die Oberfläche der beiden frischen Platten drückt. Über die an den Samtfasern haftenden Bakterien wird das Koloniemuster repliziert. Zur besseren Orientierung sind die Originalplatte und die beiden Replica-Platten durch einen Pfeil markiert worden.
Nach 24—48 Stunden Bebrütung kann man das Koloniemuster auf der Minimal-agarplatte und der Nähragarplatte vergleichen: Kolonien, die auf beiden Platten an entsprechenden Stellen wachsen, stammen von Wildtyp-Bakterien, Kolonien, die nur auf der Nähragarplatte gewachsen sind und an entsprechender Stelle auf der Minimalagarplatte fehlen, stammen mit großer Wahrscheinlichkeit von Stoffwechselmutanten.

γ Identifizierung von Aminosäure-Mangelmutanten
Die Identifizierung einzelner Aminosäure-Mangelmutanten ist in jedem Fall recht aufwendig und kommt für die Schule nur unter günstigsten Bedingungen infrage: Relativ am rationellsten ist die Methode nach *Holliday*:
Man legt eine Petrischale auf Karopapier, umfährt sie mit Bleistift und markiert und numeriert in dem Kreis z. B. 60 Punkte. Darauf legt man eine frische Nähragarplatte und kennzeichnet die Lage durch einen Strich am Plattenrand und auf dem Papier.
Mit in Alu-Folie sterilisierten, runden Zahnstochern werden nun die als Mangelmutanten verdächtigen Kolonien von den Kontrollplatten des Replica-Versuchs auf die durchscheinenden, numerierten Punkte der neuen Nähragarplatte übertragen, indem man die Spitze des Zahnstochers in der Kolonie etwas bewegt und dann damit über einen Punkt leicht in die frische Agaroberfläche sticht. Nach 24 Stunden Bebrütung bei 37° C hat man die Stempelmutterplatte für den eigentlichen Identifizierungsversuch:

Anstelle von 20 Platten, denen jeweils eine andere Aminosäure fehlt, kommt man nach *Holliday* mit 9 Platten aus, die man mit A bis J bezeichnet. Jede der 9 Platten enthält in Minimalmedium eines der in der Tabelle angegebenen Gemische in einer Konzentration von 2 µg/ml.

	A	B	C	D
E	10	3	5	—
F	15	18	16	1
G	8	13	11	12
H	9	14	4	—
J	6	17	7	2

1 Cystein
2 Methionin
3 Arginin
4 Lysin
5 Leucin
6 Isoleucin
7 Valin
8 Tryptophan
9 Tyrosin
10 Phenylalanin
11 Histidin-HCl
12 Threonin
13 Prolin
14 Glutaminsäure
15 Serin
16 Glycin
17 Alanin
18 Asparaginsäure

Das Koloniemuster der Mutterplatte wird nun mit dem Samtstempel auf die am Rand markierten Platten A—J übertragen und zuletzt noch zur Kontrolle auf eine Platte mit Nähragar. Alle Platten werden 24—48 Stunden bei 37° C bebrütet und über dem numerierten Punktmuster auf dem Karopapier ausgewertet.
Zeigt sich z. B., daß in Platte E und C über einem bestimmten Punkt eine Kolonie gewachsen ist, die in anderen Platten fehlt, so sind diese Bakterien als Leucin Mangelmutanten (leu⁻) identifiziert, usw. Bezüglich eines Versuchs zur Induktion und Selektion von Lactose Mangelmutanten, und zwar sowohl für Hin- als auch für Rückmutation, siehe *Schlösser*, 1971, Seite 55.

c. *Induktion und Identifizierung von Rückmutationen zur Wildtypfunktion*
Zur Auxotrophie mutierte Bakterien können spontan wieder zur Wildtypfunktion zurückmutieren („revertieren"). Allerdings ist die Reversionsrate noch beträchtlich kleiner als die Hinmutationsrate (10^{-8}—10^{-9}). Sie kann ebenfalls durch mutagene Agentien erhöht werden. Auf einfachste Weise kann man dies wie folgt zeigen:
Man plattiert auf zwei Platten mit Minimalmedium eine Aminosäure-Mangelmutante, z. B. *E. coli* (leu⁻). Auf eine der Platten legt man in die Mitte ein Körnchen Nitrosoguanidin. Dieses löst sich und diffundiert radial in den Agar. Nach 24—48 Stunden Bebrütung sollten sich auf der Kontrollplatte nur wenige Kolonien befinden. Sie können als *spontane* Rückmutanten angesprochen werden. Auf der Versuchsplatte sollte sich folgendes charakteristisches Bild bieten (Abb. 98): Im Zentrum der Platte befindet sich eine totale Hemmzone, die von einem Kranz einzelner Kolonien umgeben ist, deren Zahl zur Peripherie hin rasch abnimmt. Die Kolonien können als *induzierte* Revertanten angesehen werden.

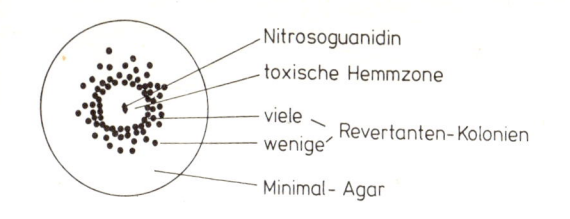

Abb. 98: Induktion von Rückmutationen von einer E. coli-Aminosäuremangelmutante zum Wildtyp durch Nitrosoguanidin. Die meisten Rückmutationen werden in einer Zone optimaler Konzentration des mutagenen Agens ausgelöst

- Nitrosoguanidin
- toxische Hemmzone
- viele / wenige Revertanten-Kolonien
- Minimal-Agar

6. Kreuzung von Aminosäure-Mangelmutanten: Konjugation

Eine grundlegende Voraussetzung für die Analyse des Vererbungsgeschehens ist die Möglichkeit, Individuen einer Art, die sich in einfachen Merkmalen unterscheiden, kreuzen zu können, um unter den Nachkommen Rekombinanten aufzusuchen. Sexualvorgänge sind zwar bei Pflanzen und Tieren geläufig; daß man auch Bakterien kreuzen kann, und daß dabei Rekombinationen genetischen Materials auftreten, wurde von *Lederberg*, einem Schüler *Tatums* 1946 entdeckt. *Avery's* Transformations-Experiment mit Pneumokokken von 1944 war zu dieser Zeit noch nicht allgemein anerkannt. Die Entdeckung von Möglichkeiten des Gentransfers und der Rekombination zwischen Bakterien ist eine entscheidende Voraussetzung für die Erfolge der molekularen Genetik geworden.

a. Schema der Versuchsdurchführung

Gibt man zwei verschiedene Aminosäure-Mangelmutanten, die beide auf Minimalagar keine Kolonien bilden, in Nährmedium zusammen, und plattiert das Gemisch der Bakterien auf Minimalagar, so treten vereinzelt Kolonien auf. Es könnte sich dabei um Rückmutanten oder um Rekombinanten zum Wildtyp handeln. Um die Wahrscheinlichkeit der Rückmutation zu verringern, hat *Lederberg*

Mutante 1 — Mutante 2

Vollmedium: $a^+ b^-$ | $a^+ a^-\ b^-\ b^+$ | $a^- b^+$

Minimalmedium

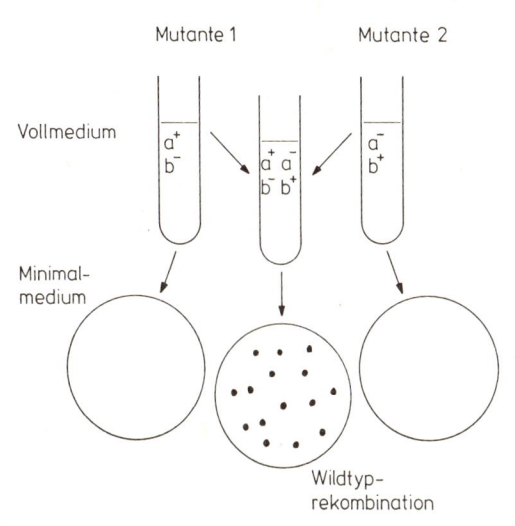

Abb. 99: Schema zur Kreuzung von Bakterien-Aminosäuremangelmutanten und zum Nachweis von Wildtyprekombinanten

Wildtyprekombination

Doppelmutanten für die Kreuzung gewählt und so sicher Rekombinanten zum Wildtyp nachgewiesen. Durch spezielle Versuchsbedingungen stellte er fest, daß die Zellen der beiden Stämme in unmittelbaren Kontakt gelangen müssen und dabei genetisches Material nur in einer Richtung und nicht reziprok übertragen wird. Die sog. Konjugation der Bakterien wird deshalb als assymmetrisch bezeichnet.

b. *Prinzip des Chromosomentransfers und der Rekombination* (Abb. 100)

Genauere Analyse ergab, daß bei *E. coli* Bakterien des Stammes K 12 zwei bzw. drei Typen auftreten, von denen die einen als Spender (Donor von Genmaterial),

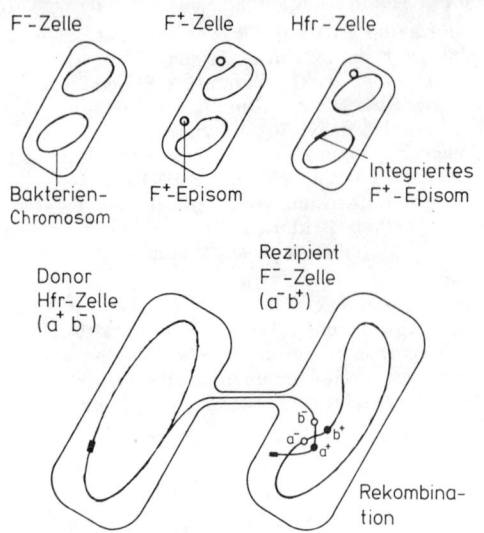

Abb. 100: oben: die drei Sexualtypen bei Bakterien (*E. coli K 12*) unten: Chromosomentransfer durch assymetrische Konjugation und Rekombination

die anderen als Empfänger (Rezipienten) beteiligt sind. Die Chromosomenübertragung erfolgt einseitig über besondere, elektronenoptisch sichtbare, fadenförmige Anhänge, sog. Geschlechtspili, von den Donorzellen auf die Rezipientenzellen. Donor können nur solche Bakterien sein, die einen sog. Fertilitätsfaktor (F-Faktor) enthalten, ein kleines DNS-Molekül, das zusätzlich zum Bakterienchromosom vorhanden ist. Die drei verschiedenen Fertilitätstypen von *E. coli* sind folgendermaßen gekennzeichnet:

1. F^- Zellen („Weibchen"). Sie haben keinen F-Faktor und eignen sich daher nur als Rezipient.
2. F^+ Zellen. Sie enthalten mehrere ringförmige, sich autonom duplizierende Exemplare des F-Faktors im Zytoplasma. Berühren sich F^+ und F^- Zellen, so wird mit einer Häufigkeit von $\sim 1:10^6$ der F-Faktor übertragen. Die F^- Zelle wird dadurch zu F^+. In jeder F^+-Population befinden sich auch einige wenige sog. Hfr-Zellen, die aus F^+ Zellen spontan entstanden sind.

3. **Hfr-Zellen („Männchen").** Der einzelne F-Faktor ist im ringförmigen Bakterien-Chromosom der Hfr-Zellen integriert und wird mit diesem synchron repliziert. Hfr-Zellen übertragen ein Duplikat des Bakterienchromosoms mit hoher Chance (High Frequency of Rekombination) auf Rezipientenzellen (Wahrscheinlichkeit ~ 1:100).

Der Chromosomentransfer dauert etwa 2 Stunden, wenn ein Duplikat des vollständigen Hfr-Chromosoms in die F^--Zelle gelangen soll. Im allgemeinen bricht der Transfer jedoch schon vorher ab, weil der Zellkontakt der Partner gegenüber Scherkräften sehr empfindlich ist. Die Rezipientenzelle erhält dann nur ein Fragment des Donorchromosoms, das anschließend ganz oder teilweise in ihr Chromosom „einrekombiniert" werden kann. Das jeweils verdrängte homologe DNS-Stück geht verloren. Unterbricht man die Übertragung des Chromosoms durch Schütteln der Kultur, kann man die Reihenfolge der Genorte direkt erfassen. Es ergeben sich bei den verschiedenen Hfr-Stämmen verschiedene Rekombinations-Übertragungsreihenfolgen, die sich am besten durch eine ringförmige Genkarte erklären lassen. Dieser liegt real ein ringförmiges Chromosom zugrunde. Der F-Faktor selbst oder ein Teil von ihm wandert stets als „Schlußlicht" des Hfr-Chromosoms in den Rezipienten, sofern der Chromosomentransfer nicht vorzeitig abbricht. Mit Hilfe von Kreuzungen wurden bisher über 300 Gene auf dem *E. coli*-Chromosom lokalisiert. (Bezüglich näherer Informationen s. Lehrbücher der molekularen Genetik, s. S. 364).

c. *Praktische Versuchsdurchführung*

Wenn man eine Kreuzung zwischen zwei Aminosäure-Mangelmutanten durchführt, genügt zur Selektion von Rekombinanten die Verwendung von Platten mit Minimalmedium. Wenn man als Spender einen Hfr-Wildtypstamm verwendet und als Empfänger eine Aminosäuremangelmutante, muß man eine Möglichkeit finden, neu entstande Wildtyperekombinanten von Hfr-Zellen des Wildtypstammes zu unterscheiden. Das gelingt z. B. dadurch, daß man einen Streptomycinsensitiven Hfr-Stamm und einen Streptomycin-resistenten F^--Stamm verwendet: Auf streptomycinhaltigem Minimalagar können dann nur zu Wildtyp gewordene F^--Zellen Kolonien bilden.

Ein Kreuzungsexperiment kann verhältnismäßig einfach und rasch durchgeführt werden, wenn man sich geeignete Hfr-Stämme und einen F^--Stamm beschafft hat.

z. B. E. coli K-12 W 677 F^- try^- als Empfänger

    E. coli K-12 Hfr H 101 met^- als Empfänger

    E. coli. K-12 Hfr W 1895 met^- als Empfänger

(z. B. vom Genetischen Institut der Universität München, s. S. 267).

Allerdings verlieren Hfr-Stämme durch Wiederaustritt des F-Faktors aus dem Bakteriengenom häufig die Fähigkeit zu hoher Transferrate. Mit einem solchen Stamm muß der Versuch mißlingen.

Durch den „Strichtest" (Abb. 101) kann man die Stämme überprüfen und dabei gleichzeitig qualitativ Rekombination nachweisen: Auf einer geeigneten Minimalagarplatte wird in die Mitte 0,1 m*l* der Übernachtkultur des F^--Stammes gegeben und mit dem *Drigalski*-Spatel durch vorsichtiges Drehen der Platte so verteilt, daß am Plattenrand eine ca. 1,5 cm breite Ringzone freibleibt. 10 Minuten einziehen lassen. Auf der Plattenunterseite werden so viele Sektoren mar-

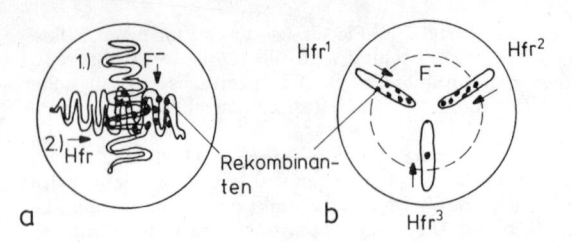

Abb. 101: Strichtest zur Kreuzung von Bakterien-Aminosäuremangelmutanten
a. nach *Schlösser* 1971;
b. nach einer Praktikumsanleitung des genetischen Instituts der Universität München

kiert und beschriftet, als man Hfr-Stämme zur Verfügung hat. Von jeder Hfr-Übernachtkultur entnimmt man dann nacheinander mit der ausgeglühten Impföse je einen kleinen Tropfen und macht, vom äußeren Rand beginnend, einen glatten breiten Strich zur Mitte hin. Nach 2—4 Tagen Bebrütung bei 37° C kann man feststellen, mit welchen Hfr-Stämmen sich Rekombinationskolonien gebildet haben. Man kann die Kreuzung auch in Kulturröhrchen durchführen und das Ergebnis quantitativ auswerten. Die Unterbrechung des Chromosomentransfers in einzelnen Proben nach je 5 Minuten durch Schütteln der Kultur ist aber bereits sehr zeit- und materialaufwendig und kaum für eine Kollegstufenfacharbeit geeignet. Bezüglich der speziellen Versuchsanleitungen und weiterer Stämme für Bakterienkreuzungen s. *Schlösser*, 1971, und *Winkler, Rüger, Wackernagel*, 1972.

7. Averys Transformationsexperiment

Avery's Experiment, das den ersten Nachweis brachte, daß genetische Information von einem Bakterienstamm in einen anderen übertragen werden kann, und daß der stoffliche Träger dieser Information Nucleinsäuren und nicht, wie bis dahin angenommen, Proteine sind, hat längst Eingang in die Schulbücher gefunden, so daß es hier nur kurz skizziert wird. Spricht man im Unterricht zum erstenmal von DNS als Träger genetischer Information, so wird man dieses Experiment als historischen Beweis am Beginn des Genetikunterrichts erläutern.

1928 entdeckte *Griffith,* daß abgetötete Pneumokokken eines virulenten Stammes die Virulenz und die Fähigkeit zur Kapselbildung auf avirulente, kapsellose Pneumokokken übertragen können, wenn man sie gemeinsam einer Maus injiziert. 1944 gelang *Avery* der Nachweis, daß auch ein zellfreier Extrakt der virulenten Bakterien die Fähigkeit zur Kapselbildung und Virulenz übertragen kann. Er identifizierte das „transformierende Prinzip" als „Desoxyribonucleinsäure DNS".

Transformation, d. h. die Übertragung von Genorten in Gestalt reiner DNS kann nur mit verhältnismäßig großem Aufwand experimentell demonstriert werden. Man muß dazu besonders schonend „biologisch aktive" DNS eines Spenders gewinnen und zudem die Zellwand der Empfängerzellen so behandeln, daß diese die DNS auch aufnehmen („kompetente Zellen"). Diese Prozeduren bereiten schon in Hochschulpraktika einige Mühe und sind im schulischen Rahmen ausgeschlossen. Dagegen lassen sich einige chemische Verfahren demonstrieren, mit denen Nucleinsäuren und Proteine getrennt und nachgewiesen werden können, die *Avery* schon anwandte und die auch heute noch verwendet werden, (s. S. 319).

(Transduktion und F-Duktion, s. S. 299, 300).

An dieser Stelle soll das Prinzip der Versuche von *Beadle* und *Tatum* folgen, die erstmals die Bedeutung der Proteine als primäre Genprodukte klarstellten und zur zweiten Fundamentalaussage der molekularen Genetik führten: Gene determinieren die Synthese von Proteinen.

8. Beadle und Tatums Ein-Gen-ein-Enzym-Hypothese

Vereinfacht: Bei Kreuzungsexperimenten mit *Neurospora* ebenso wie mit *E. coli* fand man sieben Typen von Argininmangelmutanten, die untereinander rekombinierten, woraus geschlossen wurde, daß an der Argininsynthese ebenso viele Gene beteiligt sind, die unabhängig voneinander mutieren und so die Argininsynthese blockieren können. Biochemische Untersuchungen der Argininsynthese in der Leber von Säugetieren hatten folgende Synthesekette des Arginins ergeben: Einige Vorläufer, → Ornithin → Citrullin → Arginin. Man vermutete, daß jeder der Syntheseschritte von einem Gen kontrolliert werde. Diese Hypothese konnte überprüft werden, indem man den verschiedenen Typen von Argininmangelmutanten die verschiedenen Vorstufen des Arginins einzeln anbot. Dabei ergab sich:

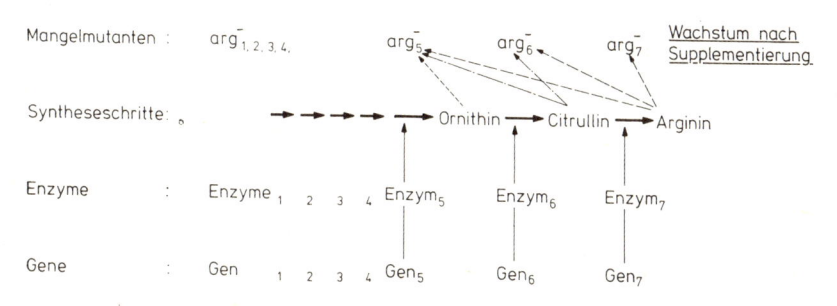

Mangelmutanten:	$arg^-_{1,2,3,4}$	arg^-_5	arg^-_6	arg^-_7	Wachstum nach Supplementierung
Syntheseschritte:	→ → → →	Ornithin →	Citrullin →	Arginin	
Enzyme:	Enzyme 1 2 3 4	$Enzym_5$	$Enzym_6$	$Enzym_7$	
Gene:	Gen 1 2 3 4	Gen_5	Gen_6	Gen_7	

Die verschiedenen Typen von Arginin-Mangelmutanten wachsen auf Minimalmedium, wenn bei arg^-_7 Arginin, bei arg^-_6 Arginin oder Citrullin, bei arg^-_5 Arginin, Citrullin oder Ornithin usw. ... zugegeben werden. Bei jeder Mutante ist also tatsächlich ein Stoffwechselschritt in der Synthesekette des Arginins blokkiert. Da jeder Syntheseschritt durch ein bestimmtes Enzym katalysiert wird, formulierten *Beadle* und *Tatum* 1941 ihre Ein-Gen-ein-Enzym-Hypothese: Ein Gen kontrolliert die Synthese eines bestimmten Enzyms, welches einen bestimmten Stoffwechselschritt katalysiert. Bezüglich der Verfeinerung dieser Hypothese s. S. 305, bezüglich Beispielen zur Ein-Gen-ein-Enzym-Hypothese und zu Syntheseketten in der Humangenetik s. S. 174.

Die beiden kurz skizzierten historischen Experimente begründeten die fundamentale Aussage, die DNS sei primärer Träger der genetischen Information und die Proteine seien die erste Realisierungsstufe dieser Information. Experimente mit Viren, speziell mit Bakteriophagen, die ausschließlich aus diesen beiden entscheidenden Stoffklassen bestehen, führten zur Bestätigung, Vertiefung und Verfeinerung dieser Erkenntnis.

III. Versuche zur Phagengenetik

Unter dem Namen *Bakteriophagen* (= „Bakterienfresser", griech. *phagein* = fressen) oder kurz *Phagen,* faßt man jene Gruppe von Viren zusammen, die Bakterien befallen, darin vermehrt werden und diese dabei in der Regel zerstören. Die ersten Vertreter dieser Gruppe wurden 1915 von dem Mikrobiologen *Twort* und zwei Jahre später von *d'Herelle* entdeckt, als beide Forscher das plötzliche Auflösen von Bakterienkulturen durch ein infektiöses, Bakterienfilter passierendes, im Lichtmikroskop unsichtbares Agens feststellten. Die ursprüngliche Hoffnung, die Phagen im Kampf gegen krankheitserregende Bakterien einsetzen zu können, hat sich nicht erfüllt, da die Phagen Immunreaktionen des Körpers auslösen. Seit aber *Delbrück* 1938 die Bedeutung der Phagen als einfachstes Modellsystem für das Studium der Übertragung genetischer Informationen erkannt hat, sind sie zu einem bevorzugten Forschungsobjekt der molekularen Genetik geworden. Phagen kommen natürlicherweise dort vor, wo viele Bakterien vorhanden sind. Die meisten Phagenstämme hat man aus Abwasserproben isoliert.

1. Gewinnung und Nachweis von Bakteriophagen

Um das Prinzip der Gewinnung und der allgemeinen Charakterisierung von Phagen zu demonstrieren, kann man den folgenden Versuch durchführen, selbst auf die Gefahr hin, daß es nicht gelingt, tatsächlich Phagen nachzuweisen (Abb. 102). *Vorsicht beim Arbeiten mit Abwasser!*

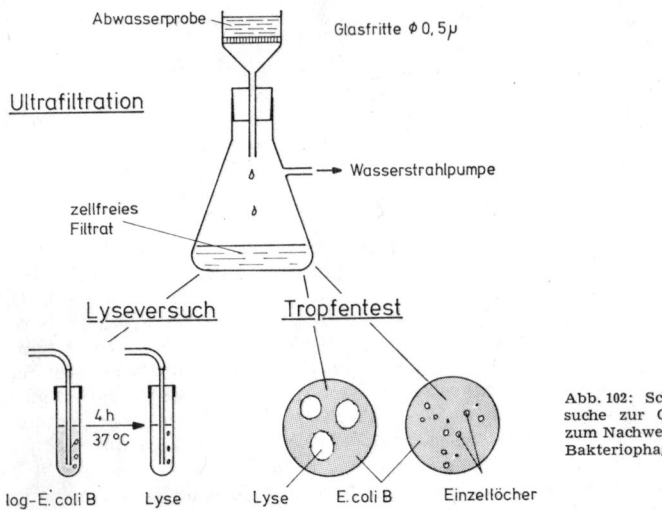

Abb. 102: Schema der Versuche zur Gewinnung und zum Nachweis von Bakteriophagen

a. *Ultrafiltration*

Man besorgt sich Abwasserproben von Kläranstalten oder von Jauchegruben, filtriert sie grob durch ein Teesieb mit einigen Lagen Gaze oder zentrifugiert stattdessen und mikroskopiert sie möglichst im Phasenkontrastmikroskop. Man sieht eine Menge Protozoen und Bakterien. Dann werden die Proben durch eine bakteriendichte Glasfritte (Porendurchmesser 0,5—1 μ) auf der Saugflasche oder mit einem Aufsatz durch ein Membranfilter „ultrafiltriert". Das Ultrafiltrat wird im Mikroskop betrachtet. Es ist jetzt optisch leer.

b. *Lyseversuch*

Inzwischen hat man sich einige belüftete Kulturröhrchen mit Bakterien des Wildtyps *E. coli* B in der logarithmischen Wachstumsphase vorbereitet. Die Bakteriensuspension wird auf zwei Kulturröhrchen gleichmäßig verteilt, z. B. je 5 m*l*. In eines gibt man z. B. 2 ml Ultrafiltrat der Abwasserprobe, in das andere zur Kontrolle 2 ml Leitungswasser. Beide Kulturröhrchen werden möglichst gleichmäßig weiter belüftet. Wenn sich nach 3—5 Stunden in dem Versuchskulturröhrchen eine Aufhellung oder gar eine Aufklärung zeigt, ist der Lyseversuch gelungen.

c. *Tropftest*

Parallel dazu kann man auch Proben des Ultrafiltrats auf Agarplatten auftropfen, auf denen man vorher eine Übernachtkultur der *E. coli* B-Bakterien ausgebreitet hat. Wenn sich nach der Bebrütung auf den Platten ein geschlossener Bakterienrasen bildet, ist ein Nachweis der Phagen mißlungen. Wenn dagegen an den Stellen der Filtrattropfen keine Bakterien gewachsen sind, deutet das darauf hin, daß viele Phagen in dem Filtrat vorhanden waren. Wenn an den Stellen der Tropfen einzelne helle Punkte erscheinen, so stammen diese Löcher von einzelnen Phagen, die Bakterien an dieser Stelle zur Lyse gebracht haben. Erscheinen die Löcher verschieden groß und verschieden klar, so kann man davon ausgehen, daß sie von verschiedenen Phagen hervorgerufen wurden. Man könnte von den verschiedenen Phagenlöchern Reinkulturen anlegen, wenn man z. B. mit einem sterilen Zahnstocher die Löcher ansticht und damit frische, wachsende Bakterienkulturen animpft. Sicherer führt man den Lyseversuch und die anschließend beschriebene Plaquetechnik aber mit einem definierten Phagenstamm und mit dafür sensitiven Bakterien durch, z. B. *E. coli* B-Bakterien und ein sensitiver T-Phagenstamm.

2. *Bestimmung des Phagentiters mit der Plaquetechnik* (Abb. 103)

Der Titer des Bakterienlysates liegt bei den T-Phagen in der Größenordnung 10^{10}—10^{11} Phagen pro m*l*. Bekommt man von einem Genetischen Institut (s. S. 267) eine Phagenprobe zugeschickt, so ist auf dem kleinen Gefäßchen der ungefähre Titer angeschrieben, z. B. 10^{10} Phagen pro m*l*.

a. *Vorbereitung*

Um den genauen Titer zu bestimmen, stellt man sich zunächst eine Verdünnungsreihe mit 0,95 %iger Kochsalzlösung her und zwar so, daß in den beiden Endverdünnungen rd. 10^3 bzw. 10^2 Phagen pro m*l* anzunehmen sind. Daraus werden für den Versuch 0,1 m*l*, also 100 bzw. 10 Phagen entnommen.

Gute Ergebnisse erhält man mit Platten, deren Boden eine Schicht gewöhnlichen Nähragars enthält (Bodenagar), der mit 2—3 m*l* eines sog. Weichagars überschichtet wird, in dem sich die Bakterien und Phagen befinden (Topagar). Diesen sog. Weichagar kann man einfach dadurch herstellen, daß man das Standard-Nähragarpulver statt mit der angegebenen Menge Aqua dest. mit einer um ein Viertel größeren Wassermenge ansetzt, sterilisiert und dann im 40°-Wasserbad

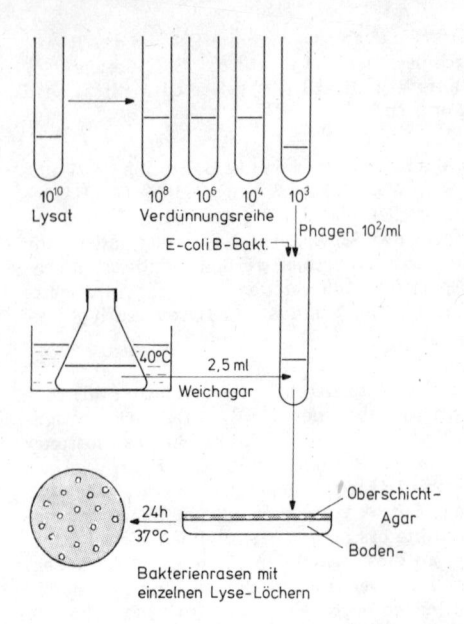

Abb. 103: Versuchsablauf zur Bestimmung des Phagentiters mit dem Plaquetest

bereithält. Bei 40° C ist dieser Agar noch flüssig und die *E. coli* Bakterien vertragen diese Temperatur.

b. *Durchführung*

Um eine möglichst gleichmäßige Mischung von vielen Bakterien und wenigen Phagen zu erzielen, fügt man zu 2—3 ml des flüssigen Weichagars in einem kleinen Kulturröhrchen 3 Tropfen einer Übernachtkultur der Bakterien und 0,1 ml der Phagenverdünnung. Man schüttelt das Röhrchen ein wenig und gießt den Inhalt auf die vorbereitete Bodenagarplatte. Durch rasches Schwenken der Platte nach allen Richtungen erreicht man, daß sich der Topagar gleichmäßig über die Oberfläche verteilt. Wenn er erstarrt ist, können die beschrifteten Platten wieder mit dem Deckel nach unten im Wärmeschrank bebrütet werden.

c. *Ergebnis*

Am nächsten Tag zeigt sich das Ergebnis. In dem geschlossenen Bakterienrasen befindet sich eine Reihe von sog. Lyselöchern oder Plaques. Sie rühren von ursprünglich einem Phagen her, der in einem Bakterium vermehrt wurde und dessen Nachkommen weitere anliegende Bakterien angegriffen haben. Dieser Vorgang setzt sich so lange fort, bis die Bakterien in der Umgebung so dicht herangewachsen sind, daß sie, durch ihre eigenen Stoffwechselprodukte vergiftet, ihr Wachstum einstellen. Indem man die Platten auf den Schreibprojektor legt, kann man das Ergebnis wieder der ganzen Klasse demonstrieren. Die Zählung der einzelnen Plaques kann auf dieselbe Weise erfolgen wie die Zählung von Bakterienkolonien, s. S. 273. Durch Multiplikation der Plaque-Zahl mit dem

Verdünnungsfaktor erhält man den ursprünglichen Titer virulenter Phagen. Von gut gelungenen Platten wird man sich in der auf Seite 269 beschriebenen Weise Dauerpräparate herstellen.

3. Sichtbarmachung von Phagen im Elektronenmikroskop

In allen Biologielehrbüchern sind elektronenoptische Aufnahmen von Phagen abgebildet. Es ist eine wesentliche Aufgabe des Unterrichts, anschaulich und verständlich zu machen, wie diese Bilder zustande gekommen sind und in welcher Größenordnung man sich hier bewegt. Dies kann durch folgende Blind- und Modellversuche erreicht werden:

a. Beschichtung eines Kupfernetzchens mit einem Collodiumfilm (Abb. 104)

Als Objektträger für das Elektronenmikroskop dienen kleine Kupfernetzchen von 2—3 mm Durchmesser, die mit einem hauchdünnen Collodiumfilm über-

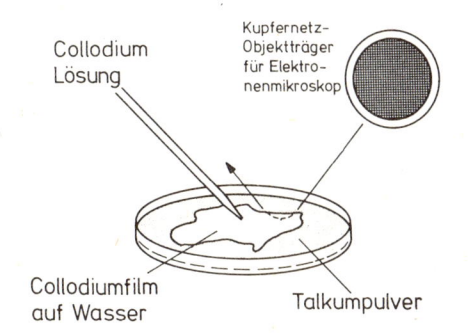

Abb. 104: Anordnung zur Beschichtung eines Kupfernetz-Objektträgers für das Elektronenmikroskop mit einem Collodiumfilm

zogen werden müssen, der dann als der eigentliche Träger der Phagenpartikel wirkt. Man bekommt eine Anschauung von der Vergrößerung des Elektronenmikroskops, wenn man ein derartiges blankes Netzchen auf einem Glasobjektträger im Mikroskop betrachtet bzw. in der Mikroprojektion bei steigender Vergrößerung der Klasse vorführt und verdeutlicht, daß im Elektronenmikroskop ein winziger Ausschnitt aus einem einzigen der vielen Netzchenlöcher bildfüllend vergrößert wird.

Die Beschichtung des Netzchens geschieht folgendermaßen und kann über den Schreibprojektor der ganzen Klasse vorgeführt werden: Man benötigt dazu Collodium, Amylazetat, Talkumpulver und den Deckel einer großen Petrischale. Der Deckel wird mit Wasser gefüllt und auf den Schreibprojektor gestellt. Mit einem Pinselchen stäubt man Talkumpulver über die Oberfläche des Wassers, bis sie gleichmäßig bedeckt ist. Dann läßt man aus einer Pipette einen Tropfen 5 %iger Collodiumlösung in Amylazetat in die Mitte des Deckels auf die Wasseroberfläche fallen. Der Tropfen breitet sich schlagartig zu einem dünnen Häutchen aus, was man am Zurückweichen des Talkumpuders deutlich sehen kann. Indem man das Kupfernetzchen mit einer feinen Pinzette faßt und vom Rand her unter den Film bewegt und schließlich waagrecht wieder hochhebt, legt sich ein Häutchen über das Netz. Dieses wird mit der Schichtseite nach oben auf einem Stückchen Filterpapier abgelegt und ist fertig zur Aufnahme der Phagen.

b. *Demonstration und Modellversuch zum Negativkontrastverfahren*

Im Blindversuch kann man auf dem Schreibprojektor zeigen, wie einfach die Auftragung der Phagen und die Kontrastierung mit z. B. Uranylazetat geschieht. Dazu gibt man auf einen Glasobjektträger nebeneinander drei Tropfen Wasser. Der erste soll die Phagensuspension, der zweite die Uranylazetatlösung und der dritte Aqua dest. darstellen. Das Kupfernetzchen wird mit einer feinen Pinzette gefaßt und mit der Schichtseite nach unten auf den ersten Tropfen gelegt. Es schwimmt auf der Oberfläche. Dabei adsorbieren die Phagen auf dem Collodiumfilm. Nach wenigen Sekunden überträgt man das Kupfernetzchen in derselben Weise auf den zweiten Tropfen und schließlich auf den dritten. Anschließend wird es auf Filterpapier mit der Schichtseite nach oben getrocknet.

Was sich dabei abspielt, kann man durch folgenden Modellversuch verdeutlichen: Auf eine Schreibprojektorfolie, die den Collodiumfilm darstellen soll, werden 2—3 Uhrgläschen von 1—2 cm $\varnothing$ so aufgeklebt, daß sich die Wölbung konvex über die Folie erhebt und der Rand rundum dicht auf der Folie haftet. Das Uhrgläschen soll einen auf den Trägerfilm adsorbierten Phagen darstellen. Als „Kontrastierungsmittel" bereitet man sich eine 1:5 verdünnte Tuschelösung vor, der man einige Tropfen eines Detergens, z. B. Pril, zusetzt und füllt einen flachen Teller damit bis zum Rand. Nun wendet man die Folie um, so daß die Uhrgläschen nach unten weisen, und legt die Folie auf den Teller, wobei die Schichtseite mit den Uhrgläschen von der Tuschelösung benetzt wird. Nimmt man die Folie dann vorsichtig ab und legt sie mit den Uhrgläschen nach oben auf einen völlig waagrechten Tisch, der mit Zeitungspapier abgedeckt ist, kann man beobachten, wie sich die Lösung von der Wölbung zurückzieht und in dem Zwickel zwischen Gläschenwand und Folie ansammelt, während die übrige Fläche mehr oder weniger gleichmäßig schwächer bedeckt ist.

Läßt man die Folie trocknen, kann man das Ergebnis im Schreibprojektor projizieren: Da sich bei diesem Verfahren das Objekt hell gegen eine dunkle Umgebung und einen scharf kontrastierenden schwarzen Saum abhebt, nennt man es „Negativ-Kontrast-Verfahren". Der Tusche entspricht real das Uranylazetat, dem Licht des Schreibprojektors die Elektronenstrahlen im Elektronenmikroskop. Das Negativ-Kontrast-Verfahren eignet sich zur Abbildung selbst feinster Strukturen, wie z. B. die Schwanzfibern von T-Phagen.

c. *Modellversuch zur Schrägbedampfungstechnik*

Man klebt auf eine Schreibprojektorfolie Modelle verschiedener Phagengestalten, die man sich z. B. aus abgeschnittenen Plastikspritzen, Teflonschläuchchen und Draht fertigen kann. In Abb. 105 ist z. B. eine T-Phage mit Kopf- und Schwanzteil sowie Basisplatte und Schwanzfibern, ein polyedrischer $\varnothing$-X-174-Phage sowie ein fadenförmiger, z. B. M-13-Phage dargestellt. Die so vorbereitete Folie legt man auf eine Tischfläche, die mit Zeitungspapier abgedeckt ist. Nun besprüht man die Folie mit schwarzer Farbe aus einer Sprühdose in einem Winkel von etwa 30° aus ca. 1 Meter Entfernung, wobei man sich bemüht, die Fläche möglichst gleichmäßig zu besprühen. Die Farbtröpfchen entsprechen den Metallteilchen, die im realen Versuch im Vakuum schräg auf das Objekt aufgedampft

Schwarze Sprühfarbe

Schreibprojektorfolie mit aufgeklebten Phagenmodellen

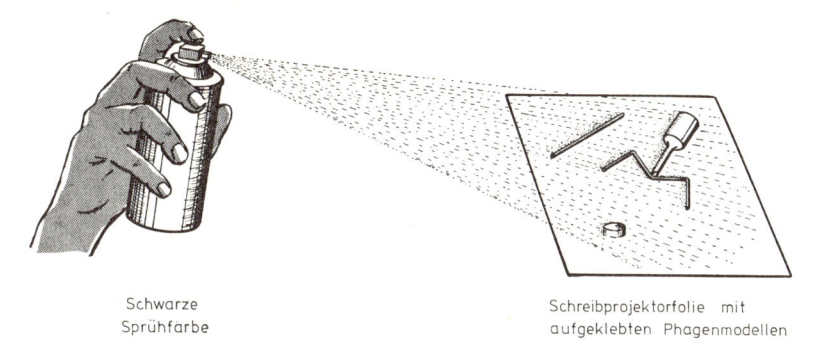

Abb. 105: Modellversuch zur Schrägbedampfungstechnik von Bakteriophagen für die Elektronenmikroskopie

werden. Legt man die Folie auf den Schreibprojektor, bietet sich das Bild von Abb. 106, das einer realen elektronenoptischen Aufnahme von Phagen täuschend ähnlich sieht.

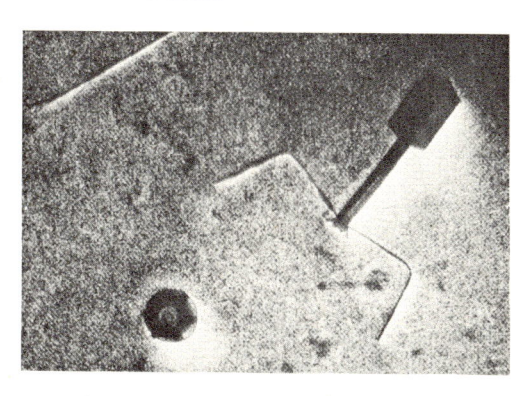

Abb. 106: Ergebnis des Modellversuchs zur Schrägbedampfungstechnik auf Schreibprojektorfolie. Modelle eines fadenförmigen M-Phagen, des polyedrischen ϕ-X-174-Phagen und eines T-Phagen mit Kopf, Schwanz, Schwanzfäden und Basisplatte mit Spikes

4. Lytischer Vermehrungszyklus eines T-Phagen

Das Schema des lytischen Vermehrungszyklus eines Phagen hat längst Eingang in die Schulbücher gefunden und ist als typischer „Lernstoff" beliebtes Prüfungsthema. Die anspruchsvollere Frage, wie die Modellvorstellung begründet wurde, bleibt in der Regel ungestellt und unbeantwortet. Deshalb sei hier das Prinzip der Versuche kurz skizziert.

a. Quantitative Untersuchung der Phagenvermehrung

Um quantitativen Aufschluß über die Vermehrungsweise („Wachstumskurve") der Phagen im Bakterium und über die pro Bakterienzelle produzierte Zahl von Phagen zu gewinnen, war es nötig, die Phagenvermehrung in allen Bakterien einer infizierten Kultur zu synchronisieren. Dies wird durch folgenden Versuch erreicht, dessen Durchführung sich nicht für die Schule eignet, dessen Prinzip aber erläutert werden kann (Abb. 107):

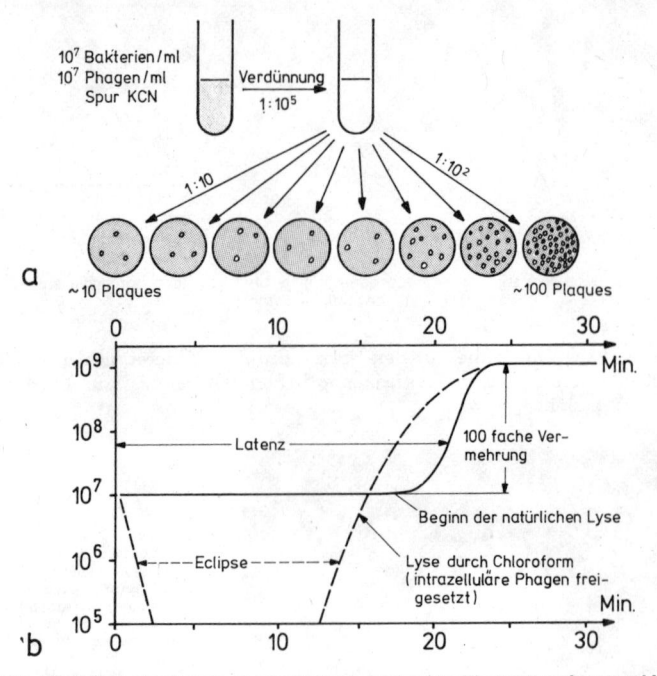

Abb. 107: a) Versuchsschema zur quantitativen Analyse des Phagenvermehrungszyklus
b) Versuchsergebnis

In einem Kulturröhrchen werden 10^7 Bakterien pro ml mit 10^7 Phagen pro ml vermischt, so daß im Durchschnitt an jedem Bakterium ein Phage adsorbiert. Eine zugesetzte Spur von Kaliumcyanid blockiert den Stoffwechsel der Bakterien und bewirkt, daß noch keine Phagenvermehrung stattfinden kann. Zum Zeitpunkt 0 wird um den Faktor 10^5 verdünnt. Dadurch wird die Hemmwirkung des Kaliumcyanids aufgehoben und der Beginn der Phagenvermehrung synchronisiert. Alle 5 Minuten wird aus der Kultur eine Probe entnommen und plattiert. Die Auswertung der inkubierten Platten zeigt, daß nach einer Latenzzeit von 20 Minuten innerhalb weniger Minuten der Phagentiter um ca. das Hundertfache ansteigt, d. h. daß jedes Bakterium im Durchschnitt 100 Phagen hervorgebracht hat. Um zu erfahren, was sich innerhalb der zwanzigminütigen Latenzzeit im Bakterium abspielt, kann man einen Teil der alle 5 Minuten entnommenen Proben mit Chloroform behandeln, das die Bakterienzellwand zerstört und den Inhalt austreten läßt. Plattiert man diese Proben, so ergibt sich das überraschende Ergebnis, daß die Zahl der Phagen nach der Infektion im Bakterium nicht etwa konstant ansteigt, sondern daß kurz nach der Infektion überhaupt kein intakter Phage mehr vorhanden ist und erst kurz vor der natürlichen Lyse infektiöse Phagen in rasch auf etwa 100 ansteigender Zahl auftreten. Das folgende, mit schulischen Mitteln selbstverständlich nicht nachvollziehbare, Experiment lieferte eine erste Begründung für diesen ungewöhnlichen Vermehrungstyp.

b. *Hershey und Chases Experiment*

Zentrifugiert man ein Phagenlysat bei 6000 upm, so sedimentieren die Zelltrümmer der Bakterien, während die Phagen im Überstand bleiben. Zentrifugiert man den dekantierten Überstand in der Ultrazentrifuge bei 60 000 upm, so sedimentieren die Phagen. Untersucht man das Sediment biochemisch, so kann man Protein und DNS als Bestandteile nachweisen. Welche Rolle diese beiden Stoffe im Phagenvermehrungszyklus spielen, konnten *Hershey* und *Chase* 1952 durch Anwendung radioaktiver Isotope klären. Sie infizierten eine Bakteriensuspension mit Phagen, der Verbindungen mit radioaktivem Phosphor (^{32}P) und radioaktivem Schwefel (^{35}S) zugesetzt waren. Die aus diesen Bakterien hervorgegangenen Phagen enthielten in ihrem Eiweiß den radioaktiven Schwefel und in ihrer DNS den radioaktiven Phosphor. Derartig radioaktiv markierte Phagen wurden dann zur Infektion nicht radioaktiv markierter Bakterien verwendet. Wenige Minuten nach der Infektion behandelten sie die Bakterien in einem Homogenisator (s. S. 342), wobei die auf der Bakterienoberfläche adsorbierten Phagenpartikel abgerissen wurden. Bei der anschließenden Zentrifugation der Suspension sammeln sich die Bakterien im Sediment, während die Phagenpartikel im Überstand bleiben. Die Messung der Radioaktivität brachte das überraschende Ergebnis, daß das Sediment die Phosphoraktivität der Phagen-DNS und der Überstand die Schwefelaktivität des Phagenproteins aufwies. Damit war bewiesen, daß bei der Phageninfektion lediglich die Phagen-DNS in das Bakterium eindringt und die Bildung der Phagenproteine im Bakterium veranlaßt. Dadurch war erneut die Bedeutung der DNS als Informationsträger für die Proteinsynthese klargeworden.

c. *Überblick über den lytischen Phagenvermehrungszyklus eines T-Phagen*

s. 8 F 80: Bakteriophage T_4

Durch die Kombination biologischer, biochemischer und elektronenoptischer Untersuchungen konnten schließlich weitere Einzelheiten des Phagenvermehrungszyklus geklärt werden. Die Begegnung des Phagen mit dem Bakterium erfolgt zufällig durch Braun'sche Molekularbewegung. Berührt der Phage mit der Grundplatte seines Schwanzes eine der spezifischen Anheftungsstellen in der Bakterienzellwand (sog. Rezeptoren), so wird er daran adsorbiert. Ein Enzym in der Grundplatte (Lysozym) läßt ein Loch in der Bakterienzellwand entstehen. Eine Konformationsänderung des Schwanzschaftes führt zu dessen Verkürzung, wobei der hohle Schwanzstift in das Bakterium eindringt und den vielfach gewundenen DNS-Faden unter Druck aus der Kopfhülle in Bruchteilen einer Sekunde in die Bakterienzelle injiziert. Das T_4-DNS-Molekül besitzt ein Molekulargewicht von rd. 120 Millionen, eine Länge von knapp 0,1 mm und bietet 200—300 Genen Platz, von denen etwa die Hälfte durch komplizierte genetische Analysen in ihrer Funktion bekannt sind. Die sog. frühen Gene veranlassen die

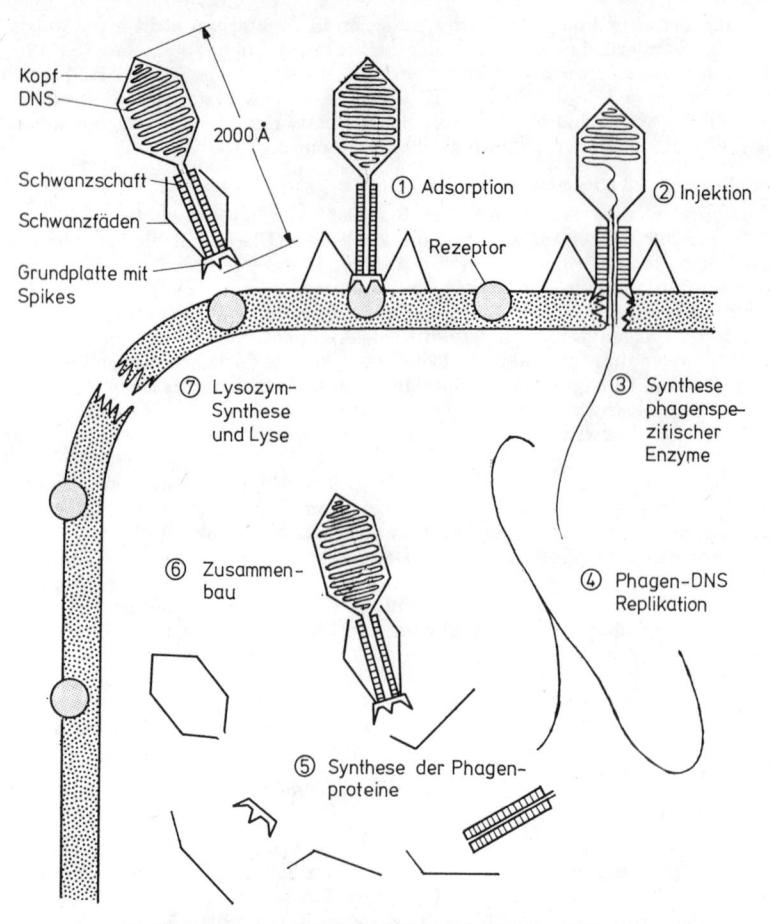

Abb. 108: Schema des lytischen Vermehrungszyklus eines T-Phagen

Bakterienzelle zur Bildung von Enzymen, die das Bakteriengenom zerstören, die Replikation der Phagen-DNS einleiten und dem Ablesen der sog. späten Gene dienen. Diese enthalten die Information für die Synthese der einzelnen Phagenproteinteile, die von der Bakterienzelle auf drei „Fließbändern" hergestellt werden. Eines erzeugt Köpfe, eines Schwänze und eines Schwanzfasern. Nach dem Eintritt der DNS in die Kopfstücke werden die Schwanzstücke spontan und die Schwanzfasern unter der Wirkung eines weiteren Genprodukts angeheftet. Ein auf Anweisung der Phagen-DNS vom Bakterium produziertes Enzym, das

Lysozym, bringt schließlich die Bakterienwand zum Platzen und die fertigen Phagen treten aus.

d. *Modell eines T-Phagen-Kopfes*

Um eine Vorstellung von dem Größenverhältnis zwischen Phagenkopf und Länge des darin verpackten DNS-Fadens zu vermitteln, kann man sich ein einfaches Modell aus einem ca. 1 cm langen Fingerhut und einem rund 10 m langen Faden herstellen. Der Faden wird in dem durchbohrten Fingerhut festgeknüpft, zu einem Knäuel aufgewickelt und in dem Fingerhut verstaut. Bei der Besprechung der Injektion der Phagen-DNS in das Bakterium kann man einen Schüler den Fingerhut halten lassen, während man selbst den Faden daraus quer durch die Klasse abwickelt. Die Fläche der Bakterienzelle entspricht in diesem Modell in der Größe etwa einem Schulheft. Erläutert man, daß sich in diesem Raum bereits ein ca. 100 m langer DNS-Faden des Bakteriums befindet, und dann ca. 100 neue Phagen-DNS-Fäden gebildet werden (sowie entsprechende Anzahlen von Bestandteilen der Proteinhüllen), so kann man eine Ahnung von dem hohen Ordnungsgrad und der Organisation vermitteln, die Voraussetzung sein müssen, damit innerhalb kürzester Zeit die rd. 100 Phagen-DNS-Fäden ordentlich in den Phagenköpfen verpackt werden. Diese Schwierigkeiten kann man zeigen, wenn man versucht, den Faden möglichst schnell wieder aufzuwickeln und in dem Fingerhut zu verstauen.

5. *Nicht lytische Phagenvermehrung und lysogener Phagenvermehrungszyklus*

a. *Nicht lytische Phagenvermehrung*

Neben den jederzeit und sofort zur Lyse des Bakteriums führenden Phagen gibt es eine zweite Gruppe von Phagen, die, wie z. B. der fadenförmige Phage M 13, zwar ebenfalls sofort nach der Infektion im Wirtsbakterium vermehrt werden, die aber das Bakterium durch die Zellwand verlassen, ohne es dabei zu zerstören.

b. *Schema des lysogenen Vermehrungszyklus von Phagen* (Abb. 109)

Von besonderem Interesse ist eine dritte Gruppe von Phagen, zu denen z. B. der λ-Phage gehört, bei denen nach der Injektion ihrer DNS nicht sofort eine Neusynthese von Phagenpartikeln einsetzt, sondern die Phagen-DNS sich an eine bestimmte Stelle der Bakterien-DNS ansetzt und dort integriert wird. Die Phagen-DNS verbleibt dann während einer mehr oder weniger großen Anzahl von Bakteriengenerationen in diesem integrierten Zustand und wird bei jeder DNS-Duplikation synchron mit der DNS der Wirtszelle repliziert. Phagen-DNS im integrierten Zustand wird als Prophage bezeichnet. Mit einer Wahrscheinlichkeit von etwa 10^{-5} pro Zelle und Zellgeneration geht ein solcher Pro-Phage „spontan", d. h. ohne erkennbare äußere Einwirkung, in den virulenten Zustand über. Die Phagen-DNS tritt dann in den lytischen Zyklus ein, welcher mit der Lyse der Zelle und der Freisetzung neu synthetisierter Phagenpartikel endet. Eine Zelle, die einen Pro-Phagen beherbergt, wird daher als lysogen bezeichnet; Phagen, die einen lysogenen Zyklus durchmachen, nennt man temperierte oder temperente Phagen. Man kann die Wahrscheinlichkeit, mit der ein Prophage in den virulenten Zustand übergeht, durch verschiedene Einwirkungen von außen erhöhen, „induzieren", z. B. durch UV- oder Röntgenstrahlen oder chemische Agentien.

Abb. 109: Schema des lysogenen Vermehrungszyklus des λ-Phagen

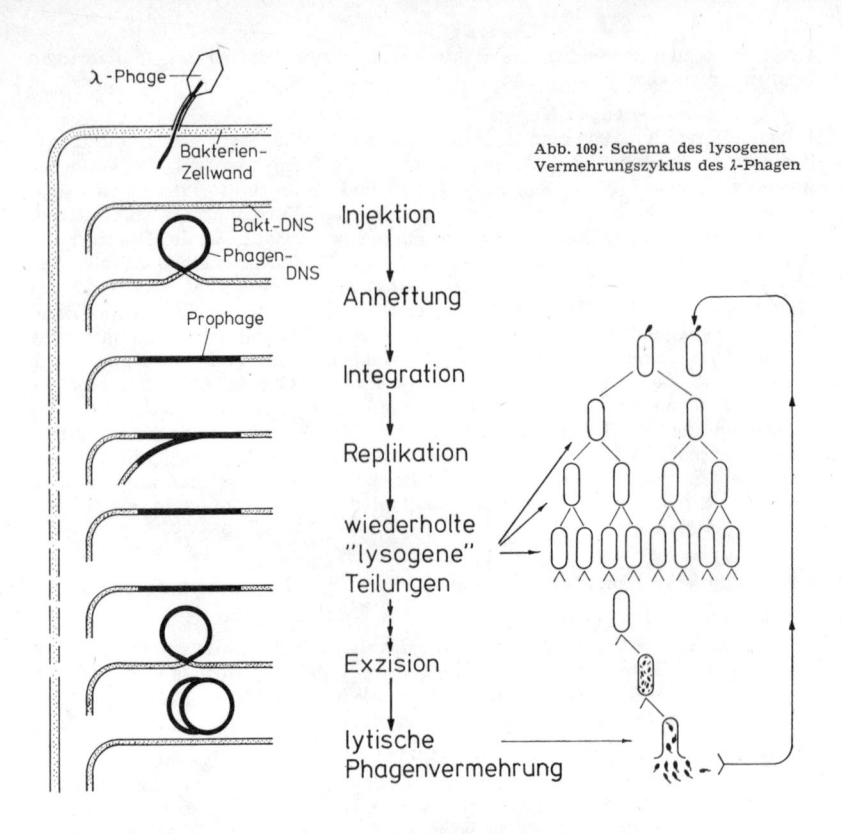

Injektion → Anheftung → Integration → Replikation → wiederholte "lysogene" Teilungen → Exzision → lytische Phagenvermehrung

c. UV-Induktion der Lyse lysogener Bakterien

Eine UV-Induktion eines λ-lysogenen Bakterienstammes, z. B. des Stammes *E. coli* K 12 (λ) ist qualitativ verhältnismäßig einfach durchzuführen, z. B. im Rahmen einer Kollegstufen-Facharbeit, wenn man den lysogenen Stamm sowie als Indikator für freigesetzte λ-Phagen einen λ-sensitiven Stamm, z. B. *E. coli* K 12 (S) zur Verfügung hat. Man stellt sich von beiden Stämmen Übernachtkulturen her und verteilt die Suspension des lysogenen Stammes auf drei Kulturgläschen. Glas 1 wird nicht, Glas 2 wird von oben aus ca. 20 cm Entfernung mit der UV-Lampe eine Minute, Glas 3 auf gleiche Weise drei Minuten bestrahlt. Aus den drei Gläschen wird je eine Verdünnung von 1:100 hergestellt und je 0,1 ml mit einigen Tropfen der Indikatorbakterien K 12 (S) in je 3 ml flüssigem Weichagar gemischt und auf Bodenagarplatten ausgegossen. Plaques auf den Platten von den unbestrahlten Bakterien bezeugen die spontane Freisetzung von λ-Phagen, die höhere Zahl von Plaques bzw. totale Lyse auf den Platten der bestrahlten Bakterien zeigen den Effekt der UV-Induktion.

6. Übertragung bakterieller Genorte durch Phagen und Plasmide (Episomen)

a. Transduktion (Abb. 110)

1952 entdeckten *Zinder* und *Lederberg,* daß ein temperenter Phage, wenn er zur Lyse schreitet, genetisches Material von einem Bakterium auf ein anderes übertragen kann. Diesen neben der Transformation und Konjugation dritten Parasexualvorgang nennt man Transduktion. Bei der sog. *speziellen oder eingeschränkten Transduktion,* für die der λ-Phage das bestuntersuchte Beispiel darstellt, wird der Prophage stets an derselben Stelle des Bakteriengenoms integriert, und zwar im Falle des λ-Phagen in unmittelbarer Nachbarschaft zum Genort, der für ein zum Lactoseabbau nötiges Enzym verantwortlich ist (gal⁺). Beim Austritt aus dem Bakteriengenom kann das benachbarte, gal⁺ enthaltende DNS-Stück mitgenommen werden unter gleichzeitiger Zurücklassung eines entsprechenden Stückes der Phagen-DNS. Benutzt man als Empfänger eine gal⁻-Mutante, so überträgt der transduzierende Phage das gal⁺-Gen in die Mangelmutante, die dadurch wieder Wildtypfunktion erhält. Das gal⁺-Gen kann durch

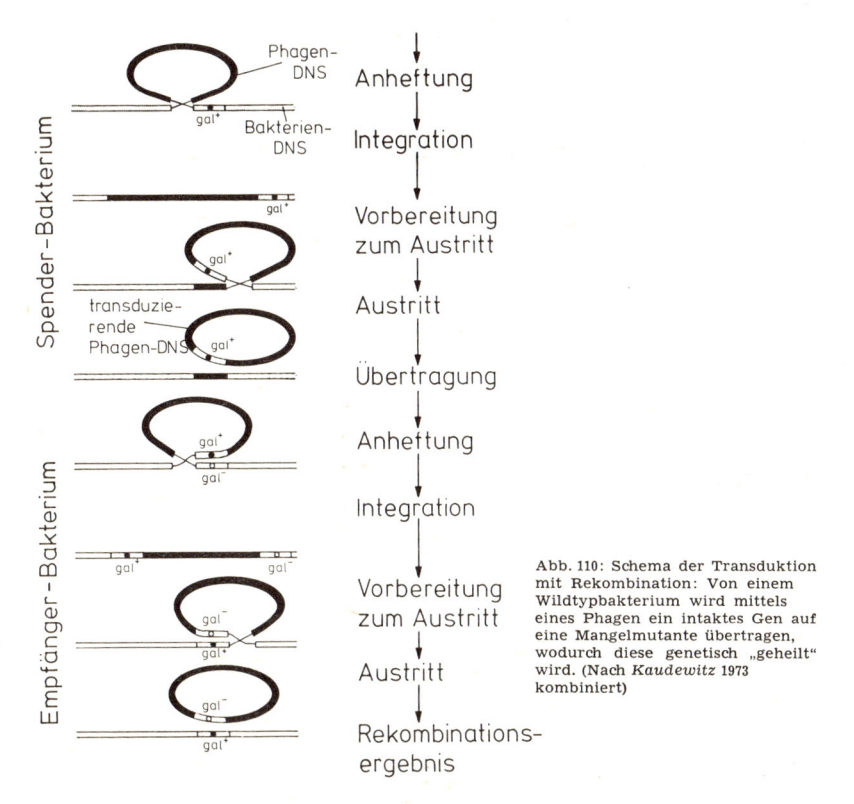

Abb. 110: Schema der Transduktion mit Rekombination: Von einem Wildtypbakterium wird mittels eines Phagen ein intaktes Gen auf eine Mangelmutante übertragen, wodurch diese genetisch „geheilt" wird. (Nach *Kaudewitz* 1973 kombiniert)

einen Rekombinationsvorgang wieder stabil eingebaut werden. Unterbleibt die Rekombination, so wird das transduzierende Partikel, das nicht zur Vermehrung fähig ist, von Zellteilung zu Zellteilung an nur eine der beiden entstehenden Tochterzellen weitergegeben. In einer Einzelkolonie, die aus einer solchen „abortiv transduzierten" Zelle hervorgeht, verursacht es daher eine lineare Vererbung.

Bei der *allgemeinen Transduktion,* die für manche Phagen mit lytischem Vermehrungszyklus typisch ist, können die verschiedensten Stellen des Bakteriengenoms auf ein anderes Bakterium übertragen werden. Dies erklärt sich wohl daraus, daß beim Verpacken der DNS in den Phagenköpfen vor der Lyse anstelle von Phagen-DNS bald dieses, bald jenes DNS-Stück des Bakterienchromosoms in Phagenköpfe gelangt. Solche Phagen haben die Fähigkeit zur Lyse verloren. Benützt man auch hier als Spender wieder Wildtypbakterien und als Empfänger Bakterien, die eine Reihe von Mangelmutationen aufweisen, so kann man feststellen, welche Wildtypgene bei der Transduktion übertragen werden. Gene, die gleichzeitig übertragen werden, müssen im Bakterienchromosom eng benachbart liegen. Somit kann man mittels der Transduktion die Aufeinanderfolge eng gekoppelter Gene bestimmen und sogar Mutationen innerhalb eines Genorts kartieren, s. S. 304.

Von der Transduktion ist das Phänomen der sog. *lysogenen Konversion* zu unterscheiden. In diesem Fall üben Gene, die zu einem Prophagen gehören, bestimmte Wirkungen in der Bakterienzelle aus. Bei Diphteriebakterien, bei Tetanusbakterien sowie den für die Fleischvergiftung verantwortlichen Clostridium botulinum-Bakterien werden z. B. die Toxine durch die Gene eines Prophagen determiniert. Nur lysogene Zellen dieser Bakterien sind also krankheitserregend. Wird der Prophage verloren, kann das Bakterium keine Toxine mehr produzieren.

Praktische Experimente zur Transduktion sind für den schulischen Rahmen nicht zu empfehlen, da sie durch die Notwendigkeit, transduzierende Phagen zu gewinnen, kompliziert und im Ausgang unsicher sind.

b. *F-Duktion*

Das F-Episom weist große Ähnlichkeiten mit Phagen-DNS auf: Es kann bekanntlich als freier Partikel im Zytoplasma (F⁺) oder in das Bakteriengenom integriert vorkommen (Hfr.). Ebenso wie ein Prophage beim Austritt aus der Bakterien-DNS Teile davon mitnehmen kann, vermag auch ein F-Episom beim Übergang vom Hfr in den F'-Zustand Teile der Bakterien-DNS einzubauen und bei der Infektion von F⁻-Zellen auf diese zu übertragen. Eine F⁻-Mangelmutante kann auf diese Weise Wildtypfunktionen wiedererlangen, wenn das Spenderbakterium ein Wildtyp war. In der Regel entfaltet der übertragene DNS-Abschnitt seine genetische Aktivität als Teil des Episoms. Relativ selten treten Rekombinationen mit dem homologen Abschnitt des Wirtszellenchromosoms auf.

7. Ergänzende Hinweise zur Informationsübertragung durch Episomen und Viren

a. *Besonderer Typ der Informationsübertragung*

Der Typ der Übertragung genetischer Information durch Episomen und transduzierende Phagen stellt eine Besonderheit dar und unterscheidet sich grundgrundsätzlich von der Informationsübertragung durch chromosomale Vererbung:

Während im Chromosom gespeicherte Information nur an die Tochterzellen weitergegeben wird, kann in Episomen gespeicherte Information infolge der Infektiosität dieser Partikel an beliebige Partner weitergegeben werden.
Die Information breitet sich wie eine „Seuche" oder wie eine Mitteilung aus, die in kurzer Zeit alle Individuen einer Population erreicht hat.
Aus der Sicht der Bakterien ist die rasche Verbreitung einer Information, wie man sich z. B. in einer Antibiotika-überschwemmten Umwelt retten kann, ein Vorteil von lebenserhaltendem Wert. Aus der Sicht der Menschen stellt die Ausbreitung von Resistenz-Transfer-Faktoren, eines speziellen Typs von Episomen unter Bakterien, eine bedrohliche Gefahr im Kampf gegen Infektionskrankheiten dar.

b. *Transduktion als Modell genetischer Manipulation*

Die Übertragung von intakten Genen einer „Wildtypzelle" durch Viren auf Zellen mit Mangelmutationen und der Einbau dieser Gene in das Genom der Defektmutanten, die dadurch genetisch „geheilt" werden, ist ein Modellsystem für „genetische Manipulation" zur Heilung von Erbkrankheiten beim Menschen geworden.
So ist es z. B. gelungen, Zellen eines an Galaktosämie erkrankten Menschen in Gewebekultur mit transduzierenden λ-Phagen zu infizieren, welche die intakten Gene mit der Information für den Galaktoseabbau (lac-Operon) in die Zellen und in die Zellkerne einer Fibroblastenkultur des Patienten einschleusten. Die Zellen der so behandelten Gewebekultur wiesen eine signifikant höhere Aktivität an Transferase auf, jenem Enzym, auf dessen Mangel die Symptome der Galaktoseämie beruhen (vergl. Abb. 110). Bezüglich weiterer Beispiele und einer Diskussion von Möglichkeiten und Problemen der Heilung von Erbkrankheiten durch Übertragung genetischer Information s. *Klingmüller, W.*: Heilung von Erbkrankheiten durch gezielte Eingriffe in das Erbgut, Biuz, H 3, (1971).

c. *Tumorviren*

Die Tumorbildung (Onkogenese = Krebsbildung) gehört zu den brennendsten Problemen der biologisch-medizinischen Grundlagenforschung. Obwohl bereits 1911 der amerikanische Forscher *Rous* entdeckt hatte, daß bestimmte Tumore bei Hühnern durch einen zellfreien Extrakt auf gesunde Hühner übertragen werden können, sind Viren erst 40 Jahre später zu Objekten der Krebsforschung geworden, nachdem die Versuchstechniken am Bakterien-Phagen-System entwickelt waren.
Man kennt heute etwa 600 verschiedene animalische Viren, von denen nicht weniger als 150 in mindestens einem Wirtszelltyp tumorbildend sind.
Die *DNS-Tumorviren*, zu denen die Papova-Viren, Adeno-Viren und Herpes-Viren gehören, zeigen in Gewebekultur animalischer Zellen ein ähnliches Verhalten wie temperente Phagen: Sie können vermehrt werden und zur Lyse eines bestimmten Zellstammes führen, und sie können bei Infektion anderer Zellstämme in das Genom als „Proviren" integriert werden. In diesem Zustand bewirkt die in ihnen niedergelegte genetische Information Veränderungen von Antigenstrukturen der Zelloberfläche, die immunologisch nachgewiesen werden können und als „Zelltransformation" bezeichnet werden. Möglicherweise haben die veränderten Kontaktbedingungen dieser „Krebszellen" etwas mit dem ungehemmten Wachstum zu tun.

Die *RNS-Tumorviren*, zu denen das Rous-Sarcom-Virus gehört, haben 1970 höchstes Interesse erregt, als *Temin* und *Baltimor* nachgewiesen hatten, daß die genetische Information dieser Viren von RNS in DNS umcodiert wird, ehe sie in das Wirtszellgenom integriert wird. Die Umcodierung leistet die „umgekehrte Transkriptase".

Beim Menschen ist bislang nur ein Virus eindeutig als tumorbildend nachgewiesen: Es handelt sich um das Papilloma-Virus, das die bekannten Warzen, gutartige Tumore der Haut, hervorbringt. Bezüglich eines guten Überblicks über das Thema siehe *Hobom, G.*: Tumorviren und Zelltransformation, Biuz, H 3, (1973).

8. *Kreuzung von Phagen, Feinstrukturanalyse eines Gens*

Auch Phagen können mutieren. Mit den Mutanten eines Stammes kann man Kreuzungsexperimente durchführen, indem man Wirtszellbakterien gleichzeitig von zwei Phagen-Mutanten infizieren läßt. Unter den bei der Lyse freigesetzten Nachkommen kann man dann tatsächlich Rekombinationen zum Wildtyp nachweisen, als Voraussetzung für die biologische Analyse genetischen Materials. Die Versuchstechnik ist im einzelnen zwar einfach, insgesamt aber für die Schule viel zu aufwendig.

Infolge der relativen Kleinheit des Phagengenoms und der ungeheuer großen Zahlen von Nachkommen, unter denen selbst extrem seltene Rekombinationen selektioniert werden können, gelang bei Phagen erstmals die Feinstrukturanalyse eines einzelnen Gens, die zu einer Neufassung des klassischen Genbegriffs zwang. Außerdem sind bestimmte kleine Phagen die ersten Wesen, für die vollständige Chromosomenkarten aufgestellt werden konnten.

a. *Prinzip der Versuchsdurchführung von T_4 rII-Kreuzungen* (Abb. 111)

Wildtyp T_4-Phagen können *E. Coli*-Bakterien verschiedener Stämme befallen (z. B. B, K 12) und werden darin vermehrt. Sie mutieren häufig zu einem Typ, der nur noch in *E. coli*-Bakterien des Stammes B vermehrt wird, und zwar besonders rasch, weshalb sie „rapid growth" oder T_4 r-Mutanten genannt werden. Infolge des rascheren Vermehrungszyklus bilden sie im Plaquetest gegenüber den T_4-Wildtypphagen größere Lyselöcher. Die spontane Mutationsrate kann auch hier durch Mutagene erhöht werden, z. B. durch Behandlung eines T_4-Wildtyp-Lysats mit Hydroxylamin. Isoliert man solche T_4 r-Mutanten und infiziert *E. coli* B Bakterien gleichzeitig mit zwei unabhängig gewonnenen T_4 r-Mutanten, so findet in jedem Falle Vermehrung und Lyse statt.

Führt man mit dem Lysat nach entsprechender Verdünnung den Plaque-Test mit *E. coli K 12* Bakterien durch, in denen die einzelnen Mutanten nicht vermehrt werden, so können dadurch Phagen mit wiedererlangter Wildtypfunktion selektioniert werden. Folgende drei Fälle sind möglich (Abb. 111):

1. Fall: Die beiden Mutanten waren an identischer Stelle mutiert.

2. Fall: Die beiden Mutanten betrafen Pseudoallele, d. h. zwei eng benachbarte Gene (Cistren), deren Einzelfunktionen zusammen die Vermehrung in K 12 ermöglichen. Da jede Mutante ein intaktes Gen beisteuert, werden bei der Doppelinfektion beide vermehrt.

3. Fall: Die beiden Mutanten tragen Mutationen im selben Gen (Cistron) an verschiedener Stelle. Seltenes intragenisches „Cross-over" führt zu Wildtyp-Rekombination.

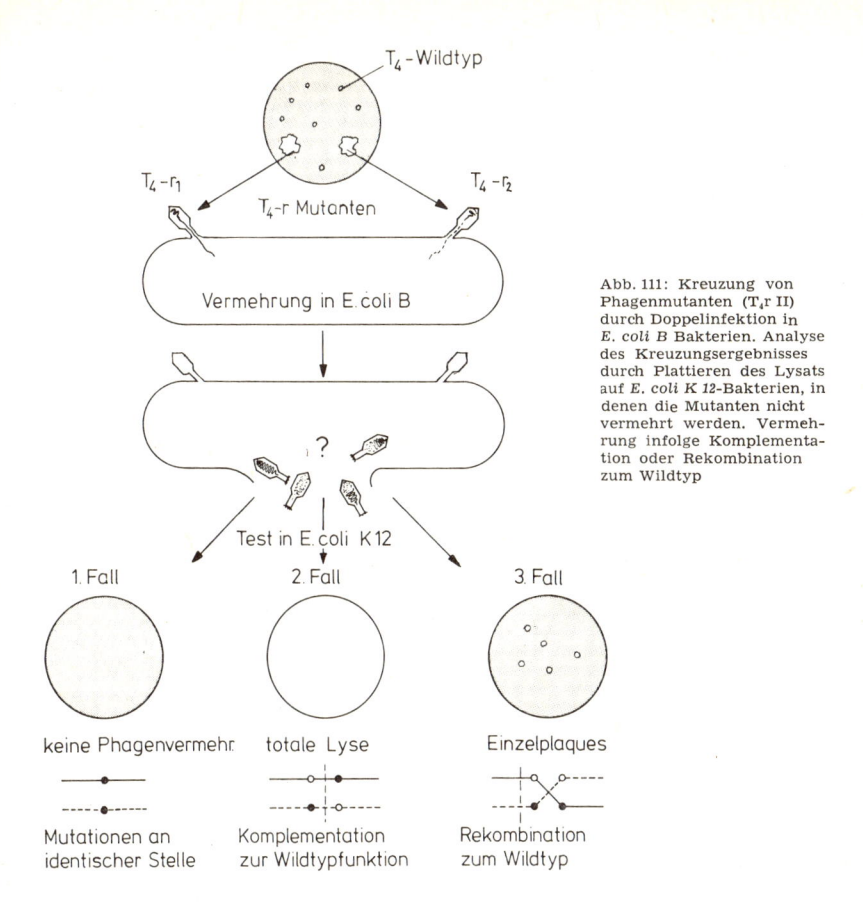

Abb. 111: Kreuzung von Phagenmutanten (T_4r II) durch Doppelinfektion in *E. coli B* Bakterien. Analyse des Kreuzungsergebnisses durch Plattieren des Lysats auf *E. coli K 12*-Bakterien, in denen die Mutanten nicht vermehrt werden. Vermehrung infolge Komplementation oder Rekombination zum Wildtyp

Aus der Zahl der Lyselöcher im K 12 Bakterienrasen (Rekombinanten/ml) und der Zahl der Lyselöcher im B-Bakterienrasen eines Parallelversuchs (Gesamtzahl der Phagen/ml) erhält man die Rekombinationshäufigkeit: Die kleinsten erhaltenen Werte liegen bei 0,01 %, d. h. 1:10 000.

Der größte Teil der rII-Mutanten kann revertieren und scheint demnach durch Punktmutation entstanden zu sein. Bei einigen rII-Mutanten wird aber keine Reversion gefunden. Es handelt sich dabei um Deletionen, bei denen ein größeres Stück des Genoms ausgefallen ist. Alle Punktmutanten, die Rekombination mit einer Deletion ergeben, müssen außerhalb des Bereichs der Deletion lokalisiert sein. Wenn der Bereich verschiedener Deletionen bekannt ist, läßt sich mit ihrer Hilfe leicht eine Kartierung neuer Mutanten durchführen.

b. Praktische Versuchsdurchführung

Es sei hier lediglich geschildert, wie in der Praxis Phagenkreuzungen durchgeführt werden, ohne detaillierte Angaben zu machen, da der Nachvollzug und die Auswertung für die Schule zu problematisch erscheinen. Versuchsanleitungen mit Angabe definierter T_4rII-Mutanten hat *Schlösser* (1971) veröffentlicht.
Auf 10 Agarplatten kann man mit 10 verschiedenen T_4rII-Lysaten gleichzeitig 100 Kreuzungen durchführen! Dazu gibt man in 10 Kulturröhrchen in flüssigen Weichagar ein Gemisch von 2 % *E. coli* B und 98 % *E. coli* K 12 als Wirts- bzw. Indikatorbakterien. Dann pipettiert man in jedes Röhrchen eine andere Probe der zehnerlei Lysate und gießt damit 10 entsprechend bezeichnete Oberschichtagarplatten. Anschließend wird auf jede Platte in einem regelmäßigen, auf den Plattenboden gezeichneten und numerierten Muster, von jedem Lysat je ein Tropfen aufgebracht (Abb. 112). Auf jeder Platte, die jeweils eine der 10 Phagen-

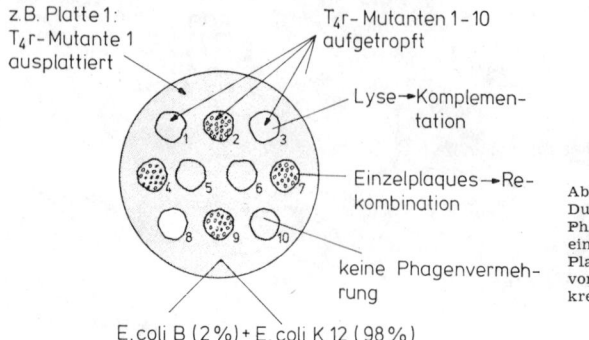

Abb. 112: Praktische Durchführung von Phagenkreuzungen: Beispiel einer von 10 bebrüteten Platten, aus einem Versuch von 10 x 10 = 100 Phagenkreuzungen

mutanten enthält, befindet sich jetzt das gleiche Muster von 10 Tropfen der 10 Lysate mit den verschiedenen Phagenmutanten. In jedem Tropfenbereich werden die *E. coli* B Bakterien gleichzeitig von der T_4 r-Mutante im Plattenboden und der T_4 r-Mutante im Tropfen befallen und produzieren von beiden Mutanten Nachkommen, welche die in der Überzahl vorhandenen *E. coli* K 12 Indikatorbakterien infizieren. Je nach Lage und Art (Punktmutation oder Deletion) der Mutation in beiden Phagen sind die vorstehend beschriebenen Fälle möglich: Lyse im gesamten Tropfenbereich infolge Komplementation, Einzelplaques infolge Rekombination, keine Veränderung bei identischen Mutationen oder bei Punktmutationen im Bereich einer Deletion.

c. Auswertung: Feinstrukturanalyse der rII-Region des T_4-Phagen

Die Auswertung zahlreicher, von *Benzer* durchgeführter Versuche dieses Typs ergab, daß auch ein Gen selbst linear aufgebaut ist, daß es mehrere hundert Mutationsorte enthält, zwischen denen bei Mischinfektion Rekombination stattfindet. Die einzelnen Stellen mutieren verschieden häufig. Die nächstgelegenen entsprechen mit einem Abstand von 3 Å einzelnen Nukleotiden der DNS.
Damit wird von der klassischen Definition des Gens als Einheit der Mutation, der Rekombination und der Funktion heute allein die Einheit der Funktion als

Kriterium beibehalten: *Ein Gen ist jener Abschnitt der DNS, der die Synthese einer Polypeptidkette steuert.* Diese kann die Funktion eines Strukturproteins, eines Enzyms oder eines Regulatorproteins haben, allein, oder als Teil eines zusammengesetzten Proteins.

Die rII-Region von T_4 gliedert sich in 2 Cistren, d. h. in zwei Gene, von denen durch den Komplementationstest festgestellt ist, daß sie zwei verschiedene Primärprodukte erzeugen, die zusammen eine komplexe Funktion ausüben.

Mit diesen Versuchen ist man an die Auflösungsgrenze genetischer Analyse durch Kreuzungsexperimente gelangt.

Um Einsicht in den molekularen Aufbau des genetischen Materials und in die molekularen Mechanismen der Speicherung, Vervielfältigung und Realisierung der genetischen Information zu gewinnen, sind andere, und zwar physikalische und biochemische Untersuchungsmethoden notwendig, mit denen die Nucleinsäuren und die Proteine in vivo und in vitro erforscht werden.

Literatur

Bogen, H. J.: Morphopoiese: Gestaltbildung bei Viren, Naturwissenschaften und Medizin, 35, 1970

Jakob, E.: Die Bedeutung von Phagensystemen für die Molekularbiologie, Zeitschrift für Allgemeinmedizin, 15, 1969

Schlösser, K.: Experimentelle Genetik, Quelle u. Meyer, 1971

Winkler, U., Rüger, W. u. *Wackernagel, W.:* Bakterien-, Phagen- u. Molekulargenetik, Springer, Berlin, Heidelberg, New York, 1972

Clowes, R. C. and *Hayes, W.* (Eds.): Experimentes in Mikrobial Genetics; Oxford, Blackwell Scient. Publ. 1968

Hayes, W.: The Genetics of Bacteria and their Viruses, Oxford, Blackwell, Scient. Publ. 1968

Klingmüller, W.: Heilung von Erbkrankheiten durch gezielte Eingriffe in das Erbgut, Biuz, H3, 1971

Hobom, G.: Tumorviren und Zelltransformation, Biuz, H3, 1973

Kaudewitz, F.: Molekular- und Mikrobengenetik, Springer, Berlin, Heidelberg, New York, 1973

Bresch, C. und *Hausmann, R.:* Klassische und molekulare Genetik, Springer, Berlin, Heidelberg, New York, 1972

David: Experimentelle Mikrobiologie, Heidelberg, 1969

Drews: Mikrobiologisches Praktikum, Berlin, 1969

G. Molekulare Grundlagen der Vererbung

I. Proteine

1. Vorbemerkungen

Avery's Transformationsexperiment, *Beadle* und *Tatum's* Versuche zur Ein-Gen-Ein-Enzym-Hypothese und insbesondere die Untersuchungen des Bakterien-Phagensystems haben gezeigt, daß die Proteine in der Zelle auf Anweisung und unter Kontrolle der Nukleinsäuren, dem primären Träger der genetischen Information, entstehen.

Da Schülern nicht verständlich gemacht werden kann, daß die unterschiedliche Abfolge viererlei Basen in der DNS „genetische Information" darstellt, ohne zu sagen, worin sich diese Information bei der Bildung der Proteine äußert, ist es zweckmäßig, zunächst den Aufbau der Proteine zu behandeln — wenn dies nicht der Chemieunterricht bereits geleistet hat — und den Zusammenhang zwischen Primärstruktur und Tertiärstruktur sowie zwischen Tertiärstruktur und Funktion herzustellen. Dies hat zudem den Vorteil, daß der Übergang von den Nukleinsäuren zur Proteinbiosynthese nicht durch das Kapitel „Proteine" unterbrochen werden muß.

Die Bezeichnung Proteine für die Eiweißstoffe stammt von *Berzelius* (1838), der sie von griechisch proteus „die erste Stelle einnehmend" ableitete. Als Gerüsteiweißstoffe und als Enzyme sind sie in der Tat von entscheidender Bedeutung für Bau und Funktion lebendiger Systeme.

Erste Einsichten in den Aufbau von Proteinen lieferten die Versuche von *Emil Fischer* (Nobelpreis Chemie 1902). Er sicherte die Erkenntnis, daß alle Eiweißstoffe aus 20erlei Aminosäuren aufgebaut sind, die über die sog. Peptidbindung miteinander verknüpft sind.

Die erste Analyse einer Aminosäuresequenz gelang *Sanger* am Insulin (Nobelpreis 1958), die erste Analyse der räumlichen Struktur eines Proteins *Perutz* und *Kendrew* am Myoglobin und Hämoglobin (Nobelpreis 1962).

2. Trennung eines Proteingemisches

In einer Zelle befinden sich viele Tausend verschiedener Sorten von Proteinmolekülen neben niedermolekularen Verbindungen in äußerst unterschiedlichen Anzahlen. Die Abtrennung der Proteine von den niedermolekularen Stoffen erfolgt durch Dialyse. Voraussetzung für die Untersuchung des Aufbaus eines einzelnen Proteins ist die Möglichkeit, ein Proteingemisch in die einzelnen Bestandteile zu zerlegen. Proteine unterscheiden sich in ihrer Molekülgröße, Molekülgestalt, ihrem Löslichkeitsverhalten in verschiedenen Lösungmitteln und ihrer Ladung bei verschiedenen pH-Werten. Davon machen die verschiedenen Trennungsmethoden Gebrauch.

a. *Gegenstromverteilung:*

Größere Mengen eines Proteingemisches können aufgrund der verschiedenen Löslichkeit der einzelnen Proteine in zwei verschiedenen Lösungsmittelphasen getrennt werden. Das Prinzip der Trennung kann leicht demonstriert werden: Dazu füllt man ein Reagenzglas halb voll mit dem Gemisch einer wässrigen Jod- und Kupfersulfatlösung, zwei weitere füllt man halb voll mit Wasser (= untere = stationäre Phase) und stellt diese 3 Reagenzgläser in die untere Reihe eines Ständers. 3 weitere Reagenzgläser füllt man halb voll mit Chloroform (= obere = mobile Phase) und stellt diese in die obere Reihe des Ständers. Man gießt Chloroform des ersten Reagenzglases der oberen Reihe in das 1. Reagenzglas mit dem Lösungsgemisch in der unteren Reihe, schüttelt, gießt die obere Phase in das 2. Reagenzglas der unteren Reihe auf die wässrige untere Phase und Chloroform (frische obere Phase) aus dem 2. Reagenzglas der oberen Reihe, in das 1. Reagenzglas der unteren Reihe, schüttelt beide unteren usw. und beobachtet die Trennung (Jod in der oberen, Cu^{++}-Ionen in der unteren Phase).

Der Unterschied des Modellversuchs zur Proteintrennung besteht darin, daß sich das Jod und die Cu^{++}-Ionen infolge extrem unterschiedlicher Löslichkeit in den beiden Phasen in wenigen Schritten vollständig trennen, während zur Trennung der Proteine wegen des geringen Löslichkeitsunterschiedes viele Tausend Einzelschritte nötig sind, die von hochentwickelten Apparaten in wochenlangem Lauf vollautomatisch durchgeführt werden.

b. *Säulenchromatografie:*

Am häufigsten werden Proteine in Säulen nach dem Ionenaustauschverfahren getrennt, z. B. mittels DEAE-Zellulose. (DEAE-Zellulose besteht aus einem Zelluloseträger, an den Diäthyl-amino-äthylgruppen über eine Ätherbrücke gebunden sind.) Die einzelnen Proteine werden verschieden stark an den Austauscher gebunden. Beim Durchfluß eines Puffers steigender H^+- und Cl^--Ionenkonzentration wandern sie verschieden schnell durch die Säule und können in einem Fraktionssammler getrennt aufgefangen werden.

c. *Elektrophorese:*

Die Trennung erfolgt aufgrund unterschiedlicher Ladung, Molekülgröße und -gestalt im elektrischen Feld auf Zelluloseazetat-Membranfolie (Versuchsanleitung s. S. 143) oder in Polyacrylamidgel (Träger-Elektrophorese) oder in freiströmendem Puffer (trägerfreie Elektrophorese). Für die Mikro-Disc-Elektrophorese in Polyacrylamidgel genügen 0,1—0,5 μg (= 0,000001—0,000005 g) einer Proteinmischung für eine Trennung! S. *Neuhoff, V.:* Mikromethoden in der Biologie, Biuz H 1, 1971.

d. *Immunodiffusion:*

Trennung und Identifizierung erfolgen aufgrund verschieden schneller Diffusion der Protein-Antigene und der Antikörper in der charakteristischen Antigen-Antikörper-Immunpräzipitation (Versuchsanleitung s. S. 148). Winzige Mengen von z. B. Phagenproteinen können mit dieser Methode in dem Meer von Bakterienproteinen nachgewiesen werden. S. *Neuhoff, V.:* Immunpräzipitation mit kleinsten Substanzmengen, Das Experiment, Biuz, H 1, 1972.

e. *Immunelektrophorese:*
Kombiniert die Vorteile von c. und d. (Versuchsanleitung s. S. 149).

Wenn nach einer der genannten Methoden ein reines Protein gewonnen worden ist, folgt bei der wissenschaftlichen Analyse des Proteins als nächster Schritt die Feststellung, welche Aminosäuren am Aufbau beteiligt sind und in welchen Molverhältnissen sie enthalten sind. Das Ergebnis ist die Aufstellung der Bruttoformel des Proteins.

Die ersten Teilschritte, Hydrolyse eines Proteins und qualitativer Nachweis der aufgetretenen Aminosäuren können mit schulischen Mitteln nachvollzogen werden:

3. Abbau eines Proteins durch salzsaure Hydrolyse

Eine salzsaure Hydrolyse eines Proteins muß im zugeschmolzenen Reagenzglas im Vakuum bei 110° 20 Stunden durchgeführt werden. Dies klingt abschreckend, dennoch ist sie einfach wie folgt durchzuführen (vergl. Abb. 113):

a. *Vorbereitung:*

Ein gewöhnliches Reagenzglas wird in der Mitte über der Bunsenflamme ausgezogen, so daß an der Verengungsstelle noch ein Lumen von ca. 0,5 cm bleibt.
In das abgekühlte Glas gibt man ca. 5 mg Gelatine (oder ein anderes Protein aus dem Chemikalienschrank) und pipettiert 1 m*l* konz. HCl hinzu (Vorsicht, am besten Pipette mit Pelaeusball verwenden). Dann steckt man den Druckschlauch der Wasserstrahlpumpe in die Öffnung des Reagenzglases und schmilzt die ausgezogene Stelle „im Vakuum" durch vorsichtiges Drehen und Ziehen der Anordnung ab.

b. *Hydrolyse:*

Das zugeschmolzene Reagenzglas stellt man in einem kleinen Becherglas über Nacht bei 110° C in den Wärmeschrank. Das vorherige Evakuieren des Reagenzglases verhindert, daß der beim Erhitzen der Salzsäure auftretende Druck das Reagenzglas platzen läßt. Falls es dennoch platzt, würde das Becherglas den Inhalt aufnehmen. Bei der Hydrolyse wird das Protein in die einzelnen Aminosäuren gespalten. Tryptophan wird bei der Hydrolyse zerstört und muß auf andere Weise nachgewiesen werden. Bei der sauren Hydrolyse, deren Mechanismus in einem nucleophilen Angriff des Wassers an den Carboxylsauerstoff der protonierten Peptidbindung vorzustellen ist, findet im Gegensatz zur alkalischen Hydrolyse keine Razemisierung statt.

c. *Gewinnung des Hydrolysats als wäßrige Lösung:*

Um das salzsaure Hydrolysat aus dem zugeschmolzenen Reagenzglas herauszubekommen, sägt man das Reagenzglas mit der Glasfeile bzw. Ampullensäge an einer Stelle etwa 2 cm über dem Reagenzglasboden an und berührt diese Stelle mit dem gelbglühenden Ende eines dicken Glasstabes. Dadurch springt das Glas rundum glatt durch und das Oberteil kann abgenommen werden. Das Hydrolysat wird in ein Schliff-Reagenzglas überführt und in einer Anordnung entsprechend Abb. 113 im Wasserbad bei vermindertem Druck zur Trockne eingedampft. Der Rückstand wird in einigen Tropfen Aqua dest. aufgenommen. Die Lösung erscheint braun und riecht nicht zufällig wie Maggi-Suppenwürze, die im wesentlichen ein Proteinhydrolysat darstellt.

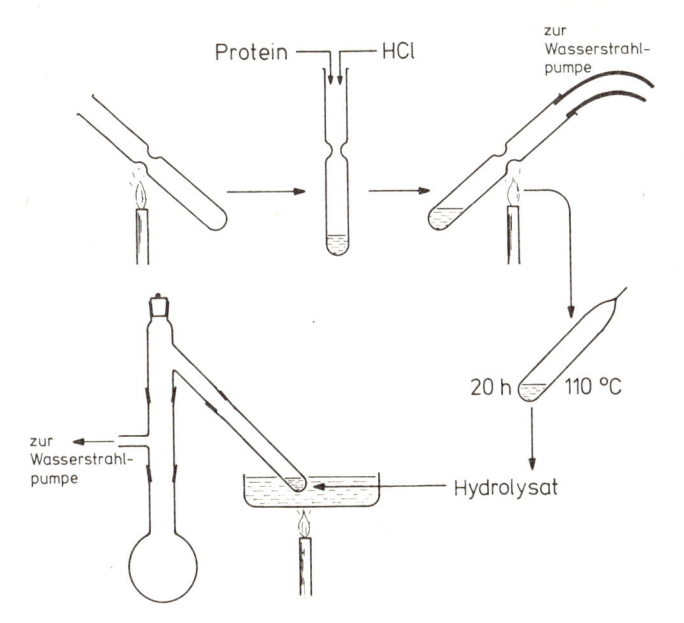

Abb. 113: Versuchsanordnung und Ablauf zur salzsauren Hydrolyse eines Proteins.
Erläuterungen s. Text

Der nächste Schritt, die Feststellung, welche Aminosäuren im Hydrolysat enthalten sind, kann ebenfalls in der Schule leicht durchgeführt werden:

4. Trennung und Identifizierung der einzelnen Aminosäuren mittels Dünnschichtchromatographie

a. *Prinzip:*

Auf eine Aluminiumfolie ist eine sehr gleichmäßige Schicht saugfähigen Kieselgels mit einem Bindemittel aufgebracht. Darauf werden nebeneinander Tropfen der verschiedenen Aminosäuren sowie des Aminosäurengemisches aufgebracht („Tüpfeln"). Stellt man die getüpfelte Platte in ein Gefäß, dessen Boden mit einem organisch-wässrigen Lösungsmittelgemisch bedeckt ist, so sättigt sich die Kieselgelschicht rasch mit Wasserdampf (stationäre Phase) und das Lösungsmittel steigt langsam kapillar in der Platte hoch (Steigflüssigkeit, mobile Phase). Dabei werden die verschiedenen Aminosäuren je nach ihrer Löslichkeit in der mobilen organischen Phase bzw. stationären wäßrigen Phase sowie je nach dem Grad ihrer Adsorption am Kieselgel verschieden schnell hinter der Lösungsmittelfront herwandern, wodurch sich das Gemisch trennt.

Die gewanderten Aminosäuren können mittels Ninhydrin als Farbfleck sichtbar gemacht werden. Über die gleiche Länge der Wanderstrecken lassen sich die getrennten Aminosäuren des Gemisches mit den einzeln aufgetragenen identifizieren.

b. *Material:*
Träger: DC-Aluminiumfolien, Kieselgel F 254, schnell laufend
25 Folien 20 × 20 cm (Merck 5545)
Die Folien können mit der Schere geschnitten werden. Die Schicht ist weitgehend berührungsunempfindlich.
Kammer: Rechteckiges Chromatographiegefäß (22 × 22 × 6,5 cm) oder Standzylinder, 23 cm hoch, 8 cm ⌀.
Laufmittel: n-Butanol (1) - Eisessig - Wasser 8:2:2 oder n-Propanol - Wasser 7:3.
Vergleichssubstanzen: Aminosäuren, Vergleichssubstanzen für die Chromatographie, Satz I, II. II (Merck 8003, 8004).
Nach Anweisung in 1 n HCl lösen.

c. *Durchführung:*
Tüpfeln: Startpunkte ca. 2 cm von den Rändern und voneinander entfernt mit Bleistift markieren und beschriften. Aus 0,1 ml-Pipetten, in die ca. 0,02 ml Lösung eingesaugt wurde, senkrecht auf die Startpunkte tüpfeln, so daß Flecken von ca. 3—4 mm ⌀ entstehen. Trocknen lassen (Föhn) und den Vorgang 2—3 mal wiederholen.
Trennen: Getüpfelte Platten in Chromatographiegefäß in die Steigflüssigkeit einstellen, einige Stunden laufen lassen.
Entwickeln: Wenn die Lösungsmittelfront sich dem oberen Rand auf 2—1 cm genähert hat, Platten herausnehmen, trocknen lassen, mit Ninhydrin-Sprühreagens 0,1 %ig besprühen und im Wärmeschrank bei 60° entwickeln.

d. *Auswertung*
Wenn man sich von den verschiedenen Aminosäuren Referenzgemische hergestellt hat, die einmal über die einzeln aufgetragenen Aminosäuren identifiziert worden sind, so kann man die Aminosäuren des Hydrolysats über die gleichzeitig aufgetragenen zwei oder drei Referenzgemische auf einer Platte qualitativ identifizieren.
Da die Stärke der Ninhydrinfärbung der Menge der einzelnen Aminosäuren proportional ist, kann man die Reaktion prinzipiell auch quantitativ auswerten. In der molekularbiologischen Laborpraxis wird die Identifizierung und quantitative Bestimmung von Proteinhydrolysaten längst vollautomatisch von Apparaten geleistet, wobei die Trennung durch Ionenaustauschsäulen, die quantitative Bestimmung durch Photometrie des mit Ninhydrin versetzten Eluats aus den Säulen erfolgt. Als Ergebnis kann die Bruttoformel des hydrolysierten Proteins aufgestellt werden. Man weiß jetzt, wieviel Mol der verschiedenen Aminosäuren in einem Mol des untersuchten Proteins enthalten sind.
Die nächste, wesentlich schwieriger zu beantwortende Frage lautet, in welcher Reihenfolge diese Aminosäuren in dem betreffenden Protein angeordnet sind.

5. Aminosäure-Sequenzanalyse — Primärstruktur

8 F 54: Sequenzanalyse eines Proteins
Die aperiodische Reihenfolge der verschiedenen Aminosäuren in einem Protein bezeichnet man als Sequenz oder Primärstruktur. Ihre Ermittlung erfolgt im wesentlichen in 4 Schritten, deren Prinzip im Unterricht erläutert werden kann.

a. *Zerlegung in Teilpeptide durch enzymatische Spaltung:*

Als Enzyme werden in der Regel Trypsin, Chymotrypsin und Pepsin verwendet. Trypsin spaltet selektiv hinter den basischen Aminosäuren Arginin und Lysin, Chymotrypsin hinter den aromatischen Aminosäuren Phenylalanin und Tyrosin; Pepsin spaltet nicht selektiv. Dabei entstehen verschiedene Serien von Peptiden, deren Aminosäure-Sequenzen sich gegenseitig überlappen müssen.

b. *Trennung der Teilpeptide* (Prinzip der Fingerprinttechnik Abb. 114)

Das Gemisch der Teilpeptide einer enzymatischen Hydrolyse wird in einer Ecke eines quadratischen Chromatographiebogens aufgetragen und in einem geeigne-

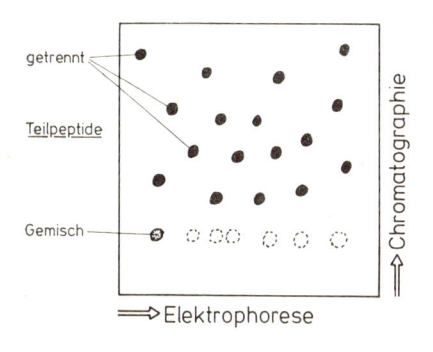

Abb. 114: Prinzip der Fingerprinttechnik zur Trennung von Teilpeptiden. Erläuterungen s. Text

ten Puffer einer Hochspannungselektrophorese unterworfen. Dabei trennen sich die Teilpeptide entsprechend ihrer Ladung und elektrophoretischen Beweglichkeit längs einer Linie parallel zu einer Kante. Anschließend werden die so vorgetrennten Teilpeptide einer chromotographischen Trennung unterworfen, indem man das Papier mit der Kante nach unten in die Steigflüssigkeit stellt, so daß die 2. Trennungsrichtung im rechten Winkel zur ersten liegt. Nach Besprühen und Entwickeln des gelaufenen Chromatogramms ist über das Blatt ein charakteristisches Muster von Flecken verteilt ("Fingerabdrücke eines Proteins"). Indem man das entwickelte Chromatogramm auf ein noch nicht entwickeltes legt, kann man darauf die Lage der Flecke markieren, ausschneiden und in einer Reihe von Reagenzgläsern eluieren. Jedes enthält jetzt ein Teilpeptid z. B. der tryptischen Spaltung. Dieselbe Prozedur muß mit den Teilpeptiden einer Spaltung durchgeführt werden, die z. B. mit Pepin erfolgt ist.

c. *Sequenzanalyse der Teilpeptide*

Die Sequenzanalyse der Teilpeptide erfolgt durch stufenweise Abspaltung der Aminosäuren von Aminoende her und deren chromatographische Identifizierung.

Im einzelnen erfolgt der Abbau (nach *Edman*) vereinfacht wie folgt:

Man tränkt einen kleinen Filterpapierstreifen mit einem Tropfen der Peptidlösung, läßt eintrocknen und führt folgende Schritte mit dem am Papier haftenden Peptid durch:

Senföl
S=C=N—⬡

Anlagerung 40°

Phenylthioharnstoffprotein → HCl, Zyklisierung und Abspaltung → PTH-Aminosäure + Restprotein

α Anlagerung von Phenylsenföl am Aminoende bei 40° C.
β Zyklisierung und Abspaltung der Phenylthioharnstoff-Aminosäuren (PTH-As) im Salzsäuredampf.
γ Extraktion der abgespaltenen PTH-As mit Azeton.
δ Chromatographische Identifizierung der abgespaltenen PTH-As.
Dann beginnt die Prozedur von neuem. Auf diesem Wege können 5—10 Aminosäuren nacheinander identifiziert werden. Neuerdings gelingt es mittels eines Computer-gesteuerten Apparates von *Edman* vollautomatisch die Sequenz von bis zu 60 Aminosäuren zu bestimmen.

d. *Zusammensetzung der Teilpeptide*

Das Prinzip dieses Puzzlespiels kann man am Schreibprojektor einer Klasse vorführen bzw. von einem Schüler finden lassen, wenn man eine Aminosäure-Sequenz auf Schreibprojektorfolie in zwei verschiedene Farben schreibt, die beiden Zeilen als Streifen ausschneidet und den einen Streifen in 3, den anderen in 2 „Teilpeptide" zerlegt, entsprechend Abb. 115. Indem man die kleinen Streifen mischt, kann man durch das Überlappungsprinzip die richtige Reihenfolge der Teilpeptide und damit die Gesamtreihenfolge der Aminosäuren rekonstruieren lassen.

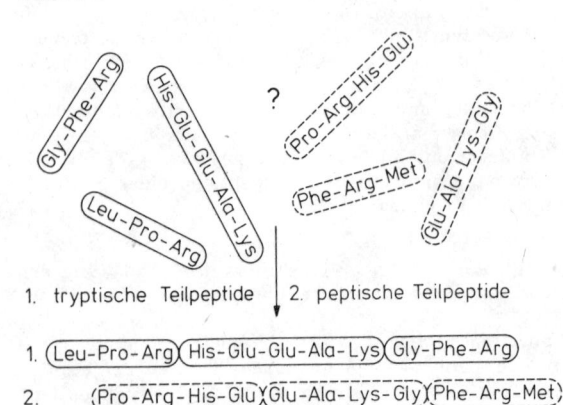

1. tryptische Teilpeptide | 2. peptische Teilpeptide

1. (Leu-Pro-Arg)(His-Glu-Glu-Ala-Lys)(Gly-Phe-Arg)
2. (Pro-Arg-His-Glu)(Glu-Ala-Lys-Gly)(Phe-Arg-Met)

Abb. 115: Demonstration des Zusammenspiels sich überlappender Teilpeptide mit Folienstreifen auf dem Tageslichtprojektor.

e. *Ergebnisse*

Die erste Sequenzanalyse gelang 1953 *F. Sanger* bei dem aus 51 Aminosäuren aufgebauten Insulin (Nobelpreis 1958). Er konnte mittels Fluordinitrophenol jeweils nur die N-terminale Aminosäure des Peptids bestimmen und mußte deshalb eine Vielzahl enzymatischer und Säure-Spaltungen durchführen, um die Sequenz zu rekonstruieren. 1959 folgte die Sequenzanalyse der 124 Aminosäuren der Ribonuklease und 1960 die Sequenzanalyse des Tabakmosaikvirus-Hüllproteins, des Myoglobins sowie der α- und der β-Ketten des Hämoglobins mit Hilfe des *Edman* Abbaus.

Das Sichelzell-Hämoglobin stellt den ersten Fall dar, bei dem gezeigt werden konnte, daß eine Mutation in einem Gen zu einer definierten chemischen Veränderung im Protein und zwar zum Austausch einer Aminosäure führt (s. S. 176). Inzwischen kennt man über 100 Hämoglobinvarianten beim Menschen, die sich durch einzelne Aminosäure-Austausche unterscheiden, zum Teil harmlos sind, zum Teil Krankheitsbilder bedingen.

Homologe Proteine verschiedener Organismen weisen entsprechend dem Grad der Verwandtschaft mehr oder weniger übereinstimmende Sequenzen auf: z. B. Mensch — Schimpanse, identische Sequenz; Mensch — Gorilla, ein Austausch; Mensch — Pferd, 18 Austausche; Mensch — Karpfen, 68 Austausche in der β-Kette des Hämoglobins.

Diese Verhältnisse kann man anschaulich demonstrieren, wenn man sich Perlenketten anfertigt, welche die β-Kette des Hämoglobins der verschiedenen Arten darstellen sollen (Abb. 116). Weiße Kugeln repräsentieren die Abfolge der Aminosäuren in der β-Kette des Hämoglobins des Menschen und des Schimpansen. In der Kette für den Gorilla ist entsprechend einem Aminosäure-Austausch eine

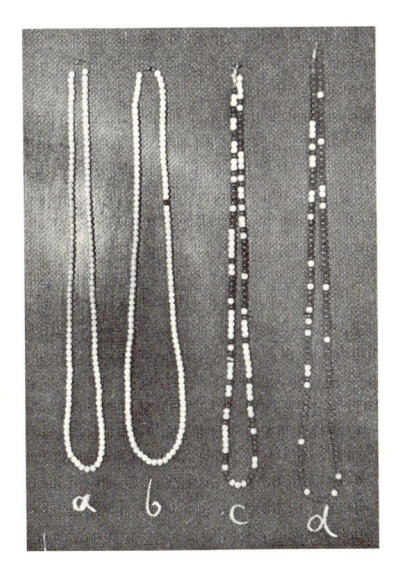

Abb. 116: Perlenkettenmodell der Aminosäuresequenzen der β-Kette des Hämoglobins a. des Menschen, b. des Gorilla, c. des Karpfens, d. des Neunauges (nach *Braunitzer*)

weiße durch eine Schwarze Kugel ersetzt usw. Die Orte des Austausches kann man den veröffentlichten Sequenzlisten entnehmen, z. B. *Braunitzer, G.:* Die Primärstruktur der Eiweißstoffe, Naturwissenschaften 54, 407, 1967.
Auf 34 verschiedene Organismenarten ist die Sequenzanalyse des Cytochroms c ausgedehnt. Die Zahl der Aminosäuren-Austausche ist von systematischer Gruppe zu Gruppe geringer als beim Hämoglobin.
Als die konstantesten Proteine haben sich bisher die Histone erwiesen. Die Sequenzanalyse eines bestimmten 102 Aminosäuren umfassenden Histons hat zwischen Mensch und Erbse nur 2 Austausche ergeben.
Die Frage nach der Bedeutung der Aminosäuren-Sequenz und der Aminosäuren-Austausche führt zur Frage nach den Zusammenhängen zwischen Aminosäuren-Sequenz, Proteinstruktur und Proteinfunktion.
Bezüglich des Evolutionsaspektes s. z. B. *Wieland, T.,* und *Pfleiderer, G.:* Ein molekularbiolgischer Kalender der Evolution? in: Molekularbiologie, Umschau Verlag 1967 und Bd. 4/II, S. 23 u. f.

6. Röntgenstrukturanalyse der Molekülgestalt

a. *Prinzip der Röntgenstrukturanalyse*

Schickt man einen monochromatischen Lichtstrahl durch ein Strichgitter, dessen Linienabstand in der Größenordnung des Lichtes liegt, so treten beiderseits eines kräftigen Lichtpunktes in der Strahlenrichtung auf dem Schirm schwächere Lichtpunkte auf, die durch Beugung und Interferenz zustandekommen.
1912 entdeckte *Max v. Laue* entsprechende Interferenzphänomene beim Durchgang von Röntgenstrahlen durch Kristalle: Die Beugung von Röntgenstrahlen an den Netzebenen von Kristallgittern gleicht formal einer Reflexion. Bei gegebener Wellenlänge (λ) der Röntgenstrahlung kann man, wie *Bragg* 1913 formulierte, aus dem Beugungswinkel (φ) den Abstand der Netzebenen im Kristall (d) gemäß der Gleichung $d = \dfrac{\lambda}{2 \cdot \sin \varphi}$ berechnen.

Bei einfach gebauten Kristallen, wie etwa Natriumchlorid, ist das Beugungsmuster noch relativ übersichtlich. Die große Schwierigkeit bei der Erforschung der Molekülgestalten von Proteinen liegt einmal darin, überhaupt Proteinkri-

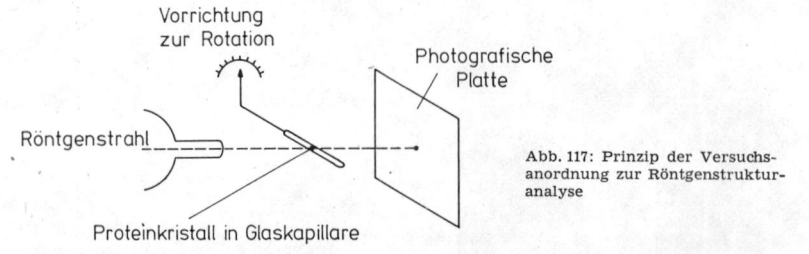

Abb. 117: Prinzip der Versuchsanordnung zur Röntgenstrukturanalyse

stalle zu züchten und weiter in der hochgradig unregelmäßigen Anordnung der Atome in einem Proteinmolekül, die zu komplizierten Beugungsmustern führt.
Abb. 117 zeigt das Prinzip der Anordnung, mit der Beugungsmuster aufgenommen werden, Abb. 118 das Beugungsmuster eines Hämoglobinkristalls. Hunderte

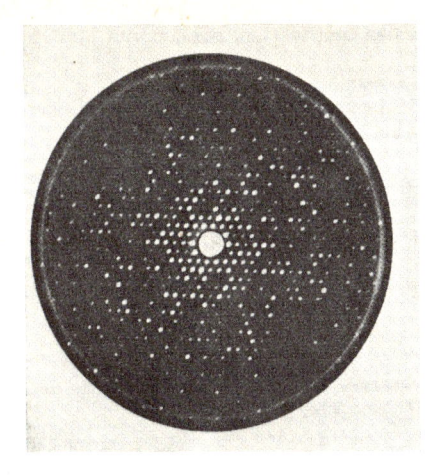

Abb. 118: Aufnahme eines Röntgenstrahlen-Beugungsmusters von einem Hämoglobinkristall (aus *Perutz*, Scientific Am. Nov. 64).

solcher Aufnahmen mußten bei jeweils veränderter Lage des Kristalls hergestellt und Zehntausende von Einzelpunkten in ihrer Lage und Intensität ausgemessen werden. Diese Untersuchung mußte sowohl bei den Kristallen des reinen Proteins als auch nach Einbau von Schwermetallionen in das Protein (zur Beseitigung des sog. „Phasen-Problems") erfolgen.

Die Rechenoperationen, mit denen daraus die Elektronendichteverteilung im Molekül (Abb. 119) und damit die Lage der Atome ermittelt werden kann, sind so aufwendig, daß sie erst bewältigt werden konnten, nachdem die Computertechnik entwickelt war.

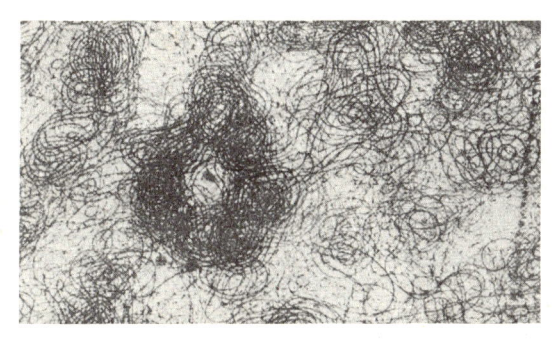

Abb. 119: Elektronendichteverteilung in einem Ausschnitt aus einem Hämoglobinmolekül. Die Linien gleicher Elektronendichte pro „Schnittfläche" wurden auf transparente Folien gezeichnet und diese zu einem räumlichen Gebilde übereinandergestapelt. Der dunkle Ring stellt den Blick in die α-Helix dar, deren Achse senkrecht zur Papierebene liegt (aus *Perutz*, Sc. Am. Nov. 64).

b. *Sekundärstruktur*

Die sog. Sekundärstruktur von Proteinen wurde 1952 von *L. Pauling* (Nobelpreis 1954) aus Befunden der Röntgenstrukturanalyse und aus dem Bau von Molekülmodellen erschlossen: Im typischen Fall bildet die Aminosäurekette eine Schraube mit 3,7 Aminosäuren pro Windung, deren Reste R nach außen ragen. Die Schraube ist durch Wasserstoffbindungen stabilisiert, die sich zwischen den polarisierten C = O und H-N-Gruppen der ersten und vierten, zweiten und fünften usw. ausbilden.

α-Helix

Die räumliche Vorstellung kann man am besten mit dem Molekülmodell der α-Helix von der Fa. Leybold vermitteln (Abb. 120).

Abb. 120: Molekülmodell der α-Helix

Neben dieser sog. α-Helix kommen in Proteinen auch gestreckte Abschnitte der Peptidkette und Abschnitte mit sog. Faltblattstruktur vor.

c. *Tertiärstruktur*

Die α-Helix selbst ist in definierter Weise im Raum gefaltet und gebogen. Das erste Protein, dessen Tertiärstruktur ermittelt wurde, ist das Myoglobin (*Kendrew* 1957, Nobelpreis 1962). Myoglobin findet sich in allen Zellen, vor allem im Muskelgewebe, wo es den vom Hämoglobin im Blut herangeschafften Sauerstoff reversibel bindet. Die prosthetische Gruppe ist der Porphyrinring mit zentralem Eisenatom wie beim Hämoglobin, dessen dreidimensionale Struktur 1959 von *Perutz* (Nobelpreis 1962), nach 22jähriger Arbeit an diesem Problem, aufgedeckt worden ist. Dieses besteht aus vier myoglobinähnlichen Untereinheiten, zwei α- und zwei β-Ketten (Abb. 70, S. 177).

Das bestuntersuchte *Enzym* ist das Bakterienwände auflösende Lysozym, dessen dreidimensionale Gestalt einer zur Faust gekrümmten Hand gleicht. In die Kerbe paßt genau das Substrat des Enzyms, je eine Kette aus 6 Zuckermolekülen, welche die Polypeptidketten der Bakterienwand quervernetzen. In der Mitte der Kerbe befindet sich das aktive Zentrum des Enzyms, welches die Zuckerketten in der Mitte spaltet. Dadurch kommt es zur Auflösung der Bakterienzellwand.

Veränderungen der Tertiärstruktur führen zu einer Minderung oder einem Verlust der Enzymaktivität. Alle Stoffwechselkrankheiten beim Menschen (s. S. 172) beruhen auf derartigen Enzymdefekten.

Das bestuntersuchte *Strukturprotein* ist das Kollagen, der wichtigste Bestandteil des Bindegewebes. Es baut sich aus Fibrillen auf, deren Untereinheiten aus je drei umeinandergewundenen α-Helix-Polypeptidketten bestehen. Veränderungen der Tertiärstruktur bedingen veränderte elastische Eigenschaften (s. z. B. Marfan-Syndrom, s. S. 170).

Zusammenfassend kann festgehalten werden: Die Tertiärstruktur von Proteinen ist verantwortlich für ihre spezielle Funktion als Struktur- bzw. als spezifisches Enzymeiweiß.

Die Tertiärstruktur eines Proteins wird ausschließlich durch die Aminosäurensequenz determiniert, wobei in der Regel hydrophobe Aminosäurereste nach innen, hydrophile nach außen an die Oberfläche ragen. Sie wird fixiert durch einige Disulfidbrücken, die sich zwischen je zwei Cysteinresten ausbilden.

Nicht alle Aminosäuren in der Sequenz sind in gleicher Weise für die Ausbildung einer speziellen Sekundär- und Tertiärstruktur verantwortlich: In manchen Positionen kann eine Aminosäure durch beliebige andere Aminosäuren ausgetauscht werden, ohne daß sich die Tertiärstruktur verändert.

An anderen Positionen bleibt nur ein Austausch z. B. einer basischen Aminosäure gegen eine andere basische Aminosäure oder einer hydrophoben gegen eine andere hydrophobe Aminosäure ohne Folgen für die Tertiärstruktur.

An einer Reihe von Positionen müssen auf jeden Fall bestimmte Aminosäuren stehen, damit sich die richtige Tertiärstruktur und damit die volle Funktionstüchtigkeit des Proteinmoleküls entfalten kann.

7. Allosterie von Proteinen — Regulation der Enzymaktivität

Die Aktivität eines Enzyms hängt von seiner spezifischen Tertiärstruktur ab. Es gibt Enzyme, deren Aktivität durch das Endprodukt ihrer Tätigkeit gehemmt wird, wodurch die Konzentration des Endprodukts auf einen konstanten Wert geregelt werden kann (Abb. 121). Diese Leistung wird dadurch ermöglicht, daß

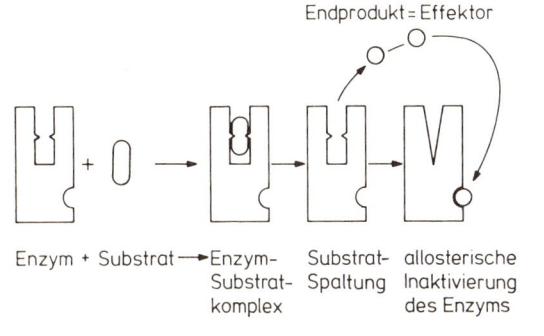

Abb. 121: Schema eines allosterischen Enzyms mit eines spezifischen Stelle für das Substrat und einer spezifischen Stelle für das Endprodukt

ein solcherart regelbares Enzym *zwei* spezifische Stellen aufweist: eine für das Substrat, das gespalten werden soll und eine weitere für das Endprodukt der Spaltung. Entscheidend ist die Tatsache, daß sich die Tertiärstruktur des Enzyms nach einer Reaktion mit dem Endprodukt, dem sog. Effektor, so verändert, daß seine Aktivität blockiert ist. Derartige Proteine bezeichnet man mit *Monod* und *Jacob* als *allosterisch*. Eine ausführliche Darstellung der Allosterie findet man in Monod, J.: Zufall und Notwendigkeit, Piper, München 1971.

Grundversuche zur Enzymwirkung, zur Substrat- und Wirkungsspezifität der Enzyme, zur Abhängigkeit der Enzymaktivität von Außenbedingungen s. z. B. dieses Handbuch, Bd. 4/I, S. 164 ff.

8. Filme, Dias, Modelle:

8 F 54: Sequenzanalyse eines Proteins
8 F 55: Aufbau und Struktur eines Proteins
FT 925: Die Chemie der Zelle
FT 926: Die Chemie der Zelle
R 934: Chemie der Zelle

Strukturmodelle der α-Helix (in der Art der Kristallgittermodelle), Fa. Leybold (Abb. 120)

Literatur

Phillips, D. C.: The three-dimensional structure of an enzyme molecule
Scientific American 215, Nr. 5, S. 78 (1966)
Braunitzer, G.: Die Primärstruktur der Eiweißstoffe, Naturwissenschaften 54, 407 (1967)
Perutz, M. F.: The hemoglobin molecule Scientific Americ. 211, Nr. 5, S. 64 (1964)
Kendrew, J. C.: The three-dimensional Structure of an protein molecule
Scientific American (1961)
Dickerson, R. E.: The structure and history of an ancient protein
Scientific American 226, Nr. 4, S. 58 (1972)
Einschlägige Kapitel in den Lehrbüchern der Molekulargenetik, s. S. 364

Um zu verstehen, wodurch und wie die Aminosäure-Sequenz eines Proteins determiniert wird, ist es nötig, Aufbau und Funktion des primären Trägers der genetischen Information, der Nucleinsäuren, kennenzulernen.

II. Nucleinsäuren

1. Vorbemerkungen

Der Begriff Nucleinsäuren wurden 1871 von dem Basler Zoologen *Miescher* für eine Stoffklasse eingeführt, die er als Bestandteil der Zellkerne (Kern = Nucleus) in Lachsspermien und Eiter-Lymphozyten entdeckt hatte. Die saure Reaktion dieser Stoffe führte er richtig auf den Gehalt an Phosphorsäure zurück. Als Quelle für die Gewinnung von Nucleinsäuren diente in der Folgezeit fast ausschließlich die Thymusdrüse des Kalbes (Kalbsbries), weshalb sie lange Zeit als „Thymonucleinsäure" bezeichnet wurden.

Das Interesse an dieser Klasse von Naturstoffen, als deren weiterer Bestandteil Zucker sowie Purin- und Pyrimidinbasen nachgewiesen wurden, blieb gering, bis sie durch *Avery's* Experiment und die Erforschung der Phagenvermehrung als Träger der genetischen Information erkannt wurden. Daß sie diese Rolle nicht nur bei Mikroben, sondern auch bei den höheren Organismen spielen, wurde durch den Befund nahegelegt, daß die Geschlechtszellen einer Art genau halb so viel Nukleinsäuren enthalten als die Körperzellen, während der Gehalt an Proteinen stark variiert.

Es ist das Verdienst von *Watson*, 1950 klar erkannt zu haben, daß der Schlüssel für ein tieferes Verständnis der Grundlagen des Vererbungsgeschehens im Aufbau und in der Struktur der Nucleinsäuren liegen müsse. Die Aufstellung des Strukturmodells der DNS durch *Watson* und *Crick* 1953 und die sich daraus ergebenden Folgerungen werden häufig als der größte Erkenntnisgewinn in der Biologie seit *Darwins* Begründung des Artenwandels bezeichnet.

Das Watson-Crick-Modell der DNS ist bei Schülern wie Studenten gleichermaßen beliebtes Prüfungsthema. Die blanke Rekapitulation des Strukturschemas der DNS geht allerdings im Anspruchsniveau kaum über die Aufzählung der Gliederung des vielzitierten Maikäfers hinaus, höchstens dadurch, daß das Schema häufig ohne jeden Bezug zum Erfahrungsbereich der Schüler gelernt und reproduziert wird.

In den folgenden Kapiteln wird versucht, dieses Manko abzubauen durch eine Reihe von Experimenten, die eine „persönliche" Begegnung mit der DNS ermöglichen und die einen Einblick vermitteln in die Wege, auf denen die fundamentalen molekulargenetischen Erkenntnisse gewonnen wurden. Die einleitenden Versuche zur Darstellung der DNS aus Kalbsbries sowie vereinfachte Schemata von Aufbau und Replikation der DNS können bereits zu Beginn des Genetikunterrichts vorgestellt werden, wenn im Rahmen der Zytogenetik bei der Behandlung der Chromosomen in Mitose und Meiose erstmals die DNS als Träger der genetischen Information eingeführt wird. Wenn künftig bereits in der S_1-Stufe die Phänomene der Vererbung und die Regeln der klassischen Genetik behandelt werden, bietet sich für die S_2-Stufe der Einstieg über die Ursachen des Vererbungsgeschehens mit der molekularen und Mikrobengenetik an, unter der Voraussetzung, daß Minimalkenntnisse in organischer Chemie zu Beginn des Genetikkurses vorhanden sind.

2. Darstellung hochmolekularer Nucleinsäuren aus Bries (Thymus)

Als Ausgangsmaterial für die einfachste Art der DNS-Darstellung eignet sich die Thymusdrüse des Kalbes, die man als „Kalbsbries" beim Metzger kaufen kann. Ihre Zellen bestehen fast ausschließlich aus Zellkern, so daß man bei der Ge-

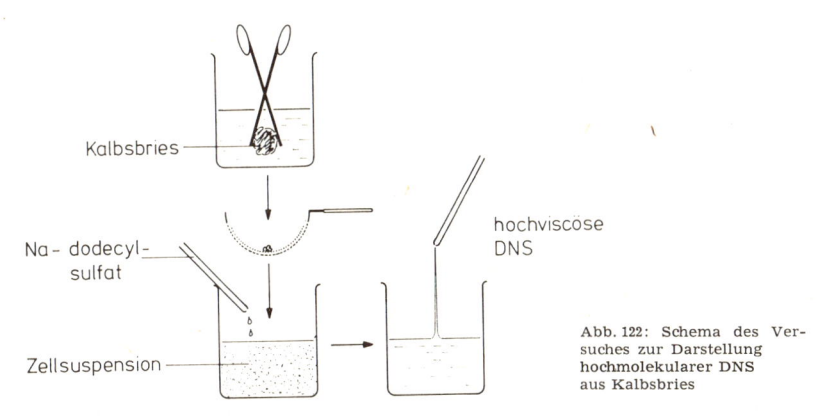

Abb. 122: Schema des Versuches zur Darstellung hochmolekularer DNS aus Kalbsbries

winnung des Kerninhaltes auf die Abtrennung des Zytoplasmas verzichten kann. Um zur DNS im Zellkern zu gelangen, müssen lediglich die Zell- und die Kernmembran „aufgeknackt", und anschließend die basischen Proteine (Histone), die an die DNS im Zellkern gebunden sind, abgespalten werden. Dies läßt sich durch folgende Schritte bewerkstelligen:

a. Herstellung einer Thymus-Zellsuspension

Man zerschneidet ca. 6 g Bries in einem 100-ml-Becherglas in 20 ml Leitungswasser mit einer Schere so lange, bis das Wasser von den dabei abgeschabten Thymuszellen kräftig getrübt erscheint. Die Zellsuspension filtriert man durch ein Teesieb, in das zwei Lagen Verbandsgaze gelegt wurden, um gröbere, nicht zerschnittene Gewebestückchen zurückzuhalten. Betrachtet man einen Tropfen der durchgelaufenen Suspension im Phasenkontrastmikroskop, so kann man sich davon überzeugen, daß die Brieszellen wie nackte Zellkerne aussehen. Stellt man bei Ermangelung eines Phasenkontrastmikroskopes von der Suspension auf einem Objektträger einen Ausstrich her, läßt ihn an der Luft trocknen und färbt ihn — wie einen Blutausstrich — mit verdünnter Giemsa-Lösung, so sieht man im Mikroskop die ganzen Zellen stark blau gefärbt, was bestätigt, daß sie im wesentlichen nur Kernmaterial enthalten.

b. *Freisetzung hochmolekularer DNS*

Fügt man zu der Zellsuspension einige Tropfen einer gesättigten Natriumdodecylsulfat-Lösung und schüttelt um, so klart sich die Suspension augenblicklich auf und wird zu einer hochviskosen Lösung. Das Natriumdodecylsulfat hat als kräftiges Detergens mit seinem hydrophilen-lipophilen Charakter die Protein-Lipoid-Doppelmembranen von Zell- und Kernwand zerstört und hat zusätzlich noch die Histone von der DNS abgespalten. Die hohe Viskosität der klaren Lösung kann man eindrucksvoll zeigen, indem man sie durch kräftiges Saugen in einer 10-m*l*-Pipette aufnimmt und ausfließen läßt: Bei frischem Bries und hinreichender Konzentration der ursprünglichen Zellsuspension kommt langsam ein zäher, bis 1 m langer Faden aus der Pipette hervor. Bewegt man die Pipette im Lichtkegel eines Dia-Projektors, so glitzert der hin- und herschwingende Faden, so daß man den Versuch auch eindrucksvoll in der Klasse demonstrieren kann.

Die Behauptung, der viskose Faden bestehe im wesentlichen aus hochmolekularer DNS und nicht etwa aus zähem Eiweiß, muß jetzt allerdings noch bewiesen werden (s. S. 321).

3. Darstellung hochmolekularer Nukleinsäuren aus Bakterien

Ca. 50 m*l* Nährbouillon werden mit *E. coli* Bakterien geimpft und über Nacht bei 37° C inkubiert.

Die „Übernachtkultur" wird abzentrifugiert, die sedimentierten Bakterien in 25 m*l* frischer Nährbouillon aufgenommen und weitere 2—3 Stunden inkubiert, damit sie in die logarithmische Vermehrungsphase kommen. Dann werden einige Tropfen Na-dodecylsulfat-Lösung zugegeben: Die Suspension wird nach einiger Zeit klar und durch die freigesetzten Nucleinsäuren hochviskos. Die Lyse der Bakterien kann beschleunigt werden, wenn man die Suspension in das 37° C Wasserbad stellt.

4. Reversible Säurefällung hochmolekularer Nukleinsäuren

Säurefällung der Nucleinsäuren zur Abtrennung von den Proteinen wurde erstmals von *Kossel* um die Jahrhundertwende durchgeführt:

Zu 20 m*l* der hochviskosen Lösung läßt man unter ständigem Rühren 5 m*l* 1 n Salzsäure zufließen. Dabei fallen die Nucleinsäuren als weißliche, faserige Klümpchen aus. Anschließend wird der Niederschlag möglichst schnell durch ein Faltenfilter abfiltriert und sofort in 10 m*l* Aqua dest. überführt, das man durch einen Tropfen konz. Ammoniak schwach alkalisch gemacht hat. Das Wiederauflösen der präzipitierten Nucleinsäuren kann man beschleunigen, indem man die Klümpchen in einer Reibschale mit dem Pistill im Lösungsmittel verreibt. Eleganter kann man den Lösungsvorgang mit einem Homogenisator erzielen. Dabei wird die Lösung wieder viskos. Ein Rest des Präzipitates wird sich allerdings unter den angegebenen Bedingungen nicht mehr lösen. Er kann verworfen werden.

Zu dem dünnflüssigen Filtrat, das die Proteine in saurer Lösung enthält, läßt man in einem 200-ml-Becherglas unter kräftigem Umrühren 120 ml Azeton zufließen. Dabei fallen die Proteine als feinflockiger Niederschlag aus, der abfiltriert und mit den üblichen Nachweisreaktionen als Protein identifiziert werden kann.

5. Phenolmethode zur Trennung von Nucleinsäuren und Proteinen

5 ml des viskosen Zell-Lysats werden in ein Zentrifugenglas einer Christ-Tischzentrifuge überführt. Mittels einer Pipette mit Pelaeus-Ball gibt man 5 ml ver-

wäßrige Phase (Nukleinsäuren)
Zwischenschicht (gefälltes Protein)
Phenolphase (gelöstes Protein)

absaugen
absaugen

Ätherphase (Phenol)
wäßrige Phase (Nukleinsäuren)

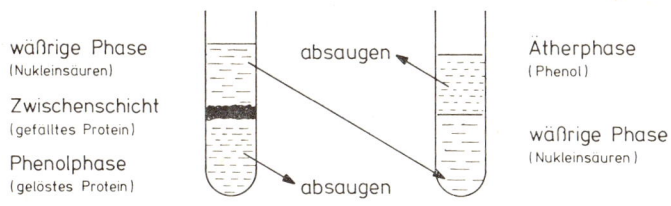

Abb. 123: Phenolmethode zur Trennung von Proteinen und Nucleinsäuren

flüssigtes Phenol hinzu. Indem man die Öffnung des Glases mit einer Folie oder einem Stopfen verschließt, kann man durch Schwenken die beiden Flüssigkeiten durchmischen. Dabei werden die Proteine durch das Phenol denaturiert und aus der wässrigen in die Phenolphase überführt.

Zur rascheren Trennung der beiden Phasen zentrifugiert man 5 Min. bei 5000 upm. Die untere Phenol-Phase wird mit der 10-ml-Pipette entnommen, indem man den Pelaeus-Ball auf die Pipettenspitze steckt und vorsichtig vom Boden des Glases absaugt. Auch die weißliche zähere Zwischenzone zur oberen wäßrigen Phase, welche gefällte Proteine enthält, wird abgesaugt und verworfen. Das Ausschütteln der Proteine mit Phenol wird 1—2 mal wiederholt. Zur Entfernung des restlichen Phenols, das sich in der wäßrigen, die Nukleinsäuren enthaltenden oberen Phase gelöst hat, überschichtet man mit 5 ml Äther, schüttelt vorsichtig und zentrifugiert.

Die obere Äther-Phase wird abgesaugt und verworfen. Auch diese Prozedur wird 1—2 mal wiederholt. So erhält man eine reine Nukleinsäurenlösung für die weiteren Versuche. Diese kann man aber auch mit der ungetrennten Nukleinsäure-Protein-Rohlösung von Versuch 2 bzw. 3 durchführen, wenn etwa im Demonstrationsunterricht wenig Zeit zur Verfügung steht.

6. Enzymatischer Abbau hochmolekularer DNS

Den Beweis, daß die Viskosität der Lösung von hochmolekularer DNS und nicht etwa von RNS oder irgend einem anderen Stoff herrührt, kann man in Anlehnung an *Avery*'s Beweis für die DNS als „transformierendes Prinzip" führen: Man baut die DNS enzymatisch ab, wobei die Viskosität verschwindet, ebenso wie in *Avery*'s Experiment die Transformationsaktivität des Ansatzes nach Zugabe von DNase verschwunden war.

DNase aus Rinderpankreas (Schuchardt, München) benötigt zur vollen Entfaltung ihrer Wirkung Magnesium-Ionen und einen ph-Wert von 7, arbeitet aber auch

noch bei einem ph von 8—9. Man überprüft den ph-Wert in den 10 ml der wiederaufgelösten Nucleinsäuren und korrigiert gegebenenfalls mit Tropfen stark verdünnter Essigsäure auf etwa ph = 7.
Die Enzymlösung bereitet man wie folgt:
1 mg käuflicher Pankreas-DNase wird in 1 ml 0,25 molarer Magnesiumchloridlösung gelöst. *(Enzyme im Kühlschrank aufbewahren!)*
Nun teilt man die Nucleinsäurelösung und gibt zur einen Hälfte 0,01 ml der DNase-Lösung.
Die Abnahme der Viskosität kann jetzt quantitativ verfolgt werden, indem man vor der Enzymzugabe und dann alle 2 Minuten danach mit einer 1-ml-Pipette 1 ml der Lösung hochsaugt und mit einer Stoppuhr die Ausflußzeit mißt. Trägt man die Ausflußzeit in Abhängigkeit von der Inkubationszeit auf, erhält man eine charakteristische Enzym-Kinetik-Kurve: Das zunächst rasche, dann langsamere Absinken der Viskosität beweist die DNasetätigkeit und gleichzeitig, daß die Viskosität der Lösung allein von der hochmolekularen DNS herrührt.
Durch Variation des pH-Wertes, der Temperatur, der Magnesiumionenkonzentration, der DNase-Menge und durch den Einsatz von Schwermetallionen kann man dieses Experiment zum Studium der Bedingungen der DNaseaktivität in vielfacher und quantitativer Weise erweitern. Statt mit der gereinigten DNS kann man den enzymatischen Abbau qualitativ auch mit dem Rohlysat der Zellen demonstrieren, das noch die Proteine und Zelltrümmer enthält, die aber den Reaktionsablauf kaum stören.
Die Viskosität einer Lösung fadenförmiger Moleküle ist etwa proportional der Kettenlänge bzw. dem Molekulargewicht. Deshalb läßt sich das Molekulargewicht mittels eines geeichten Viscosimeters aus der Auslaufgeschwindigkeit bestimmen. Für die unbeschädigte DNS ergaben sich dabei Werte in der Größenordnung 10^8 Daltons. Das bedeutet, daß 1 Mol DNS ca. 100 Tonnen wiegt, was der Ladung von 20 mittelschweren Lastwägen entspricht! Durch den enzymatischen Abbau entstehen aus diesen Riesenmolekülen Bausteine mit einem Molekulargewicht in der Größenordnung 350 Daltons, sog. Nucleotide.

7. *Alkoholfällung hochmolekularer Nucleinsäuren*

Zur Anreicherung und Reindarstellung von DNS wird häufig eine Fällung mit Alkohol durchgeführt, die auch *Avery* schon angewandt hatte.

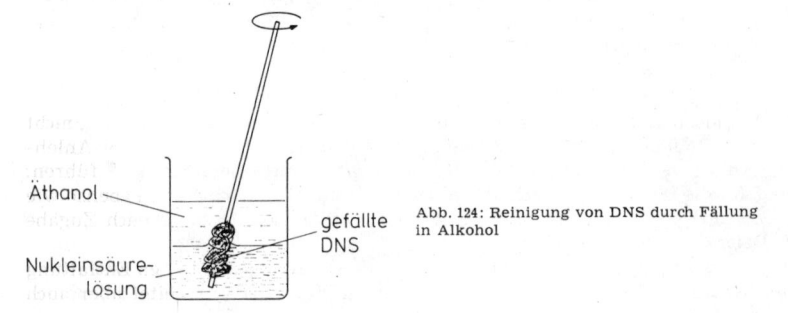

Abb. 124: Reinigung von DNS durch Fällung in Alkohol

Dazu überschichtet man eine Probe Nucleinsäurelösung in einem kleinen Becherglas mit der gleichen Menge Äthanol und rührt mit einem Glasstab um. An der Grenzschicht der beiden Flüssigkeiten beginnen die Nukleinsäuren als dichte gallertige Fäden auszufallen, die sich um den Glasstab herumwickeln. Indem man den Stab weiterrührend dreht, langsam hochzieht und dabei die beiden Schichten miteinander vermischt, kann man die gesamten Nukleinsäuren fällen und auf den Glasstab gewickelt herausnehmen.

8. *Säure-Abbau der alkoholgefällten Nucleinsäuren und Nachweis derEinzelbausteine*

a. *Säure-Hydrolyse*

Das faserige Fällungsprodukt wird vom Stab abgestreift und in ein Reagenzglas mit 5 ml 70%iger Perchlorsäure oder in 5 ml 2 n Schwefelsäure überführt und für 15 Min. in ein siedendes Wasserbad gestellt. Zum Vergleich kann man in zwei weiteren Reagenzgläsern unter denselben Bedingungen je 3 mg käufliches Natriumsalz der DNS aus Heringsspermien und RNS aus Hefe hydrolisieren. Während der 15 Min. wird nur ein Teil der gefällten Nucleinsäuren hydrolisiert. Der nicht abgebaute Rest wird vor der Durchführung der Nachweisreaktionen abfiltriert und verworfen. Die beiden käuflichen Nucleinsäuren sind pulverförmig und niedermolekular und werden rascher abgebaut. Durch den Säure-Abbau entstehen schließlich aus DNS: Phosphorsäure, Desoxyribose und die Grundgerüste der Purinbasen Adenin und Guanin, der Pyrimidinbasen Thymin und Cytosin. Bei der Hydrolyse von RNS tritt anstelle der Desoxyribose die Ribose und anstelle des Thymins das Uracil auf. Die folgenden Nachweisreaktionen können nun parallel in den drei Proben mit den Hydrolysaten der gefällten Thymus- oder Bakterien-Nucleinsäuren, der käuflichen DNS und der käuflichen RNS durchgeführt werden.

b. *Phosphorsäure-Nachweis:*

10 ml Ammoniummolybdat-Lösung werden tropfenweise mit konz. Salpetersäure versetzt, bis sich der zuerst ausfallende weiße Niederschlag von Molybdänsäure wieder löst. Diese salpetersaure Ammoniummolybdatlösung wird auf drei Reagenzgläser verteilt und zu jedem 1 ml der drei Hydrolysate gegeben: Gelbfärbung und nach Erwärmen gelber Niederschlag von Ammoniumphosphormolybdat in allen drei Reagenzgläsern! Der Phosphorsäurenachweis in den „Kernsäuren" wurde bereits 1869 von *Miescher* geführt.

c. *Desoxyribose-Nachweis*

Je 1 ml der drei Hydrolysate werden mit je 2 ml Dische-Reagens versetzt und im siedenden Wasserbad erhitzt. Nach einigen Minuten tritt beim Thymus-DNS- und beim reinen DNS-Hydrolysat etwa gleich starke Blaufärbung auf, während das RNS-Hydrolysat unverändert bleibt. Die Dische-Reaktion ist eine spezifische, quantitative Farbreaktion auf Desoxyribose, so daß aus der etwa gleich starken Färbung (Extinktion) in den beiden Ansätzen auf gleichen DNS-Gehalt geschlossen werden kann. Die Ausbeute an hydrolysierter DNS bei unserem Verfahren beträgt demnach rund 3 mg DNS aus 1 g Bries.

Dische-Reagens: 1 g Diphenylamin in 2,5 ml konz. Schwefelsäure lösen und mit Eisessig auf 100 ml auffüllen.

d. *Ribose-Nachweis:*
Je ein ml Orcin-Reagens wird mit je 0,1 ml aus den drei Hydrolysaten versetzt und im siedenden Wasserbad erhitzt. Nach einigen Minuten färbt sich die ursprünglich gelbliche Lösung beim RNS-Hydrolysat kräftig grün, beim Thymus-DNS-Hydrolysat schwach grünlich, während sie beim reinen DNS-Hydrolysat unverändert bleibt. Die Orcinreaktion ist nur qualitativ auswertbar: die Nukleinsäuren aus den Thymuskernen enthalten auch RNS, allerdings wenig (ca. 15 %).
Orcin-Reagens: 2 g Orcin und 1 g Eisen(III)Chlorid in 1 Liter konz. Salzsäure lösen.

e. *Purin-Nachweis:*
Je ein ml der drei Hydrolysate wird mit einigen Tropfen konz. Ammoniak neutralisiert und mit einigen Tropfen frisch bereiteter ammoniakalischer Silbernitratlösung versetzt: Weißliche Trübung bzw. kleinflockiger Niederschlag von Silbersalzen der Purine in allen drei Proben. Der Nachweis der einzelnen Basen kann mit einfachen Mitteln nicht demonstriert werden.

9. *Chemischer Aufbau der Nucleinsäuren*

Der chemische Aufbau der Nucleinsäuren kann gut durch ein Magnettafelmodell entwickelt werden, das man leicht, den folgenden Abbildungen entsprechend, aus Plakatkarton oder z. B. aus Plastikwandfliesenmaterial von Schülern herstellen lassen kann. Die einzelnen Teile werden wieder mit Magnetfolienstreifen (Bezugsquelle s. S. 65) hinterklebt. Ein fertiges Modell für die Magnettafel (nach *Falkenhan-Müller*) wird von Phywe, Göttingen, angeboten.

Indem man zunächst von den realen Formeln ausgehend mit den Symbolen des Modells vertraut macht, kann man wesentliche Einsichten mit Hilfe des Modells schrittweise entwickeln:

Die totale Hydrolyse von Nucleinsäuren lieferte folgende Bausteine:

Phosphorsäure ● z. B. schwarz

Desoxyribose (5′ 1′ 3′) z. B. hellgrau

Ribose (5′ 1′ 3′) z. B. dunkelgrau

2 Purinbasen

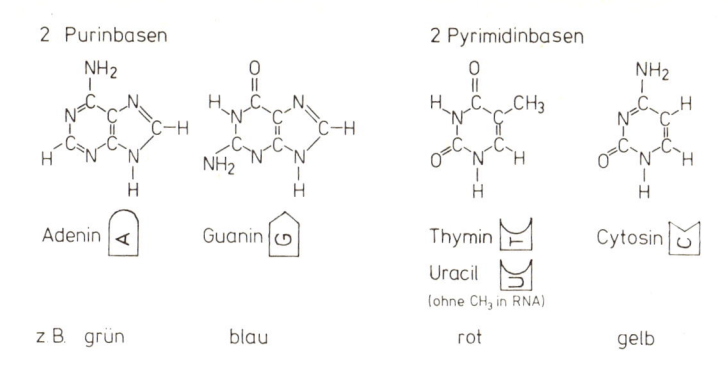

Adenin [A]   Guanin [G]

z. B. grün   blau

2 Pyrimidinbasen

Thymin [T]
Uracil [U]
(ohne CH$_3$ in RNA)

Cytosin [C]

rot   gelb

Enzymatische Hydrolyse von Nucleinsäuren mittels sog. Nucleasen liefert Spaltprodukte vom Molekulargewicht $\sim$ 350, die ihrerseits aus je einer Phosphatgruppe, einem Zuckermolekül und einer der vier stickstoffhaltigen Basen bestehen, die sog. Nucleotide.

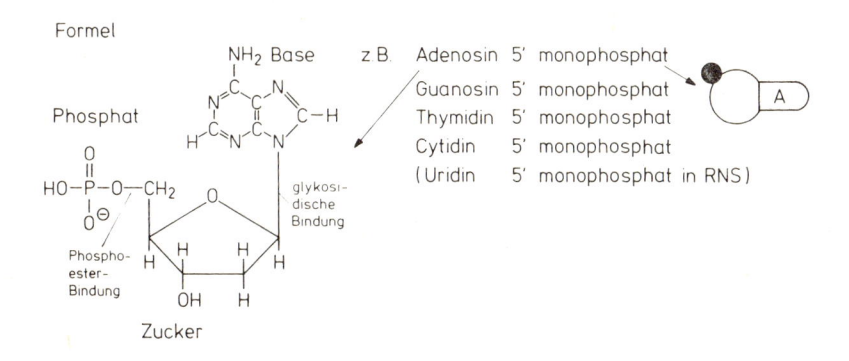

Formel

Phosphat — Base (NH$_2$) — Zucker

z. B. Adenosin 5' monophosphat
       Guanosin 5' monophosphat
       Thymidin 5' monophosphat
       Cytidin 5' monophosphat
      (Uridin   5' monophosphat in RNS)

glykosidische Bindung

Phosphoester-Bindung

Aus der Tatsache, daß bei der totalen Hydrolyse von Nucleinsäuren Zucker und Phosphorsäure stets im Molverhältnis 1:1 auftritt, hatte *Todd* 1951 geschlossen, daß das Grundgerüst der DNS aus einer Kette von Nucleotiden mit alternierenden Zucker-Phosphat-Molekülen besteht, die durch Phosphodiesterbindungen verknüpft sind.

Das Molekül besitzt einen Richtungssinn (3' Ende und 5' Ende).

Ursprünglich hatte man eine regelmäßige Abfolge der viererlei Basen in dem Kettenmolekül vermutet. Ein solches Molekül wäre als Informationsspeicher ungeeignet.

In einer aperiodischen Aufeinanderfolge einer begrenzten Zahl verschiedener Moleküle in einem Kettenmolekül kann allerdings Information wie in einer Schrift gespeichert sein. Diese erstmals von dem Physiker *Schrödinger* (für die Proteine) formulierte Hypothese hat sich bei den Nucleinsäuren glänzend bestätigt.

10. Struktur der DNS: Watson-Crick-Modell

a. *Befunde, auf die sich die Entdeckung stützte*

Befund 1: Röntgenbeugungsbilder kristallisierter DNS lieferten Anhaltspunkte dafür, daß das Grundgerüst des DNS-Moleküls aus einer Doppelschraube besteht (*Wilkins* 1952).

Befund 2: Unterwirft man das mit DNase gewonnene Hydrolysat von DNS einer Hochspannungselektrophorese (3000 V), so trennen sich die viererlei Nucleotide und können anschließend aus dem Papier eluiert werden. Über den molaren

Extinktionskoeffizienten bei 260 nm ist eine quantitative Bestimmung möglich: Stets findet man gleiche Mengen Adenin und Thymin bzw. Guanin und Cytosin (*Chargaff* 1950).

b. *Modellversuch zur Bestimmung der Basenverhältnisse*

Das Prinzip der Auswertung von Hochspannungs-Elektro-Pherogrammen von Nucleotiden kann man durch folgenden Blindversuch zeigen:

Auf ein Filterpapierstück von ca. 40 × 15 cm Größe gibt man in etwa regelmäßigen Abständen eine Reihe von 4 Tropfen des Hydrolysats von dem enzymatischen Abbau der Thymus- oder der Bakterien-DNS des Versuchs von Punkt 6, S. 321 (stattdessen kann man auch Tropfen des rohen Zell-Lysats verwenden). Die Tropfenfläche auf dem Papier soll einen Durchmesser von je ca. 2—3 cm haben. Die vier Tropfen simulieren die nach einem Elektrophoreselauf getrennten viererlei Nucleotide. Wenn sie eingetrocknet sind, ist auf dem Papier nichts mehr zu sehen, ebenso wie auf einem realen Pherogramm von Nukleotiden. Um die Stellen wieder aufzufinden, legt man das Filterpapierstück in der Dunkelkammer auf ein entsprechend großes Positiv-Kopierpapier und belichtet einige Sekunden mit der UV-Lampe. Infolge der starken Absorption der Nucleotide bzw. Nucleinsäuren im UV zeigen sich nach der Entwicklung des Photopapiers an den 4 Tropfenstellen weiße Flecken in dem im übrigen schwarzen Photoprint.

Indem man nun das „Originalpherogramm" und das Photoprint genau aufeinandergelegt an die Fensterscheibe hält, kann man die Ausdehnung der durchscheinenden Flecke mit dem Bleistift auf das aufgelegte Papier übertragen.

Im realen Versuch würden die 4 Stellen dann mit der Schere ausgeschnitten, in 4 Reagenzgläsern mit verdünnter Salzsäure eluiert, und die Absorption der Eluate bei 260 nm im Spektralphotometer gemessen. Als Ergebnis derartiger Versuche war, gleichgültig von welchem Organismus die DNS stammte, stets ein Molverhältnis 1:1 bei Adenin und Thymin sowie 1:1 bei Guanin und Cytosin herausgekommen.

c. *Konzept der komplementären Basenpaarung*

Auf der Basis der chemischen Befunde *Chargaffs* über die Molverhältnisse der Basen in der DNS entwickelten *Watson* und *Crick* 1952 mittels Molekülmodellen das Konzept der komplementären Basenpaarung, das den Schlüssel für das Verständnis der DNS-Struktur lieferte:

Thymin   Adenin   Cytosin   Guanin

Aufgrund des sterischen Baus der viererlei Basen können Adenin und Thymin über zwei, sowie Guanin und Cytosin über drei Wasserstoffbindungen sich zu gleich langen Paaren zusammenlagern.

d. Modelle, Film- und Bildmaterial zur Struktur der DNS

Auf die anschaulichste und einfachste Weise kann das Schema der DNS-Struktur mit dem Magnettafelmodell entwickelt werden (Abb. 125). Die Basenpaare bilden die Sprossen einer Leiter, deren Holme aus dem Zucker-Phosphatgerüst bestehen. Die zwei Stränge besitzen eine gegenläufige Polarität. Die Phosphatgruppen bedingen den sauren Charakter der DNS. In vivo sind sie durch basische Proteine (Histone) neutralisiert.

Die Basenfolge eines Stranges ist unregelmäßig, aber schriftartig sinnvoll. Sie ist komplementär zur Basenfolge im anderen Strang.

Den Übergang von der zweidimensionalen Darstellung zur dreidimensionalen kann man am besten mit dem Perlenkettenmodell der DNS demonstrieren (Abb. 126). Dieses kann man sich mit geeigneten Steckperlen selbst herstellen

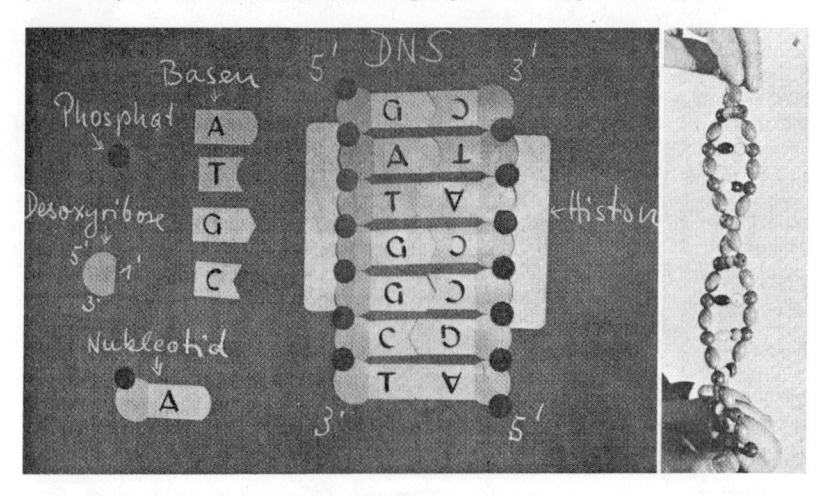

Abb. 125: Magnettafelmodell zur Struktur der DNS

Abb. 126: Perlenkettenmodell zur Demonstration der Entstehung der Doppelschraubenstruktur der DNS

oder von Herrn *D. Böhlmann*, 78 Freiburg i. Br., Rohrgraben 7, beziehen. Ein dreidimensionales Standmodell nach *Falkenhan-Müller*, das sich an die Umrisse der Formeln anlehnt, wird von Phywe angeboten. Ein großes Atommodell der DNS, das die Lage der einzelnen Atome in proportional richtigen Abständen wiedergibt, kann von der Fa. K. Feldl KG, 8 München, Steinheilstr., bezogen werden (Preis 1974 380,— DM) (Abb. 127). An diesem Modell sieht man die schraubenförmige Verdrillung der beiden Zucker-Phosphat-Stränge, die nach 10 aufeinanderfolgenden Nucleotidpaaren gerade eine Drehung um 360° ausmacht. Man erkennt die ebenen, mit ihrer Fläche senkrecht zur Molekülachse nach innen stehenden, Basenpaare. Sie sind hydrophob, während die nach außen ragenden Phosphatgruppen den hydrophilen Mantel des Moleküls bilden.

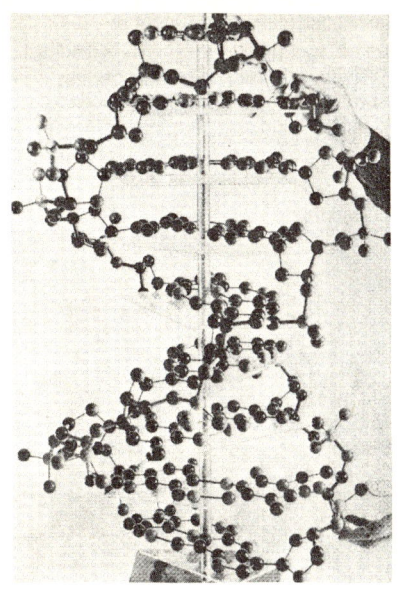

Abb. 127: Molekülmodell der DNS

Gegenüber den räumlichen Modellen ist in diesem Fall das Bild und Filmmaterial der Modelle ein schwächerer Ersatz, z. B.
δ F 51 Aufbau der DNS
R 934 Chemie der Zelle
K 25014 (V-Dia) Molekulargenetik
Das Bild des Kalottenmodells der DNS, welches das fesselnde, die Entdeckungsgeschichte der DNS schildernde Buch von *Watson* „Die Doppelhelix" ziert, gibt einen Eindruck, wie kompakt der DNS-Faden ist.
Er ist dick genug, um im Elektronenmikroskop dargestellt werden zu können. Hinweise zur Technik sowie elektronenoptische Bilder von DNS-Fäden findet man z. B. in dem Artikel: *Mayer, F.*: Elektronenmikroskopie von Nucleinsäuren, Biuz, H 5, 1972.
Elektronenoptische Bilder von DNS-Molekülen gestatten über den Vergrößerungsmaßstab die Moleküllänge zu bestimmen: So mißt z. B. die DNS des nur 1/1000 mm langen *E. coli* Bakteriums rund 1 mm. Bei einer Schichtdicke eines Basenpaares von rund 3,3 Å enthält dieser Faden rund 3 Millionen Nucleotidpaare.

III. Replikation der DNS

„Das Strukturmodell der DNS bietet eine so elegante Lösung des Problems der identischen Verdoppelung der Erbsubstanz an, daß es kaum glaublich wäre, daß die Natur von dieser wunderbaren Erfindung der Herren *Watson* und *Crick* keinen Gebrauch gemacht haben soll" (*Delbrück* 1954).

1. Modellvorstellung der semikonservativen Verdoppelung

Ohne Berücksichtigung der Probleme, die sich aus dem räumlichen Aufbau der Doppelschraube ergeben, läßt sich die Modellvorstellung der identischen Verdoppelung der DNS am einprägsamsten am Magnettafelmodell demonstrieren (Abb. 128). Man öffnet den Doppelstrang, indem man mit den Handflächen die

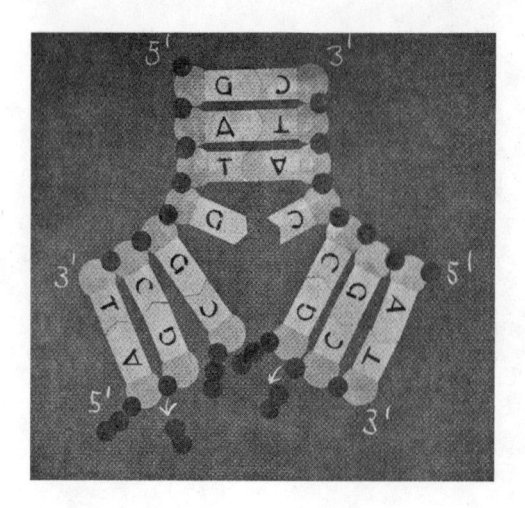

Abb. 128: Demonstration des einfachen „Reißverschluß"-Prinzips der DNS-Replikation, sowie der Pyrophosphorsäureabspaltung bei der Knüpfung der Phosphoesterbindungen zwischen den neu angelagerten Nucleotiden.

„Nukleotide" z. B. von unten her so zur Seite schiebt, daß die Figur eines verkehrten Y entsteht. An die frei werdenden Basen lagert man die komplementären Basen der Nucleotide an, von denen man vorher einige auf der Magnettafel verteilt hat, mit dem Hinweis, sie seien im Plasma vorhanden. So kann man die dynamischen Vorgänge in Einzelschritten zeigen, wie zwei neue Doppelstränge mit genau derselben Folge von Basenpaaren entstehen.

Das Perlenkettenmodell ist ebenfalls zur Veranschaulichung der Replikation geeignet, vor allem, wenn man so viele Exemplare hat, daß z. B. je 2 Schüler pro Bank den Vorgang manuell selbst nachvollziehen können.

Um die einfache Modellvorstellung zu veranschaulichen, bietet sich auch der Film 8 F 52 Replikation der DNS an.

Nach dieser Vorstellung besteht jeder Doppelstrang jeweils zur Hälfte aus altem, zur Hälfte aus neuem Material. Man bezeichnet diesen Trennungstyp deshalb als semikonservativ.

Das Schema der semikonservativen DNS-Replikation ist so einfach, daß es bereits in der S_1-Stufe spielend gelernt wird. Um so notwendiger ist es insbesondere in der S_2-Stufe, die Experimente, die zur Bestätigung und Verfeinerung der Modellvorstellungen geführt haben, zu erörtern sowie auf offene Probleme der DNS-Replikation hinzuweisen.

2. Beweis für die semikonservative Replikation der DNS, Meselson- und Stahl-Experiment (1958)

Der Beweis stützt sich auf zwei Methoden: Erstens kann man Bakterien schwerere DNS synthetisieren lassen, indem man sie in Medium wachsen läßt, das Stickstoffverbindungen mit dem Isotop ^{15}N enthält. Dieses wird in die Purin- und Pyrimidinbasen der DNS eingebaut. Zweitens gelingt es, DNS-Moleküle, die sich durch den Besitz von ^{14}N- bzw. ^{15}N-Atomen minimal in ihrem Molekulargewicht unterscheiden, durch eine sog. Caesiumchlorid-Gradienten-Zentrifugation zu trennen.

a. Modellversuch zum Trennungsprinzip bei einer CsCl-Gradienten-Zentrifugation

Bei einer realen CsCl-Gradientenzentrifugation werden CsCl und z. B. ein Nucleinsäurengemisch im Zentrifugenbecher gemischt und über Tage durch Umdrehungen in der Größenordnung 40 000 upm einer vielfachen Erdbeschleunigung ausgesetzt. Die Cs^+-Ionen haben genug Masse, daß diese Beschleunigung ausreicht, sie entgegen den Diffusionskräften im Bodenbereich des Zentrifugenglases bis zu einem gewissen Grad anzureichern, so daß sich ein stabiler Dichtegradient einstellt. Ebenso wie sich ein im Wasser schwebender fester Körper, selbst wenn man ihn höher oder tiefer stößt, immer wieder in seiner bestimmten Höhenzone einstellt, wandern in dem CsCl-Gradienten die Nucleinsäuren in jene Zonen, welche dieselbe Dichte besitzen wie sie selbst. Das Prinzip der „Schwimmdichte-Trennung" kann wie folgt in einem Standzylinder mit Kügelchen und einer geeigneten Flüssigkeit demonstriert werden.

Man besorgt sich Plastikkügelchen von 3—4 mm ⌀ verschiedener Dichte, wie sie z. B. in Schaugläsern von Akkus zur groben Anzeige des Entladungszustandes aufgrund abnehmender Dichte der Schwefelsäure während des Entladungsvorganges verwendet werden.

Gibt man z. B. die 2 Sorten von Kügelchen in einen Standzylinder mit Wasser, worin sie gerade untergehen, so kann man durch Zugabe von z. B. Kochsalz oder Glyzerin die Dichte so weit erhöhen, daß die beiden Kugelsorten aufsteigen und in unterschiedlichen Höhen schweben. Verschließt man den Zylinder dicht, so hat man ein Dauermodell für die Trennung von Molekülen aufgrund unterschiedlicher Schwimmdichte. Mischt man die Kügelchen durch Schwenken des Zylinders, so simuliert die gleichmäßige Verteilung den Zustand zu Beginn der Zentrifugation. Läßt man den Zylinder einfach stehen, wird die Entmischung während des Zentrifugenlaufes simuliert.

Die Unterschiede zwischen dem Modell- und dem realen Versuch bestehen darin, daß der Dichteunterschied der Kügelchen so groß bemessen ist, daß sie sich in dem geringen Druckgradienten in der Flüssigkeitssäule des Standzylinders bereits deutlich trennen, während der Massenunterschied von z. B. ^{14}N- und ^{15}N-markierter DNS so minimal ist, daß ein kräftiger Dichtegradient in der Flüssigkeitssäule des Zentrifugenbechers notwendig ist, um einen Trenneffekt zu erzielen. Außerdem wirkt der Wanderung der DNS-Moleküle die Diffusion entgegen, so daß sie Tage benötigen, bis sie das Ziel, die Zone gleicher Dichte, erreichen.

Die Kügelchen besitzen dagegen eine so große Masse, daß sie, durch Diffusion unbeeinflußt, in wenigen Sekunden die Zone gleicher Dichte erreichen.

b. *Schema des Versuchsablaufs und Ergebnis des Meselson und Stahl-Experiments*
E. coli Bakterien wurden in Medium vermehrt, das in seinen Stickstoffverbindungen ^{15}N enthielt. Über die Stickstoffatome in den Purin- und Pyrimidinbasen bauten diese Bakterien „schwere" ^{15}N-DNS auf. Aus den Bakterien wurde die DNS auf die auf S. 320 beschriebene Weise gewonnen.
Ein CsCl-Ultrazentrifugenlauf eines Gemisches dieser ^{15}N-DNS mit gewöhnlicher DNS zeigt zwei Banden und damit die Empfindlichket der Trennungsmethode (Abb. 129).

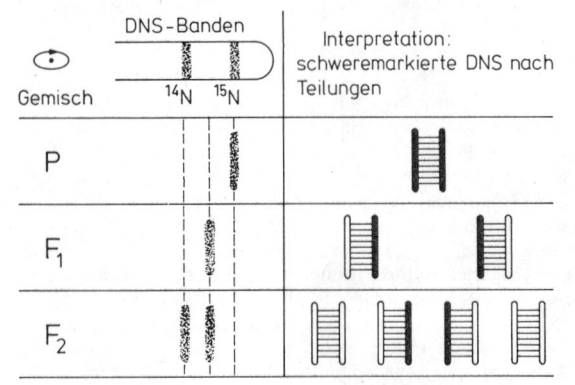

Abb. 129: Ergebnis und Interpretation des Versuchs von *Meselson* und *Stahl* (nach *Kaudewitz* 1973 verändert). Erläuterungen s. Text

Für den eigentlichen Versuch wurden *E. coli* Bakterien mit ^{15}N-markierter DNS in normales Kulturmedium übertragen. Nach 40 Min. (Generationszeit der *E. coli* Bakterien) wurde von einer Probe die DNS präpariert und zentrifugiert: Es bildet sich eine Zone zwischen den beiden ursprünglichen. Nach weiteren 40 Min. zeigt eine aufbereitete Probe zwei Banden: eine bei ^{14}N und eine bei $^{14}N/^{15}N$.
Nach einer Zellteilung war die gesamte DNS der Bakterien „halbschwer" geworden, nach zwei Teilungen war leichte und halbschwere in gleicher Menge vorhanden, genau, wie es bei semikonservativer Replikation zu erwarten ist.

3. DNS-Replikation in vitro und Replikationsmodelle

Kornberg konnte 1955 aus *E. coli* Bakterien ein Enzym isolieren (DNS-Polymerase), welches im sog. zellfreien System in vitro in Gegenwart einer Starter-DNS aus Nucleosidtriphosphaten unter Abspaltung von Pyrophosphat die Synthese neuer DNS katalysierte (Nobelpreis 1959). Dieses Enzym vermag aber nur einen Strang von 3' nach 5' abzulesen und einen komplementären Strang von 5' nach 3' aufzubauen. Deshalb liefert es allein keine biologisch aktive DNS. Durch Hinzunahme zweier weiterer inzwischen isolierter Enzyme (einer Ligase und einer DNase) glückte *Kornberg* 1967 die in vitro-Replikation infektiöser DNS des Phagen ϕ X 174, die einsträngig und ringförmig ist und über eine doppelsträngige Zwischenform vermehrt wird.
Daß die Verknüpfung der Nucleotide zu den komplementären Strängen beim Y-Modell der Replikation doppelsträngiger DNS auf beiden Seiten infolge der gegenläufigen Polarität der Zucker-Phosphatketten verschieden verlaufen

muß, kann man mit dem Magnettafelmodell veranschaulichen, wenn man sich entsprechend Abb. 128 Pyrophosphatmodelle schneidet, um damit Nukleosidtriphosphate zu bilden. Man erkennt dann, daß auf der linken Seite die Bindungsenergie durch Pyrophosphatabspaltung aus dem zuletzt herangekommenen Nucleosidtriphosphat stammt, auf der „rechten" Seite dagegen von dem vorletzten.

Da das *Kornberg-Enzym* (Polymerase I) ebenso wie die an die innere Bakterienzellwand gebundenen DNS-Polymerasen II und III nur in einer Richtung, von 5' nach 3' synthetisieren können, erscheint es ausgeschlossen, daß die DNS — wie es das einfachste Modell nahelegt — von beiden offenen Schenkeln her gleichzeitig synthetisiert wird. Deshalb werden eine Reihe von Modellen der DNS-Replikation diskutiert, die, auf experimentelle Befunde gestützt, dieser Situation Rechnung tragen. Ein Typ des sog. diskontinuierlichen Replikationsmodus kann am Magnettafelmodell demonstriert werden:

Das Polymeraseenzym „näht" in der Y-Gabel einen Bogen, den einen Halbstrang hinauf, den anderen herunter, stets in der vorgeschriebenen 5' — 3'-Richtung. Eine Endonuclease spaltet dann die Querverbindung in der Mitte, so daß auf jeder Seite ein Stückchen neue, doppelsträngige DNS vorliegt und die Polymerase einen neuen Bogen „nähen" kann. Dieser wird wieder in der Mitte gespalten usw. Die einzelnen neu synthetisierten Stücke werden schließlich durch eine Ligase verbunden.

Das Kornberg-Enzym ist nicht das in vivo DNS replizierende Enzym. Man nimmt an, daß seine Funktion in der Reparatur kleiner Einzelstrangdefekte liegt. Viele Befunde weisen darauf hin, daß die an die Bakterienzellwand gebundene DNS-Polymerase III, das in vivo wichtigste Enzym für die DNS-Replikation darstellt. Bezüglich näherer Einzelheiten s. Lehrbücher der Molekulargenetik oder: *Wagner K. G.*: Wie wird genetische Information verdoppelt? Chemie in unserer Zeit, H 4, 1972.

4. Rotation des DNS-Moleküls bei der Replikation

a. Theoretische Überlegung

Aus der Tatsache, daß die beiden Stränge der DNS so umeinander gewunden sind, daß sie zur Trennung entdrillt werden müssen, ergibt sich eine erstaunliche Konsequenz:

Ungefähr 3×10^6 Mononucleotidpaare besitzt die DNS einer Bakterienzelle. Da immer 10 Mononucleotidpaare eine Windung der Doppelschraube ergeben, weist sie 3×10^5 Windungen auf. Die Verdoppelung dieses DNS-Moleküls nimmt etwa 40 Min. in Anspruch. Wenn bei ihr gleichzeitig die Doppelschraube entspiralisiert werden muß, dann ergibt das $3 \times 10^5 : 40 = 7,5 \times 10^3$ oder 7500 Umdrehungen in der Minute.

Das aber ist eine Umdrehungsgeschwindigkeit, welche derjenigen des Rotors einer mittelschweren Zentrifuge entspricht. Das müßte, so wurde vermutet, verheerende Folgen für die Zelle haben. Es darf gleich gesagt werden, daß das genannte Problem mindestens zum Teil bis heute noch nicht geklärt ist (s. *Kaudewitz, F.*: Molekular- und Mikrobengenetik, 1973).

b. *Modell zur Demonstration der Rotation bei der Replikation ringförmiger DNS*
2 Stücke eines Hanfseiles von ca. 5 mm ⌀ und 1 m Länge werden mit verdünnter Ponalleimlösung getränkt, das eine Stück mit einem Zusatz an z. B. rotem, das andere mit einem Zusatz an blauem Farbpulver. Nach dem Trocknen werden 60 cm der beiden Seile umeinandergewunden. Würde man die Enden der zum Ring gebogenen Doppelschraube fest miteinander verbinden, wäre eine Entdrillung unmöglich. Um Rotation zu ermöglichen, werden deshalb die Enden an zwei Holzscheiben von 5 cm ⌀ befestigt, von denen die eine fest, die andere durch einen zentralen Nagel drehbar mit einem 10 cm langen Holzstab verbunden ist. An dem Holzstab kann man die Anordnung in ein Stativ einspannen. Nun kann man demonstrieren, daß in einem ringförmigen Molekül (mindestens) eine Rotationstelle vorhanden sein muß, wenn man die beiden Einzelstränge „zur Replikation" durch Entdrillen voneinander trennen will. Die Neusynthese der komplementären Stränge und deren erneute schraubige Anordnung kann man vorführen, wenn man sich aus dem Rest der beiden Seile kurze Stückchen von ca. 10 cm Länge schneidet und auf die Schnittflächen Druckknöpfe näht (bzw. von geschickter Hand nähen läßt). Man dreht zunächst die Scheibe so weit, daß sich die beiden Stränge der Eltern-DNS auf eine Länge trennen, die der Länge der Einzelstücke entspricht. Dann befestigt man 2 „komplementäre" Einzelstücke an der Drehscheibe und verdrillt sie mit je einem der Elternstränge. Indem man die Scheibe erneut dreht und so eine weitere Strecke der Eltern-DNS in die beiden Einzelsträngen trennt, kann man die nächsten beiden „komplementären" Einzelstücke über die „Ligase-Druckknöpfe" mit den voausgehenden verknüpfen usw. Die Abb. 130 zeigt ein Stadium nach Anbringung des 3. Paares komplementärer Einzelstücke.

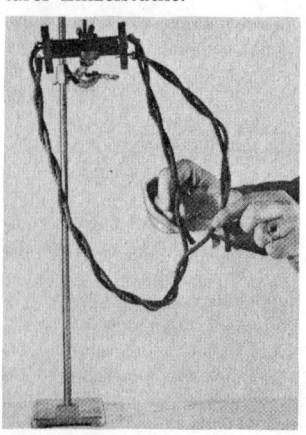

Abb. 130: Modell zur Demonstration der Rotation bzw. Replikation ringförmiger DNS sowie des Aufbaus aus Okazaki-Teilstücken

Damit bietet sich das anschauliche Bild der Replikation ringförmiger Bakterien-DNS, wie es eine elektronenoptische Aufnahme von *Cairns* 1963 zeigte, die in vielen Lehrbüchern veröffentlicht ist.
Gleichzeitig verdeutlicht das Modell die Vorstellung der „sequentiellen DNS-Replikation", d. h. daß die Replikation von einem festen Punkt ausgeht und der

Replikationspunkt um den ganzen Ring läuft. Das gleichzeitige Anbringen kurzer komplementärer Strangstückchen („Okazaki"-Stücke) an beiden getrennten Einzelsträngen und ihre Verbindung über die „Druckknopf-Ligase" verdeutlicht ein weiteres Denkmodell diskontinuierlicher DNS-Replikation, für das eine Reihe von Versuchsergebnissen spricht.
Die DNS höherer Organismen hat viele Startpunkte, von denen aus in beiden Richtungen repliziert werden kann.

IV. Mutationsmechanismen

Genmutationen, insbesondere die sog. Punktmutationen, beruhen im wesentlichen auf Replikationsfehlern, die zu einer veränderten Basenfolge führen.
Auf S. 279 und S. 282 wurden Versuche beschrieben, welche die Möglichkeit demonstrieren, die Hin- und Rückmutationsrate durch mutagene Agentien experimentell zu erhöhen. Von einigen dieser Stoffe ist der molekulare Mechanismus bekannt, der Veränderungen der Basenfolge bewirkt.
Das Prinzip der drei wichtigsten Mechanismen von Genmutationen kann auf der Basis der chemischen Formulierung anhand des Magnettafelmodells veranschaulicht werden:

1. Chemische Veränderung einzelner Basen

Das bekannteste Beispiel eines Stoffes, der einzelne Basen verändert, ist die salpetrige Säure, deren mutagene Wirkung 1958 von *Mundry* und *Gierer* im Labor von *G. Schramm* am Tabakmosaikvirus entdeckt worden ist.
Adenin wird durch salpetrige Säure oxidativ zu Hypoxanthin desaminiert, das bei der Replikation wie Guanin paart:

$$\text{Adenin} + H-O=N=O \longrightarrow \text{Hypoxanthin} + N_2 + H_2O$$

Der dabei entscheidende Vorgang, eine Veränderung des „Paarungsprofils" einer Base, kann im Magnettafelmodell verdeutlicht werden, wenn man entsprechend Abb. 131 in einem DNS-Ausschnitt ein Adenosinmonophosphatnucleotid-Modell verwendet, dessen Adenin-Base durch das Modell der Hypoxanthinbase ausgetauscht werden kann, das in Farbgebung und Profil dem Guanin-Modell gleicht. Man kann nun am Modell klar machen, daß salpetrige Säure ihre Wirkung bereits in ruhender, sich nicht replizierender DNS entfaltet, indem man Adenin durch Hypoxanthin ersetzt („Prämutation").
Der Übergang des ursprünglichen Basenpaares A—T in das Basenpaar H—C bzw. G—C, d. h. das fertige Mutationsergebnis liegt dann erst nach einer bzw. nach zwei Replikationen vor.
In völlig analoger Weise wird Cytosin durch salpetrige Säure zu Uracil desaminiert, das wie Thymin paart.
Die Folge ist ein Übergang des Basenpaares G—C in A—U bzw. bei der zweiten Replikation in A—T. Dieser Übergang wird auch durch Hydroxylamin hervorgerufen.

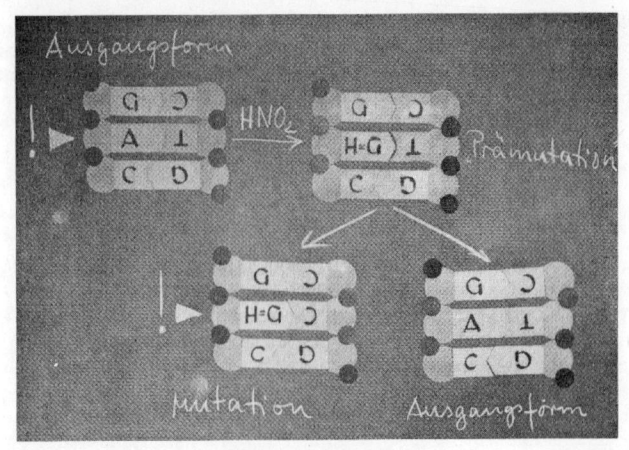

Abb. 131: Veranschaulichung des Prinzips der Mutationsauslösung durch salpetrige Säure am Magnettafelmodell

2. Einbau instabiler Basenanaloga

Bietet man Zellen während der Neusynthese von DNS Substanzen an, deren Struktur derjenigen der natürlichen Basen sehr ähnlich ist, so werden diese in die DNS eingebaut.

Das bekannteste Beispiel ist das des 5-Bromuracil, das wie Thymin mit Adenin paart, wenn es in der Ketoform vorliegt, wie die normalen Basen. Im Gegensatz zu diesen Basen vermag sich Bromuracil kurzfristig durch eine tautomere Umlagerung in die Enolform zu verwandeln, in der es wie Cytosin mit Guanin paart.

Adenin   Bromuracil~Thymin   Guanin   Bromuracil~Cytosin
         normale Ketoform   seltene enol-Form

Am Magnettafelmodell kann man das Wirkungsprinzip dieses Typs von Mutagenese im Gegensatz zur Wirkung salpetriger Säure demonstrieren (Abb. 132):
Dazu bereitet man sich ein Nucleotidmodell vor, das im „Normalzustand" in Farbe und Profil wie Thymin aussieht und heftet mittels eines Magnetfolienstreifens ein Basenmodell in derselben Farbe, aber mit dem Profil von Cytosin darüber.
Wenn man das Basenmodel auf dem Nucleotidmodell hin- und herschiebt, so daß einmal das „runde" und einmal das „eckige" Profil vorsteht, kann man die entscheidende Folge tautomerer Umlagerung, die kurzfristige Veränderung des Basenprofils, anschaulich machen.

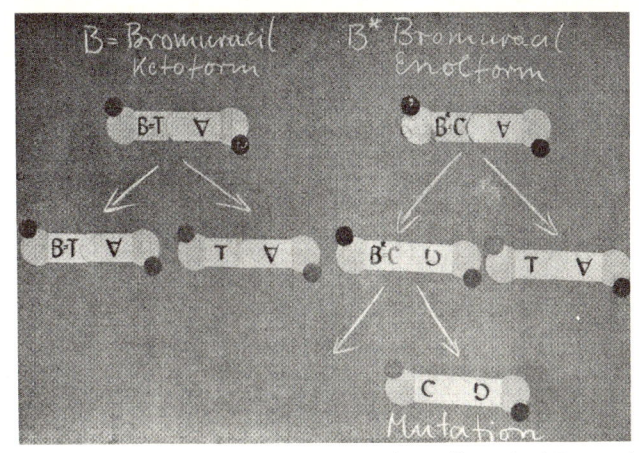

Abb. 132: Veranschaulichung des Prinzips der Mutationsauslösung durch Basenanaloga am Magnettafelmodell

Wird das Bromuracil in der normalen Ketoform eingebaut und bleibt es während der folgenden Replikationen in diesem Zustand, so bleibt das richtige Basenpaar erhalten (Abb. 132 links). Liegt es aber während einer Replikation gerade in der seltenen Enolform mit dem anderen Basenprofil vor (Abb. 132 rechts), so wird eine falsche Base angelagert, die bei der nächsten Replikation den Übergang von ursprünglich A—T in G—C bewirkt.
Auf der anderen Seite kann das Bromuracil, wenn es wieder in die normale Ketoform zurückgesprungen ist, weiterhin wieder eine normale Basenfolge bedingen bis zur nächsten, zufälligen Umlagerung während einer Replikation.
Ganz ähnlich verhält sich 2-Aminopurin, das Adenin ersetzt und ebenfalls die Übergänge A—T nach G—C hervorruft.
Im Gegensatz zur Wirkung salpetriger Säure, die ruhende DNS angreift, werden Mutationen durch Basenanaloga nur während der Replikation ausgelöst.

3. Rastermutationen

Am r II Locus des T_1-Phagen werden mit Acridinfarbstoffen, z. B. dem Proflavin oder Riboflavin, Mutationen erzeugt, die auf dem Einbau oder dem Verlust einzelner Nucleotide beruhen. Die diesen Typ von Genmutationen erklärende Modellvorstellung kann man am Magnettafelmodell ableiten, wenn man sich als Acridinmolekül ein Gebilde fertigt, das genau die Größe einer Zucker-Phosphat-Einheit eines Nucleotids im Modell besitzt. Dieses Acridinmolekül kann sich vorübergehend in das Zucker-Phosphat-Gerüst der DNS einschieben, wobei es genau den Raum für ein Nucleotid beansprucht.
Erfolgt der Einschub in einen DNS-Strang vor der Replikation, wie in Abb. 133 dargestellt, so kommt es bei der Replikation im komplementären Strang gegenüber dem Acridinmolekül zum Einbau eines beliebigen zusätzlichen Nucleotids.

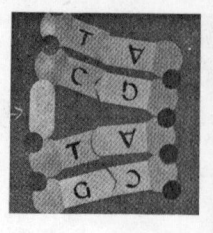

Abb. 133: Veranschaulichung des Prinzips der Mutationsauslösung durch Acridinfarbstoffe am Magnettafelmodell

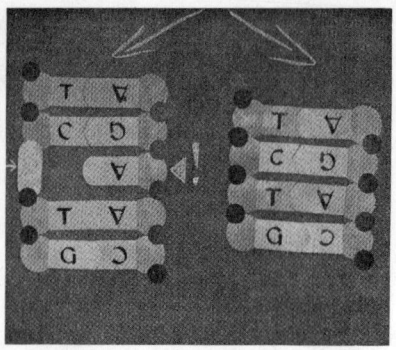

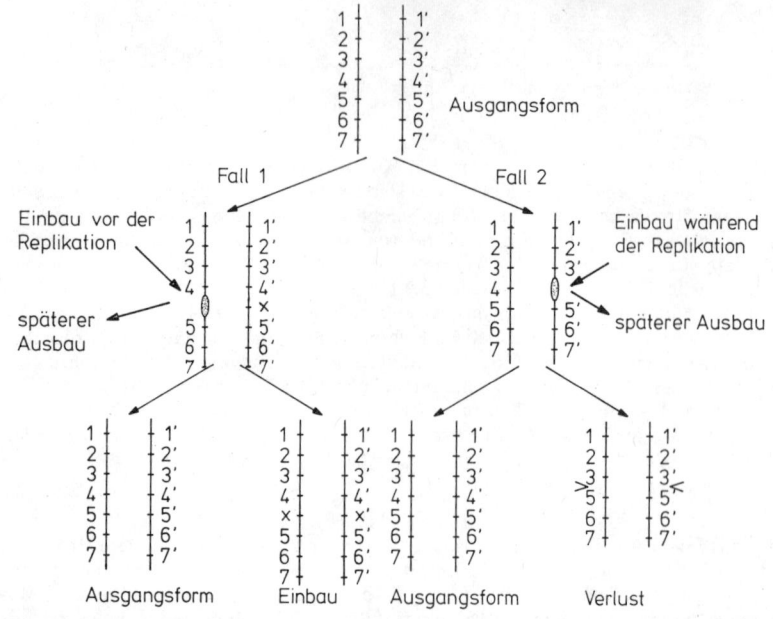

Abb. 134: Schema zur Veranschaulichung des Prinzips des durch Acridin ausgelösten Einbaus bzw. Verlustes eines Basenpaares als Grundlage zur Entwicklung der beiden Fälle am Magnettafelmodell

Bei der nächsten Replikation wird es somit ein DNS-Molekül geben, das ein zusätzliches Basenpaar besitzt.

Das Acridinmolekül kann inzwischen wieder ausgetreten sein, so daß die andere Tochter-DNS die ursprüngliche Basenfolge aufweist.

Erfolgt der Einbau eines Acridinmoleküls dagegen während der Replikation anstelle eines Nucleotids und tritt es anschließend wieder aus, so hat dies bei der nächsten Replikation in einem der beiden Tochter-DNS-Moleküle den Verlust eines Basenpaares zur Folge (Abb. 134).

Durch Variieren der Acridin-Konzentration ließen sich Mehrfach-Mutanten erzeugen, die z. B. 2 oder 3 Baseneinschübe, 2 oder 3 Basenverluste oder sowohl Einschübe als auch Verluste aufwiesen. Die Auswertung dieser am T_1-Phagen vorgenommenen Versuche lieferte die ersten Hinweise auf die Natur des genetischen Codes, d. h. auf den formalen Zusammenhang zwischen der Abfolge der viererlei Basen in der DNS und den 20erlei Aminosäuren in den Proteinen:

4. Hinweise auf das Triplet-Raster der genetischen Information

Stellt man die Frage nach möglichen, formalen Zusammenhängen zwischen der Basensequenz der DNS und der Aminosäurensequenz der Proteine, so kann man theoretisch folgern:

Wäre jede der 4 Basen einer bestimmten Aminosäure zugeordnet, so ließen sich damit nur 4 Aminosäuren bestimmen.

Wären je 2 der 4 Basen einer bestimmten Aminosäure zugeordnet, so ließen sich $4^2 = 16$ Aminosäuren bestimmen, wären es je drei, so ließen sich $4^3 = 64$ codieren. Die einfachste Annahme (neben einer Vielzahl weiterer, denkbarer, aber komplizierter Annahmen) wäre die, daß aus der kontinuierlichen Basenfolge der DNS, Dreiergruppen von Basen, sog. Triplets, von einem bestimmten Bezugspunkt aus durch Abzählen festgestellt werden und diesen Tripletts bestimmte Aminosäuren zugeordnet sind.

Die Untersuchung des Zusammenhangs zwischen Punktmutationen und Aminosäuresequenz bzw. Proteinfunktion haben erste Antworten auf das Problem des genetischen Codes erbracht:

Die Folgen von Austauschen, Einschüben oder Verlusten von Basen sollen anhand eines einfachen Modellsatzes verdeutlicht werden:

EIN GEN IST AUS DNS

$a_1 — a_2 — a_3 — a_4 — a_5$

Die normale Folge der aus je drei Buchstaben bestehenden Wörter liefert „Sinn". Dieser Sinn besteht in der richtigen Reihenfolge von Aminosäuren, die über eine davon abhängige Tertiärstruktur eine bestimmte Enzymfunktion mit voller Aktivität bedingen.

↓

EIN REN IST AUS DNS

$a_1 — a_9 — a_3 — a_4 — a_5$
↑

Der Austausch eines Buchstabens in einem Wort, entsprechend dem Austausch eines Nucleotids in einem Triplet, liefert Fehlsinn. Dieser äußert sich in einem Enzym mit einer falschen Aminosäure und dadurch mehr oder weniger verminderter Aktivität.

EIN SGE NIS TAU SDN S

$a_1 - a_{14} - a_7 - a_{12} - a_{16}$

↑ ↑ ↑ ↑

Der Einschub eines Buchstabens entsprechend dem Einschub eines zusätzlichen Nucleotids liefert infolge Verschiebung des Leserasters völligen Unsinn. Dieser äußert sich in einem Protein mit völlig veränderter Aminosäuresequenz, d. h. in einem völligen Verlust der Enzymaktivität. Gleiches gilt für den Verlust eines Buchstabens bzw. eines Nucleotids.

EIN $\overset{v}{\text{IST}}$ AUS DNS

$a_1 - a_3 - a_4 - a_5$
$\wedge$

Der Verlust von drei benachbarten Buchstaben bzw. Nucleotiden bringt den Leserahmen wieder in Takt und liefert damit mehr oder weniger Sinn, d. h. ein Enzym mit einer fehlenden Aminosäure und mehr oder weniger verminderter Aktivität. Dasselbe gilt für den Einschub von drei benachbarten Nucleotiden.

Befunde des zuletzt genannten Typs lieferten den ersten Beweis, daß die Übersetzung der genetischen Information von der DNS in das Protein über einen nicht überlappenden, kommafreien Triplet-Code erfolgt.

V. Proteinbiosynthese und genetischer Code

Insbesondere im Unterricht der S_2-Stufe geht es darum, nicht nur die Ergebnisse dieses zentralen Themas der Molekularbiologie darzustellen, sondern wenigstens das Prinzip der Überlegungen und Experimente deutlich zu machen, mit denen sie gewonnen wurden.

Die Anweisungen für den Aufbau der verschiedenen Proteine sind in der DNS im Zellkern niedergelegt. Die Synthese der Proteine wird aber zweifellos im Plasma stattfinden.

Voraussetzung für die Erforschung der Proteinbiosynthese war deshalb einerseits eine Kenntnis der Ultrastrukturen der Zelle, andererseits die Möglichkeit, Zellstrukturen und Plasmafraktionen zu isolieren, um ihre Funktion biochemisch untersuchen zu können.

1. Ultrastrukturen der Zelle

Winzig kleine Gewebestückchen oder Bakteriensedimente werden z. B. in Osmiumsäure fixiert, in Plexiglas eingebettet und mit dem Ultramikrotom in Schnitte von ca. 0,05 μm = 5×10^{-5} mm zerlegt (eine Zelle in ca. 500 Scheiben!). Aufnahmen im Elektronenmikroskop sind mit maximal 200 000facher Vergrößerung und einem Auflösungsvermögen von maximal ~ 3 Å möglich.

Elektronenoptische Aufnahmen von Zellstrukturen haben längst Eingang in die Schulbücher gefunden. Abb. 135 zeigt den zusammenfassenden Vergleich einer (eukaryonten) tierischen und einer (prokaryonten) Bakterien-Zelle.

Vergleich:

tierische Zelle
($\emptyset$ ca. 20µ)

Bakterienzelle
(Länge ca. 1µ)

Labels in figure:
- Plasmalemm
- Mureidsack
- Grundplasma
- DNS — im Kern / im Plasma
- Ribosomen — am endoplasmatischen Retikulum und frei / frei im Plasma
- Polysomen (Verband einiger Ribosomen)
- ATP-Synthese — in Mitochondrien / am Plasmalemm
- Sekretabsonderung — im Golgiapparat / am Plasmalemm
- Lysosom
- Zentriol

Abb. 135: Vergleich der elektronenoptischen Strukturen einer eukaryonten und einer prokaryonten Zelle

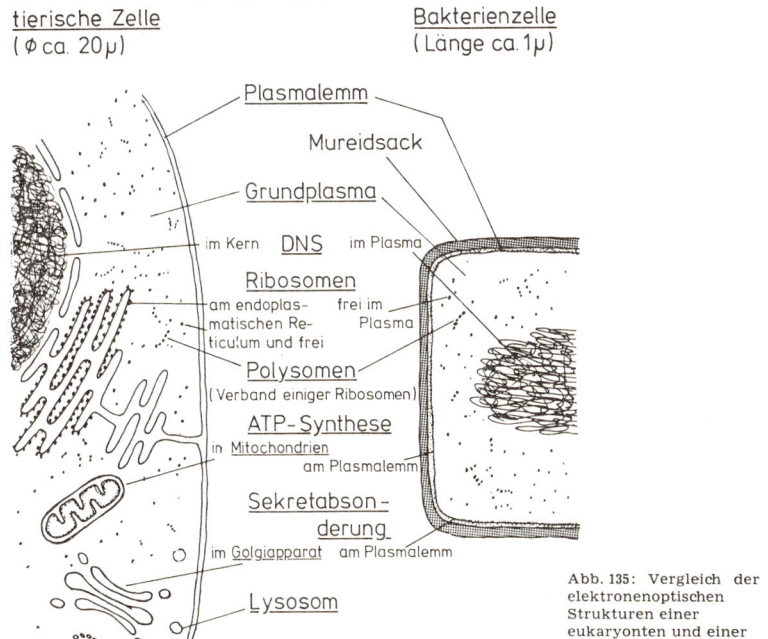

Um zu erfahren, welche Funktionen den einzelnen Strukturen und Inhalten des Zytoplasmas zukommen, ist es notwendig, sie aus der Zelle freizusetzen und zu trennen.

Im sog. „zellfreien System" können dann im Reagenzglas einzelne Komponenten wieder zusammengefügt und die Leistungen des Systems untersucht werden.

Die zur Zertrümmerung der Zellen und zur Trennung der Bestandteile geeigneten Verfahren: Homogenisieren von Zellen und Zucker-Gradientenzentrifugation des Homogenats können in Modellversuchen mit schulischen Mitteln durchgeführt werden:

2. Homogenisieren von Leberzellen (Abb. 136)

5 g frische Kalbsleber werden in 5 ml 0,25 molarer Rohrzuckerlösung mit einer Schere fein zerschnitten bzw. geschabt. Die Suspension wird durch ein Teesieb mit mehreren Lagen Gaze filtriert.

Von der Zellsuspension wird ein Ausstrichpräparat hergestellt und gefärbt (wie Blutausstrich) bzw. im Phasenkontrastmikroskop beobachtet: Man sieht Einzelzellen mit Kern, Plasma und Mitochondrien.

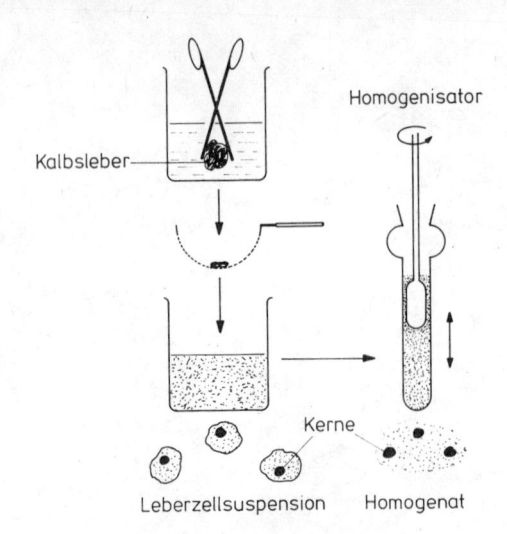

Abb. 136: Versuchsanordnung und Ablauf zur Herstellung eines Leber-Zell-Homogenats

Zur Zertrümmerung der Zellen benötigt man einen sog. Homogenisator (z. B. Homogenisatorgefäß aus Pyrexglas, 15 ml, zu beziehen z. B. bei Bender und Hobein, München, s. S. 266).

Das reagenzglasähnliche Gefäß ist innen geschliffen und enthält einen eingeschliffenen Kolben. Der Zwischenraum zwischen der Innenwand des Gefäßes und dem Kolben ist geringer als der Durchmesser einer Leberzelle aber größer als ein Zellkern. Indem man einige ml der Leberzellsuspension in das Homogenisatorgefäß füllt und den Kolben drehend nach unten in das Gefäß drückt, zwängt sich die Suspension zwischen Glas und Kolben nach oben. Dabei reißen Zellwände auf und der Inhalt wird freigesetzt. Wenn man das Homogenisatorgefäß langsam auf und ab führt, während der Kolben rotiert, öffnen sich immer mehr Zellen.

Es ist zweckmäßig, den Kolben über ein Schlauchstück an eine Motorachse eines Rührwerks oder über eine biegsame Welle an einen Multifix-Motor anzuschließen. Man kann sich aber auch ohne Motor helfen, wenn man lange genug (ca. 5—10 Min.) mit der Hand Kolben und Gefäß gegeneinander drehend, hin und her bewegt.

Vom Homogenat wird erneut ein Ausstrichpräparat hergestellt bzw. es wird im Phasenkontrastmikroskop beobachtet. Man sieht noch vereinzelt ganze Zellen, überwiegend aber freie Zellkerne, Mitochondrien und andere Zelltrümmer.

3. Zucker-Gradienten-Zentrifugation eines Leber-Zell-Homogenats (Abb. 137)

a. Herstellung eines Gradientenmischgefäßes

Man schneidet 2 Polyäthylen-Spritzflaschen (1/4 l) ca. 5 cm hoch ab, sticht mit dem kleinsten Korkbohrer knapp am Boden in das eine Gefäß ein Loch, in das andere Gefäß 2 gegenüberliegende Löcher ein. Teflon-Schlauchstücke, die man in die Öffnung zwängt, dienen zur Verbindung der beiden Gefäße bzw. als Aus-

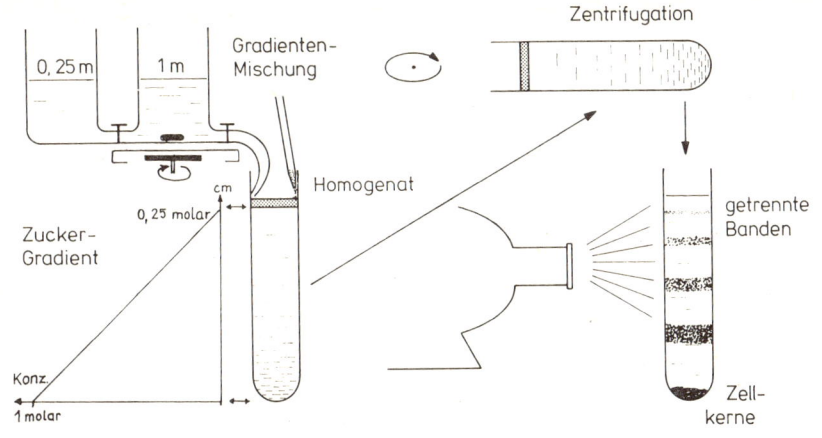

Abb. 137: Versuchsanleitung und Ablauf einer Zucker-Gradienten-Zentrifugation eines Leberzellhomogenats

lauf des zweiten Gefäßes. Infolge der Elastizität der Polyäthylengefäße erübrigt sich eine spezielle Dichtung. Mit Schlauchklemmen können Verbindungsstück und Auslauf verschlossen werden.

Zur Stabilisierung klebt man beide Gefäße auf ein dünnes Sperrholzbrettchen, so daß man die Anordnung auf die Fläche eines Magnetrührers stellen kann.

Füllt man jetzt bei geschlossenen Hähnen in das Gefäß mit dem Auslauf 1 molare, in das andere Gefäß 0,25 molare Rohrzuckerlösung und stellt die Anordnung so auf den Magnetrührer, daß der Magnet im Gefäß mit der höheren Konzentration rotiert, so tropft bei Öffnung der Hähne eine Zuckerlösung linear abnehmender Konzentration heraus. Sie kann in einem Zentrifugenbecher aufgefangen werden. Wenn man die Zuckerlösung vorsichtig am Innenrand des Zentrifugenbechers herablaufen läßt, überschichtet sich der Gradient ohne zu vermischen.

Hat man der 1molaren Zuckerlösung einige Tropfen Methylenblaulösung zugefügt, so kann man den Gradienten an der von oben nach unten zunehmenden Farbintensität im Zentrifugenglas sehen.

b. *Durchführung einer Zucker-Gradienten-Zentrifugation*

Der Zuckergradient wird vorsichtig mit dem Zellhomogenat überschichtet, indem man das Homogenat aus einer Pipette am Glasrand zufließen läßt.

Ein zweiter Zentrifugenbecher wird mit Wasser auf gleiches Gewicht gebracht und anschließend 10 Min. bei 6000 U/Min. zentrifugiert.

Beleuchtet man den Überstand mit einem Diaprojektor im Dunkeln und blickt im rechten Winkel darauf, sieht man durch den Tyndalleffekt eine Reihe von Banden: es handelt sich dabei im wesentlichen um Mitochondrien und Mikrosomen (= Fragmente des endoplasmatischen Reticulums), die entsprechend ihrer Masse verschieden rasch in die Zuckerlösung steigender Konzentration hinein sedimentierten. Die Zellkerne finden sich unter den angegebenen Bedingungen bereits am Boden des Bechers.

Durch Zucker-Gradienten-Zentrifugation in der Ultrazentrifuge bei ca. 80 000 upm und tagelangem Lauf lassen sich auch Ribosomen sowie Protein-Enzyme und DNS-Moleküle trennen. Durch Anstechen des Plastikbechers können die Banden in einem Fraktionssammler getrennt aufgefangen und dann untersucht werden.

4. Proteinbiosynthese — allgemeine Modellvorstellung

Nachdem bekannt war, daß Gene DNS-Abschnitte mit bestimmter Basenfolge sind und Proteine mit bestimmter Aminosäurenfolge unter genetischer Kontrolle entstehen, stellten sich zwei Fragen:
Erstens: Wie kann ein DNS-Molekül die Synthese eines Proteinmoleküls steuern? (Frage nach der biochemischen Reaktionsfolge)
Zweitens: Welche Dreiergruppen von Basen determinieren welche Aminosäuren? (Frage nach dem Übersetzungsschlüssel, dem genetischen Code)
Voraussetzung für die Lösung beider Fragen war die Arbeit mit zellfreien Systemen, sog. in vitro Experimenten.
Befunde: Bietet man E. coli Zellen ^{14}C markierte Aminosäuren an, so werden sie aufgenommen und in Proteine eingebaut. Homogenisiert und zentrifugiert man nach verschieden langen Inkubationszeiten, so findet man die β-Aktivität zunächst an eine lösliche RNS-Fraktion im Plasma gebunden, dann an Ribosomen und schließlich wieder im Plasma, in Proteine eingebaut.
Folgerung: Die Aminosäuren werden zunächst an RNS-Moleküle im Plasma gekoppelt, zu Ribosomen transportiert und dort zu Proteinmolekülen verknüpft. Diese lösen sich dann ab.
Hypothese: (*Crick* et al. 1958)

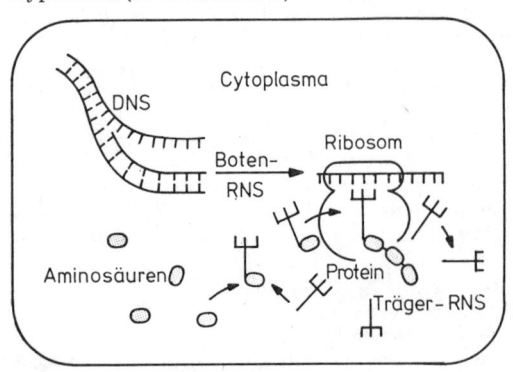

Abb. 138: Einfachste Darstellung der *Crickschen* Hypothese über die Proteinbiosynthese zur Entwicklung von Fragestellungen

Erstens: Von einem DNS-Abschnitt muß eine Abschrift ins Plasma zu einem Ribosom gelangen. *Crick* postulierte eine messenger = Boten = Matrizen-RNS.
Zweitens: Es müssen wenigstens 20 verschiedene Moleküle löslicher = Transfer = Träger-RNS existieren, die einerseits eine bestimmte Aminosäure binden und andererseits mit einem bestimmten Triplet der Boten-RNS am Ribosom sich paaren können. Dadurch könnte eine bestimmte Basenfolge in Aminosäurenfolge übersetzt werden.
DNS → RNS → Protein

Zur Überprüfung dieser Modellvorstellung ist es notwendig, DNS und verschiedene RNS-Typen aus Zellhomogenaten zu gewinnen, zu identifizieren und ihren Aufbau zu analysieren.

5. Nachweis und Funktion verschiedener RNS-Typen
a. *Prinzip der Trennung und Identifizierung von Nukleinsäuretypen*
Nucleinsäuren (mit ^{32}P, ^{14}C oder ^{3}H markiert) können z. B. durch Säulenchromatographie getrennt werden. Sie adsorbieren verschieden stark an Kieselgur,

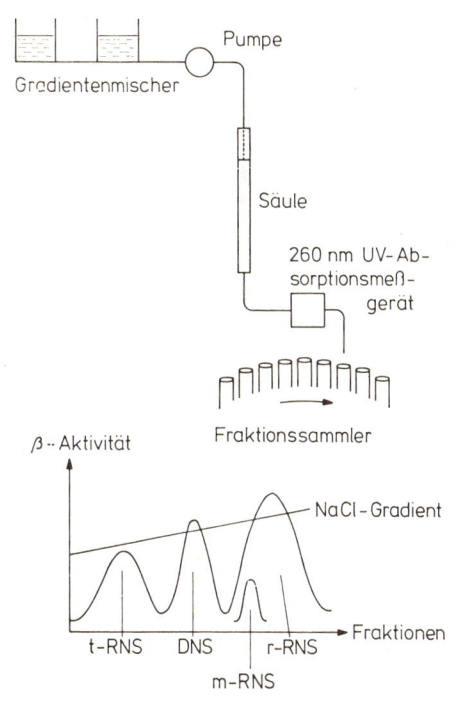

Abb. 139: Prinzip der Versuchsanordnung und Ergebnis der Fraktionierung der verschiedenen Nucleinsäuretypen

die mit methyliertem Rinderalbumin imprägniert ist (*Hershey*-Säule) und werden durch eine Kochsalzlösung steigender Konzentration nacheinander ausgewaschen. Nach Durchfluß durch ein UV-Absorptionsgerät können sie im Fraktionssammler getrennt aufgefangen und z. B. nach Messung der β-Aktivität der einzelnen Fraktionen weiter getrennt und untersucht werden, z. B. mittels Elektrophorese oder Ultrazentrifugation oder Gegenstromverteilung.
b. *Träger-RNS*
Der Hauptanteil von RNS in einer Zelle fällt auf die Fraktion der sog. löslichen RNS (ca. 80 %). Weil diese RNS sich mit Aminosäuren beladen kann und diese übertragen kann, bezeichnet man sie als Träger- oder Transfer-RNS (t-RNS).

t-RNS-Moleküle bestehen aus 75—90 Nucleotiden, die auch andere als die geläufigen Purin- und Pyrimidinbasen enthalten (z. B. Inosin).
1965 gelang *Holley* die erste Sequenzanalyse einer t-RNS.
Inzwischen ist von über 20 verschiedenen Typen von t-RNS-Molekülen die Sequenz bekannt.
An einem Ende findet sich bei allen Typen die Sequenz CCA. Sie unterscheiden sich durch unterschiedliche Strecken, in denen Basenpaarung möglich ist. Zeichnet man die Sequenzen in einer Ebene auf, ergeben sich kleeblattähnliche Strukturen. Die in vollem Gang befindliche Analyse der dreidimensionalen Struktur zeigt allerdings keine Kleeblattformen (Abb. 140). Jede Träger-RNS hat ein

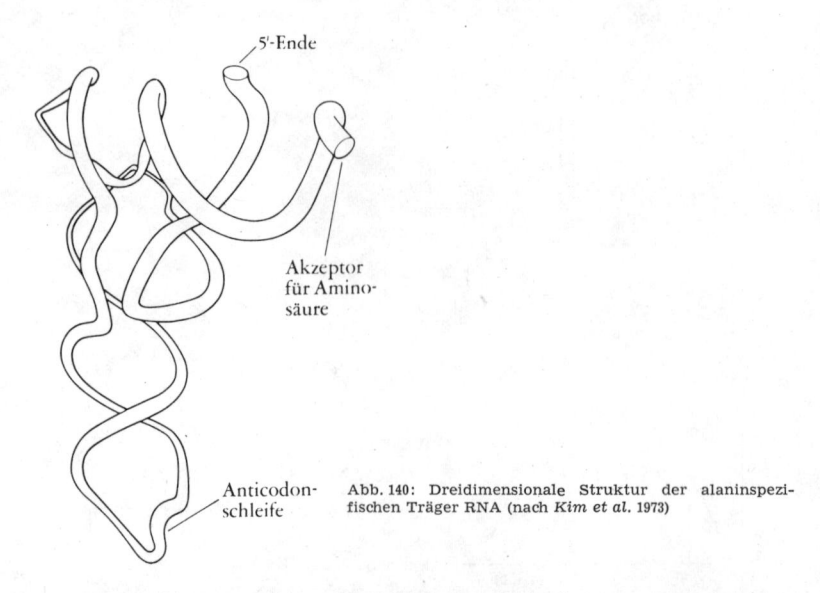

Abb. 140: Dreidimensionale Struktur der alaninspezifischen Träger RNA (nach *Kim et al.* 1973)

bestimmtes freies Basentriplet und bindet eine bestimmte Aminosäure, wie es die Cricksche-Adaptor-Hypothese fordert. Die Zuordnung erfolgt über bestimmte Enzyme, welche die räumliche Struktur der Aminosäuren und einer dazugehörigen Transfer-RNS „abgreifen". (Nähere Einzelheiten zur Funktion s. Abb. 142.)

c. *Ribosomale RNS*

r-RNS = Ribosomale RNS (2/3) baut zusammen mit Protein (1/3) die Ribosomen auf, an denen sich die Proteinsythese abspielt.

Ribosomen trennen sich bei niedriger Mg^{++}-Ionenkonzentration in zwei Untereinheiten, die man durch Ultrazentrifugation trennen und im Elektronenmikroskop sichtbar machen kann. Sie werden entsprechend ihrem Sedimentationsverhalten bei *E. coli* als 30 s und 50 s Partikel bezeichnet (s = *Svedberg*-Einheiten = Maß der Sedimentationsgeschwindigkeit).

Die Ribosomen von Eukaryonten sind etwas größer mit 40 s und 60 s Partikeln. Die 30 s Einheit enthält 1 RNS Molekül und 21 verschiedene Proteinmoleküle, die 50 s Einheit enthält 2 verschiedene RNS-Moleküle und 34 verschiedene Proteinmoleküle.

Die Strukturaufklärung der Ribosomen ist in vollem Gange. Der Zusammenhang zwischen Struktur und Einzelfunktion ist noch nicht voll geklärt.

d. *Boten-RNS*

m-RNS = Messenger = Boten = Matrizen-RNS wurde 1958 — entsprechend der *Crick*schen Voraussage — als Vorläufer phagenspezifischer Proteine nach T_4-Infektion in *E. coli* entdeckt. (Beschreibung der Versuche s. *Kaudewitz* 1973) Aus der Tatsache, daß diese RNS mit T_4-DNS, die durch Erwärmen in die beiden Einzelstränge getrennt wurde, hybridisierte, d. h. einen DNS-RNS-Doppelstrang bildete, konnte man schließen, daß die Boten-RNS die Abschrift eines der beiden DNS-Stränge darstellt.

Im folgenden sollen nun die beiden Hauptschritte der Proteinbiosynthese, die Transskription, d. h. das Umschreiben der Information von DNS in m-RNS und die Translation, d. h. die Übersetzung der Basensequenz der m-RNS in Aminosäurensequenz des Proteins dargestellt werden.

6. *Proteinbiosynthese* — *Transskription*

Am doppelsträngigen Informationsträger DNS wird eine einsträngige Kopie, die Boten- oder Matrizen-RNS hergestellt, welche die Information einer Gruppe von Genen (eines sog. Operons) aus dem Kern ins Plasma zu den Ribosomen trägt. Das dafür verantwortliche Enzym, die DNS-abhängige RNS-Polymerase oder Transskriptase konnte aus *E. coli* Bakterien rein dargestellt werden. Damit war die Möglichkeit gegeben, den Mechanismus der RNS-Synthese in vitro zu studieren.

a. Prinzip eines in vitro-Transskriptionsexperimentes

Ein Transskriptionsexperiment läuft im Prinzip wie folgt ab:
In ein Reagenzglas werden in eine bestimmte Menge Aqua dest. folgende Stoffe pipettiert:

— DNS z. B. eines T-Phagen
— die vier Ribonucleosidtriphosphate, von denen eines z. B. mit ^{32}P radioaktiv markiert ist:
ATP* Adenosintriphosphat   (* radioaktiv markiert)
GTP Guanosintriphosphat
UTP Uridintriphosphat
CTP Cytidintriphosphat
— das Enzym RNS-Polymerase = Transskriptase
— ein energieregenerierendes System
— bestimmte Ionen, Mg^{++}, NH_4^+

Der Ansatz wird (neben Kontrollansätzen, denen je ein Faktor fehlt bzw. denen je ein bestimmtes Antibiotikum zugesetzt ist) bei 37° C z. B. 15 Min. unter leichtem Schütteln inkubiert.

Indem man eisgekühlte Trichloressigsäure hinzupipettiert, fällt hochmolekulare Nucleinsäure aus. Filtriert man den so behandelten Ansatz durch ein Membranfilter, so bleiben hochmolekulare Nucleinsäuren auf dem Filter, während die niedermolekularen Nucleosidtriphosphate durch das Filter laufen. Sind im Versuch radioaktiv markierte Ribonucleotide zu hochmolekularer RNS synthetisiert worden, wird man auf dem Filter mit einem Geiger-Zählrohr oder einem Scintillationszähler eine Anzahl Zerfälle pro Minute messen, die um Zehnerpotenzen höher liegt als bei den Vergleichsansätzen, bei denen kein Einbau erfolgt ist. Da die Zahl der Zerfälle/Min. der Einbaurate markierten ATPs proportional ist, kann damit die RNS-Synthese in vitro quantitativ verfolgt werden.

Der Nachweis, daß die entstandene RNS tatsächlich komplementär zu einem der beiden DNS-Stränge ist, wird durch ein Hybridisierungsexperiment geführt.

b. *Modellvorstellung der Transskription*

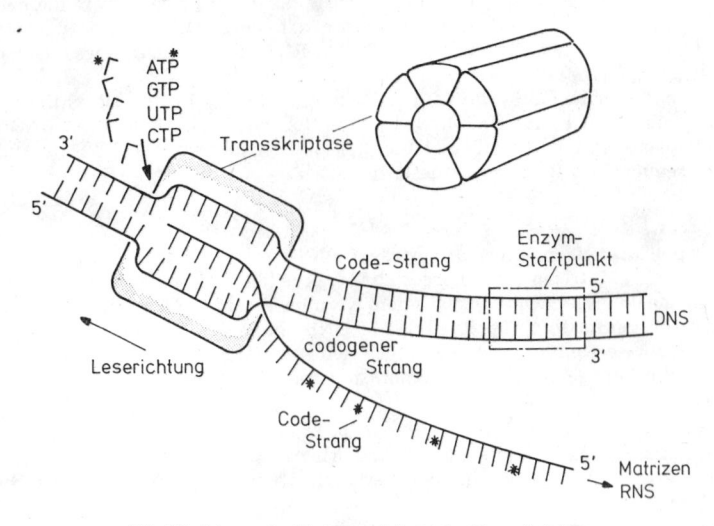

Abb. 141: Schema der Modellvorstellung der Transskription

Das aus 6 Untereinheiten bestehende hohlzylinderförmige Enzymmolekül lagert sich an bestimmten Stellen (den Bindungsorten = Promotorgenen = Beginn der Operons, s. S. 358) an der doppelsträngigen DNS an, umschließt sie und öffnet die Wasserstoffbindungen. Ribonucleosidtriphosphate treten in den Hohlraum des Enzyms ein, paaren mit den Basen eines DNS-Stranges und werden unter Pyrophosphatabspaltung zum Matrizen-RNS-Strang verknüpft. Während das Enzym über die DNS weiterwandert, löst es die wachsende Matrizen-RNS ab und bindet die gespreizten DNS-Stränge wieder zusammen. Den Information tragenden Boten-RNS-Strang bezeichnet man als Code-Strang, den dazu komplementären DNS-Strang, an dem er gebildet wurde, als codogenen Strang. Die Frage, woran das Enzym die beiden Stränge unterscheidet, ist erst zum Teil geklärt: Entsprechend der gegenläufigen Polarität der beiden DNS-Stränge vermag das Enzym nur in Richtung von 3' nach 5' zu „lesen". Ob es von dem Bindungsort den unteren Strang nach links oder den oberen nach rechts „abschreiben" soll, was bezüglich der Polarität dasselbe bedeutet, wird wahrscheinlich durch eine spezifische Basenfolge in einem der beiden Stränge im Bindungsort entschieden. Jedenfalls kann bald der eine, bald der andere DNS-Strang der codogene sein.

7. Proteinbiosynthese — Translation

Die Boten-RNS trägt die Information eines mehrere Gene umfassenden DNS-Abschnitts in das Zytoplasma zu Ribosomen, wo sie in Aminosäuresequenz eines Polypeptids übersetzt werden.
Nierenberg und Matthaei gelang es 1961, auch diesen Vorgang im zellfreien System durchzuführen und damit die Voraussetzung für eine detaillierte Analyse zu schaffen.

a. *Prinzip eines in vitro-Translationsexperimentes*
E. coli-Zellen werden homogenisiert. Das Homogenat wird durch Zentrifugation zunächst von den Zelltrümmern befreit. Durch Ultrazentrifugation können die Ribosomen gewonnen werden. Aus dem Überstand können DNS und m-RNS abgetrennt werden, so daß er noch die Fraktion der t-RNS sowie Enzyme enthält.
Mischt man nun in einem Reagenzglas
— die Fraktion der t-RNS-Moleküle
— die Fraktion der „gewaschenen" Ribosomen
— die Fraktion von Enzymen (Synthetasen)
— radioaktiv markierte Aminosäuren
— ein energieregenerierendes System
— GTP
— Mg^{++}-Ionen
sowie als Boten z. B. die RNS des Tabakmosaikvirus, bebrütet den Ansatz 15 Min. bei 37° C
und fällt mit heißer Trichloressigsäure Polypeptide, so kann man an der Radioaktivität des Fällungsproduktes erkennen, daß das System markierte Aminosäuren zu Polypeptiden verknüpft hat.
Die Analyse dieser Polypeptide mit der Fingerprint-Technik (s. S. 311) erweist sie als Hüllprotein des Virus, das im zellfreien System von der einsträngigen Virus-RNS determiniert wurde.

b. *Modellvorstellung der Translation*
Die Hauptschritte des Translationsvorganges lassen sich sehr übersichtlich im Magnettafelmodell darstellen, wenn man sich entsprechend der Abb. 142 noch Modelle für einige t-RNS-Moleküle, für ein aminosäure-t-RNS-spezifisches Enzym, eine sog. Synthetase, für eine m-RNS, sowie für einige Aminosäuren anfertigt.

α Aktivierung der Aminosäuren (Abb. 142 a und b)
Die Aminosäuren werden mittels ATP „aktiviert", wobei sich unter Abspaltung von Pyrophosphorsäure ein Anhydrid zwischen der Aminosäure und der Adenosinmonophosphorsäure bildet. Die Reaktion wird durch ein aminosäurespezifisches Enzym katalysiert, dessen Tertiärstruktur zum spezifischen Rest R der Aminosäure „paßt" und dessen aktives Zentrum die Anhydridbildung katalysiert. Das Enzym haftet fest an dem Anhydrid und bildet den Komplex „aktivierte Aminosäure". Dieser enthält die Energie für die spätere Knüpfung der Peptidbindung.

β Ankoppelung einer aminosäurespezifischen t-RNS (Abb. 142 c und d)
Die Zuordnung und Bindung einer bestimmten Aminosäure an eine bestimmte Träger-RNS, die sowohl durch ein spezifisches Basentriplet an hervorragender Stelle als auch durch eine spezifische Tertiärstruktur gekennzeichnet ist, erfolgt über die Tertiärstruktur des Synthetase-Enzyms, die nicht nur zu einer bestimmten Aminosäure, sondern auch zu einer bestimmten t-RNS „paßt".

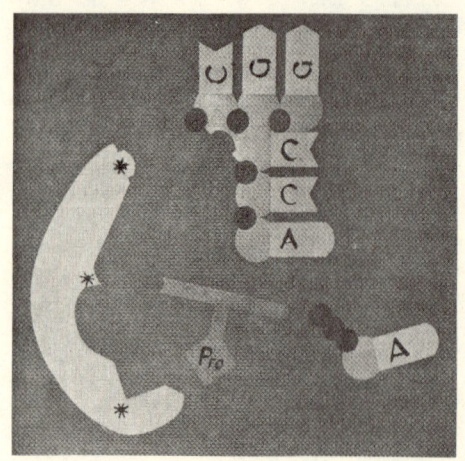

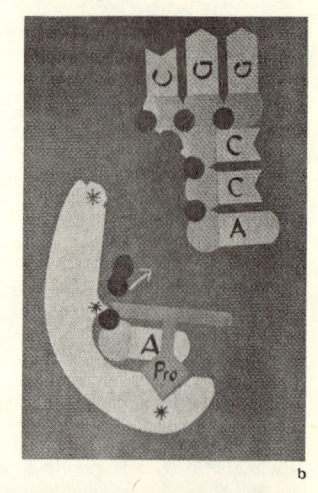

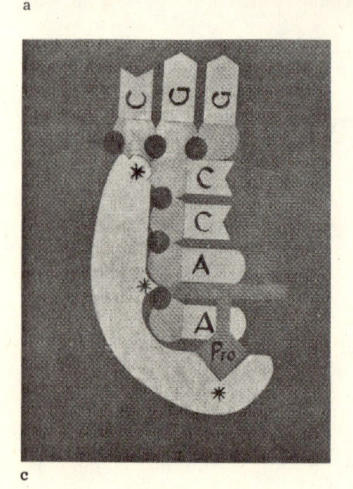

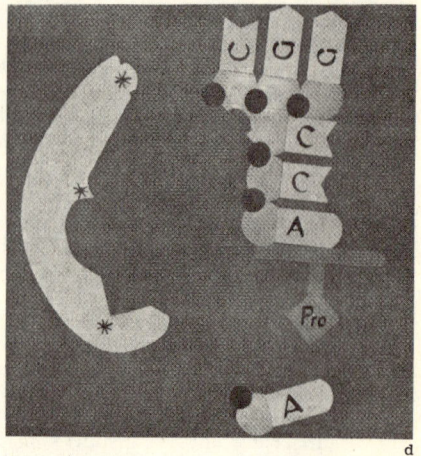

Abb. 142: Veranschaulichung der Beladung einer bestimmten t-RNS mit einer bestimmten Aminosäure über ein Enzym, dessen Tertiärstruktur einerseits zum Rest R der Aminosäure andererseits zur Tertiärstruktur der Träger RNS paßt mit Hilfe des Magnettafelmodells

Nachdem nun die „richtige" Träger-RNS und die „richtige" Aminosäure über das Enzym zusammengefunden haben, katalysiert das aktive Zentrum des Enzyms den Übergang der energiereichen Anhydridbindung der Aminosäure vom AMP auf das 3' OH-A-C-C-Ende der Träger RNS unter gleichzeitiger Freisetzung des AMPs und des Enzyms (AMP = Adenosinmonophosphat).
Das AMP wird in den Mitochondrien durch die bei der Glykolyse und dem Zitronensäurezyklus frei werdende Energie wieder zu ATP „aufgeladen" und kann zusammen mit einer Synthetase eine weitere Aminosäure aktivieren.
Die Synthetasen erweisen sich als die eigentlichen Übersetzungsschlüssel, indem sie allein die richtige Zuordnung einer Aminosäure zu einem Basentriplett „kennen".

γ Paarung von t-RNS und m-RNS-Triplets auf Ribosomen
und Knüpfung der Peptidbindung

Eine Boten-RNS nimmt noch während ihrer Synthese mit einem Ribosomenpartikel Kontakt auf und gelangt damit ins Zytoplasma. Die Zuordnung einer, mit einer bestimmten Aminosäure beladenen, Träger-RNS zu einem bestimmten Basentriplett der Boten-RNS erfolgt über die komplementäre Basenpaarung (Abb. 143). Ein Ribosom besitzt 2 „Plätze" für Träger-RNS-Moleküle. Sobald beide Plätze besetzt sind, geht unter dem Einfluß von freien und von ans Ribosom gebundenen Enzymfunktionen die Knüpfung der Peptidbindung vor sich unter gleichzeitiger Freisetzung der Träger-RNS.

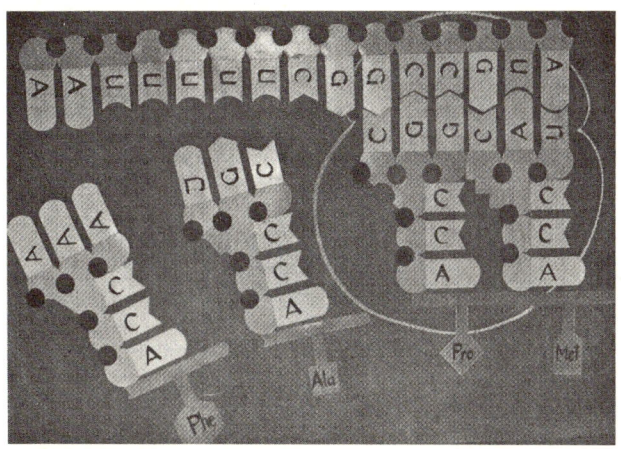

Abb. 143: Veranschaulichung der komplementären Basenpaarung zwischen Triplets der Boten-RNS und der Träger-RNS-Moleküle sowie der Knüpfung der Peptidbindung

Indem die Boten-RNS mit dem 5' Ende voran um eine Position über das Ribosom weiterwandert bzw. das Ribosom um eine Position vom 5' zum 3' Ende des Boten weiterrückt, wird Platz für die nächste mit Aminosäure beladene Träger-RNS. So wird Aminosäure für Aminosäure entsprechend der Folge von Basentriplets der Boten-RNS aneinandergeknüpft.

Den dynamischen Ablauf der Vorgänge bei der Proteinsynthese zeigt im Schema sehr gut der Film 8 F 53 Proteinbiosynthese.

8. Hemmstoffe der Proteinbiosynthese

Actinomycin ist ein hochgradig spezifischer Inhibitor der Transskription. Die Substanz wird an bestimmte Stellen der DNS-Doppelhelix gebunden. Dadurch wird die Funktion der RNS-Polymerase gehemmt.

Puromycin hemmt generell die Translation. Seine hemmende Wirkung rührt daher, daß es als ein Analogon von einer mit Aminosäure beladenen t-RNS fungieren kann. Mit der Bildung von Peptidyl-Puromycin wird das „Wachstum" der Polypeptidketten vorzeitig abgeschlossen. Die unfertigen, funktionsunfähigen Polypeptidketten werden von den Ribosomen abgelöst.

Chloramphenicol hemmt ebenfalls die Proteinsynthese. Da diese Substanz von den 70 s Ribosomen der Bakterien (Chloroplasten und Mitochondrien) sehr viel stärker gebunden wird als von 80 s Ribosomen im Cytoplasma von Pflanzen, Tieren und Mensch kann man mit geeigneten Konzentrationen von Chloramphenicol die Proteinsynthese der Bakterien weitgehend hemmen, ohne daß die Proteinsynthese des höheren Organismus beeinträchtigt wird.

9. Entzifferung des genetischen Codes

Die Frage, welches Basen-Triplet der Boten-RNS welche Aminosäure codiert, wurde in den Jahren 1961—65 von mehreren Arbeitskreisen durch Proteinbiosynthese-Versuche im zellfreien System von *Escherichia coli* experimentell untersucht.

Die Lösung dieser Frage gehört zu den Großtaten biologischer Forschung und wurde mit einer Reihe von Nobelpreisen honoriert. Dieser Höhepunkt molekulargenetischer Forschung ist in den Standard-Lehrbüchern der Molekulargenetik ausführlich dargestellt.

a. *Einsatz synthetischer Boten-RNS* (Nierenberg und Matthaei 1961)

Ochoa war 1955 die Isolierung eines Enzyms, der Polynucleotid-Phosphorylase gelungen, das Nucleosiddiphosphate zu Polynucleotiden kondensierte. *Nierenberg* und *Matthaei* (1961) synthetisierten derartige Polynucleotide, z. B. ein Poly-U, das als Basen ausschließlich Uracil enthielt, und setzten derartige synthetische RNS als künstliche Boten-RNS in zellfreien Proteinbiosynthesesystemen ein.

War in 20 Ansätzen je eine andere Aminosäure radioaktiv markiert, so ergab sich nach Bebrütung der Ansätze und Fällung von Proteinen der sensationelle Befund, daß nur in einem Ansatz die Radioaktivität des gefällten Proteins 1000fach erhöht war, im ersten Beispiel bei dem Ansatz, der das markierte Phenylalanin enthielt.

So konnte man schließen, daß ein Poly-Phenylalanin-Peptid entstanden war und demnach das Triplet UUU für Phenylalanin codiert. Auf entsprechende Weise ergab sich:

```
AAAAAAAAAAAA  → Poly-Lys        AAA = Lys
CCCCCCCCCCCC  → Poly-Pro        CCC = Pro
UCUCUCUCUCUC  → Poly-Ser-Leu    UCU   Leu
                                    ?
                                CUC   Ser
```

Bei synthetischer RNS mit statistisch verteilter Folge von z. B. 2 Basen war zwar zu entscheiden, welche Basen in Triplets vorkommen, die für bestimmte Aminosäuren codieren, nicht aber die Basenfolge im Triplet und eine eindeutige Aminosäurezuordnung. Diese Frage wurde auf zwei Arten gelöst:

b. *Einsatz synthetischer Trinucleotide bekannte Basenfolge (Nierenberg 1965)*
Chemisch hergestellte Trinucleotide definierter Basenfolge haben wie eine echte Boten-RNS die Fähigkeit, an Ribosomen zu binden und je ein Träger-RNS-Molekül mit einer bestimmten Aminosäure festzuhalten. Benützt man wieder in verschiedenen Ansätzen je eine andere radioaktiv markierte Aminosäure, filtriert die inkubierten Proben durch Membranfilter, welche die Ribosomen zurückhalten, so kann man durch Messung der Radioaktivität dieser Filter feststellen, welche Aminosäure an das Boten-Triplet am Ribosom gekoppelt war.

Insgesamt konnten mit dieser Technik 35—50 der 64 möglichen Triplets ihren Aminosäuren zugeordnet werden.

Das Boten-Triplet bezeichnet man als Codon, das komplementäre Triplet der Träger-RNS als Anticodon. Dabei ergab sich, daß mehrere Codonen für die gleiche Aminosäure stehen, der Code demnach „degeneriert" ist.

c. *Einsatz synthetischer DNS bekannter Basenfolge (Khorana 1965)*
Chemikern im Labor von *Khorana* war es gelungen, auf komplizierte Weise DNS mit definierter, sich wiederholender Basensequenz zu synthetisieren. In einem Transskriptions- in vitro-Experiment wurde daraus Boten-RNS bekannter Basenfolge gewonnen und diese in das zellfreie Proteinbiosynthesesystem eingesetzt. Die Analyse der Aminosäurenfolgen der entstandenen Polypeptide ergab bei

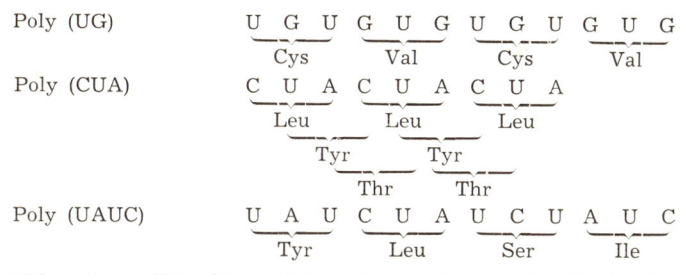

Poly (UG)   U G U G U G U G U G U G
            Cys   Val   Cys   Val

Poly (CUA) C U A C U A C U A
            Leu   Leu   Leu
              Tyr   Tyr
              Thr   Thr

Poly (UAUC) U A U C U A U C U A U C
            Tyr   Leu   Ser   Ile

Neben der vollständigen Analyse der 64 Codonen bestätigten diese Versuche glänzend, daß der genetische Code durch ein abzählendes Tripletraster gelesen wird. Außerdem ergaben sich Einblicke in die Probleme des Starts und des Abbruches der Polypeptidsynthese:

d. *Starter- und Abbruch-Codonen*
Für drei der 64 Codonen hatten weder *Nierenberg* noch *Ochoa* eine zugehörige Aminosäure gefunden, nämlich für die Codone UAG, UAA und UGA.
Man bezeichnete sie deshalb ursprünglich als Nonsense-Codone. Inzwischen ist ihre Funktion als Signal für den Abschluß einer Polypeptidsynthese klar, weshalb sie heute Terminator- oder Abbruch-Codone genannt werden.
Da eine Boten-RNS stets die Information für mehrere Gene und damit für mehrere Polypeptide enthält, muß das System „wissen", wann die Information für das eine Polypeptid aufhört und die für das nächste beginnt.

Dadurch, daß es für die 3 genannten Codonen keine passenden Träger-RNS-Moleküle gibt, wird eine wachsende Polypeptidkette dann abgebrochen, wenn eines dieser Abbruch-Codonen im Boten das Ende eines Gens markiert.

Mutiert ein gewöhnliches Codon inmitten eines Gens durch einen Basenaustausch zu einem der drei Terminator-Codone, so kommt es zur meist letalen, unvollständigen Synthese des Polypeptids.

Kommt im selben Organismus eine Mutation eines Genorts hinzu, der für eine bestimmte t-RNS codiert und deren Anticodon so verändert, daß es zu einem Terminator-Codon paßt (Suppressor-Mutation), kann die Folge der ersten Mutation wieder behoben werden.

Aus der Tatsache, daß es dennoch weiterhin zum normalen Kettenabbruch an den richtigen Stellen kommt, schließt man, daß das Ende einer Polypeptidkette durch mehrere aufeinanderfolgende Abbruchcodone bestimmt wird.

Auch der Anfang einer neuen Polypeptidkette wird durch spezielle sog. Starter-Codone, AUG oder GUG, am Anfang der Boten-RNS bzw. nach einigen Terminator-Codonen innerhalb der RNS markiert.

Ein derartiges Codon bewirkt, daß eine bestimmte Träger-RNS, die mit Formyl-Methionin beladen ist (ein Wasserstoff der Aminogruppe ist durch den Formyl-

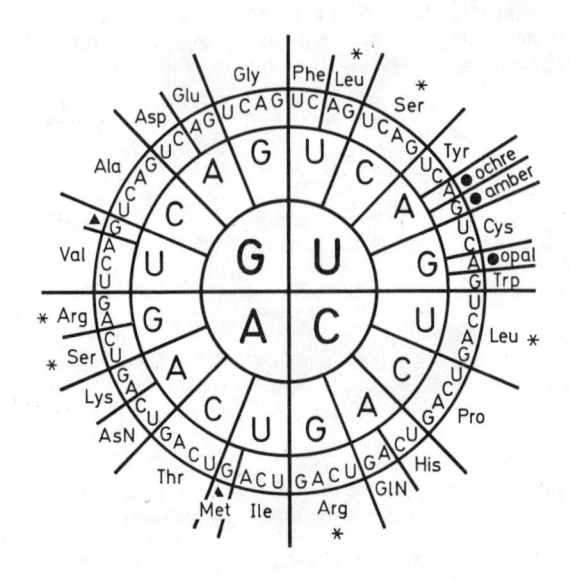

Abb. 144: Die Code-„Sonne". Die Codonen sind von innen (5') nach außen (3') zu lesen. Sie geben die Basensequenz der m-RNS-Codonen wieder, die für die außerhalb des Kreises stehenden Aminosäuren codieren (aus *Bresch Hausmann* 1972).

rest -CHO ersetzt), an die 30 s Einheit des Ribosoms in der ersten Position (Peptidposition) bindet (vergl. Abb. 143).

Dies ist Voraussetzung für die Anlagerung der 50 s Einheit des Ribosoms und der nächsten beladenen t-RNS.

Der Formylrest oder das gesamte Formyl-Methionin wird nach Fertigstellung des Polypeptids enzymatisch wieder abgespalten. Innerhalb eines Gens codiert AUG für normales Methionin, GUG für Valin.

Bezüglich näherer Einzelheiten s. z. B. *Kloepfer, H. G.:* Struktur und Funktion von Ribosomen, Chemie in unserer Zeit, H. 2, 1973.

e. *Degeneration und Universalität des genetischen Codes* (Abb. 144)

Unter Degeneration des genetischen Codes versteht man die Tatsache, daß mehrere (bis zu 6) Codonen eine Aminosäure codieren. Bei vielen Codonen ist es für die Determinierung einer bestimmten Aminosäure unwesentlich, welche Base an dritter Stelle steht. Man kann demzufolge einem bestimmten Codon eindeutig eine bestimmte Aminosäure, aber nicht umgekehrt einer Aminosäure ein bestimmtes Codon zuordnen (ausgenommen Methionin *in* einer Polypeptidkette, welches eindeutig durch das Triplet AUG, und Tryptophan, welches nur durch UGG codiert wird).

Die Frage, ob es ebensoviele t-RNS-Typen wie Codonen für Aminosäuren gibt oder weniger, wurde nach der *Crick*schen Wobbel-("Wackel"-)Hypothese dahingehend entschieden, daß die Anticodonen mancher t-RNS-Typen auf bis zu 3 verschiedene Codonen passen, die jeweils eine Aminosäure codieren.

Insbesondere die seltenen Nucleoside wie z. B. das häufig an erster Anticodon-Stelle vorkommende Inosin (vergl. Abb. 144 t-RNS ^{Ala}), das infolge der Antiparallelität mit der 3. Stelle des Codons paart, soll durch „Wackeln" mit Adenin-, Cytosin- und Uracil-Basen paaren können.

Unter Universalität des genetischen Codes versteht man die Tatsache, daß alle Organismen dieselben Codonen für dieselben Aminosäuren benutzen oder einschränkend, daß ein und dasselbe Codon in verschiedenen Organismen nicht zu verschiedenen Aminosäuren führt. Die Annahme der Universalität des Codes stützt sich auf in vitro-Versuche mit Komponenten verschiedener Herkunft:

So bildet ein zellfreies System aus Blutbildungszellen des Kaninchens, das Boten-RNS für die α- und β-Ketten des Hämoglobins enthält, zusammen mit beladenen t-RNS-Molekülen aus *Escherichia coli*-Bakterien Polypeptide, die mit der Fingerprinttechnik der Proteinanalyse nicht von dem normalen Kaninchen-Hämoglobin unterschieden werden können.

10. Zuordnungsaufgabe zur Proteinbiosynthese

Die untenstehende Tabelle enthält in den Zeilen unter anderem Begriffe, die zur Beschreibung der Proteinbiosynthese herangezogen werden können. Im folgenden Text wird die Proteinbiosynthese mit der Herstellung von Fertighäusern verglichen. Die dabei auftretenden (numerierten) Begriffe sollen den molekularbiologischen Begriffen zugeordnet werden, die analoge Elemente bzw. Funktionen kennzeichnen, durch Kreuze in den entsprechenden Zuordnungsfeldern.

	1	2	3	4	5	6	7	8	9	10	11	12	13	14	15	16
Ribosomen																
DNS																
Polypeptide																
Zellkern																
Träger RNS																
Mitochondrien																
Mg^{++}-Ionen																
Zytoplasma																
ATP																
Aminosäuren																
Traubenzucker																
Boten-RNS							·									
Transskriptase																
Codon																
Golgi-Apparat																
Peptidbindung																
Anticodon							·									
Nucleotide																
Aminosäure-Träger-RNS spezifische Enzyme																

Im Architekturbüro (1) liegen die Originalpläne (2) für eine Reihe von Fertighaustypen (3). Mit Lichtpausegeräten (4) werden Plankopien (5) hergestellt und an die Baustellen (6) verschickt. Am Lagerplatz (7) der Fertigteile (8) sorgen Spezialisten (9) dafür, daß die verschiedenen Teile auf die richtigen Kranwägen (10) gehievt werden. Die Kranwägen transportieren die Fertigteile zu den Baustellen. Die Wägen tragen Erkennungsmarken (11), die zu Kennziffern (12) der Plankopie passen. So werden die Teile an der richtigen Stelle abgesetzt. Die einzelnen Teile werden durch genormte Stahlklammern (13) verbunden, die mit batteriegetriebenen Hämmern (14) eingesetzt werden. Die Batterien werden in nahegelegenen, mit Dieselöl (15) beschickten, Kraftwerken (16) immer wieder aufgeladen.

11. Abschätzung der Zahl der Gene aus dem Molekulargewicht bzw. der Länge der DNS

Geht man davon aus, daß das Molekulargewicht eines DNS-Basenpaares rund 700 Daltons beträgt und drei Basenpaare der DNS über 3 Basen der m-RNS einer Aminosäure entsprechen, und ein Polypeptid aus durchschnittlich 150 Aminosäuren besteht, ergibt sich das durchschnittliche Molekulargewicht eines Gens zu:
$700 \cdot 3 \cdot 150 = 3,15 \cdot 10^5$

Da der Abstand der Basenpaare in der DNS rund 3,3 Å beträgt, entspricht dem eine Länge von

$3 \cdot 150 \cdot 3{,}3 \text{ Å} = 1485 \text{ Å} = 148 \text{ nm}$

Somit läßt sich die maximale Zahl von Genen eines Organismus in erster Näherung aus dem Molekulargewicht oder aus der Länge der DNS abschätzen:

z. B. T_4: MG $1{,}3 \cdot 10^8$ Dalton   Zahl der Gene $= \dfrac{1{,}3 \cdot 10^8}{3 \cdot 10^5} \sim 400$

E. coli: DNS Länge ~ 1 mm; Zahl der Nucleotidpaare: $10^7 : 3{,}3 = 3 \cdot 10^6$

1 Gen ~ 450 Nucleotidenpaare; Zahl der Gene $= \dfrac{3 \cdot 10^6}{450} \sim 6000$

Mensch: $\sim 1/2$ Million

Die oben angestellte Kalkulation ist einigermaßen zutreffend für Phagen mit doppelsträngiger DNS. Für Phagen mit einsträngiger DNS oder RNS halbieren sich die Werte für ein Gen.

Als kleinstes Genom wurde bisher das Genom des M-13-Phagen analysiert. Es enthält 3 Gene.

Bei Bakterien und höheren Organismen komplizieren sich die Verhältnisse dadurch, daß dort nicht nur Gene, die Polypeptide codieren, vorhanden sind, sondern große Strecken der DNS für die Synthese der ribosomalen und der Träger-RNS verantwortlich sind und diese Gene, insbesondere bei höheren Organismen, in 1000facher identischer Ausführung vorliegen (repetitive DNS).

Während diese Gene entsprechend der turnover-Rate von r-RNS und t-RNS laufend transskribiert werden, ist die Mehrzahl der Gene, die Proteine codieren, die sog. Strukturgene, in einer Zelle inaktiv und nur ein kleiner Prozentsatz transskriptionsaktiv.

In verschiedenen Geweben, in verschiedenen Entwicklungsstadien oder bei unterschiedlichem Nährstoffangebot sind jeweils andere Gene in der Zelle aktiv.

Somit stellt sich die Frage, wie Gene an- und abgeschaltet werden, d. h. die Frage nach dem Mechanismus der Regulation der Genaktivität.

VI. Regulation der Genwirkung

Die Regulation des Stoffwechsels, des aufbauenden (anabolischen) wie des abbauenden (katabolischen) erfolgt über die Regulation der Enzymwirkung.

Die Enzymwirkung kann entweder über die Aktivität eines vorhandenen Enzyms geregelt werden (allosterische Regelung der Enzymaktivität s. S. 317) oder — rationeller — über die Regelung der Enzymproduktion, d. h. über die Regelung der Proteinbiosynthese: Es werden nur dann Enzyme hergestellt, wenn sie benötigt werden.

1. Induktion der Synthese abbauender Enzyme

a. *Prinzip des Versuchs zur Induktion der β-Galactosidase*

E. coli baut normalerweise Glucose zur Energiegewinnung ab und produziert die dazu nötigen Enzyme. Bietet man einer wachsenden *E. coli* Kultur anstelle von Glucose z. B. Lactose oder ein entsprechendes Galactosid im Medium an, so treten stets gleichzeitig drei Enzyme auf: β-Galactosidase, welche Lactose in Glucose und Galactose spaltet, sowie eine Galactosidpermease, welche die Lactose in das Zellinnere befördert und eine Trans-Acetylase mit noch ungeklärter Funktion.

Der zeitliche Verlauf der Enzyminduktion kann verfolgt werden, wenn man die Aktivität der β-Galactosidase an einer Farbreaktion nach Zugabe der Lactose im Abstand von 15 Min. mißt. Eine detaillierte Versuchsbeschreibung findet sich bei *Schlösser, K.:* Experimentelle Genetik, Quelle Meyer, Heidelberg 1971, oder bei *U. Winkler, W. Ringer, W. Wackernagel;* Bakterien-, Phagen- und Molekulargenetik, Springer, 1972.

Die praktische Durchführung des Versuchs ist höchstens für eine Kollegstufenfacharbeit geeignet.

b. *Operon-Modell zur Erklärung der Enzyminduktion*

Die Entwicklung einer Modellvorstellung zur Erklärung der Induktion der Synthese zusammenarbeitender Enzyme durch *Jacob* und *Monod* (Nobelpreis 1965) stützte sich im wesentlichen auf die Entdeckung von 2 Typen von *E. coli* Mutanten, welche die Enzyme des Lactoseabbaus auch in Abwesenheit von Lactose in hoher Konzentration produzieren; außerdem auf die genetische Kartierung dieser offensichtlich für die Regulation der Enzymsynthese zuständigen Gene, sowie auf die Kartierung der Mutanten der Strukturgene für die betreffenden Enzyme: Zusammenfassend, neue Befunde eingeschlossen, kann man die Modellvorstellung anhand von Aufbaufolien entsprechend Abb. 145 schrittweise entwickeln:

Gene, welche Enzyme für dieselbe Abbaukette eines Substrates codieren, liegen in benachbarten Loci. Solange das betreffende Substrat nicht vorhanden ist, wird von diesen Genen keine Boten-RNS abgeschrieben und zwar deshalb, weil ein, den Strukturgenen vorgelagerter DNS-Abschnitt, das sog. Operorgen, durch ein Proteinmolekül, den sog. Repressor, der spezifisch an das Operorgen gebunden ist, blockiert wird.

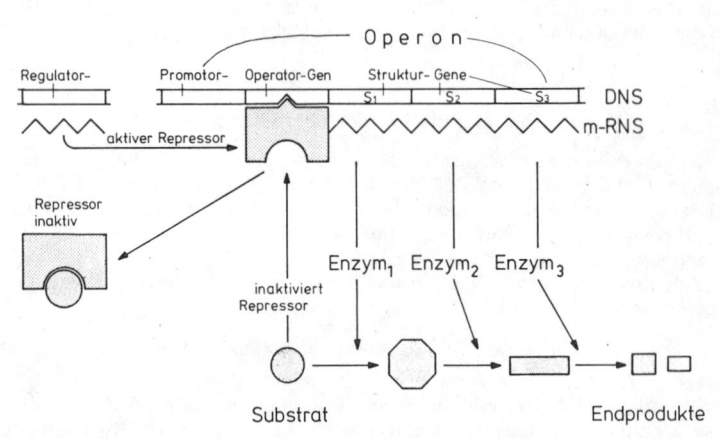

Abb. 145: Schema der Induktion der Enzymproduktion durch ein Substrat (s. Text)

Die Blockierung der Transskription erfolgt dadurch, daß das RNS-Polymerasemolekül, das startbereit auf einem, dem Operatorgen vorgelagerten DNS-Abschnitt, dem sog. Promotor-Gen, sitzt, durch das Repressor-Molekül an der Wanderung längs des DNS-Abschnitts gehindert wird.

Die Einheit Promotorgen, Operatorgen und angeschlossene Strukturgene bezeichnet man als Operon.

Das Repressorprotein wird von einem weiteren für die Regulation der Enzymsynthese verantwortlichen Gen, dem sog. Regulator-Gen, über eine Boten-RNS codiert. Der Locus für dieses Gen liegt nicht in der unmittelbaren Nachbarschaft des Operons.

Solange der Repressor auf dem Operator-Gen sitzt, kann keine Boten-RNS abgeschrieben werden. Damit werden auch die vom Operon codierten Enzyme nicht synthetisiert.

Wird dem System nun ein Substrat angeboten, zu dessen Abbau die betreffenden Enzyme notwendig wären, so kann die Induktion der Enzymsynthese auf folgende Weise geschehen: Das Repressorprotein besitzt in seiner Tertiärstruktur eine zweifache Spezifität: einerseits bindet es spezifisch an eine bestimmte Basensequenz im Operatorgen und andererseits an ein bestimmtes Substrat.

Außerdem ist das Repressorprotein ein sog. allosterisches Protein, d. h. indem es mit dem Substrat reagiert, verändert es seine Tertiärstuktur. Diese allosterische Strukturänderung bewirkt, daß das Repressormolekül seine spezifischen Bindungsfähigkeit an das Operatorgen verliert und sich von der DNS ablöst. Dadurch kann die RNS-Polymerase mit der Transskription der Gene des Operons beginnen und die Enzymsynthese einleiten.

Die Enzymsynthese wird selbständig gestoppt, wenn das Substrat durch die Enzymwirkung abgebaut ist. Die Entfernung des an den Repressor gebundenen Substratmoleküls bewirkt nämlich die allosterische Rückkehr in den aktiven Zustand, in dem der Repressor an das Operatorgen bindet und die DNS-Polymerase am Abschreiben hindert.

Das beschriebene System stellt einen Regelkreis auf molekularer Ebene dar, der selbsttätig und ökonomisch die Enzymsynthese je nach Bedarf regelt.

2. Repression der Synthese aufbauender Enzyme

a. Prinzip eines Versuchs zur Repression einer Aminosäure-Synthese

In Minimalmedium, d. h. in aminosäurefreiem Medium wachsende E. coli Bakterien stellen alle Enzyme her, die zur Synthese der 20 Aminosäuren nötig sind.

Überführt man diese Bakterien in ein Minimalmedium, dem eine bestimmte Aminosäure in ausreichender Menge zugesetzt ist, entnimmt in bestimmten Zeitabschnitten Proben der Kultur und bestimmt die Konzentration der für die Synthese dieser Aminosäuren nötigen Enzyme, so beobachtet man, daß die Zellen die Produktion dieser — jetzt überflüssigen — Enzyme einstellen. Sobald sie allerdings wieder in reines Minimalmedium überführt werden, kurbeln sie die Synthese dieser Enzyme wieder an.

Diese so zweckmäßige Regulationsleistung wurde 1953 von *Monod* und Mitarbeitern am Beispiel des Tryptophans entdeckt und für eine Reihe weiterer Aminosäuren und anderer im Zellstoffwechsel benötigter Stoffe bestätigt.

b. Operon-Modell zur Erklärung der Repression der Synthese aufbauender Enzyme

Zur molekularen Interpretation der beschriebenen Regulationsleistung kann dieselbe Modellvorstellung herangezogen werden wie bei der Induktion der Synthese abbauender Enzyme, wenn man einen entscheidenden Unterschied berücksichtigt.

Anhand der Aufbaufolien entsprechend Abb. 146 kann der Regelkreis wieder schrittweise entwickelt werden:

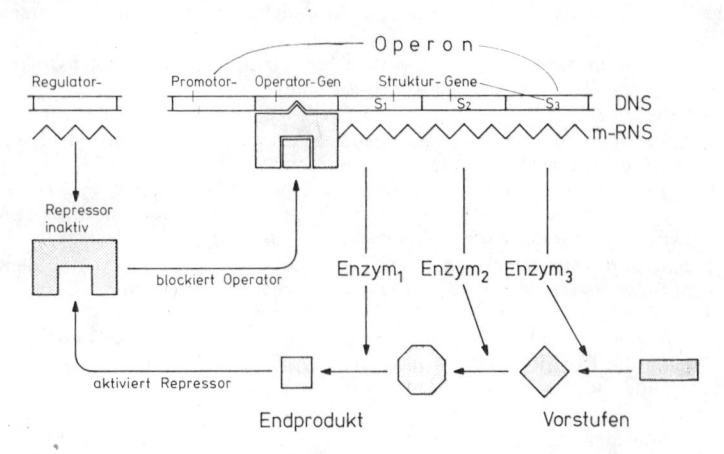

Abb. 146: Schema der Repression der Enzymproduktion durch ein Endprodukt (s. Text)

Das Operon produziert Enzyme einer Synthesekette, weil sein Operatorgen durch keinen Repressor blockiert ist und die sich an den Promotor anheftende RNS-Polymerase laufend Boten RNS-Abschriften herstellen kann.

Das vom Regulatorgen für dieses Operon codierte Repressorprotein paßt nämlich in dem Zustand, in dem es hergestellt wird, noch nicht auf das Operatorgen.

Erst wenn das Endprodukt einer Synthesekette reichlich vorhanden ist, reagiert dieses mit dem inaktiven Repressor und verändert ihn allosterisch, so daß er nunmehr das Operatorgen blockieren und damit die Enzymsynthese abstellen kann. Sinkt die Endproduktkonzentration wieder, so kommt die Enzymproduktion automatisch wieder in Gang, weil sich der aktive Repressor-Endprodukt-Komplex löst und damit der Operatorort freigegeben wird.

3. Weitere Regulationsmodelle und das Problem der Differenzierung

Die beiden vorstehend beschriebenen Varianten des Operonmodells von *Jacob* und *Monod* arbeiten mit Repressoren, die im aktiven Zustand die Informationsabgabe des Operons verhindern. Man bezeichnete sie deshalb als Modelle negativer Kontrolle. Am Beispiel des Arabinose Operons entdeckten *Engelsberg* und Mitarbeiter 1965 ein erstes Beispiel positiver Kontrolle: Dieses Operon wird in Abwesenheit des Arabinose-Zuckers deshalb nicht abgelesen, weil die RNS-Polymerase nicht an das Promotorgen bindet. Der Promotorort muß erst verändert werden, um Bindung und Abwanderung der RNS-Polymerase zu ermöglichen. Diese Veränderung wird nicht direkt durch das Substrat Arabinose bewirkt, sondern wieder über ein vom Regulatorgen codiertes, allosterisches Protein.

Das blanke Regulator-Protein ist inaktiv, wird aber durch Arabinose allosterisch so verändert, daß es jetzt den Promotor aktivieren, d. h. zur Aufnahme der RNS-Polymerase befähigen kann. Die Modelle negativer und positiver Kontrolle betreffen Regulationsvorgänge auf der Ebene der Transskription. Die Syntheserate eines Enzyms hängt nicht nur von der Menge der Boten-RNS ab, die in einer bestimmten Zeiteinheit produziert wird, sondern auch davon, wie oft ein Boten-RNS-Molekül übersetzt wird.

Auch auf dieser Ebene der Translation ist somit eine Regulation der Enzymsynthese denkbar. Sie wurde 1970 durch *Lavalle* am Tryptophan-Operon von *E. coli* erstmals nachgewiesen.

Wird *E. coli* Bakterien gleichzeitig Glucose *und* Lactose angeboten, so werden weit weniger Enzyme des Lactoseabbaus produziert, als bei alleinigem Angebot derselben Menge Lactose. Offenbar kann Glucose die Tätigkeit des Lactose-Operons hemmen. Die Analyse dieses Befundes führte 1971 zur Entwicklung des bislang komplettesten Regulationsmodelles. An dieser Regulation ist das sog. zyklische Adenosinmonophosphat (cAMP) beteiligt.

cAMP reagiert mit einem besonderen Protein (dem cAMP-Rezeptor-Protein), welches den Lactose-Promotor zur Bindung der RNS-Polymerase veranlaßt und damit die Synthese von lactoseabbauenden Enzymen fördert, d. h. der negativen Kontrolle des Lac-Operons ist somit eine positive Kontrolle vorgeschaltet. Nur in Gegenwart des cAMP kann das Lac-Operon abgelesen werden. Glucose senkt nun die Konzentration an cAMP, indem sie ein Enzym aktiviert, das cAMP in gewöhnliches AMP umwandelt.

Deshalb werden in Gegenwart von Lactose *und* Glucose weniger lactoseabbauende Enzyme produziert.

Angesichts der Faszination, welche die Modelle der Regulation der Genaktivität durch die Erklärung sinnvoller Leistungen der Zelle ausüben, ist es wichtig zu betonen, daß ihre Gültigkeit voll nur für bestimmte Bakteriensysteme nachgewiesen ist.

Die molekularen Mechanismen der Phänomene der Regulation der Genaktivität bei Höheren Organismen, insbesondere im Zusammenhang mit dem Problem der Zelldifferenzierung in der Entwicklung, sind noch weitgehend unverstanden, aber Gegenstand intensiver Forschung.

Bezüglich Testbeispielen einer objektivierten Leistungskontrolle zur Mikroben- und molekularen Genetik s. *Daumer, K.:* Lernzielorientierte, taxonomiebezogene Leistungsmessung in der Kollegstufen-Biologie in: Der Biologieunterricht in der Kollegstufe, Bayerischer Schulbuchverlag, München, 1975

Literatur zu G II—VI

Ammermann, D.: Gibt es nutzlose DNS? Bild d. Wiss. H. 9, 1974
Anders, F., Klinke, K. u. *U. Vielkind:* Genregulation und Differenzierung im Melanom-System der Zahnkärpflinge, Biuz, H. 2, 1972
Bär, H., P.: Cyclisches AMP und die Wirkung der Hormone, Chem. in uns. Zeit, H. 3, 1972
Daumer, K.: DNA-Darstellung aus Kalbsbries, Biuz, H. 3, 1971
Egel, R.: Molekulare Aspekte der Meiose, Biuz, H. 1, 1975
Feix, G.: Informationsfluß von Desoxyribonucleinsäure zum Protein im zellfreien System, Naturwiss. Rdsch. H. 9, 1971
Goedeke, K. u. *Rensing, L.:* Regulation des Zellzyklus, Naturwiss. Rdsch., H. 1, 1974
Grunicke, H.: Chromosomale Proteine und die Regulation der Genaktivität, Biuz, H. 1, 1971
Hess, D.: Phytohormone — interzelluläre Regulation bei Höheren Pflanzen, Naturwiss. Rdsch., H. 7, 1973
Hess, O.: Zum Problem der Differenzierung, Naturwiss. Rdsch., H. 10, 1974
Hobom, G.: Tumorviren und Zelltransformation, Biuz, H. 3, 1973
Khorana, H. G.: Laboratoriumssynthese von Transfer-RNA-Genen, Naturwiss. Rdsch., H. 4, 1973
Klingmüller, W.: Heilung von Erbkrankheiten durch gezielte Eingriffe in das Erbgut, Biuz, H. 3, 1971
Kloepfer, H. G.: Struktur und Funktion von Ribosomen, Chem. in uns. Zeit, H. 2, 1973
Koch, E. R.: Zwei Jahrzehnte Genforschung, Bild d. Wiss., H. 9, 1974
Koller, Th.: Die Bedeutung der Elektronenmikroskopie für die Molekularbiologie, Chem. in uns. Zeit, H. 5, 1973
Mayer, F.: Elektronenmikroskopie von Nucleinsäuren, Biuz, H. 5, 1972
Nierhaus, K. u. *J. Weber:* Struktur und Funktion von Ribosomen, Umschau, 72, 1972
Rzepka, P. u. *L. Rensing:* Die Bestandteile des Chromatins und ihre Rolle bei der Regulation der Genaktivität, Naturwiss. Rdsch., H. 11, 1970
Ochoa, S.: Die molekularen Grundlagen der Vererbung und Evolution, Naturwiss. Rdsch., H. 1, 1973
Paweletz, N.: Hundert Jahre Mitoseforschung, Naturwiss. Rdsch., H. 9, 1974
Pfeiffer, W.: Möglichkeiten und Grenzen der Genmanipulation, Naturwiss. Rdsch., H. 1, 1975
Puschendorf, B.: Biogenese der Messenger RNA in Säugerzellen, Biuz, H. 5, 1974
Sandermann, H.: Die Biosynthese der Bakterienzellwand, Biuz, H. 6, 1972
Spatz, H. Ch.: Der Mechanismus des Schmelzens der DNA, Biuz, H. 1, 1974
Temin, H. M.: RNA-directed DNA-synthesis, Scientific Am., 226, 1972
und einschlägige Kapitel der Standardwerke, S. Bücher — Literaturverzeichnis, S. 363

Film- und Bildmaterial zur Genetik

1. *16 mm Filme:*
Institut für Film und Bild, München (FWU) Grünwald
FT 788 Kernteilung (Mitose) 14 min
FT 787 Reifeteilung (Meiose) 12 min
FT 678 Gregor Mendel und sein Werk 15 min
FT 925 Die Chemie der Zelle 1 21 min
FT 926 Die Chemie der Zelle 2 15 min
Westermann Verlag, Braunschweig
Nr. 355226 Proteinsynthese, Endlosschleife

2. *8 mm Filme:*
FWU
8F56 Befruchtung 1½ min
8F57 Mitose bei Pflanzenzellen 3½ min
8F58 Meiose-Samenzellenbildung (real) 3 min
8F59 Meiose — Bildung von Samen- und Eizellen 2½ min
8F95 Natürliche und künstliche Bestäubung der Erbsenblüte 2½ min
8F96 Kreuzung von 2 Erbsenrassen — Uniformitätsregel — 2 min
8F97 Kreuzung von 2 Erbsenrassen — Spaltungsregel und Rückkreuzung — 4 min
8F98 Kreuzung von 2 Erbsenrassen — Unabhängigkeit der Erbanlagen — 3½ min
8F80 Bakteriophage T_4 3½ min
8F51 Aufbau der DNS 3 min
8F52 Replikation der DNS 2 min
8F53 Proteinbiosynthese 4 min
8F54 Sequenzanalyse eines Proteins 3 min
8F55 Aufbau und Struktur eines Proteins 2½ min
Klett-Verlag
Super 8 mm Farbfilme, Lichtton (mehr für die Sekundarstufe I geeignet)
Klett Nr. 99933 Umwandlung eines Erbmerkmals 3,5 min
Klett Nr. 99934 Aufbau und Verdoppelung der DNS 3,5 min
Klett Nr. 99935 Bildung eines Eiweißmoleküls 4,5 min

3. *Diareihen:*

FWU
R 218 Kern- und Zellteilung bei der Zwiebelwurzelspitze (9)
R 364 Fortpflanzungszellen des Menschen (10)
R 333 Das menschliche Ei, Befruchtung und Furchungsteilungen (8)
R 638 Eireifung, Befruchtung und erste Furchungsteilungen (12)
R 2 Reifeteilungen, Befruchtung und erste Furchungsteilungen beim Seeigel (12)
R 2037 Die Chromosomen des Menschen — numerische und strukturelle Aberrationen (17)
R 2051 Einfache Erbgänge normaler Merkmale beim Menschen (17)
R 2054 Einfache Erbgänge krankhafter Merkmale beim Menschen (19)
R 2055 Geschlechtsgekoppelte Erbgänge beim Menschen (20)
R 756 Vererbung I (14)
R 749 Mutationen bei Tier und Mensch (12)
R 979 Mutationen im Pflanzenreich (16)
R 2020 Von der Wildform zur Kulturform des Weizens (13)
R 2021 Entstehung einer Kulturpflanze, Mais und Lupine (14)
R 815 Hunderassen (22)
R 830 Feinstruktur der Zelle (18)
R 426 Viren und Bakteriophagen (13)
R 934 Chemie der Zelle (15)

V-Dia-Verlag Heidelberg
K 25004 Kern- und Zellteilung bei der Zwiebel-Wurzelspitze (= FWU 218) (9)
K 25014 Molekulargenetik

4. *Folien:*

V-Dia-Verlag Heidelberg
36617 Eineiige und zweieiige Zwillinge (5)
36624 Vererbung der Blutgruppen A und B (6)
36625 Genotypische Geschlechtsbestimmung (5)

Westermann-Verlag Braunschweig
356600 Kreuzung mit 2 Merkmalspaaren (3)
356601 Kreuzung mit 3 Merkmalspaaren (4)
356602 Vererbung und Bestimmung des Geschlechts bei getrenntgeschlechtlichen Tieren (3)
356603
356604 Faktorenkoppelung und Faktorenaustausch bei Drosophila 1—3 (9)
356605 Faktorenaustausch bei Taufliegen (5)
356606

Lehrmittelverlag Wilhelm Hagemann Düsseldorf
172115 Desoxyribonucleinsäure, Bausteine der DNS (4)
172116 Desoxyribonucleinsäure, Struktur der DNS (4)
172117 Identische Reduplikation (4)
172118 Ribonucleinsäuren (3)
(nach *Stirn, A.:* audiovisuelle Medien im genetik-unterricht der sekundarstufe II, AV-praxis 2/1973, ergänzt)

Literatur (Bücher)

1. *Allgemeine Werke zur Genetik*

Auerbach, Charlotte: Genetik-Vererbung, Selektion, Eugenik. Econ-Verlag, Düsseldorf/Wien, 1967.
Bogen, H. J.: Knaurs Buch der modernen Biologie, München, 1967.
Bresch, C., Hausmann, R.: Klassische und molekulare Genetik. 3. erweiterte Auflage, Springer-Verlag, Berlin — Göttingen — Heidelberg 1972.
Günther, E.: Grundriß der Genetik. 2. Auflage, Gustav-Fischer-Verlag, Stuttgart, 1971.
Heß, D.: Genetik. Studio visuell, Herder, 1973.
Kalmus, H.: Genetik. Ein Grundriß. 2. Auflage, Thieme-Verlag, Stuttgart, 1973.
Levine, R. P.: Genetik. Moderne Biologie. BLV-Verlag München, 1966.
Venzmer, G.: Vererbung. Rainer Wunderlich Verlag, Tübingen, 1973.

2. *Humangenetik und klassische Genetik*
(Zytogenetik, Formale Genetik, Phänogenetik, Populationsgenetik)

Autrum, H. und *U. Wolf* (Hrsg.): Humanbiologie. Heidelberger Taschenbuch, 1973.
Barthelmess, A.: Erbgefahren im Zivilisationsmilieu. Das Wissenschaftliche Taschenbuch, Wilhelm Goldmann Verlag, München 1973.
Bauer, K. D.: Einführung in die Immungenetik. Grundlagen der modernen Genetik, Bd. 9, Gustav Fischer Verlag, Stuttgart 1973.
Becker, P. E.: Humangenetik. Ein kurzes Handbuch in fünf Bänden. Georg Thieme Verlag, Stuttgart 1964/1972.

Brewbarker, J. L.: Angewandte Genetik. Grundlagen der modernen Genetik, Bd. 1, Gustav Fischer Verlag, Stuttgart 1967.
Fuhrmann, W.: Genetik. Moderne Medizin und Zukunft des Menschen. Das Wissenschaftliche Taschenbuch, Wilhelm Goldmann Verlag, München 1970.
Fuhrmann, W., F. Vogel: Genetische Familienberatung. Ein Leitfaden für den Arzt. Springer Verlag, Heidelberg 1968.
Gottschalk, W.: Mutationen. Mechanismen der Evolution, dargestellt an Beispielen aus dem Pflanzenreich, dva-Seminar, Stuttgart, 1974.
Johannsson, Rendel, Gravat: Haustiergenetik und Tierzüchtung. Parey Verlag, 1966.
Jörgensen, G., P. Eberle: Intersexualität und Sport. Eine Fibel für Ärzte, Sportärzte, Sportpädagogen und Sportfunktionäre. Georg Thieme Verlag, Stuttgart 1972.
Kleemann, G.: Erbhygiene — kein Tabu mehr. Kosmos-Bibliothek Bd. 267, Franckh'sche Verlagshandlung, Stuttgart 1970.
Lenz, W.: Medizinische Genetik. 2. Auflage, Georg Thieme Verlag, Stuttgart 1970.
McKusick, A.: Humangenetik. Grundlagen der modernen Genetik, Bd. 4, Gustav Fischer Verlag, Stuttgart 1968.
Mac Arthur u. Connell: Biologie der Populationen, Moderne Biologie, BLV-Verlag, München 1970.
Money: Körperlich-sexuelle Fehlentwicklungen. ro-ro-ro 8010, 1969.
Murken, J. D. (Hrsg.): Genetische Familienberatung und pränatale Genetik. Lehmann, München 1972.
Nachtsheim, H.: Kampf den Erbkrankheiten. Franz Decker Verlag. Schmiden/Stuttgart 1966.
Penrose, L. S.: Einführung in die Humangenetik. 2., erweiterte und verbesserte Auflage, Springer Verlag Berlin/Heidelberg/New York 1973.
Sperlich, D.: Einführung in die Populationsgenetik. Grundlagen der modernen Genetik, Bd. 8, Gustav Fischer Verlag, Stuttgart 1973.
Stengel, H.: Humangenetik. Biologische Arbeitsbücher, Bd. 10, Quelle & Meyer Verlag, Heidelberg 1972.
Swanson, C. P.: Zytogenetik. Grundlagen moderner Genetik, Bd. 6, Gustav Fischer Verlag, Stuttgart.
Valentine, G. H.: Die Chromosomenstörungen — Eine Einführung für Kliniker —. Springer Verlag, Berlin/Heidelberg/New York 1968.
Vogel, F.: Lehrbuch der allgemeinen Humangenetik. Springer Verlag, Berlin/Göttingen/Heidelberg 1961.
Vogel, F. and *G. Röhrborn* (Editors): Chemical Mutagenesis in Mammals and Man. Springer Verlag, Berlin, Heidelberg, New York, 1970.
Wallace, B.: Die genetische Bürde. Grundbegriffe der modernen Biologie, Bd. 12, Gustav Fischer Verlag, Stuttgart 1974.
Wendt, G. G.: Vererbung und Erbkrankheiten. Ihre gesellschaftliche Bedeutung. H & H Paperbacks, Herder & Herder, Frankfurt 1974.
Wendt, G. G. (Hrsg.): Genetik und Gesellschaft. Wiss. Verlagsgesellschaft, Stuttgart 1970.
Wendt, G. G. u. U. Theile: Humangenetik und genetische Beratung. Urban & Schwarzenberg, München, Berlin, Wien, 1974.
Wieczorek, V.: Chromosomen-Anomalien als Ursache von Fehlgeburten. Wilhelm Goldmann Verlag, München 1971.
Wilson, Bossert: Einführung in die Populationsbiologie, Heidelberger Taschenbücher, Bd. 133, Springer Verlag, Heidelberg 1973.
Wricke, G.: Populationsgenetik. Sammlung Göschen 5005, Walter de Gruyter, Berlin — New York 1972.

3. Mikroben- und molekulare Genetik

Bielka, H. (Hrsg.): Molekulare Biologie der Zelle, Gustav Fischer Verlag, Stuttgart 1969.
Botsch, W.: Morsealphabet des Lebens. Kosmos-Bändchen, 7. Auflage, Stuttgart 1971.
Carlson, E. A.: Gentheorie. Grundlagen der modernen Genetik, Bd. 7, Gustav-Fischer-Verlag, Stuttgart 1971.
Dertinger, H. u. H. Jung: Molekulare Strahlenbiologie. Heidelberger Taschenbücher, Bd. 57/58, Springer, Heidelberg 1969.
Harbers, E.: Nucleinsäuren. dtv wiss. Reihe Nr. 4049, Thieme Verlag, Stuttgart 1969.
Harris, H.: Biochemische Grundlagen der Humangenetik. Verlag Chemie, Weinheim 1974.
Hartmann, P. E.: Die Wirkungsweise der Gene. Grundlagen der modernen Genetik, Bd. 5, Gustav Fischer Verlag, Stuttgart 1971.
Hayes, W.: The Genetics of Bacteria and their Viruses. Studies in Basic Genetics and Molecular Biology. Second Edition, Oxford and Edinburgh: Blackwell Scientific Publications 1968.
Karlson, P.: Kurzes Lehrbuch der Biochemie für Mediziner und Naturwissenschaftler, Stuttgart 1972.
Kaudewitz, F.: Molekular- und Mikroben-Genetik. Springer-Verlag, Berlin, Heidelberg, New York 1973.
Knippers, R.: Molekulare Genetik, Thieme Verlag, Stuttgart 1971.

Kössel, H.: Molekulare Biologie. Klett-Studienbücher, Klett Verlag, Stuttgart 1970.
Müller, J. u. *H. Melchinger:* Virus und Krebs. Kosmos-Bändchen, 272, Stuttgart 1972.
Nass, G.: Moleküle des Lebens. Ein Grundriß der Molekularbiologie. Kindler Verlag, München 1970.
Stahl, F.: Mechanismen der Vererbung. Grundlagen der modernen Genetik, Bd. 3, Gustav-Fischer-Verlag, Stuttgart 1969.
Taschenlexikon: Molekularbiologie. Verlag H. Deutsch, Frankfurt a. M. u. Zürich 1972.
Träger, L.: Einführung in die Molekularbiologie, 1969.
Watson, J. D.: Die Doppel-Helix. ro-ro-ro Sachbuch 6803, 1973.
Watson, J. D.: Molecular Biology of the Gene. W. A. Benjamin, Inc. New York 1970.
Weidel, W.: Virus und Molekularbiologie. Heidelberger Taschenbücher, Springer Verlag, Heidelberg 1964.
Wieland, (Hrsg.): Molekular-Biologie, Bausteine des Lebendigen. Umschau Verlag, Frankfurt 1969.

4. Versuchsanleitungen zur Genetik

David, W.: Experimentelle Mikrobiologie, Anleitung zur Isolierung, Züchtung und Untersuchung von Mikroorganismen. Heidelberg 1969.
Göltenboth, F.: Experimentelle Chromosomenuntersuchungen. Biologische Arbeitsbücher, Bd. 14, Quelle und Meyer, Heidelberg 1974.
Schwarzacher, H. G. und *U. Wolf* (Hrsg.): Methoden in der medizinischen Cytogenetik. Springer Verlag, Berlin, Heidelberg, New York 1970.
Knodel, Bässler, Haury: Biologie Praktikum. Metzler, Stuttgart 1973.
Mainx, F.: Das kleine Drosophila-Praktikum. Springer Verlag, Wien 1949.
Schlösser, Kurt: Experimentelle Genetik. Eine Einführung in das Arbeiten mit Drosophila, Bakterien und Phagen für die Schulpraxis. Biologische Arbeitsbücher, Bd. 8. Quelle & Meyer Verlag, Heidelberg 1971.
Winkler, U., Rüdiger, W. u. *W. Wackernagel:* Praktikum der Genetik Bd. 1, Bakterien-, Phagen- und Molekulargenetik. Springer, Berlin 1972.
Cherry, J. H.: Experimente zur Molekularbiologie der Pflanzen. Parey, 1975.

Einige Geräte und spezielle Substanzen zu den Genetik-Versuchen

Zu beziehen durch die Lehrmittelfirmen oder die Spezialfirma Bender & Hobein, München, Lindwurmstraße 21

(Die Preise stammen vom April 1975 und dienen zur Orientierung)

Geräte:	netto p/Stck. DM
Autoklav, Type La/S—3 bis 3 Atü (142° C), Inhalt 13 ltr. — schwarz silitiert — mit elektrischer Heizung, stufenlos regelbar, Überhitzungsschutz, Geräte-Anschlußkabel	647,—
hierzu: Isolationsuntersatz zum Aufstellen auf einen Tisch	29,—
Aquarienpumpe Type Wisa 300 mit Gehäuse zum Belüften von Kulturen	145,—
Bakterienzählkammer nach Neubauer, doppelte Teilung ohne Federklemme F 17/C amtlich geeicht	50,40
Chromatographiegefäß 22 x 22 x 6,5 cm Desaga Nr. 12 01 67	144,—
Hämostiletten ⁰/₀	6,20
Homogenisatorgefäß aus Pyrexglas mit Glaskolben 15 ml, Nr. 854 080	25,—
Kulturröhrchen aus JENAer Glas D 50, 100 Stck. Rand gerade für Kapsenbergkappen ohne Schreibschild, 160 x 16 mm Nr. 261 3 221 ⁰/₀	44,—
Kapsenbergkappe aus Aluminium zum sterilen Verschluß passend Nr. 290 1 009	1,75
Kollehalter mit Platin-Ersatzöse Nr. 35/39	6,10
Meßpipetten Silberbrand Klarglas Nr. 270	
Inhalt: 0,1 ml : 1/1000	3,50
Inhalt: 0,2 ml : 1/1000	4,40
Inhalt: 1,0 ml : 1/100	2,10
Inhalt: 10 ml : 1/10	2,55
Pasteurpipetten 250 Stück = 1 Packg.	20,—
Petrischalen 94 x 16 mm (Einmal-Petrischalen) sterilisiert ⁰/₀₀	110,—
Filterphotometer Nr. 75001 „Fabrikat Lange" komplett mit Wolframlampe, Filter 560 nm, einschließlich 10 Rundküvetten Nr. 002 und 1 Grundskala	1 025,—
Spektralphotometer „Spectronic 20" Meßbereich 340—625 nm komplett mit 12 Rundküvetten, Küvettenhalter, Gebrauchsanweisung und Staubschutzhülle Best.-Nr. 33-31-72	2 500,—
Ersatzküvetten Nr. 33-17-80	55,—
Siebtiegel nach Gooch G 1 ⌀ 20 mm, Höhe 30 mm	1,60
Spitzgläser graduiert 14 ml, Nr. 941/1a	1,95
Silikonstopfen hierzu	—,85

Sterilisierbüchse für Pipetten aus Messing vernickelt, 400 x 50 mm Nr. Kobe 2690/a	32,—
Ultrafiltration, Glasfritte, Poren ⌀: 0,5—1 u, 11 — D 5, Nr. 2585 215 hierzu:	31,30
Saugflasche 1/2 ltr. mit Stopfen und Niederdruckpumpe nach Höppler, zum Absaugen	60,—
UV-Analysenlampe Fluotest Nr. 5303 kurzwellig	305,—
oder:	
UV-Analysenlampe Fluotest Nr. 5301 kurz- und langwellig	330,—

Wärmeschrank:

Universal-Schrank zum Sterilisieren und Brüten, Type Tv 27 u, Temperaturbereich: 25° bis 220° C, Genauigkeit ± 2° C, komplett mit Einlageblechen	390,—
Brutschrank zum Brüten, Type Tv 10 b, Temperaturbereich: 25° bis 120° C Genauigkeit: ± 0,5° C, komplett mit Einlageblechen	530,—

Wasserbad:

Köttermann-Wasserbad elektrisch beheizt Nr. 3024, 25 cm ⌀	285,—
Einsatzgestell für Reagenzgläser mit 33 Öffnungen, 16 mm ⌀ dazu passend, Nr. 3025	61,—

Zentrifuge:

Elektrische Kleinzentrifuge Simplex Nr. 902 mit Kunststoffgehäuse komplett mit Aufsatz Nr. 920 für 4 x 15 ml	474,—

Elektrophoreseanordnung s. S. 144

Substanzen:

Aminosäuren Vergleichssubstanzen für die Chromatographie

		DM
Kollektion A M 8003 Pckg.		19,—
Kollektion B M 8004 Pckg.		22,—
Antiserum Behring		
Sammelpckg. 2 ml Anti-A, -B, -AB		13,50
Einzelpckg. 2 ml Anti D (Rh+)		21,—
Einzelpckg. 1 ml Anti M		26,50
Einzelpckg. 1 ml Anti N		26,20
Anti-Humanserum vom Pferd, Behring		
1 ml		13,80
Chromosomenbesteck Behring		10,—
DC-Alufolien Kieselgel F 254		
M 5554	25 Stck.	31,—
Desoxyriboncleinsäure SERVA		
Nr. 18580	25 g	25,—
Diphenylamin		
M 3086	100 g	9,—
Endo-Agar		
(Fuchsin-Lactose) M 7882	50 g	7,—
Fuchsin		
(Diamantfuchsin) M 1358	100 g	19,50
Natriumdodecylsulfat		
Serva 20760	100 g	9,—
Ninhydrin Sprühdose		
Merck 6758		10,25
Orcein		
Merck 997	5 g	8,25
Orcin		
Merck 7093	5 g	8,50
Phenylthioharnstoff		
Schuchardt 821020	25 g	13,50
Ribonucleinsäure		
Serva 34410	25 g	11,—
Standard I Nähragar		
Merck 7881	37 g	7,—
Standard I Nährbouillon		
Merck 7882	50 g	7,—
Streptomycinsulfat		
Merck 10117	25 g	12,50

Namen- und Sachregister

Fortpflanzung und Entwicklung

Ableger 5
Adventivsproß 3
Adoleszenz 42
Algen 23
Amphimixis 19
Antheridien 9
Apomixis 12, 13
Archegonien 9
Armleuchteralgen 9
Artbegriff 20, 22
Arterhaltung 4, 29
Artvermehrung 29
Ausbreitung 4, 29
Ausläufer 3

Baer, Ernst v. 26
Bärlappe 6
Balzverhalten 20
Bandwürmer 15
Barbarazweige 20
Bienen 12
Birgin 27
Blasenkeim 25
Blattläuse 12, 15
Blütenpflanzen 13
Brutbecher 6
Brutblatt 7
Brutknospen 6
Brutknöllchen 6
Brutsprosse 6
Brutzwiebeln 6
Buntnessel 27
Burbank 13

Clementine 22

Degeneration 4
Diatomeen 13

Eingeschlechtlich 12
Einzeller 5, 14
Eizelle 11
Ektoderm 26
Elterninstruktion 37
Embryosack 10
Embryonalentwicklung 27
Entoderm 26
Entwicklung 24, 25
Erdbeere 3
Evolution 13

Fadenmolch 25
Farbe 16
Farnprothallien 9
Fetus 26
Fechser 5
Flechten 6
Fortpflanzung 3, 18, 19
Fortpflanzungstrieb 20
Fremdbefruchtung 19
Frucht 4
Funkie 13
Furchung 23

Gallen 27
Gameten 9
Gastrula 26
Generativ 4
Generationsdauer 5
Generationswechsel 14
Geschlechtlich 3
Geschlechtsverteilung 10
Gibberelline 19, 27

Haeckel, E. v. 23
Hertwig 11
Heterogamie 14, 15
Hexenbesen 27
Homologie 26
Hybridzüchtung 21, 22
Hydra 14
Hyazinthe 18

Insektenblütler 10
Inzucht 22

Jarovisation 18
Jungfernzeugung 12

Kapseleule 18
Kartoffelkäfer 28
Kartoffelknolle 3
Kastration 28
Keimblätterlehre 26
Keimfähigkeit 19
Keimesentwicklung 18, 24
Keimling 24
Klon 6
Knospung 7
Konjugation 11

Konstanztheorie 20
Kopulation 11
Kristall 3
Küchenzwiebel 5
Kurztagpflanzen 21

Langtagpflanzen 21
Lebendgebärend 7
Leberegel 13, 15
Lebermoose 6
Leinkraut nickendes 18
Linné von 21

Mais 21
Mehlmotte 28
Mendel Gregor 21
Mensch 13
Mesoderm 26
Metagenese 14
Metazoen 11
Moose 9, 16, 24
Morula 24

Nachkommen 3
Nachtlichtnelke 18
Nährlösungen 17
Navelorange 13
Nesseltiere 14
Nutzpflanzen 4, 15

Oberstufe 41
Ontogenese 23
Orchideen 5
Orientierungsstufe 32

Palolowurm 19
Pantoffeltierchen 11
Parthenogenese 12
Pflanzenreich 8, 13, 16, 24
Phylogenie 325
Persönlichkeitsbildung 35
Polyembryonie 8, 13
Protisten 23
Protozoen 11
Pubertät 37

Rädertierchen 13, 16
Reblaus 15
Regeneration 5, 8
Reparation 8

367

Salpen 14
Samenpflanzen 24
Schädlingsbekämpfung 20
Scheinviviparie 7
Schildlaus 28
Schlauchalge 8
Seeigel 11
Seesterne 8
Sexualerziehung 31
Solanin 4
Spemann Hans 25
Spermatozoon 11
Spermatozoiden 9
Spinat 21
Sporen 6
Stabheuschrecken 13
Stecklinge 5

Strudelwürmer 7
Süßwasserpolyp 7
Symbiose 17

Tange 6, 13, 23
Tausendblatt 5
Teilung 5
Thallophyten 6
Tierreich 7, 11, 25
Tierstöcke 7
Tierzüchtung 22

Ungeschlechtlich 3, 5, 12
Überwinterungsknospen 6

Vegetativ 4
Vermehrung 3, 5
Vermehrungsorgane 4

Vernalisation 18
Viviparie 7, 24, 29

Wachstum 3
Wasserblütler 10
Wasserflöhe 12, 16
Wasserhahnenfuß 5
Wasserpest 5
Wespen 12
Wettstein von 16
Windblütler 10
Wirtswechsel 14
Wuchsstoffe 27
Wundfliege 20

Yukkamotte 17

Zweihäusigkeit 10
Zypressenwolfsmilch 28

Klassische und molekulare Genetik

Abbruchcodon 353
ABO-System 134 ff
— populationsgenetisch 199, 201
Absterbephase einer
  Bakterienkultur 274
Acridin-Farbstoff
  als Mutagen 337
Adenin 325
Adenosinmonophosphat s. AMP
Adenosintriphosphat s. ATP
Agarplatten-Bereitung 267
Agglutinationstest 134, 135
α-Helix 177, 315 ff
Akzeleration 189
Albinismus 174, 175, 198
Alkaptonurie 174, 175
Allel, Begriff 123, 130
Allele, Häufigkeiten 184
— Koppelung 160
— mutiple 138
— Paar 123
  Zunahme der Kombinations-
  möglichkeiten 133
Allosterie 317, 359
Amniozentese 105 ff, 182
Aminosäuremangel-
  mutanten 280, 285, 287, 279
Aminosäuren,
  Chromatographie 309
AMP = Adenosinmono-
  phosphat 351
Aneuploidie 98, 107
Antibiotika
— Hemmstoffe der Protein-
  biosynthese 352
— Resistenzmutanten 275
Anticodon 346
Antigene 137, 148, 150, 152
Antikörper 137, 148, 150
ATP = Adenosintri-
  phosphat 341, 349, 351
Augenalbinismus 165
Augenfarbe, Irisstruktur 191
Autoklav 265, 365
Autolyse 275
Autoradiographie 68, 76, 92
Autosomen 75
Auxotrophie 281, 282
Averys Experiment 286

Bakterien, s. auch
  Escherichia coli
— Aminosäure-
  Mangelmutanten 279 ff
— Belüftungseinrichtung
— F-Duktion 300
— Fluktuationstest 277 ff
— Koloniezähltest 271
— Konjugation 283 ff
— Lysogenie 297 ff
— Mutationsauslösung 279
— Mutationsrate 277
— Parasexualvorgänge
  283 ff, 286, 299 ff, 300

— Resistenzmutanten 275
— Resistenztransfer 301
— Rückmutation 282
— Stempeltechnik 280
— Supplementierung
  von Mangelmutanten 287
— Transduktion 299 ff
— Transformation 286
— Versuchstechnik 267 ff
— Wachstumskurve 274
— Zählkammer 265, 270
— submikroskopische
  Zellstrukturen 341
Bakteriophagen 288 ff
Barr-Körperchen 92 ff
Basenanaloga 336
Befruchtung,
  Versuchsanleitungen 57
Belüftungseinrichtung
  für Bakterien 268, 270
Bisexuelle Potenz 94
Blattkäfer,
  Kreuzungsversuche 245
Blausäurewahrnehmung 166
Blutausstrich 71
Blutentnahme bei Schülern 71
Bluterkrankheit 157 ff, 199
Blutgerinnungszeit 158
Blutgruppen
— AB0 System 137 ff
— AB0-Unverträg-
  lichkeit 134 ff
— Agglutinationstest 134
— Ausscheidung von
  Antigenen 142
— Eldonkarten 135
— Entstehung der Antigene
  und Antikörper 137
— Hardy-Weinberg-
  Genhäufigkeiten 199, 201
— Magnettafelmodell 136
— Regionale Verteilung 142
— Rhesussystem 139
— Rhesus-
  unverträglichkeit 140
— Serologischer Abstam-
  mungsnachweis 139
— Testseren 134
— und Krankheiten 142
— Vererbung 138 ff
Blutsverwandtschaft 200
Bohnen
— Chromosomen-
  präparation 64
— Variabilität der Samen 255
Boten-RNS = messenger-RNS
  = Matrizen-RNS 344, 347 ff, 352
Bries-DNS-Darstellung 319
Bromuracil 336
Brüche beim Crossing over 162
Brutschrank 265
Buntmäuse,
  Kreuzungsversuche 246

Caesiumchlorid-Gradienten-
  Zentrifugation 331
c AMP = zyklisches
  Adenosinmonophosphat 361
Centromer 66, 80
Chiasma 86, 88, 161
Chiquadrat-Methode 125, 132, 194
Chironomus
— Hämoglobin-
  Elektrophorese 147
— Präparation von Riesen-
  chromosomen 81 ff
Chondrodystrophie 169, 201
Chromatographie
— von Aminosäuren 309 ff
— Dünnschicht - 309 ff
— von Nukleinsäuren 345
— von Peptiden 311
— von Proteinen 307
— von Pterinen 234
— Rundfilter — 234
— Säulen — 307, 345
Chromomeren 80, 83, 84
Chromonema 80, 83
Chromosomenaberrationen 93 ff
— Begriffe 97
— experimentelle
  Auslösung 107, 109
— numerisch,
  autosomal 98 ff, 182
— numerisch, gonosomal 101
— pränatale
  Diagnose 105 ff, 182
— psychische Folgen 104, 105
— strukturelle 103 ff, 107
Chromosomen-Besteck
  zur Darstellung menschlicher
  Chromosomen 72
Chromosomen -
— Chromatidmodell 67
— Feinbau 80
— fibrillen 80
— Historisches 70
— Karte des
  X-Chromosoms 164
— Magnettafelmodell 66 ff
Chromosomen des Menschen,
  Darstellungstechniken,
— Autoradiographie 76
— Elektronenmikroskopie 79
— Fluoreszenz-
  mikroskopie 77, 78
— Giemsa-Bandentechnik 78
Chromosomen-
  Mutationen 83, 103, 107
Chromosomenpräparation
— Bohnen 64
— Chironomus 81 ff
— Drosophila 81 ff
— Gasteria 87
— Heuschrecken 88
— Kaulquappen 64
— Küchenzwiebel 62 ff
— Maus 248

369

— Mensch 72 ff
— Molchlarven 64
Chromosomen-Transfer 284, 286
Chromosomenzahlen
  einiger Organismen 69
Cistron 302
Code-Strang 348
Codogener Strang 348
Codon 353, 354
Colchizin 70, 72, 74
Copy-choice 162
Crossing over 86, 161 ff, 231, 284, 299, 302
Cytosin 325

Deletion 103, 104, 304
Deuteranomalie, -anopie 156
Desoxyribonucleinsäure
  s. DNS
Desoxyribosenachweis 323
Dihybrider
  Erbgang 129 ff, 227, 244
Diploid 84
Diplo-y-Syndrom 103
Dische-Reagens 323
Diskordanz 103
Dominante Erb-
  krankheiten 169, 199, 201, 202
Dominanz,
  Begriff 123, 168, 201
Dosis-Kompensation 93, 100
Drigalski-Spatel 265, 272
Drosophila
  — Einfaktorkreuzung 226
  — Genkartenabstände 224, 232
  — Geschlechtsbestimmung 95
  — Geschlechtsunterschiede 224
  — Heterozygotentest 234
  — Letalfaktoren 228
  — Materialbeschaffung
    und Zucht 219 ff
  — Mutanten 224
  — Präparation von Riesen-
    chromosomen 81 ff
  — Pterinchromatographie
    von Augenmutanten 234
  — Rückkreuzung 228, 230
  — Selektionsexperiment 237 ff
  — x-chromosomale
    gebundene Kreuzung 229
  — Zweifaktorkreuzung 227
DNS = Desoxyribo-
  nucleinsäure 318 ff
  — Abtrennung von
    Proteinen 321
  — Alkoholfällung 322
  — Aufbau 324 ff
  — Bakterien 284, 286, 297, 341
  — Basen 325
  — Basenpaarung 327
  — Chromosomen
    des Menschen 79
  — Darstellung 319, 320
  — Elektronenmikroskopie 329
  — Enzymatischer
    Abbau 321, 325
  — Hybridisierung 348

— Invitro-Synthese 332, 353
— Konjugation
— Modelle 67, 328, 329, 334
— Molekulargewicht 356
— Moleküllänge 357
— Mutations-
  mechanismen 335 ff
— Nachweis der
  Bestandteile 323
— Phagen 296, 298, 299
— Poymerase 332
— Radioaktive Markierung 295
— Repititive 357
— Replikation 68, 76, 296, 329 ff
— Riesenchromosomen 84
— Säurechromatographie 345
— Säureabbau 323
— Säurefällung 320
— Schweremarkierung 332
— Struktur 326 ff
— Synthese im
  Mitosezyklus 68
— Transformation 286
— Transskription 348
— Tripletraster 339
— Tumorviren 301
— Zahl der Gene 357
Donor 284
Dünnschichtchromatographie 309

E. coli = Escherichia coli
  s. auch Bakterien
Edman Abbau 311
Edwards-Syndrom 101
Ein-Gen-ein-Enzym-
  Hypothese 174, 287
Eiweißglycerin 63
Eldon-Karten zur
  Blutgruppenbestimmung 135
Elektronenmikroskopie
  — Chromosomen des
    Menschen 79
  — Nucleinsäuren 329
  — Präparations-
    methoden 291 ff, 340
  — Zellstrukturen 341
Elektrophorese 143 ff, 307, 311, 326, 345
EMB-Agar 266
Endo-Agar 266
Endomitose 87
Endoplasmatisches
  Reticulum 343
Enzym Allosterie 317
Enzymdefekte,
  harmlose 129
Enzyme
  — DNS-abhängige
    RNS-Polymerase 348
  — DNS-Polymerasen 332
  — Ligase 333
  — Nucleasen 321, 325
  — primäre
    Genprodukte 287, 316, 339
  — Synthetasen 349
Enzymmangel-
  krankheiten 172 ff, 316

Enzymwirkung,
  — Grundversuche 317
  — Regulation 317, 357 ff
Epilepsie 193
Episomen 284, 299, 300
Erbe-Umwelt-
  Problem 173, 191, 252 ff, 260, 263, 276
Erbkrankheiten 168 ff
  s. Krankheiten des Menschen
Escherichia coli,
  s. auch Bakterien
  — Anzucht und Isolierung 268
  — Bezugsquellen 266
  — Blutgruppen Antigene 138
Euchromatin 80
Eugenik 179, 203, 239
Eukaryontenzelle,
  submikroskopische
  Strukturen 341
Eukitt 58
Euploidie 98, 108
Extrakaryotische
  Vererbung 249 ff
Expressivität 170, 179

Fabismus 166
Farbensehen 155
Farblösungen für
  Blutausstrich 72
Farblösungen für Chromo-
  somenfärbung 62, 63
F-Duktion 300
Fertilität 201
Feulgen-Reagens 63
F-Faktor 284
Film- und Bildmaterial 362
Fingerprinttechnik 311, 349
Fischschuppenhaut 165
Fitness 201
Fluktuationstest 277, 278
Fluoreszenzmikroskopie 77
Fragen zur
  Wiederholung 110 ff, 204 ff
Fuchsin-Lactose-Agar 266, 268

Galaktosämie 175, 180, 181, 301
Galtonscher Zufallsapparat 257
Gameten 84
Gasteria, Präparation von
  Meiosestadien 87
Gegenstromverteilung 307, 345
Genabstand 163, 229, 232
Gen, Definition 305
  — Dosis Effekt 93, 100
Gene, Anzahl 356, 357
  — lineare
    Anordnung 83, 232, 285
  — Neukombination
    der Chromosomen 133
  — Neukombination durch
    Crossing over 161
Generationszeit 274
Genetische Drift 200
  — Familienberatung 178
  — Information,
    Raumbedarf 61, 339

— Manipulation 301
Genetischer Code 352 ff
Genetisches
  Gleichgewicht 195, 199
Genfrequenz
  = häufigkeit 195 ff
Gen-Koppelung 160, 167
  — Lokalisation 82, 167, 285
  — Mutation 177, 335 ff
Genommutationen 97 ff, 107 ff
Genotyp, Begriff 123
Genpool 194
Gen-Regulation 357 ff
Genwirkung 174, 176, 287, 313
Gesamtzellzahl 270, 273
Geschlechtsbegrenzung 166, 171
Geschlechtsbestimmung,
  — chromosomale 91 ff
  — genotypische 95
  — Magnettafelmodell 91
  — phänotypische 97
Geschlechtschromosomen
  s. Gonosomen
Geschlechtsentwicklung
  Steuerung 94
Geschlechtserkennung,
  zellkernmorphologische 93
Geschlechtsumwandlungen 95
Geschlechtsorgane 96
Geschlechtspili 284
Geschlechtsverhältnis,
  Hypothesen über seine
  Verschiebung 92
  — tatsächlich 91
  — theoretisch 91
Geschmackseinheit für PTH
  s. Phenylthioharnstoff
Gewebekultur 70, 167, 301
Giemsa-Bandentechnik 77, 78
Giemsalösung 58, 72
Glukose-6-phosphat-
  dehydrogenase-Mangel 166
Gonosomen 75, 86, 95
Gradientenmischer 343, 345
Gradienten-
  Zentrifugation 331, 343
Guanin 325

Haarwurzel-Zellpräparation 58
Hardy-Weinberg-
  Gesetz 194 ff, 237
Hautfärbung 183
Hautleistentypen 191
Hämoglobin 147, 177, 313, 315
Hämophilie 157 ff, 199
Haploid 84
Haptoglobintypen 147
Hemizygotie 155
Heritabilität 192
Hermaphroditismus 95
Hershey und Chase's
  Experiment 295
Heterochromatin 80
Heterogametisch 91
Heterogenie, Begriff 160, 171
Heteroploidie
  s. Aneuploidie

Heterozygoten-Häufigkeiten 197
  — Selektionsvorteil 178
  — Test 147, 181, 235
Heterozygotie, Begriff 123
Hfr-Zellen 285
HL-A-Gruppen 152
Homogametisch 91
Homogamie 188
Homogenisator 320, 341
Homogenisieren 320, 341
Homozygotie, Begriff 123
Hybridisierung
  von Nucleinsäuren 348
Hypo-γ-Globulinämie 166
Hypoxanthin 335

Immunelektrophorese 149
Immunisierung 138, 152
Immunodiffusion 148, 307
Impfnadel 265
Induktion
  der Enzymproduktion 358
  — von Mutationen 107, 109, 279
Inkompatibilität 140, 141
Insulin 313
Intelligenz 192
Inversion 103, 104
In vitro-Experimente
  332, 344, 347, 349, 352, 355
Inzucht 200
Isotopenmarkierungstechnik
  68, 76, 92, 295, 331, 344,
  345, 347, 353

Jacob-Monod-Modell 178, 358 ff

Kalbsbries-DNS-
  Darstellung 319
Karbolfuchsinlösung 94
Karmin-Essigsäure 62, 87
Karyogramm des Menschen 75
Katzenschrei Syndrom 104
Keimbahn 89
Kinetochor 69, 80
Klinefelter-Syndrom 103
Klon 260
Knochenbrüchigkeit,
  erbliche 169, 179
Kodominanz 138, 147
Koloniezähltest 270 ff
Komplementation 303
Konduktorin 155, 160
Konjugation 283 ff
Konkordanz 193
Konservieren
  bebrüteter Agarplatten 269
Körpergröße 185
Kornberg-Enzym 333
Korrelation 187
Krankheiten des Menschen
  — Agammaglobulinämie 146
  — Augenalbinismus 165
  — Albinismus 174, 175, 198
  — Alkaptonurie 172
  — Amaurotische Idiotie 172
  — Analbuminämie 146
  — Blutkrankheit 157 ff
  — Chondrodystropher
    Zwergwuchs 169

— Diplo-γ-Syndrom
— Edwards-Syndrom 101
— Erbliche
  Knochenbrüchigkeit 169, 179
— Fischschuppenhaut 165
— Fruktose-Intoleranz 172
— Galaktosämie 175, 181
— Glukose-6-phosphat-
  dehydrogenase-Mangel 166
— Hermaphroditismus 95
— Hüftgelenksluxation 170
— Hypo-γ-Globulinämie 166
— Katzenschrei-Syndrom 104
— Keratosis follicularis 167
— Klinefelter-Syndrom 103
— Klumpfuß 170
— Kretinismus 172, 174
— Kurzfingrigkeit 169
— Langdon-Down-Syndrom
  s. Trisomie 21
— Lippen-Kiefer-Gaumen-
  Spalte 170
— Marfansyndrom 170
— Mongolismus
  s. Trisomie 21
— Muskeldystrophie 166, 169
— Patau-Syndrom 101
— Phenylketonurie 172 ff,
  180, 181, 203
— Pseudohermaphrodi-
  tismus 95
— Retinoblastom 169, 179, 202
— Rhesus-
  Unverträglichkeit 140
— Rotgrün-Blindheit 154 ff
— Sichelzellanämie 176 ff, 313
— Spalthand, -fuß 169
— Taubstummheit 172
— Testikuläre
  Feminisierung 95
— Thalassämie 177
— Translokations-
  Mongolismus 100
— Triple-X-Syndrom 103
— Trisomie 21, 98 ff
— Trisomien 101
— Turner-Syndrom 102
— Veitstanz 169
— Vielfingrigkeit 169
— Vitamin D -
  resistente Rachitis 167
— Zusammenhang mit
  Blutgruppen 142
Krebs 301
Kretinismus 174, 175
Kurzfingrigkeit 169
Lactose-Operon 358
Lebendzellzahl 271
Letalfaktoren 203, 228, 248
Ligase 333
Log-Phase
  einer Bakterienkultur 274
Luria Delbrück-Versuch 277
Lymphozyten-
  Gewebekultur 73
Lymphozyten-
  Transplantationsantigene 152

Lyon-Hypothese 92
Lysosom 341
Lyse-Versuch 288, 289
Lysogener Phagen-
Vermehrungszyklus 297, 298
Lysozym 296, 316
Lyssenko 254, 263
Lytischer Phagen-
Vermehrungszyklus 293

Magnettafel-Bezugsquelle 65
Magnettafel-Modelle
— Antigen-Antikörper-
Reaktion 148
— Blutgruppen 136
— Chromosomen 66, 67
— DNS 324, 328
— DNS-Replikation 330
— Geschlechtschromosomen 91
— HL-A-Gewebsgruppen 153
— Meiose 85 ff, 131
— Mitose 67
— Mutations-
mechanismen 336 ff
— Nondisjunction 99
— Proteinbiosynthese 350 ff
Mais,
Kreuzungsversuche 243
Malaria 178
Manifestation 173
Manifestationsalter 170
Manisch depressives
Irrsein 193
Marfan-Syndrom 170
„Matrix" des Chromosoms 80
Matrizen-RNS = messenger-
RNS = Boten-RNS 252 344, 347 ff
May-Grünwald-Farblösung 72
Meiose, Definition 84
— Fehler 99 ff
— Magnettafelmodell 85
— Neukombinations-
möglichkeiten der
Chromosomen 86
— Neukombination
durch crossing over 161 ff
— Stadien, Präparation aus
Liliaceen 87
aus Heuschrecken 88
— Stadien-Überblick 88
— Zeitpunkt im
Generationszyklus 89
Mendelfälle bei Kultur-
und Zierpflanzen 244
Mendels Arbeitsweise 240
Mendelsche Regeln I und II
— Anwendung bei gen.
Familienberatung 179
— Drosophila-
Kreuzungen 225 ff
— Kreuzungsexperimente mit
Pflanzen und Tieren 240 ff
— Modellversuch 124
— Stammbaum-
untersuchungen 123
Mendelsche Regel III
— Drosophila-Kreuzung 227

— Magnettafelmodell 131
— Modellversuch 132
— Stammbaum-
untersuchungen 129
Meplatflaschen 265
Meselson- und Stahl-
Experiment 331
Messenger-RNS = Boten-RNS
= Matrizen RNS 344, 347 ff, 352
Mikroprojektion 60, 271
Minimalmedium 266
Mitochondrien 341
Mitose,
— Chromosomen-
bewegungen 69
Mitosestadien,
— Magnettafelmodell 65
— Präparation aus der Augen-
Hornhaut von
Kaulquappen 64
— Präparation aus pflanz-
lichen Meristemgeweben 64
— Präparation aus der
Schwanzspitze von
Molchlarven 64
— Präparation aus Zwiebel-
wurzelspitzen 62, 63
— Zeitdauer 68
Mitose-Zyklus-Überblick 68
Mitschurin 263
MN-System 139
Modelle
— Chromatid 67
— DNS 324 ff, 328, 329, 334
— Hämoglobin-β-Ketten 313
— α-Helix 316
— Magnettafel s. diese
— Phagen 293, 297
Modellversuche
— Basenverhältnis
in der DNS 327
— Dichtegradienten -
Zentrifugation 331
— Galtonscher
Zufallsapparat 257
— Genetische Drift 201
— Mendelsche Häufigkeits-
verhältnisse 124, 131
— Präparationstechniken
für das Elektronen-
mikroskop 291 ff
— Populationsgenetik 195, 202
— Rekombinations-
häufigkeit 162 ff
— Sequenzanalyse 312
— Zuckergradienten
Zentrifugation 343
— Zufallskurve 257, 259
Modifikabilität 253 ff
Modifikationen
— Pflanzen 253
— Tiere 254
Mongoloide Idiotie
s. Trisomie 21
Monohybrider
Erbgang 123, 226, 242, 246
Multiple Allele 138, 199, 247

Mundschleimhaut,
Zellpräparation 58
Mureidsack 341
Muskeldystrophie 166
Mutagene Stoffe 107, 109,
279, 335
Mutationen, Begriffe 97 ff
— Chromosomen
s. Chromosomen-
mutationen
— Gen 224, 335 ff
— Genom -
s. Genommutationen
Mutationsauslösung 107, 109
279, 335 ff
Mutationsmechanismen 335 ff
Mutationsrate 201, 276
Myoglobin 316

Nähragar 266, 267
Nährbouillon 266, 268
Nährmedien
— für Bakterien 266
— für Drosophila 220
Negativ-Kontrastverfahren 292
Neurospora 287
Ninhydrin 309
N-Methyl-N'-nitro-
N-nitrosoguanidin 266, 279
Nondisjunction 87, 99
Normalverteilung 256
Nigrosin 63
Nucleolus Organisator 80
Nucleasen 322, 325, 333
Nucleinsäuren
s. auch DNS, RNS 318 ff
Nucleotide 325

Objektivierte Leistungs-
kontrollen 116 ff, 214 ff
Objektmikrometer 59
Okularmikrometer 59
Oogonien 90
Oozyten 90, 99
Operatorgen 358, 360
Operon-Modell 358 ff
Orcein-Essigsäure 62, 82, 88
Orcin-Reagens 324

Panaschierung 249, 251
Panmixie 200, 237
Pappenheim-Färbung 72
Paramecium,
Variabilität 260
Parasexualvorgänge
bei Bakterien
— F-Duktion 300
— Konjugation 283 ff
— Transduktion 299 ff
— Transformation 286
Pascal-Dreieck 184
Patau-Syndrom 101
Penetranz 170, 179
Petunia,
extrakaryotische
Vererbung 250 ff

Phagen = Bakterio-
phagen 288 ff, 357
Phagenvermehrung
— lytische 293 ff
— nicht lytische 297
— lysogene 297
Phänogenetik 168
Phänotyp, Begriff 123
Phasenkontrast-
mikroskop 59, 265, 270, 288, 341
Phenylketonurie 172 ff, 180,
181, 203
Phenylthioharnstoff-PTH
— populationsgenetisch 194
— Schmecktest 121, 127
— Stammbaum-
Auswertung 122 ff
Phosphorsäurenachweis 323
Photometer 265, 270, 365
Phytohämagglutinin 70
Pillennessel,
Kreuzungsversuche 241
Pipettieren 272, 275, 365
Plaquetechnik 289 ff
Plasmalemm 341
Plasmatische Vererbung 249 ff
Plasmide s. Episomen
Plastiden-Vererbung 249
Plastom 249
Platinöse 265
= Impfnadel 365
Plattieren 272
Pleiotropie 170, 233, 248
Polygenie,
— additive 183 ff, 248, 267
— komplementäre 159, 248
Polyphänie
= Pleiotropie 170, 233, 248
Polyploidie
— Mensch 101
— Tiere und Pflanzen 108
Polysomen 341
Polytänie 83
Populationsgenetik
— AB0-Blutgruppen 199, 201
— Albinismus 198
— Bluterkrankheit 199
— Blutsverwandtschaft 200
— Genetische Drift 200
— Hardy-Weinberg-Gesetz 195
— Inzucht 200
— Modellversuche 195, 202
— Mutationsrate 201
— Panmixie 196, 200
— Phenylketonurie 202
— Retinoblastom 202
— Rot-Grün-Blindheit 198
— Schmecktest-PTH 194
— Selektionsrate 201
— Sewall-Wright-Effekt
— Zukunft des Menschen 203
Prämutation 335
Pränatale
Diagnose 105 ff, 181, 182
Primärstruktur von DNS 326, 328
Primärstruktur
von Proteinen 176, 310 ff

Promotorgen 358, 360
Prophage 297, 298
Protanomalie -anopie 156
Protein-Bandenvergleich 147
Proteinbiosynthese 340 ff
— Hemmstoffe 352
— Translation 349
— Transskription 347
Proteine 306 ff
— Allosterie 317
— Aminosäuren-Dünnschicht-
Chromatographie 309
— Enzymfunktion 317
— Homologie 313
— Primärstruktur 310
— Röntgenstrukturanalyse 314
— Salzsaure Hydrolyse 308
— Sekundärstruktur 315
— Sequenzanalyse 310
— Tertiärstruktur 316
— Trennung eines
Gemisches 307
Prokaryontenzelle
submikroskopische
Strukturen 341
Pseudoallele 302
Pseudodominanz 171
Pseudohermaphroditismus 95
Puff 84
Punktmutation 177, 303, 335 ff
Purinnachweis 324

Rastermutationen 337
Regelkreis 358, 360
Regulatorgen 358, 360
Reifeteilungen s. Meiose
Regulation der
Genwirkung 177, 357 ff
Rekombination 86, 161 ff,
231, 284, 286, 299, 302
Rekombinations-
häufigkeit 162, 232, 303
Repression
der Enzymsynthese 359
Repressor 358, 360
Resistenz 275 ff
Resistenztransfer 301
Retinoblastom 169, 179, 202
Reversion 282, 283, 303
Rezessive
Erbkrankheiten 172, 201, 202
Rezessivität,
Begriff 123, 171, 201
Rezipient 284
Rhesus-System 135, 139, 140
Ribonucleinsäure s. RNS
Riboflavin 337
Ribosenachweis 324
Ribosomale RNS 346
Ribosomen 341, 344, 346, 349, 351
Riesenchromosomen 81 ff
RNS-Boten = Matrizen 344, 347
— Nachweis 324
— Polymerase 347
— ribosomale 346
— Synthese in Puffs 83
— Träger 345

Röntgenstrukturanalyse 314, 326
Rot-Grün-Blindheit 153 ff, 198
Rückmutation 202, 282, 303

Säulenchromatographie 307
Sekundärstruktur
— von DNS 328, 329
— von Proteinen 177, 315
Selektion
antibiotikaresistenter
Mutanten 275
Selektionsexperiment
mit Drosophila 237
Selektionsrate 201
Selektion
von Aminosäure -
Mangelmutanten 281
Selektionsvorteil von
Heterozygoten 176, 178
Sequenzanalyse
— von Proteinen 176, 310 ff
— von t-RNS 346
Sewall-Wright-Effekt 201
„Sex-Test" 93
Sichelzellanämie 176 ff, 313
Spermatogonien 89
Spermatozyten 90
Suppressor-Mutation 354
Synthetasen 349, 350
Schizophrenie 193
Schrägagarröhrchen 268, 270
Schrägbedampfungs-
technik 293
Stammbaumanalyse 122, 154,
168, 171
Startcodon 353
stationäre Phase
einer Bakterienkultur 274
Stempeltechnik 280, 281
Sterilisieren 265, 267, 365
Stoffwechselkrankheiten 172 ff
Strahlung,
ionisierende 203, 250, 279
Streptomycinsulfat 266, 275
Strukturgen 177, 358 ff

Tabakmosaikvirus 335
Teilungsrate 274
Temperente Phagen 297
Tertiärstruktur
— von Proteinen 176, 316, 349
— von t-RNS 346, 350
Testaufgaben 116, 214, 356
Testiculäre Feminisierung 95
Testseren für Blutgruppen-
bestimmung 134
Tetraploidie 101, 108
Thalassämie 177
Thymin 325
Thymus 319
Titer 269, 270, 271
Träger-RNS 344, 345, 350
Transduktion 299 ff
Transfer-RNS 344, 345, 350
Transformationsexperiment 286
Translation 349 ff
Translokation 100, 103, 104

373

Mongolismus 100
Translokations-
Transskriptase 302, 347, 348
Transskription 347, 348
Transplantation 152
Trichromat 156
Triplet 339, 344, 352
Triple-X-Syndrom 103
Triploidie 101, 108
Trisomie 21 98 ff
Trisomien
— bei Menschen 101
— bei Pflanzen 108
— als Ursache
von Spontanaborten 101
Trockenschrank 265, 365
Trommelschlegel-
Barrkörperchen 93
Tropfentest zum
Phagennachweis einer Bakterienkultur 288, 289
Trübungsmessung einer
Bakterienkultur 270, 273
Tuberkulose 193
Tumorviren 301
Turner-Syndrom 102

Übernachtkultur 270
Ultrifiltration 265, 288, 365

Ultrizentrifuge 331, 344, 345, 346
ungerichtete
Partnerwahl 195, 199, 237
Uracil 325

Vaterschaftsausschluß 127, 139
Variabilität 252 ff
Vaterschaftsnachweis 139, 190
Veitstanz 169
Verdünnungsfaktor 272
Verdünnungsmedium 266, 268
Verdünnungsreihe 271, 290
Vererbung,
allgemeine Fragen 49
— Definition 51
— frühe Vorstellungen 50, 240
Vererbungslehre,
Gliederungsvorschlag 54 ff
Vernalisation 254
Vielfingrigkeit 169
Viren, s. Phagen 167, 301
Viren,
mutationsauslösend 107
Virosen 251

Wachstumskurve
von Bakterien 274
Wahrscheinlichkeitsvoraussagen 126 ff, 179

Wärmeschrank 265, 365
Wasserbad 265, 365
Watson-Crick-Modell 326 ff
Weichagar 290
Wobbel Hypothese 355

X-Chromosomal dominanter
Erbgang 166
X-chromosomal rezessiver
Erbgang 155, 165, 198, 229
Xg-Blutgruppe 166

Y-Body 93

Zellfreies System 341, 344,
347, 349, 352, 355
Zellteilung s. Mitose
Zellteilung, differentielle 90
Zentromer =
Centromer 66, 69, 80
Zucker-Gradienten-
Zentrifugation 343
Zuckerkrankheit 193
Zungenrollen
als Erbmerkmal 129
Zwergwuchs 169
Zwillingsforschung 191, 252
Zygote 57, 89

Verbesserung von sinnentstellenden Druckfehlern im Handbuch

Seite 10: Zeile 31: statt „ist": hat
Seite 23: Zeile 15: statt „Menschengescheckts": Menschengeschlechts
Seite 45: Zeile 1 in Quellenhinweis: statt „Film": Filme